U0381876

四川美术学院学术出版基金资助

乡村振兴之重建中国乡土景观丛书

主编　彭兆荣

天造地设：乡土景观村落模型

彭兆荣　等著

中国社会科学出版社

图书在版编目(CIP)数据

天造地设：乡土景观村落模型/彭兆荣等著．—北京：中国社会科学出版社，2020.3

ISBN 978-7-5203-6590-1

Ⅰ.①天…　Ⅱ.①彭…　Ⅲ.①农村—景观设计—研究
Ⅳ.①TU986.2

中国版本图书馆CIP数据核字(2020)第092836号

出 版 人　赵剑英
责任编辑　王莎莎　刘亚楠
责任校对　张爱华
责任印制　张雪娇

出　　版　中国社会科学出版社
社　　址　北京鼓楼西大街甲158号
邮　　编　100720
网　　址　http://www.csspw.cn
发 行 部　010-84083685
门 市 部　010-84029450
经　　销　新华书店及其他书店

印刷装订　北京君升印刷有限公司
版　　次　2020年3月第1版
印　　次　2020年3月第1次印刷

开　　本　710×1000　1/16
印　　张　37.5
插　　页　2
字　　数　573千字
定　　价　228.00元

目　录

乡土景观村落模型

乡土景观调研组

引　言

我国正在进行各种各样具有“运动”特征的工程项目：城镇化、新农村建设、特色小镇等；在取得成就的同时，也出现了城市雷同、耕地消失、文化遗产失落等问题。乡村振兴的国家战略适时确立，为了使战略更为落地、被落实，我们需要做大量更为细致的工作。有鉴于此，我们设计、组织、推动和实行了“乡村振兴之重建中国乡土景观”的计划。一大批受过训练的学者、学生、志愿者分赴广大农村，到乡土的“原景”中去调查、去发现、去编列一个具有传统特色的“中国乡土景观的保留细目”。同时，去倾听主人对自己家园过去、现在和将来“景观”的生命史故事。

设计模板的理由

我们所面临的形势是：举国正在进行着一场大规模的现代化建设，仿佛一个巨大的“工地”。各种各样名目的“工程”“项目”“计划”“规划”“设计”正在大兴土木。对于这样的“新跃进”，我们喜忧参半。对此，评论、批评声已不少。这些“工程”都存在一个根本性的问题：乡土社会的主体性缺失，大量耕地丧失，传统乡土景观消失。广大农民对自己家园的未来没有发言权。

我们相信行政部门主导“工程”的有效性，但也注意到这些“工程”存在着同质性的弊病。当今的工程性的“城镇化”有一个非常明显的特征：以人工的、复制相同或相似的规划图纸和模型进行城市建设。其结果是：城市越来越趋同——公路交通系统、地铁系统、环城快速系统、城市下水系统、商业贸易系统、人居环境系统、楼房建造系统、城市管理系统、娱乐设计系统、人工造景系统、绿化营造系统、垃圾处理系统……这些相同或相似的景观在快速城镇化初期阶段会带给人们日新月异的“大跃进”的兴奋感和新奇感，然而，人工、人为和人造的“同质景观”对文化多样性是一种戕害。这种戕害随着城镇化的“病毒”，以工程项目的方式传播到了传统的村落。

然而，今天我国村镇的同质性等问题或许还不是最重要的，致命之处在于地方和村落民众的“自愿放弃”——放弃传统的建筑样式，丢失传统的手工技艺，离弃传统的服饰……其中的原因很多，有盲目趋从城市时尚，有为了拆迁补偿，有迎合大众旅游，有服从行政领导等。根本的症结在于，对于自己的传统不自信、不自豪、不自觉。乡土景观属于文化遗产，何以千百年来得以依存、延续，到了当下却要放弃？是现时的价值“教”他们、“让”他们、“使”他们放弃。所以，以笔者之愚见，政府的当务之急是设立一个新的“工程”，重建村民对自己家园的“三自”——自信心、自豪感和自觉性。自己的东西最终要自己来守护，任何的“其他”（他人、行政、组织、资本、工程、项目）都不能代为行使这一权利和责任，无法最终完成这一工作。

人类学、农学、民俗学、地理学等，从学科性质来看，是最熟悉乡土社会、村落形制的，若要“交出”一份乡土景观保护的“名录清单”，其职责便责无旁贷地落到了他们的身上。乡土景观的基层是村落，“无论出于什么原因，中国乡土社区的单位是村落”[①]。乡土景观涉及传统的乡土认知，有什么样的认知，就会有什么样的文化。我们相信，传统的村落具备着中华农耕文明“文化多样性”的基因样本，如果我们不愿意看到传统村

① 费孝通：《乡土中国　生育制度》，北京大学出版社1998年版，第9页。

落在这一城镇化的趋势中逐渐地被“同化”（城镇化）和“同质化”（村落相同化），那么，我们就需要找到一种中国传统乡土景观的模型——找到村落相同与相异者，并将其留给我们的后代。

模板的形制

我们之所以要制作一个乡土景观的模板，是为了尽可能地将“景观”有形化、视觉化，以适合当下快速社会变化的需求性应用；同时，突出乡土景观的特点和特色，因为中国传统的乡土景观与其他文明和国家在类型上差异甚殊。我们希望能够通过模板的形式一眼便识别——不仅具有明快简洁的视觉和适用效果，而且包含着深刻的文化基因，就像中国人和西方人，一站出来便能够被辨识。模板的设计总称为：“天造地设：‘生生不息’乡土景观模型。”

中华文明概其要者为“天人合一”。天—地—人成就一个整体，相互依存。其中“天”为至上者。这不仅为我国乡土景观的认知原则，亦为中华文化区别“西洋”“东洋”之要义。西式“以人为本”，以人为大、为上。东瀛以地、海为实，虽有天皇之名，实罕有“天”之文化主干。我中华文明较之完全不同。天—地—人一体，天（自然）为上、为轴心。“天”化作宇宙观、时空观、历书纪、节气制等，融化于农耕文明之细末。

如此，我们建立乡土景观的模型的出发点，即以此为基础。尤其讲究“天然”——天启生生，庇佑中华。《黄帝四经·果同》其势如云：“观天于上，视地于下，而稽之男女。夫天有恒干，地有恒常。合此干常，是晦有明，有阴有阳。夫地有山有泽，有黑有白，有美有恶。地俗德以静，而天正名以作。静作相养，德虐相成。两若有名，相与则成。阴阳备物，化变乃生。”

中国的乡土景观以贯彻“天人合一”为原则；仿佛“景”之造型，如日高悬，如影随形。“景”之本义，由日而来。由于它用来观天计时，[1]“景”便涉及我国传统的时空制度——宇宙观，即通过“天象”（空间）

① 参见潘鼐编著《中国古天文图录》，上海科技教育出版社2009年版，第9页。

以确定“地动”（时间）之宇宙论，《淮南子·原道训》云：“纮宇宙而章三光。”高诱注：“四方上下曰宇，古往今来曰宙，以喻天地。”这一圭旨也成为乡土景观的基本构造：中轴表示以天地人为主干的宇宙观、价值观和实践观；“五生”围绕着主轴形成相互支撑、支持的协调关系。

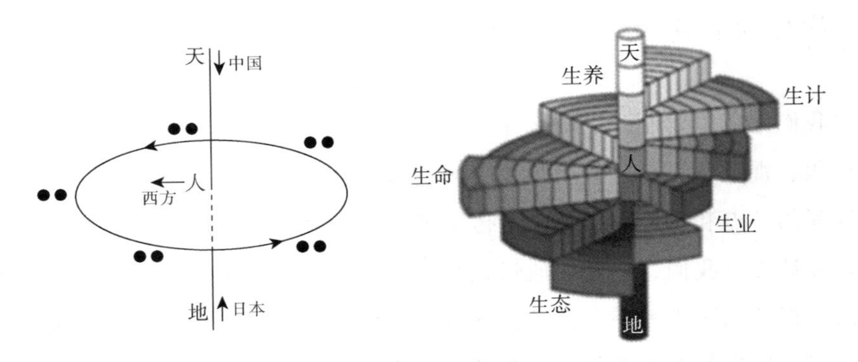

乡土景观构造主圭图

中国之“景观”：“天地人”所系也。“景”之最要紧者乃“天”。古时凡有重要的事务皆由天决定，形同“巫”的演示形态。中华文明之大者、要者皆服从天——自然。首先，“天”，空（空间）也。其次，“日景”时也。我国之时间制度皆从“日”，传统的农耕文明最为可靠的二十四节气与之有涉，时序、季节、时令等与之相关，实地也。地之四时实为天象之演，《书·尧典》：“敬授人时。”最后，“天地”之谐者：人和。中国传统文化之景观可概括为“天地人和”。

“生生”为笔者在国家重大课题“中国非物质文化遗产体系探索研究”提出的总称。乡土景观作为文化遗产之一类，亦包囊其中。“生生”一词取自周易，《周易·系辞上》：“生生之谓易，成像之谓乾，效法之谓坤，极数知来之谓占，通变之谓事，阴阳不测之谓神。”合意“生生不息”。日月为“易”，亦为“易”的本义，日月的永恒道理存在于“通变”之中。“生生不息”乃天道永恒，若天象瞬息万变。

由是，“生生”即“日月（易）”，乃天造地设。包含所列基本之“五生”：

- 生生不息，恒常自然。《易·系辞上》：“孳息不绝，进进不已。”后世言生生不已，本此。孔颖达疏：“生生，不绝之辞。”指喻生态自然。

- 生境变化，生命常青。“生生”第一个“生”是动词，意为保育；第二个“生”是名词，意为生命。“生”“性”“命”等在古文字和古文献中，这几个字的演变是同根脉的。[①] 指喻生命常态。
- 生育传承，养生与摄生。《公羊传·庄三二年》：“鲁一生一及，君已知之矣。”注：“父死子继曰生，兄死弟继曰及”，即指代际间的遗产传承。又有通过养生而摄生，即获得生命的延长。[②] 指喻生养常伦。
- 生产万物，地母厚土。“生”之生产是其本义，而“身”则是生产的具身体现。“身”与“孕”本同源，后分化。身，甲骨文[甲骨文]（[甲骨文]），象形，如母亲怀胎生子。[③] 地母厚土。指喻生产万物。
- 生业交通，殖货通达。《史记·匈奴传》：“其俗，宽则以随畜田猎为生业，急则习战功以侵伐，其性也。”“生业”即职业、产业、行业等意思，包含古代所称的“殖”（殖货）。指喻生业通畅。

根据自然生态孕育生命，生命需要生养，生养依靠生计，生计造成生业这一基本关系，形成“生生不息”的闭合系统，即“五生”的所属因素相互契合，它们之间形成了关联性互动关系。

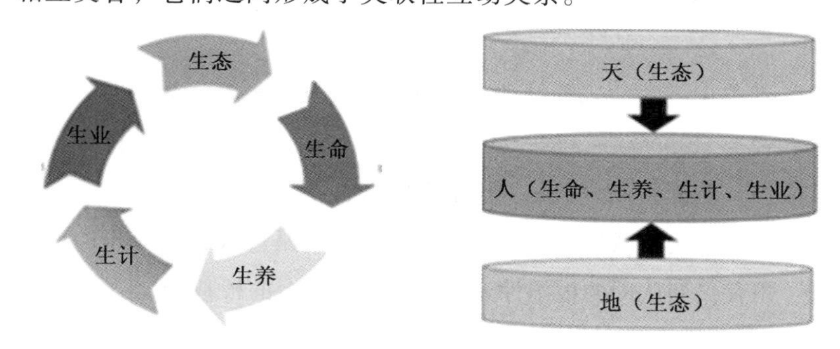

“生生不息”连带关系图　　“天地人”乡土景观构成要素及相互关系图

① 傅斯年：《性命古训辨证》，上海古籍出版社2012年版，第83页。
② 胡孚琛：《丹道仙术入门》，社会科学文献出版社2009年版，第54页。
③ 参见［日］白川静《常用字解》，苏冰译，九州出版社2010年版，第235页。

“天地人三才之道”① 贯穿于中国乡土社会的人伦日常之中，培育了乡土群体与自然和谐的精神，造化了乡土社会“生生不息”的图景。由“天地人”圭旨可以归纳出“乡土景观构成要素体系”以及“乡土景观构成要素”形成的逻辑。

乡土景观要素基本构造

我们注意到，一些学科、学者的乡土研究，包括尝试编列乡土社会的景观细目。比如日本的乡土景观研究历经近百年（以 1922 年柳田国男编著的“鄉土誌論”为标志）。日本学者进士五十八等学者开列了以下乡土景观的构成要素：

> ①农家、村落：正房，收藏室、仓库、门，房前屋后树林，绿篱；②农田：农田，菜地，村头集会地，畦、篱笆、分界树木等；③道路：农用道路，参拜道路；④河川：自然河流，水道，池塘；⑤树林：神社树林，城郊山林，杂木林；⑥其他：石碑、石佛、祠堂，石墙、堆石，清洗场、井，木桥，观赏树木，水车小木屋，晾晒稻子的木架、赤杨行道树，生活风景。②

以美国学者杰克逊的“三种景观”为参照，俞孔坚教授认为中国传统的乡土景观，包括乡土村落、民居、农田、菜园、风水林、道路、桥梁、庙宇，甚至墓园等，是普通人的景观，是千百年来农业文化“生存的艺术”的结晶，是广大草根文化的载体，安全、丰产且美丽，是广大社会草根的归属与认同基础，也是民族认同的根本性元素，是和谐社会的根基。③

① 钱耕森、沈素珍：《〈周易〉论天地人三才之道》，载易学与儒学国际学术研讨会论文集（易学卷），2005 年，第 201—207 页。

② ［日］进士五十八、铃木诚、一场博幸编：《乡土景观设计手法：向乡村学习的城市环境营造》，李树华、杨秀娟、董建军译，中国林业出版社 2008 年版，第 25 页。

③ ［美］约翰·布林克霍夫·杰克逊：《发现乡土景观》，俞孔坚等译，商务印书馆 2015 年版，第 2—3 页。

也有学者将乡土景观分解为“生态景观”“生产景观”“生活景观”和“生命景观”四类，每一类别又细分若干子项，所归纳的“四生乡土景观”体系如下图所示：

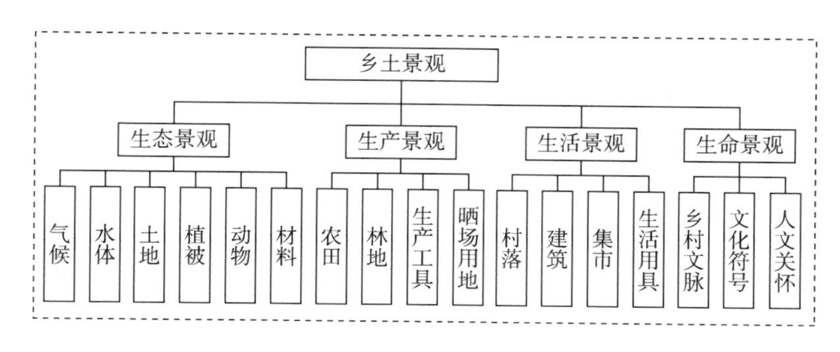

乡土景观的要素构成①

以上三种对乡土景观要素构成的阐述，主要从视觉感官出发，依据乡土景观中的可见物件，以归纳总结的方法，对乡土景观进行形象表达。此外，还有将乡土景观“基因”化图式。② 在此不赘述。

这样，我们可以在田野作业的基础上编列乡土景观名录的基础概况。

天象　确立天为主轴的“天人合一”的宇宙观价值实践观
（天象、时空认知、二十四节气、天气因素）
环境　乡土社会中适应自然所形成的景观原理和要件
（山川河流、村落选址、农作产品、动、植物等）
五行　金木水火土在乡土景观中的经验和构成因素
（阴阳、五行、风水、宅址、墓葬等）
农业　传统的农业耕作、生产、农业技术、土地因素
（农作、家具、耕地、灌溉、农业节庆）

① 李鹏波、雷大朋、张立杰、吴军：《乡土景观构成要素研究》，《生态经济》2016 年第 7 期。

② 刘沛林：《家园的景观与基因：传统聚落景观基因图谱的深层解读》，商务印书馆 2014 年版，第 33 页。

政治　乡土社会与政治景观有关的遗留、事件、形制（组织、广场道路、乡规民约、纪念碑等）

宗族　村落景观中宗族力量、宗族构件，如宗祠遗留（宗祠、祖宅、继嗣、族产、符号等）

农时　农耕文明的季节、地理、土地仪典等景观存续（时序节庆、农事活动、作物兼种等）

性别　男女性别在生活、生产和生计中的分工与协作（男耕女织、女工、内外差异）

审美　乡土景观中所遗留的建筑、遗址、器物、符号（教育制度、建筑、服饰、视觉艺术等）

宗教　民间信仰、地方宗教、民族宗教的遗留景观等（儒、释、道及地方民间宗教信仰和活动）

规约　传统村落的乡规民约及村落自然法的管理系统（自然法、村规碑文、习惯法、家族规矩）

非遗　各种活态非遗、医药、生活技艺、村落博物馆（金、银、石、木、绘、刻、绣、染等）

区域　村落与村落之间以及区域经济协作的社会活动（集市、庙会、戏台等村落间合作与协作）

旅游　大众旅游与乡民、传统村落景观之间协调关系（乡村客栈、旅游商品以及城市化倾向等）

“一方水土养一方人”，这既是地理环境和文化传统造就景观的总结，也是乡土景观作为文化多样性的映象。要真正了解和认识中国的传统乡土景观，两种维度必须同时坚守：一是村落共同拥有的品质和元素；二是每一个（类）村落的特点与特色。总体上说，乡土景观模板包含着共有要素和特有要素。共有要素指每个村落都有的基本要素；特有要素指每个村落独特的景观要素。每个村落都由两部分构成，因此我们也选择了一批具共性和特性的村落进行深度调研，在此基础上形成既可依据，又可调适的模板。

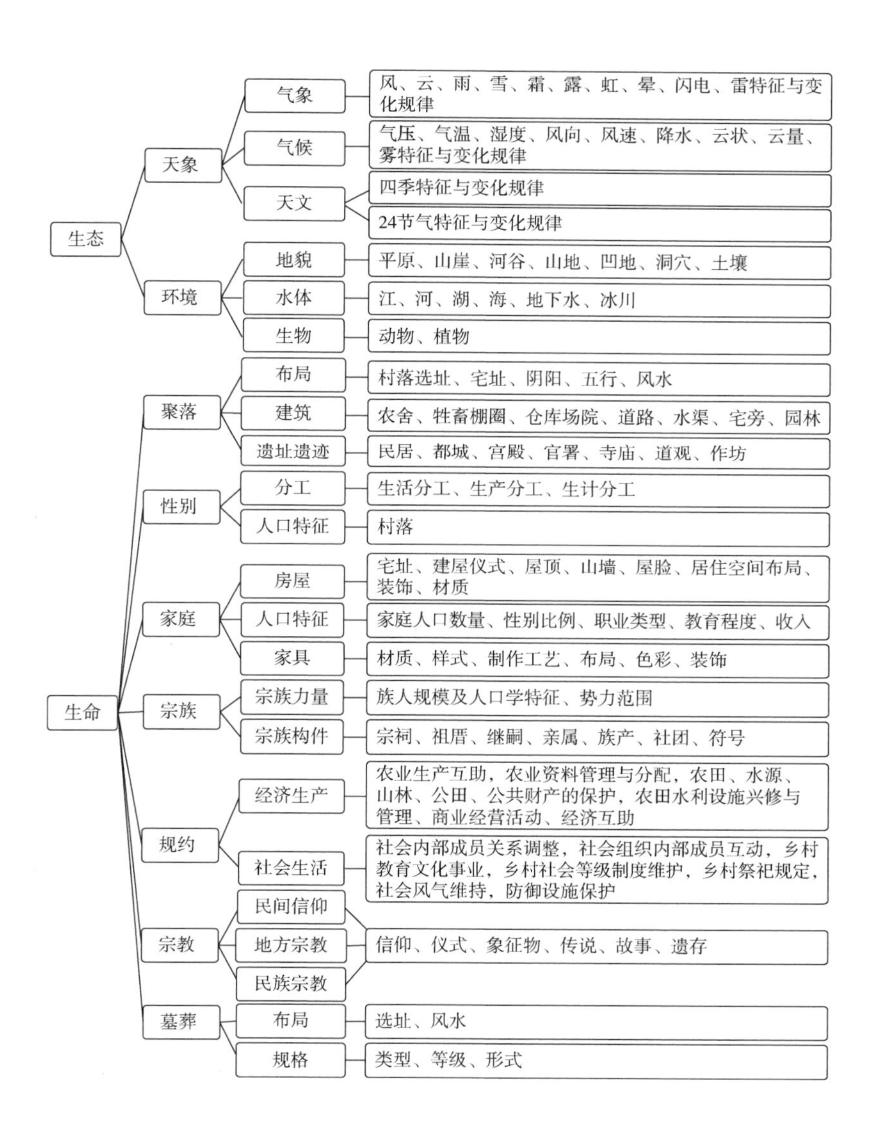
生态
天象
气象
风、云、雨、雪、霜、露、虹、晕、闪电、雷特征与变化规律
气候
气压、气温、湿度、风向、风速、降水、云状、云量、雾特征与变化规律
天文
四季特征与变化规律
24节气特征与变化规律
环境
地貌
平原、山崖、河谷、山地、凹地、洞穴、土壤
水体
江、河、湖、海、地下水、冰川
生物
动物、植物
生命
聚落
布局
村落选址、宅址、阴阳、五行、风水
建筑
农舍、牲畜棚圈、仓库场院、道路、水渠、宅旁、园林
遗址遗迹
民居、都城、宫殿、官署、寺庙、道观、作坊
性别
分工
生活分工、生产分工、生计分工
人口特征
村落
家庭
房屋
宅址、建屋仪式、屋顶、山墙、屋脸、居住空间布局、装饰、材质
人口特征
家庭人口数量、性别比例、职业类型、教育程度、收入
家具
材质、样式、制作工艺、布局、色彩、装饰
宗族
宗族力量
族人规模及人口学特征、势力范围
宗族构件
宗祠、祖厝、继嗣、亲属、族产、社团、符号
规约
经济生产
农业生产互助，农业资料管理与分配，农田、水源、山林、公田、公共财产的保护，农田水利设施兴修与管理、商业经营活动、经济互助
社会生活
社会内部成员关系调整，社会组织内部成员互动，乡村教育文化事业，乡村社会等级制度维护，乡村祭祀规定，社会风气维持，防御设施保护
宗教
民间信仰
地方宗教
民族宗教
信仰、仪式、象征物、传说、故事、遗存
墓葬
布局
选址、风水
规格
类型、等级、形式

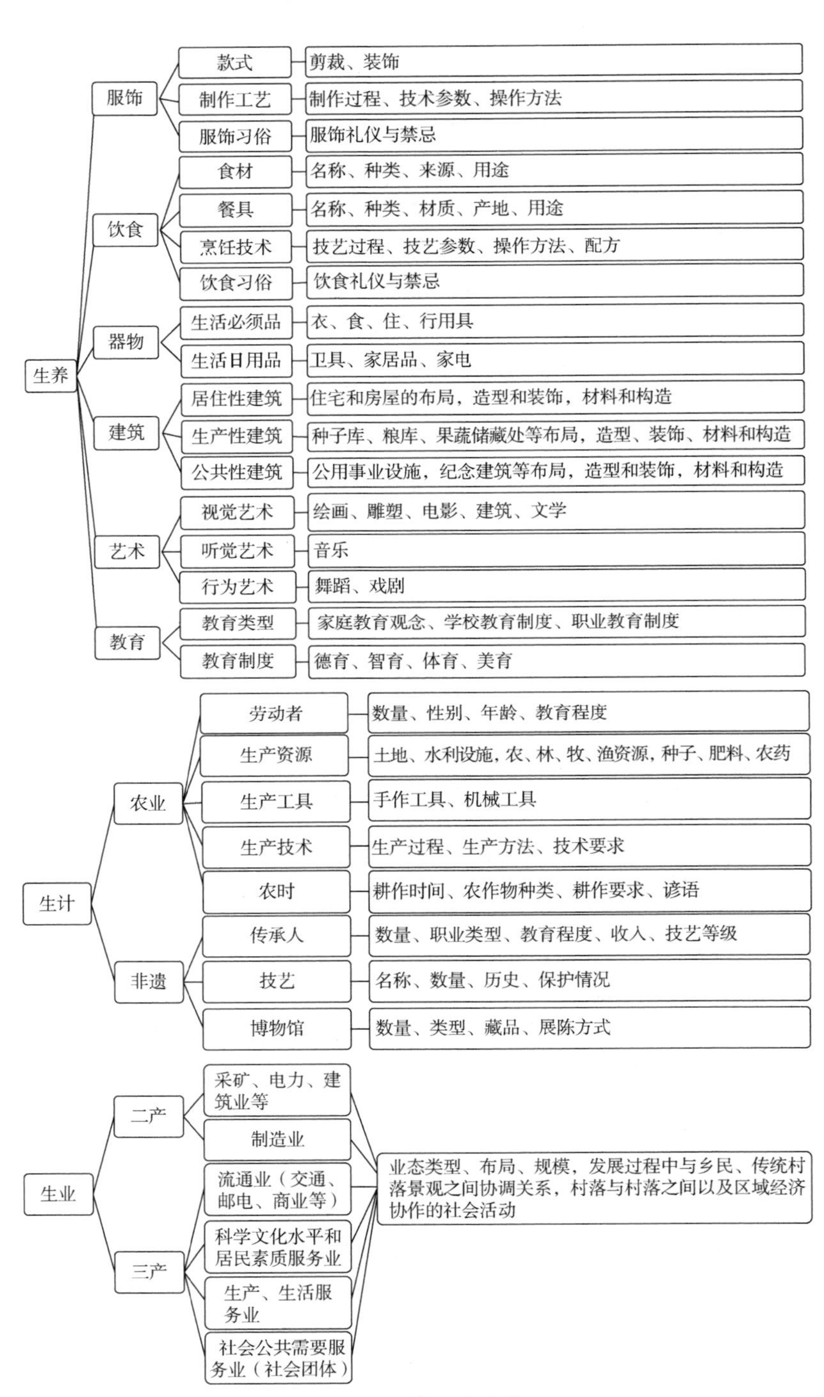

生养
服饰
款式
剪裁、装饰
制作工艺
制作过程、技术参数、操作方法
服饰习俗
服饰礼仪与禁忌
饮食
食材
名称、种类、来源、用途
餐具
名称、种类、材质、产地、用途
烹饪技术
技艺过程、技艺参数、操作方法、配方
饮食习俗
饮食礼仪与禁忌
器物
生活必须品
衣、食、住、行用具
生活日用品
卫具、家居品、家电
建筑
居住性建筑
住宅和房屋的布局，造型和装饰，材料和构造
生产性建筑
种子库、粮库、果蔬储藏处等布局，造型、装饰、材料和构造
公共性建筑
公用事业设施，纪念建筑等布局，造型和装饰，材料和构造
艺术
视觉艺术
绘画、雕塑、电影、建筑、文学
听觉艺术
音乐
行为艺术
舞蹈、戏剧
教育
教育类型
家庭教育观念、学校教育制度、职业教育制度
教育制度
德育、智育、体育、美育
生计
农业
劳动者
数量、性别、年龄、教育程度
生产资源
土地、水利设施，农、林、牧、渔资源，种子、肥料、农药
生产工具
手作工具、机械工具
生产技术
生产过程、生产方法、技术要求
农时
耕作时间、农作物种类、耕作要求、谚语
非遗
传承人
数量、职业类型、教育程度、收入、技艺等级
技艺
名称、数量、历史、保护情况
博物馆
数量、类型、藏品、展陈方式
生业
二产
采矿、电力、建筑业等
制造业
三产
流通业（交通、邮电、商业等）
科学文化水平和居民素质服务业
生产、生活服务业
社会公共需要服务业（社会团体）
业态类型、布局、规模，发展过程中与乡民、传统村落景观之间协调关系，村落与村落之间以及区域经济协作的社会活动

乡土景观要素主次结构图

结　语

中华文明的基础、基石和基本是“乡土”，这是具有共识性的认知。我们所有生计、生产和生活都离不开它；所有的道德伦理、经验价值、观念认知、礼仪传统、政治制度、生活习俗都建立其上。所以，我们无论“创新”什么，“发展”什么，都根基于传统的乡土土壤。极而言之，再“革新”也不至于去刨祖坟；再“革命”也不应该去拆祖厝，因为，祖先的“魂”在那儿，祖宗的“根”在那儿。

对于人类学者而言，习惯性的动作就是回到乡土本身去做深入的“田野作业”。我们现在做的，就是到乡土的“原景”中，却寻找、去调查、去登记、去造册，编列一个具有中国特色的“中国乡土景观的保留细目”。

村落景观模板[①]

主　旨

“天时地利人和”作为乡土景观之主旨最为贴切。“天时”当先，没有天时，大地没有秩序。当我们说，“每天”过“日子”的“时候”，我们恍然大悟，原来我们的生活全部都卷入了“天时”。人们的生活场景原都是“天象”图谱在地上的返照。曾几何时，有人说“与天奋斗”，我们没有意识到，那是在“自残”；中华文明的基因是“天人合一”——我即天的有机合成。

农耕传统最遵循、遵守、遵照“天时”，农业生产的第一原则是节气。节气是华夏祖先历经千百年的实践创造出来的宝贵科学遗产，是反映天象、天气和天候变化的生活化特征，是农人掌握农事季节的工具，它影响

---

① 我国的传统村落作为文化物种多样性种类和样本，无法一一穷尽。我们选择了一些村落作为样本进行团队调研，这些村落既有传统村落的共同性，又各自有其独特性。同时，我们也兼顾民族村寨的样态，以期通过这些村落大致反映我国的村落概貌。

着千家万户的衣食住行。农历则是根据农时产生的“天时地利”之纪法。“二十四节气”是中华民族在以农耕为背景对天象、天气、天时的认知、观察、实践、经验、知识所综合的智慧。中国的“二十四节气”于2016年入选“世界非物质文化遗产名录”，为世界所公认。

没有土地的生计、生活保证和保障，便不可能有传统村落的形制，而农耕传统的核心价值就是“天时”。笔者当过知青，在福建农村种双季稻的岁月里，了解到：秋季稻的秧苗必须在立秋之前插入水田，立秋之后插的秧苗便不会灌浆，收割的只是空壳，这就是神奇的“天时”。仿佛花开有时，万物争春。农人耕作于田地，依照的就是“天时”，是为农耕文明最朴素的圭臬。

天　象

“二十四节气”太阳在黄道（地球绕太阳公转的轨道）上的位置变化。

农　谚

春雨惊春清谷天
夏满芒夏暑相连
秋处露秋寒霜降
冬雪雪冬小大寒

“天地人和”是谓也。“和顺”和之。

和　顺

村落概况

“和顺”之名值得做特别“考古”，最早被称为“阳温暾”，是明洪武时期屯军进入和顺之前就有的故名。《刘氏族谱》载：“始祖继公……与寸氏始祖太师庆者，遍览腾阳胜地，而见一境焉……访诸父老，乃知其为阳温暾村也。”“阳温暾”之名，一直沿用到明嘉靖年间以至以后许多年，而“暾”字，时有异文，又作“敦”“登”，只重字音，不介意于字义。[①]汉族屯军进入和顺以后，因当地天气四时和煦，温温暾暾，故而名之。明代旅行家徐霞客在崇祯十二年四月十五日记中将和顺记为“和尚屯”，又记为“河上屯”，突出河水之于村落的原始关系。我国古代村落的选择，与“水”存在着原生关系。清康熙三十二年以其地理“河顺乡、乡顺河，河往乡前过”，将之称为“河顺”。康熙四十一年起称之为“和顺”，颇符合中国传统“和”“顺”的美好意韵。之后成为“乡”一级行政单位，2001年改为和顺镇。

和顺古镇目前隶属云南省腾冲县，迄今有600余年历史。元以前属中央朝廷管辖，自13世纪云南成为元朝行省后被划入元朝版图。元朝在腾冲一带分别设立过藤越州、藤越县、腾越府（腾冲府），因征缅需要，腾冲成为军事重地。明洪武年间，明太祖平定云南，留沐英镇戍云南，并置卫

① 尹文和：《云南和顺侨乡史概述》，云南美术出版社2003年版，第54页。

所。随后的永乐、正统、嘉靖时期，大量来自四川、湖南、江苏南京等地的移民通过卫所进入腾冲，和顺人的祖先就是在这个时期在此屯田落户、守卫耕耘。

全镇面积为 17.4 平方公里，截至 2017 年 4 月，古镇共有 2254 户居民，6937 人。侨居海外的华侨据不完全统计，达到 3 万余人，分布在美国、英国、加拿大、法国、澳大利亚、印度尼西亚等国家以及中国港、澳、台地区，但主要以缅甸和泰国等东南亚国家居多。和顺是一个汉族聚居的村落，汉族共有 6476 人，占总人口的 93.36%，回、彝、白、傣、傈僳、阿昌 6 个民族杂居其间，共 461 人，占总人口的 6.64%，其中回族人口较多，共有 18 户，72 人。[①]

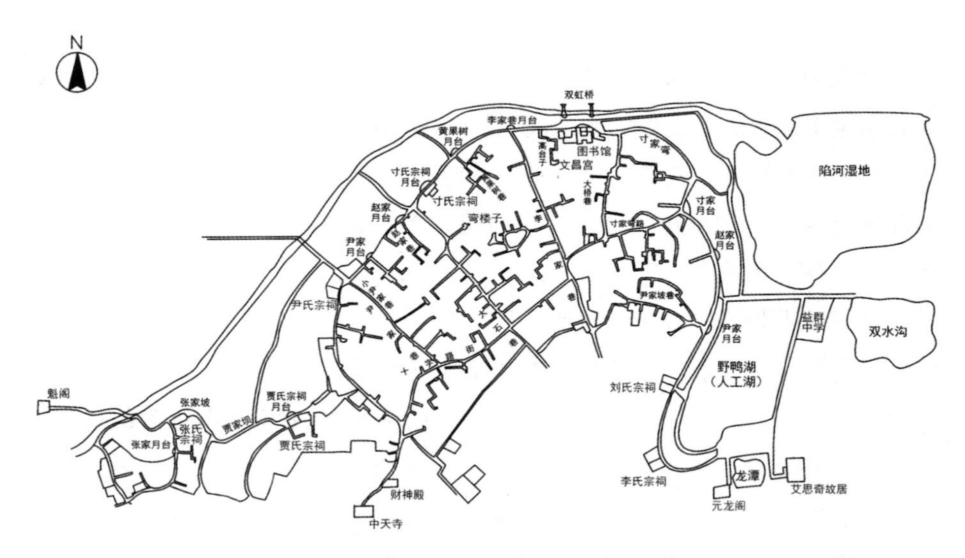

和顺村落地图（曹碧莲绘制）

从村落的地形地貌看，和顺东邻腾越镇，南邻清水乡，西邻荷花乡，北与中和乡接壤，下辖三个行政村（十字路村、大庄村、水碓村）。火山环抱四周，将和顺镇与相邻乡镇隔绝开来，形成一个独立区域；中间为坝子，从东北到西南略显狭长，人称“和顺坝子”，坝内地势平坦，土壤肥

① 数据由和顺镇政府提供。

沃。旅游开发中的“和顺古镇”为和顺的一部分，位于坝子南端，背靠黑龙山。主体村落建于黑龙山北部凸起的山脊上，沿山中段（“橄榄坡”）呈扇面向下延续，在山脚处由三合河与大盈江将扇面收纳聚拢。黑龙山与三合河、大盈江围和而成一个扇形的聚落空间。和顺的村落形成，首先是根据自然环境的地形地势自然形成，这是村落形成最为重要的景观因素。传统的风水亦是依照自然生态的形貌确立。

生　态

自然环境

“和顺”包含遵从自然之意，原来的村落之名“河顺”，便可窥见一斑。演绎的原则即是生态物质的有形与天道自然的无形联袂出演。

山：和顺四面火山环抱，中间为坝子。东有来凤山，为腾冲县最高山，现建有来凤山国家森林公园。来凤山曾是抗战时期的主战场，上有文笔塔。北有笔架山（上有文笔塔）、老龟坡（形似乌龟）、覆锅山（山形浑圆，形似覆倒的锅）。西有马鞍山，是腾冲最年轻的火山，山顶有两个火山喷发口，火山口之间略微凹陷，远眺形似马鞍。山石多为火山石。

水：受地质构造的影响，和顺坝中的两条河流自东北向西南流淌，绕村而行。处于外侧的为大盈江，从坝内蜿蜒流过，为和顺提供了灌溉用水，流过中缅边界后汇入伊洛瓦底江，最终注入印度洋。内侧则为一条环村小河，由处于镇子东北部的三处地下泉水——龙潭、酸水沟、陷河头汇集而成，当地人称“三合河”，围绕着和顺主村落流淌，在张家坡脚与大盈江交汇。小河弯曲流经各个巷口，满足和顺人的日常生活用水之需。近年国家进行新农村建设，拨款疏通加固了大盈江和小河的河道。水之于和顺，至为重要，而且充满了地方民众对传统风水的理解。村落依水而建。

汇集为三合河的地下泉水构成了村内多处水域，包括现今称为“龙潭”“陷河湿地”“野鸭湖”等处。据被采访人说，“野鸭湖”在20世纪60年代以前曾是田地，后来由于开挖硅藻泥而弃耕，20世纪80年代建坝成湖，俗称“人工湖”。十几年前和顺进行旅游开发，因湖上来了很多野鸭，故改称“野鸭湖”。

地：受四周环山、坝子居中的地形限制，和顺一直都面临着地少人多的状况，其主体村落因此建于黑龙山缓坡之上，以腾出坝上平地种粮食解决温饱问题。因而坝子大部分为农田耕地。此外和顺还有大片湿地沼泽，主要位于村落东侧小河发源地，人称“陷河”。以前的湿地面积比现在大，后有一段时期曾挖山填湿造田，湿地面积有所缩小。改革开放后，村民则把这部分农田改为池塘用来养藕、养鱼以增加经济收入，客观上增加了湿地面积。

林：和顺现今的林业资源较为丰富。“大跃进”时期，山上的树几乎被砍光。改革开放之后实行分田到户，政府发动群众种树，免费提供树苗，有的村民也开始自发种树，镇子四周的山上逐渐出现了树林。政府早期提倡种台湾杉，因台湾杉生长较为迅速，成材率高，砍伐之后如果留住根部，来年还会再发芽，这些特性曾使台湾杉成为当地农民增收的一个途径。但是，由于台湾杉吸收水分太多，具有破坏生态环境的隐患，政府目前已经不提倡种植台湾杉了。和顺现今四周山上多为台湾杉、本地杉、漆树、桦树、桃树等。虽历经砍伐，但镇上仍保留了上百棵古树，掩映点缀于村落内外。当地树种有：沙糖果树，学名“滇朴”，果子甜。南酸枣树，当地人叫“克地老”，黄芯。“鬼眼睛”树，因其果子长得像“鬼眼睛”而得名，果子可做当地“胭脂红”酒。香叶树，当地人叫“香果树”，结紫红色小果，果子榨出的油称“臭油”，可用于点灯，也可入药，如用臭油煎鸡蛋给产妇补身体。樟树，如云龙阁门前两棵大樟树，树龄80余年。秃杉，如位于魁阁的两棵秃杉，有500余年树龄，为当地名木。

村落形貌

和顺边界清晰，建筑聚落集中在黑龙山北坡与环村道所构成的扇面之间，具有山地型聚落的典型特征，即建筑分布紧密，房随路转，在路网之间依地形地块、面积、地势落差设计房屋及院落。聚落建筑从东到西依坡而建，顺山势渐次递升，绵延两三千米，建筑层次分明。东西、南北数条干道构成一个扇形，将黑龙山坡上坡下与河流等进行有机衔接，各家各户之间则有更小一级的街巷相互连接。[①]

整个村落由一条沿着三合河的环村道和与主道纵向相接的里巷组成。以大桥巷、李家巷、大石巷和尹家巷四条巷道为经，寸家湾主道和环村道为纬，以大石巷中部形成的“十字路口”（又称作小街子）为中心向四周辐射，数条小巷纵横交错贯穿其间，形成聚落空间的网状结构。一些重要巷道，如李家巷、尹家巷、大石巷均设有闾门，这些闾门或简或繁，形制各异，既有中国传统建筑的遗风，又有南亚、东南亚的建筑风格。闾门的最初的实用功能在于防匪、防盗，但闾门的设置客观上成为当地人时空分隔的基本单位，随着闾门的开启和关闭，人们在时间的规约内进行生产和生活。各闾门门楣上书的题词、楹联，如尹家巷巷尾门额题“兴仁弘德”，李家巷上端门题“兴仁讲让”，下端门题“景物和煦”，反映了宗族的家训、族规。

据村民的说法，闾门之内聚居的人群原为同支共派的族人。旧时每逢立冬，族长会带领族人在闾门外放鞭炮、烧香、粘花纸、供斋食品，以求上苍的庇佑与福泽。闾门作为宗族象征的要件，远远超出其存在的实用功能。闾门的存在对族人、亲人、我者与外人、陌生人、他者之间进行了“里”与“外”的空间区隔，从这个意义上说，闾门不仅是客观存在的“地理边界”，更是“社会边界”的物化象征。

古镇聚落的另一个特点是有数量众多的月牙形月台，往往位于巷道口正下方，在空间布局上与“放、散、开”的巷道形成鲜明对比，起到“接、收、纳”的效果，构建了村落的景观的动态平衡系统。月台的实用功能在于抬高地势，防止塌陷，也同时赋予了一定的风水意蕴。当地人认为，“水”是财富的象征，“水”顺着村落流走，就意味着“财富”被顺水带走。月台能够对川流而过的河流起到视觉上的缓冲，形成一个相对聚合的封闭空间，成为“藏风纳气”建筑样式。

---

① 参看褚兴彪《和顺古镇空间特征及传承研究》，载《安徽农业科学》2014年第42卷第6期。

综观村落巷道的设置，不难发现巷道基本是一条活巷与一条死巷交替相接，[①] 这样的聚落形态布局与屯军的军事防卫需要密不可分。这说明屯军谙熟村落的巷道建制，既可以通过活巷来布防，又可以通过死巷来制敌。巷道的军事化建制与血缘性（以姓置巷、以姓组团）和地域性（以来源地置巷设道）的聚居方式构成了和顺古镇聚落的显著特征。聚落空间与宗族在某种程度的相互重叠，体现了两者相互交融的特殊关系，亦即空间孕育了宗族，宗族限定了空间。

村落边缘与小河交汇处另设有多处临水口，即“洗衣亭”。在自来水出现之前，洗衣亭是当地人用于淘米洗菜洗衣服之处。市场则是位于坡上十字路街菜市，即位于镇子中部地带，构成了区域产品流通的交换空间。

生态特色

均衡：和顺的聚落选址是自然环境与人之生存所需的均衡结合。四周火山环绕、坝子居中，大盈江和小河穿坝而过，使这块土地既拥有天然防御屏障，又拥有肥沃耕地，以及能满足日常生活用水和农业灌溉用水之需的水源。和顺汉族先民于明初来到云南军屯戍边，地形的防御功能是其考虑的因素之一。为解决温饱问题，和顺古镇主体建于黑龙山缓坡之上，尽可能腾出坝子上的平地用于耕作及养殖，并由此形成密度较大、具有山地型的古镇特色。

村镇主体选址于黑龙山而非北边的石头山或东边的来凤山，一是相较于石头山或来凤山，黑龙山更靠近小河，生产生活用水都更为方便；二是来凤山山势较为陡峭，而黑龙山北边为缓坡，更利于人类居住。此外，黑龙山是土山，与石头山相比，更利于农业生产和日常生活。从抵抗自然灾害方面考虑，大盈江在雨季时可能会泛滥，将房子盖在山坡上利于排水及避免洪涝之灾，同时亦可减少受滑坡或泥石流等自然灾害的影响。

由于地形限制、耕地有限，和顺各大家族聚落只能依坡而建，客观

① 活巷和死巷仅是一种比喻，所谓活巷，指巷道首尾均有出口和入口，并与其他巷道相连；而死巷只有入口而没有出口。活巷大多是主要巷道，死巷一般多为里巷。

上限制了就地发展的空间与可能性，同时亦与其他因素结合（如距离缅甸较近等），而形成几百年来和顺人“走夷方”——外出经商的传统。外出经商回来的族人对和顺又形成“反哺”式培育，从物资资金的投入、文化习俗的杂糅等多方面，不断将和顺塑造成一个文化多样性极为丰富的区域。

从聚落选址来看，和顺的地形地势、耕地面积、人口数量与其特有文化（如外出缅甸经商的传统、当地建筑特征的杂糅等）之间具有紧密关系，最终在各方面达到一个相对平衡的状态。这一平衡状态，一方面对该镇向外扩展、向外发展的可能性有所限制；另一方面则通过向外经商并“反哺”家乡的途经，不断在内在文化上创造精致化、多样化的极大可能性。这一平衡状态在收敛与开放、内与外也形成了良好的张力，既是限制，亦是动力，使和顺成为一个具有生命力的聚落体。均衡或平衡是中国传统文化中极为重要的观念，不管是“阴阳五行”“相生相克”或“天人合一”，其核心都包含了均衡或平衡，即“和”或“中和”。

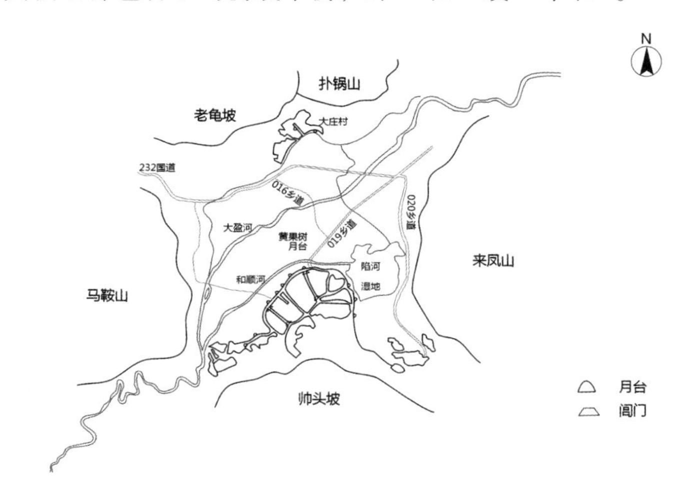

和顺风水图（曹碧莲绘制）

开　合

和顺四周环山，中部为小型的冲积平原，两条河流从中穿过。从平面关系而言，和顺的水流、聚落、坝子和环山之间形成了一个包含了动静、开放与和合的平衡状态。就上下关系而言，从山到水到坝子，则构成一个动态关系，一个“开”的局面和样态，为了达到平衡，就需要一个“收”与“合”的态势来遏制住这个动态，使之转化为利于人居的相对静态。

例如巷道，从坡上到坡下，几条南北纵巷构成主要的动态，东西两条主要横巷则与之联成网络，既是分割，亦是沟通，引导了人流和居处，人在巷道里沿一定方向行走、聚集，住屋沿巷道有序排列，从而形成包含了动态的相对静态的建筑空间分割及布局，是动静结合的现象呈现。当巷道自上而下到达山脚时，先用“闾门”来对其流动性做一个仪式性的隔断与分割，再用半圆形或扇形月台（包括照壁、栏杆等）来充分遏制住它向下、向外的态势——接收、合纳、聚拢其态势。从功能而言，整个村镇地势南高北低，巷道与环村道以及坝子平地之间有不小的高度差，月台对坡上交通从实用性、视觉上以及心理上都起到缓冲作用，并为各巷道内村民提供乘凉纳闲、互动娱乐的公共空间；从形状而言，巷道、闾门与月台是直线与曲线的结合，在空间分割与人的心理之间做了关系上的衔接；从风水上来讲是聚拢，并可延伸为“聚财”；从总的阴阳五行来讲，其核心仍是达到一个动静与开合之间的平衡状态。

主　次

和顺的主体民族为汉族，有八大宗姓，现存八家祠堂，其中寸、李、刘等算是和顺大姓。寸家祖坟位于后头坡，寸氏宗祠则位于山脚李家巷与大石巷之间，是和顺的标志性建筑之一。寸氏宗祠坐南向北，依山面坝，大门外有上下两层月台，面积宽敞达数百平方米。宗祠面对老龟山和马鞍山之间的低处，月台下有一荷塘，塘外为广袤农田，远山层层低矮，视野开阔，形成一种挡而不塞的空间环境。和顺古镇主体中，建筑有主则有次，主与次在不断的内在协调中逐渐形成平衡。进入和顺较晚的，或因种种因素不那么繁茂的族姓则依中轴线向两边展开，如李、刘、张、尹家宗祠，在村内形成主与次、中心与边缘相均衡的地理空间格局和心理格局。

从村落市场的构成来看，十字路街市场是村寨内部物品经济交换的主要空间，和顺人又有外出经商的传统，经过各种道路与外界交通形成外在市场，外在市场培育了“反哺”行为，进一步丰富了内部市场。内部市场和外部市场在物质和空间的交换上，在主次、内外、开合之间亦达到一个相对平衡，使和顺的市场样态具有较充沛的生长潜力。

这种格局亦可体现在性别的平衡当中。和顺男子自小随马帮外出“走夷方”，家中剩下老人、妇女与儿童。贞节牌坊、“隔娘坡”、洗衣亭等建筑或地标，对这种局面承担着在道德上或观念上进行平衡的功能。

杂　糅

均衡/平衡的人文样态贯穿在氏族与宗教中，形成从建筑风格到宗教信仰的各种杂糅。和顺的道观庙宇里呈现出相当丰富的儒、道、释合流样态，表面上是民间宗教和建制宗教的交汇，内在动力仍为中国传统里的均衡与平衡的观念。由此观念出发，中国民间宗教不偏执、不固执，讲究中和与平衡，使民间宗教信仰总体样态呈现为杂糅与合流。和顺民间宗教亦是此种观念的再呈现。

所谓人文，首要的原则是根据天文、地文而产生的顺应和均衡。从以上对和顺的自然与人文环境进行的综合考察可以发现，其整体呈现出中国传统的均衡/平衡观念——“和”的观念。均衡或平衡包含了动静、开合、主次等相对性要素，各种力量参与其中并达到一个暂时均衡的状态，彼此结合成为一个相对系统。这一局面或系统沿着时间或空间之轴不断自行调整与积累，构成“文化”的重要部分，因而我们既可将之视为一种文化样态的呈现，亦可将之视为一种推动文化生长发展的动力。

生　命

生生不息是人类生命的基本样态。生命价值存在的“十字架”，即共时和历时是人们在社会中的基本维度，“二宗”（宗族、宗教）无疑为重要的呈现和表现。前者是通过血缘和亲缘的凝聚而建立的群体；后者是通过信仰建立的群体。宗族的子要素包括村落景观中的宗族力量与宗族构件，如宗祠遗留（宗祠、祖宅、继嗣、亲属、族产、社团、符号等）；宗教的子要素包括民间信仰、地方宗教、民族宗教的遗留景观等（儒、释、道及地方民间宗教信仰和活动）。而乡规民约成为自治性乡土社会秩序的维护和管理。

宗族作为中国汉人社会传统的组织方式，承载着乡土社会最根本的人与自然、人与祖先、人与人、人与社会的四重关系，是认识和理解乡土社会的一个核心镜像。由宗族衍生出来的一系列人文景观，如乡村聚落、宗祠建筑、宗族墓地、宗族礼仪、宗族族规、家族门第、宗族祖宅以及族谱、符号和器物，包含着作为传统文化体系的宗族观念在日常生活中的表达与实践。因之，对宗族景观的考察与追问无疑可以深入了解寓景之中的传统观念、门第家规和人群聚合。和顺古镇是汉人聚居的古村落，家庭的扩大和繁衍生息造就了一个传统的宗族社会，宗族景观反映了和顺古镇的地方性特质。乡土宗教景观是指乡土社会中民众的宗教信仰及其衍生景观，主要包括宗教建筑遗留景观、各种类别的宗教仪式及相关活动等。对于宗族景观和宗教景观要素的分类，我们依据文化的构成原理，遵循从可见到不可见、从有形到无形、从物质文化到非物质文化的原则，将宗族景观以宏观（宗族）和微观（家庭）两条线为主轴，分空间、物质、仪式、观念四个层次，宗教景观分物质、文本、仪式、观念（精神）四个层次，逐一进行调查。

宗族景观

空　间

和顺自古是陆路通往缅甸和印度的重要驿站。明代以前，世居古镇的土著民族是佤族。明洪武年间，到云南腾冲征战并戍边于腾的将士，占据了和顺并将当地的佤族民众驱赶至 5 公里之外的甘蔗寨，成了当地的主体民族。《明史·太祖本纪》载：明洪武十五年，蓝玉、沐英攻大理，分兵鹤庆、丽江、金齿[1]，俱下。最早进入和顺的屯军正是跟随将军傅友德、蓝玉、沐英征战腾冲的寸、刘、李、尹、贾五大姓氏始祖，他们原籍均为四川巴县，战事结束以后留守腾冲，授予官职。随后进入和顺的姓氏还有湖南的张姓、南京的钏姓，湖南、江西的杨姓以及河南的许姓。据1946年尹彦卿拓文的“和顺乡土主庙明成化大钟具名录”[2]记载，至1480年，除了以上提到的姓氏而外，还有番、丘、冯、文、阮、王、赵等姓氏，但是统计结果表明这些姓氏人口明显较少，大多每个姓氏1—2人，以至在演化发展中村中已无这些姓氏，而是发展为寸、刘、李、尹、贾、张、杨、钏八大宗族。

宗族聚落具有以下几个特征：（1）以家庭、宗族构成的同族聚落是最普遍的形态；（2）强势的家族主导着宗族和聚落的发展与兴衰；（3）聚落中的宗庙或家祠，表征着周礼中“同姓于宗庙，同宗于祖庙，同祖于家庙”的规制；（4）家庭或宗族成员，生时聚族而居，死后则聚族而葬；（5）家族、宗族聚落不仅是社会和经济的基本单位，而却在军事上构成了民防的基本单位。[3]和顺古镇聚落的构成和内部机制，基本上遵循聚族而居的原生状态，体现了宗族聚落的典型特征。八大宗族或以姓置巷，形成“严格有序的里巷”，如李家巷、尹家巷、刘家巷，抑或以姓组团，形成“组团式的聚居方式”，如寸家湾、张家坡、贾家坝，同时也存在以始祖来源地命名的巷道，如大桥巷、大石巷等。

物　件

祠堂：宗祠，抑或祠堂，是族人祭祀祖先以求“慎终追远”“尊祖敬宗”的重要场所，也是实践祖先崇拜的标志性景观建筑。传统聚落的精神

---

① 明朝时，腾冲被称为腾越，属于金齿司，直隶布政司。后在腾越设置腾冲卫。

② “和顺乡土主庙明成化大钟”铸于明成化十六年，于1958年当作废铜被毁，至今已经不存在。但尹文和的父亲于1946年拓文，考校《具名录》，拓文载于尹文和的《云南和顺侨乡史概述》，详见第407—409页。

③ 杨大禹、李正：《和顺·环境和顺》，云南大学出版社2006年版，第4页。

空间遵循“凡立宫室，宗庙为先”的礼制，作为宗族最根本性要件，宗祠自然成为村落礼制空间的核心体。和顺古镇共有寸、刘、李、尹、贾、张、杨、钏八大宗祠，其中除了杨氏宗祠和钏氏宗祠位于大庄村[①]，其余的寸、刘、李、尹、贾、张六大宗祠位于十字路村和水碓村，呈一条线排列在环村主道，与图书馆、文昌宫等重要建筑构成“和顺的文化带”上的重要景观。

八大宗祠按照建造年代依次是寸、尹、刘、张、贾、李、杨、钏，从1809年寸氏宗祠始建，到1926年李、杨、钏氏建祠，大约也经历了一个多世纪的时间。然而，每一个宗祠的建成并非一蹴而就，而是凝聚了几代族人的心血，甚至长达几十年的时间才初见模型。由于历史的动荡，和顺的八大宗祠曾遭到不同程度的毁坏，其中寸氏宗祠、尹氏宗祠、杨氏宗祠、钏氏宗祠曾改建为乡村小学。直到19世纪80年代以后，和顺的缅甸华侨回乡捐资修葺宗祠、重修族谱，宗祠才借以恢复原有的祭祀功能，成为凝聚族人的重要活动场地。现存的八大宗祠基本遵照大门、过厅、庭院、大殿、花厅依中轴线排列，两侧配置厢房的空间格局，但是由于历代投入的人力、财力各不相同，其选址、规模、样式也各具特色，既有李氏宗祠、刘氏宗祠、张氏宗祠的古朴内敛的传统格调，又有寸氏宗祠的南亚、东南亚的异域风情，其中李氏宗祠、刘氏宗祠、寸氏宗祠最具有代表性。

例1　李氏宗祠

李氏是当地的名门望族，人口众多，人才辈出，李氏建祠的时间却是八大宗祠中较晚的宗族。清光绪年间，李氏族人曾在水碓龙潭东面，隔路斜坡上的三角地带修建过正殿，但因地势狭隘，施工难度较大，故而停顿另选地址，族人对此意见颇多，建祠之事一度停歇。中华民国初年，李氏族人十七代裔孙李日垓（艾思奇的父亲）时任云南第一殖边督办，清明节回乡祭祖时表达出乡中望族却未见祠堂的遗憾，族间遂开始慎重考虑选址建祠一事，便从赵姓手中高价购得一处依山傍水、地势高峻的风水宝地，

① 和顺由水碓村、十字路村、大庄村三个行政村组成。水碓村与十字路村相互连接，其对面是大庄村。

并向旅缅华侨筹集资金修建宗祠，最终于1920年开始破土动工。1923年完成第一期工程，包括全部石脚围墙、正殿，1925年西殿及大门、二门、拱门竣工，直至1926年初见模型。整个祠堂占地约四千平方米，石料取自当地的火山石，用料两千余立方米；木料千多立方米，均为楸木。祠堂的两月拱门、大门、二门、东西厢楼、左右配间、正殿，以及石阶、楼阁、树木，营造出古朴、清幽、高雅的意境。

李氏宗祠背靠黑龙山，面朝来凤山。就风水而言，有靠（黑龙山）、有案（二台山），有朝（来凤山），是一块极佳的风水宝地。整个建筑群地势相对较高，中分两路拾级而上，左右两边为拱门，眉额分别上书“登龙”“望风”，意即“登上黑龙岭，遥览来凤山”。穿过拱门是半圆形的月台，四周围以石栏，从此远眺，四周美景尽收眼底。登上台阶是具有中国传统建筑特色的宗祠大门，飞檐翘角，气势磅礴，主体框架是木材，左右两边墙壁为砖瓦结构，墙垣呈扇形展开。大门为三开间，中间门额悬挂“李氏宗祠”，配有一副楹联：

派衍阳温暾，正昔日，彩云南现；门迎高黎贡，看吾家，紫气东来。

左侧门配联：

型族型宗，排启礼门义路；乐山乐水，放开智眼仁眸。

右侧门配联：

后裔循规，止孝止慈止敬；先民有则，立德立功立言。

进入大门，有一宽敞的庭院，视野开阔，是通往正殿的过渡空间，前方左面石壁镌刻国内外族人捐资《芳名录》。中间一组九级石阶之上是二门，二门是高墙之上开设的圆拱门，石阶前端两侧各有一对栩栩如生的石狮，两旁各种植一株梧桐树，树木枝繁叶茂，象征子孙繁荣昌盛。通过二门是一个雅致的核心空间，正中间台阶之上矗立着一座三开间单檐屋顶的祠堂大殿。中间前檐梁悬挂“道德开基”，两旁檐柱附有楹联云：

绝缴始开基，看万里云山，郁为观音倒座；大宗系收族，原一堂香火，延到弥勒下生。

中堂正门悬挂“声垂无穷”，两侧配联云：

凤岭龙潭，龟坡马岫气佳哉，固宜赢育奥区，历汉唐宋元几朝，犹在羁縻，问谁蓝缕启疆，禴禘尝蒸，报腾冲卫功德，亦为祖考。

士师藏史，飞将谪仙族大矣，且慢攀援往哲，计寸刘尹贾五姓，同来谛造，即今闾阎撲间接地，睦姻任卹，有和顺乡声名，以御于家邦。

左侧门配联：

闻先世有大英雄，斩此蓬蒿成宅宇；
受累叶多魁梧士，肃将蘋藻蔗馨香。

右侧门配联：

潭自拓蕉溪，吾祖犹龙见处，好参得一理；
山宜辟桐圃，他年有凤来时，最近第三枝。

大殿中堂是家堂暖阁，用于供奉祖先的牌位，中间供奉“大明从征卫所千户始祖黑斯波李公之神位”，左右两边供奉繁衍世系的祖先牌位。大殿之外，台阶之下设置半月形月台，月台之下有一水台，中间设置“龙吐水”的景观。大殿两旁是回廊歇山式厢楼，共有两层，常是聚首议事、接待客人的重要场所，动荡时期改为乡村教室。厢楼后院设有花园，围墙建成三叠式照壁，照壁之上的书法、壁画相得益彰。作为核心空间的三进院落，大殿、厢房、照壁、花园、树木相映成趣，浑然一体。

例2　寸氏宗祠

寸氏宗祠与李氏宗祠、刘氏宗祠相比，虽有遵循一定的中国传统建祠的礼制，但在建筑中融入了南亚、东亚的建筑风格，是八大宗祠中最具特色的一座宗祠。寸氏族人在和顺是势力最为强大、财力最为雄厚的家族，这一点从宗祠的祠堂的规模和设计、建筑用料以及祠堂重建的投入资金上均都能反映出来。寸氏宗祠始于建于清朝嘉庆十三年，历时四年基本建成大门、走廊、厅房、照壁、家堂，并在历经修缮。据《腾冲寸氏宗谱》载：

> （嘉庆）至十三年腊月初二日竖正房大门。十四年夏……起两山墙围墙以及廊阶……二十四年建厅房，道光二年同仰止修厅前照壁，三年修家堂座，五年修暖阁牌位，匾封庄颜，六年修月台，尚欠两厢，攻难告竣，嗟嗟时事变迁，日月易迈，忽忽二有四年矣，大约用费银壹千有零……[①]

这证明族人对宗祠建设的重视程度以及宗祠修建过程中的耗资。整个宗祠占地面积2000多平方米，坐南朝北。宗祠外围修建一大型月台，围以石栏。月台中央左右两边矗立着两根双斗石标杆，每根标杆含两个“斗”，表明寸氏家族出过举人[②]，但“文化大革命”时期已遭毁坏，现存的标杆于2006年仿照原来的样式恢复重建。标杆两旁放置一对白玉石狮，由缅甸族裔2009年捐赠[③]。拾级而上，是寸氏宗祠的标志性建筑：三孔圆拱石门。这道石门重建于1935年，由时任寸氏族长寸性怡主持修建。整个大门

---

① 《腾冲寸氏宗谱·修建宗祠序》，2016年清明重印。

② “斗”象征着科举考试中的等级，如果无“斗”意味着族人在科举考试中没有功名，如果是一个“斗”，表示中了举人，如果是两个“斗”，则表示中了进士。

③ 据现任寸氏族长介绍：石狮本不应该放置在宗祠之内，看风水的地师也建议把狮子移入二进院落，因为狮子不能放在宗祠的门口。再加上这对石狮面部凶恶，违背了老祖宗以“和”为贵的家族理念，但是考虑到这对石狮是缅甸族裔捐赠，也是前任族长和族人商定放在门口，所以也不便胡乱移动它的位置。

的造型由印度工程师设计，缅甸和印度工匠完成。所用材料也都是通过马帮从英属殖民地缅甸运回和顺乡。门顶是典型的南亚建筑风格，中国传统文化中的匾额、楹联、书画与之相配，再加上周围的月台、标杆和栏杆，形成了别具特色、气势恢宏的建筑。在“文化大革命”时期，门顶被拆除，只留下了三扇大门。随着和顺古镇旅游业的兴起，2000 年县政府为打造最富有建筑特色的名片，出资 10 万元用火山石按原样恢复门顶。据族人介绍，进出石门还有严格的等级规定，中间主门仅供具有官阶和德高望重的人出入，左右旁门供一般身份的族人进出。

大门的左右两旁石墙刻有捐资《芳名录》。穿过花荫，拾级登楼，左右两边是厢房，四周悬挂“百发朝仪”“知恩图报”“德照蒲新”“勋垂百代”的匾额。走出二进院落便是矗立在中轴线上的寸氏宗族的大殿。大殿属于木质砖瓦结构，由上、下两层组成，整个建筑显得古朴而庄重。一楼中间供奉着五代始祖牌位，四周墙壁悬挂家训韵语十六章：孝、弟、忠、信、礼、义、廉、耻、恭、俭、慈、让、勤、谨、宽、和。寸氏宗祠在清朝末年与和顺其他宗祠一样作为启智化愚的教育场所，20 世纪 20 年代初从私塾改为学堂。正因为如此，祠堂的整个建筑在动乱年代才没有大规模的损坏。寸氏宗祠曾是“和顺女子两等小学堂”“和顺中心小学”的校址。2000 年 2 月，和顺中心小学的新校址建成才结束了寸氏宗祠作为学校的历史。2016 年 5 月 21 日经寸氏宗族理事会讨论决定拆除原来的整个大殿重建大殿。据现任寸族长介绍，新建大殿耗资 100 多万，主要资金来源于腾冲、德宏州一带族人以及缅甸族人的捐款。其中，还有族人以实物进行捐赠，如建造大殿所用的柱子（柚木）、油漆、砖瓦、铺路石等，其中柚木和油漆均来自缅甸。

家　堂

祖先崇拜通常在培养家系观念中起决定性作用，通过祖先崇拜，家系将活着的人和死去的人联系在一个共同体。[①] 族人于立冬和清明两个时节，

① ［奥］迈克尔·米特罗尔、雷音哈德：《欧洲家庭史》，赵世玲等译，华夏出版社 1996 年版，第 11 页。

通常以宗族为单位在宗祠祭祀共同的祖先，而在日常生活中，以家户为单位的祖先崇拜观念往往通过家堂得以实现。在和顺，几乎每一个家庭，无论是传统民居还是现代房屋都保留着中原形制的家堂。家堂中间一般供奉天地君亲师，按照中国传统宗法昭穆制度，灶君地位高于祖先，所以左边供奉灶君牌位，右边供奉祖先牌位。在动荡年代，也有一些家庭将中间的天地牌，改为“天地国亲师”，沿袭至今。极少有家庭会将祖先牌坊放置在左边，灶君牌位放置在右边，看来两者的位置并不可以随意更改，但是寸氏族长的家堂就是按照左为祖先，右为灶君的方式摆放。家堂牌位之前，放置案台，用于供奉香火和祭品。

和顺人都有每日在案台前敬香、点蜡烛的习惯，每逢春节、清明节、中元节等岁时节庆和小孩出生、寿辰等生命礼仪，祭品也就比平日更为丰富，除了敬香、点蜡烛之外，还有各式水果、糖果、糕点和熟食。家堂前的祖先牌位一般写有：“××氏门中历代宗亲魂位。”家户自己的祖先牌位并不放置于家堂。只有在中元节，一些和顺人会拿出“亡单”① 挂在靠近家堂牌位的墙壁上，从农历七月一日开始“接亡”（接亡人进家门），至七月十五日“送亡”（送亡人出家门），每日都要向祖先敬献一日三餐（俗称“献饭”），时间持续半个月。

陵园、墓碑

陵园和墓碑集历史价值、文化形态、艺术特征为一体，是研究丧葬礼制、宗教文化、阴宅风水、家族历史的重要物件。和顺的八大宗族的始祖有始祖陵园，寸氏始祖陵园和李氏始祖陵园等经重修面貌一新。墓碑也是宗族景观的重要构成部分。这些墓碑基本选用石料筑成，主体部分为三开间，配以石制屋顶，但规模大小、形制装饰、铭文书写、刻工

① 亡单：指死亡人的名单，一般是在一张白色的纸张上写上本家庭中已故先人的名字，白纸往往有很大的空间以便增加后来亡人的名字。中间写有“××氏门中历代宗亲魂位”，左右两边分为上下两个部分画满竖格，每个竖格填写一个祖先的名字，上写称呼、下写名字，从右到左按辈分排列。亡单的所有先人都限制在五服之内，右半部分是嫡亲，左半部分是姻亲。

技法、纹饰设计等各不相同。其中，墓碑碑文对始祖迁居和顺的历史沿革、丰功伟绩、繁衍支系等进行了翔实地记载，是研究区域史、地方史、家族史的重要史料。和顺的八大宗族除了势力较为强大的寸氏宗族和李氏宗族建有始祖陵园外，其余刘氏、尹氏、贾氏、张氏、杨氏、钏氏宗族只有始祖墓碑。

仪　礼

清明节祭祀祖先的活动是和顺当地最为隆重的节日之一。和顺八大宗族祭祖仪式就参与人数而言规模各不相同，但祭祖方式却大同小异。中华人民共和国成立前，参与祭祖仪式的族人较少，祭祖的费用来源于祭田，祭祖分为春秋两祭。1949 年后一段时间，宗族被视为阻碍社会主义现代化建设的封建力量，一度遭受打击，与宗族有关的一切活动被禁止。尽管在这一段时间，和顺的祭祖仪式并没有完全中断，而是在隐蔽的范围内悄悄进行。直至 20 世纪 80 年代，宗族在乡村的复兴，才开始恢复了有关祭祀祖先的一系列活动。今日的祭祖从参与人数、仪式程序、祭祖费用来源、祭祖时间都发生了很大的变化，但总体而言，基本维持宗族和家庭两个层面的祭祖活动。

宗族祭祖

和顺宗族祭祖活动分为春秋两祭。祭祖俗称为“上坟”，合族而上公坟称为“上官坟”，分家支上坟成为“小官坟”。所谓“官坟”是因为迁居和顺的八大姓氏始祖均为朝廷官员，授予官职，戍边于此，故而沿袭相称。祭祖首先是合族祭祖，上“大官坟”，结束以后才是一、二、三等房支分别祭祖，即上“小官坟”。无论“大官坟”还是“小官坟”，祭祖费用一般来自祭田。腾冲被日本人攻占以后，旅缅回乡的难侨大增，聚众人数翻倍，经费不够支出，每人就出半升米、一个鸡蛋，由承首挨家挨户地收取。“大官坟”承头由数家轮值，“小官坟”承头由一两家轮值。承头负责备办祭品和饮食，餐后所剩菜饭，由承头自行处理，但还要给每家带回一包“盐水”（油炸肉、干菜等）。

十月初一为祭祖日，古称“小阳春”，“小阳春”前后是和顺秋祭时间。传说这几天历代亡灵会出现，接受后人祭奠。春秋两祭的祭品各有不同，清明祭祀一般敬献八大碗，秋祭多一口“锅子”①、四碗菜和醋碟。现在和顺古镇的宗族祭祖仪式只有春祭，秋祭只是个别宗族在小范围举行。春祭一般为大祭，在清明节一周之中根据各宗族的需要择日举行，李氏宗族定于清明节第一天，寸氏族人定于清明节第二天。1949 年前，祭祀限于男性，费用来自祭田，各家房支作为轮值承办。

20 世纪 80 年代以后，祭祖开始允许女性参加，嫁出去的女性也可以回到原来的宗族中参与祭祀。祭祀聚餐费来自当天族人交纳的伙食费，比如 2017 年 4 月清明节，李氏族人在当日收取每人 20 元的聚餐费；也有宗族势力比较强大的，如：寸氏宗族，聚餐完全不收取任何费用。祭祀活动还设置“捐钱处”，来自各地的族人可以自愿捐款，这是族人参与如修建宗祠、祖坟等宗族日常事务的主要方式之一。祭祖仪式的程序与以前相比，并没有较大的差异，只是李氏和寸氏宗族增加了洞经演奏和歌舞表演。祭祖活动大致包含以下程序：（1）司仪宣布仪式开始；（2）族人按字辈排列；（3）鸣炮；（4）司仪宣读宗族上一年度的开支（如修建大殿、购买土地的费用）；（5）族长宣读祭文；（6）副族长讲话；（7）族长带领所有族人依次上香；（8）鸣炮、礼毕；（9）歌舞表演、聚餐。

20 世纪 50 年代以前，参与祭祖的族人仅限于本乡人。80 年代以后，在相对宽松的政治环境中，宗族开始重修族谱、修建宗祠、修葺祖坟、兴办仪式，族人之间的联系得到进一步加强。和顺的八大宗族纷纷开始成立宗族理事会，成员包括本乡、来自“内五县”（保山、昌宁、龙陵、施甸、腾冲）以及“外五县”（梁河、盈江、陇川、芒市、瑞丽）的族人和缅甸族人。清明节参与祭祀的族人，也从原来的本乡人扩大到来自其他各地的族人和海外华人（主要是缅甸族人，也有来自中国台湾、新加坡、美国、加拿大的族人），人数达到几百人甚至上千人。

① 锅子：锅子是和顺人重大节日和日子必备的佳肴。当地人用中间可以放置火炭的圆形火锅子，在周围放入青菜、莴笋、黄花菜等蔬菜，配以豆腐肉丸、排骨等肉食煮成的火锅。

家庭祭祖

以“家”为层面的祭祖活动是具有紧密血缘关系的家庭，一般从清明节开始第一天至第十五天之内任选一天举行祭祖仪式。内容包括“靠柳”（墓地）、祭献贡品（墓地）、焚烧纸钱（家）、聚餐（家）。在和顺古镇，除了一些年过六旬的老人和地方精英，大部分人已经不知道“靠柳”① 的缘由，只是将这一行为视为祭奠祖宗、缅怀先人、祈求保佑的传统习俗。“靠柳”在清明节前一天举行，和顺人一般先去始祖坟墓前“靠柳”，然后再去自家的坟前靠柳。人们先清除坟前的杂草丛木，然后在坟前插上柳枝、三炷香，再往柳枝上浇水，最后祭献祖先生前喜爱的食物，并磕头祈福、告慰先灵，回到家后，他们也将柳枝插在自己居住的门上，祈求来年庆吉平安。和顺人的坟墓主要集中于黑龙山和石头山，其分布主要取决于各姓氏居住地与山的远近。寸、刘、李、尹、贾姓氏族人居住在水碓村和十字路村，坟墓多位于帅头坡（象山），即芭蕉关通往腾冲城一带的山坡上，而居住在大庄村许、杨、钏姓氏的族人坟墓主要位于大庄村和石头山。以前每一个宗族各有一块坟地，互相不得混淆，后来慢慢地也就打破了这条界线。乡民们说 2016 年和顺开始进行丧葬改革，人去世以后必须安葬在位于石头山的和顺公墓，他们老一辈买下的棺材有些以低价卖往缅甸。他们请人打好的活人墓，也要按照政策摧毁，但会得到相应的补偿。

家庭祭祖开始时间于清明节当日起至 15 天之内，第 16 天停止一切祭祀活动，俗称为“关山门”。在此期间，人们从四面八方赶回家乡祭祖。以家庭为单位的祭祖一般限于五服之内的亲戚，还有一些家庭仅限于主干家庭。以前清明节上山祭祀更为隆重，一家人带着炊具、酒水、食材一同上山，在祖宗坟前烹饪食物，然后在坟前供上祭品、摆上茶酒、点上蜡烛、呈上熟食、焚烧纸折的金银、元宝和纸钱，最后大家围坐在一起共进晚餐、叙家常。清明节上山烧纸钱、煮食物被禁止以后，家庭祭祖一般改

① 对于柳枝的选择，当地人也有严格的规定，一般不用垂柳而用杨柳。他们认为垂柳有“垂下来”之意，不吉利。

在家里进行，包括煮“锅子”、献饭和烧纸钱等仪式活动。

四重关系

人与自然

传统村落的建制自古遵循天地之利、崇尚自然、人地和谐、因地制宜的理念。和顺古镇坐落于黑龙山北麓的山坡上，居山而不登高埠，临水而不陷泽国，其聚落特点和空间分布反映了人们对自然环境的适应性选择和有效利用。和顺古镇是一个典型的宗族聚落，以“族”为单位的聚族而居充分体现了其血缘性（以姓置巷、以姓组团）、地域性（以来源地置巷设道）和军事性（死巷与活巷交替出现）的聚落特点。整个空间的布局从巷道、闾门、月台，再到宗祠、庙宇、广场（小街子）、河流、小桥、牌坊，组成一个动静交替、井然有序的生活空间。

聚落空间的形成与布局，不仅是人们对于自然的选择与利用，还受制于固有的风水理念。和顺古镇下辖三个行政村，水碓村和十字路村紧密相连，坐东南向西北，村落依山而建，民居鳞次栉比，整个布局以图书馆和文昌宫为中轴线从由东向西延展，犹如“扇形”。后头坡位于村落的后方，形如“扇柄”。大庄村位于水碓村和十字路村对面，三个村落与四围火山形成一个相对封闭的聚落空间，两条河流三合河、大盈江，横穿而过，符合中国传统文化中“面屏、枕山、环水”的风水理念。呈扇形分布的水堆村和十字路，左右两侧犹如“龙过峡”，是古镇极佳的风水宝地。寸先生[①]说：

> 三合河与大盈江在村落的“扇形”之内，水是富庶的象征，大盈江的“盈”字代表“银子”或“满盈盈”，所以坐落在“扇形”之内的寸、刘、李、尹、贾、张六大宗族去缅甸做生意成功者居多，自古比较富裕，而位于“扇形”之外大庄村的杨和钏两大宗族以农业为

---

① 寸先生，1943年生，和顺古镇当地的风水先生，退休前一直带领和顺人进行水利治理，以上资料来自2017年7月12日的访谈。

主，比较贫穷。张家坡有一座“捷报桥”，凡是从此桥路过的和顺人就意味着走夷方赚了钱，向整个乡传来捷报。和顺人也把这座桥看作一把“锁”，把魁阁（位于离“捷报桥”200米左右的西北角）中的两棵高大笔直的古双杉，被视为两把“钥匙”。“锁”与“钥”将和顺乡的水“锁住”，也就把财富锁在了和顺。整个和顺的水流不见出水口，隐隐约约流淌而过。因而，和顺古镇有乡谚云：“河顺乡，乡顺河，河往乡前过。”亦云：“只见盈（银）水进，不见盈水出。”

“扇形区”的宗祠集中分布在环村主干道的同一条文化带上，是村落礼制空间的核心体。宗族提倡敬祖和孝道，是子孙恪守的一种社会礼制。作为宗族“睦族惇宗”的重要场所，宗祠与周围的民居建筑构成社会伦理与家庭秩序的象征。由此可见，和顺古镇的聚落形态和宗祠分布是宗族处理人与自然关系的最佳例证。

人与祖先

宗族最初源于共同的祖先繁衍分支的人群共同体，并在演化的过程中衍生出一套相对完善的管理机制，包括宗族组织、族谱、族产、族规，但是所有的衍生物都服务于一个理念，那就是以孝为中心的祖先崇拜。人与祖先的关系对中国人的观念、意识和心理都产生了深远的影响，因而慎终追远、尊祖敬宗、寻根意识、互助互爱成为宗族最根本的精神要义。最能体现祖先崇拜的宗族景观是宗祠、家堂和墓地。祠堂和家堂放置祖先牌位，祖先灵魂寓居于此，接受族人的祭拜。在中元节、清明节举行隆重的祭祖仪式，以此实现人与神之间的沟通与交流，祈求祖先的庇佑。

传统观念认为，家族后代的兴旺取决于祖先灵魂和凡人的居所（阳宅：祠堂，家屋；阴宅：墓地）。在和顺，“风水”是族人考虑的首要因素。无论是阳宅还是阴宅，首先考虑选址是否符合风水上的“地理形势”，阳宅注重“阳宅三要”，即祖房、大门、灶房；阴宅只用遵循“地理五决”，即出水口、进水口、有朝、有案、有靠。阳宅比阴宅更讲究风水，除了选址之外，还要根据房子主人[①]的生辰八字定方位，然后选择吉日动土[②]，并举行谢土（祭祀三牲、烧纸钱）、架马、上梁（祭献、装仓[③]、挂梁、浇梁水、丢蛮首[④]）等一系列仪式。

人与人

宗族一个父系世系集团。它以某一男性先祖作为始祖，以出自这位始祖的父系世系为成员身份的认定原则，所有的男性成员均包含其配偶。虽然在理论上，宗族的基本价值是对世系的延续和维系，但在实践上，其成员的范围则受到明确的限定。[⑤] 这一观点强调，宗族是以父系作为认定成员资格并确立人与人之间的行为规范和标准。与“继嗣”不同，“世系”以“父系世系”为原则，涵盖“纵”（直系）与“横”（旁系、配偶）两条亲属系统。历史上，对于宗族成员的限制曾出现过大宗宗法“百世不迁”和小宗世系强调“五世迁宗”。无论哪种原则，都是特定历史条件下的适应性选择。由此可知，宗族成员的范围既可以“无限延伸”也可以限定在“有限范围”。人与人之间的关系限定于以父系世系的框架下，对内可以明确族人的身份和归属；对外可以遵循人与人之间的行为规范。

和顺是陆路通往缅甸，进入印度等东南亚、南亚国家的要冲。由于特殊的地理环境，古镇与缅甸形成一个山川相隔、但河海相连的整体生态单元，多元文化的碰撞与交融、各族群的迁徙与交往促进了人群、商品、信息、资本、技术、文化跨越边界的流动。从族人的捐款、祭祖仪式的参与者、权力结构、民族构成（如寸氏宗族中有傈僳族、景颇族、阿昌族、傣族、佤族）、亲戚间的互动与往来，不难看出，和顺古镇在地方化进程中

---

① 按照和顺古镇习俗，夫妻双方以丈夫定方位，孩子出生以大儿子定方位，本命年不动土。

② 修建阳宅叫“动土”，修建阴宅叫“破土”。

③ 装仓即“装五子五宝”，五子：广子、桂子、莲子、松子、绿子；五宝：金子、银子、珍珠、宝石、玉石。盖房子用五子、五宝象征平安。

④ 蛮首：蛮首是一种用米磨成粉做成类似于窝窝头的模样。蛮首有大、小之分，大蛮首中间包有“大龙元”；小蛮首中间包有一元硬币。

⑤ 钱杭：《宗族建构过程中的血缘与世系》，《历史研究》2009年第4期。

建立起“在地”乃至“跨地域”的族群关系与社会网络，“宗族”恰好成为连接族群关系和社会网络的重要纽带。这个网络关系嵌入区域性的人文生态系统，存在一个由内、外五县和缅甸构成的空间结构。

人与社会

人与社会所建立的秩序关系，乡规民约是一个重要的参照依据。乡土社会的自治性质决定了其社会控制的民间特点。社会需要秩序，秩序需要管控，管控需要法理。乡规民约于是成为代表性“同意权力”的榜样。自治的乡土培育了“自制的法理”。学者称为“民间法”，“生自民间，出于习惯，由乡民长时间生活、劳作、交往和利益冲突中显现，因而具有自发性和丰富的地方色彩”的一种知识传统；是“活生生地流动着的、在亿万中国人的生活中实际影响他们行为的一些观念”和各种非正式制度，如各种本土的习惯、惯例等。①

由于和顺是由外来不同的宗族共同建立的村落，故没有统一的乡规民约，除了现代行政体制下制定的行政条例、规范外，乡土和顺的乡规民约，是以族规来代替的。无论是先到和顺屯田戍边的寸、刘、李、尹、贾五姓，还是稍后入驻的张、杨、赵、许、钏等宗族，大都有自己的族规族训。宗族可以针对违反族训或者公序良俗或者轻微违法的情况进行惩罚，惩罚程度根据违反程度来判定，主要有跪祠堂、磕头认错、绑在祠堂门口的柱子上进行规训等。涉及严重犯罪的情况，则扭送当地治安部门进行处理。

和顺古镇村规民约的存在形态，除了宗族的规范，和顺的广场、街、巷、桥、亭、台、坊、闾门等建筑空间中的文字、规范，均具有“乡规民约”的特定因素。和顺家堂牌中的信息也起到了教导乡人的作用，《阳温暾小引》中的对后人日常生活的规范劝诫，则可看作和顺口传的“乡规民约”。《阳温暾小引》② 世传为和顺大石巷寸姓一位祖辈所写，又传这位先

---

① 苏力：《法治及其本土资源》，中国政法大学出版社 1996 年版，第 14 页。

② 杨发恩：《阳温暾小引》，载杨发恩主编《和顺·人文卷》，云南教育出版社 2005 年版，第 289—319 页。

辈因在瓦城（缅甸曼德勒）作书用心过度，不久就咯血死了。

《阳温暾小引》中的男人的“九诫”和女人的“三要”，展示了和顺口传版“乡规民约”的独特性：

男人的“九诫”：

一诫“不读书，不习正经门头”：自古道，一日三，三日成九；父母知，先生晓，岂能罢休；先生打，不过是，学规责究；父母打，动真情，怒结咽喉。

二诫“没天理，大秤小斗”：做生意，要公平，不欺老幼；得了利，莫深贪，即当脱手；切不可，心不足，不知回头。

三诫“忘根本，偷马盗牛”：自古道，男子汉，莫为盗寇；百样事，皆可为，有甚害羞。

四诫“结交人，心高气浮”：见长者，要恭敬，徐行在后；凡说话，莫高声，气性温柔。

五诫“好懒惰，东走西游”：左一年，右一年，正事不谋；或闲游，或睡觉，从午到酉；富与贵，皆由那，勤苦而有；那一个，懒惰人，造就狐裘。

六诫“吹鸦片，廉耻没有”：你一口，吹尽了，良田百亩；你一口，吹尽了，房屋园囿；你一口，吹尽了，妇人衫袖；你一口，吹尽了，父母狐裘；此鸦片，可以定，人之好丑；此鸦片，害得人，礼义全丢。

七诫“为赌钱，正路不走”：自古道，十个赌，九个干休；为打字，输钱的，十有八九；劝列翁，快猛省，及早回头；生意钱，血汗钱，才得长久；惜省下，此项钱，早回故州。

八诫“不可贪，外国花柳”：自古道，万恶事，淫为魁首；倘若是，染着那，杨梅疮疢；众亲朋，定将他，逐赶下楼；此才是，无人救，独坐罪囚；一世人，从此去，概已罢休。

九诫“太奢华，心向虚浮”：结交的，尽都是，狗肉朋友；上汤铺，进酒店，曲划绸缪；自古道，园中菜，胜过珍馐；布衣服，若合身，只要清秀；胜过那，绫罗锦，各样丝绸。

女人的“三要”：

一要孝敬公婆；二要相夫教子；三要积留钱财。自古道，男人找，女人各留；别寨的，妇人家，纺织为首；吾乡人，爱的是，粉面油头；走东家，到西家，花麻料口；巧梳妆，怪打扮，全不知羞。

和顺村规民约的运行特点：

1. 强烈的宗族性。以宗族家训替代乡规民约，贯穿了儒家的礼法思想，并在本宗族内得到遵守/获得认同，而违反家训的行为，则会受到下跪认错、绑在祠堂外暴晒、严重者甚至逐出家门等不同程度的惩罚。

2. 道德教化为主，治安惩罚为辅。和顺村规民约内容大多涉及与农村有关的生产和生活，尤其偏重对财产、婚姻、家庭等民事方面的规范，充满了乡土气息。同时，村规民约进行长期持续的道德教化，是一种价值指向与行为指南。

3. 缺乏强制性。从存在形式上看，村规民约是非成文法，大多针对具体的事件而制定，表述较为口语化，缺乏理性、严谨的法律制定程序，更重要的是，违反村规民约，行为人一般不会遭受实质性的惩罚。但是这并不意味着村规民约的无效，恰恰相反，在和顺，村规民约的效力的实现，往往是一种道德制约和心理制约，人们自觉地去遵循这些得到认同的行为规范。

新中国成立后，国家权力的控制力日渐增强，村规民约成为国家法的补充，在道德劝善方面发挥作用。村委会的设立，取代保甲制度，村委会、妇联、法院调解等机构发挥的作用取代了宗族的族规。但是，许多民间的纠纷仍然在民间法范畴和范围内处理与解决。

宗教景观

按照宗教的学术分类，将和顺宗教分为制度性宗教与非制度性宗教，制度性宗教包含了主要以中天寺、元龙阁、清真寺为核心载体的佛教、道教、伊斯兰教三大宗教；非制度性宗教指民间信仰或曰民俗宗教，有代表性者如以财神殿、文昌宫、魁阁为载体的信仰活动，以及涉及村落全境的打保境仪式等。

制度性宗教景观

和顺寺庙众多，大的庙宇有8个，中天寺、三官殿、魁星阁、元龙阁、三圣殿、关圣殿、观音殿、财神殿（和顺古镇核心景区的主要庙宇为中天寺、元龙阁和财神殿）。单佛寺僧人就有300多人（整个腾冲县有2000人左右）。

道观元龙阁

元龙阁位于和顺东北角，面临碧波荡漾的龙潭，背靠名木古树参天的黑龙山。始建于明代洪武年间，清代乾隆二十七年重建，是儒、释、道“三教合一”的道观。1984年6月2日被列为腾冲县级重点文物保护单位。

元龙阁背山面水，循序而建，地势逐次升高依次为山门、关帝殿、地藏殿、魁阁、观音殿。山门前左右各有一棵树龄80年的古树，檐下悬有匾牌“元龙阁”，两侧贴有对联“云源绿养潭千尺，幽谷青园树一窠”，两扇均绘有门神图像，左为秦叔宝，右为尉迟恭。第一殿是关帝殿，檐下悬挂锦旗三面：中书“忠义春秋”，左书“大道生财”，右书“高声群骥”，两侧廊柱贴对联“是义是勇是忠心同日月，有猷有为有守志在春秋”。关帝殿主神为关圣帝君，红脸武神形象，木质彩绘塑像。其辅神左边为马王、龙王塑像，右边为泥塑文武财神塑像；前面一左一右分别为护法周仓、关平。神像前方的供桌上另有一牌位，供奉五方五土龙神、地藏天下宝、前后地主财神。根据道长周信辉提供的法事明细簿，几大神灵均有道教圣号，以表神职。关帝为敕封三界附魔大帝忠义神武，马王为青城柏山马王尊神，龙王为无衣玄皇辰极灵威壬癸龙王伺辰（真君甘露流润天尊），关平为太子关殿下，周仓为武帝驾前保卫周将军。

地藏殿大殿神台分为两层，下层为地藏殿，上层为三官大殿。三官大殿供奉天官、地官、水官大帝，木质彩绘神像，左右两旁均有童子塑像。地藏殿供奉佛教的地藏菩萨（圣号为南无十轮拔苦本尊地藏王菩萨），道教称之为“目连尊者”。主神前方的供桌上供奉祖师邱大真人牌位。大殿左角还供奉了元龙阁第一代祖师李仙之神位。第二殿两侧配有耳房，正在修缮。第二殿与第三殿之间院落置有香炉。

魁星阁为六角攒尖顶重檐木构建筑，檐下柱枋绘有海阔天空字样，阁内前面供奉韦陀菩萨，后面供奉魁星。檐下柱枋悬楹联一副：“元精含斗极，龙脉焕天枢。”含“元龙”二字，为此阁之名。元潭前为宽敞的大月台，月台上分植两株大树，一为樟木、一为榕树，树冠犹如两把伞盖，罩满月台。月台下为荷池，每当盛夏，荷花开放，为元龙阁景观增色不少。

24级台阶之上即是观音殿，大殿有对联曰：“曰儒曰释曰道昭回日月三千界，称圣称佛仙扶树乾坤亿万年。”主神为送子观音，其左为地姥，右为女娲圣姥，前方左右分别为文殊菩萨、普贤菩萨。主神前方供桌上另立有纸质道教三清（太清、上清、玉清）神像。

道观中有5个道士，住持为玉龙真君，于2000年从腾冲的云峰山前来。观中每天有早晚功课修行，早课为诵经祈福，晚课为诵经度亡。道长周信辉认为，道观做的工作就是与“神、鬼、人”结缘，主要活动为会期和神灵圣诞，也会被附近村民请去做度亡等法事，但与民间主持葬礼的道士为两个不同的系统。

法事活动包括会期、圣诞活动为做道场、法会，由信众捐钱“供养”。形式基本为诵经（经典有《南斗》《北斗》《真武》《雷主》《三关经》）、祈福、上表（平安表、财富表、功名表、考试表等）、吃斋等，但根据主神之不同而所念诵之经文不同，时间安排见下表：

名称	日期（农历）	备注
龙华会	三月十五日、五月十五日、九月十五日	分别为上天、中天、下天
观音会	三月十九日、六月十九日、九月十九日	
三官会	三月十五日、七月十五日、十月十五日	三元、每次做一天

续表

名称	日期（农历）	备注
释迦牟尼诞	二月初八日、四月初八日、腊月初八日	
老君诞	二月十五日、七月初一日、腊月十六日	主要做二月十五日
普贤诞	二月二十日、四月二十三日	
玉皇诞	正月初九日、冬月初六日	仪式最隆重，主要做正月初九日
城隍诞	五月十一日、七月二十四日	
文殊菩萨诞	四月初四日	
魁星诞	七月初七日	
关圣诞	六月二十三日	
华严诞	十二月二十九日	
阿弥陀佛诞	十一月十七日	
孔子诞	八月二十七日、冬月初四日	
当年太岁	七月十九日	
地母	十月十八日	
门神护卫	正月十五日	
赵公明	三月十五日	
后土娘娘	三月十八日	
子孙娘娘	三月二十日	
火神	六月二十四日	
雷声普化天尊诞	八月初五日	
太乙救苦	十一月十一日	
药师佛	九月三十日	
盂兰盆会	七月十五日	
文昌	二月初三日	
地藏	七月三十日	
灶君	八月初三日	
山神	三月十六日	
阿弥陀佛	十月十七日	
大势至菩萨	七月十三日	
太阴	正月初六日、八月十五日	月府太阳皇君
太阳	八月二十五日、冬月十九日	日宫太阳帝君（扶桑宫）
敖光	四月十六日	龙王

续表

名称	日期（农历）	备注
吕祖	四月十四日	吕洞宾
土地	二月初二日	
雷祖	六月二十四日	
王天祖	六月十五日	
玄天上帝	二月二十五日	
药王	四月二十八日	
鲁班	六月十三日、腊月二十日	
达摩	十月初五日	
马王	六月二十三日	
韦陀	六月初一日	
五皇	五月十八日	天、地、人皇（天符秉令瘟司五皇大帝）
王母	七月十八日	
文财神	七月二十二日	
眼光佛	四月二十日	
送子张仙	十一月二十三日	送子娘娘（育婴宫）
燃灯佛	八月二十三日	
弥勒佛	正月初一日	

佛寺中天寺

中天寺位于和顺西南角黑龙山麓，村落制高点之青山中，四面绿树成荫。按照住持常周的说法，寺庙选址讲究清幽，既讲究风水，又与人的活动和心性修为有关系，外界形势是可以改变的，好或坏的风水都有可能经由人的行为而转化，所谓“吉人吉凶地，凶地变吉地”。始建于明崇祯八年，由乡人朝海张公鼎建前殿，合乡继后殿。康熙乙未年建皇阁，延至乾隆丙申年，由于地震房屋倒塌，众议兴修，乡中捐银及住持僧亲往缅甸各埠化来大部资金，各处得以修复，随之建两厢及天门佛殿暖阁阶梯石栏及附属设施，直至20世纪30年代又建三皇殿，40年代乡人筹备欲建三清殿，因腾冲沦陷而终止。中天寺于“文化大革命”年间被毁，20世纪80

年代由乡人张孝威捐资重建。[1]

中天寺属于木结构宫室式佛殿，形制布局主要是以供奉佛像的佛殿为中心，每个殿堂以廊院围绕，形成以中轴线上的主要厅堂为主体建筑的四进院落，按顺序分别是天王殿、观音殿、大雄宝殿、玉皇殿、佛塔，每殿西东（左右）均设朵殿（配殿），呈三殿并列状貌，平面多为横长方形。中天寺以正面中路为山门，29 级台阶拾级而上达山门，台阶旁矗立三块碑刻，书有中天古刹字样，山门外是月台，立有双旗（国旗与佛教旗帜）。

第一殿是天王殿，殿前供奉弥勒佛塑像，有对联“满腔欢喜笑开天下古今愁；大肚包容了却人间多少事”。两侧供奉四大天王，分别是南方增长天王、西方广目天王、东方持国天王、北方多闻天王。殿内有四廊柱，柱上悬有对联“三会龙华悉使共入圆觉位；一生补处普愿同登欢喜地”（常周大师撰文）。殿后供奉韦驮菩萨塑像，两侧悬有对联“永护僧伽登于十地，长持宝杵感应三洲”。后殿檐下悬有匾牌“佛法金汤”，两侧悬有对联：“聪明正直身披铠甲感化三界尽皈依，浩大功勋手擎宝杵降伏四魔护法。”殿后左侧为杂货屋，殿后右侧悬挂匾牌“中天书院”，两侧悬挂对联“兰若清幽客可住，梵宇寂静人宜居”（沙门常周撰，刘硕薰书），并悬挂音板，刻有“中天古刹，常周监造”字样。

第一殿与第二殿间院落，中间置一宝鼎，前置水池，两侧各有一棵桂花树，水陆法会宣传牌坊各一块，其后高台围栏书“唵嘛呢叭咪吽”字样，左右两侧朵殿分别是五观堂与尊客堂。左边朵殿悬匾“五观堂”，两侧悬挂对联“三餐常念农夫苦，一饭难忘佛祖恩”（常州大师撰），店内供奉弥勒佛像，两侧悬挂对联“五观若明千金易化，三心未了滴水难消”。后又有院落，檐下悬挂匾牌“云净天青”，左边厢房为厨房，神龛上供奉灶君塑像，两侧悬挂对联“未供先尝三铁棒，私选饮食九铜锤”，横批：“护命资身”。其左侧大堂为餐厅（楼梯间也在此），悬挂悬音板，并有一院落，两棵几百年之老梅树分列两侧。右边朵殿悬挂匾牌“尊客堂”，主

---

① 张孝威，法号常兴，1970 年代去缅甸做生意，走时到已成为一片废墟的中天寺祈福，发愿说如果彼时富贵，一定回来重建庙宇。后经缅甸辗转泰国，做钱庄等生意，1985 年回国开始捐钱及募捐建造中天寺。

要是宾客休息室，两侧悬挂对联“客至莫嫌茶味淡，僧家不比世情浓”。堂上壁上悬挂“观世音菩萨普门品”字画，堂后亦有院落，影墙绘有松鹤图，左右书有对联“龙归法座听禅偈，鹤傍松烟养道心”。寺庙空间通过环境与佛像等要素，呈现出释道两教的融合状态。

13级台阶拾级而上是第二殿观音殿，殿前外檐悬挂三块匾牌，中间书“圆通宝殿”，左书“灵山一会”，右书“佛法宏通”。内檐悬挂三块匾牌，中间书“慈航普度”，其两侧悬挂对联“西方贝业演真经总不出戒定慧三条法律，南海莲花生妙相也只消闻思修一味圆通”。殿内有8廊柱，供奉佛像两排，第一排从左至右分别供奉观音（前置金童玉女）、左文殊、右普贤塑像，两侧悬挂对联“随处化身莲花座上春风暖，寻声救苦杨柳枝头甘露甜”。左边供奉北极真武玄天上帝，两侧悬挂对联“道本真通摄灵源归静穆，魇凭武伏还将生气寓威严”，右边供奉文昌嗣禄梓童帝君塑像，两边悬挂对联“紫极权尊默宰灵极关万化，玉衡光灿宏开景运翼斯文”，右前置钟一口。殿内两侧墙面上设有数百木格，供奉数百小型观音塑像，是和顺乡人信徒每人出资400供养，信众除了和顺人，连娘娘庙、城里（腾冲）的也来。根据住持常州大师所说，中天寺为禅净两宗双修，所以观音殿的装修也非常华贵。左右朵殿分别为追思堂与福慧堂。左侧追思堂主要为当地佛教弟子及居士中往生之人的纪念堂，两侧悬挂对联“翠柳拂开金世界，红莲拥出玉莲台”。右侧为福慧堂，供奉西方三圣佛像，两侧悬挂对联“吉祥成就无穷外，灾难消除莫测中”。侧面是住持居所，匾牌书“阿兰若”。第二殿与第三殿园中置有宝鼎、两棵桂花树。殿内供奉佛像，尤其文昌星君，体现出“三教合一”（儒、释、道）的特点。

第三殿是大雄宝殿，14级台阶拾级而上，殿前左侧矗立的碑文为中天寺之物质遗产，时间为清康熙年间所立。大殿外檐悬挂匾牌三块：中书大雄宝殿（赵朴初题字）；左书“远视高瞻”；右书“共证菩提”。两侧悬挂对联“应身遍尘刹普摄虎林僧海需澈悟　无我无人无众生若见诸相非相即见如来，法脤祇園同依鹫岭慈云切莫分谁　谁律谁禅宗但能自信自度皆能大觉”（旅缅乡人杨金生敬刊2005年仲春良旦）。内檐也悬挂匾牌三块：中书“大雄宝殿”，右书“金界庄严”，左书“宝树荫溥”。供奉两排佛像，前排从左至右分别为：不动尊菩萨、大势至菩萨、普贤菩萨、阿弥陀佛、大日如来、文殊菩萨、千手观音菩萨、虚空藏菩萨。后排从左至右分别是南无消灾障菩萨摩诃萨、南无（中天教主）本师释迦牟尼佛及弟子、南无消灾延寿药师广佛。前置供桌，供奉“释迦牟尼”佛像。殿内左右侧悬挂6幡，书供奉佛祖尊号。左右配殿分别为地藏殿与伽蓝殿，地藏殿檐下悬匾牌“地藏殿”，两侧悬对联“人伦最贵孝道圆成佛自成，地狱即空众生有尽愿无尽”。供奉佛像为南无幽冥教主本尊地藏王菩萨（木雕，2014年雕成），两侧悬挂对联“端坐九华山执杖执珠光宇宙，遍游十地府度冥救世利寰区”。两侧悬挂画像从左到右分别是：二殿楚江王、四殿五官王、六殿卞城王、八殿平等王、十殿转轮王；一殿秦广王、三殿宋帝王、五殿森罗王、七殿泰山王、九殿都市王。迦蓝殿外檐下悬挂匾牌“大義参天”，两侧悬挂对联“面赤心赤智塞仁義，捉曹放曹光滿乾坤”，供奉南无当山护教伽蓝圣众菩萨（关羽，左右两侧为周仓、关平）两侧悬挂对联“降魔護教遍大千佛日宏輝法法輪常轉；保國佑民普天下風調雨順國泰民安”。第三殿与第四殿间的院落，14级台阶，两棵桂花树，一个燃香库中间建一亭子，供奉四大金刚，正殿外左侧供奉南无日光藏菩萨摩诃萨。

第四殿是玉皇殿（双层），7级台阶拾级而上，中间正殿为玉皇殿，左右朵殿分别为火神殿、水神殿。玉皇殿檐下悬挂匾牌三块：左书“统御万灵”；中书“惟德是辅”；右书“无极上圣”。大殿内佛像两边悬有对联“尊号伽玄穹九天阊阖开宫殿大道极尊品德极贵威咸万天圣主，宸宇腾紫气万象包罗拱极　圣教玉广法力至大荡荡诸佛神恩”。内有两层阁楼，第一层供奉西方三圣（阿弥陀佛，大势至菩萨，观音菩萨）。左侧供奉右侧供奉太乙救苦天尊（泥塑）；右侧供奉雷声普化天尊。第二层供奉玉皇大帝（两侧为金童玉女）。殿内悬挂四幡：忉利天主释提横因玉皇大帝（铜铸），左右有四大朝臣——张天师、国天师，许天师，萨天师（皆为泥塑）。左侧朵殿供奉水神，右侧朵殿供奉火神（正在修缮）。寺内所有殿中屋顶皆绘有佛教彩图，门上皆有内容为宗教故事的浮雕，佛像前供桌旁皆放置有木鱼、鼓、铃等法器，以及经文，营造出浓郁的宗教氛围。

24 台阶拾级而上为中天寺塔林，后花园。根据常周主持所述，此塔林原在山门下夷方路旁树林中，因积水等原因，后迁于现址。

中天寺不仅是地方的名胜古迹、佛教活动场所，还是地方启蒙育才的地方。嘉庆年间，和顺举人寸式玉在这里开办“中天书院”，不仅培养本乡子弟，还兼收外地学子，清代腾越进士清水乡镇夷关江胪就出其门下。李根源先生有诗道：“古寺中天寺，德山作道山。广栽桃与李，花开镇夷关。”清道光年间举人尹艺在中天寺设帐育人，曾有诗《中天寺既景》：“空山人迹乱，开径亦悠然。雪窦初禅地，风光小暑天。夜凉莲欲卧，午热柳初眠。莫问升沉事，还须学守元。”《中天寺晚坐》：“未解华严说，招提日照中。月明深院静，钟罢晚天空。此味初禅境，谁家一笛风？悠然心目远，尘市隔蒙蒙。”寺中现存一清代重建寺庙碑记云：

建中天寺常住碑记

粤儒和顺一区自朱明正统以来，其间户口殷繁、人文蔚起而丰足盈余，历代不乏人来，开有心以韧建立梵刹者，自崇祯八年朝海张公捐资开山，兴建前殿，上时乡人争效法之，复起下殿。告成名之日，中天寺虽无层峦叠翠，而诸峰环拱，严宁鹫之遥映高岗；虽无飞阁临江，而襟带参香，海之西来一瓜。特因常住无资、香火间断，几来往持目为传舍，今得僧人性山等掛衲于此，修梵行感动人心，善性人等捐奉粮田，以为常住。庶香火永远不断，爰勒石以志不朽之。

大清康熙三十二年岁次癸酉仲春月吉旦

贡生　李云章撰

匠人　王俊乡　赵嗣武　杨延寿

主持僧　恒山　宁海晏等众立

中天寺现有僧人 3 人，为禅（宗）净（土宗）双修之佛寺。住持常周，俗家为和顺寸家人，1990 年四月初八日（释迦牟尼诞辰）在腾冲县城来凤山寺出家。常周的师父 1997 年于中天寺圆寂，其于 2000 年开始主持中天寺。信徒主要为和顺镇村民及周边腾冲县乡民，其法事活动见下表：

中天寺庙祭祀活动表①

名称	日期（农历）	活动	备注
日常清修	每月初一、十五日	供修、拜忏念佛、念经、说教	
佛祖诞日	四月初八日		
玉皇大帝诞日	正月初九日		
观音菩萨	二月十九日 六月十九日 九月十九日		
龙华会	三月十五日	弥勒菩萨于龙华树下成道的三会说法，又弥勒三会。指佛陀入灭后五十六亿七千万年，弥勒菩萨自兜率天下生人间，出家学道，坐于翅头城华林园中龙华树下成正等觉，前后分三次说法。昔时于释迦牟尼佛的教法下未曾得道者，至此会时，以上中下根之别，悉可得道	
释迦牟尼成道日	腊月初八日		
打保境	农历四月到五月、插秧之后	诵经、游神巡境	

清真寺

和顺清真寺是本镇穆斯林举行礼拜、宗教功课、教育宣教等活动的场所，亦称礼拜寺。全和顺镇共有回族17户、76人，以马、明、朱、闪和蔡等姓氏组成。历史上，全镇没有回民公共礼拜的场所，一般以家庭为单位进行集中礼拜。2005年开始筹建清真寺，2011年正式修建，2016年元月落成。在筹建过程中，和顺镇穆斯林主要通过镇政府出面协调，征用农民自留地的方式修建而成。其经费主要来自全国各地穆斯林的捐款，共计200多万元。其余经费由和顺镇村民自发捐款，大约十几万元。整个清真

① 报道人：中天寺住持（法号常周）。访谈时间：2017年7月13日。地点：中天寺。

寺修建费用共计220万元左右。

该寺位于和顺中心小学左侧两百米处，寺门题有一副镶字联："清风朗月天地俯仰道德寺，真义实学河山美绝和顺乡。"整个清真寺占地面积500多平方米，为两层砖混结构的楼房及其附属设施。建筑形制为圆形穹顶，外表由圆柱支撑的一系列拱门连接而成，并敷以绿色装潢。整体空间布局大致分为以下几个部分：一层为餐厅，主要为大型礼拜活动的餐食之处。餐厅放置了功德箱，为穆斯林捐助香油钱之处，墙上书写了大量的穆罕穆德圣训。二层正房中间为礼拜室，是日常和节日礼拜活动场所。旁边的其他配套设施还包括沐浴室、客房和经学教室。沐浴室为礼拜活动净身之处，客房为接待流动穆斯林的场所，经学教室则是当地穆斯林学习《古兰经》，普及教规、教义的地方。

和顺镇清真寺的事务管理一般由清真寺民族管理会负责，现有阿訇1名、管理人员5人。清真寺民族管理会主要职责包括管委会运行、日常事务处理以及财务管理，制定了《清真寺财务管理试行规定》《清真寺民主管理委员会工作职责》等相关制度，以维持清真寺有效、有序地运行。

清真寺日常活动包括穆斯林婚丧嫁娶时，邀请阿訇讲经；每周五下午全镇穆斯林的礼拜活动；每周星期一、三、五，由阿訇主持，向穆斯林（主要是青少年）宣讲古兰经、教义教规以及国家民族法律法规；农闲时期，穆斯林的经文培训，以上活动主要在清真寺的礼拜室和经学教室进行。除了日常活动外，和顺镇清真寺穆斯林节日活动也较为丰富（见下表）。

2017年和顺镇穆斯林节日活动表①

名称	日期（农历）	活动	备注
登宵节	4月23日	聚会礼拜和祈祷	
拜拉特夜	5月11日	白天封斋；在该夜念经、礼拜、祈祷、施舍	
入斋月	5月27日	共同礼拜、诵经、祈祷、感悟，营造吉庆、圣洁的气氛	

① 报道人：马嘉勇，男，77岁。访谈时间：2017年7月15日。

续表

名称	日期（农历）	活动	备注
盖德尔夜	6月21日	沐浴佩香，共同庆祝	
开斋节	6月26日	参加会礼和庆祝活动，互道节日快乐，恭贺斋功顺利完成	最尊贵的吉庆之日
古尔邦节	9月2日	会礼、宰牲	隆重的节日
阿舒拉日	10月1日	吃阿舒拉饭（用各种豆类熬粥）	
圣记	12月1日	沐浴、更衣、礼拜	

在和顺以汉族为主体居民的族群结构体系中，回民具有人数少、散杂居的特点，清真寺便成为回民集体活动的唯一场所。

非制度性宗教

财神殿（庙）

财神殿兴建于明朝后期，于1995年重修，地处和顺镇西南角，为当地村民“走夷方”的必经之地。该殿宇坐北朝南，北向朝山体饱满、形似元宝的覆锅山，背靠黑龙山。据财神殿杨主事解释，财神殿选择此地是有讲究的，朝向与位置较为重要。在和顺，北面为财位，亦是财神所在位置。同时，财神面向形状饱满的山体，以喻金银堆成山；禁止选择两山之间的凹处，以避讳财富流失、难以聚集之意。

财神殿为四合院格局，大殿外悬平安钟。沿殿门拾级而上，殿中正位为一牌位，上书“本境土主都统捷应金茂天神”；左右侧分别为文武财神比干、赵公明。殿左侧分别供奉了龙王、灶君、眼光娘娘、天喜娘娘；右侧为山神、土地、催生娘娘、送子娘娘。由于供奉神灵不限于文武财神，所以财神殿还兼具求财、求官、求子、求平安、求姻缘、求福、求学、求职、求长寿、求辟邪等多种功能。由于财神殿供奉对象的多元化，财神殿吸引了腾冲县周边其他区域、龙陵县、梁河县、盈江县等地大量信众前来祈求官运、姻缘、子嗣、长寿等。

财神殿山门后设有一戏台，分上下两层，底层搁置杂物，荒废已久。

戏台迄今已有500多年历史，为大型祭祀活动的酬神演出之地。据财神殿的主事介绍，在20世纪80年代以前，财神戏台演出较为鼎盛，是和顺人“走夷方”赚取财富后酬谢神灵护佑的一种自愿行为。戏台演出剧目为传统的经典滇戏，多为教化作用的内容，如《目连救母》《秦香莲》《包公》和《霸王别姬》等。如今，由于年久失修，作为人神同娱的戏台也逐渐衰败并弃用。

平日，每当和顺镇村民“走夷方”时，需行前携带三牲、饭菜、酒上财神殿拜祭，以祈求出外谋生能够顺利平安，并许愿酬谢。与此同时，那些成功获取财富荣归故里的村民，都会通过捐资修路、办学和修建洗衣亭等方式回馈地方。同时，成功“走夷方”的村民都会携带三牲和酒食，燃放鞭炮，酬谢财神的护佑。随着和顺镇“走夷方”村民积累财富的不断增长，祭拜财神也成为村民外出行前必不可少的祭拜场所之一。与当地隔娘坡、夷方路等地标功能类似，财神殿不仅成为和顺镇村民祈求“走夷方”顺利的精神领地，也承载了“走夷方”的历史与记忆。

财神殿的主要祭祀活动在大年初二、初五（财神生诞日）。最为隆重的是大年初二的拜财神殿活动，该日，和顺村民携带三牲、纸钱、纸元宝、鸡鸭蛋、蒜苗、水果等物品虔诚供奉，并燃放鞭炮以谢财神一年的护佑。

打保境

打保境在腾冲一代广为流行，属于庙会和村落神灵巡境仪式的结合。腾冲过去庙会众多，有上述玉皇会、观音诞、龙华会、关圣会、文昌会等等，主要有三种组织形式：一是官方组织；二是寺院牵头；三是由民间乡绅和商贾联合举办，后逐渐形成“三位一体”的组织形式。每逢庙会，组织者们组织僧侣道士诵经讲法，讲经祈福。打保境便是其中最具代表性的一种，是儒、释、道“三教合一”的产物，并融合了佛教、道教和当地民间信仰“赶瘟神”的元素，是和顺镇三村最隆重的地方性仪式，是整合村落和实现地方认同的重要力量。

打保境仪式活动的过程如下：

农历五月，插秧完毕，和顺人就开始忙于准备盛大的打保境仪式。打保境，顾名思义，有祈求上苍、神灵保境安民的意思，保佑风调雨顺、五谷丰登、生境安泰。仪式按传统为一年一度，但也需要看村里的经济能力，常两三年举办一次，如 2017 年就没有举办。

打保境活动由村中的大户人家轮流带头承办，称为“承头”，如今亦由经历实力雄厚、捐资最多的人家，或家中不太平需要举办仪式解灾的人家自愿承办，和顺三村其他人家自愿捐资、出力参与。仪式活动的主要举办空间场域是水碓村和十字路村片区，仪式持续 3—5 天不等。

打保境的仪式空间分为两个部分：一个是和顺村民的家屋、巷道和聚落空间；另一个是中天寺寺庙空间。仪式前村民会去中天寺中请回平安符贴在自家门口和巷道中，另有告示符贴于巷道十字路口等处，以告知村民准备仪式活动、捐资出力等事宜。各家各户于家中摆上香案、供果，烧香祈福，整个村子斋戒，不允许杀生，称为“断屠”；承头的人家戒律更为严格，要斋戒沐浴净身，食宿都在村里的中天寺；妇女不能参加核心仪式活动，夫妻禁止同房等有秽之事。

打保境的前半部分是在中天寺中设经坛，诵经祈福，道士、僧人做法会，村里的“桂香会”演奏洞经古乐，整日里丝竹悠扬、热闹非凡。洞经音乐起源于古代中原的道教丝竹乐，后演变为礼乐。清代以来的儒、释、道合流，洞经音乐逐渐成为儒家礼乐。明代初期，洞经音乐传入云南，明正统十二年（1447）经大理传入腾冲县。因供奉文昌帝君的殿堂称为桂香宝坛，演奏者们便将桂香会作为洞经演奏组织的统一称谓，腾冲洞经音乐广泛用于寺庙诵经和民间祭祀活动中。

打保境最后一天是仪式的重头戏和高潮，和顺合境举行盛大的游神转香活动，游神即有巡境之意，是为神灵“保境”之诠释。四人大轿抬着“粪箕官”游乡，粪箕是和顺人日常用以收运垃圾的一种竹制器具，所谓“粪箕官”就是一位专门管理清洁卫生的神灵。游神的队伍浩浩荡荡几百人，诵经的僧人道士领头，随后的是游神和表演纸扎艺术的队伍，有舞龙舞狮、天神四帅旗帜、纸扎，龙舟、抬阁等民间彩扎艺术。抬阁为木制的架子，架上展示高头纸马、《八仙过海》《西游记》人物之类的彩扎造型。抬阁上还有由真人扮演的古装人物，与彩扎的内容呼应。据说1949年前游神的队伍中还少不了一个銮驾队，銮驾是清光绪帝赐给缅王的，后来缅甸董王把它转赠给担任过缅甸四朝国师的和顺人尹蓉，尹蓉将其运至和顺放于中天寺内，半副銮驾由白铜制成的龙凤、佛手、金瓜、刀、枪、斧、戟等40余件，后毁于1958年的“大炼钢铁”之中。同时，一些富贵人家还把家里放着的古董宝贝、稀罕玩意儿都拿出来展示，被称为“十供样”。

村民在村中的巷口巷尾摆放八仙桌，桌上摆上素斋供果、香炉（插三炷香）、一些零钱（给僧人道士的），接受神灵的降临赐福，因此又称为“转香”。每经过一个巷道，“粪箕官”都会停下来，向村民说上一通打扫卫生、爱护环境的顺口溜，村民则放响声震天的铳炮已示接神。

游神转香的空间主要包括水碓村和十字路村，因队伍庞大、时间长，对面的大庄村如有需求则请部分队伍过去转。队伍由锣鼓开道从中天寺出发，浩浩荡荡，穿巷过街，走村串户，祈求上苍保佑，风调雨顺，五谷丰收，六畜兴旺。游神路线为：中天寺→往右直行→寸家湾→往下→图书馆主干道→寸家祠堂→张家坡→大盈江。

送龙舟是“打保境”的重头戏，有送五方瘟神之意。这是村里心灵手巧的匠人们大显身手的时候，通常以巷为单位，大家群策群力以纸为皮，以竹为骨，扎出大型的彩扎龙舟，龙舟做工细致、造型威风，长度都在七八米，七八个人才能够抬得动。仪式活动以烧龙舟结束，龙舟在和顺西部的张家坡魁阁下焚化，纸灰倒入大盈江，瘟神和整个村落的病灾、污秽、瘟疫都随着流水流向远方，送至遥远的未知区域。

“打保境”结束当晚，承头人家和主要参与、帮忙的人员回中天寺中聚餐，称为开斋饭，意为仪式结束，第二天可以正常饮食活动了。是为过渡仪式中的聚合仪式。

魁　阁

魁阁位于和顺西南部的石头山毓秀峰中，周围林木葱郁，怪石嶙峋。

魁阁供奉神灵为魁星，也就是主管读书、功名之神。魁阁由山门、过厅、清净寺、魁星阁、聚宿轩、纯阳楼等建构组成。主体建筑魁星阁为六角攒尖顶重檐建筑，始建于明代，清以降年间重修，现存建筑系清光绪十九年重建。

中华民国代总理李根源曾在其中住过半年，留下了大量碑刻、诗文。过厅正面立有碑刻两通，一碑刻着人李日垓先生诗作《双杉行》，系为保护寺中古杉而作的有名诗篇；一碑刻着郡人李根源先生的《和顺感旧诗》，此乃先生1949年小住魁星阁期间的怀旧之作。此外，两侧熔岩上还有一组摩崖题刻。诗碑和摩崖题刻给魁星阁注入了丰富的文化内涵，魁阁中有两棵树龄500余年的（秃）杉树，已被云南《名木古树》列入保护名录。据魁阁中保存的石碑记载，1931年，一豪绅意欲砍伐作为棺木，激怒了和顺乡民。当时任云南第一督办的李日垓率众护树，写下长诗《双杉行》。

和顺乡民历来重视教育，如此，魁阁香火旺盛，如今遇高考、中考等考试期间，更是香火不断。

文昌宫

文昌宫位于和顺古镇的中心，聚落以其为中轴线往两边展开。建于清代道光年间，是和顺文化的摇篮，曾为1940年由华侨捐资创办的益群中学旧址。整体建筑空间由大殿、后殿、魁星阁、朱衣阁、过厅、两厢、大门及大月台组成。殿阁雄伟、雕梁画栋、气势轩昂，抗战时期曾是收复腾冲的远征军指挥部，后有《滇缅抗战纪念馆》展览，现被辟为腾冲神马艺术馆。左右楼阁下镶嵌的《和顺两朝科甲题名碑》记录了和顺历史上曾出过8个举人，403个秀才。

生　养

生命的产生、存在与延续有赖于生养。生养制度不仅在于维持、维护生命的存续，也传达着文化的生命样态。在某种意义上说，生命的样态是生养关系和制度造就的。同时，也表现出乡土景观的多样性。人类繁衍存续，形成了生养体系，诸如：家庭、聚落、生活、饮食、人口增长、教育等。

故　事[①]

历史即故事（HISTORY—HIS STORY）。族谱也在讲故事。我们邀请了刘氏承华讲他们家（家族）的故事：

我们祖上来自南京应天府，最早到达此地的是刘、寸两家，这两家的开基祖本是联姻关系。刘家“走夷方”已经有六七代历史，发迹于曾祖父刘开勋，刘家以经营棉纱、买卖棉布生意为主，收购腾冲棉纱卖至缅甸。在缅甸买棉布（棉布早期来至英国，第二次世界大战爆发后来至日本）卖回国内，销售至腾冲、上海等地。因缅甸是英属殖民地，第一次世界大战期间英国物质紧缺，东印度公司到缅甸大量收购矿场、木料、棉花等军事、生活物资，物价数十倍增长，刘家因此发迹，赚到钱后，曾祖父回乡建盖了刘氏祖屋即为刘承华现住房屋。很多和顺人就是在这个时期赚到钱，回乡建房，所以那时和顺建房最多。刘家与世界局势一道起起落落，第一次世界大战时发迹，第二次世界大战时因日本入侵缅甸，许多和顺人遭受损失，此时，刘氏经营轧花厂被日军强制征用，产业受到重创，战争结束后，又遇到缅甸国内局势动荡，遭到政府军几次抢劫，在缅甸的生意元气大伤，每况愈下，留在缅甸的亲戚现在有经营餐馆、日杂用品的，也有自身嗜好不端，败了家产，陷入贫困。

我于1948年在缅甸出生后，一岁多被带回国内养育。1949年后，我不能再去缅甸，因此定居和顺，从20世纪50—70年代，刘家被划为华侨地主，遭遇了没收家产、分田地，其上学、当兵外出工作均受到限制，作为返乡知青回家务农，我经历了难言的改造期——处于社会底层，艰难生存，婚姻、家庭均受到影响，所幸现在育有两个女儿，老伴能干，生活都

① 报告人：刘承华，男，七十岁，汉族。

由老伴打理。由于生活所迫，生活物质的匮乏，20 世纪 70 年代后期我开始偷偷做起了生意，起初是利用会开村里的手扶拖拉机之便，瞅准机会就跑到缅甸贩卖白果，拉运难民服等物资回国内售卖，基本都能从中赚取差价，我家渐渐富裕，日子好过起来，我的生意也做得顺风顺水，直到去年，我才开始停歇下来。

20 世纪 80 年代后期，和顺人的生活有所改善，日子好过了些，刘氏族裔因为宗祠年久失修，开始策划修缮宗祠，1994 年起，因为我与海外华人有些关系，急需筹措资金用于修缮祠堂，于是与刘氏族裔刘忠发（音）、刘福策（音）等共同发起向海外刘氏族人捐款，重新修建刘氏宗祠，修建之初，我和一些族人得到刘氏整个家族的委托，到缅甸筹措资金用以继续修缮宗祠，委托文书如下：

> “×××启者，和顺乡刘氏宗祠因年久失修，破损严重，念此宗族家庙先辈遗物，不忍任其秃圮，故族中有识之士发起修复，现已开工数月，而经费即行告罄，今特委托在____族人×××先生为代表在____广为劝捐。”

大家不负众望，捐得经费修缮宗祠、祖坟，完成了修缮夙愿。此后，我还做了村里刘氏宗祠理事会理事长，主理祠堂管理的事务，2003 年代表族里与柏联公司商谈了宗祠承租协议，宗祠交由柏联和顺旅游发展公司经营，租金用于祖坟修缮及宗族清明祭祀祖先、扫墓费用。在与柏联公司商谈时，我坚持将刘氏祠堂的使用范围限制在旅游参观，不破坏祠堂的使用功能上，因而，刘氏祠堂现在成了村里旅游景点，没有从事其他经营活动。之后，我辞去了理事长职务。

刘氏祖屋属于现居住在缅甸的两位伯父的子孙及在云南的刘氏一支的共同房产，为了让刘氏子孙能世代认祖归宗，不至于和国内断了关系，我和在缅甸的刘富盛、刘富吉在河顺镇水碓新区村委会的见证下，写下了老屋事实说明书，摘录如下：

> 今和顺人刘承华所居住老屋由我等曾父刘开勋所建……今立此说明书，意在我等儿孙详知，此祖屋今已为我三兄弟共同拥有，各占三分之一。祖屋是我们共同的根基（遗产），它联系着我们所居住在各地子孙的心。我兄弟仨倡议：永远保留祖屋，共同维护，永不可使其移姓、变卖、将来如有需要大修缮，我子孙应各尽其力，欣然负担。此倡议望我子孙后代世代遵守。

我们刘家这么处理家产，在村中也算第一家，这种情形在其他姓氏那儿也得到了相同的印证。寸氏族长告诉我们说："我们这边有个不成文的规矩，在外面赚了钱回来，谁都不会想到先去修自己的家，肯定想到修宗祠，完善宗祠，把宗祠建得最大。""祖屋是我们共同的根基（遗产），它联系着我们所居住在各地子孙的心。"这句话也道出了和顺人对于乡土、祖先、祖屋的观念。

饮　食

和顺人的饮食丰富，制作细致，因其口味兼具南北（这与和顺人来自南京、巴蜀、湖南的历史背景不无关联），五味俱全，形成了"八大碗""五·四盘""三滴水"回席、素席等席面美食规模。"八大碗"指用八个大碗盛装菜肴，"五·四盘"指五个蓝子，四个盘子，二者盛菜容器有明显差异，菜肴内容大同小异。仅以"干拼"为例，前者品种少些，后者品种多些、高档些。菜肴有清汤海参、鱿鱼萝卜、大白肉、拼盘、洋米、鸡脑、芙蓉蛋、瘸牛肉、柏子仁等。节日饮食有：头脑、锅子、茴香根肉圆、泡米茶；风味食品有：炒面渣、大救驾、大薄片、棕苞、洋酸茄等，[①] 和顺美食在云南境内颇有名气，其中一些饮食佳肴得到当地人及游客的认可，这些菜品也基本成为旅游待客的美食，包括有：

甜品类：头脑

① 参见《和顺食谱提要》，载杨发恩主编《和顺·民俗卷》，云南教育出版社 2005 年版，第 146 页。

小吃类：稀豆粉烤粑粑（糍粑）

主食：腾冲大救驾

特色菜：土锅子、粽包炒肉

凉菜：大薄片

婚宴、满月宴：八大碗

八大碗包括的具体内容：

1. 八宝饭或白籽人——甜

2. 豌豆粉大薄片

3. 干碗（炸排骨、酥猪肝、乳扇、猪皮、花生米、腰果等拼 3—4 样）

4. 鱼（炸鱼、烤鱼、蒸鱼选一种）

5. 鸡（戗鸡）

6. 鸭或者鹅，选一样（鸭通常为烤鸭，以前没有这种吃法；鹅用三七根煮）

7. 蹄膀

8. 大杂烩（百合、蹄筋、蛋卷、鹌鹑蛋等）

9. 另加小菜两样（白菜、香菇等，没有也可以不加）；汤（白豆腐、豆芽、酸菜等）

有些特定日常菜品已经演变为地方特色菜品：咸鸭蛋、赶马肉、松花糕、炸小鱼、小虾、老鸭汤、鹅汤等。比如作为家常菜的咸鸭蛋，刘家婆婆告诉我们，以前是自家泡来吃的。但在和顺人家，这道菜的名字叫“和顺古法咸鸭蛋”，号称是用的和顺乡间散养的鸭群所产的鸭蛋。而在刘氏农家菜餐馆，这道菜叫“湿地咸鸭蛋”。两家餐馆对这道菜名的指向都让游客联想到绕古镇流过的小河中闲散的鸭群和湿地中盛开的荷花。

赶马肉：并非是和顺普通人家中的一道家常菜，而是赶马人在外出路途中的一道食物。将猪肉（五花肉，偏肥）切成大块，加上佐料（葱姜等调料），焖熟食用。这道菜作为和顺马帮文化的产物，也进一步增进了游客对和顺走夷方历史的理解。

瘸牛肉、瘸猪蹄：又被称为缅味菜，因为主要的佐料来自缅甸，叫木兹拉（就是将黄姜、桂皮等佐料磨成粉末，独立袋装，刘家婆婆为我们展示了木兹拉）。瘸，主要指的是做法，将牛肉或猪蹄去血水后，将准备放入的佐料炒好后，用电压锅或砂锅焖煮2—3小时。在和顺的地方饮食中，这是中缅文化交流的表现，也是和顺商贸文化的产物之一。

教　育

在和顺，有一本名为《阳温墩小引》（以下简称《小引》）的书，众人皆知，有人又称《炊烟书》。《小引》是先有口头传吟，后有文字整理的歌体式民谣，曾经在和顺乡、腾冲及海外的云南侨乡中广为流传。

以农为本是中国几千年不变的传统，《小引》劝人为农，说："石头山，是吾乡，田园万亩，勤快的，数口人，衣食可谋。"亦耕亦读亦商是和顺人独特的历史生活结构，《小引》向我们展示了这样的生活逻辑。《小引》劝世人读书，说："幼不学，老何为，如同禽兽；三代人，不读书，好似牛马。"《小引》还说："读书人，肯用心，将书读透，自古道，黄金贵，书中搜求；种田人，勤耕种，工夫用够，到秋来，自然得，加倍丰收。"在历史的视野中，和顺人亦耕亦读亦商，他们因战事而举家定居边地，虽身在边地，却以尊孔崇儒为要义，坚持崇祖教宗，勤耕苦读，世代流传。在历史叙事的大转变中，"穷走夷方，急走矿厂"，和顺乡人走向了"侨商"，耕、读与商已是和顺乡人代代承袭的生活方式。

在和顺图书馆一侧的文昌宫内有一块《和顺乡两朝科甲题名录》石碑，记载了从明代到清道光二十九年立碑时，和顺乡科甲题名的人数四百余人。据文字记载，从明末到清代，出了2个进士（邻乡到和顺受教育成才）、8个举人、3个拔贡、403个秀才；从清末到中华民国初年，有12人留学日本。清末，和顺现代教育初露端倪，在原有一些旧式学堂、私塾的基础上，各巷各宗祠都办起了初等小学堂。清光绪三十四年，为接纳各初等小学堂毕业生，全乡议定在文昌宫办高等小学堂。宣统元年增设初等班，合称"和顺两等学堂"，定学制初小为四年，高小为三年，全乡少儿普遍入学，邻近的南甸、干崖的土司、属官以及其他傣、汉、景颇民族子弟，也纷纷到和顺就读，逐步形成边地文化教育的权力中心。

据不完全统计，自20世纪20年代到21世纪初，读过中学的族人达3000余人，加上外乡到和顺受教成才的多达9000余人；在国内外大学毕业的共400余人，其中40余人留学缅甸、泰国、英国、美国、加拿大、澳大利亚，取得硕士、博士学位。现在，全乡有完全中学1所，在校学生1200人，完全小学3所，学生800余人；幼儿班4班，160余人；图书馆1个，图书室2个，文化站1个。和顺图书馆馆藏6万余册。[①]

文字记载，清雍正年间，孔子后裔腾越知州孔毓璜始设和顺义学。清乾隆年间，丙午举人寸式玉辞官归梓，曾任腾越来凤书院山长近十年，并在和顺乡中天寺设书馆教授生徒。清道光乡试举人尹艺亦先后于毓秀书馆、中天寺书馆授徒。此外，清末尹氏父子三人设帐讲学，连绵三十余年；寸氏兄弟先后设馆于家中书楼和小李家巷；尹子章在刘氏宗祠设“芸香书馆”，收徒教授多年。外乡文人董大纯、赵端仁、赵端礼兄弟来和顺乡设帐授徒，前后十几年之久。祠堂作为家族生命延续的场所，文化教育与之息息相关。

至1912年，和顺现代教育欣欣向荣，现代书馆如张盈川办的张家宗祠书馆、尹黎洲办的天水学堂、杨寿益办的弘农国学专修馆纷纷落成。现代书馆，兼教古文与新学学科，读“四书”“五经”，习书法、作文作对之同时，学习史地、数学、英语等。和顺历代之私塾、书馆，为现代教育的普及和人才的培养，起了开山铺路作用。现代书馆中，杨寿益办的弘农国学专修馆办学时间最长（20世纪20年代初至50年代初），学生多精于古典文学、写作、书法，离馆后多在省内外中学、大学任文科教师，为人师表。此外，在腾冲地区以和顺兴办女学最早，寸氏兄弟创立了滇西最早的女学——明德女子学校；1912年，李启慈又创办和顺女子高小；1929年，由乡中热爱教育人士倡办和顺女子师范学校。

在和顺侨乡文化教育的发展过程中，起重要作用的是成立于1925年缅京曼德勒云南会馆的“和顺崇新会”。该会发展国内外会员400多人，在和顺与缅甸的城镇都有会员和分会。其最大的功绩是以人力财力全面支

---

① 尹文和：《云南和顺侨乡史概述》，云南美术出版社2003年版，第106页。

持和顺中心小学（1950 年，“和顺两等学堂”改名为“和顺中心小学”），1928 年创建了“在中国乡村文化界堪称第一”的和顺图书馆；1939 年创立了云南最早的侨乡华侨学校，即益群中学。由于“和顺崇新会”接收管理了和顺中心小学，聘任的经费和物力设备的投入有了保证，使得小学从 20 世纪 20—40 年代蓬勃发展，设文宫总校，各村巷各宗祠都办起了分校，教师增至 80 余人，学生增至 900 余人，基本在全乡普及了小学教育。

和顺乡的教育历来与缅甸的和顺华侨密切相关，1939 年，以“崇新会”为主的侨胞倡议在和顺成立一所中学，并推举和顺女子师范校长李启慈为代校长，学校定名为益群中学。“盖取有益于群众之意，来学者不专限于吾乡学子也。”[①] 李启慈承担大任后即刻前往缅甸宣传、募捐，1941 年秋，寸树声作为第一任校长又赶赴缅甸募捐教育基金，捐款者不仅有和顺华侨、腾冲其他乡华侨，广东福建等华侨也慷慨解囊捐助。两次募捐所得基金，委托侨商商行“永利”“文瑞记”“永生源”等和顺乡殷实商号保管，取利润和利息为学校经费支出，由董事会监管基金的使用明细。

益群中学自创建起几经沉浮：1942 年，因日本入侵，益群中学被迫停办；1945 年，日本投降后，益群中学复校；1953 年，新的国家政权接办益群中学，并改名“腾冲第二中学”；1956 年，恢复“益群”校名；1957 年，益群中学增设高中部；“十年动乱”时期“益群”之名被取消，学校的运行也基本停滞不前；1981 年年底复名。益群中学董事会至今共三届，1984 年恢复第三届。20 世纪 80 年代，已有几百年历史的益群中学老校舍文昌宫不再适应现代教育情境下学生增多学校发展的需求，为此，1985 年由行政部门注入资本新建育英教学楼一幢，共 3000 平方米，除教室外还有各种实验室，后几经修建已趋于完整。

在和顺的教育历史上，伴随着一位地方精英的活动身影——寸树声。寸树声自 1940 年回乡任益群中学校长，同时兼任和顺小学校长及和顺图书

---

① 李启慈：《和顺益群中学缘起》，载《益群中学五十周年校庆纪念刊》（内部交流刊），第 4 页。

馆馆长。他在任期间，以图书馆为中轴线将中学、小学、图书馆办成“三位一体”的文化教育中心。和顺的教育景观在空间上图书馆、文昌宫、景山纪念堂为核心，承载学校教育、公共教育功用的祠堂、街巷书报社是经纬，他们共描教育景观的宏观坐落。作为侨乡的和顺，图书馆及两侧的益群中学、景山纪念堂皆由乡间华侨集资兴办。在教育场域中成长的和顺人赴缅经商、从教，侨商主动联系地方精英捐资发展教育，更有缅甸留学华侨回国后又多在和顺中、小学服务，华侨后代也不断到和顺受教。

图书馆

图书馆坐落于村头的双虹桥畔，图书馆与两侧的益群中学和景山纪念堂一样，也是乡间华侨集资兴办的。“图书馆最早的形式是书报社，在清末时候，大家把报纸放在小街子的小铺子里面，以共享的形式让大家看一看国内的形势。”和顺图书馆在“咸新社”[①]“书报社”团体的基础上于1928年设立，由“崇新会”最先将馆址迁移到“咸新社”内，即现在馆址。1938年，建馆十周年之际新馆正式落成。新馆落成之时，藏书也增加到6万余册，馆中还出版了《十周年纪念刊》《和顺乡》《和顺崇新会年刊》杂志，图书管理员利用华侨尹大典捐赠的收音机收发新闻，先后出版《新闻三日刊》《每日要讯》分赠和顺周边各地区，颇具“新闻舆论中心”的模子。新馆落成时还分别在蕉溪、尹家坡、大石巷设立分馆，大为方便了当地乡民看报阅书。馆中陈列的书报，一部分由当地人捐赠，一部分由总馆拨发。图书管理员由当地青年义务担任。这些分馆，既是村巷的阅读场所，也是游乐、园艺之地。在如此轻松的氛围之下，和顺乡人大多数有进馆借阅习惯。腾冲人亲切地称和顺图书馆为“我们的学校、家庭”“边地的灯塔”。图书馆筹建之始便倾注了乡民们的感情，图书馆靠民间自发建馆、扶持、管理、扩大。此外，图书馆藏书的大众化使得在当时出现了这样的图景：乡民们有的耕作收工回家把锄头、镰刀一搁，就来图书馆

① 于1905年成立的读书会性质的民间团体。

了，中小学生更是馆中常客。

生　计

亦　农

和顺是一个几千人的小乡，却出现规模宏大的八姓祠堂；方圆不到四平方公里的村落，屹立九座牌坊。在乡土中国的景观版图上，和顺是一个文化特例。“十人八九缅经商，握算持筹最擅长，富庶更能知礼义，南州冠冕古名乡。”中华民国元老李根源诗中所云之和顺，亦商亦儒，却也把和顺亦农的底色给忽略了。

和顺人多地少。和顺是一个非常袖珍的乡镇，只有 17.4 平方公里的土地，6000 多人的总人口，不足半数的人均耕地面积。要想在这土地本身就匮乏的情况下，养家糊口、安然度日显然是十分艰难的。当家园不能充分提供生存与发展条件时，他们敢于摆脱土地对人的束缚限制。他们从古商道和边民交往中发现了缅甸，摆脱了家园和土地束缚限制的和顺先民沿着穿过寨子的南方丝绸古道，走向缅甸，开始了和外界的交流，最终大部分人选择了经商从事贸易的道路，并在几个世纪的发展中，将商业贸易发展到了历史的高度。

传统农耕文化的特征是自给自足，安居乐业，具有很强的排他性和封闭性。强调人对土地、家园的依赖，而忽略了人和其他生产关系的交流。和顺却是一个未被土地捆绑的村落。当和顺人踏上走夷方、走厂，走向商业贸易的那一刻起，就已打破了农耕文化的排他性和封闭性。和顺先民从农耕文化的排他性和封闭性开始向商业文化的转变过渡，并逐渐形成包容开放的意识和吐故纳新的观念，带回了四海风物，吸收了外国文化的精髓，和传统文化交融、整合，形成了风格独特的地域文化。[1]

① 卞善斌：《和顺百年发展启示》，载杨发恩主编《和顺·乡土卷》，云南教育出版社 2005 年版，第 214—215 页。

亦　商

和顺山多田少、耕地有限，处于腾冲通往缅甸的交通要道，从明代起，和顺人外出经商谋生者代不乏人。乾隆《腾越州志》："和顺乡，周围不满十里，离城七八里，居民稠密，通事熟夷语者，皆出其间也。"据1980年统计，和顺乡"全社有归侨248户，778人；侨眷200户，1185人；港澳同胞眷属27人，工448户，有1900人，占全社人口37.3%，侨居有缅甸、美、英、日、印度尼西亚、新加坡、加拿大等共867户，5584人，外籍华人632人，中国港、澳、台同胞14人，共6230人，占全社人口117%"①。云南边民的"走夷方"与北方地区的"走西口""闯关东"一样，是明清以来中国历史上最重要的人口流动和经济活动之一。

有学者用"走出来的和顺侨乡民居"② 来概括和顺"亦商"传统生计对和顺乡土景观的决定性影响。由于山多田少，耕地有限，当在有限的自然环境范围内满足了一定人口规模居民生活的温饱需要外，很难于继续承受随之不断扩大的村居人口的生存压力。迫于这样一种环境现实所造成的生存危机，为了维持和控制聚落内人口数量与仅有的土地容量的平衡关系，离家出走到外地谋生也就成为不得已的选择。

最直接能挣些钱解决生计的办法就是"走夷方"，尽管"夷方"有蛮烟瘴雨，毒虫瘟疫，兵匪强人，但那时候的和顺人，对"走"总是充满了希望与梦想。发财、翻身、衣锦还乡，成家立业，全靠一个"走"字，"走"成了那个时代人们的一种生存方式。

亦　儒

和顺教育历来比较发达，20世纪20年代至21世纪初，和顺古镇受过

① 腾冲县人民政府地名办：《腾冲县地名志》，内部资料，1982年，第9页。

② 杨大禹：《走出来的和顺侨乡民居》，载《中国民族建筑论文集》（会议论文集），2001年，第51—61页。

中学以上教育的人数达到两万余人，其中国内外大学毕业的人数几百余人，一部分人留学缅甸、泰国、英国、美国等国家。以此而言，整个古镇的居民受教育程度远远高于临近的其他乡镇。同时，和顺的图书馆、图书室、文化站的藏书量在全国乡镇一级图书馆中也是首屈一指。

和顺乡华侨从事外交人员之多，可以看出文化教育发达的一个侧面。如尹氏二代祖尹资于明洪武末年“袭千户，后来使缅甸”；李氏第五代祖李赞，于弘治十七年任缅王卜剌浪之通事；正德年间，寸文斌、寸玉等七人，由云南镇守使奉命选送宫廷，任“四夷馆”教授，“鸿胪寺”序班，他们都是“早究儒书，兼通译语，发身庠序，列职京朝”的人物；至崇祯末年，永历帝经腾越奔缅，兼通汉缅语的尹襄、尹士镳随帝而行；清乾隆时，又有寸博学、尹士份等为缅王通事兼朝贡使，尹士份尚任京都亚瓦客长（华侨会长）。有关史志多次记述这些史实，说他们是“贸易缅城，熟悉夷性，宣谕我国德威”的有识之士。缅王上乾隆皇帝的进贡表文多出自他们所代书，中缅往来的文书也都由他们译出。清道光到光绪年间，和顺华侨尹蓉、许名宽、李枝荣、寸士端等先后任缅王浦甘、敏同、锡卜三朝的国师、通事。

清光绪三年以后，侨乡战乱减少，社会相对稳定，滇缅铁路、公路畅通，贸易兴盛。和顺华侨纷纷在国外开设商号，同时许多受西方科学文化影响的知识分子，纷纷倡导改良家乡社会，兴办教育，外出留学的有20多人，形成和顺“边地新学”的知识分子群体。在著名的侨商中，有被缅王尊为国师的尹蓉，全缅华侨拥戴的中华会馆会长寸海亭，被誉为“翡翠大王”的张宝庭。有些和顺人在辛亥革命前就分别在日本、缅甸参加了孙中山的同盟会，其中张成清在仰光与居正、胡汉民、吕志伊创办了《光华日报》；在曼德勒组织“云南死绝会”，进行革命活动。一大批学人、侨商、社会活动家传播新思想、新文化，兴办教育、医院，发展中缅贸易，引进技术、设备，创办印刷厂、火柴厂、纺织公司、实验公司，支援并投身辛亥革命、护国讨袁，参加抗日战争，在侨居地创建云南会馆、同乡会、华文学校。

管理部门

组　织

如今的和顺，已经改为“和顺镇镇政府”。从组织层面看，和顺镇镇政府、和顺古镇保护管理局、水碓村委会、十字路村委会、大庄村委会、各村委会下属村民小组和和顺古镇客栈行业协会（非政府组织）共同组成了乡土和顺的组织系统。

和顺镇政府。公元前4000年的新石器时期晚期，和顺盆地已有先民繁衍生息；南诏大理国时期，已形成具一定规模的村落。清道光二年，改和顺练；中华民国十八年，改和顺乡；1950年，设和顺乡和和顺公社；1984年，复设和顺乡；2001年，设立和顺镇政府。

和顺古镇保护管理局。成立于2011年，是和顺古镇执法的主体和执法机构。组织架构包括局长1名，副局长2名，下设办公室、规划股、法制股、监察中队、卡点组。《云南省和顺古镇保护条例》内规定的主要职责包括：（1）宣传、贯彻有关法律、法规；（2）组织实施保护规划、保护详细规划和具体管理措施；（3）维护基础设施、公共设施和文物古迹；（4）负责安全和卫生管理，维护社会秩序；（5）依法集中行使部分行政处罚权；（6）其他有关保护和管理工作。实际管理过程中主要管理的内容包括：（1）和顺古镇内申请商业经营审批；[①]（2）执行商业经营审批过程中的具体事项；[②]（3）古

① 审批流程：1. 经营户提出书面申请，带相关材料，经保护管理局登记、初审后备案。2. 规划股现场勘察，对需整改之处发出整改书面通知。3. 商户在办理期间应停业整改。4. 整改合格后报分管局领导审核。5. 局领导审批，报和顺镇政府审批。6. 规划股制证、发证。

② 具体包括：1. 未按规定申报建房手续的房屋内进行的商业经营一律不予批准。2. 商业经营场所必须与古镇风貌相协调。3. 广告、门面摘牌只能采用与古镇风貌相协调的实木制作，禁止使用铝塑材料制作的招牌、灯箱等与古镇风貌不相协调的材料，所有广告招牌只能在其店面范围正面悬挂。4. 经营店堂的陈列商品、加工器具、营业设施不得超出店面门槛。5. 和顺古镇内的商业经营实行准入制，吸收有地方特色、有旅游特色的经营项目，禁止有公害、有污染的经营项目。

镇内申请修建房屋的管理。[①]

和顺古镇保护管理局在维护和顺古镇风貌中要求：（1）除特殊情况外一律以两层木结构为主；（2）房屋建筑必须按照传统的风貌，采用林木、老洋河石、火山石、卵石、瓦片、青砖、土坯等建材；（3）不得搭建与古镇风貌不相协调的设施，如阳光板、石棉瓦、彩板瓦等；（4）不得使用铝合金窗、钢窗、塑钢窗和全玻璃窗，玻璃不得使用有色玻璃，应选用传统形式的木橱窗；（5）建筑的木作部分油漆应采用传统民居色调，选用土红色或仿古色调，并且做到与周边环境协调；（6）所有卫生间的粪便必须经化粪池处理后抛入排污管网；（7）厨房内盛洪污水必须经过隔油处理后排入排污管网；（8）修缮过程做到文明施工、安全施工，施工过程必须进行遮挡，遮挡高度不得低于建筑高度；（9）采用空气能、电热水器等不影响古镇风貌的加热系统；（10）修缮过程中及时处理建筑垃圾，不得占用公共空间堆放建筑材料及垃圾，不得影响四邻正常生活，严禁焚烧建筑垃圾。

水碓村委会：位于和顺镇的东边，距离镇政府 1.5 公里，辖区面积 2.48 平方公里。划分为 3 个村民小组，组长由村民民主推举产生。该村有农户 545 户，乡村人口 1638 人，有耕地总面积 1620.7 亩，其中：水田 758.65 亩，旱地 862.05 亩。水碓村是和顺的重点旅游景区，有全国乡村最大的图书馆——和顺图书馆，有马克思主义哲学家艾思奇的故居，有久负盛名的“益群中学”，有纪念中国抗日战争的滇缅抗战博物馆，建有刘氏宗祠和李氏宗祠，百年古寺“元龙阁”。村委会及周边房屋所在位置原

① 办理程序：1. 申请人到规划股咨询，领取相关表格。2. 提交相关材料到古镇保护局初审后，再到地块所属村民小组、社区村委会、和顺镇政府国土资源管理所征求意见，该步骤主要审核是否属于合法建设用地、土地房屋是否存在矛盾纠纷、房屋建设方案等。3. 规划股现场勘察，并结合相关法律法规和规划对建设方案提出意见或说明不予批准的理由。4. 初审无意见或按要求整改后的报分管副局长、局长审核。5. 报镇政府、市住房和城乡建设局、古镇保护局审核，如是挂牌保护的古民居、古建筑应由和顺古镇保护管理局与和顺镇人民政府会同建设、宗教、文化等主管部门共同审核后方可实施。6. 古镇保护局签发准予建房通知，申请人到规划股办理手续。7. 通知施工后，古镇保护管理局对施工过程全程监督，对于未批就建和擅自改变建设方案的，由古镇保护局法制股和监察中队进行执法。8. 古镇保护局和政府对施工结束后的房屋进行验收，如不合格则继续整改。

为一处山坡。旅游开发后，山坡上建满了房屋。

十字路村委会：十字路村位于和顺镇西南面，距离镇政府 3.5 公里，辖区面积 6.66 平方公里。辖 3 个自然村，11 个村名小组。有寸、尹、贾、张四大宗祠，弯楼子民居博物馆及 400 多幢有价值的古民居，目前全村实有农户 1013 户，2995 人。耕地面积 2268 亩。其中：水田 1552.8 亩，旱地 715.2 亩。

大庄村村委会：大庄村距离镇政府 1.00 公里，辖区面积 8.46 平方公里，海拔 1580 米，年平均气温 14.5℃，年降水量 1500 毫米，适宜种植水稻、苞谷等农作物。有耕地 1800 亩，其中人均耕地 0.87 亩；有林地 3420 亩。全村辖 5 个村民小组，有农户 623 户，2156 人。

各村委会下属村民小组，主要负责：（1）宣传和贯彻党的路线、方针、政策和国家的法律法规；（2）负责组织小组村民的活动，即使香村委会汇报工作；（3）管理属于本小组的土地、山林、企业及其他资产；（4）接受村委会的任务和要求，组织本组村民积极推进三个文明建设，并对各项村务进行监督并提出建议；（5）及时向村委会反映本组村民意见，要求和建议。

广场、街、巷、桥、亭、台、坊、闾门、碑

广　场

广场原指广阔的场地，特指城市中的广阔场地，通常是大量人流、车流集散的场所。随着和顺旅游的开发，大量游客、车流涌入，云南柏联和顺旅游文化发展有限公司在和顺规划布局了一些广场。其中，和顺古镇大门售票口左侧的停车场，以前是农田，是为了缓解和顺古镇停车的压力而新建的。此外，元龙阁与野鸭湖间的半月形广场，尹家巷洗衣亭对面的广场，水碓村广场，中天寺旁的停车场，均是旅游开发新建的广场。其主要功能是停车，元龙阁与野鸭湖间的半月形广场，也是和顺村民晚饭后跳广场舞的主要场所。

街

和顺传统的街道主要是图书馆左右延伸的主干道和十字路街。从图书馆向左，主干道延伸至寸家湾、尹家坡、野鸭湖、元龙阁和水碓村。从图书馆向右，主干道延伸至李家巷、大石巷、尹家巷、贾家坝、张家坡。十字路街，是百年菜街所在地；十字路街左边，连接李家巷的主干道；十字路街向右，延伸到财神殿、中天寺和夷方路。在旅游开发和乡村建设中，也新增了一些以“路”命名的交通系统，包括通往景区大门的“和顺大道侨光路”，通往和顺益群中学的“益群中学路”，艾思奇纪念馆的“艾思奇路”，和顺水碓村的小桥河路，和顺小学右侧的庆国路，十字路社区卫生所右侧的五东坝路，以及柏联温泉的公路。

巷

传统乡土和顺的巷子，主要是以族人姓氏、地形特点、标志性植被来命名的，包括寸家湾、李家巷、尹家巷、尹家坡、大桥巷、黄果树巷、大石巷、赵家巷、贾家坝、张家坡等。湾、巷、坡、坝，是传统和顺人对和顺乡土空间的认知单位，也是族际交流的主要通道，传统时节庆典的行进路线，基本以这些巷子为通道。因为巷子基本呈现不规则的依形就势的网状延伸，并没有精确的起始标准。顺村内村外的巷子，也叫“灯芯石路”，特别之处不仅在于它是用当地特有的火山石铺成，而且路的中间专用平整的一至三行石条铺筑，方便老人、妇孺行走，被当地人形象地称作“灯芯石”。和顺传统的巷子宽窄不一，最宽的可供农用拖拉机、小轿车单行，最窄的只够一两人并行。旅游开发后新建的道路，均延续了“灯芯石路”的建筑传统，最宽的可供两车并行。

和顺小巷则是专为游人打造的新景点。和顺小巷沿着三合河而建，由近万平方米的仿古建筑、老宅修缮组成，其中包括清末腾越总兵张松林、四代名医张高人的老宅。和顺小巷与湿地、田园、荷塘毗邻，试图打造

“一路沿溪花覆水，数家深树碧藏楼”的景致。小巷中的大马帮博物馆，利用文物和老照片展示南方丝绸古道的历史、大马帮的生活场景、滇商及和顺人走夷方的生活方式。小巷中的翡翠大王展示馆，可以体验“玉出腾越，运自和顺”的翡翠文化。此外还有古法造纸、木雕、扯丝糖、土锅酒、打铁、织布、洞经、皮影戏等展示。

桥

和顺有河，自然桥多。单拱的有入口处的“双虹桥”，尹家巷通往三官殿的单拱桥；双拱的有大庄桥；石条平桥有三合河下游、张家坡前的“捷报桥”及大盈江上分别通三官殿和魁阁的平桥等。最著名的要数一进入和顺就能见到的双虹桥，如两条彩虹横跨三合河两岸，是和顺通往外界的主要桥梁。双虹桥是和顺乡最先进入眼帘的风景，是每一位游客进入和顺的必经之路。村头小河绕村而过，两座石拱桥跨河而建，形似双虹卧波，故名双虹桥，据传建于清道光年间。两桥造型精美，桥畔绿柳成荫、红莲映日，村妇捣衣之声不绝；桥下群鸭戏水，鱼翔浅底，一派田园高风光。

亭

和顺以亭为名的建筑，有凉亭、湖心亭、洗衣亭三类。在和顺大道中央，曾经有一座凉亭，旅游开发中乡民劝阻无效被拆除了。这是清光绪年间建成于通往和顺村落的石板路上的，由和顺乡华侨寸光斗先生出资建造。和顺诸多凉亭，均是农人劳作、路人休憩的贴心建筑。在和顺主村落前，顺着河道东西蜿蜒，共有六座洗衣亭，分别是龙泽洗衣亭、尹家坡洗衣亭、寸家湾洗衣亭、李家巷洗衣亭、尹家巷洗衣亭、大石脚巷洗衣亭，供乡人洗衣、洗菜遮阳避雨所用。在清光绪年间和顺寸位中先生在尹家巷河边首创洗衣亭之后，各巷热心公益人士纷纷效仿，建设自己的洗衣亭，形式虽异，功能则一致，被称为和顺最独特、最温柔的公益建筑。

台

指月台，一般建于“闾门”对面，根据地势和场地，大小不一，但均呈现月牙形，月台中间或边沿，会种植椿树、香樟之类的常青树，树下设立石桌、石凳，供乡人纳凉休息，月台外还会建筑照壁。和顺主村有龙潭月台、尹家坡月台、赵家月台、上村月台、李家巷月台、黄果树月台、赵家巷月台、寸家月台、张家月台、贾家月台。大庄村有寸家月台、杨家月台、钏家月台。东山脚有许家月台。

坊

和顺原有九大牌坊，石牌坊四座，木牌坊无座，均毁于“文化大革命”时期。根据乡人尹文和的追述，九大牌坊分别为：张家坡张尹氏玉珍“节寿”石牌坊、贾家坝贾李氏“百岁”木牌坊、大石巷脚李寸氏“节孝”木牌坊、大石巷头寸尹氏“节孝”木牌坊、文昌宫大门石木牌坊、大桥“老牌坊”、新桥“节孝”新牌坊、水碓李德贵妻“百岁”石牌坊和东山脚许延龙“百岁”木牌坊。这九座牌坊，其中节孝坊三座、百岁坊四座、文化标识坊两座。这些牌坊大部分建于清代道光、光绪年间，少数建于中华民国早期。这些牌坊大都用火山石雕成，建筑宏伟，气势磅礴，雕梁画栋，工艺精湛，坚固凝重，堂皇富丽，有的还辅以石砌标注、石狮等附属建筑，造成肃穆超然的气氛。①

闾　门②

和顺保留的“闾门”无论是规模上还是布局上都较为罕见。这种中原形制的历史建筑承载着特殊的文化内涵及功能，不仅是移民追溯族源历史记忆

① 姜艳菊：《和顺牌坊的文化内涵》，硕士学位论文，云南大学，2012 年，第 8 页。
② 刘旭临：《门闾之望：和顺古镇的记忆与认同》，《贵州社会科学》2016 年第 3 期。

的文化符号，亦是族群认同的社会边界。借以边界的划分，移民强化了族群意识，并在此基础上形成了国家认同、地域认同和家族认同。和顺无论是主巷还是里巷均建有闾门，整个巷道的布局也是经由闾门展开。这些闾门形似牌坊，建筑材料和风格各不相同，既有气宇轩昂的豪气，也有古朴内敛的格调。从闾门的外表即可判断族人的身份与地位。闾门建成之初，无论其文化功能及祖先建门的动机如何，在客观上都起到了防匪、防盗的作用。闾门每日按照规定的时间启闭，成为族人生活上时间分割的工具。随着社会和文化的变迁，闾门的客观功能逐渐丧失，其文化功能成为其族人心中永恒的记忆。

碑

以碑之形制来审视和顺乡土景观，有功德碑、纪念碑、界碑、墓碑、口碑等类。功德碑主要用于纪念乡贤修路、修桥、修水道等功德记述，《水利述》碑是一例：行至和顺，下车伊始即可见到一块巨大的石碑立于荷花池北面，这是《腾越州阳温登乡创兴水利述碑》。记述了明代京城为官，历经三代，政绩可嘉，颇得武宗皇帝褒扬的和顺先辈寸玉老人，离职还乡后不顾年迈，倡修水利，率众治理大盈江，灌溉千亩良田得以成功的事迹。原碑立于嘉靖年间，距今已是480多年，碑文经风雨剥蚀已无一字存在，碑额篆书"腾越州阳温登乡创兴水利述"几个大字却赫然可见。原碑被毁后，1986年得和顺华侨张崚达、张孝威、张君诏先生及益群中学捐资，在和顺乡政府主持下重将此碑修复立此。对此碑李根源先生曾有诗赞曰："江流萦九曲，桥头老爷开；石刻孰最古，应数阳温登；文虽成没字，篆额足可徵。"

界碑用于权属界线的确定，和顺各巷道间不易察觉的巷道界碑就是一例。和顺主村落的巷道由环村主道和与主道连接并呈纵向分布的里巷组成。三条主巷李家巷、大石巷、尹家巷贯穿南北，北与环村主道连接，南与横向街道相接。里巷主要有寸家巷、大石巷、大桥巷、黄果树、尹家巷，这些里巷与主巷相互交错连接，构成了整个村落的网状结构。[1] 为了

① 刘旭临：《门闾之望：和顺古镇的记忆与认同》，《贵州社会科学》2016年第3期。

区分各个宗族的巷道空间归属，和顺人将“界碑”镶嵌在巷道的家屋墙面等位置，用来标识宗族的空间关系和土地归属。

时　序

和顺的四季时序节庆，大体可以分为祭祀节日、庆贺节日、农事节日、社交娱乐节日、宗教节日等。腊八和祭灶，继承了中原的祭祀传统；春秋二祭既是祭祖，又是春耕秋收的农事节日；中元节起源于宗教活动，又是祭奠亡灵的重大节日；端午祭祀龙神、祭奠屈原；春节是迎来送往的年度隆重节庆；中秋是举家团圆的日子；九九重阳是享受生活和登高之日；灯节是社交娱乐之日；打保境是娱神娱人的盛大节日。

和顺民俗节庆列表

时序（农历）	节日	节俗
正月初一日	春节过年	贺岁、拜年
正月上半月	灯节	以仙灯为中心的玩灯、耍灯活动
正月十六日	元宵节	祛百病、结缘
春分后十五日	清明节	扫墓、插柳、撒秧
五月初五日	端午节	挂菖蒲、艾叶，吃粽子，喝雄黄酒
栽秧后	打保境	祈雨保苗的盛大庙会
六月六日	天贶节	打开箱子晒霉绿
六月二十四日	火把节	撵打老孟获，蚊虫跳蚤除
七月初七日	七夕节	巧芽乞巧，请七姐姐
七月十五日	中元节	初一接亡灵，十五送亡灵
八月十五日	中秋节	阖家团圆吃月饼
八月二十七日 （今改阳历9月28日）	孔圣诞	祭孔
九月初九日	重阳节	登高、远足
十月初一日	寒衣节	上坟送寒衣
十二月初八日	腊八节	祭腊，储腊八水
十二月二十三日	祭灶节	祈求灶君：上天言好事，下界保平安
大年三十日	除夕	吃团圆饭，守岁

农　业

田政（正）

中国是一个以农耕为传统的国家，因此，最为重要的“政治”即源于“农正”。和顺地处边疆，古代一直是戍边要地，田地也因此有了不同的性质。

军屯。和顺史志记载的屯田制最早为元至元十四年，始行军屯，以资军饷。明洪武十九年，指挥使司统管，七分屯种，三分操备（以7人种谷养3人），逐年轮换。屯军以小旗（10户）为单位，每军授田30亩，谷种3石2斗。秋收，每旗征谷50石入屯仓，以24石作军家妻子口粮，以3.3石作种谷，实存谷22.7石。在耕地面积中，屯田占2/3，民田占1/3，屯田田赋高于民田10倍，军屯的操作者实际大多是封建国家的佃农。明正统二年设腾冲卫，实行按品分田法，收租为俸，不纳税粮，屯田官军都分有土地，实行世袭。明代，5所屯军三分差操者和各所武军头也给田，称免粮田。

民屯。元代，民屯是在清查漏籍户时划出“编民”来进行屯耕。除耕种已业田外，还向官府租荒田、耕牛、籽种耕种，缴纳租赋。明代中叶，屯军逃亡、隐籍或分户，出纳渐少，官吏由是侵吞屯田。明嘉靖初年，土著民耕荒、开田、种地，称土著屯垦，亦称民屯，屯民除垦荒外，承担派夫、派马、派粮、派差等劳役。明末，军屯已名存实亡，逐步演变为民屯。

勋庄田。明代，沐氏世守云南，设立勋庄田。沐寄庄田。明代，沐氏将坐落界头的勋庄田捐出粮147石归州额，称寄庄田。清初，随着村寨扩大，屯民、屯田都随之增加。至清咸丰年间，逐步形成封建地主经济，屯户演变为佃户，屯田演化为民田。

练田。明万历二十二年，云南巡抚陈用宾以官银买田，令原主耕种，供应军粮，始有练田。咸丰六年兵事蔓延，练田案册散失，隐匿荒芜大半。光绪五年同知陈宗海亲自踏勘，清理练田。有的练田因土地贫瘠，已无人耕种，有的被河水冲没，已经荒废，剩下可用的练田陆续收回。

民田。元代，民田均为当地少数民族的自耕田。明嘉靖初，沿用元代制度，设驿站赤田，用于驿站经费。明末，职田、免田、马伍田都已演变为民田，民田与军屯、民屯面积相比，民田已占耕地面积的2/3。乾隆七年，部分民田被水冲毁。乾隆三十八年，自耕农极少，民户大多已成为地主的佃农。同治、咸丰年间，屯田已全部演变为民田，土地允许买卖、典当。自耕农因天灾人祸等原因，出卖或典当土地，土地逐步集中到地主、富农手里；公田、族田、寺庙田、学校田相对稳定。

中华民国时期，地主、富农进一步鲸吞土地，农民因遇到不可克服的困难，将土地出卖或典当给地主、富农。20世纪30年代，腾冲工商业极盛时期，部分工商业者和华侨为子孙后代着想，在城郊购置了一批土地，租佃给农民，形成工商业地主、华侨地主。

1949年前，地富与农民因土地产生的组织关系主要有三种形式：

第一，实物地租，又称粮租。农民租种的土地，租额普遍按产量对半开，俗称“宰干担”。高的占产量的六七成，事前议定租额，收获时交租，增产要加租，减产不减租；遇到灾年减产，不少农民往往是连年饭米都没有。少数有交银租的，称货币地租。以一部或全部粮租折交货币，价格事先议定，秋收时交纳。

第二，雇工。经营地主和富农雇长（短）工耕种土地，每户经营地主雇长工2—3人；富农有的雇长工1人，有的不雇长工，雇短工；长工长年累月干活，劳动成果全部归地主、富农所有。长工工钱多少不等，一般的全年得谷的60—70箩（20kg/箩）；有的只供吃穿，不给工钱，俗称“烂工烂饭”。短工劳动量大，一般每天做活达10—12小时。

第三，高利贷。水息——农民婚丧嫁娶或遇到天灾人祸，向地富或高利贷者借债，以田作抵押，每年每百元缴息谷8—10箩筐；需要交现金的，月利息1分或2分以上。卖新谷，农民春耕前借债，以田契、金银、玉器等做抵押，利息加四或加五，称“一套四”或“一套五”，即借100元，还本息140—150元。牛打滚，借债时以田地契为抵押，年利率100%，一年还本付息，到期不能归还，则息又变本，继续翻滚。其他的还有尝新、送礼、吃看场酒、相帮、派兵、派夫、派款等形式。

土改时期。减租退押，1950 年，腾冲召开全县农民代表会，部署减租退押和清匪反霸，凡地主、富农、祠堂、庙宇、教堂、机关出租的土地，不论典租、活租、定租制，一律按原租额减低 25%，称为“二五减租”。“二五减租”后，租额不得超过土地正产物的 35%，超过部分再减下来，称为“三五衡量”。同时，废除一切旧债务（不含农民之间的），退还农民的抵押品，减租退押结合清匪反霸同时进行。

1951 年 10 月到 1954 年 5 月，先后进行了四次土地改革，和顺属于侨乡，实行和平协商的侨乡土改政策，在第二批土改中，进行了从 1952 年 7 月开始至 9 月结束、历时 3 个月的改革，由腾冲县委直接领导。和顺乡有 1778 户、8702 人，其中，全家在国外的有 324 户、3046 人，实际参加土改的有 1454 户、5656 人。工作队进村后，成立乡土地改革委员会，吸收华侨、侨眷代表参加。土改每进行一步，都受限召开乡土地改革委员会研究决定，然后通过归侨、侨眷代表，召开侨联会传达、学习，统一归侨、侨眷的思想，提高其自觉性；归侨、侨眷中的贫、雇、中农和其他劳动人民，参加贫雇农协会和农民协会；归侨、侨眷中的地主，只没收土地，其余财产全部保留。

和顺在划分阶级成分时，注意尽量扩大劳动成分面，缩小剥削阶级成分面，全乡共划出 29 种成分，其中地主、地主兼工商业、破落地主、经营地主计 378 户，占已划成分户数的 21. 3%；富农、佃富农、工商业、手工业资本家共 42 户，占 2. 4%；小土地出租、小土地经营 318 户，占 17. 9%；中农、佃中农、小商 299 户，占 16. 8%；贫农、雇农、贫民、小贩、手工业、工人、渔民、店员等共 678 户，占 38. 1%；高级职员、宗教职业、自由职业及其他劳动人民成分 63 户，占总户数的 3. 5%。

农业生产合作社。1954 年 2 月，腾冲地区开始试办初级农业生产合作社（以下简称“初级社”）。1956 年，设计高级农业生产合作社，高级社不再分红，耕牛、骡马等大牲畜、大农具折价入社，1955—1957 年，折价款由合作社分批分期偿还；参加劳动评工记分，年终除成本、积累外，收入全部按工分分配。

农村人民公社。人民公社实行政社合一，工农商学兵“五位一体”，农林牧副渔统一经营。农业体制有公社所有制（东方红公社）和公社、大队、中队三级所有制（其他公社）两种。实行三级所有的，中队是生产、分配单位，一般1村设1个中队，大队是公社的派出机构。东方红公社实行公社所有制，土地、大牲畜、大农具等全部归公社所有，收益及公社统一核算分配，大队是包产单位，中队是生产单位，社员分配实行供给制加工资制，还一度实行吃饭、医疗、读书、入敬老院、幼儿园五免费。军事体制实行师、团、营、连、排制，公社设团，大队设营，中队设连，生产组设排；团、营、连长由公社、大队、中队的社长、队长兼任，并分别设立政委、教导员、指导员，由社、队的党委书记、支书兼任。各中队普遍办起公共食堂，社员将口粮交给食堂，食堂发给饭票，凭票吃饭。1959年1月，腾冲县委贯彻《关于人民公社若干问题的决议》精神，实行以管理区为核算单位，生产队推行定额包工，减少公社积累，废除了军事体制和供给制加工资制的分配形式。1960年12月20日，腾冲县委贯彻《关于人民公社当前政策问题的紧急指示信》精神，允许社员经营少量自留地。1961年3月，贯彻《农村人民公社工作条例（草案）》精神，实行以生产队为核算分配单位的体制。6月起，公共食堂停办。1966年5月到1976年10月的“文化大革命”期间，人民公社的体制变动不大，但由于干部遭到批判，在群众中不断批资本主义，强调“政治挂帅”，推行“大寨经验”，评“政治工分”，口粮自报公议，严重损伤了干部群众的积极性。粉碎“四人帮”后，认真加强和改善了人民公社的经营管理，干部、群众的积极性得到发挥，粮食和多种经营生产有所发展。

农村人民公社。1979年2月，腾冲县委贯彻中共中央《关于加快农业发展若干问题的决定（草案）》和《农村人民公社工作条例（试行草案）》，建立健全农业生产责任制。实行“五定、一奖”（定面积、定产量指标、定成本、定工分、定交队统一分配数；超产奖励，减产赔偿）。1980年9月，腾冲县农村按照不同的经济基础和农业生产条件，实行3种不同类型的农业生产责任制。第一种，吃粮靠返销，用钱靠贷款，生活靠救济的“三靠”地区实行包产到户；第二种，分散在山区的农村，实行山地包产或包干到户，水田由集体耕种；第三种，生产条件较好，居住集中，实行专业承包，联产计酬责任制。

耕 种[①]

1949年前，和顺有2600多亩水田，种一季稻，四周山坡多荒芜闲置，人们的生活需求主要靠外地供应，农业是消费型的。

和顺为了配合滇缅马帮的运输，大量繁殖良种骡马。和顺乡人寸少元与古永乡、中和乡有养马经验的刘仁和、樊大用、钱如琛等合作，饲养种马。在中和、古永一带山区，随水草而游牧放养，实行骒马（母马）私有，种马（驴）共养，统一配种，费用分摊，骡崽各得的合作办法，每年可繁殖骡子二十余匹，收益颇丰，还可为马帮补充运输力量。

和顺地少人多，青壮年大多去缅经商，只有妇孺在家。为适应妇女工作，便组织手工木机织布厂，生产为乡人喜好的土布。棉线是进口粗纱，厂建在和顺大石脚巷，有织布机40台，设有染坊，染青、蓝、灰三色，可为本乡安排50—60个女工岗位，每年可生产各色土布7000余匹。

20世纪30年代，寸少元在芭蕉关谷家寨购得峡谷山地一块，有300余亩，谷中有小溪，他的开垦思路是以短养长，农林牧副同时发展。在峡谷两边坡上种植松树、秃杉、桐果树，间种核桃、板栗，沿峡谷开辟梯田，种水稻和蔬菜。在溪水旁建盖平房给工人住，还建设马厩、猪厩和鸡棚。

20世纪30年代以前，和顺每年只种一季稻谷，秋收后便闲置放养牛马，不重视复种。寸少元与寸树声等鼓励农民种小春。40年代，几位村中老人身体力行，在双虹桥畔种2亩试验田，带领益群中学学生种小麦、蚕豆，当季并有所收获，后由乡公所行政命令乡民秋收后，田坝不准放养牛

---

① 杨发熹：《侨乡变迁五十年》，载杨发恩主编《和顺·乡土卷》，云南教育出版社2005年版，第83—84页；钟德：《寸少元与和顺实业》，载杨发恩主编《和顺·华侨卷》，云南教育出版社2005年版，第102—104页。

马，保护小春，使和顺的小春作物种植普遍推广开来。

除了农业种植，为谋求生路走夷方，和顺人也在家乡创建手工作坊。20世纪以来，和顺人在印刷、纺织、藤编、制火柴等方面均有涉及。

1949年后，和顺农民先后开垦荒山3000多亩，增加水田200多亩，开始大量种植山地作物和小春作物。

20世纪70年代，山地上的“旱植播”（地谷）取代了低产、费工、破坏土壤、污染环境的“烧旱谷地”的耕作方法。80年代，地谷又被优质高产并可间作套种其他作物的苞谷所淘汰。1989年，草烟面积增至2000多亩，产干烟丝155吨，和顺连年成为腾冲的产烟大户。两年后，根据市场销路，蔬菜又取代了草烟的种植地位。

20世纪90年代，和顺改善农业生产条件，全面治理山、水、田、林、路，修筑机耕路4条，完成水利工程大小100多件，总投资700多万元。以多种形式培训劳动者素质，并举办各类作物样板田，通过农艺生物措施，增强地力。水田稻谷获高产，小春粮油双丰收，旱地间作套种，形成“粮—烟—油”“粮—杂—油”“粮—菜—油”等一年三熟的种植模式，复种指数达260%，提高了土地产出率和劳动生产率。

近年来，粮食年产量均为“文化大革命”前最高年产量1650吨的两倍多，人均600多公斤。油菜从无到有，人均占有植物油46公斤。

1980年，生猪存栏数1100头，出栏数仅为几百头。目前抓品种改良和仔猪自给，开发高产作物芭蕉芋为饲料，建筑青贮池，推广配合肥，完善免疫制度，修建卫生猪圈和沼气池，提高饲养水平，缩短了饲养周期，最高年生猪存栏数7300多头，出栏亦达7000多头，出栏率连续十年居保山地区第一位。和顺不仅每天有10铺以上充足的鲜肉供应，而且常年还有肥猪销往县城和附近乡村，商品率99%。

此外，水产养殖也有发展，鲜鱼、鸭蛋、鲜藕、菱角等产量剧增，在乡内已供大于求。

封山育林，林地增至6000余亩。

1999年秋收结束后，从县城到和顺的公路纳入保腾公路延长线进行改造，20多张挖掘机、推土机和汽车，日夜不停，经过半年多的施工，一条长2000多米，宽27.5米，有4车道、绿化带、人行道和路灯的二级路面建成。接着，从尹家坡脚到小团坡间筑起了一座230多米长、6米宽的堤坝，拦住龙潭水，形成一个100多亩的人工湖。

陷河湿地和部分水域，因20世纪50年代以来的填土造田，面积减少了近2/3。加上近年来村民私自围鱼塘、建猪圈，原生水域遭到破坏。和顺的三合河面，原有水车18部，50年来陆续被拆除，现在仅有1部，为景区建设时恢复的。

农　作

和顺的主要农作物是水稻。现和顺农业在腾冲县政府号召下，充分发挥观光农业在旅游业中的作用和地位，在保障原有粮食、经济作物种植的前提下，又广泛种植果树、草莓、花卉等。以和顺古镇核心旅游区外的和顺镇大庄村农业科技示范区为例，除水稻标准化生产外，另有莲藕种植、藕田养鱼、稻田养鱼、草莓种植等其他项目20亩。示范区内统一安装频振式杀虫灯和太阳能杀虫灯，投放水稻螟虫性诱剂诱捕器，以实现农业增产。

水稻、小麦、红薯、玉米和油菜。清明前后播种，闰年在清明后播种。一年一作，冬季闲田休耕，以便于土地肥力恢复。人民公社时期为一季水稻，一季小麦。改革开放后为一季水稻，一季油菜。约小满、芒种时栽秧；立冬前，约白露前后收割稻谷。过去稻草用于喂牛，现基本焚烧处理。水稻标准化生产年产量可达1000斤/亩。过去水稻由人工收割，收割后在田中晾晒三四天后，打谷脱粒，入仓贮藏。现水稻多采用收割机收割，通过雇用来自德宏的傣族职业收割人进行机械操作，价格为120元/亩。

小麦。立冬至小雪前后种植小麦，立夏前后收割。1968年前，由集体公社统一种植。收割后统一留存部分种子，用于第二年播种。

红薯。多种植于山地，于小暑前后播种。

玉米。玉米是和顺最常见的经济作物，对于清明前后播种。一年两作，种植周期短，利润高。通常玉米可卖至3元/斤，玉米秆和玉米核也可贩卖。

油菜。9月底收割水稻后种植，一年一季，由于其观赏性，政府补贴农户种植，将之作为旅游景观。

种烟。和顺多种植本地的晒烟，而非云南其他地区常见的烤烟，但是烟叶产量低，种植面积较小，现仅在部分和顺农户的自留地中有种植。烟叶种植采用轮耕制。由于连续耕作会产生病菌，导致土地耐受力下降。故在种植两三年后绘更换土地，进行轮换耕作。

农作月历与农作景观

<table>
<tr><th rowspan="2">月历（农历）</th><th colspan="2">气候[1]</th><th rowspan="2">节气</th><th rowspan="2">农作景观[2]</th></tr>
<tr><th>温度（℃）</th><th>雨量（mm）</th></tr>
<tr><td>二月</td><td>3—18</td><td>32</td><td>立春
雨水</td><td rowspan="3">油菜黄。春天的和顺，桃红柳绿自不必说，最让人心动的还是铺满整个和顺坝子的油菜花。万顷金黄，明快而热烈，微风拂过，花潮翻滚，如金涛奔涌，仿佛要把整个古镇淹没
桃花粉。阳春三月，时至惊蛰，是和顺赏桃花的最好时节。和顺的桃树不多，没有连片成林的，它们只是恰如其分地散落在古镇的不同角落，小桥边、碧水畔、古祠中，“短墙不解遮春意，露出绯桃半树花”。在不经意间与你相遇，给你带来意外的惊喜
烟雨濛。腾冲民谚有云：“过了清明节，雨在树头歇。”清明过后，乡民开始种玉米，小桥流水、白墙青瓦的和顺就时常被蒙蒙细雨笼罩，让这个地处极边的古镇平添了一份烟雨江南的韵致</td></tr>
<tr><td>三月</td><td>6—21</td><td>41</td><td>惊蛰
春分</td></tr>
<tr><td>四月</td><td>10—23</td><td>69</td><td>清明
谷雨</td></tr>
<tr><td>五月</td><td>14—24</td><td>144</td><td>立夏
小满</td><td rowspan="3">五月二十日前后插秧种水稻
夏雨荷。一入夏天，散落在和顺小河边、田野里的处处荷塘，水面上开始出现一片片铜钱般大小的新荷，微风拂过，荡荡漾漾，仿佛泛起绿色的粼。夏至刚过，“短堤杨柳含烟绿，隔岸荷花映日红”，和顺成为赏荷的好去处
鹭鸶窝。邻近和顺湿地，有个叫鹭鸶窝的地方，是白鹭在古镇的栖息之所。温润如玉的和顺夏日，细雨蒙蒙，绿柳含烟，远山若黛。在斜风细雨的日子里，你会看到一行或几只白鹭掠过湿地丰茂的水草，飞向来凤山麓下的鹭鸶窝，是一幅唐人笔下“西塞山前白鹭飞”的图画</td></tr>
<tr><td>六月</td><td>17—24</td><td>254</td><td>芒种
夏至</td></tr>
<tr><td>七月</td><td>17—23</td><td>293</td><td>小暑
大暑</td></tr>
</table>

① 天气网，http：//www. tianqi. com/qiwen/city - tengchong - 1/。

② 参考腾冲和顺古镇旅游管理部门提供的旅游推广材料整理。

续表

<table>
<tr><th rowspan="2">月历（农历）</th><th colspan="2">气候[1]</th><th rowspan="2">节气</th><th rowspan="2">农作景观[2]</th></tr>
<tr><th>温度（℃）</th><th>雨量（mm）</th></tr>
<tr><td>八月</td><td>17—24</td><td>255</td><td>立秋
处暑</td><td rowspan="3">秋时稻浪翻，赏花，赏月，赏秋香。远山明朗，碧空净爽，整个和顺坝子稻翻金浪，金色是古镇秋日的底色，虽然没有春天里的油菜花热烈耀眼，但这份金色却能给人们带来更多收获的喜悦，也为古镇保留一份稻花香里说丰年的农耕岁月记忆
在和顺，菊花远没有茶花名贵，它不娇贵，犹如默默无闻的平民，同样得到人们的钟爱。或金黄，或净白，或绛紫，家家户户都会有几盆。紫薇开花时正是夏秋少花季节，且花期长达三月，故又名“百日红”
和顺多桂花，最多的是丹桂，中秋前后，高大的桂花树上缀满了金黄色的细碎花蕊，与墨绿的桂叶黄绿相间，错彩镂金。清爽的秋风中，桂花的香味在古镇中的各个角落弥漫
菱角算是最能代表和顺秋韵的风物。中秋时节采菱角，在和顺人眼中是一件充满诗情画意的事情。在天朗气清的秋日，邀三五知己，荷塘边寻一老屋，待月出东山</td></tr>
<tr><td>九月</td><td>16—24</td><td>173</td><td>白露
秋分</td></tr>
<tr><td>十月</td><td>13—23</td><td>150</td><td>寒露
霜降</td></tr>
<tr><td>十一月</td><td>7—20</td><td>45</td><td>立冬
小雪</td><td rowspan="3">十一月后种油菜、土豆、蚕豆等小春作物
冬日的和顺，天高云淡，风清气爽，和顺是一个让你能够遗忘冬天的村庄
冬日的和顺湿地，植被依然葱茏，水依然澄澈。秋冬时节，湿地旁的一池池荷花已渐凋零枯萎，没有了夏日里的“接天莲叶无穷碧，隔岸荷花映日红”，却多了一份“留得残荷听雨声”的诗意。如果遇到爱美的有心人，随手采上一枝，寻一个土陶瓦罐一插，就成了一件自然、古朴、难得的插花作品
除了鹭鸶这位湿地的长住民外，冬日的湿地多了到这过冬的野鸭和许多叫不出名的鸟雀，成群结队，呼朋引伴，一时间，碧水翠苇间，生机盎然</td></tr>
<tr><td>十二月</td><td>3—17</td><td>17</td><td>大雪
冬至</td></tr>
<tr><td>一月</td><td>1—17</td><td>19</td><td>小寒
大寒</td></tr>
</table>

灌　溉

和顺盆地有一江一河的灌溉和其他沟渠山泉的滋润，一年四季都有利于庄稼的生长，初夏栽插时节，水田汪汪。民谚有“大山脚，小山脚，久雨不晴叠水河”，大盈江自北向南流，在和顺东北角跌入和顺坝子，形成

① 天气网，http：//www. tianqi. com/qiwen/city－tengchong－1/。

② 参考腾冲和顺古镇旅游管理部门提供的旅游推广材料整理。

叠水河瀑布。大盈江在灌溉和顺千亩良田时，也阻隔了和顺南北的交通，大庄、大寨子的来往交通不便。光绪年间，大庄人杨新福先生出资，于和顺大盈江中段，即和顺坝子中心的地方，修建起了双眼石拱桥大庄桥，使两岸变为通途。龙潭、酸水河、陷河湿地的泉流在和顺汇集，故有“三合河”之称。

和顺水系中有两条沟渠是为灌溉之用而修建。“一条是现称西大沟的高谷庄大沟，由大庄人杨新福先生出资于光绪年间，拓宽原有的小沟渠，雇用傈僳族民工，在今日叠水河电厂前池的位置，原为龙光台脚的一段岩岭，将其凿穿，引大盈江水入沟，从此结束了大庄村自古以来缺水苦水，种雷响田的艰苦岁月。另一条为中华人民共和国成立后由政府修建，依然从龙光台脚凿穿的岩岭引水，在大庄背后半山腰穿过，流至中和的东大沟，它在解决中和乡缺水问题的同时，也给流经和顺的区域带来了灌溉之利。”① 因将从缅甸运回的大量“巴子”（即小贝壳）用以酬谢傈僳族民工做服饰，至今尚有“一箩巴子一箩沙”的说法。

和顺因水而活，从其旧称“河顺”即可窥得一二。且在村落内的民居选址上，也多以背靠黑龙山、面向来凤山的临水布局居多。访谈得知，今古镇中和顺小巷、酒吧街区域原为农田，用于种植油菜、白菜、青菜等蔬菜。以镇中河流（今和顺小河）为天然灌溉水源，就地引水浇灌。至20世纪50年代，农田灌溉渠道由东西向改为南北向。该灌溉用水引自盈江，系大盈江支流，水量较大，为古镇农业灌溉主要用水。约1952—1953年间，河道由曲改直，并筑堤修坝，用于蓄水灌溉，最近一次河堤修整时间为2007年。另有一条暗河，水流较小，近年来有枯竭之势。

农家的田地仍主要采用渠道灌溉系统。通过将流经和顺的盈江支流与明渠相连，对水资源实行统一调度和管理。并通过把输水配水渠道和星罗棋布的塘堰相连，河水充裕时，引水充塘；河水不足时，由塘堰放水灌溉，弥补河水的不足，形成了长藤结瓜式灌溉系统。这类灌溉模式仍有赖于自然环境与地理地势，故在作物分布上，通常将需水少的经济

---

① 杨瑶：《和顺的水　和顺的山》，载杨发恩主编《和顺·乡土卷》，云南教育出版社2005年版，第3页。

作物种在地势较高的地方，如玉米、果树等；需水多的水稻等粮食作物则种植在地势较低的河流下游，以保障灌溉用水充足。报道人还指出，虽然政府号召稻田养鱼，但由于实际经济效益很低且养殖难度大，现从事养殖的农户很少。

农　具[①]

在和顺，《天工开物》中记载了不少的传统农具，至今依然是和顺人家里的寻常之物。春耕季节的和顺，拉犁的老牛、扶犁的老农、一群群觅食的白鹭组成一幅恬静和谐的田园农耕诗画。用以春耕的犁，由犁铧、犁辕、犁底、犁箭组成，犁在2000多年前的西汉就已有图谱记载，之后唐代出现了曲辕犁，即使现代人制造的机引犁，其主要结构、基本设计，也跳不出唐代曲辕犁的原理。

秋收时节，和顺常见的农具是海簸。海簸，当地人称掼斗，一种竹编圆形或木制方形的谷物脱粒专用农具，人们通过手执稻穗用力击打在掼斗内侧，使谷粒和秸秆分离。颗粒归仓过程中，用于扬弃谷米糠秕的风车功不可没。风车出现于汉代，人们通过手摇旋转风叶产生风力，将米糠、秕谷及杂草、稻叶碎片与饱满的谷米分离开来。“一粥一饭，当思来之不易”，谷物要成为能食用的白米，还离不开磨去稻壳的工具——砻（读作lóng）。砻，当地俗称檑子，用竹、木制成。谷子放进去后，转动檑子，上下两块木头相互挤压，就能磨去谷粒外壳。

方圆十七平方公里的和顺，清溪绕村，小桥流水，颇有江南水乡的韵致。在古镇的沟渠河塘边少不了的是引水灌溉的农具——水车。水车出现于我国西汉时期。最初是靠人力、畜力来带动，后以水流为动力，利用水力运转的原理，低水高送，导灌入田。

与和顺人日常生活息息相关的还有石磨和水碓。石磨由两块圆柱形的火山石磨扇构成，两磨扇相合，下扇固定，上扇绕轴转动。两扇相对的一

① 参考腾冲和顺古镇旅游管理部门提供的旅游推广材料、《温润保山》杂志“和顺专辑”资料。

面，留有磨膛，谷物通过上扇的磨眼流入磨膛，均匀分布四周，被磨成粉末后从夹缝流入磨盘。

用于舂谷物的碓，是当地制作粑粑（饵块）的传统工具。旧时，每当春节临近，这里“踏碓声声连昼夜，室铺满月捣糍粑”。过去和顺人使用最多的是靠水流带动的水碓，以至于在和顺有了一个以水碓为名的村庄。

在机械化的今天，曾经人们生活中无处不在的传统农具，在许多地方已踪影难觅。而在和顺，老农具依然被使用着，与和顺的山水田园一道为现代的人们展现一幅真正农耕时代的民俗风情画，为我们留住关于农耕岁月的记忆。

生　业

道路景观

约翰·布林霍克夫·杰克逊《发现乡土景观》中分析了两种并列的道路系统：一种是当地的、向心的，例如乡村道路，这是一种栖息景观——在发生、形塑、演化的存在过程中形成一种自我管理、自我认同，是一系列经过数世纪累积而来的风俗和习惯，它们都是对栖息地缓慢适应的结果——当地的地形、气候、土壤和人文，以及世世代代生活在那里的家庭；另一种是跨区域或国家的、离心的，离心的干道系统总是从首都出发，向外延伸并控制着边陲及重要的战略点，同时扶助远洋贸易。相对于当地的、向心的栖息景观而言，干道作为离心的道路系统，是一种政治景观，尺度恢宏、恒久不变。

向心的道路可以指村落内部的道路网络。和顺古镇依山傍水，南靠橄榄坡，面北有阳温墩河和大盈江蜿蜒向西，中和位育、上坡下行、顺道而居，大致分为寸家湾、刘家巷、李家巷、赵家巷、尹家巷、贾家坝、张家坡等姓氏特征极为明显的聚落，聚落之间由大大小小的巷子蜿蜒联结在一起。可见，道路承担着和顺这一乡土社会日常生活非常重要的功能，不仅组织居所与分隔宗族、沟通村落与连接外邦的通道，从整体上也构成了以菜市街为中心、尹家巷、大石巷、李家巷、大桥巷和寸家巷与村前沿河小道和村中横巷纵横交错的网络。

离心的道路可以指向外谋生的道路。和顺人的生业在很大程度上与之有关，作为“南方丝绸之路”的蜀身毒道，其在云南境内最西端的一段称永昌路。即从保山出发到腾冲城、经古永、出猴桥便进入缅甸的八莫、瓦城（今称曼德勒）等地。资料显示，由腾冲到缅甸的通道有27条，主要的3条分别是：（1）腾西北线：自腾冲县城经古永、牛圈河、甘稗地、俄穹、昔董坝、大弯子、瓦宋、密支那，计105公里入缅，250公里到达缅甸密支那，经9个马站，需时8天；（2）腾北线：自县城经固东、小辛街、茶山河、大竹坝、平河、片马、拖角，计205公里到达缅甸拖角，需时9天，再从拖角西南行215公里可达密支那；（3）腾西南线：自腾冲、梁河、盈江到缅甸八莫，计225公里到达八莫，经7个马站，需时7天。

和顺人因地处中缅交界的便利条件，在不同的历史时期频繁出入缅甸，形成“十人八九缅经商”的生计形态。但和顺人最早进入缅甸是明洪武年间因军事外交关系而出使。明正统至景泰年间，阳温暾驻军随兵部尚书王骥，侍郎杨宁、侯琎先后征麓川，后来战事平息，中缅边界上出现“边地靖息，民庶安堵”的相对稳定局面，阳温暾村军户陆续转为民户，从商务农者越来越多，中缅贸易随之发展，巨商大贾及宫廷的太监、宝石采买官云集永昌、腾越，和顺华侨成为对外贸易的媒介。永乐五年，明朝于翰林院下设立四夷馆，四夷馆是为培养少数民族语言和周边国家语言人才的官办学习机构。缅甸馆为当时四夷馆所设的八馆之一，其中和顺人担任翻译，为通晓缅甸语的和顺人官方“通译”创造了条件。

清顺治十六年，平腾越卫，在腾明室官兵几乎全部归农为民，和顺居民出入缅甸更为自由。乾隆初年后入缅贸易逐渐增多，此后滇缅贸易随着中缅关系的变化有所波动。但整体而言，从乾隆至嘉庆、道光年间，中缅关系走向全盛时期——1878年缅甸开始修筑铁路；1890年曼德勒至密支那的铁路通车；1902年英国在腾冲设立领事馆；1903年曼德勒至腊戍的铁路通车，滇缅交通便利，贸易完全开放。中缅商业贸易由此有了很大的发展，和顺华侨在中缅的社会地位日益提高，但在抗日战争时期又遭受重创。李根源在《告滇西父老书》中写道：

> 云南是中国的国防重要根据地，居高临下，高屋建瓴，西南控制泰、缅、越，东北拱卫川、康、黔、桂。滇西又是云南西陲的重大屏障。握高黎贡山、野人山的脊梁，襟潞、澜、龙盈大川的形胜。且为通印度洋国际交通的唯一生命线。我们中国是民主阵线二十六国中四大列强之一，所赖以沟通民主同盟国地理上的联系，全靠滇缅公路一条干道。

概而言之，滇缅古道既是一条军事的征战之道，也是进行商贸与通译的交通之道，这些古道的功能在不同的历史时期，有分离、有叠合，却不是截然二分的。

历史沿革

历史上的明王朝在云南边陲之地设立“三宣六慰”，采用“以夷制夷”的“羁縻”政策，当时腾冲司（腾越州）管辖的范围极广，包括了德宏、西双版纳两州和缅甸、老挝两国北部的“三宣六慰”，可见当时并不存在严格的边界。万历年间，云南巡抚陈用宾在腾越一带设立“八关九隘”，形成了“三宣六慰”与“八关九隘”。

“三宣”指南甸宣抚司、干崖宣抚司、陇川宣抚司。

“六慰”指车里军民宣慰使司、缅甸军民宣慰使司、木邦军民宣慰使司、八百大甸军民宣慰使司、孟养军民宣慰使司、老挝军民宣慰使司。

“八关”分为上四关和下四关，“上四关”指的是神护关、万仞关、巨石关、铜壁关；“下四关”指的是铁壁关、虎踞关、汉龙关、天马关。清高宗时丧失天马、汉龙两关。后来中缅划界，虎踞、铁壁两关又被划入缅甸境内。目前我国境内只有四个关留下（上四关，均在云南省盈江县境内）。

“九隘”分别是古永隘、明光隘、滇滩隘、止那隘、大塘隘、猛豹隘、坝竹隘、杉木笼隘、石婆坡隘，后来又增加了茨竹寨隘，实际隘口为十个。这些关隘，或盘踞高岗，或扼制要道，均凭险而立，易守难攻，并建有必备军需设施，便于官兵常年驻守。

跨境流动

对于和顺人而言，“夷方”指的就是缅甸。“腾越，古越赕地，与永昌路隔龙潞两江，北通片马，南控七司，为出缅之门户。民善贸迁，多侨缅，四乡殷实，瓦屋鳞比，为滇中各县所罕见。”清兵占领腾越后，驻扎在和顺的明朝军屯户全部归顺清朝并解甲归田，由军户变为民户，从此和顺人“走夷方”更加自由了。他们频繁往来于中缅之间进行商业贸易，“今商客之贾于腾越者，上则珠宝，次则棉花。宝以璞来，棉以包载，骡驮马运，充路塞道”，然后从腾越转运至永昌、大理或昆明销售。随着起义的平息、海关的开放和铁路的修建，中缅贸易迅速发展起来。“腾越缅甸间，商道大开……光绪二三十年间，店馆林立，地皮高贵，谷米有价，保商缉私之军队，以及邮电海关，顿然成立，驻节大理之迤西道，并驻于此，外国领署，亦增设焉，是为腾越市场极盛时代。”在这种滇缅经济交往中，有大量的和顺人往来于滇缅之间。

和顺各宗族家谱均有关于最早“走夷方”的明确记载。例如，《和顺刘氏家谱》中就有和顺刘姓始祖刘总旗于明洪武二十三年“从征麓川、缅甸”的记载；又如《和顺尹氏宗谱》记载，明朝永乐年间，和顺尹氏二代祖尹资“袭千户后奉使缅甸”，这算得上是最早的和顺华侨出使缅甸的记录。清末民初，在滇缅通道上所发生的中缅贸易，中国进口的货物有棉花、纱线、玉石、琥珀、象牙、虎骨、蟒胆、西欧铸件、日用生活品、劳动工具等；输出的有黄丝、茶叶、绸缎、白银及土特产品以及修路、挖矿的廉价劳工等。可以说，滇缅通道形成中国连接东南亚、南亚、中亚最近的陆上贸易通道，祖籍和顺的缅甸华侨跨境开展的中缅贸易已成为和顺人的主要生业。

明清以来，和顺人通过“走夷方”以从事工商业和工矿业的方式参与到长距离、跨国境的人口流动中，打破了乡土社会的封闭，使以农业经济为主的乡土社会发生了改变，由“工商辅农”到商业经济开始在和顺占主导地位。乡民的观念也发生了变化，从传统的“重农轻商”到积极从事工商业活动，从而使和顺乡由一个单纯的“农耕社会”逐渐转变成了一个以依靠侨商经济为主的商业社会。“东董”“西董”“南刘”“北邓”，以及和顺“弯楼子”，都是流传至今和顺乡民对腾冲豪商巨富主人家的简称和代称。

可以说，对和顺人而言，滇缅通道经历了生计之道——生业之道——生存之道的一个发展的历程，这一过程，体现了和顺人如何勇于走出生存的困境担负生活的重压，将个体的命运与家族的命运，甚至国家的命运紧密地联系在一起。

商　贸

和顺最具特色的市场空间，是由历史上的和顺人在历史中形成的流动的市场。腾冲地处火山地带，地少人多，需要寻找农业之外的谋生之道。明清以降，当地百姓于农闲之季，或奔走异乡，以佣工为生，或依靠马帮，来往于各地，向缅甸乃至东南亚地区输出瓷器、丝绸、茶叶，返程再将当地的土产、香料、玉石带回，成为其时常见的营生之计。和顺的民谚“过了霜降，各找方向”，反映出当地业缘的基本背景。

乾隆初年后的三十多年间，入缅贸易的和顺人形成热潮，以主营黄丝、棉花的“谦和号”“元盛号”“正泰号”等历经三四代人。从乾隆至嘉庆、道光年间，是和顺人在走夷方中的发展的鼎盛时期。据初步统计，历史以来和顺人所创办的商号共计四十多家，其商号遍布缅甸各地，最为著名的当属“三成号”“永茂和”“福盛隆”“昌明家庭工艺社”“益群制药厂”“宝济和公司”“育兴祥”等商号。和顺人经商颇具规模的当数李氏的“三成号”，该商号创立于道光年间，由和顺乡人李茂、李茂林、蔺自新三人共同创办，“三成号”总栈设在缅甸曼德勒，主要经营棉花、玉石等进出口贸易，经营时间从道光初年到光绪末年，历经四代人，是云南华侨早期赴缅经商而致富的典型。

中国进口的货物有棉花、纱线、玉石、琥珀、象牙、虎骨、蟒胆和西欧铸件、日用生活品、劳动工具等；输出的有黄丝、茶叶、绸缎、白银及土特产品以及修路、挖矿的廉价劳工等。至清末民初，中缅贸易已进入全盛时期。在腾冲至保山、八莫、密支那、南坎的运输线上，商旅、货物往来频繁，年进出口商品合计约十万驮。根据1922年腾冲商会统计，进口商品有棉花二万驮、棉纱四万驮、棉布三千驮，还有煤油、干鱼、靛精、雨伞以及日用百货亦近万驮；出口商品大宗的有石磺、黄丝、细麻线、斗笠、花毡、干饵丝、条铁、铁锅、火腿、火炮等土特产品二三万驮，大量商品均以腾冲为集散转运中心。中华民国时期修纂的《腾冲县志稿》载：经腾冲向缅甸方向出口的商品不下于80种，经缅甸进口的商品不下160种，进口商品来自五大洲的30个国家和地区，进入腾冲的商品又进一步扩散到中国各地。[①]

当时和顺商人运入中国的商品，除了以棉花为主外，还输入象牙、燕窝、鹿茸、翡翠、玉石、琥珀、红蓝宝石等，而输出的商品有黄丝、绸缎、牛羊皮、棕麻、茶叶等。腾冲当时有经营宝玉石的专业户四十余家，最有名的玉石商张宝廷、寸海廷等人就是和顺人，被誉为“翡翠大王”。

从和顺乡间的传闻以及当地史志记载中，可知商号的兴起与发展以及宗亲、乡社与地方联系在商贸网络中的作用。如和顺水碓李本谦，行商于腾冲、八莫，后与其弟在八莫开创“谦和号”，后商业发展，又由其子德荣继承扩展，在曼德勒设总号。和顺寸尊福，十几岁就随马帮到缅甸谋事，向腾冲绮罗李先和学做玉石生意，积累一定经验和资本后，又与同乡合伙开设“协源公司”，后又在曼德勒开设“福盛隆”商号，并在缅甸各地设有分号，生意远达上海、广东、香港等地。和顺贾家坝张宝廷，与玉石场猛拱土司交情深厚，获得承包开采玉石的优先权，后又与同乡开设宝济和公司，分号设于八莫、香港、广州、上海。

从明代中期起，和顺乡外出经商谋生者代不乏人，他们主要到缅甸，

① 陈丙先：《中缅经济文化交流史中的和顺人》，《东南亚纵横》2009年第8期。

然后再从缅甸扩展到其他国家，经过艰苦创业，在海外涌现出不少雄商巨贾和有识之士。

商道维护

道路与商贸之间的关系已然一体，所以，和顺人也一直热衷于修路、筑路、护路的工作，并以此彰显功德。

修建方面，现在古镇的道路基本都是21世纪初在原址上按照老样子重新修建，唯一不同的是将碎石块换成大石块。古镇边上张家坡的路是2002年华侨回乡捐款，族人自愿出资，有钱出钱，有力出力，各家商量设计，取得一致意见后，并组成一个修建小组，包括设计、监工、财务等一整套人马，道路修建完毕后还要对整个修建过程立碑纪念，并将修路功德明示后人。

维护方面，老一辈的人比较遵循古训，所以发财归乡建造新房时，基本上是顺势而建，根据巷子的走向来建造自家宅院，如今已经被开辟为参观项目的弯楼子就因此得名。20世纪末曾有人把村里公共道路上的石头搬回去建房子，也遭到村民的批评。后来在新建道路的时候，每条道路的修建都会立功德碑纪念，并在闾门的两侧立下公约，村里人自觉维护，相互监督，共同遵守，以保证村落道路的通畅和完好。

树碑功德

在中国很多乡村地区，为大家修路是一种修功德的善举，这在和顺也越发表现明显。和顺寸氏家族历史上就流传着一位祖先寸玉的事迹，据《寸玉传略》记载：

> 村人所称之“桥头老爷”，和顺乡大桥人，生于明弘治年代，历经弘治、正德、嘉靖、隆庆、万历五朝，始祖庆功之玄孙寸氏五世祖。公于正德六年应召入京继承其父文斌公序班之职。考积维勤，正

德十年皇帝书特进“登仕佐郎”任鸿胪寺正卿兼四夷馆教授。公自列职京朝四个皇帝，誉高望重，万历十年任金齿（腾越）参将。明武桥邓子龙为公题匾额曰“白发朝仪”。流传桥头老爷家有女选入皇宫，不仅几代为官，而且是皇亲国戚，当时和顺坝之田亩，上齐叠水河下至魁阁脚。正德末年公自京城返乡为民着想，兴修水利改造良田，独资与乡人于坝子开挖大盈江渠道，仿黄河九曲十八弯之势，使大盈江有了正规河床。又修整村前小河河道，并于河道上修建单拱石桥一座，称为“便民桥”（今双虹桥之老桥）。此水利工程于明嘉靖初年完成。自此以后开垦出三千多亩良田，使和顺坝成为水患无忧之地。工程完成后在今之游泳池边刻“腾越洲阳温登乡创兴水利述碑”以纪其事。公为地方人民作出了卓越贡献，民国元年李根源先生题诗赞曰“江流萦九曲，桥头老爷开，斯人俱双眼，救贫再世来。”

在乡土社会，各式各样的功德碑、纪念碑，形成了一种特殊的景观，它们因事设碑，只要做一件大的，具有公共性质的好事、善事就可以树碑。不受官方限制，无须盖棺定论。

反哺桑梓

反哺桑梓成为获取声望的侨居和顺乡民的一种为人处世的态度，在家乡民会对反哺的侨民附以评价与传颂，侨居乡民的做法与乡土社会中的评价看法，是和顺乡土景观中“人”之要素反哺桑梓的核心文化动力。侨居乡民一方面出于对宗亲、乡土社会的认同，认为此乃分内之事；另一方面期望借此弥补当年穷走他乡的情感失落，同时提升其在乡间的声望与地位。因此，反哺桑梓是和顺侨民通过经济实践行为获取精神财富的路径。在访谈中，寸师傅对目前正在捐物（红木）捐资的在缅寸氏族人给予赞赏的评价；刘绍华谈及刘氏在缅族人虽然资本雄厚，但是却未有实际的行动捐资反哺宗族的重建，“他答应了捐赠修建宗祠，我们去了他家两次（其母在家），但是实际上并没有出资，我们就再也不去他家了”。

以血缘、地缘为基础，在异乡重建熟悉的生活环境以及互惠互助的共同体，成为旅外乡民的选择。而这些共同体的形成，影响到和顺乡土社会中文教事业的发展。1922 年，和顺旅缅乡民在缅甸北部的抹允组织和顺旅缅同乡促进会；1924 年，在曼德勒云南会馆成立曼德勒和顺旅缅崇新会，并创办《和顺乡》（年刊），针砭时弊，同时筹款投入家乡建设。崇新会会员还在和顺乡成立阅书报社，1928 年，改建为和顺图书馆。1940 年，旅缅乡民创办益群中学。致富的旅外和顺乡民将积攒的钱财源源不断地携带来家乡，建设家园，支持家乡的公益事业。他们对家乡的建设投入了大量资金，和顺元龙阁、中天寺魁阁、三元宫、文昌宫、寸氏宗祠都是在和顺侨民的捐赠与资助下修建或重建。和顺现存的千余间古老民居，有不少是从乾隆时开始修建，后历经嘉庆、道光、咸丰、同治、光绪几代，至中华民国初年的不断修建，最终形成了一个庞大的民居建筑群。

和顺人不仅在国外创办商号，他们还把国外先进的文化和先进的工业技术带回祖国，在国内和自己的家乡办起了各种工厂、家庭作坊和医疗文化事业，推动和促进了家乡的文明进程，为家乡的发展和繁荣做出了贡献。[①] 现在的和顺乡民在祖辈实业兴乡的传统带动下，有寸树华的腌菜厂、蔡韩兴的酒厂（胭脂红）、彭安宁的建筑公司，这些工厂一方面就地解决了劳动力的就业问题；另一方面深化了农产品的产业链条。无疑，和顺人经历数代人积累起来的经商经验与优越的经济条件是今日繁荣和顺不可或缺的物质基础。

乡土旅游

大众旅游，特别是乡村游，使和顺同时面临着乡土景观的挑战与机遇。许多事业，诸如特色行业、非遗、博物馆、客栈等新兴事业、行业层出不穷，值得特别关注。

① 朱玉兵：《和顺“走夷方”研究》，载《云南社会主义学院学报》2015 年第 4 期。

玉石兴业

和顺人一直有做玉石生意的传统，在当今旅游发展的情境下，兴起了玉石玉器、民宿客栈、餐饮服务等商业化市场，主要的消费对象是大众游客。借由旅游发展，和顺乡民开始重新思考和顺故事与乡土景观对其现实生活的意义和影响，如在玉石玉器的买卖中，有利用寸氏祠堂作为营销场所的，讲“寸家玉”的故事，更好地为销售玉器做好铺垫；有利用百年老字号“福盛隆”商号来从事玉器买卖，走入寸尊福家的宅院，工作人员会讲述出“福盛隆”商号的相关故事以及宅院的建制特别之处。和顺目前的民宿较多，但和顺乡民自主经营的并不多，大多是把民居整栋出租给四川、北京的生意人经营。餐饮服务也是流水线式的作业工作，真正本土的餐饮业发展情况并不乐观，过桥米线、和顺人家以及潘祥记鲜花饼都是外来商品的再地化销售。

旅游公司进驻和顺以后，与当地乡民的期待也产生了一些矛盾的地方，如柏联公司投资进行了一些基础的改建与修护，但是却把和顺古镇的核心保护区圈起来向游客收门票，而门票收入的很大部分归柏联公司所有，只有少量的资金分配给村中60岁以上的农民户口乡民。对此，和顺乡民有自己的想法与意见，故此在清明节族人回乡祭祖时造成需要区分游客与族人的尴尬。最重要的一点是，柏联公司在获得和顺古镇的旅游开发经营权，和顺乡民并没有参与到其中。对此，我们强调连接人文景观与历史心性的地方感知。文化人类学的视角始终相信：“生活在一定文化中的人对其文化有‘自知之明’，明白它的来历、形成的过程，所具有的特色和它的发展的趋向，自知之明是为了加强对文化转型的自主能力，取得决定适应新环境、新时代文化选择的自主地位。”[①]

① 段颖：《作为方法的侨乡——区域生态、跨国流动与地方感知》，《华侨华人历史研究》2017年第1期。

非　遗

在非物质文化遗产的实际操作中，认定的非遗的标准是由父子（家庭）或师徒或学堂等形式传承三代以上，传承时间超过100年，且要求谱系清楚、明确。

在和顺的非遗名录中首要的就属藤编，和顺藤编声名鹊起于20世纪中叶，马家藤编除了在当地有口皆碑，而且其工艺品还走出了国门，曾经畅销日本、美国，为国家赚回外汇。为此，我们访谈了工艺大师的儿子马嘉勇，他1940年出生，77岁，是回族人。马先生告诉我们说：其父亲马兴朝年轻时曾到缅甸学习藤编手艺，回乡后自己不断研习，揣摩，看画报（最受启发的是《良友画报》），绘图，从编小包、小盒子开始，慢慢发展成家庭手工作坊，藤编成了养活一家人的生计。1949年后，公私合营，马师傅进厂子做了技师，传带了好多徒弟（据说徒弟多为身有残疾的人员，这样学成后不至于跑了）。现在会做藤编的人已是他带出徒弟的徒弟了。和顺藤编产品曾经远销昆明及周边地区，20世纪80年代一度热销至日本、美国，藤编成为和顺的地方支柱产业。藤编厂几度改名，办厂地点也多次变换，于20世纪90年代厂子关闭。

马兴朝师傅因为娴熟的手艺，于1957年专门赴北京参加全国工艺美术艺人代表大会；1959年又一次出席了建国十周年观礼；1975年作为全国工艺美术艺人代表准备再次进京时遭意外落下了残疾，于1977年退休回家。几次活动都留有照片，照片就挂在马嘉勇的家堂楼上。

马嘉勇曾经学习过藤编手艺，虽然会编织藤萝，但认为学手艺太过辛苦而放弃，改作乡村电影放映员，后来又学习拍照技术，曾经是十里八乡著名摄影师，乡里乡亲都请他去拍照，当时就连部队也请他去过，日子过得不错，曾到麦加朝拜过，又组织建盖了村里的清真寺。现在在家里搞起了客栈、餐厅。

非遗手艺曾经养活了一家人，也给家庭带来荣耀，但后来放弃了传承。这一例子说明：非遗的主体是任何其他（国家、行政、组织、团体等）都无法根本性替代的。“活态遗产”的活态性体现在现实生活中的“可持续逻辑”：包含濒危、消亡，复兴、创造等同时进行。重要的或许并不是阻止必然的事情、事件的发生，而是尽可能以各种手段、方法珍视曾经。

民间博物馆

村落博物馆是目前本土化文化保护的一种方式，我国村落民间博物馆、私立博物馆涌现出较为繁荣的景象，若以遗址类、纪念馆类等宽泛的概念来界定博物馆的话，在和顺就有十多家之多，它们是：弯楼子博物馆、耀庭博物馆、滇缅抗战博物馆、马帮博物馆、商帮博物馆、走夷方博物馆、艾思奇纪念馆、和顺图书馆以及刘氏宗祠作为和顺宗祠文化纪念馆等含有博物馆功能意义在内的家庭展示馆等，这些博物馆虽然规模小，但是专题性强，能从不同面向反映本土历史文化。按照发达国家平均每 5 万人拥有一座博物馆的标准来看，已经远远超越发达国家，也超越了全国 60 万人拥有一座博物馆的水平，和顺仅有 6000 多人常住人口，拥有博物馆的比率在全国都是首屈一指的，尤其是这些博物馆基本是私立民营性质的，办馆条件与国家博物馆难以相提并论，但是在收集展品，传播展示本土文化意识上毫不逊色。以耀庭博物馆为例：

耀庭博物馆是和顺村民杨润生个人创办的私人博物馆，杨润生于 1934 年生于缅甸，结业于师范，曾是村里的赤脚医生，爱好集邮、收集老物件。他已于 2014 年病故，现由其妻子李兰仙接任耀庭博物馆馆长，她已 78 岁，与和顺李氏家族后人共同经营着博物馆。

博物馆里展示有中华民国至抗战历史、家庭史图片；有美军飞虎队用品、图片，也有集邮专版展示，最为特别的是，杨老先生收集一套完整的 56 个民族邮票，邮票不仅已经使用过，更为重要的是邮票在 56 个民族世居地被加盖了邮戳，时间一律在 1999 年 10 月 1 日这天。作为长期研究展示民族文物的博物馆从业者；其他展品还有家庭用品：床、茶几、椅子、凳子、梳妆台、茶盒、茶具、食盒、漆器、瓷器、等子秤；马帮用品：马灯、马镫、马鞍等；票证：包括有华侨证件、华侨物资供应票、进口物资海关纳税证、民国股票、公债券；还有来自缅甸的孔雀琴、竹排琴等等，种类繁多，展示了边城之地人们的真实生活。

大马帮、走夷方、商帮博物馆有着3000多件文物和近百幅老照片，展示了西南丝绸古道的历史，大马帮生活场景，滇商辉煌的历史，和顺人“走夷方”的生活方式，反映了华侨的创业史，他们从不同面向展示了和顺历史繁荣的一页。

滇缅抗战博物馆于2005年7月7日开馆，原中国国民党主席为博物馆题词，它是我国第一个民间出资建设、民间收藏、以抗战为主题的博物馆，地址就在当年远征军反攻腾冲指挥部的旧址。博物馆拥有6000多件文物、1000幅老照片，不乏珍品、绝品。博物馆通过大量老照片、纪录片、史实资料、油画、连环画等，和馆藏文物一起，真实再现了那段历史。央视《面对面》栏目破例在这里制造了三期节目，接待了五十余位当年参加过滇缅抗战的美国老兵，在全国产生了广泛的影响。

旅游再选择

2005年中央电视台评选中国魅力名镇，和顺获得了“魅力小镇”的称号，并荣登榜首。作为一个具有特色的传统村落，和顺在大众旅游的浪潮中受到游客青睐不足为奇。对于这一新兴的行业，和顺基本上是两条腿走路：一是民众自行开发经营；一是与商业集团合作。

和顺古镇旅游开发由柏联集团有限公司经营，经营期限40年。全镇1300多户原住民参与旅游开发比重达80%，景区全年吞吐量可达50—60万人次/年。根据云南柏联和顺旅游文化发展公司在2005年的规划，规划和整合的文化旅游线路包括：[1]

第一条，双虹桥向东的侨乡文化游。包括参观和顺图书馆、科举亚元

---

① 云南柏联和顺旅游文化发展有限公司：《弘扬和顺文化 发展文化创业》，载杨发恩主编《和顺·乡土卷》，云南教育出版社2005年版，第220—221页。

刘宗鉴故居内的侨乡民俗馆、刘氏宗祠内的宗祠纪念馆、李氏宗祠内的和顺名人纪念馆、元龙阁、艾思奇故居、大月台、龙潭、洗衣亭、大水车、水碾、水碓、水磨等景点，品尝侨乡特色餐饮。

第二条，双虹桥向西的马帮文化游。新建了马帮文化博物馆，修复财神殿，游客骑马参观马帮驮来的“三成号”，翡翠大王张宝廷等富豪故居，在中天寺许愿，在财神殿抽签，过隔娘坡领略和顺先辈“走夷方”的情景。然后从捷报桥由和顺乡亲为游客披红挂彩，吹吹打打到宗祠谢祖宗，到马店和雷响茶，吃马帮饭，看赶马调表演。

第三条，抗战文化游。和顺是滇缅抗战胜利反攻的指挥部。我们准备了3000多件文物，建立滇缅抗战博物馆。可以开展国内外的学术文化交流、创作以及博物馆巡展活动。

第四条，田园风光农耕文化游。和顺湿地游。在对湿地保护的基础上，在大柳树下修一些亭子，周围20个水塘种植荷花、菱角等观赏性作物。游客乘竹筏进入，观赏湿地风光、观鸟、品茶、捡鸭蛋、采菱角、赏荷花、摸泥鳅。

在实际的操作过程中，和顺乡土景观的旅游呈现，主要按下表的顺序进行：

和顺乡土景观的旅游呈现

顺序	景点	景　观
1	双虹桥	给您叙说一段“桥倒碑修，碑倒自修”的故事
2	和顺图书馆	“在中国乡村文化界堪称第一”乡村图书馆
3	文昌宫	和顺教育的摇篮。建于清代道光年间，内有腾冲神马艺术展、和顺申报魅力名镇展
4	和顺小巷	一幅马帮文化及腾越民俗文化的画卷
5	和顺陷河	全国唯一一块与古镇相连的湿地
6	和顺酒吧街	田园风情中品咂和顺慢时光的味道
7	李氏宗祠	和顺八大宗祠中规模最大、最有气势的一座
8	刘氏宗祠	展示宗祠和姓氏文化的窗口，品茗休闲好去处
9	艾思奇纪念馆	展现毛泽东哲学顾问、大众哲学家艾思奇的一生

续表

顺序	景点	景　观
10	元龙阁	“儒、释、道”三教合一的道观，背靠青山，面临绿水，景色秀丽，宛若仙境
11	弯楼子	和顺民居建筑的博物馆。跨国商号“永茂和”的一部创业史、家族史
12	洗衣亭	最温柔的公益建筑
13	千手观音古树群	和顺西部，五棵大樟树一字排开，树枝伸展似“千手观音”。树下悠悠古道见证、诉说和顺人“走夷方”的往事
14	魁阁	和顺文化昌盛的精神寄托
15	月台	多建于巷口。最具中华文化特色、最具人情味的乡间公益建筑

游客产品主要集中在火山石工艺品、玉石饰品、松花糕、鲜花饼、花蜜等具有地方特色商品，而彩线编发、民族风服饰也是一些女性游客所青睐的消费选择。玉石作为和顺最为普遍的旅游商品。但玉石、原石、赌石购买，风险大，游客多持观望态度。另外，“走夷方”的传统形成了和顺“亦商亦农亦儒”的经商之道，大部分本地玉石经营商在玉石经营中都强调对和顺玉石经营文化的传承。

特色与增色

我国的村落除了作为乡土社会的基层单位所表现出的共有特征外，每个村落都有其特性。和顺村落景观的主要特色：

1. 村落景观整体布局。宗族景观，包括八大宗族的宗祠、始祖墓碑、牌匾楹联，墓碑石刻都保留完好。与宗族、宗教无论是历史关系、建筑风格都交相辉映，和谐共生。此外，风水景观也包括在其中。

2. 群落人文完整呈现。和顺村落散布着具有中国文化特色的标志性景观，如桥、塔、亭；门、坊、月台，其中有6座桥梁①、1座文笔塔、3个凉亭②，

① 6座桥梁：大庄桥、捷报桥、张家坡河边石桥、跃进桥、双虹桥、刘氏宗祠门前的石拱桥。

② 3个凉亭：东山脚凉亭、雨洲亭、龙潭中间的凉亭。

7个洗衣亭①；19个闾门牌坊②、24个月台③和3个照壁。这些标志性建筑数量众多、大小不同、风格各异。

3. 建筑风格和谐多样。和顺古镇挂牌保护的民居宅院达到66家，这些民居大多建于清朝后期和中华民国初期，是“走夷方”的历史见证。和顺的古民居包括大门、过道、围墙、正房、厢房、过厅、倒厅、照壁，归纳起来大致分为“一正两厢”“四合院”和“一正两厢带花厅”三种样式。民居的空间在使用上相对独立、主次分明，又体现亲疏有别、长幼有序的人伦秩序。民居的另一个特点：既根据自然形势的需要生动地进行空间的组合，又体现了中国传统民居的木质结构的特色，其房屋的隔扇、门窗、栏杆上的配饰包含中国传统文化；同时，还融入了西方的建筑元素和风格。

4. 耕读传统特色鲜明。和顺的教育必定是我国村落中最具特色之一。中国传统的耕读传统得到充分贯彻。和顺历史上外出经商者众多，他们见多识广，并受西方文化的影响，更注重知识的传播和教育的发展。其中最具有标志性的人文景观当属图书馆。“和顺图书馆”由胡适书写。图书馆大门、二门、馆楼、后厅、珍藏楼五个部分组成，占地面积为共1450平方米。图书馆藏书宏富，具有8万多册，其中包含很多古籍文献、孤本善本、大型丛书、类书以及缅甸史及华侨史等珍贵资料。和顺图书馆就其规模和藏书量而言，在中国乡村实属罕见，被誉为“中国最大的乡村图书馆”。

和顺的村落景观存在着增色的空间，比如依照天时气候季节的地方特点，将植物花卉进行色彩景观的培育，在现在春节油菜花、夏季荷花的基

---

① 7个洗衣亭：龙潭洗衣亭、尹家坡洗衣亭、寸家湾洗衣亭、李家巷洗衣亭、大石巷洗衣亭、大尹家巷洗衣亭、张家坡洗衣亭。

② 19个闾门牌坊：水碓村闾门、李家巷闾门、元龙阁门坊、李氏宗祠“登龙、望凤”门坊、尹家坡闾门、刘家巷闾门、寸家巷闾门、双红桥门坊、双虹桥前牌坊、高台子闾门、黄果树闾门、大石巷牌坊、赵家巷闾门、小尹家巷闾门、大尹家巷闾门、举人巷闾门、贾家坝百岁坊、张氏牌坊、魁阁门坊。

③ 24个月台：龙潭月台、李氏宗祠门前月台、刘氏宗祠月台、尹家坡月台、赵家月台、上村月台、大桥月台、图书馆前月台、文昌宫月台、高台子月台、李家巷月台、黄果树月台、寸家月台、寸氏宗祠月台、赵家巷月台、小尹家巷月台、张宝庭宅院前月台、贾学林宅前巷口月台、贾氏宗祠月台、贾宅大月台、张氏宗祠月台、钏氏宗祠月台、东山脚月台，等等。

础上增加秋色和冬景（如银杏、枫树及各种花卉等），使得一年四季都有不同颜色的植物景观，每一个季节又有不同品类、甚至多种品类的色彩景观。

调研组成员：姜丽　曹碧莲　李元芳　张国韵　王呈　佘欢　李跻耀　刘旭临　何庆华　红星央宗　赖景执　纪文静　黄玲　言红兰　覃柳枝　覃肖华　彭兆荣　张进福　谢菲　杨慧敏　李桃　徐洪舒　刘华　杨春艳　谭卉　杜韵红　巴胜超　余媛媛　冯智明　谭晗　马丽媛　李竹　张敏　张颖　闫玉　秦伟琪　杨帆　吴兴帜　葛荣玲

江　村

村落概况

江村在世界及中国人类学、社会学史上是一个有着特殊意义的村落。我国人类学家、社会学家费孝通1936年夏在此进行了田野考察并写作了闻名世界的人类学作品《江村经济》（*Peasant Life in China*）。他的导师，著名英国人类学家马林诺夫斯基，在为该书写作的序言中，评价“这是人类学实地调查和理论工作发展中的一个里程碑，此书有一些杰出的优点，每一点都标志着一个新的发展”①。

江村原名开弦弓村，是江苏省吴江市的一个村落。吴江市位于太湖流域腹部，江苏省最南端，苏（州）嘉（兴）湖（州）小三角中心，东临上海市青浦区，南连浙江省嘉善、嘉兴、桐乡、湖州等市县，西濒太湖，北与本省吴县、昆山相接，全县总面积1176.68平方公里（不包括东太湖水域约85平方公里），东西宽52.67公里，南北长52.07公里。1985年，全县耕地93.19万亩，河道湖荡水面40.06万亩，占全县总面积的22.70%，全境无山，地势低平，由东北向西南缓慢倾斜，南北高差平均不到2米，为东太湖平原的一部分。②

从《吴江县志》的记载来看，吴江市的地理坐标北纬30°45′36″—31°13′41″，东经120°21′04″—120°53′59″。全境地势低平，河道密布，湖荡星

① 费孝通：《江村经济：中国农民的生活》，商务印书馆2001年版，第13页。

② 吴江市地方志编纂委员会：《吴江县志》，江苏科技出版社1994年版，第3页。

罗棋布。四季气候温和湿润，雨水充沛，壤土质的水稻土分布全境，宜于稻、麦、油菜等粮油作物和其他农作物生长。鱼、虾、蟹等水产资源丰富。桑林茂密，桑蚕生产历史悠久。但由于地处太湖下游，是湖水入海的走廊，又常有台风影响，历史上洪涝灾害频繁。吴江市地处中纬度，属北亚热带季风区，四季分明，气候温和，雨水丰沛，日照充足，无霜期长。据吴江市气象站观测资料，1959—1985 年的 27 年中（下同）年平均气温 15.7℃，年平均日照时数 2086.4 小时，全年无霜期 226 天，年降水量 1045.7 毫米。春夏两季盛行东南风，秋冬季节多偏北风，7—9 月常受台风影响。春季气温变化较大且多阴雨天气，早春北方冷空气势力仍较强，遇有寒潮侵袭，则气温骤然下降；夏季 6 月旬月至 7 月 5 日左右是梅雨期，平均梅雨量约 160 毫米，夏季也是台风活动频繁季节，每年有 1—2 次影响本县；入秋后天气渐凉，雨水减少，但 9 月有时还会出现高温天气，即所谓的“秋老虎”，9 月处于夏秋之交，有时还受台风影响，雨水较多，下旬开始雨水明显减少；冬季盛行偏北大风，气候干燥，雨雪较少，1 月至 2 月上旬是全年最冷时期，年极端最低气温大多出现在这一时段内。①

吴江市属太湖流域淀泖水系，西承太湖及浙西山区来水向东流入淀泖湖群。境内河网稠密，湖荡成群，全县水面积 267.07 平方公里（折合 40.06 万亩，不包括东太湖水面 85 平方公里），平均每平方公里有水面 340.47 亩。全县河流总长 3461.89 公里，河网密度每平方公里 2.94 公里。除东太湖外，吴江市尚有水面 50 亩以上的湖荡 350 个，总面积 23.4 万亩，其中水面千亩以上的有 50 个，总计 16.46 万亩。多数湖荡湖底平均高程在 0.80 米左右，常年水深 2 米左右，年水位变幅在 1 米左右。②

开弦弓村原本属于吴江市境西部的庙港镇，2004 年七都镇与庙港镇合并，更名为七都镇，但庙港仍然是他们生活上的集镇所在，工业区在镇东北，商业区在镇中心，行政机关及其他事业单位散布于镇东和镇西。开弦弓村往南最近的集镇是震泽镇，在公路修建以前，村镇之间以水路相通。震泽镇历史上的手工业，主要是缫丝、织绸，始于明洪宣年间（1425—

① 吴江市地方志编纂委员会：《吴江县志》，江苏科技出版社 1994 年版，第 115—118 页。

② 同上书，第 126—130 页。

1435），清代中叶兴起纺经，“辑里干经”远销海外。震泽镇上最早的商业以丝行、米行为主；其次是鱼行、羊行、猪行、皮毛行、地货行等农副产品集散的牙行。[①] 在震泽镇，工厂一般集中在镇东北及西南二栅，商业区在镇中心河堤两岸，文教卫生事业机关主要在镇西北。依照费孝通在1936年的调查，那时开弦弓村存所依傍的市镇是震泽镇，市镇是收集周围村子土产品的中心，又是分配外地城市工业品下乡的中心。[②]

1936年7月3日至8月25日，费孝通在姐姐费达生的建议下，来到这里参观，并在此进行了为期一个多月的社会调查。费孝通为了记录他在开弦弓村所做的社会考察，开始编写《江村通讯》，这是仿照他在广西调查时写作的《桂行通讯》。在1936年7月3日至8月25日期间，他一共写了七篇通讯，在这七篇通讯中，他概述了自己在开弦弓村进行研究的动机和希望，并简要描述了当地的航船、区位组织、人口限制、童养媳以及学校教育等方面内容。[③] 他回忆说：“之所以叫江村，是因为被研究的将是吴江的一个村子，也是江苏的一个村子，我自己的另外一个名字（费彝江）中也有一个‘江’字，这样就叫‘江村’了。”[④]

费孝通笔下的江村农民的生活先后引起了英国人类学家弗斯（R. Firth）和马林诺夫斯基（B. Malinowski）的兴趣，马林诺夫斯基指导费孝通以此作为自己在伦敦经济学院的博士论文，并以题为“*Kaihsienhung*：*Economic Life of a Chinese Village*”（开弦弓，一个中国农村的经济生活）完成论文的答辩。之后，在马林诺夫斯基的推荐下，英国Routledge书局以书名*Peasant Life in China*《中国农民的生活》付梓出版。

该书出版后，在国外学术界轰动一时，成为外国人了解中国农村社会的必读作品。而国内在1939年的《图书季刊》[⑤] 上，也对该书在海外的出版予以了介绍。但它的中文版的问世却是等到了1986年，名为《江村经

① 吴江市地方志编纂委员会：《吴江县志》，江苏科技出版社1994年版，第84—85页。

② 费孝通：《江村经济：中国农民的生活》，商务印书馆2001年版，第28页。

③ 费孝通：《费孝通全集·第1卷（1924—1936）》，内蒙古人民出版社2009年版，第457页。

④ 邱泽奇：《费孝通与江村》，北京大学出版社2004年版，第11页。

⑤ 国立北平图书馆图书季刊编辑部：《Fei，Hsuaio-tung：Peasant life in China（费孝通：江村经济）》，《图书季刊》1939年第1卷第4期。

济：中国农民的生活》，与初版相差了近50年的时间。

在国内学界看来，《江村经济》首先是中国老一代社会科学家力图了解中国“社会变迁”过程的最早尝试之一；另外也在中国现代社会科学的形成中占有一席独特的位置，因为该书事实上是20世纪30年代初，吴文藻等中国学术前辈力倡社会科学本土化的一个直接结果。[1] 可见，费孝通“无心插柳”的江村调查不仅开启了他自身的第一次学术生命，同时这部学术专著也在世界及中国人类学、社会学史上写下了浓墨重彩的一笔。

一直以来，江村人生活的发展变化持续受到国内外学界的关注，中外人类学、社会学者都不远万里来此进行学术研究，20世纪80年代以来，更是有不计其数的研究者到访江村。因此，以江村研究为核心，一系列追踪研究的学术作品与成果不断呈现在世人眼前。其中，有以社会变迁考察为主题的阶段性追踪研究，如 *Peasant Life in Communist China*（1963）、《江村五十年》（1986）、《一场悄悄的革命——苏南乡村的工业与社会》（1993）以及《江村七十年》（2006）等；同时，也有偏向单独考察经济、家庭或习俗等专题的研究，如《重访江村》（1957）、《农工之间——江村副业60年的调查》（1996）、《论中国家庭结构的变动》（1982）以及《关系抑或礼尚往来——江村互惠、社会支持网和社会创造研究》（2006）等。

生　态

自然环境

江村位于太湖湖畔，是典型的江南水乡地貌。地势平坦，漾荡星罗棋布，水网密布。

水：

江村的水网主要由湖荡、河流构成，湖荡主要有东庄荡、西庄荡，河

① 甘阳：《〈江村经济〉再认识》，《读书》1994年第10期。

流主要有东西流向的小清河（开弦弓之“弓”），南北流向的北村港。

地：

地处“鱼米之乡”的江村，传统的农作物是水稻田，即分布在荡漾周围的圩田。这些圩田在2000年以后的“粮改渔”政策的推动下，都成了养殖螃蟹和鱼虾的水池。

林：

江村地处长江三角洲地带。对长江三角洲地区而言，提高作物的复种程度已无余地，因此进一步的农业密集化就意味着转向劳动更为密集的经济作物的生产。[①] 由费孝通的《江村经济》可知，当地已有成熟的农工相辅的生产模式，缫丝业是其所在区域的主要工业，因此，在村庄的圩田周边，村民主要种植用于养蚕的桑树。随着这个区域丝织业的现代化生产，养蚕缫丝这一传统手工业只有极少数的人家在做，因此桑树林也逐渐消失。

村落形貌之变迁

江村的形貌要从20世纪30年代说起，那时费孝通第一次来到开弦弓村，他的胞姐费达生正在该村指导当地人的蚕丝改良工作。在其民族志式的描述中，费孝通以一幅手绘的“村庄详图”直观地呈现了江村基本的地理环境和空间布局，包含了村落的住宅、交通、合作丝厂、庙宇、学校等生活空间和公共空间，如图1所示：

从对这幅图的解读中，费孝通说明了村名“开弦弓”的由来，“开弦弓的‘脊梁骨’系由三条河组成，暂且定名为A、B和C。河A是主流，像一张弓一样流过村子，‘开弦弓’便由此而得名。字面上的意思就是：‘拉开弦的弓’”[②]。图中的“合作丝厂”是当时他的姐姐费达生正在帮助农民着手建立的，作为新建的公共机构，它的出现所带来的社区生活变迁是费孝通此次调查所关注的核心论题。

① ［美］黄宗智：《长江三角洲小农家庭与乡村发展》，中华书局2000年版，第78页。

② 费孝通：《江村经济：中国农民的生活》，商务印书馆2001年版，第34页。

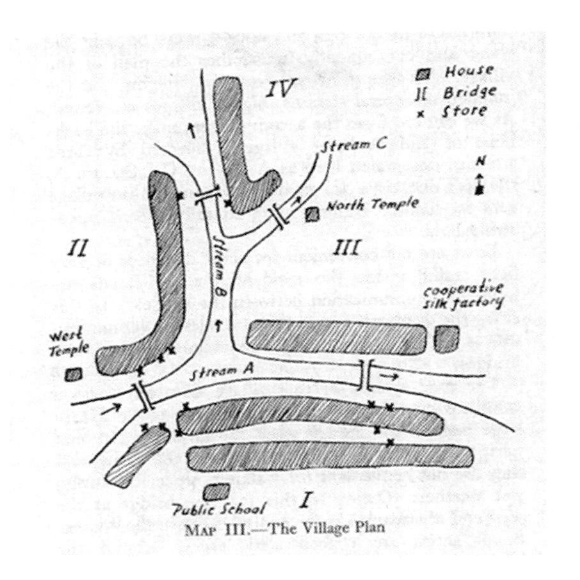

图1　江村空间布局示意图（1936年，费孝通手绘）

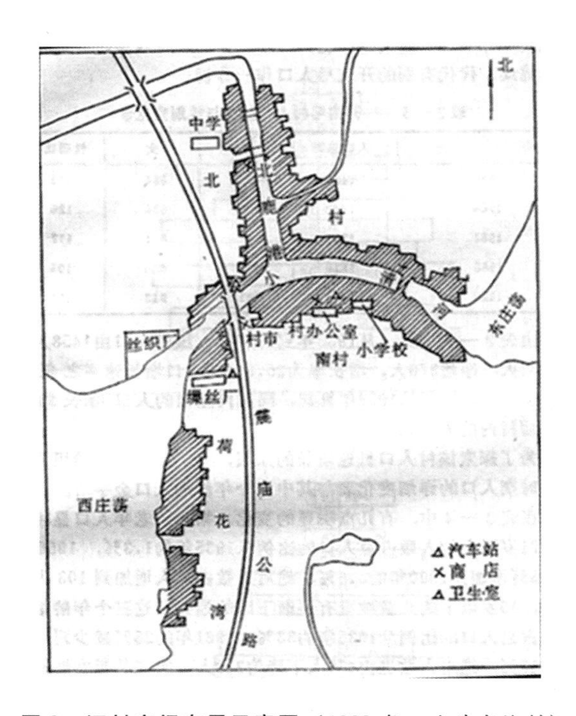

图2　江村空间布局示意图（1993年，沈关宝绘制）

20 世纪 80 年代，在费孝通的安排下，他的博士研究生沈关宝在江村进行追踪考察，沈关宝同样接续性地绘制了村落的空间布局图示（见图 2），与费孝通的手绘图形成时空对照，使读者一目了然地看到村庄在时间维度中所呈现出来的空间结构变化，进而可以推断当地人在生活方式上发生的一些变化。通过比较我们可以看到，村落的居住格局没有太大的变化，仍然是沿河而居；但在交通上，却有了显著的改变，公路以及汽车站的建设表明人们所依赖的交通方式正在从传统水路转变为现代公路；而在生产方式上，村落中的丝织厂和缫丝厂的再次兴起说明乡村工业仍然在当地发挥着重要的作用。

笔者在江村进行田野工作时，也仿照费孝通、沈关宝的村落空间图示，手绘了当前江村的空间布局图示（见图 3）：

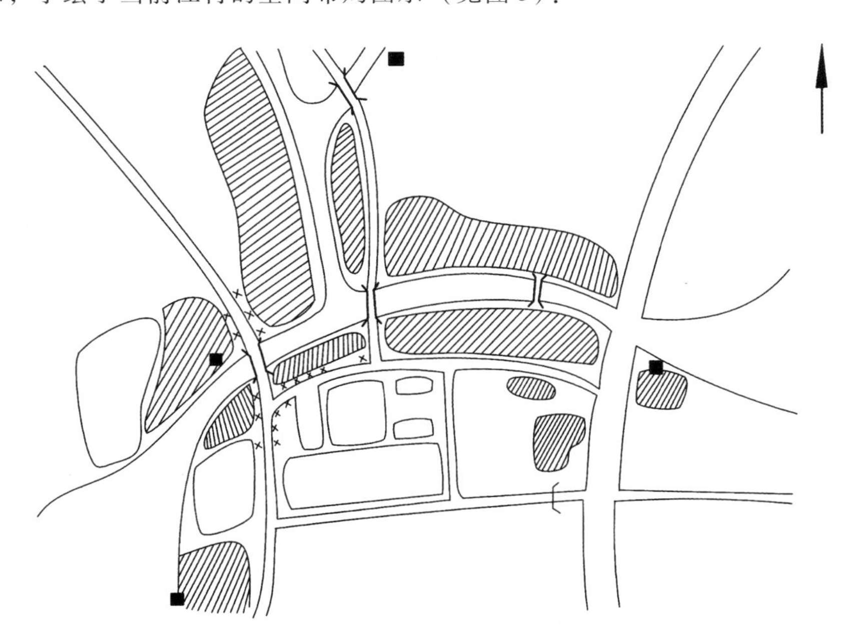

图 3　江村空间布局示意图（2013 年，王莎莎手绘）

通过图示可以看到，在生产生活空间上，村庄的东南庙镇公路的两旁，是工厂、商店和农贸市场的所在，也就是主要的商业区；东南边的工厂区吸纳了村庄的部分劳动力，以及一些外来务工者。随着人口数量的增加、居住面积的扩大，以及主要交通方式的转变，人们的聚居区开始由河岸两旁向道路两边扩展。此外，在地方产业结构调整的“粮改渔”政策实施之后，原本的水稻田用地，现在已被开挖成数个养殖螃蟹、鱼虾的水池，由养殖户承包生产。另外，随着村庄的扩展，村庙也有所增加，在村庄的东南两个方向上分别兴建了三座庙，加上原有的西庙和北庙，共计五个。

除此之外，江村还兴建了其特有的文化标识，包括命名“江村桥”，筑立“中国江村”牌坊，建设费孝通、费达生江村纪念馆、江村历史文化博物馆等。笔者在村中进行田野工作的时期，政府还在主导修建“江村文化弄堂”“费老足迹”等文化标签。

宗族景观

笔者通过考察得知，江村并没有宗族祠堂，人们对祖先的祭祀活动均在各自家中举办。由于当地有分家的传统，成年男子或者女子在成婚后都要分家，虽然在经济上和生活上分家了，但是他们在亲属关系上仍然依据自己所属的姓氏有“自家人”的划分。

依据2010年的统计，江村有747户人家，29个姓氏。其中，户数最多的是周姓；其次是徐、倪、沈、谈、姚、吕、王等8个姓；仅1户的有陈、刘、黄、许、谷姓。

亲属群体依照姓氏居住得较为集中。1935年，周姓和姚姓集中在城角圩；谈姓集中在长圩和谈家墩（吴字圩）；吕姓和邱姓只集中在凉角圩；赵姓、陈姓、方姓、杨姓等只集中在城角圩。这样的姓氏分布格局一直延续到2010年。荷花湾村和西草田村先后并入行政村开弦弓村后，最明显的变化，是徐姓有36.43%集中在第21、22村民组，周姓有31.43%集中在第18、19村民组。同姓非亲属群体居住则比较分散，周、徐、谈、姚和沈等同姓分别居住在17、12、9、7、6个村民组里。李和方姓各有3户，分居在第1、16村和第15村民组，何姓3户，分居第22、25村民组；马姓两户，居住在第20村民组，谷、黄、陈、刘和许五姓均为独户，分布在第

3、7、14、15村和23村民组。表2-1是2010年9户以上的16个姓氏的分布情况。详见下表：

2010年开弦弓村在册村民部分姓氏分布情况表　　单位：户

组别	周	徐	倪	沈	谈	姚	吕	王	严	朱	吴	饶	邱	谭	蒋	陆
1	14	13	—	3	3	2	—	—	—	—	—	—	—	—	—	—
2	17	—	—		9	—	—	—	—	—	—	—	—	—	—	—
3	5	2	—	1	10	—	—	—	—	—	—	—	—	—	—	1
4	—	4	—		10	—	—	—	—	—	—	—	—	—	1	7
5	6	—	—	8	5	—	—	11	—	—	—	—	—	—	—	—
6	5	—	—	—	14	—	5	—	—	—	2	—	10	—	—	—
7	1	—	—	3		—	2	—	—	—	4	11	1	—	—	—
8	18	—	1	—	5	—	7	9	—	—	—	—	—	—	—	—
9	5	6	4	16	—	4	—	1	—	—	—	—	—	—	—	—
10	10	—	—	2	1	2	—	—	—	—	—	—	—	—	—	—
11	9	3	—	4		3	—	—	—	—	—	—	—	—	—	—
12	10	2	—	—	—	12	—	—	—	—	—	—	—	—	—	—
13	7	—	—	—	—	16	—	—	—	—	—	—	—	—	—	—
14	12	—	—	—	5	6	—	—	—	—	—	—	—	—	—	—
15	1	9	8			2	—	—	—	—	—	—	—	—	9	—
16	2	6	27	—	—	—	—	—	—	—	—	—	—	—	—	—
17	—	—	40	—	—	—	—	—	—	—	—	—	—	—	—	—
18	33	—	—	—	—	—	—	—	—	—	—	—	—	—	—	—
19	20		—	—	—	—	—	—	—	—	—	—	—	10	—	—
20	—	9	—	17	—	—	—	—	—	12	—	—	—	—	—	1
21	—	31	—	—	—	—	—	—	—	—	—	—	—	—	—	—
22	—	20	—	8	—	—	—	—	—	—	—	—	—	—	—	—
23	—	18	—	—	—	—	—	—	—	—	—	—	—	—	—	—
24	—	17	—	—	—	—	—	—	15		6			—	—	—
25	—	—	—	1	—	—	18	—	—	—	—	—	—	—	—	—

资料来源：《开弦弓村志》。①

①《开弦弓村志》编纂小组编：《开弦弓村志》，江苏人民出版社2015年版，第88页。

家　堂

在江村，宗族性的仪式活动大多在各自的家中举办，堂屋是家中最为神圣的仪式空间。即便是建房样式从一层发展至二层、三层，甚至是现在的别墅式住房当中，堂屋的位置和神圣性仍然不变。

笔者通过考察得知，即便是在装修和布置十分现代化的家庭当中，堂屋中八仙桌的摆放依旧被人们所重视，因为这里是他们进行礼俗活动的重要场域，如图 4 所示。

图 4　堂屋中举办“拜利士”

陵园、墓碑

笔者在村落中看到过两种下葬仪式，一种是传统的地上葬，费孝通在《江村经济》中对此也有相应的描述。地上葬一般是在自家的土地上，选一块地方，用水泥和瓦片砌起一座南北朝向的小房子。骨灰下葬前，还不能够修屋顶，在唱经人的吹打节奏中，逝者的家人手捧骨灰，将其安放进去，随之泥石匠立即将房屋封顶。然后，亲属们依照一定的顺序，对着房屋的南面进行叩拜。然后在上面摆放一些祭品，焚烧纸钱，并摆放元宝等象征性的物品。

另一种就是现代的殡仪馆，即将逝者的骨灰存放在那里，江村附近的殡仪馆名为“安息堂”。人们将骨灰放入特定的“隔间”之前，要在“安息堂”的正中间举办如同地上葬时下葬前的仪式。将骨灰放在堂正中间的台子上，花圈摆在其后面，然后亲属依次跪拜，办好登记手续之后，就将骨灰移入某一“隔间”之中，再在里面放一些象征性的花、元宝等物品，上好锁，仪式就完成了。

下葬之后，家人和亲属们再回到逝者家中，准备吃“豆腐宴”[①]。回家后首先要在家门口将逝者的衣服烧掉，然后在房屋的东北角用专门的桌子安放逝者的牌位，并要将此前曾孙辈拿着的一对灯笼挂在桌子的两边，用白布包裹住桌子的四个角。牌位台上点着一根蜡烛，还有用来祭祀的香、银纸、酒杯（扣放）、筷子等物品。牌位桌的旁边是一个铁盆，要为逝者烧黄纸钱。之后，“豆腐宴”就开席了。

葬礼结束后，依照逝者去世的日期，之后每逢一个七天就要举行“做七”仪式。第一个七天叫“头七”；第二个叫“二七”；然后是“三七”……直至七七四十九天之后称“断七”。这些日子在逝者的家中都要请道士或和尚来作法事，为亡灵超度。一般而言，主要做三次，即“头七”“三七”和“五七”。“头七”是送死者加入早先过世的亲人队伍中，即安排死者成为祖先；“三七”是为死者见天上神仙而举行的仪式；“五七”是让死者安顿在阴间。

四重关系

人与自然

江村位于水乡泽国的太湖下游地区，四季气候温湿润雨水充沛。通过

① 当地人称丧事的宴席为“豆腐宴”，因为在此宴席中一定要有以豆腐制成的菜品。

费孝通在20世纪30年代的村庄地图可知，人们基于生活的便利和人与自然和谐的理念，村庄聚落沿水而居。由于该地区历史上多洪涝灾害，因此，人们修筑了错综复杂的人工河渠和灌溉系统。沿河而居主要在于生活用水和交通的便利。每家每户都有自己所属的“桥口”①。“桥口”传统上是水乡居民不可或缺的基础设施。“桥口”有自建和合建两种，合建分为自族合建和邻里合建。“桥口”的使用有严格的规定。新中国成立以来，随着自来水在家中的普及，“桥口”的重要性有所下降。

村民在居住空间的建造上，以南北朝向为主，正门朝南，房屋格局如今大多在二至三层，门前会留有一处场地，供人们活动、晾晒或放置物品，场地院落既有开放的也有以墙壁隔离封闭的，人们对自家所属的场地界限十分明确。

盖房伴随着一系列的文化活动。基本上，人们都是在自家原有的宅基地上修建新宅，也有因为拆迁的原因重新选址建房的情况。在确定了建房的区域之后，动工以前，房屋的主人要在半夜起来给盖房区域的四个角“打桩”，用四根长短、粗细均等的木棍，在每一个木棍的上端用红纸包起来，下端分别钉在房屋的四个角。然后，要点香和蜡烛，摆一些贡品（猪肉、糕、鱼等），烧点纸钱。等纸钱和香都烧完了，就把这些贡品拿回去。这样的仪式过程不能让别人看到。

“打桩”之后，在开挖地基（动土）当天上午，这家人要在四个桩围着的方形的中心摆放用红布包裹的成筐的糕、馒头（实际上是有馅的包子，当地人称其为馒头），用篮筐盛放的蹄髈和炮仗，然后开始放炮。这些物品必须是由娘舅家准备好送过来的。仪式过后，这些贡品被拿回去，分发给左邻右舍、生产小组、自家人和亲戚，起到告知和分享的作用。接下来，还要有上梁仪式、首层封顶仪式、第二层封顶仪式以及进屋仪式（安床、装大门）等。

盖房子，算是娘家送的糕，不算是娘舅的，因为不坐位子的，办

① 建在河道边的小码头，用于停船、上下货物，以及村民在此淘米洗菜、日常用水。

上梁酒席，要四次的，第一次是奠基，我们叫摆地盘，破土什么的；第二次是上梁，屋子封顶了，现在是水泥的，以前是木头的，房子正中间的最高的那个梁要包红布，红布上面要用那种方的铜钱弄出很多花纹，吊一个线，挂个糕啊、馒头啊或者万年青，很好看的。第一层做一个小规矩。第二层做一个小规矩，相当于上梁的意思。第一层是最重要的，要摆酒席、上梁酒，是最隆重的。第三次是装大门。第四次是搬进去。都装修好了，要搬进去了，入门酒，是只有亲戚来的，朋友不来的。但是上梁酒是朋友都要来的，以前朋友很简单的，就是买一块肉过去，现在造房子请客吃饭就是办酒席，最后入住的时候一起办的，程序都简化了，现在都是以红包为主了。以前买肉或者客气一点的买蹄髈，这些肉都是用得着的，以前盖房子是要请帮工的，不是像现在这样付工资，要请这些建筑工人吃饭的。娘家就是在上梁的时候和入住的时候要拿的东西很多，上梁的时候最多。最开始的时候是拿一些糕点，现在就是比如送一套卫生设备，送个热水器之类的电器什么的，或者直接包个5000块钱过去，也有的。[①]

从盖房的花费上看，1936年，据费孝通的估计，“修建一所普通的房屋，总开支至少500元”[②]。沈关宝在20世纪80年代的调查数据显示，“1985年，盖楼耗资约1万元；1987年盖同样的楼耗资约1.3万元（均包括农民的老屋拆除后的再次利用部分）”[③]。而笔者在村中了解到，依据现今当地的经济水平，盖一幢三层的别墅式楼房（不算装修）至少需要60万元左右。据村中一位养殖农户的描述，他家新盖的楼房（三层）连装修下来大概花了近100万元。

① 徐姓村民的讲述。
② 费孝通：《江村经济：中国农民的生活》，商务印书馆2001年版，第114页。
③ 沈关宝：《一场静悄悄的革命》，上海大学出版社2007年版，第199页。

人与祖先

在村落中，人们对自家的祖先十分敬重，一年当中，总要在一些特定的日子记得请祖先回来，请他们吃一顿饭，告知家中的事宜，分享喜悦，祈求保佑，并最后再烧一些银纸，供奉祖先在阴间的生活。这样的仪式过程在当地称为“请上祖”。这些特定的时间是：冬至、除夕、清明、七月半，此外，家中有人结婚或者盖新房，也要请祖先回来道贺；而其他的时间，人们是“不欢迎”他们回来的。

请上祖，首先要在堂屋中间的八仙桌上为祖先准备一桌丰盛的菜肴，并在桌子的北面、东面和西面各摆一条传统的长凳，供祖先们就座，喝酒、吃饭，南面则是不坐人的。在桌面的南端，点上一根蜡烛，这是指引祖先的灯火。祭祖的菜肴如同宴席，一定要有蹄髈、整鱼、鸡蛋、素菜，除夕的祭祖要有糕，清明祭祖要有粽子和豆腐。对应着凳子的方位，要整齐、紧凑地摆着数个酒杯，每个酒杯旁边还要摆放好一双双筷子。菜都上齐了以后，要给每个酒杯中倒上黄酒，中间还要添一次酒。时间过半，要盛一碗米饭放在桌上，就是说喝好酒了，再吃饭。这同人们现实生活中的饮食习惯是一致的。

“请上祖”的时间大概有一个多小时，在这个过程中，全家人要一个一个地跪拜，一般是两次，刚开始的时候跪拜一次，快结束的时候再跪拜一次，在跪拜的过程中，嘴里轻声地向祖先简要地告知一年来家中的大事，慰藉他们的在天之灵，保佑子孙后代的健康平安。在请上祖的几个小时里，人们不能太过靠近祖先的饭桌旁，他们不希望打扰祖先回来喝酒吃饭。当笔者第一次在村落中看到这样的仪式时，被允许可以拍照记录，但因离桌子太近不小心碰到了长凳，当地人就提醒我，“不能碰到祖先们吃饭时坐的凳子，这样会打扰到他们”。最后，人们估计时间差不多了，吃好了，还要再给祖先们烧些银纸和黄铜纸“让他们拿些钱回去花”。

在当地人看来，他们对祖先的记忆融入血脉、宗族、姓氏之中，每个家庭在经历重要活动之时都要通过“请上祖”的仪式活动追溯到祖先那里，现实生活中人们的荣辱也往往与记忆中的祖先共历。

图5　清明“请上祖”（2014年，王莎莎摄）

人与人

在家的范围之外，以个人为核心，人们还拥有一个亲属圈，并存在一个制度来约定个人与不同亲属间的远近关系。在这个圈子的范围之内，人们是以血缘或者姻缘关系作为认定的标准，可以说这是一种天生的、无法自主来选择的团体；而在这个圈子的范围之外，人们可以根据地缘、业缘等其他因素来选择社会交往的对象。费孝通曾经描述过，中国人是以一种“差序格局”的模式来认定自身与他人之间的关系。人们对亲属间社会距离的远近有着明确的范围和界限，这种社会距离决定了人与人之间交往所惯用的方式以及程度的深浅，并代表着明确的人际间的权利与义务。

根据笔者的调查，在这个地区的村落中，亲属关系中最为密切的被称为“自家人”，有的人也习惯叫“本家”或“族亲”，“自家人”是祭祀同一个祖先的，因此他们拥有同一姓氏。地位仅次于“自家人”的，是“过房亲”（干亲）①。干亲在个体一生的成长中要负有一定的责任，他们在孩子的人生仪礼中扮演着几乎等同亲父母的重要角色。此外，干亲也会带来的一系列附带的亲属关系。比如，一个女孩认了干亲，那么她干爹干娘的儿子也会成为她的兄弟，如果她自己有一个亲兄弟，等到她的子女结婚的时候，其子女就会有两个娘舅，即一个是自己的亲娘舅，一个是干娘舅，在婚礼上，亲娘舅和干娘舅都要携特定的厚礼前来道贺。而基于婚姻而形成的姻亲关系，地位要远于干亲，当地人称之为“亲戚”（见图6）。

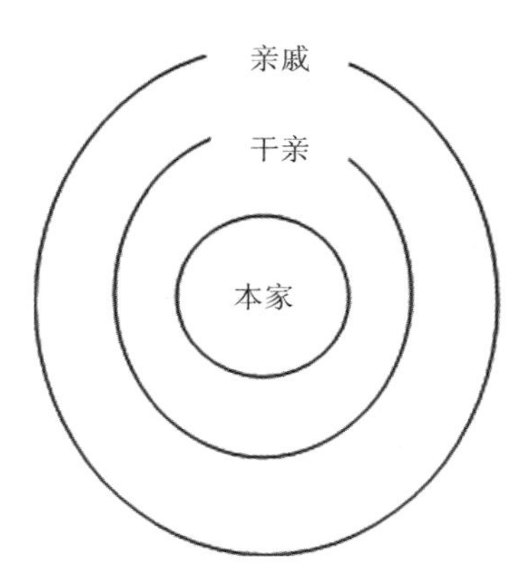

图6　亲属关系远近示意图

亲属关系的远近决定了人们在日常生活和仪式习俗中所特定的权利和义务。这些社会既定的权利和义务并非是一种生硬的规约，而是存在于人们所生活的社会体系当中的合情合理的处世之道。例如，在当地人的仪式生活中，娘舅往往是喜事（如成人礼、婚礼）中最重要的人物。他们之所以如此重要，是因为其代表了夫妇关系中女方家的力量和权威。也就是说，一方面，他的姊妹虽然已出嫁到别人家里，但并不代表就完全脱离了原来的家庭，如果他的姊妹在婆家生活的不好或者受人欺负，作为娘家的支柱人物，娘舅可以向婆家问理，或者对自己的姊妹给予帮助和支持；另一方面，从传统的继承权上看，出嫁的女儿，只获得了娘家准备的一份嫁

① 这个区域有为小孩认干亲的传统，如果小孩自小体弱多病或者成长不顺，孩子的父母就会为其选择一家人认作干亲，庇佑孩子成长。此外，当地人还会选择认庙里的老爷（神仙）为干亲。

妆，而没有任何财产的继承权，由她的兄或弟来继承家中的全部财产。因此，当女子在新的家庭生育了下一代，作为孩子的娘舅，要在物质上、经济上对侄子或侄女的成长予以支持，以表示娘家人对出嫁女儿的补偿。

相反，女儿、女婿则是在人生礼仪中的丧事上是最重要的亲属。办丧事时，祭祀的物品如糕、猪肉、粽子等要由已出嫁的女儿来准备，用以超度亡灵的唱经班则是女婿出钱来请。唱经是按场来收取费用的，因此每一场都代表了女婿的孝敬之心，送的场数越多，越能体现女婿对长辈的孝道。葬礼上规定女儿和女婿要承担这些义务，当地人认为有两方面的原因：一是已出嫁的女儿主要是在婆家尽自己的义务和孝道，而自家的长辈过世后，作为补偿，她要负责送好长辈的最后一程；二是作为女婿，在葬礼上为丈人家的长辈出力、尽孝，是要向妻子的娘家表明他们把女儿嫁过来是好的，证明女儿选对了婆家。还有一种解释是，在亲属关系上来说，出嫁的女儿实际上已经是“别人家的人”了，与“自家人”相比，女儿、女婿都是亲戚，在亲属距离上是比较远的了，但是女儿曾经是这家门里的人，只是婚姻关系之后，成了别人家门里的人，所以在这种特殊的关系下，女儿和女婿成为葬礼的关键角色，一方面，在感情上他们能够表达对逝去者的孝顺之意；另一方面，亲属距离较远的人却能够厚葬逝者，也彰显出了本家的地位。

在通常情况下，人们认为亲属关系是基于血缘和姻缘而产生的一系列人与人之间的天然关系。然而，列维－施特劳斯的亲属制度研究认为，“亲属关系之所以被赋予了一种社会现象的特点，原因并不在于它必然会从自然当中保留下来什么，因为这其实是它用来区别于自然的主要方式，一个亲属关系的系统的本质并不在于那种人与人之间在继嗣上或血缘上的既定的客观联系；它仅仅存在于人的意识当中，它是一个任意的表象系统，而不是某一实际局面的自然而然的发展……”[①] 也就是说，亲属关系实际上是人为建构出来的人与人之间的一套关系体系。在他看来，看似复杂难辨的亲属关系不外乎于四种基本结构，即互助（=）、互惠（+）、权

① ［法］列维－施特劳斯：《结构人类学》，张祖建译，中国人民大学出版社2006年版，第61—62页。

力（+）、义务（-）。[1] 因此，亲属关系的原子，即表达兄弟姐妹、夫妻、父子、舅甥关系的四角结构。[2]

笔者认为，当地人的亲属制度中，舅甥关系最为有趣。人们习惯称其母亲的兄弟为“娘舅”，无论是人生仪礼还是社会习俗，娘舅的社会地位都很尊贵。例如，在成年仪式或婚礼上，娘舅是最重要的客人，礼仪上的地位甚至超越新人的父亲，而在经济表达上，娘舅也要超越所有的亲戚，献上最丰厚的礼物和红包；在建房习俗中，从最初的打桩、上梁、封顶，到后期的装门、进屋，每一个重要步骤娘舅都要送礼、送钱上门；日常的生活中，儿童到了学龄期要向娘舅讨书包；分家以及家中的重要事项的决议，娘舅都是极为重要的调解和见证人，等等。以下从村民的讲述，表达了娘舅权威在亲属关系中特殊的权威地位：

> 外甥或者外甥女结婚，娘舅要花很多钱，比如买帽子，是上头的时候要用的，就是娘舅来买；还有大糕，是在办事的时候，放在办酒席的正厅堂屋中间挂的一个东西，前面放一些糕点，办事之前要请他；吃蹄髈，这个是要坐位置的，以前结婚的时候有两个人是要坐位置的，坐位置就是要有专坐的位置，一个是媒人，一个是娘舅，以前说做一个媒人，要吃十八个蹄髈的。隔夜，提前一天把娘舅请过来，坐一个专位，等于说这个蹄髈是专门给他吃的，然后拆开来的第一块要夹给娘舅吃，然后大家再一起吃。这个位置一般是正中朝南的位置，这个位置代表最高地位，如果在饭店的包厢里，就是正对门的位置。我们这里是在东北角，先东后北。
>
> 娘舅就是娘家的代表人，娘舅出钱代表了娘家的力量，这实际上也是农村里的一种分配上的均衡。因为出嫁女儿继承不到父母的遗产，所以小孩子的大事情，娘家要出一份，那娘家的代表人就是娘舅呀，所以从满月、读书、十六岁、结婚什么的，做娘舅的肯定是要花

① ［法］列维－施特劳斯：《结构人类学》，张祖建译，中国人民大学出版社2006年版，第60页。

② 同上书，第105页。

费很多的。小孩子读书，要买个自行车、书包、粽子、糕点，送过去；十六岁，要包一个大红包，最大的比其他的亲戚都要大。①

一般认为，舅权是指母系家庭中舅舅对外甥、外甥女的义务及权利。②列维－施特劳斯在分析亲属关系的基本结构中，也列举了世界上诸多民族中所呈现的父子与舅甥之间关系的“对立结构”③。当地人父子之间的关系更多地表现为“对抗型”的关系，而舅甥的关系则表现为“亲密型”的关系。

摩尔根认为，古代社会的世系在原始时期是以女系为本位的，之后逐渐从女系转移到男系，主要是为了解决氏族内的亲族同财产所有者的子女争夺财产的继承权的问题。④以“舅权”为核心的社会组织结构历史地起着由母系氏族到父系氏族过渡阶段的作用，在“舅权”上，它恰好同时在两个方向（母系社会逐渐衰败，父系社会逐渐发展）起着消长作用。⑤

然而，不同于上述观点，列维－施特劳斯认为，舅甥关系所表征的是一种基于交换关系而产生的。在大多数亲属关系的系统里，就特定的一代人而言，那种一开始就发生在一个女人的出让者及其接受者之间的失衡现象，只能靠后代人做出补偿才能重趋稳定，一个亲属关系的系统，哪怕是最基本的，也是同时存在于共时和历时两个方面的。⑥婚生子女的舅父，即一开头就被出让出去的那个女人的兄弟，是以女人的给予者的身份出现的，而不是出于他在血缘上的特殊地位。⑦

① 徐姓村民的讲述。

② 邝东：《舅权的产生、发展和消亡初探》，《民族研究》1985年第2期。

③ 这种对立结构以自由亲密和敌意对抗为对照，详见［法］列维－施特劳斯《结构人类学》，张祖建译，中国人民大学出版社2006年版，第51—55页。

④ ［美］摩尔根：《古代社会》，杨东（专）、张栗原、冯汉骥译，商务印书馆1971年版，第590—596页。

⑤ 彭兆荣：《论“舅权”在西南少数民族婚姻中的制约作用》，《贵州民族研究》1989年第2期。

⑥ ［法］列维－施特劳斯：《结构人类学》，张祖建译，中国人民大学出版社2006年版，第57页。

⑦ 同上书，第104页。

因此，舅舅作为亲属关系中的特指角色，一方面对母系家族的晚辈有着责无旁贷的责任和义务；另一方面也同时获得礼节、经济等方面的回报，这种相互关系牢固地确定舅权的至上地位。[①] 从江村的亲属关系习俗上看，娘舅的权威地位主要在于维持姻亲关系中夫妇双方家族的力量之平衡，以维护自己已出嫁的姐妹在夫家的地位，并给予经济上的一系列补偿。

宗教景观

一　家内的祭祀活动——祭灶神

在当地民间的传统中，饮食作为人生的重要事宜之一，存在专门监督和管理人间饮食活动的神仙，即“灶神”。在传统的房屋中，灶房和灶台是极为重要的功能区域和神圣空间，人们在修建灶台的时候，一定要专门设有放置神像的神龛，灶神是家家户户都要供奉的神，并对此十分敬重。费孝通在《江村经济》中也专门有对灶神的来历及其功能的论述：“灶神是上天在这户人家的监察者，是由玉皇大帝派来的。他的职责是视察这一家人的日常生活并在每年年底向上天作出报告。”[②]

在传统的老式灶头上，人们在神龛上放置灶神的神像，并且每天清晨起来的第一件事就是为它上香。在村落中，当人们烹制一些节庆食物的时候，往往第一份要先供奉给灶神来品尝，此外，每年人们也会专门为灶神举办仪式性的活动，例如送灶神、请灶神等。另外，祭灶仪式也必不可少地出现在重要的人生仪礼当中，如婚礼。笔者在村落中经常会参与人们烹制礼俗性的食品的过程中，并从中体会到人们对灶神的敬意：

今天周叔叔的姐姐家要做用来“祝寿”的糕，一共 108 个。做这种大量的祝寿的糕需要几个妇女一起合作完成。其制作过程是：用糯

① 彭兆荣：《转换“舅”“权”互为关系的一个原则》，《云南社会科学》1994 年第 2 期。
② 费孝通：《江村经济：中国农民的生活》，商务印书馆 2001 年版，第 96 页。

米粉按一定的比例与水混合，做成米团，然后在里面包上白萝卜丝、肉丁混合的馅料，并要在一端捏出一个尖头（寿桃团子的标志），然后再用特定的树叶在米团的圆面上压出纹路，每个糕放在蒸屉里的时候要用粽叶垫底，然后用土灶上的大锅蒸15分钟左右，白萝卜糕就熟了，然后整齐地摆放在平底的匾上放凉，其间要不停地用扇子扇风，这样可以使糕看上去更为光亮美观，最后再在每个糕上点上红点，就完成了；青糕是要在制作米团的时候加入提前腌制好的南瓜叶泥，这样就可以将米团染成青色，然后用赤豆沙作馅，就制成青糕了。我看到，蒸好的第一锅糕拿出三个来供给灶神公公先品尝。[①]

灶神作为玉皇大帝派来掌管人间饮食事务的神仙，并不是永远都在这里行使职责，每年在特定的时间里，他都要回到“天庭”，向玉帝汇报当年的情况。每年农历腊月二十三日，是各家各户送灶神上天的日子，这一天妇女们要专门准备黄南瓜糕来供奉灶神。“这是灶神非常喜欢吃的点心。大家都相信，灶王爷吃了糯米团之后，他的嘴就粘在一起了。当玉皇大帝要他作年度报告时——这是口头的报告，他只能点头而说不出话来，因此，他要说坏话也不可能了。”[②] 笔者在村落中看到，这一天每家每户的老人和妇女们都在做这种糕。

准备好祭灶用的糕，晚饭过后，正式的祭灶仪式就可以开始了，人们用香蕉、梨、小橘子（一般是每样三个），分别放在盘子里，然后再准备一盘当天做好的南瓜糕，点上蜡烛，上香，并拜三拜，然后烧一些提前已经折好的“银元宝”。待香烧尽后，就可以把灶君的神像拿下来收起来了，这就代表已经送灶神上天了。笔者在村落中看到，随着人们经济水平的提高和房屋空间设计的变化，现在很多家庭已经用新式的一体橱柜代替了传统的老灶，而且也没有在新式的橱柜上专门立灶神的位置，但是在有关灶神的特殊日期和重要仪式上，人们还是会遵循“老规矩”，依然通过保持祭灶仪式以示对灶神的敬意。

---

① 2013年12月7日田野笔记。

② 费孝通：《江村经济：中国农民的生活》，商务印书馆2001年版，第98页。

既然将灶神送走了，那么在特定的日子，还要再将他请回来。大年初一，就是人们请灶神从天上回来的日子。与在晚上送走灶神不同，迎请灶神下凡要在早上进行，这是这一天家中妇女起床后的第一件事，她们要准备几样贡品，点蜡烛、烧香，然后将灶君公公的神像重新摆在灶台的上方。如上所述，即使在较为新式的一体柜厨房中，没有专门设立供奉灶神的位置，人们也会遵循这样的传统仪式，依然要请回灶神。此外，每年的正月十五元宵节、端午粽子节、中秋月饼节以及立冬等这些传统的重要节庆，人们都要供奉灶神；此外，在人的出生、满月、十六岁（成人礼）以及婚礼等人生仪礼中，也要有专门祭灶过程。例如，笔者记录了村中一户人家为孩子办满月拜阿太的仪式，其中包含了对灶神的供奉：

> 早上八点半来到陈家，他的儿子满月，要举行拜阿太仪式……在堂屋中，孩子的姑妈抱着他拜完阿太神以后，还要一手抱着他，一手拿着火钳子到对面的人家（小孩外婆的哥哥家）里走一圈，首先是将小孩平放在屋里的八仙桌上，意为他日后长大了可以“上得了台面”，然后用手蘸一点白糖抹在孩子的嘴上，意为此生生活能够甜甜蜜蜜。最后，要在灶房的土灶上拜灶神公公，保佑一生的饮食丰盛、满足。然后，回到自家的堂屋中，再次拜阿太神……①

通过以上的田野描述可以看到，在人们的观念中，饮食活动不仅是满足人类基本生理需求的普遍方式，而且人们生活水平的好坏高低也往往直接体现在家庭的餐桌之上。因此，人们对专门掌管食物之事的神仙灶神特别尊重，丝毫不可怠慢。

二　村庙中的祭神仪式

江村在东南西北四个方位上至今一共建立了五个庙，分别是东庙、两

① 2013 年 11 月 16 日田野笔记。

个南庙、西庙以及北庙。其中，西庙和北庙是费孝通在《江村经济》中有所描述的两个庙宇，其他的几个庙是改革开放后兴建起来的。

北庙（东永宁庵）是江村中最大的庙。其中，供奉的神（从东向西）：施来菩萨、南堂观音、千手观音、送子观音、曹大人、曹夫人、刘皇、娘舅、关公、观音、三观菩萨，东西两边自北向南排列着十八罗汉。这个庙的主神是曹大人及其夫人，因此排在最中间的两个位置上。一进庙门，还有两尊菩萨：一个是朝南的笑弥勒佛，一个是朝北的回驮菩萨，他们俩背对着背矗立着。“进门弥勒，出门回驮”，也就是说，进庙门先拜弥勒菩萨，出门最后拜回驮菩萨。在主庙外的北边，还有一个小庙，是供奉土地神的，凡是来北庙烧香的人也会绕到后面去给土地公烧香。从主庙出来，东南边有一间房屋，据当地人说，这是曹大人的住所。房间里有一张床（头朝北，脚朝南），床上整齐地铺盖着五层红色的被子，床的东边是洗漱台，房间的窗户用红色的纱帘遮盖。紧挨着曹大人的房间，还有一个专门用来供奉香烛的半开间。而西边的房屋则是用来做斋饭的厨房。再往南边的空地上，摆放着一个很大的铁质的香炉，用来焚香。

负责管理北庙的“佛姑娘”，给笔者讲述了主神曹大人的来历：

曹大人是这个庙里最重要的神，所以他和夫人在最中间的位置。曹大人是从山里来的，河南的大户人家，西庙里的神是他的弟弟。曹大人实际上姓徐（跟神婆奶奶是一个姓），有五个姐妹，他曾经遭奸人陷害，把他关在山沟里，雨水特别多，所以他的眼睛不好。当时救他的人姓曹。

一般而言，庙里都会有长期且固定的管理者，主要是由女性来担任，当地人称之为“佛姑娘”。能够成为“佛姑娘”，一定要有一段与神仙相关的不寻常的经历，并通晓看香、算命之术。

如南庙“佛姑娘”的来历：

她四十多岁的时候，头发一直掉，一根都没有了，自己会跟自己说话，“听”到刘皇菩萨对她说，你要是答应做佛姑娘了，你头发就根根出来，不答应，头发就都要脱光，连汗毛都要脱掉。

西庙（西永宁庵）与北庙一样，在1949年以前就有了，这两个庙是村里最早的庙。西庙在江村的西边，靠近西庄荡，从庙门外看是一个不太起眼的小庙，但实际上里面供奉神仙非常多，在数量上仅次于北庙，包括送子观音、白衣观音、关公、吕纯阳、回驮、刘皇、总管、曹大人、曹夫人。

东庙（口子灵佛庙）是2008年，五个老年人一起凑钱，在村东建起的观音庙。建庙之前，她们五个人在村里，特别是村东，挨家挨户讨钱的，这家出10元，那家出20元，这样凑起来的，不足的部分她们五个人多出了一些。庙建成以后，人们来烧香，捐一些香钱，就这样运作起来了。庙名是村里的小学老师周荣根帮忙写上去的。这个庙主要供奉的是观音，小的神像还有关公、财神和金童玉女。据庙里的人说，这里的观音不是普通的观音，而是踩着莲花的南海观音。庙里没有可以给人看香的“佛姑娘”，是由策划建庙的五个老年人共同管理。由于这五个人的住所都离庙比较远，所以在庙的附近有一家人作为主要负责人帮忙管理。东庙与南庙（刘皇庙）的关系比较近，这边的观音过生日，南庙的“佛姑娘”会携丰厚的礼品和礼金来烧香。

南庙（刘皇庙）位于村南西庄荡的河边，虽然不大，供奉的神仙也不多，只有三座，即刘皇、娘舅以及观音，但却可以说是村落中香火最旺盛的一座庙宇。这主要在于庙里的“佛姑娘”是远近闻名的神婆。笔者在村落中常常听说有关她给人看香如何灵验的故事。此外，南边还有另一个南庙（福善庵），规模较小。

烧香活动

一般而言，村里的人到庙里以烧香敬神活动为主，参与的人主要是中老年妇女，她们一方面受传统思想影响较深，比较信奉地方神；另一方面她们已经不工作了，闲暇的时间较多，庙里的烧香仪式作为一种公共活动也成为她们的聚会提供了机会。男人们偶尔也会去烧香，一般是在重要日子的烧香活动中会出现，比如神仙生日、大年初一烧头香等。

村里的五个庙宇有着各自的掌管范围，主要依据地理方位而划定，例如居住在村北的人主要以北庙为“本庙”，优先参与北庙的活动，再考虑去其他的庙；居住在村东的人以东庙为本庙，以此类推。在通常情况下，人们至少会去两个庙烧香，先去本庙烧香，然后再去其他的庙。例如，住在村西的人，习惯于先去西庙，然后再去一下北庙；住在村北的人，习惯于先去北庙，然后再去东庙；这是从地理位置上考虑的。还有一种情况，在本庙烧香后，再去自己觉得比较灵的庙，近年来很多人在拜完本庙后会选择去南庙烧香。

以下是村庙主要活动的概述：

村庙活动一览表

活动	时间（农历）	仪式
日常活动	初一、十五日	烧香、拜佛
周期活动	腊月二十日	送老爷们上天（封印）
	大年初一凌晨	烧头香
	正月二十日	请老爷们下凡（开印）
	七月初九日	南庙老爷生日
	八月初八日	曹大人生日
	九月二十日	观音生日
看香活动	避开上述日期	算命、看姻缘等

日常每月初一和十五的烧香活动比较简单，人们到庙里烧香要带香烛、银纸和香。首先，在庙门口的香烛间里，点上自己带来的一对蜡烛，并插在那里，然后用烛火把香点着，双手捧香到庙里，在每一座神像的面前叩拜，完成之后，把香插在庙门外的香炉或者专门焚香的区域中。然而，在重要的周期性庙宇活动中，烧香仪式过程庄重而复杂，主要包括捐香款、烧香、拜佛、折银元宝、吃斋饭、转庙、烧香塔、回礼，等等。

在一年的周期中，人们最看重的一次烧香活动是除夕午夜去庙里“烧头香”，也就是大年初一的第一炷香。在通常情况下，人们会先去自己家的本庙，然后再去其他的庙，有些人一晚上会连着去好几个庙。

除了上述的烧香活动外，这几个庙在每年的特定时期都要为供奉的神仙举办庆生仪式。在以上对村中几个庙的基本情况的介绍中可以看到，庙中所供奉的神仙是十分多元的，既有较为广知的如观音、关公等神仙，也有地方神如刘皇、曹大人等。这些神会在一年周期中的不同的时间“过生日”。例如北庙，每年要举办的神仙生日有：农历二月十九日，娘娘生日；三月十七日，总管、刘皇和关公一起生日；八月初八日，曹大人生日（北庙主神，最隆重）；九月十八日，观音生日。

神仙过生日的这一天，贡品是非常丰盛的，有团糕（青、白、黄三种颜色的）、粽子，香蕉、苹果、梨，蹄髈、整鸡、活鱼、黄酒、烟，木耳、粉丝等，就是之前讨论过的贡品的固定结构（糕、三种水果、三种荤肉、三种素菜、黄酒），但最重要贡品是“长寿面”。面条、糕、蹄髈、整鸡等此类“主角”贡品，多数都是来烧香的人拿来的，这些人往往是家中有一些事宜有求于神仙，或者是事成之后以此表达感谢之情。

这一天庙的管理者要请专门的唱经团队到庙里来唱经，从早上开始，唱到中午结束。一般是五个人，可以是男性，也可以是女性。二胡、笛子、唢呐、木鱼等是必需的几种乐器。这些唱经的人在当地被称为“道士”，在比较重要的唱经仪式中，他们会穿戴道士的服装。唱经人是依照“经文”的内容和当地的语音来唱的，他们依照经书，一页一页地唱过，基本上，一次仪式活动能够唱完一本或多本经书，例如，观音生日他们会唱《慈悲观音莲花宝卷》。此外，唱经团队的领头人还负责写“福帖”。

人们来烧香要带一炷香、一对蜡烛、两份面条[①]、银纸。此外，还要向庙里捐一点香钱，庙门口专门有相帮负责在一张大红纸上记录捐款人的姓名和捐款数额，写好以后会贴在庙里的墙面上。参与烧香活动的大多数都是老人和妇女，因此一般香钱的金额在十元、二十元左右。当然，也有五十元、一百元，甚至更高的。这主要依据人们的身份背景和烧香目的而

---

① 其中，有一份面条会作为回礼再次还回来，但是这同一份面条的意义就不同了，还回来的被赋有了“福气”，对人有益。

有所差异。

烧香人带着这些物品过来，先到庙里把带来两份面条放在神像前的贡品台上，然后点香烛、烧香、拜神，有需要的人还会在一沓银纸上写上保佑对象，如徐某某一家，或者某某公司、工厂，放在贡品台上。这些来参加烧香活动的人，在等待斋饭[①]的过程中，会一起将这些一沓一沓的银纸打开，折成无数个银元宝，最后统一焚烧。烧香过后，庙里的人会将一份面条、几个供奉的糕等食物放在小塑料袋里，作为回礼，送给每一位香客，这些食物被人们认为是“有福气的”“好的”。

因为这些庙都离家较近，所以家里有事的人就暂时先回去，没事的人（多数是老太太）聚集在庙里折银纸、喝茶、聊天。中午到吃斋饭的时候，大家都会再过来。吃完斋饭后，再隔一段时间，就要进行几项隆重的仪式。

第一项仪式是烧香塔。香塔是用无数小炷的香捆扎在一起制作而成的，在香塔的顶端是用彩纸糊成的宝塔，最顶端有一面旗子，用来写明供奉宝塔的人名。一般而言，这些香塔都是烧香的人买来的。在焚烧香塔之前，参与仪式的人每人双手捧一炷香，以香塔为中心围成一圈站着，唱经的人也在其中，人们跟随唱经人唱的节奏，不停地向香塔鞠躬。庙的负责人会在这时点燃香塔，直至香塔即将燃尽，相应的经文也唱完了，人们把手中的那炷香都扔入香火之中。

第二项仪式是绕庙、烧银纸。庙的负责人准备好绕庙时要端着的贡品，主要有：福帖、银元宝、花生、瓜子、糖果、一对红烛、香等。此时，烧香的人每人手中捧着一炷香，在庙门外排成一列整齐地站着，庙里的相帮一个一个地给他们发糖果。仪式开始，唱经人身着盛装，开始敲敲打打奏起经乐，庙的负责人端着盛满贡品的盘子，依照一定的顺序在每一尊神面前鞠躬叩拜，在她的带领下，唱经人紧随其后，也要向神弯腰鞠躬。庙里的每一尊神都叩拜过后，他们走出来，到队伍的最前面，领着已经排好队的烧香人围着庙，走三圈。最后在庙门口专门焚烧的铁桶中，将

① 当地庙里的斋饭一般是：米饭、白菜炒肉丝以及油豆腐。

银纸、香焚烧，贡品盘中的福帖、银纸、香和蜡烛都要烧掉，人们随即哄抢盘中的食物，如前所述，这些食物被认为是有福的，要尽力沾到福气。即使在哄抢的过程中撒到地上，人们都会捡得干干净净的。然后再回到庙里，抢喝供奉的一杯杯黄酒，随后仪式就结束了。有的庙在仪式结束后还会有聚餐活动。

开印与封印

神仙作为沟通人世与仙境的媒介，并不总是在庙里倾听人们的诉说和愿望，也要在一定的时期“上天”。神仙们在“天上”的时间为期一个月。每年的腊月二十日，人们都回到庙里烧香，并邀请专门的场景团队来送“老爷”① 上天，俗称“封印”。“封印”之后，庙会暂时关闭，同时，“佛姑娘”也会停止为人们看香、算命的活动，因为老爷们都上天了，就不可能上她的身推算香客的旦夕祸福。相反地，一个月之后，也就是正月二十日，庙里会相应举办隆重的仪式再将“老爷”们接下凡间，此后，这一年的庙会活动开始正常进行，“佛姑娘”也可以开始为人们看香算命了。

相对于“封印”而言，神仙“开印”是一个非常特别的日子，这是神仙下凡的第一天，因此，当人们有求于神的时候，往往尽量选在这一天到庙里烧香并举办相应的仪式。笔者在田野期间曾经参与观察了南庙（刘皇庙）的“开印”活动：

早上五点钟，庙门就开了，因为村里多数人七点钟要去厂里上班，她们要赶在上班以前过来烧香。烧香的过程同日常无异，烧香过后，香客们要吃一碗庙里的相帮准备的汤圆子，因为今天正好也是正月十五元宵节，要吃圆子。今天的唱经人是从横扇那边请过来的。庙里的神像前已经摆满了贡品，成箱的小蛋糕、糖，青糕、白糕、方糕，还有整鸡、蹄髈等。此外，在最靠近神像的地方，中间摆放了三

① 当地人习惯将庙里的神仙称为“老爷”。

座香塔，每个香塔上面都有写着名字的小红旗，用来说明香塔的供奉者，这几个香塔都是人们提前与佛姑娘约定好今日来供奉的，人们认为，在开印这一天供奉香塔会更加灵验地保佑他们。

在这个日子来烧香的人多少要给一些香钱，很多人在这一天会多给一些，因为是“大日子”。相应地，今天的回礼也比较丰厚，一份回礼包括方糕、青糕、白糕各一个，两块小蛋糕，一袋方便面，以及糖果若干。

特别的是，今天恰好有一家人要将自己的女儿（5岁左右的样子）过继给“刘皇老爷”。在这个地区，有将小孩过继给他人或神仙的习俗，特别是家中的小孩身体不好或者命途不济，以此来保佑自家的孩子。实际上，今天摆在贡品台上许多食物就是这家人提前送过来的。“佛姑娘”依照刘皇的指示，接受了这个过继而来的小孩，并为她取名“刘永红”，写在一个红包上，因为她从此要跟着刘皇的姓。

最后的开印仪式快到了，有一些男性也赶过来参加，据说，他们都是跟这个庙多少有些关系的，例如，其中一个人告诉我“佛姑娘”是他的舅妈，后经了解，实际上他与“佛姑娘”并非是真正在血缘上的亲戚关系，而是认的干亲。或者还有些男性是曾经亲历过灵验事件的人。这些人对这个庙非常虔诚，庙里的重要活动都会过来参加，“开印”的大日子当然会过来烧香，为自己的事业和家人祈福。

“佛姑娘”准备好了供奉的托盘，其中包括大米、长生果、小蛋糕、糖、糕、水果，以及福帖、银纸等物品，端着托盘，跪在神像前，随着唱经的节奏开始叩拜。香客们各自手捧一炷香，整齐地排站在她的后面，跟随她的动作。然后，人们将供奉的那三炷香塔拿到庙门口的院子里，点起香塔，围着香塔随着唱经不断鞠躬。待香塔燃尽，焚烧银纸，“佛姑娘”将托盘中的福帖和银纸撒入一同烧尽，这时候人们哄抢托盘中的食物。之后，他们开席摆桌吃饭。[1]

---

① 2014年2月14日田野笔记。

开印之后，这一年的日常或庆典性的烧香活动就可以开始如期进行了，同时，“佛姑娘”也可以“开张”给他人看香算命了。根据当地人的讲述，村里只有北庙和南庙的“佛姑娘”通晓看香算命方法，近年来，南庙香火非常旺盛，主要原因就在于南庙的“佛姑娘”算得很准、很灵验，不仅村里很多人都过来找她算一些事情，附近许多地方的人也都慕名而来。

饮　食

日常饮食

不同地区饮食习俗的特征往往与该地域的自然地理环境相互契合。江村地处长江三角洲的平原地区，并位于太湖的东南岸，其地貌特征是地势平缓且河渠水网密布，适宜稻米的种植和各类水产的养殖，因此人们常常称其为“鱼米之乡”，当地食物的种类也基于这两方面的特点。笔者曾经调查和描述过中国西北地区人们以面食为主的饮食结构，那里食物的丰富性和变化性是体现在人们对“面”的转化和烹饪技艺之上的。[①] 而相较之下，在江南地区的村落当中，食物的丰富性和多变性并非主要体现在人们对稻米的烹饪技艺上，而伴随四季的变化食物本身种类的多元性就足以迎合人们饮食生活需求。

具有当地特色的植物性食物主要是，蔬菜类，包括香青菜、雪里蕻、小白菜、莼菜、茭白、芋艿、水芹菜、荸荠、藕、茨菰等；粮油作物包括油菜、蚕豆、芝麻、红薯、毛豆等；瓜果主要有：橘子、梨、杨梅、枇杷、金橘、南瓜、西瓜等；当地人比较常吃的肉类有：猪肉、羊肉、鸡肉、鸭肉、鹅肉等；此外，最能体现这里饮食结构特点的，便是湖荡中可供人们食用的种类繁多鱼类，比较常见的有：鳊鱼、鳜鱼、鲢鱼（白鲢）、鳙鱼（花鲢）、草鱼、鲫鱼、鳗鲡、鳑鲏鱼、甲鱼、白鱼、黄鳝、黑鱼、昂刺鱼、白虾、青虾、太湖蟹、螺蛳等。

① 赵旭东、王莎莎：《食在方便——中国西北部关中地区一个村落的面食文化变迁》，《民俗研究》2014 年第 5 期。

费孝通在20世纪30年代的调查中，是这样描述江村的食物来源的："稻米是农民自己生产的，剩余的米拿到市场上去出售，换得钱来用于其他开支。蔬菜方面有各种青菜、水果、蘑菇、干果、薯类以及萝卜等，这个村子只能部分自给。人们只能在房前屋后的小菜园里或桑树下有限的土地上种菜。农民主要依靠太湖沿岸一带的村庄供给蔬菜。食油是村民自己用油菜籽榨的，春天种稻之前种油菜。鱼类由本村的渔业户供给。人们吃的肉类仅有猪肉。"① 可见在这个时期，稻米作为人们的主食是自给的，而蔬菜、肉禽以及鱼类等则要依赖一定的交换。

沈关宝在20世纪80年代的调查中看到，食品分为三类，主食、副食和其他。主食仍然是大米，副食是吃菜，荤菜主要有肉、鱼、禽、兔、蛋等。其他食品包括酒、烟、点心、瓜子和茶叶。烟酒的消费者主要是村里的男子，点心与干果是孩子与妇女的食品。村里人很少吃水果，但茶是最大众的待客食品。茶泡在小碗内，对贵客还要放上熏炒过的青豆和芝麻。②

在日常的饮食中，菜品的种类会根据季节时令有所变化。笔者在村里生活的期间完整地度过了一年的三个季节，分别是秋季、冬季和春季，这里四季物产种类丰富，因此人们会跟随季节的变动而选择相应的出产的食物。在他们看来，食物的"新鲜"程度是很重要的，在当地人家里的冰箱之中，很少会存放剩余的饭菜，他们能够尽量保证每天供给家人的食物在一定时期内吃完。例如，晚上如果有剩余的炒菜，第二天早上会搭配热粥将其吃完，不会再留到第二天的晚上，如果早上还没有吃完，就会倒掉了，晚上再做新的。这样的饮食习惯也与当地食物本身的特性有关，比如鱼虾蟹等水产品是比较讲究"活鲜"的，这类食物只有在"活"的状态下，才能保证烹饪出来是"鲜"的味道。因此，当地人说，"我们不吃死的东西"。

通过人们对食物本身新鲜程度的要求，我们可以体会到他们对食材本身所具有的味道的追求，因此，在饮食烹饪的过程中，他们往往只运用简单的调味品，最常用的就是油、盐、酱油和味精。所以这里菜肴的味道以

① 费孝通：《江村经济：中国农民的生活》，商务印书馆2001年版，第117页。
② 沈关宝：《一场静悄悄的革命》，上海大学出版社2007年版，第203—204页。

清淡为主，在烹饪手法上以蒸、煮、炒、炖为主。

费孝通在《江村经济》中，记述了当地人的一日三餐：“早饭、午饭、晚饭，分别准备。但农忙期间，早上就把午饭和早饭一起煮好。妇女第一个起床，先清除炉灰、烧水，然后煮饭。早饭是米粥和腌菜，粥系用干米饭锅巴放在水中煮开而成。午饭是一天之中主要的一餐。但农忙季节，男人们把午饭带往农田，直到傍晚收工以后才回家。晚上男人们回家以后，全家在堂屋里一起吃晚饭。”①

如今，村里大多数人都是“上班族”，上班时间大体上都在早上7—8点这个时间段，因此，在7点以前，人们就要开始准备早饭了。在通常情况下，做饭仍然是妇女的职责。因此，早上妇女是全家最早起床的，将米粥用电饭锅煮上后，如果家里缺少午饭和晚饭的食材了，就要去菜场买一些，实际上这主要是为准备晚饭而采购的，因为上班的人中午一般都会在工厂里或者工作单位里吃午饭。米粥煮好后，一般会搭配前一天晚上剩下的素菜，或者咸菜，有时还可以用酱油泡一点熏青豆。用带有咸味的小菜搭配米粥，使米粥更加可口。早饭准备好以后，全家人陆续起床，匆忙地吃过以后就各自赶去上班了，有时时间来不及还会将早饭带到单位再吃。

基于“上班”的原因，大多数工作的人中午都不回家吃饭，而是在工厂或工作单位中吃午饭。这些“上班族”的午饭是由工厂的厨师准备，并且在工厂中与同事者一起吃饭。在村落中，工厂里的老板和工人大多数都是本地人，他们习惯于当地人的烹调手艺，所以工厂主通常都会请村里的老年妇女来承担此项工作，而这些老年妇女也能够以此获得自己的一份收入。有的工厂有专门的餐厅供职工吃饭，有的则没有，工人们会在机器的周围，或者工厂空地上几个人聚在一起吃午饭。实际上，工厂提供的午饭并不能完全满足工人的需求，特别是菜品的种类较为单一，而且菜量常常也不足，因此，许多工人为了让自己能吃好一点，都会带一些自家做好的菜、肉到工厂里，来调节和补充工厂饮食的不足。以下是笔者在工厂里的直接观察：

① 费孝通：《江村经济：中国农民的生活》，商务印书馆2011年版，第117页。

即使工厂离家不远，这些工人中午一般也不回家吃饭，因为厂里提供午饭。厂里专门有人负责烧菜，但蒸饭的米是工人自己从家里带来，放在各自的铁质饭盒里，由厂里的锅炉统一蒸好，每个人的餐具也是自己带过来的。多数情况下，工人们会觉得厂里烧的菜比较单一，味道也一般，所以他们自己也从家里带来一些烧好的菜过来吃。

今天中午我也和她们一起在厂里吃饭，房东为我多准备了一些米饭，还带了生的鸡肉、青菜和香菇，厂里可以用电，所以她们用电饭锅来烧汤煮菜。与房东工作地点比较近的两个同事常常和她一起吃饭，她们各自从家里带一个菜，大家凑在一起吃，再加上厂里提供的菜，午饭就变得很丰富了。通常情况下，中午11点是吃饭时间，工人们到看门大爷处取回每个人放在那里蒸制的米饭，然后三三两两地聚在厂房的各处吃饭。厂里没有固定的专门用来吃饭的桌子，有的人甚至拿凳子和纸板搭一下，就可以当作桌子用了，他们或者直接把饭菜放在工作台上。下班以后，工人们各自回家吃晚饭。①

下班以后，人们各自回家，全家人聚在一起吃晚饭，应该说，这是一天中最为丰盛、休闲的一餐。人们在家里的餐厅中吃饭，男人们通常会喝点酒，有的人喜欢喝老酒（黄酒），有的人喜欢喝烧酒（白酒）。这时候，人们会闲谈一些日常的琐事，或者正式地商量家庭要事。在通常情况下，饭菜是由家中的妇女来准备的，由于村里的大部分妇女都要上班工作，在忙不过来的情况下，家中的老年妇女往往会承担照料家庭饮食的职责。偶尔，男人也会下厨烹饪。

晚饭过后，亲朋好友常常会过来喝茶聊天，因为白天大家都在上班，只有晚上才有时间相互走动。喝茶是当地村落人们饮食中的“饮”最普遍但也最具特色的一个方面。首先，从茶叶上来看，当地人主要喝的是“白茶”，与中国出产的其他茶类相比，白茶的味道是偏清淡的；另外，从喝茶的方式上来看，他们更习惯用碗喝茶，并且喜欢在茶水中加入熏青豆、

① 2013年10月31日的田野笔记。

萝卜干、芝麻、桂花等食物，人们在聊天的过程中，一边吃一边喝，并不断在碗中添加开水，保证茶水的满度和温度，碗里的茶水、食物以及茶叶都吃掉了，就代表聚会聊天也结束了。当地人称这种茶为“熏豆茶”，以此待客。熏豆茶中最多可以加十一种茶料，但最基本、最常见的就是以上几种。熏豆茶泡好以后，可以看到几乎是半碗茶料、半碗茶水，人们一般是先喝茶水，最后再将所有的茶料包括茶叶一并吃完。所以当地人也将喝茶称作“吃茶”。

熏豆茶泡制起来非常简单，先将一定的白茶茶叶放入碗中，加上开水，然后依次放入适量的熏青豆、萝卜干等食物，就可以闻香喝茶了。但是，熏青豆制作起来是要耗费一番力气的。一名“熏青豆”，是剥取毛豆中的肉粒烧熟后用铁筛烘制而成，熏豆是本地传统产品，民间早有烘熏豆风尚，农民在夏种期间利用什边隙地种植毛豆外，中秋前后由外地装运来此的数量也不少，此时家家户户都忙于购毛豆剥烘熏豆。[①] 熏豆时要在老灶上熏，将煮熟的毛豆平铺在铁筛上面，人要用筷子不停地来回翻动毛豆，既要保证豆子的每一面都受热失水，但又不能使豆子被熏黑，因此十分考验人的耐力、体力和眼力。熏豆的过程就是要使豆子失去水分，但仅靠熏烘的过程还不能保证豆子完全失水，因此，在老灶上的熏烘之后，人们会将熏制好的青豆分装在布包当中，并将一包一包的熏青豆存放在有大块石灰的大缸中，通过石灰的吸水力来使熏豆彻底脱水，以便后期保存。此后，人们便将制好的熏青豆放置于冰柜当中，这样几乎一年四季随时都可以取用熏豆。如果熏青豆不放在冰柜当中，放在外面，它就会吸收空气中的水分而返潮变质。当地人喜好将熏青豆当作零食直接食用，但他们更多的是用它来泡制待客的熏豆茶。

仪式中的食物

在村落中，人生仪礼主要有：担汤、满月、周岁、担年夜饭、望痘客、

① 《庙港镇志》编纂委员会：《庙港镇志》，浙江大学出版社2002年版，第76页。

成人礼、婚礼、葬礼。而每一种仪式当中都有一些特定的食物予以表达。

一年之中，伴随着农历节气的变化，人们设定了一系列各具特点的仪式来纪念周期性的节日。这些特定的日子每年都会到来，因此，仪式每一年都是重复性的，而这种重复性恰恰意味着对过去的表达和延续。

江村周期性节日及相应习俗一览表

节庆	日期（农历）	仪式	食物
祭灶	腊月二十三日	送灶神、烧银元宝、拿下灶神像	黄南瓜糕、三种供果（一般是香蕉、橘子、梨）
除夕	腊月三十日	请上祖、年夜饭、烧头香	蹄髈、酱肉、鸡、鸭、鱼、虾、素菜、酒等
大年初一	新年正月初一日	请灶神	
路头节（财神诞辰）	正月初五日	供财神、放爆竹（老板较为重视）	糕、三荤（整鸡、猪肉、整鱼）、三素（木耳、粉丝）、三果（香蕉、橘子、梨）
元宵节	正月十五日	祭灶、吃圆子	圆子
二月二	二月初二日		撑腰糕
清明节	公历四月五日	祭祖、上坟	粽子、水果
立夏	四月初一日		麦芽塌饼、咸鸭蛋
端午节	五月初五日	各家各户门上插艾叶、祭灶神	粽子、黄酒
六月六	六月初六日		馄饨
七月半		祭祖先、烧银纸	馄饨、糕等
七月三十	七月三十日	地藏王生日、傍晚插地焚烧	
中秋节	八月十五日	祭灶神、聚餐	月饼、水菱、芋艿
重阳节	九月初九日		重阳糕
十月朝	十月初一日		用新糯米粉做的肉团子、菜团子
冬至	（公历）十二月二十一日	祭上祖、吃年夜饭	萝卜糕、青糕、宴席

食物的象征

饮食是人生一宗大事，自然要纠缠上许多奇怪的意思，拨弄不清；那些野蛮人，我们无可无不可的地方往往正是他们吹毛求疵的地方，在饮食这件事上大概都有很尊重尊严的规则，这里面，有的很深刻，说是礼节还不如说是道德；另有一类规则在社会生活上有极大的影响，男人和女人往往不准在一处吃饭。[①]

甜　茶

除了葬礼以外，在上述的人生仪礼中，客人到访，进门首先喝甜茶，甜茶用红色的杯子盛放，代表喜庆之意。甜茶是用糯米锅糍加白糖用开水冲泡而成，以前则是当地人用糯米在自家土灶的锅上制成的，现在人们自己已经不做了，直接在商店中就可以买到现成的。

熏豆茶

在进行上述的人生仪礼之时，人们待客所用的熏豆茶也同往常不太一样，他们会将更多种的食物放入茶水，通过增添茶饮中食物的丰富性来表达人生重要时刻的意义。除了日常的白茶、熏青豆、萝卜干、芝麻以外，还会加入笋干、豆腐干、桂花、花生等。

糕（与“高”同音）

糕在村落的礼俗生活中有着非常重要的地位，无论是敬神、祝寿，还是人生阶段性的礼仪，糕都是最为隆重的食物。一方面，传统江南地区盛产稻米和糯米，这两种谷类作物一直以来都是该地区人们的主食，在此基础上，人们创造出形态各异、讲法不同的此类食物。例如，祝寿的寿糕、庆祝新生儿的团糕、新婚前到娘舅家讨帽子用的糕饼，等等。另一方面，在当地人看来，“糕”与“高”同音，以糕作为贡品或礼物，有“往高处走”“升高”的意味。

---

① ［美］路威：《文明与野蛮》，吕叔湘译，生活·读书·新知三联书店2013年版，第45—46页。

蹄髈（“提一提”）

蹄髈是当地人在礼俗活动中最为重要的一种食物。首先，在他们看来，这个部分的肉是猪身上最为宝贵且口感最好的部分。一只猪只有四个蹄髈，蹄髈是“活肉”，就是猪身体上活动较多的部分的肉，肥瘦均匀，肉质滑嫩。其次，在传统的农业时期，猪是当地生长周期较长的家畜，人们只有在过年、婚礼等特殊时期才会舍得以猪肉为节日添彩，这是“大菜”“硬菜”。最后，在他们看来，蹄髈的“蹄”与“提”字同音，有“提一提”“往上提”的象征意味。因此，无论是在当地人的人生仪礼中，还是在各类的节庆活动中，蹄髈一定要上桌，而且是最为重要的一道菜品。即使当前人们在宴席上更为偏爱海鲜，但蹄髈地位和重要性是无法被撼动的。

蹄髈的烹饪需要很长的时间，为了讲求形、色、味俱全，且凸显它的象征意义，蹄髈是整只进行制作的，不能进行切割，做好以后要整只摆放在宴席上。

粽子（高中状元）

众所周知，端午节吃粽子是中国人的传统，这种饮食习俗来源于中国的江南地区。实际上，在江南地区的饮食习俗中，粽子在人们的礼俗生活中有着特殊的意涵，并不仅限于端午节的节庆食物。儿童初次上学、青少年成人礼上，娘舅要送粽子过来，意为在学习上能够“高中状元”。此外，粽子还是一种重要的祭祀食物。清明祭祀祖先、葬礼上也都要准备粽子。

馄　饨

每年的农历六月初六、七月半鬼节人们要吃馄饨。在葬礼上，馄饨也是具备象征意义的祭祀食物。

生　计

江村位于长江中下游地区的太湖流域，河网众多，并存在密布的人工河渠。在中国的半封建时期，农业生产决定国家命脉，农业生产依赖灌溉耕作，因此，统治者往往通过对治水活动的控制来强化自身政权的稳定性，管理提供帝国物质基础的基本经济区，长江中下游流域，早在唐朝就取得了基本经济区的地位，由于唐朝水利事业的发展，该区域在经济上有了很大的进步，此后宋朝的政权的南移，又大大促进了长江流域的开发，中国南方农业生产中独具一格的围田或圩田开始出现，很多维修工程和其他水利工程在皇帝的命令下得以完善。[①] 直至元、明、清时期，长江流域在经济上一直处于统治地位，即使政治中心再次迁往北方，但统治者仍通过改建大运河、发展海河流域以及漕运制度等方式来平衡和控制南方的富裕。这样的统治逻辑在19世纪中叶以后，发生了根本性的改变。工业主义开始影响中国，长江流域的工商业在通商口岸上海的带动下迅速发展，随之而来便是道路的建设和工厂的林立，传统的江南地区依然是现代中国经济发展的前端，但是，其新的经济基础已与传统截然不同。

就江村所在长江三角洲的基本经济特征上来看，传统的农耕文明与缫丝手工业相互结合，使得这一带成为中国早期工业文明和商品经济文明最为发达的地区，也令该区域的生产方式成为农工相辅的典范。1927—1937年间，江苏机器工业的生产，基本上是以私营厂家为主，较少受国家直接行政干预，以激烈竞争方式进行生产，在产业结构上，轻工业占绝对优势；大机器工业生产的经济效益高于全国水准，过渡型小工业占有很大比重；形成集中的近代工业的重要生产地带；工业原料和产品市场高度依赖农村经济。[②] 其中，主要销往国际市场的原料加工业缫丝业，在蚕丝的销路上，主要取决于国际经济形势与需求。1904年以前，中国生丝在国际生丝市场上为第一位，此后日本生丝才占据了第一位，1929年资本主义世界经济危机爆发后，各国消费能力大幅度下降，生丝市场的需要量也急剧减少。[③] 另外，生丝质量低劣，缺少政府的支持以及海外推销机构的缺失也是导致我国生丝出口量减少的原因。

帝国主义经济侵略，占领了中国大片市场，特别是资本输出，直接在

---

① 冀朝鼎：《中国历史上的基本经济区与水利事业的发展》，中国社会科学出版社1981年版，第92—108页。

② 南京图书馆特藏部、江苏省社会科学经济史课题组：《江苏省工业调查统计资料》，南京工学院出版社1987年版，第598—603页。

③ 同上书，第619页。

华设厂，造成在我国的总供给中，有很大一部分是外国资本的产品。第一次世界大战后，中国生丝出口还是逐年有所增加，但1929年世界经济危机的爆发，带来了中国生丝出口的急剧下降，到1932年，中国生丝出口比1929年下降了58.8%。[①]

江村所在的江苏省吴江市，历来以生产蚕丝著称，这一区域的农民也以养蚕缫丝作为次于农业的第二大收入来源。20世纪30年代，我国生丝质量的落后以及出口量的大幅下降冲击了当地农民的缫丝生产。为了改变当时中国蚕丝业的现状，江苏女子蚕业学校开始在吴江的农村展开技术变革的实验，费孝通的姐姐费达生就是在蚕业学校校长郑辟疆的带领下，最初来到开弦弓村（江村）宣传土丝改革。经过了几年的艰苦努力，1929年，费达生与当地农民一起建立了“吴江县震泽区开弦弓村有限责任生丝精制运销合作社”[②]，费孝通受到姐姐的工作的鼓励，1936年来到江村，以他细致、客观的文字描述，记录了江村20世纪30年代的生计方式，包括农业、渔业以及养蚕缫丝等，并着重分析了合作工厂的建立给当地人的生产生活带来的变革。

此后，无论是费孝通自身持续地再访江村，还是其他国内外学者对江村的考察，几乎都没有离开对该区域经济变迁的考察。澳大利亚人类学者葛迪斯在1957年访问江村时，看到了农业合作社时期的经济生产模式[③]，费孝通在同年再访这里仍然关注的是农民经济收入如何提高的问题。改革开放以来，江村经济的发展持续被世人所瞩目，20世纪80年代，费孝通多次来到这里访问，同时安排自己的学生在村落中作长期或短期的观察和研究。这些研究者叙述了当地农村经济结构多年来发生的变化，并适时提出乡镇工业在中国经济发展中的重要作用。江村经济的结构在70年代末还是农大于工，大致是7∶3；到了80年代中期，比例倒了过来，成了3∶7，

① 南京图书馆特藏部、江苏省社会科学经济史课题组：《江苏省工业调查统计资料》，南京工学院出版社1987年版，第3页。

② 费达生：《吴江开弦弓村生丝制造之今夕观》，《苏农》1930年第1卷第5期。

③ ［澳］葛迪斯：《共产党领导下的中国农民生活：对开弦弓村的再调查》，戴可景译，载费孝通《江村经济》，江苏人民出版社1986年版，第301页。

农小于工。[①] 费孝通根据当时的该区域的工业经济特点还总结出“苏南模式”的概念。然而，进入 90 年代后期，苏南模式下的集体工业由于多重原因走向了衰落，乡镇企业开始纷纷倒闭。当地政府也在经济体制上不断寻求改革的道路，最终开始鼓励发展个体私营企业。费孝通在 90 年代的回访中写下了“审时度势，倡行三资（制），功不自居，泽及桑梓”的总结。

根据调查，2000 年以后，江村已经没有所谓的集体经济了，现今村落中的这些工厂（以丝织厂和纺织厂居多）在转制之后成为自负盈亏的民营企业，它们中有的是村民个体将原本倒闭的集体工厂的资产买下来并重新开始经营的民营企业，有的是村民个体发挥自身的创业才能而逐步发展起来的个体私营工厂。除此之外，村落中还有无数个在家门之内实现工业生产和销售的家庭工厂。另外，特别值得注意的是，近年基于长江三角洲地区电子商务经济意识的快速发展以及网络、交通等基础设施的日趋完善，当地的年轻人正在借助互联网的平台创造自身职业发展和家庭经营的新形式。

另外，在农业方面，自当地的“粮改渔”政策实施以来，村里现在几乎已经没有人种植水稻了，村里原本种植水稻的地面，已经开挖成养蟹池，养殖螃蟹和鱼虾，相比太湖里养殖的螃蟹，这种在稻田池里养殖的螃蟹称为“稻田蟹”。据统计，全村养蟹水面多达 2452 亩，年产量 24.52 万斤，产值 490.4 万元，全村 25 个村民小组中都有养蟹专业户或合作养蟹户。[②]

政治组织

中共开弦弓村基层组织，始建于 1956 年。[③] 江村具体的组织机构有党支部、村民委员会、村民小组、经济合作社、共产主义青年团、妇女联合会、民兵、农会、老年人协会等。

① 费孝通：《江村五十年》，《社会》1986 年第 6 期。
② 谢舜民：《江村经济调查研究》，江苏人民出版社 2012 年版，第 213 页。
③ 《开弦弓村志》编纂小组编：《开弦弓村志》，江苏人民出版社 2015 年版，第 226 页。

市　场

1992 年，庙港镇工商管理所和开弦弓村的合力下，在村落靠近庙镇公路的东侧建立了一个室内的农贸市场，名为“江村市场”。1995 年 5 月，费孝通在第十八次访问江村时，曾感叹：“这里原来是一片普通的桑地，现在建设得不认识了。”江村市场里的摊位较为固定，分为肉类、家禽、水产、蔬菜、豆制品、酱菜等区域，村民早上买菜十分方便。早上，江村市场前面的空地上也有很多流动商户在这里摆摊，到中午这些小商贩就自动散去了。江村市场由于建在公路旁边，交通便利，附近村落的居民也会在这里采购。因此，早上会在这里形成一个小的农贸集市中心。

广　场

现村委会办公楼的前面，有一片空地，有篮球架、健身设备、停车位等设施，可以说是村内的小型广场。村民们在傍晚会在此聚集活动、跳广场舞等。有时，有文化下乡表演节目的活动，也是在这里搭建舞台。

这个小广场实际上是原来村小学的操场，现在的村委办公楼，也是原来的村小学所在地。国家“撤点并校”政策实施之后，这里的村小学并到庙港镇上的小学了，之后改建为村委办公楼。

弄

江南地区特有民居形式中，弄堂独具特色，它是房屋间距形成的小巷。2013 年开始了“美丽乡村”建设，规划中对江村几条重要的弄进行了修缮。

为了纪念费老二十六次访问江村的事迹，也为了宣传费老的思想，村委会特别选取了 10 个点作为费老的“足迹点”进行重点打造。这几个“足迹点”基本遵循了费老每次到访江村时经常会走过的几条弄堂，这几条弄堂的地面经过了水泥的重新铺整，以鹅卵石在两边进行装点，在地面上每隔几米就刻写了“费老足迹”的字样，以突显这条小路的特殊之处。此外，在这几条弄堂两边的墙面上，也重新进行了粉刷，并挂有写着费老名言的匾额，传扬费老的思想精髓。这十二块匾额的内容如下：

> 各美其美，美人之美，美美与共，天下大同。——费孝通《开创学术新风气》；
>
> 脚踏实地，胸怀全局，志在富民，皓首不移。——费孝通《费孝通诗词》；
>
> 全局着眼，富民着手，增强实力，加快发展。——费孝通《全局着眼，富民着手，增强实力，加快发展》；
>
> 完成“文化自觉”使命，创造现代中华文化。——费孝通《完成“文化自觉”使命，创造现代中华文化》；
>
> 小城镇，大问题。——费孝通《小城镇大问题》；
>
> 在农工相辅、共同繁荣的基础上实现农村工业化、城乡一体化。——费孝通《行行重行行》；
>
> 社会关系是行为的模式，是一种轨道，贵在持久。——费孝通《生育制度》；
>
> 力量在老百姓中间。——费孝通《费孝通全集》；
>
> 我中有你，你中有我。——费孝通《美美与共和人类文明》；
>
> 草根工业的根深深扎在泥土之中。——费孝通《说草根工业》；
>
> 离土不离乡。——费孝通《费孝通全集》；
>
> 乡村企业是中国农民创造的。——费孝通《费孝通全集》。[1]

此外，在弄堂小路的两旁，为了进一步宣传费老思想，还设计了八个文化牌用以展示费老的一些理论关怀，选取的语句有：

① 2013年苏州市吴江区七都镇开弦弓村“美丽乡村”规划书。

"人"和"自然"、"人"和"人"、"我"和"我"、"心"和"心"等等，蕴含着建立一个美好的、优质的现代社会的人文价值。——费孝通《试谈扩展社会学的传统界限》；

生命和乡土结合在一起，就不会怕时间的冲洗了。——费孝通《吴江的昨天、今天、明天》；

从哪里得到的营养，应当让营养再回去发挥作用。——费孝通《中国文化与新世纪的社会学人类学》；

获得知识必须和知识所由来的事物相接触，直接的知识是一切理论的基础。——费孝通《费孝通全集》；

出主意，想办法，做好事，做实事。——费孝通《志在富民》；

水是"天堂"的本钱。——费孝通《浦东呼唤社会学》；

社会有结构，因为个人的生活是依赖，所有的行为是须和别人的行为相结合的。——费孝通《生育制度》；

利益关系所结合出来的是"社区"，道义关系所结合出来的是"社会"。——费孝通《漫谈桑梓情谊》。[①]

这些语句是江村人姚富坤协助政府的规划人员挑选出来的，从以上的文字可以看到，这些话语主要集中在费孝通的乡村工业、城乡关系、社会结构以及文化自觉等议题上，这些理论思考大部分基于费孝通长期在江村的考察，并且论述精练、深入浅出。

桥

由于村落形成于河道的两旁，村内建有多处桥梁，以前多为木质建构，新中国成立之后，大多为加固改为水泥材质的石桥。村内主要的桥有东清河桥、西清河桥、江村桥等。"江村桥"正是为纪念费孝通而命名。

① 2013年苏州市吴江区七都镇开弦弓村"美丽乡村"规划书。

坊

“中国江村”牌楼，矗立在江村南边东西走向的公路上，这是从东面进入村庄的入口，是为纪念费孝通江村调查60周年时建立的。

农作景观

如今到访江村，农作景观已经不是费孝通20世纪30年代调查时的稻作景观了，如前所述，粮桑改渔的政策后，村庄中的大多数水稻田、桑树用地已开挖为蟹池，加之传统的湖荡养殖，农作景观由成片的水网构成，在水产养殖户的承包下，以养殖螃蟹、鱼虾为主。

生　业

道　路

如前所述，传统江村是以水路贯通全村。在这个地区，人们广泛使用船只运载货物进行长途运输，连接不同村庄和城镇的陆路，主要是在逆流、逆风时拉纤用的，即所谓塘岸，除了一些挑担的小商人之外，人们通常乘船来往。[①] 随着中国的现代化、工业化进程，江村所在的长江三角洲地区成为“先驱”，现代化的公路交通也在逐步代替传统的水路交通。1983年，连接庙港和震泽的第一条公路穿过江村，由此汽车越来越频繁地往来于此，在交通和经济生活中扮演越来越重要的角色。自2000年起，江村的道路交通体系建设逐步完善，至今，村庄西有“庙镇公路”，东有“苏震桃高速公路”经过，村内也形成了四通八达的“环村公路”。随着交通方式的变化，人们的住宅选址也由传统的沿水而居，开始向道路两旁扩展。

① 费孝通：《江村经济——中国农民的生活》，商务印书馆2001年版，第34页。

工　业

在传统的农业社会，土地是提供粮食的基本生产资料，它的独特属性给人们的生活带来最有保障的安全感。首先，在当地人看来，土地是永久的、固定的，而且具备一定的生产能力，能力培育植物、饲养动物；另外，土地具有相对稳定性，并且在合理的养护之下可以循环使用，即使遭遇灾情，也只是暂时的情况，人们仍然可以长期依赖土地所培育的食物供给。因此，在村落中，人们认为最有价值的财产就是土地，是可以持续传递的家产。相比村落中的蚕丝业和渔业，农业仍然被当地人看作最有保障的职业。农业主要是男人的职业，[①] 基于江村的自然环境和地理条件，土地也用来种植水稻，兼种油菜籽、小麦、蚕豆等。前者是人们基本的粮食作物，后两者仅起到补充的作用。一年中，用于种稻的时间约占六个月，人们靠种稻挣得一半以上的收入。[②] 此外，桑树的种植在村落中也占据一定的土地和劳力，这是出于当地蚕丝业的需要。

江村所属的庙港邻震泽，北滨太湖，为吴江西南部栽桑养蚕制丝之区。早在唐代，这一带栽桑养蚕缫丝织绸（绵绸）工艺已相当兴旺，到了明代后期，庙港农村普遍以栽桑养蚕采茧，置土灶，脚踏丝车缫土丝，备木织机绵绸坯布逐渐形成的家庭作坊式的工业生产。[③] 养蚕和缫丝的工作主要是家庭中的妇女来承担。因此，男耕女织是这里传统职业分工的准确写照。

传统的家庭手工业是现代工业特别是乡镇工业的原始基石。太湖流域的先民们在数千年前就已娴熟掌握手工纺织、制陶、琢玉、漆器等生产工艺。唐宋年间，苏南一带因盛产蚕桑，丝织业迅速发展，吴江的盛泽镇就享有“日出万绸，衣被天下”的美誉。宋元时期，太湖流域农村的植棉业和纺织业开始兴起。

---

① 费孝通：《江村经济——中国农民的生活》，商务印书馆 2001 年版，第 151 页。

② 同上书，第 31 页。

③ 《庙港镇志》编纂委员会：《庙港镇志》，浙江大学出版社 2002 年版，第 157 页。

20世纪70年代前期，化纤织物兴起，至1985年，吴江市已形成以棉纺织、针织、毛纺织为主要门类的纺织工业体系，全县有县、乡镇独立核算纺织企业33家（不包括丝织，下同），职工4742人，固定资产原值2684万元，年产值8457万元，利润637万元；另有非独立核算企业1家，村办企业98家，工业产值分别为11万元和1843.64万元。[①] 2012年，吴江全区规模以上的工业中，丝绸纺织、电子资讯、通信线缆、装备制造四大主导产业分别实现产值929.87亿元、913.87亿元、383.83亿元、271.97亿元，合计占规模以上工业的比重为83.4%。[②] 丝绸纺织仍为第一大支柱工业。

在江村的近代史上，最重要的就是费达生在这里建立了最早的乡村工厂。1929年初，江村成立开弦弓村有限责任生丝精制运销合作社，诞生了全国第一家农民直接办的缫丝厂。[③]

然而，随着日本的侵略、国家政权的变动以及新中国成立以来国家政策的变化，江村的缫丝厂以及村内的其他乡村工厂历经沉浮，如今村内的乡村工厂有的是从原本集体的乡村工厂转制后发展至今，如江村丝绸、荣丝达纺织；有的则是新建立的企业，如田园纺织、永泰电子等。这些乡村工厂吸纳了多数村内以及周围乡村的劳动力。

2013年开弦弓村内企业一览表

序号	企业名称	序号	企业名称
1	吴江江村丝绸有限公司	8	吴江欧盛制衣有限公司
2	吴江乾昌纺织有限公司	9	吴江市江村锻造有限公司
3	吴江荣丝达纺织有限公司	10	吴江江村酿造厂
4	吴江求是纺织有限公司	11	吴江市振庆纺织有限公司
5	吴江市田园纺织有限公司	12	吴江市博名针织有限公司
6	吴江永泰电子有限公司	13	吴江月亮家纺有限公司
7	吴江江村金属物资有限公司	14	苏州东绵服饰有限公司

① 吴江市地方志编纂委员会：《吴江县志》，江苏科技出版社1994年版，第270页。
② 吴江区统计局编：《吴江区统计年鉴（2012年）》，第2页。
③ 吴江市地方志编纂委员会：《吴江县志》，江苏科技出版社1994年版，第111页。

在通常情况下，丝织厂工人的收入是相对较高的，目前一年有5—10万元左右的工资收入。一方面，他们具备专业的技术，如今这方面人才是稀缺的；另一方面，他们的工作环境较为艰苦，工作强度也比较大（12小时工作制）。一般男性做设备保全工，女性做纺织工。除了这些乡村企业之外，还有一些在家户内自行生产的家庭小工业，如羊毛衫编织作坊。

一　费达生在开弦弓村的蚕丝改良工作

江苏吴江市历来以蚕丝著称，这一区域的农民以饲蚕缫丝为第二收入来源。然而，那时一方面伴随工业革命而来的现代生产机械化日趋兴起，中国传统的制丝技术开始落后于其他国家和地区；另一方面农民仍然墨守成规，以土法养蚕。蚕丝质量日趋下降直接影响了蚕丝出售的价格，进而使得当地农民收入不断下降。

为了改变中国蚕丝业的现状，江苏女子蚕业学校开始在吴江的农村展开技术变革的计划和实验。这项实验的推广者就是费达生，那时费达生正是该校的学生，而主持这种蚕丝科技革新推广事业的是时任江苏省立蚕业学校校长的郑辟疆[①]。在他看来，中国蚕丝业向来以农村妇女为主力，从

① 郑辟疆（1880—1969），字紫卿，盛泽镇人。18岁考入杭州西湖蚕学馆，四年后，毕业留校任教，再留学日本，经研究培育出了个体大、成熟快的新蚕种和生命力强、极易成活的山地桑。回国后，先后受聘于山东青州蚕桑学堂、山东省立农业专科学校，编纂养蚕学、栽桑学等8类教科书。这是我国近代第一批蚕桑学教材。1918年，他受聘担任江苏省立女子蚕业学校校长，在校内设原种部、养蚕部和蚕种推广部。带领师生赴吴江市乡村实地考察，指导农民科学养蚕，用洋种代替土种，改良土丝缫制方法。抗日战争时期，他率领蚕校先迁到上海租界，继又撤到四川。在四川积极宣传和推广良种，创立蚕业指导所桑苗圃、蚕种场、冷藏场等，促进川南蚕业发展。1949年后，他留任苏州蚕桑专科学校校长；1956年又兼任苏州丝绸工学院院长，直到逝世。他是第一届全国人大代表，第一届全国政协特邀代表，第三、四届全国政协委员，中国蚕学会第一届名誉理事长等。1950年，他与费达喜结良缘。是时郑70岁，费49岁。黄炎培闻讯赋诗祝贺："真是白头偕老，同宫茧是同心；早三十年结合，今朝已近金婚。"1960年，在他主持下研制成D101型定纤自动缫丝机，并在全国推广，一直使用至今。郑辟疆还校译《蚕桑辑要》《广蚕桑说辑要》《豳风广义》《野蚕录》等蚕桑学著作。（引自吴江市地方志编纂委员会《吴江县志》，江苏科技出版社1994年版，第850页。）1988年8月，费孝通曾以题为"记姊丈"赋诗："丝结同工茧，敏劳近百年。蚕桑创前程，育才志不迁。事屑千秋业，师生奋共肩。恩泽遍乡里，立像崇先贤。"（引自费孝通《费孝通诗存》，群言出版社1999年版，第62页。）

事栽桑、养蚕、缫丝、织绸，为了便于接近广大蚕农，指导推广先进技术，必须培养一批女性科技人才，因此，他创办了“女蚕”，并亲自制定了“女蚕”的四条教育方针：“1. 启发学生的事业思想；2. 树立技术革新的风尚；3. 以自力更生和节约的办法充实实习设备，提高教育质量；4. 坚决向蚕丝业改进途经进军，使学生有用武之地。”[①] 正是在这样的治学思想下，他将学校教育和社会实践紧密结合，一批批“女蚕”被培养出来，并成为农村中蚕丝改良活动的技术力量。

由于当时在农村中普遍使用的土种养蚕方法出丝率低且品质较差，郑辟疆认为要革新蚕丝业首先要从改良蚕种入手，因此他一方面委派学校的学生去日本学习蚕业；另一方面也聘请日本的蚕丝专家来华协助蚕种改良。优良的蚕种被培育出来后，如何将其应用于村落中蚕农的养殖活动中去，是实现蚕丝改良的关键。因此，他在女蚕学校专门成立了蚕业推广部，主要在农村推广优良蚕种，并指导蚕农的养殖技术。这个部门由蚕校早期的毕业生胡永絮、费达生任正、副主任。对蚕业改良之促进上，则设育蚕指导所于吴江之震泽开弦弓村，继及于无锡之堰桥，吴县之光福等处，于是，育蚕改良之声日高，而新蚕种业也随之展开。[②]

1923 年，江苏省立浒墅关女子蚕校校长郑辟疆带领青年女教师费达生等，到吴江市震泽、双扬、开弦弓（江村）等地宣传土丝改良。[③] 1924 年，郑辟疆与费达生、胡永絮来开弦弓演讲，其时震泽市也委托女蚕校设立育蚕指导所，并在开弦弓村与省立女蚕校推广部合办蚕丝改进社，由陈杏荪召集历年育蚕失败的蚕户 20 家，连同陈共 21 家，于翌年春，在费达生的指导下从事育蚕改进试验。[④]

确定了技术改革实践的地点后，蚕校推广部向开弦弓村派出了养蚕指导员，第一次去的有四人，即胡咏絮、费达生、张兆珍和许杲。由于蚕丝业是当地村民的第二大收入来源，人们对这种外来的科技改良活动抱有谨

① 费达生、曹鄂：《对我国蚕丝事业的革新和发展作出重要贡献的郑辟疆》，中国科学技术出版社 1993 年版。

② 郑辟疆：《省女蚕所负时代之任务及今后之改进》，《江苏教育》1933 年第 2 卷第 5 期。

③ 王淮冰：《江村报告——一个了解中国农村的窗口》，人民出版社 2004 年版，第 7 页。

④ 《庙港镇志》编纂委员会：《庙港镇志》，浙江大学出版社 2002 年版，第 160 页。

慎和疑虑的态度，一开始并不是所有人家都愿意加入她们宣传的改进社，所以最初只有因养蚕失败而致贫的一些农户接受指导。费达生等人在宣传和培训中强调了使用改良蚕种的家户，便不可再养土蚕，但蚕农出于对新蚕种的担忧，有一些农户仍然私下偷养土种蚕。费达生发现了这一情况后，着急生气之余，还是耐心地向村民讲解缘由，同时更加细致地排查蚕室并加强了消毒措施。这一年，蚕茧结出后，改良蚕种都获得了丰收，因而最终得到了开弦弓村民的广泛认可。就此，蚕校这一时期的“技术下乡”活动也圆满结束，这些青年女教师们乘船回到了学校。

1925 年费达生在郑辟疆的鼓励下，升任蚕校推广部的主任。这一年，费达生再次带领了学校的女学生们来到开弦弓村指导养蚕。由于此前的蚕种改良实验在村落中取得了成功，因此当费达生和学生们再次来到村里的时候，许多农户闻讯都纷纷主动前来寻求她们带来的新蚕种，费达生便动员这几十户人家成立了养蚕合作社，并分为几个共育组，而参与第一次共育实践的许多村民在这一次的推广活动中都成了合作社的“技术骨干”，协助蚕校的学生们指导其他村民的养蚕育种技能。可见，人们对于新事物的了解和接纳需要一定的时间，虽然一开始参与技术改革的农户只有 21 家，但是仅仅两年的时间，整个村庄的养蚕户都接受了蚕业学校学生的指导。

蚕种的好坏决定了蚕茧质量的高低，郑辟疆和费达生的土种改良实验的成功使得蚕茧的质量有所保证，接下来他们便开展了蚕丝业改革中的第二步计划，即制丝的改良。太湖一带的农民历来有缫土丝的传统，缫丝的过程分散在一个个农户的家中，这种依靠农民手工缫丝工艺而制作出来的土丝曾经在国际上享有盛名。然而，在机械制丝兴起之后，由于土丝的质量不如机械丝稳定，且无法批量生产，中国丝业日趋衰落，进而导致农民收入的下降。可见，要彻底改良中国的蚕丝业，除了上述的应用新蚕种之外，还要改革这一区域传统的缫丝技术。

费达生在开弦弓村指导育蚕工作一段时间后，尝试在农户的家庭中以一种改良的木制脚踏缫丝车来取代旧式的缫丝机，这是通过改进人们在缫丝工作中的设备和技术来提高丝的质量，并没有改变传统的家庭作坊的模式，人们仍然分别在自己的家庭中完成此项工作。1924年的时候，村里只有10台这样的机器，到了1927年，机器总数增加到100多台，在训练班里有70多名年轻妇女。[①] 改良丝车受到农民的欢迎，费达生在震泽镇的“蚕皇殿”中开办了“土丝改良传习所”，用以培训人们使用这种改良丝车。因此，以合作工厂来代替家庭手工生产成了蚕丝业改革中最具变革性的一步，“开弦弓生丝精制运销合作社”就此成立：

> 至十八年二月，得赞助员四百余户，遂组织成功。定名曰吴江市震泽区开弦弓村有限责任生丝精制运销合作社。呈请吴江市政府登记。一方请求省农民银行借贷资本，并请县蚕业场及本校推广部，协助筹备，历三月而厂成。将社员原料茧收入干燥。又两月，全部机器安置竣工。八月某日，有黑烟一缕，出自烟筒，遮覆村上，不久汽笛一声，全村农民有七十余人，群进此合作社工厂工作。时逾两月，出丝十二担，头号者十担，运销上海纬成公司营业处，每担得价一千五百卅四元，二号者两担，运销上海华盛绸庄，每担得价一千四百二十五元，与国内名厂出品埒。[②]

费达生在吴江开弦弓村建立生丝精制运销合作社的工作在当时的学界和商界都产生了一定的反响，例如，在梁漱溟当时主编的《村治》中，在“乡村运动消息”板块，就有题为“开弦弓村合作社办理之成绩”的文章：

> 江苏吴江市向以蚕丝著称，而尤以旧震属各区为最。开弦弓地近太湖，土壤膏腴，特宜种桑。该村农民，相沿以饲蚕为业，兼营缫丝。然墨守陈法，罔知改良，蚕丝事业，日就衰颓！民国十三年春，震泽市与苏州女蚕校合办蚕业改进社，以指导饲育，改良土丝为目的。村中特派练习生十人，前往肄业，返村后，改用木制足踏丝车，

① 费孝通：《江村经济：中国农民的生活》，商务印书馆2001年版，第187页。

② 费达生：《吴江开弦弓村生丝制造之今夕观》，《苏农》1930年第1卷第5期。

从事生产，产丝一百七十六两，每百两售银六十二元，较土丝约高十分之一。十四年秋，选派练习生十人，赴女蚕校学习制丝法，为期三月。又震泽市丝业公会创办土丝改良传习所，村人往受训练者七十余名。十五年春，村中添置缫丝车七十余座，应用新法，以杀茧箱烘茧，产额骤增至八担有余，价格较土丝约增三分之一，于是全村震动，鼓舞若狂，兴趣之浓，已臻极点！十六年春，添置丝车九十余座，全期产额达十七担，但木车造丝，销售不易，适值丝价暴落，该项产品，岁底始能脱售，损失不赀！因思改良品质，提高论价地位，非群策群力以谋自救不可，乃有合作社之动机焉。

该社由社员四百八十六户所组成，主其事者为村民领袖陈杏荪，而为之擘画经营者，则为苏州女蚕校费达生女士，从旁赞助者，为吴江蚕业场长孙守廉，震泽农民领袖沈秩安，及苏州女蚕校校长郑紫卿诸人。社股七五三股，每股二〇元，分期缴纳，第一期收入股金三、〇一二元，复向吴江农民银行及震泽江丰农工银行，贷款二七、八〇〇元。于十八年四月，开始筹备、购地、建筑、置办机械，共费银二一〇〇〇余元，八月初旬，筹备就绪，正式开幕。计缫丝车三十二座，复摇车十六座，工人六十七人，——均为社员。社内分事务、剥茧、选茧、煮茧、缫丝、复摇、生丝检查整理、屑物、机开、工役等十部。缫丝部工作者三十二人，每人每日缫丝十两，计共三百二十两。每月停工两日。月可产丝五担有半，全年产额，约七十担。该社产品商标，为金蜂牌。分顶号、头号二种，曾经工商部商品检查局生丝检查处检定清洁程度为百分之九十六，洁净程度为百分之九十二。顶号每担售银一千一百两，多销于用户，头号每担售银一千两，多销于洋行。开车以来，约历九月，生丝及屑物收入，约共六万余元。除去成本及各项开支，可得纯益一万元。

社员育蚕，悉由社中规定同一品种。春秋两季，所缴茧量，每人不得少于八十斤。缴纳时须经评茧员施以肉眼及器械检查之手续。茧质评品如下表：

（甲）

蛹程度	茧层	茧形	色泽	总分
三〇分	三〇分	二〇分	二〇分	一〇〇分

（乙）

烘折	选折	缫折	解舒	总分
二〇分	一〇分	四〇分	三〇分	一〇〇分

缴茧数量之多寡，品质之优劣，定有奖罚条例。社员莫不悉心研究饲育之法，以期改良品质，增加生产，盖亦该社成功之一因也。

该社事业区域，定位十里。居民凡九百余户，入社者已达半数以上。茧之产量，有遂渐增加之势。现在机械，不敷应用。十九年内，拟添置缫丝车十八座，以便扩充。惟五匹马力之引擎，仅有驾驭五十座缫丝车之能力，故该社尚有筹设分社之计划。近者，震泽地方共有蚕业合作社十所，皆以共同购买蚕业上之必需品及改良饲育蚕种为目的。鉴于开弦弓之成效卓著，亦有共同加工运销之动机矣。[①]

此外，侯哲莽在《国际贸易导报》中也有题为“开弦弓生丝精制运销合作社之调查”[②] 的报道；安言也在《女蚕》中写作有《派往开弦弓指导生线合作社情况》[③]。除了这些明确写作开弦弓村的养蚕合作活动的文本以外，还有一些间接涉及有关于此的文章，如费达生的《我们在农村建设中的经验》[④]《养蚕合作》[⑤] 等。其中，《我们在农村建设中的经验》就是费孝通以姐姐费达生的口吻帮她写作而成的，可见，那时他虽然还没有真正到访开弦弓村，但姐姐在那里的改革实践工作已经引起了他的注意。

① 梁漱溟主编：《开弦弓村合作社办理之成绩》，《村治》1930 年第 1 卷第 7 期。
② 侯哲莽：《开弦弓生丝精制运销合作社之调查》，《国际贸易导报》1932 年第 4 卷第 1 期。
③ 安言：《派往开弦弓指导生线合作社情况》，《女蚕》1935 年第 68 期。
④ 费达生：《我们在农村建设事业中的经验》，《独立评论》1933 年第 73 期。
⑤ 费达生：《养蚕合作》，《江苏建设月刊》1936 年第 3 卷第 3 期。

二　费孝通的江村调查——乡村工业

姐姐费达生在开弦弓村的蚕丝改良工作得到了社会各界的广泛关注。1933年，费孝通曾以姐姐的名义在北京《独立评论》上发表了《我们在农村建设中的经验》的文章。在这篇文章中，她提出中国农村建设的主要困难就是地少人多的问题。“熟悉中国人口状态的人，都知道中国人有80%以上是农民，每个农民平均只有5亩上下的地。”[①] 如此，大规模的机械化农业生产就无法进行，而传统的农业生产方式基本只能够自给自足，无法满足工业发展的原始积累。因此，要将机械引入农村，来提高农业生产的效率。然而，费孝通认为，将机械引入农村并非一件简单的事，因为“社会决不是各部分不相联结的集合体，反之，一切制度，风俗，以及生产方法等等都是密切相关的”[②]。在将科学养蚕技术在乡村中国推广，使得农民认识到了科学技术的重要性，但是费达生也意识到“一切科学上的发明，应当用来平均的增加一般人的幸福”[③]，因此，她们根据技术改革和市场需求进一步推进了生丝精制合作社在乡村地区的建立。

这样的丝厂与其他在城市中营业的丝厂相比有许多优势，其中最为重要的便是它孕育在原本乡村的生活体系之中。“在里面工作的人，不成为一个单纯的工人。她们依旧是儿子的母亲，丈夫的妻子，享受着各方面的社会生活。不使经济生活片面发展，成一座生产的工具，失却为人的资格。”[④] 这样的实践经验使费达生更加深刻地认识到人们的经济活动不能独立于其他生活体系之外，“我们的制度根本上是要使经济生活融于整个生活之中，使我们能以生活程度的伸缩力求和资本主义的谋利主义相竞争”[⑤]。

1934年，费孝通又为姐姐代笔，在天津《大公报》上发表了《复兴

① 费达生：《我们在农村建设中的经验》，《独立评论》1933年第73期。
② 同上。
③ 同上。
④ 同上。
⑤ 同上。

丝业的先声》。[1] 在当时丝厂停工倒闭、市价紧缩的经济背景下，费达生以自己在开弦弓村的实践经验来说明蚕丝业对苏南农民生计的重要性，并指出丝业的衰落并非其工业本身的问题，而是市场选择的结果。她曾经在日本留学，深知日本丝业的生产和出口状况。“他们独占了市场，暴增了工业的选择力，使中国的农村，一天一天地走上了破产的末路。”[2] 因此，只有我们自己着力发展振兴丝业，才能有出路可走。但是她所希望复兴的丝业，并非西方推行的资本主义营业厂，而是要“使丝业能够安定在农村中，使其成为维持农民生计的一项主要副业”[3]。此外，她同时也指出了一些随着新技术的引进而给人们的生活带来的变化，特别是她感到因社会知识的缺乏而引发的不良的副作用。因此她提倡，“我们希望现在做社会研究的人，能够详细地把中国社会的结构，就其活动的有机性，作一明白的描述，使从事建设的人能有所参考”[4]。从这样的言语中可以看到，费达生希望她正在从事社会学研究的弟弟费孝通能够来此调查，并能帮助他们更加科学地进行社会建设工作。

1936 年 7 月至他出国前夕的一个多月的时间，费达生建议他到开弦弓村去小住一段时间，可以一边养伤、休息，一边看看村里丝厂的情况……一旦他亲眼看到了农民的劳动与现代缫丝机器的结合，整个的心思一下就被触动、被吸引住了。[5]

费孝通的导师马林诺夫斯基在《江村经济》中最欣赏的一章是有关蚕丝业的介绍，因为它展现了家庭企业如何有计划地变革成为合作工厂，以适应现代形势的需要，即“传统文化在西方影响下的变迁”[6]。这一点是那个时代社会变革的最为重要的核心力量，即工业化如何改变传统的生活方式。

20 年后，1957 年 4 月 26 日至 5 月 16 日，费孝通偕同姐姐费达生重访江村。并写作的《重访江村》，在该年 6 月份的两期《新观察》杂志上连

---

① 费达生：《复兴丝业的先生》，《农村经济》1934 年第 1 卷第 9 期。
② 同上。
③ 同上。
④ 同上。
⑤ 张冠生：《费孝通》，群言出版社 2011 年版，第 109 页。
⑥ 同上书，第 13 页。

载发表。在这篇文章中，费孝通主要强调了建立乡村工厂的问题。“小型轻工业工厂是促进农村技术改革的动力，许多屑物都是最好的肥料，工农业在技术改进上都可以联系得起来。何况工业过分集中到城市里去，社会上已经出现了许多不易解决的问题，人口不必要的集中是有害无利的。”[①] 1981 年，费孝通偕同姐姐费达生三访江村，此后，便每年都会回访这里，带领自己的同行、学生在这里建立调查基地，进行追踪考察，关注乡村工业的发展变化。

三　“苏南模式”的兴衰

“苏南模式”是费孝通曾在 20 世纪 80 年代初基于苏南地区通过乡镇企业的发展来实现非农化发展的方式，这种发展模式类型的概念的提出是他在苏南与苏北的调查过程中，通过比较两地在发展方式上的不同所总结出来的，它所特指的是苏南地区在一定的地理、历史、社会和文化等条件的影响下，从传统经济结构向现代经济模式的独特道路，以及由此所带来的社会文化结构的面貌。从经济所有制的特点上看，苏南的乡镇企业所有制结构是以集体经济为主，以乡镇政府来主导企业的发展。政府的支持强有力地带动了苏南地区乡村工业企业的建设和发展，极大地促进了农业生产所无法容纳的劳动力的就业，增加了农民的经济收入。1984 年年底，全村三业总产值为 415.5 万元，其中工业产值 265 万元，副业产值 86.7 万元，农业产值 63.8 万元；三业产值各占比例是：工业占 63.8%；副业占 20.9%；农业占 15.3%；全村务工人员为 648 人，务副人员为 266 人，务农人员为 355 人。[②] 基于村办企业和多种经营的发展，不但对国家作出了贡献，集体经济也得到了不断壮大，全村村办企事业固定资产已达 112.5 万元，社员的家庭收入来自工副农三个方面，收入在续年增多。[③] 通过以上具体的统计数据可以看出，20 世纪 80 年代以后，村落中人们收入的主

---

① 费孝通：《费孝通全集·第 8 卷（1957—1980）》，内蒙古人民出版社 2009 年版，第 56 页。

② 数据来自吴江市档案馆，1985 年，案卷号 6，目录号 1，全宗号 7001。

③ 同上。

要来源已由农转工，这是“苏南模式”下的产业变革所带来的。

苏南乡村的工业化是农业经济向工业经济过渡的一种形式，这种形式以乡村和县城范围的小城镇为阵地，使得工业从城市向乡村辐射，并以农工相辅、城镇一体化为目标；[1] 另外，在“苏南模式”的带动下，当地人在由农转工的过程中，也在逐步地改变着自身的职业素养和思想意识。

在当地人看来，提到“苏南模式”，他们就会回忆起那段集体经济繁荣的时期。集体经济在庙港地区的 1992—1994 年间是发展最为兴盛的几年，“当时政府投入的资金很大，镇上的要求也比较高，宣传力度也比较大，在考核上也是以工业发展为主，村里和镇上那时都大力发展工业企业”[2]。在政府的推动力作用下，无论在城市还是乡村，苏南地区的工业企业开始了一段兴盛繁荣的时期，越来越多的工业企业在村镇中建设起来，而工厂的兴建也使更多的人离开了传统的农业生产，走进工厂成为训练有素的工人。

然而，到了 20 世纪 90 年代中期，苏南地区的乡镇企业开始出现了衰退的趋势，原村主任王建明讲述了当时集体经济衰退的原因：

> 一个是市场原因，别人都是搞家庭、股份制企业、民营企业了，集体企业竞争不过民营企业，职工工资、生活待遇也不好，集体企业都是办公室很多的，厂长、副厂长、科长……民营企业就是一个老板，没有其他的，肯定竞争不过人家。我们村里那时亏掉了很多钱，民营经济是自己管自己的，集体企业都是集体的，有些事情是一个人不能做主的，还要和集体商量，厂长没有权力，还要村里的几个人一起商量再决定。[3]

因此，国家开始倡导乡镇企业脱离政府的管理和干预，将企业由集体所有制转变为个体所有制，企业交由个人经营和管理，在市场经济中自负盈亏。根据笔者的调查，庙港镇在 1997—1998 年间是转制时期，无论乡镇企业在当时是盈利的还是亏本的，该区域内几乎所有的企业都开始了转

① 沈关宝：《一场静悄悄的革命》，上海大学出版社 2007 年版，第 222—224 页。

② 原村会计徐国奇的讲述。

③ 原村主任王建民的讲述。

制，必须交由个人来管理。具体到江村中几个工厂的情况而言，准确地说，当时村里的企业已经不能称为转制了，因为那时工厂已经倒闭了，所谓的“转制”其实就是将已关闭的厂房出租或者卖给经营者个人。

转制时期在开弦弓村担任村支书的周书记讲述了当时集体企业的状况和村落中企业转制的原因和经过：

1998、1999年叫转制年，所有的乡村企业都卖掉、转制，许多乡村企业那时大多都在亏本，剩下不多的那些不亏本的厂，也会把它做到亏本，否则厂长就太吃亏了。实际上这些厂并不是真正的要亏本，很多是自己贪污，大家都心知肚明，所以你亏、我亏、大家都亏。但是这样亏下去对政府造成了沉重的负担，所以政府晚转制一年，镇上的这些企业就都要多担几千万甚至上亿的债。所以当时大家都觉得赶紧出手，比如一家厂本身价值几百万，转制的时候只要十万，有时甚至叫“一块钱转让”，把债务也带走。当时的银行不是商业银行，而是靠政府的指挥，所以当时缺钱了不是先找银行，而是找镇长、镇党委书记，然后再到银行拿贷款。一个镇上如果有10家企业，有6—7家都属于亏损状态，这个亏损不是真正意义上的亏损，而是被老板贪污。其他赚钱的几家企业心里也有数的，因为这些老板也经常在一起聚会，我赚了你亏了，大家面子上也挂不住，在政府面前也不好交代，索性大家要亏一起亏。还有一个原因就是，当时亏损的企业好转制，盈利的企业反而不好转制。企业转制是最不公平的一件事，但也是最有效率的一件事，它使许多村、镇摆脱了企业的包袱，盘活了资产。

我到村里的时候，所有的厂全部关门了，我把它卖掉也好，出租也好，都可以盘活资产，另外也解决了老百姓的就业，转制非常有效率。当时卖这些厂的时候很便宜，我记得有一家化工厂，要转制，原来的厂长不要，如果这家厂转制的时候老板不要，其他外行人就更买不来。镇上没办法，就威胁厂长说：“你买不买，不买就给你查账，不相信你当厂长这些年没有一点问题，价格都好商量的，不出钱都行，只要答应把它买下来。”没钱没关系，只要到银行签个字，把贷款压到你头上就行了。实际上，这些厂长通过多年的经营，心里都有数的，把厂改造一下或怎么样一下肯定能够有钱赚，所以这些人是当时得益最大的一帮人。

就开弦弓村而言，当时村里的厂都关了，已经没有企业了，也就无所谓转制，当时村里有两个丝织厂（开弦弓丝织厂、新民纺织厂），一个化工厂，一个酒厂，共四个厂。

当时村里的这些厂都关了以后，工人们就都回家务农了，所以我要求他们，周永林先进来（接手村里的一个丝织厂），我说你来了以后，有一个条件，员工一定要招本村的人，另外厂里需要发出去加工的产品也一定要交给本村人。外发加工时，因厂里的机器不够，就鼓励老百姓自己买机器。当时村民们买的都是二手机器，很便宜，老百姓有几十人家里都有机器，一家买个两台、四台，就可以生产。厂里也有机器，但实际上是不够的。周永林曾经担任过这个丝织厂的厂长，那时叫他到村里当村主任，他不肯，镇上也就不让他当厂长了，他就走了出去，到丝绸市场做生意、搞贸易。我到村里以后，叫他回来，我给的条件就是把厂房以较低的价格租给他。有人说租他的价格便宜了。但是我认为，第一，当时也没人来做；第二，我是有条件的，就是工资要发给本村人。①

人们将那时乡镇企业的转制评价为“最不公平却最有效”的举措，“不公平”的原因在于那些有能力接管工厂的个体以非常便宜的价格就可以拿到工厂的资本，且这样的“转换”过程多数也并非公开，有些甚至是政府强硬指定个人去接管工厂，不接都不行。在当时，能够将企业接手的个体往往是原本企业中的技术骨干或重要管理者，他们既对这个行业的情况非常了解，同时也与政府、银行等相关部门的人员相熟知，因此，他们有能力很快地再次将企业运营起来。这些人在转制后的企业经营中成为得益最大的一批人，一方面，他们的成功是基于自身在集体工厂中所习得的生产技术和管理经验，但更重要的是这一时期转制的特殊政策使他们能够

① 原村书记周玉官的讲述。

以非常低廉的成本获得企业的原始资产；另一方面，“最有效”的原因则在于，政府将不再干涉企业人员的任免以及工厂的经营，这使得乡镇企业摆脱了繁复的行政管理过程和人事工作，也有效地避免了那时企业中较为严重的贪腐情况。而最实际的是，转制的过程有效地清理了当时集体经济时期所背负的经济债务，接管企业的个体经营者能够将那些集体已经无法使用的资产重新“盘活”，并将其继续投入工业的生产和运行当中。企业和工厂的复兴使得那些原本依靠乡镇企业的村民再次得到了的就业机会和工资收入的保障。

苏南的乡镇企业在起初政府的大力扶植和推动下，建立了村镇工业化的基础，实现了当地劳动力离开农业向工业、商业、服务业等行业的转移，完善了苏南城乡之间的关联网络。虽然在集体经济时期遇到一些管理上的问题，并经历了所有制的转变，但这些乡镇企业所带来的社会变革是巨大而深刻的。周书记继续讲述了“苏南模式”给当地社会带来的贡献：

> 提到“苏南模式”，我们不能说集体经济的衰落就是“苏南模式”的失败，它也曾经辉煌过，曾经对苏南的经济是做出过贡献的，它的贡献应该说包含两方面，一个是大家都公认的，对苏南的经济做出了贡献，但是大多数人把另一方面都看得不重视，就是他培养了一批人才，这些经营者，比如沈自荣、周永林，是现在乡村企业的经营者，他们的管理经验都是乡村企业给他们的，还有就是培养了一批员工，这一批员工原来都是农民，农民基本上是没有工业生产的意识的，包括纪律性。纯粹农民的生活，今天九点出工，明天八点出工都是无所谓的，但是上班以后就要对这样的习惯进行修改，农民要服从厂纪厂规，都不是那么容易的。现在丝织厂有一个产品叫“特立纶”，只有我们庙港的丝织厂做得好，全世界的这种产品都是这里出的，七都镇做不好，横扇镇也做不好，我们镇能够产出高质量的产品就是得益于当时训练出来的这一批员工。这两方面人才在现在的私营工厂中发挥了重要的作用。①

① 原村书记周玉官的讲述。

可以看到，从长远而言，乡镇企业培养出来的两方面的人才是当前村落中的民营经济得以再次兴盛的关键所在。虽然集体企业衰落了，但是工人能够凭借自身所掌握的行业技能继续找寻他们的就业道路。不可否认的是，他们不会再回到农业上去了。在村里工作多年的村主任王建民回忆了在集体企业倒闭以后，村民是如何自寻出路的：

> 以前集体垮台的时候，我们这里的工人都没地方去。种田又没有这么多的收入，到外面去打工也挣不到钱的。现在丝织厂稳定了，他们就在这里工作，到庙港开发区这个路很近，就不用出去了。那时各家各户帮人家加工，家里机器的噪声很大，村民都没法睡觉，后来就并起来了。老板自己盖厂房，把机器和人都收进去了。以前是手动织机，一个人看两台机器，现在是自动的，一个人可以看很多台机器。现在工人也稳定一些了，以前这些厂都是要抢工人的。[①]

虽然乡村的集体工厂倒闭了，工人们无法再依靠工资收入生活，但他们已经通过多年在厂的工作积累了相应的技术和经验，依此找寻出路。依照上述分析可见，那个时期的乡镇企业，工厂的衰退的原因主要在于管理机制的问题，而非市场的不景气，市场对这些工业产品仍然有所需求。因此，虽然无法继续在工厂集中生产，但村民也要想办法继续谋求生产的办法。这里历来有家庭工业的传统和意识，房屋的空间区分一直以来也有专门生产部分的设计，只是工厂的建立将各家各户的分散生产集中到了一起。此时，这个历史过程反了过来，生产再次分散到家家户户了。他们购买几台厂里的旧机器，在自己的家中织布，然后再通过熟人关系联系销售，或者直接去做其他工厂的外发加工品。转制之后，工厂再次运营起来，机器、生产又从家庭集中到工厂里了，继而人们也重新成为进厂上班领取工资的工人。

这一时期，一种易于在家庭中实现生产的小工业开始兴起，即针织衫的编织行业，当地人称之“拉羊毛衫”。例如，一位村民讲述了他当时在

① 原村主任王建民的讲述。

家中做羊毛衫编织小工业的情景：

> 我原来很早就开始做羊毛衫，我们家是在1995年的时候做家庭纺织，那时候家里就请七八个工人，搞几台机器，就二十几平方米的一个小车间。以前都是手工织的，现在有大的机器了。但是我当时不是专门做这个的，还有村里的工作要做，做羊毛衫只作为一部分的家庭收入。做羊毛衫是不亏本的，但是赚的也不多，有时候就是小几万块钱一年。图纸是根据市场的，什么衣服比较紧俏，比较好卖，就去拿个样子照着做。然后放到门市部销售，有的人也专门开了门面。
>
> 卖衣服的话，现在做的人多，现在量也比较大，都是自动化生产。以前是人工拉的，一个人一天也就最多做10件衣服，一个家庭小作坊一年可能最多能做几千件衣服；现在有的人家一天就可以出一万件衣服，还什么工人都不要，就是老板一个人，自已进货，电脑横机，全自动，打样、染色、包装、后期整理都有专门的人可以给做。我们以前这些程序都要自己做的，例如，昨天晚上工人交出来的衣服，是一个毛片，第二天上午拿出去叫人家缝制，之后去印染厂染色，下午和晚上包装，两天的时间就到门市部了。①

可以看到，以家户为单位来进行生产和销售的家庭小工业在乡镇企业的衰退中发展了起来，这一区域传统的家庭作坊式的工业生产模式又开始发挥作用。在此前乡镇企业的带动下，农民富裕的直接呈现就是他们对住房条件的改善和提升，那个时候，多数村民的家庭房屋已经由一层发展为两层的结构。家庭居住空间的扩展使得家庭小工业能够得以实现，基于传统习惯和隐私性的考虑，人们将生产空间放置在房屋的一层，而二层作为家庭的生活空间。集体工厂的效益开始下滑后，有的村民意识到针织衫编织的商机，就开始自行购置织机，并在家庭中开设生产“车间”，由几个家庭成员或者雇用外来工人在家中进行编织操作，再拿到市场上去销售，赚取收入。

① 徐姓村民的讲述。

可见，村里和乡镇的工厂倒闭以后，村民们那时主要有两种就业趋势：村里的一部分人在家中购置机器继续为转制后的民营丝织厂加工化纤织物，后来村里的民营丝织厂再次开办起来以后，他们就再次进厂工作了；此外，还有一些人受到当时相邻横扇镇针织衫编织业兴起的影响，购买编织横机[①]，在家中从事针织衫的编织生产。他们的针织衫按件计费，供应周边门市部的销售。到了2000年，开弦弓村的针织衫编织已经发展到126户，拥有手拉横机1379台，编织工人1418人。[②] 几年之后，一些专门从事针织衫编织的人家引进了更为先进的小型电脑编织横机，电脑机不仅使编织效率提高了近10倍，而且大大节约了人力成本，“夫妻两人在家专做羊毛衫，可同时操作7—8台小型电脑横机，每台机器每年的利润大概在8000元左右”[③]。此外，这种针织衫编织行业的发展也带动了相关产业的出现，例如，有的村民在家庭中购置了电脑绣花机，专门为针织衫绣花，或者用亮片机为针织衫贴上装饰的亮片，等等。

除此之外，前述的那些转制后开始由私人进行管理经营的乡村企业，经过了这几年的发展，目前依然成为吸纳当地劳动力的主要力量，如江村丝绸有限公司、荣丝达纺织有限公司、田园纺织有限公司等。那些进厂上班的工人（具体吸纳劳动力人数），多数都是曾经在集体工厂多年工作过的，他们不仅有着熟练的专业技术，而且也都相互认识、熟悉，能够比较顺利地适应工厂的工作和生活。近年来，随着当地技术工人数量的减少，乡村企业开始出现招工数量不足的问题，因此，每年到了年底的时候，这些“本地工”往往成为当地企业所争抢的对象，因为与“外地工”相比，本地的工人经历了多年的企业培养已经“训练有素”，而且长期生活于此，大家彼此相互熟悉，便于管理。

---

① 一种织造针织衫的机器，最早是手工操作，后来改进为电脑操作。

② 《开弦弓村志》编纂小组编：《开弦弓村志》，江苏人民出版社2015年版，第192页。

③ 当地村民的讲述。

四　网络时代的生计方式

如前所述，这里的工厂多数为丝织厂，在通常情况下，男性在工厂里主要做“设备保全工”，女性主要是做“纺织工”。根据笔者的了解，近年来由于技术工人的缺乏，在丝织厂工作的职工工资水平是比较高的，现在一个设备保全工，年薪在 10 万元左右；一个纺织女工，年薪在 5 万元左右。目前在丝织厂上班的人多数是年龄大概在 40 岁左右。虽然工资水平比较高，但在丝织厂工作是比较辛苦的。由于目前在该地区所广泛使用的是喷水式织机，这种机器一旦运转就不能停下来，因为一旦停下来机器就十分容易生锈损毁，所以一年到头，工厂里的机器时时刻刻都在不停地运转。机器运转就代表着要有工人在旁维护生产，因此丝织厂工人的上班制度是 12 小时的倒班工作制，即每天上午 7 点至晚上 7 点一班（白班）；晚上 7 点至第二天早上 7 点一班（夜班）。工人们一段时间上白班，一段时间上夜班，轮流调换。此外，他们的工作环境也比较艰苦，工厂车间几十台甚至上百台机器同时运转噪音非常大，两个人站在一起相互都很难听到对方说话，而且喷水式织机的使用往往致使车间里水雾弥漫，冬天潮湿阴冷，夏天则闷热难耐。此外，化纤所散发出来的化学气味也很刺鼻。听当地人讲，常年在工厂车间里工作的人，往往都会积劳成疾，比如身体关节的风湿、听力下降等，有的人甚至认为：“他们是在拿命换钱！”因此，人们已经不愿意让自己的下一代进厂当工人了。

如前所述，这个地区能够形成以针织衫生产为主的行业源于村民自发的家庭工厂的生产模式。20 世纪 90 年代中期之后，村落中的集体丝织厂经营日渐衰落，工厂中工人的工资收入无法保证，他们只能自寻出路。

> 我最早在庙港丝织厂的供销社工作，在那个时候，这是最好的单位，也是城镇户口，工资也有保障，但是到了 1998 年，工厂倒闭了，我也失业了，就在家里和几个人共同购买了手工织机来织针织衫。后来，又购买了电脑织机，那段时间村里非常流行做这一行，当时全村大

概有三十多户都在搞，但是多数都亏本不做了，能坚持下来的没有几家。后来我也不做加工了，家里的两台电脑织机最终被处理掉了。现在主要是将比较看好的针织衫款式拿去让人家生产、染色、熨烫，然后一件件包装好，挂上自己注册的品牌卖到门市部。我现在看好电子商务这一块，女儿也在开网店，一方面，我可以支持女儿的生意；另一方面，我们也可以拓展销路。现在的门市部是对口销售的，就是把衣服批发到那里，在门市卖不掉的还会退回来，退回的衣服就只能以亏本价拿到处理市场去卖。目前家里做的针织衫的生意有几条销路，第一，继续做门市部的批发；第二，女儿的网店销售；第三，批发给网配店。①

因此，村落中“80后”这一代人，能够接续父母继续去工厂就业的人已经不多了，特别是女性，他们多数是家中的独生子女，工作环境艰苦、劳动强度大，使得长辈们不舍得子女再从事这样辛苦的工作。现在这个区域的乡村工厂中都有或多或少的外地工人来补充本地劳动力的不足。在通常情况下，当地人的教育程度越高，就会越远离工人的身份。当然，在技术工人工资水平大幅提高的情况下，村落中也有一部分人选择进厂工作，并引以为豪。随着社会的发展和人们生活水平的提高，现在村落中的年轻人对工作的认识与此前不同，他们并不将工作看作纯粹获得工资收入的手段，而是从更为多元的角度来考虑工作的意义，比如，有的人偏重在意工作环境的舒适度；有的人重视工作职位的体面程度；有的人则更加认同工作所带来的成就感，等等。总之，赚取工资的多少不再是他们选择工作的唯一目的和看待标准。

值得注意的是，近年来，由于互联网技术的普及和长江三角洲地区电子商务的迅速发展，人们借助网络的沟通来实现商品买卖的方式已经非常普及，笔者在田野中看到，当地的许多年轻人正在试图把握这样的商业契机，谋求职业道路，寻找致富的机遇。特别是所谓的“80后”这一代人，网络的世界已经长期渗透在他们的日常学习和生活当中，他们对于网络时

① 2013年11月7日田野笔记。

空中互动和交流的诸多方式能够快速习得，在这一点上，他们是超越家庭长辈的。目前，最能够体现当前村落中新一代人的工作和生活特质的，就是网络和信息时代的到来所展现的社会与经济的转型和变革。

伴随着权力支配方式的转变，文化的形态已在发生着一种带有根本性的转变。[①] 作为一种历史趋势，信息时代的支配性功能与过程日益以网络组织起来。[②] 无论是工作还是生活，今天的人似乎已经无法摆脱网络对自身的支配和控制。就消费方式上而言，通过网络平台来实现消费行为正在趋向成为主流的购物方式（2013 年的网购数据）。

一般而言，人们有工作，并获得一定的劳动报酬，这是一种基于雇佣关系的衡量人的劳动价值的方式，大多数的工人基本上是这种“一般劳动力”；另一种组织工作的方式可以概括为“可自我规划的劳动力”，这种“可自我规划的劳动力”具备组织资源整合的能力，并运用创新来驱动经济的增长。[③] 在村落中，一部分年轻人不再认可和甘于作为工厂所雇用的一般劳力，而是试图通过自己的方式对其所从事的工作进行自我规划，最显著的是，他们正在基于对网络世界的探索和对相应技能的学习，在另一个空间中开启并塑造新的“一番天地”，他们凭借于此，将可获取和操控的资源在网络中进行整合，便能够开创一种获得经济来源的方式。

在这个地区，工业生产以轻工业为主，除了传统的丝织行业外，20 世纪 90 年代中期以来兴起了针织衫编织，江村附近的横扇镇，是全国针织衫最大的生产基地，散布于这个区域各个村落中的针织衫编织的生产，正是受到了横扇镇的辐射影响。针织衫传统的销售方式是在门市店，而网络打开了另一种销售空间，由于近产地之利，因此，如果要经营网店，人们通

① 赵旭东：《人类学与文化转型——对分离技术的逃避与“在一起”的哲学回归》，《广西民族大学学报》（哲学社会科学版）2014 年第 2 期。

② ［美］卡斯特：《网络社会的崛起》，夏铸九等译，社会科学文献出版社 2003 年版，第 567 页。

③ “一般劳动力”和“可自我规划的劳动力”是卡斯特在网络社会中所划分的两类劳动力，后者的概念为：集中实现生产过程中分配给它的目标、发现相关的信息并将其重新结合成知识、使用可获得的知识库并为了实现目标而在任务过程中进行应用……这要求适当的训练，不是在技术方面，而是在创造力方面、发展组织的能力方面以及在社会中知识增长能力方面。具体的论述可见［美］卡斯特主编《网络社会：跨文化的视角》，周凯译，社会科学文献出版社 2009 年版，第 29 页。

常都会选择销售针织衫。笔者在村落中接触到的一些同龄人，他们或者是带动全家一起在网络上开店销售针织衫，或者是将开网店作为自身的专职工作，或者仅以此作为兼职。

在网络上实现的经营工作与现实社会中的区别：首先，在空间上，互联网使得经营者无须离开自家的椅子就可以与任何人进行互动，进行商品交易，与我们从未遇见或看到的人进行非直接接触。卖家在网络上的特定网站（如中国的淘宝网、拍拍网等）开办网店，通过照片、图片、文字、视频等媒介来介绍买卖的商品，而不是传统的实物接触，相应地，买家也是通过这种虚拟的空间来选购所需的商品。买家在选择的过程中，可以通过卖家在网上标示的聊天软件与卖家进行沟通，进一步了解商品的具体情况。如果买家确定了购买意愿，即可在该网店生成订单，并通过网上银行、支付宝等软件付款，付款完成后，卖家就依照订单上的货物信息和买家的资料（姓名、电话、地址）将商品打包，交给快递员送货。人们足不出户，就已经实现这种经济交易的互动行为。

目前以一切沟通模式（从印刷到多媒体）之电子整合为核心的新沟通系统，其历史特殊性并非是诱发虚拟实境（virtual reality），反而是建构了“真实虚拟”（real virtuality）。[①] 可见，人类通过媒介在从事互动沟通时，一切现实在感知上被虚拟化了，而“虚拟”在实际上成为真实。

其次，网络时空中的互动和交流重新安排了现实社会中的时间经验。人们的作息时间不再遵循“日出而作，日落而息”的自然规律，而是要被网络空间中随时而来的信息所控制。就开网店而言，卖家几乎随时都要在电脑前接收和回复买者的咨询信息，只要身边有电脑和网络，任何人随时随地都可以进行网购，为了便于与客户沟通，网店卖家的电脑几乎是24小时开着的，他们一听到电脑发出的信息“嘀嘀”声，就会即刻予以回复，以免失去任何一份订单。虽然每时每刻人们都有可能在网上购物，但根据网店经营者的经验，一天之中网购的高峰时间一般是从下午开始，到凌晨结束，除了回复买者的询问以外，再加上整理订单资料、将货物打包等工

① ［美］卡斯特：《网络社会的崛起》，夏铸九译，社会科学出版社2003年版，第462页。

作，网店经营者通常工作到半夜两三点才能休息，然后到第二天中午起床，午饭后，再继续在电脑前工作。因此，经营网店的人同那些在工作单位“朝九晚五”上班的人的作息规律近乎是相反的。

最后，有过网店购物经验的人都可以体会到，在网络上浏览商品与现实中最大的不同之处就在于，前者是通过平面的图片展示和文字描述来选择商品的，而不是后者的直接与商品进行近距离的接触。目前在这个区域经营网店生意的主要是服装行业（针织衫），服装与其他物品不同，是穿着于身上、有着一定实际功能的物品（如装饰、御寒等），它的款式、颜色、材质等属性都是人们在购买时所考虑的方面。在服装店里挑选衣服，不仅可以直观地看到它的颜色、款式，可以触摸它的材质，还能够亲身试穿，人们可以真实地感受服装的方方面面，最后再决定是否购买。然而，在网络上购买服装，人们只能通过照片和文字来了解它，这种认识是较为平面的，而且是人为去刻意建构出来的。因此，在网络环境中进行服装销售有其特有的技巧和规则，比如上述案例中所描述的通过模特来进行衣服的展示，在相机的拍摄和后期的照片修饰后，这样的照片颇具广告效应，能够增强顾客（特别是女性）的购买欲望。

这些服装的照片通常都由生产商统一提供，但个体的网店为了追求自身特色，以便能够在诸多网站中凸显出来，抓住顾客的眼光，也会通过其他方式来制造独树一帜的照片。例如，当地人常常讨论邻村的一户网店生意非常火的卖家的生意经，这家人近年来每年都能够有40—50万元左右的年收入，她的经营方式就是不用针织衫生产商所提供的统一的照片，而是自己当模特，穿上每一款要在网络上售出的衣服，用一定的相机设备和技术拍出更能突出服装风格唯美的照片，放在自家网店的页面上。笔者尝试在网络上对比村落中的这几家网店，从视觉效果上看，的确能够感受到，即便是同一款针织衫，经过该家网店经营者的重新设计和加工之后，在网页上显示出较为独特的衣着风格，促使人们点击浏览并更能激发女性的购买欲。

可见，网络空间的最独特之处就在于它使现实世界虚拟化了，这种虚拟化在经营和消费行为上表现为时空坐落的场景性和确定性的消失，取而代之便是人们通过各种技术手段在虚拟的网络中创造人们对真实的想象。

不只是在江村，在这个地区，选择“网店”这种经营方式作为自己的专职或者兼职的年轻人非常多，他们熟知网络技术的使用，并善于接纳和学习新兴事物，且思维灵活，乐于创造。笔者随村中经营网店的人一同去江村附近的横扇镇的网配店中“拿货（针织衫）”，她们几乎每天都要去店中，“横扇这里大部分的家庭都在做这个行业，很多家庭都因此而发了大财，这个地区也渐渐成为针织衫生产和销售的集中地”①。横扇镇原来只是太湖边上一个偏僻的传统乡集镇，因家庭羊毛衫编织业的兴起而闻名遐迩，全镇拥有各类横机 5 万台，从业人员 5 万多人，年产羊毛衫超亿件，素有“全国羊毛衫最大生产基地”的称号。② 江村中这些年轻人在网络上开办的都是以此类针织衫销售为主的网店，以国内经营为主。每年秋天至第二天春天是生产和销售的旺季，夏天是淡季，“一般是夏天出去加工羊毛衫，因为工钱比较便宜，到了秋冬再将制好的成衣卖出去”③。

基于针织衫编织的工业基础，加之近年来交通、网络等设施的完善，网络经营逐渐成为年轻人所热衷的销售方式。当地人告诉笔者，网店的服装销售是这样的一个模式：工厂将衣服批量生产好以后，卖到网配店，人们在网上卖出某种服装以后，会到网配店拿相应的产品，打包通过快递运送到购买者的手中。

可以看到，由于网店经营环境的特殊性，对经营技巧的掌握与生意的好坏有直接的关系。比如，生意好的人家，一天能发出几百个包裹（一个包裹代表一单生意）；而生意不好的可能只有几个，或者甚至几天都没有一个包裹。

这样的经营通常是由具备一定网络销售技能的年轻人来操作。他们没有绝对的工作时间和休息时间的区分，只要客户有需求，就要随时予以沟通解答。因为在网络环境中，人们可以随时在网络上进行购物活动，没有时间和

① 村落中一位以开网店为家庭副业的人的讲述。

② 朱云云、姚富坤：《江村变迁：江苏开弦弓村调查》，上海人民出版社 2010 年版，第 269 页。

③ 村落中一位经营网店的村民谈及夏季的工作。

空间的限制。这些网店经营者在销售旺季，通常在凌晨时分还在工作。

商　贸

费孝通在《江村经济》中写道，在桥的附近，都有几家零售店铺，包括杂货店、肉店、豆腐店等零售日常生活用品的店铺。但村庄店铺并不能满足农民的全部日常需求，航船——作为消费者的购买代理人，沟通着城镇与村庄之间的商贸活动。在笔者调查期间，看到村落中的商店，包括食品百货、小饭店、理发店、五金器材、公共浴室等商店，主要集中的村西庙镇公路的两旁。此外，随着长江三角洲地区电商的快速发展，村民们的商贸活动还发生在互联网上，他们通过电脑进行网络销售与购买行为，由快递公司来实现送货与发货。村里的丝织厂、针织厂等工厂生产的产品在电商的带动下销往全国各地，甚至远销海外。

乡村旅游——国内外社会科学的“朝圣地”

对江村而言，最有影响力的外来者便是费达生、费孝通两位大家，前者深入乡村带领村民改良养蚕缫丝技术，开办乡村工厂，带领农民致富；后者通过文字让江村农民的生活闻名海内外。新中国成立以来，第一位正式访问江村的澳大利亚人类学家葛迪斯（W. R. Geddes），正是通过阅读费孝通的 *Peasant Life in China*（《江村经济》）而对这里产生了强烈的兴趣，并在 1957 年访问中国时特别提出到此参观。1963 年他出版长篇报告 *Peasant Life in Communist China*：*A Restudy of the Village of Kaihsienkung*（《共产党领导下中国农民生活》）。

此后，费孝通重访江村（1957）、三访江村（1981），之后便每年都会回访这里，带领自己的同行、学生在这里建立调查基地，进行追踪考察，而他的研究课题也从村落研究扩展到小城镇等方面的探讨。另外，国内学术环境的日益开放，也使得更多对费孝通和江村感兴趣的外国学者前来参观访问。

费孝通的江村调查

费孝通访问江村一览表

序列	时间	研究成果
一访	1936年7月3日—8月25日	《江村通讯》 《江村经济》
二访	1957年4月26日—5月16日	《重访江村》
三访	1981年10月1—4日	《三访江村》
四访	1982年1月6—14日	《从鱼米、丝绸之乡到兔毛纺织之乡》《苏南农村社队工业问题》《故乡养兔》《论中国家庭结构的变动》
五访	1982年10月24日	《小城镇在四化建设中的地位和作用》《谈小城镇研究》《家庭结构变动中的老年赡养问题》
六访	1983年5月2日	《农村工业化的道路》《小城镇大问题》
七访	1983年10月3—8日	《小城镇再探索》
八访	1984年10月21—23日	《小城镇新开拓》
九访	1985年7月9—22日	《九访江村》《三论中国家庭结构的变动》
十访	1985年10月12—18日	为写作《江村五十年》考察
十一访	1986年5月16日	《江村五十年》
十二访	1987年5月31日	
十三访	1987年9月4日	《镇长们的苦恼》
十四访	1990年4月14—15日	《长江三角洲之行》
十五访	1991年4月14—21日	《吴江行》
十六访	1993年10月14日	《乡镇企业的发展与企业家面临的任务》
十七访	1994年10月13—15日	
十八访	1995年5月	
十九访	1995年10月18日	
二十访	1996年4月4日	《吴江的昨天、今天、明天》
二十一访	1996年9月19日	
二十二访	1997年4月8日	
二十三访	1998年4月2日	

续表

序列	时间	研究成果
二十四访	1999 年 4 月 13 日	
二十五访	2000 年 4 月 1 日	
二十六访	2000 年 9 月 3 日	
二十七访	2002 年 9 月 29 日	
二十八访	2003 年 4 月	《家乡小城镇发展的二十年》

“费门”的江村研究

为了能够更加深入、准确地把握村落的社会变迁，费孝通不仅身体力行地二十八次访问江村，同时还积极安排自己的研究生在村落中做长期的深入调查研究，进而也形成了一批追踪调查研究作品，如沈关宝的《一场悄悄的革命——苏南乡村的工业与社会》（1993）、刘豪兴的《农工之间——江村副业 60 年的调查》（1996）、《以工兴镇——苏南七都镇再调查》（2008）、李友梅的《江村家庭经济的组织与社会环境》（1996）以及周拥平的《江村经济七十年》（2006）等。

外国学者的江村研究

国外的学者对江村的访问和研究也是一个重要的方面。他们的持续到访一方面体现了费孝通在国际学术界的广泛影响；另一方面也使得江村研究成为国际研究者探索中国东部地区经济与社会变迁的重要“落脚点”。以下是笔者整理的关于海外学者到访江村情况：

海外学者访问江村纪事一览表

时间	学者	单位	考察主题	成果
1956 年 5 月 12—15 日	葛迪斯（W. R. Geddes）	澳大利亚悉尼大学人类学教授	村落、人口、家庭、生计、土地、缫丝工厂、合作化的农业、教育等	*Peasant Life in Communist China: A Restudy of the Village of Kaihsienkung*

续表

时间	学者	单位	考察主题	成果
1981 年 9 月 20—24 日	南希·冈萨勒斯 Naneie Gonzalez	美国科学促进协会常务董事、美国农业发展委员会亚洲组主席、马里兰大学副校长、人类社会学教授	参观丝织厂、缫丝厂、农户家庭以及风土人情	
1983 年 12 月 11 日	谢格蒙德·金泽贝格及其夫人	意大利共产党中央机关报《团结报》常驻北京记者		
1984 年	罗西、林南、马丁、萨林斯等	美国社会学、人类学代表团		
1984 年 6 月 16 日	哈丽雯	美国克拉克大学教授、社会历史学家		
1984 年 6 月	吴白弢等一行 10 人	香港中文大学社会学讲师		
1984 年 9 月 9 日	恰特	津巴布韦大学高级讲师，人类学博士		
1985 年 3 月 17 日	鹤见和子、宇野重昭、安源茂	日本上智大学国际关系研究所教授、成溪大学太平洋研究所所长、成溪大学法学部教授	走访农民家庭	
1985 年 8 月 30—31 日	黄宗智（美籍）夫人、顾琳（美籍）、吕作燮	美国加利福尼亚大学洛杉矶分校教授、日本东京都上智大学教师、南京大学	太湖流域的农村经济	
1985 年 8 月 31 日—9 月 1 日	恰特	津巴布韦大学教授		
1985 年 11 月 21 日	黄枝连	香港浸会大学高级讲师		
1986 年 2 月 20 日	柯兰君一家	西德西柏林自由大学研究所教授	乡村工厂；访问周友法、周文昌两户农家	

续表

时间	学者	单位	考察主题	成果
1986 年 5 月 7 日	章生道（美籍）	美国夏威夷大学地理系教授	养蚕和桑园	
1986 年 5 月 12 日	刘创楚	香港中文大学社会系高级讲师		
1986 年 5 月 16 日	中根千枝、巴乃特	日本东京大学教授、美国康奈尔大学教授	乡村工厂、农户	
1986 年 5 月 27 日	沈彤奎、胜应明、时锡焕	朝鲜桑树栽培和养蚕技术考察组组长（朝鲜农业委员会养蚕局局长）、平安道养蚕农场经理、养蚕研究所所长	农民家庭养蚕、缫丝厂	
1986 年 9 月 13 日	日本小城镇研究会代表团一行 8 人：鹤见和子（女）、宇野重昭、安源茂、山本英治、毛里和子（女）、河崎和明、加藤韩熊、汤山上升子（女）	上智大学教授、成溪大学教授、成溪大学教授、东京女子大学教授、日本国际问题研究所研究员、综合开发机构（NIRA）研究员、国际文化馆常务理事、北京师范大学研究生	缫丝厂、全村风貌、访问农户	《日本学者谈小城镇研究中值得注意的几个问题》①
1986 年 10 月 26 日	铃木俊男一行 2 人	日本《读卖新闻》上海地区采访团	访问农户、参观村丝织厂、乡缫丝厂	
1987 年 1 月 17 日	藤内敏郎	日本一桥大学毕业生	春节做客采访	
1987 年 3 月 28 日	黄丽丽等 18 名学生	美国德堡大学社会学系		
1987 年 3 月 31 日	松户庸子（女）、松园苑子（女）、若林教子（女）	日本社会学家第二次访华组		

① 江苏省小城镇研究会：《日本学者谈小城镇研究中值得注意的几个问题》，《江苏社联通讯》1986 年第 11 期。

续表

时间	学者	单位	考察主题	成果
1987年6月18—19日	格里戈里·维克	美国乔治大学博士研究生、南京农业大学高级进修生	走访13家农户、进行农业生产调查	
1987年7月28日	孔迈隆及其夫人	美国哥伦比亚大学东亚研究部人类学教授	走访谈龙泉家庭，参观村办丝织厂	
1987年8月26日	松本健男、浜崎富、荒木干雄	日本京都工艺纤维大学副教授、日本京都工艺纤维大学副教授、京都大学教授	参观养蚕、缫丝	
1987年9月2日	日本小城镇研究会代表团一行8人		访问蒋松泉、谈龙泉、周友法、周文昌、赵金海、姚三毛6家农户	《"内发型发展"的理论与实践》①《小城镇工业化中家庭结构的变化》②③
1987年9月20—21日	司高德	美国社会学家、加利福尼亚工学院教授	村办丝织厂、中学、乡办缫丝厂，走访谈龙泉、徐林宝两户农家	
1987年9月28日	吉米（菲律宾人）	美国《时代周刊》北京分社记者		
1988年1月4日	滨岛敦俊、藤田女士	日本大阪大学教授、上海复旦大学的日本留学生		
1988年2月25日	米歇尔·科赛	法国社会科学院教授、社会学会前会长	参观缫丝厂、丝织厂、访问农户	

① ［日］鹤见和子：《"内发型发展"的理论与实践》，胡天民译，《江苏社联通讯》1989年第3期。

② ［日］鹤见和子：《小城镇工业化中家庭结构的变化》，徐大光译，《江苏社会科学》1990年第5期。

③ ［日］宇野重昭：《中国：本土发展论的证明》，王延中译，《国外社会科学》1992年第10期。

续表

时间	学者	单位	考察主题	成果
1988年9月26日	巴博德、勒绨	美国纽约市立大学教授、哥伦比亚大学博士		
1988年10月16—17日	裴蒂·丽莎	美国麻省理工学院社会学研究所文化人类学教授	乡村工厂、个体工厂和农户	
1989年2月27日	西德留学生3名		参观丝织厂、走访农户	
1989年3月8日	柏佩兰和3名联邦德国留学生	美国西世界学院汉语学习班主任	选择教学基地	
1991年3月	王斯福	英国伦敦市立大学社会学系高级教师、近代中国研究所所长		
1991年10月31日	谷川善计	日本神户大学文学部部长	乡缫丝厂、村办丝织厂、访问周文昌家	
1992年12月26日	加藤弘之、大岛一二、章政	神户大学经济学部助理教授、农业系讲师、东京农业大学博士后	村办工厂和农户	
1993年10月14日	“第四届现代化与中国文化研讨会”	来自美国、中国台湾和香港的代表21人	考察“江村”风貌	
1994年9月10日	加藤延寿	日本经济政策学会常务理事、亚细亚大学经济学部教授		
1995年10月31日—11月1日	日本吉备大学访问团，团长山口荣、副团长柳原佳子	日本吉备大学	参观金蜂集团公司、村办企业	
1995年11月27日	荒崎博	日本大阪市市役所农业问题专家	农田、桑园、水渠、缫丝厂、农户	

续表

时间	学者	单位	考察主题	成果
1996年2月17日—5月14日	常向群（英籍）	英国伦敦经济学院		《关系抑或礼尚往来——江村互惠、社会支持网和社会创造研究》①
1996年3月29日	王斯福	英国社会人类学家、伦敦大学社会系主任		

费先生及其追随者在江村的研究足迹，以及他们在当地的考察、访问的点滴过程，已经成为江村人引以为豪的集体记忆，他们也熟知这些“外来者”的到访缘由，并予以热情接待。在政府以及当地人的共同推动下，江村以纪念馆、博物馆等形式在村落生活空间中予以纪念性的表达。一般来说，社会发展的太平时期有所谓的“三修”：国家修博物馆，宗教修庙宇，家族修族谱，博物馆现在已经成为许多地方树立当地形象的标志。② 公共空间的设计与建筑，无论是校门、广场、公园、地标、纪念堂或简单的铜像、精神堡垒，其作用主要是在加深人的印象、塑造个人身份，以及提醒人们忠心于那个地方或人物。③ 如今到访江村，最令人注目的便是于2010年修建完工的“江村文化园”（费孝通纪念馆、费达生江村陈列纪念馆和江村历史文化陈列馆），而自2013年开始进行的“美丽乡村”建设也无时无刻地凸显和强化江村与费孝通之间历史关联，这些空间表述成为江村人彰显村落社会记忆的物质载体。

① ［英］常向群：《关系抑或礼尚往来——江村互惠、社会支持网和社会创造的研究》，毛明华译，辽宁人民出版社2009年版。

② 彭兆荣、金露：《物、物质、遗产与博物馆》，《贵州民族研究》2009年第4期。

③ 蔡文川：《地方感：环境空间的经验、记忆与想象》，台湾丽文文化出版社2009年版，第134页。

一　费孝通、费达生纪念馆的建造

2008 年至 2009 年，基于苏州市和吴江市一些人大代表和政协委员的提议，在开弦弓村建设“江村文化园”的提案通过了政府的审议。[①]“乡镇工业的发源地”“国内外研究中国农村首选样本”“费孝通”“费达生”等都成为开弦弓村的重要标签。2009 年 10 月，“费孝通纪念馆”在开弦弓村破土动工，2010 年 9 月竣工。纪念馆占地面积 11000 平方米，建筑面积 2200 平方米，总投资 2000 万元。馆区由费孝通纪念馆、江村历史文化陈列馆、费达生江村陈列馆、费孝通广场、费孝通碑廊组成。主馆费孝通纪念馆建筑面积 800 平方米，分馆江村历史文化陈列馆建筑面积 600 平方米，费达生江村陈列馆建筑面积 300 平方米。2010 年 10 月 22 日，中国江村文化园在开弦弓村正式开园。民盟中央、省、市有关部门领导、国内外知名专家学者，以及费孝通生前好友和亲属等近 300 人出席了开园仪式。

江村文化园内的三大展馆：费孝通江村纪念馆、费达生江村陈列室以及江村历史文化博物馆也在这一天正式开馆，馆内通过实物展示、图文并茂、空间置景以及多媒体播放等方式，描述了费孝通、费达生的生平事迹、思想遗产以及江村的历史文化面貌。从外观上看，文化园中的主题展馆的设计十分别致，建筑化解为若干与村落住宅面积近似的 11 平方米左右进深的形体组合，不同角度的扭转是对弓形的村落布局的回应与暗示……这里不仅有形体上外与内的流通，还组织了一条回形流线环绕中庭到达 2 层眺望平台，从那里的圆形窗口可以看到江村风貌。[②]

实际上，在“江村文化园”建设以前，村中就已有专门的档案室用以保存和展览历年来费孝通以及其他中外学者来江村访问时留下的珍贵影像

---

① 2009 年 1 月 12 日，苏州市政协委员、苏州大学教授陈红霞《建议将吴江七都镇开弦弓村建设为“社会学圣地江村园”》的提案，被评为“苏州市政协十二届二次会议优秀提案”。江村文化园由苏州九城都市建筑设计有限公司总建筑师李立领衔设计。2011 年 9 月，费孝通江村纪念馆在中国建筑学会、山东省住房和城乡建设厅、威海市人民政府联合主办的蓝星杯第六届中国威海国际建筑设计大奖赛中，获得了金奖。

② 李立：《根系乡土——费孝通江村纪念馆建筑创作》，《建筑学报》2011 年第 4 期。

资料。1996年，为纪念费孝通访问江村60周年，还在此举办了“费孝通教授访问江村60周年图片展览1936—1996”。正是基于江村保存着这些丰富的图文历史资料，江村原村主任王建明提议要在江村建造费孝通纪念馆，他讲述了这一想法推动的过程：

> 建纪念馆当时是我提案的，当时苏州大学的常武亚老师是苏州政协委员，我把资料给他，叫他帮我提一下费孝通100周年纪念的事，他提案成功以后，吴江当时要造名人馆，把柳亚子、费老等人的纪念馆放在吴江，当时我跟于（孟达）主任说，造在吴江他（费老）不会去的，他每次来都要到我们开弦弓村的，后来经市委讨论，于老也帮着说了一下，最后就决定将纪念馆建在村里。[①]

从他的讲述我们可以得知，“纪念馆”的建设最终能够在江村实现，是经过了江村人的一番争取和努力的。费老作为吴江的名人，虽然理应将纪念馆建在吴江市区，但村主任王建明多年来几乎接待了费老的每一次来访，他深知费老与江村人之间的深厚感情，以及费老对江村的发展和农民的生活的关怀。因此，在费老离世之后，江村的人民也一直希望能够通过“纪念馆”的形式，永远留存他们与费老之间的情感与记忆。另外，江村作为社会学、人类学的学术圣地，每年都会迎来许多学者和官员的到访，纪念馆的设计和建设便可以使这些到访者能够更加清晰地了解费老对江村研究的历史脉络，并且也能直观地呈现费老与村民亲切互动的生动场景。

相对于博物馆的“博”，纪念馆更加“专”，博物馆具有综合性和地志性，而纪念馆则是一人或一事，主题、主体单一纯粹，个性鲜明；相对于博物馆的“物”，纪念馆更有“情”，博物馆具有客观性，而纪念馆则维系情感、震动人心、凝聚精神、激发追求。[②] 费孝通纪念馆设立在江村文化园中，无疑体现了江村人对他的特殊情感。这种情感在当地人看来并非是

---

① 原村主任王建民的讲述。

② 张秋兵：《中国纪念馆刍议》，载江苏省博物馆学会《区域特色与中小型博物馆：江苏省博物馆学会2010学术年会论文集》，文物出版社2011年版，第92页。

所谓的他们使这个村落成为“中国名村”，而是他们作为一代知识分子，深入中国最基本的乡村社会，通过与村民的亲切交谈和相互理解，并以自己的专业所长，为农民的致富和社会的发展做出了积极的贡献。更重要的是，他们的一生都在关心江村农民的生活，即使已至人生暮年，依旧多次与姐姐费达生结伴“回乡”，看望曾经的“故友”，心系家乡的建设和人民的生活。因此，在当地人的记忆中，是“费先生”当年培训农户中的妇女使用改良蚕种的场景，是“小先生”当年用毛笔帮一户村民在虾篓上写名标记的场景，是她与村中的“小姐妹”多年后再次相聚的场景，是他走家串户了解农民收入情况的场景……

费孝通纪念馆的场馆设计十分独特，从空中俯视，几个错落有致的房屋空间组合成布局既形如“弓”，也形如“弗”（费字的上半边），恰好隐喻了开弦弓村与费孝通、费达生之间的紧密关联。走进费孝通江村纪念馆，我们可以看到，设计者以“光辉一生”“志在富民的学术泰斗”“一生江村情”“声名远播的社会活动家”“毕生探索的知识分子楷模”“著作年表”“暮年思考”“永远的费孝通”“结束语”“学术年表”十个部分综合介绍了费孝通学术生命的历程、思想轨迹的变动以及社会理论的创造。在表达方式上，则是以图文并茂和实物展示为主，并辅以人物场景再现和多媒体播放。

二　江村历史文化博物馆

除语言文字之外，物质文化也是社会记忆的一重要机制。[①] 在江村建立的历史文化博物馆中，通过传统物品的独立展示和特定生活场景的复原来表达和呈现村落过去的文化图景，这些原本曾是村民的日常生活用品的物在博物馆中成为再现村落历史记忆的象征意符号。通过对村落生活的一定观察可以发现，这些物质文化中的一些部分已经无法在今天的生活场景中找到了，它们的陈列已经成为当地人对生活过往记忆的载体和凭证；另

① 黄应贵：《时间、历史与记忆》，中研院民族所 1999 年版，第 20 页。

外，也有一些物品仍然在存在于现今江村人的生活当中，并依旧有着一定的实际功能或发挥着象征符号的作用，只不过其外在形式随着物质生活的变化发生了一些变形和转化。

在博物馆展出的那些村民传统的生活用品，是村干部姚富坤花费了将近六年的时间才从村民的家中收集过来的，主要以传统的农业用具、养蚕缫丝工具，以及生活和仪式物品为主。而且设计者将颇具特色的一些空间场景的复原在博物馆中，以便更为生动地呈现当地人传统生活的样态，如传统农户的灶房、航船上的交易、村落男女的传统日常着装，等等。此外，还特别设计了村庄 1936 年的整体格局，通过沙盘模型的还原，来展现费孝通当年在这里考察时村落的整体面貌。在最后一个展览部分，用一面照片墙呈现了国内外学者历年来在江村访问考察的照片，并且在透明的玻璃柜中以时间顺序放置着国内外学者在考察江村的出版物。在这部分展厅的中部空间，则再次以沙盘模型的方式展示了今天江村的整体布局，这一部分恰好可以与前面展厅的 1936 年村落整体模型进行对照，使参观者能够直观地感受到村庄近 80 年以来整体的变化。

如前所述，这里所展示的并非是那些价值不菲的精致器物，或是年代久远的古董字画，而是传统而朴实的江村农民生产生活的生动场面以及丰富而多彩的物质文化。在博物馆中，第一个被复原的场景便是传统民居中的灶房，这是农民生活中最为重要的生活空间。参观者从打开着的木窗向里望去，在这个空间中，灶台、橱柜、烧水的壁炉、餐桌、餐桌上几样新鲜的食物、房梁下挂着的菜篮、酱肉……布局完整而生动，仿佛将人们带入了当地人真实的生活当中，参观者在此不仅可以近距离地观察传统农民饮食活动的空间状态，而且更重要的是，可以直观地了解灶房中的各个部分如何综合在一起发挥作用，以及感受到人是如何生活在其中的，而并非只是看到孤立的物品呈现。

另一种展览的方式是，设计者将一些农耕时期人们生产活动所使用的耕作用具、养蚕用具以及捕鱼捞虾的工具等，按类别进行单独或组合式的摆置和介绍，以便参观者能够更加细致地观察和了解这些物品的样貌和功能。这些设计灵巧的生产工具在现今当地人的生活中几乎已经看不到了，然而它们却是农耕时代农民勤劳与智慧的见证。虽然这些物品随着工业时代的降临已成为人们摒弃、遗忘的对象，然而，它们的生命在博物馆中被再次唤醒。

此外，在展现农民的日常生活和礼俗活动部分，如人们的饮食文化、茶文化、祭祀文化、庙会文化、人生仪礼、岁时习俗、节气习俗、蚕事步骤以及水乡文化等，设计者将人们保存的丰富的照片资料和文字说明相结合，并辅以礼仪性的服饰实物、食品模型以及特殊器物的展示，令参观者能够更加直观、深入地了解当地的民俗风情。

地方博物馆的表现，重点在于以在地者的观点、协助参观者获得有关过去、现在和未来如何勾连在一起的地方知识（local knowledge），强调与物有关的关系和过程的诠释，而非仅将注意力放置在器物的收藏和展示上。[①] 对江村博物馆而言，其以文字、图片、物品以及场景相辅相成的表现方式，将当地人传统生活的文化特质鲜明地展示在参观者的眼前，并且，这种多层次、多维度的叙述方式能够更好地诠释村落场景中人、物与时空的紧密关联。博物馆的意义不仅体现在这一机构的当代作用及其现实性方面，更是一种将人类的合作、记忆与思维等延续到一个漫长而遥远的过去时空之中，是人类收藏过去的记忆的凭证和熔铸新文化的殿堂。[②] 通过传统实物的展出和生活场景的复原，江村的历史文化博物馆成为收藏和展示村落传统社会形态和文化习俗的殿堂，它将过往的历史瞬间和人们生活的场景凝聚在这一特定的时空当中，人们便可以借此来回忆、想象或者感知江村的过去，观察、体验或者比照江村的现在，并思考、推测江村的未来图景。

执笔：王莎莎

① 王嵩山：《博物馆、族群与文化资产的人类学书写》，稻香出版社 2005 年版，第 23 页。

② 曹兵武：《记忆现场与文化殿堂：我们时代的博物馆》，学苑出版社 2005 年版，第 2 页。

龙　潭

村落概况

龙潭古寨（原名火炭垭）位于贵州省务川县洪渡河畔的大坪镇，面积0.38平方公里。由中寨、后寨、茶地三个自然村寨组成，现有239户，1000余人，全部为仡佬族。龙潭村地处黔北东侧凹陷山区地带，以低山、河谷、丘陵、中山台地和中山峡谷地貌为主。仡佬族是我国西南地区最古老的土著民族，主要聚居在贵州，有学者认为仡佬族是古代夜郎民族的后裔，是最早开辟贵州土地的主人。

龙潭村村民，申姓占98%以上，是明正统十四年“土木之变”为国捐躯的著名御史申祐的后代，从申氏族谱、碑文和墓志里可以得到佐证。现存建筑群大部建于明清代，申祐衣冠冢、申氏宗祠遗址、申祐读书处遗址迄今犹存。

当地为典型的喀斯特熔岩地貌，土地与岩石交错，人们形象地称其为“岩旮旯”。但就是这样一个“地瘠薄，不给于耕”的偏远少数民族村落，却令人惊叹地在历史上呈现出人稠物穰、朱门绣户的繁荣景象。寨内现存民居多为明清木质建筑，由正房、厢房、过厅、朝门组成标准的三合院或四合院，外围石垣墙，院内木石雕刻做工精细，构思巧妙。近年周边考古发掘证明，龙潭江边早在秦汉时期就已有大量人口居住，仅大坪朱砂井汉代居住遗址面积就达10万平方米。汉墓的分布规模、墓葬形制、出土器物，皆能说明汉代大坪龙潭一带的人群聚落已经处于一个比较兴盛的时期。[1] 而以上这些历史现象和物质累积，都与村寨周边丰富的丹砂资源紧密相关。

龙潭村民族民间文化多姿多彩，主要有傩戏、高台舞狮、舞花灯、舞火龙。民族节日有七月七“吃新节”、九月九“收新节”等。特别信奉“宝王”“山神”“黑神”等菩萨。

生　态

自然环境

“龙潭”包含遵从自然之意，演绎的原则是：生态物质的有形与天道自然的无形联袂出演。地理环境是一个族群形成某一类型文化的前提因素。“天覆万物而制之，地载万物而养之。”“夫民之所生，衣与食也；食之自所生，土与水也。”在中国传统阴阳五行观念的统辖下，地貌、区域、土壤、气象、河川同构出务川龙潭特型化的人地关系：山川胜景、地脊水沛，季候分明、牂牁要冲，楚蜀交会。

龙潭古寨其地形地貌属于喀斯特特征，地理位置属大娄山脉与武陵山脉交汇的山区，又位于洪渡河南岸。洪渡河水从上游的丘陵蜿蜒而来，在此冲刷出一片平缓空地，山势也趋于缓和，以其平均海拔 600 米的平缓坡地而被命名为“大坪”。因为依山傍水，林木葱茏，又有保存良好的古民居建筑与传统文化，大坪镇的龙潭村在 2003 年被贵州省人民政府列为“民族文化保护村寨”，2004 年公布为县级文物保护单位，并于 2010 年被评为国家级历史文化名村，是国家 AAA 级旅游景区，“遵义市务川仡佬族苗族自治县大坪镇龙潭村”之名也进入了首批中国传统村落名录名单。迄今，“负阴抱阳，背山面水”的龙潭村被当地人认为是“务川最为富庶与人文秀发之地”[2]。

① 李飞：《贵州务川大坪汉墓群第一期发掘出土大量朱砂》，《中国文物报》2008 年第 275 期。

② 雷崇明：《务川仡佬风水说》，载政协务川自治县委员会宣教文史委员会《仡佬之源：务川文史资料第十辑》，《务川》2006 年第 5 期。

龙潭村前有一深潭，面积约1200平方米，村民称之为“龙潭”，龙潭村由此得名。三面环山，一面临水，集自然山水、田园风光于一体。寨内小路以石板铺垫，连接每家每户。小路、建筑、垣墙相互连通，成网络状。民居以四合院落、三合院居多，由正房、厢房、过厅或者朝门组成。主体建筑面阔三间、五间不等，门窗饰以龙、凤、麒麟、桃、石榴、花草、万字格等吉祥图案。正房大门外侧加建腰门，均为穿斗式小青瓦悬山顶结构。各单体建筑体量虽小，但其木雕、石雕却做工精细，构思精巧，刀法细腻，线条娴熟、明快、流畅，具有鲜明的地方特色和民族特色。许多人家建有朝门，大部分装有两道实木板门，外侧加建腰门。每个院落皆用石块干砌垣墙，墙上设有射击孔、瞭望孔，用于防盗和防御外来入侵者。

山

从地理位置来看，该地的龙脉主要是大娄山脉和武陵山脉的延伸，其靠山主要是东面的“南山”，“背靠南山凤凰窝，子孙不愁吃和喝”。村里三个寨子：前寨、中寨、后寨，又各自有自己的“左青龙，右白虎”以及“案山”，气脉通畅。另外，龙潭背有靠山，三面环水，是一处可寻龙捉脉、聚风止气的好“风水穴”。被称为中国风水文化之宗的《葬经》开篇即言：“气乘风则散，界水则止，古人聚之使不散，行之使有止，故谓之风水。”务川仡佬族被认为在隋朝时期已经会用罗经来完善风水堪舆学，栾头理气之外还精于测定方位，以日影测时的“倒杖法”，和配合祈祷与银针的“鸡血法”常用于古代风水师勘查最佳方位。风水师认为，龙潭村所在地务川火炭垭乃“风水佳境”，“地脉系双峰捧印之山脉，其来龙过峡重重，开障开屏，逶迤送至。到头三台起顶，落穴‘犀牛望月’，村前池水常明，远山清秀，地处清幽……”[①]

总的说来，因为龙潭村三个寨子的来龙都是以大娄山从北到南的走向，所以房屋建筑如要顺应龙脉方位，便不能坐北朝南。又根据四周作“辅”与作“弼”的小山头走势不同，各寨房屋朝向便不尽相同：前寨主

① 雷崇明：《务川仡佬风水说》，载政协务川自治县委员会宣教文史委员会《仡佬之源：务川文史资料第十辑》，《务川》2006年第5期。

要左东南朝西北，中寨主要坐东南朝西南，后寨主要坐东南朝西北。而风水的不同也决定了人的运势不同：前寨出贤才，中寨出富商，后寨出美女；其中又以前寨的风水为最佳：背靠的“南山”下面三拐，环绕前寨，形似“博士帽”，所以前寨人才最多，大学生最多，是风水学说的“犀牛望月出神童”是也。可见在本地人看来，“人杰”与“地灵”之间是有必然联系的。在明朝“土木堡事变”中为国殉难的申祐，故居便在前寨。在龙潭村民口中，申祐短暂的一生极富传奇色彩，“勇救父于虎口，义救师于冤狱，忠替君殉国难，以忠、孝、义三节烈入史名世”，几乎成了前寨村民的“英雄祖先”，这些都与本地的风水相关。

故而，本地村民一旦要独立门户，修房造物，第一件事一定是找到村里的风水先生，结合山势“来龙去脉”，水流缓急回旋，以及居住者的生辰八字，寻找合适的地方。一般背山面水，山势平缓，植被繁茂的地方都会被认为适于居住。所谓“阴地一根线，阳宅一大片”，说明阳宅的选择面较阴宅要宽，但环境、方位和朝向就比较重要。这些正好是建筑环境景观的决定性因素。

水

从历史的角度来看，龙潭村原名“火炭垭”，是务川境内的丹砂集散交易之地。务川作为世界丹砂的主要产区之一，其丹砂成为中华帝国朝廷贡品已有悠久历史。传说帝王服用丹砂后觉得极有功效，因此派人来寻一处炼丹之地就地采炼，左挑右拣相中了火炭垭，可见该地的天时地利，真正是“风水宝地”。火炭垭前有“品”字形潭水，村民认为潭水极具灵性，遂将村名定为“龙潭”。

除了地形与气候条件之外，水文的变迁，也改变着务川全境的自然环境，对人们的生产与生活有着重要的影响。水体分布是影响务川丹砂资源产出外流的重要路径。在务川境内的乌江水系洪渡河，据《华阳图志校补图注》记“其丹循此水，转乌江至枳，运销全华”。洪渡河作为丹砂的运输线路线与商贾往来易货的通道，在《贵州古代史》中《隋唐五代贵州地区的经济社会》中记：“水路方面，费州（今思南）有水路可达思州（今务川）；从思州水路西北可通黔州（今重庆彭水）。”丹砂颜洪渡河，进乌江，入长江，达中原。丹砂为媒，洪渡河为道，边疆与中原达物资、文化之交流。明嘉靖《思南府志·风俗》中记录“婺川有砂坑之利，商贾辐辏，人多殷富。”清道光《思南府续志·风俗》又记：“府县属地，土产寥寥，惟桐油、柏油、山漆及婺川之原砂、水银，可以远行。”西周以来，因丹砂资源集聚在洪渡河沿岸的交易场所可以从江边出土的汉末双面铜印文字“大利”“夏带”以及大量的秦汉古钱币中可以找到答案。洪渡河两岸自古以来就是人们折其住所的首选地，也是沿河村民饮用和农田灌溉的供水水源。2004年，贵州省文物考古研究所发现务川丰乐新田院子箐史前人类文化遗址，它离洪渡河谷的直线距离只有五百米。人类文明的创造发展，离不开生存所必需的水，人类文明的交流融合，离不开生产力不发达阶段唯一便捷的交通渠道江河。因丹砂之利，商贾往来，在洪渡河畔的务川江边形成了汉代聚居点。据《思南府志》在“务川县”记来雁塘曰：“在县东北三十里，地名江边。昔有三雁来集其上，后御史申祐、知府邹庆，举人邹奭一时并美，人以为三雁之兆也。”洪渡河滋泽了务川的生民子嗣，繁盛的丹砂外运受洪渡河水之恩惠。

矿产及土地

以自然区域而言，务川位于贵州东北部，武陵山脉西侧，洪渡河一水中流，典型喀斯特熔岩地貌，土地与岩石交错，“地瘠薄，不给于耕”是当地自然生态的写照。龙潭三面环山，中间为农田耕地。地区的地形以山地为主，结构包括山坡地、丘陵地、河谷坝子、水面等，其中耕地以土和田为主，田土质较差、土层薄，多为酸性土壤，缺少肥力，不利于农业生产。①

务川自治县县内土壤类型多样，共5个土类，13个亚类，53个土属，104个土种。土壤的地带性属中亚热带常绿阔叶林红壤——黄壤地带。以北亚热成分的常绿阔叶林带为主，多为黄棕壤。此外，还有红壤土和石灰土、紫色土、粗骨土、水稻土、潮土、泥炭土、沼泽土、石炭、石质土、山地草甸土、红黏土、新积土等土类。县境土地面积共万亩。林地、草地

① 陈天俊：《仡佬族文化研究》，贵州人民出版社1999年版，第32页。

居多，亩以上的成片草场片。利用现状分为九大类：耕地、园地、林地、牧地、居民点及工矿用地、交通用地、水域、难利用土地、未利用土地。务川自治县县内矿产资源丰富，其主要矿产资源有汞、煤、销铁矿、重晶石、萤石、硫铁矿、高岭土、铜、铅等。其中汞矿资源为全省四大汞产地之一，占全国探明汞储量的22%。[①] 因汞资源丰富而形成的丹砂文化深刻影响了务川龙潭古寨仡佬族的住居文化。

林

龙潭现今的林业资源较为丰富。“大跃进”时期，山上的树几乎被砍光，全县自然植被以森林植被、灌木林、灌丛草地植被为主，地貌垂直分布明显，气候条件、土地肥力适宜多种植物生长繁衍，植物种类类型丰富多样。县内森林覆盖率达40.5%，其中灌木林占总植被覆盖率的64.5%；自然植被和人工植被覆盖面积占全县国土总面积的96.12%；无植被覆盖面积占3.88%；自然植被占土地总面积的78%。境内森林植被资源有114个科，245个属，299个种。其中乔木128个种，竹类12个种，木本花卉12个种，灌木46个种，藤本14个种，蕨类6个种，草本81个种；农作物品种资源有393个品种，其中粮食作物256个品种，油料作物43个品种，经济作物11个品种，绿肥3个品种；水果33个品种；蔬菜47个品种。主要农作物有玉米、水稻、大豆、花生；主要经济作物有烤烟、蚕桑、油桐等；主要用材树种以松、杉、柏木为主，其中用途最为广泛的是杉树、马尾松等，作为建筑的主要用材；珍稀树木11种，主要有黄杉、银杉、三尖杉、红豆杉、鹅掌楸、月月桂等。[②]

龙潭村内栽植有银杉等珍贵树种，寨前龙潭旁有柏树一株，约四百年树龄。龙潭夏季遍植荷花，村寨周边绿地大多开垦为农田，其中种植桃子，核桃等经济果林，栽种百合等观赏性园林植物。

村落形貌

龙潭古寨边界清晰，建筑聚落集中在背有靠山、三面环水、可寻龙捉

---

① 务川仡佬族苗族自治县概况编写组：《务川仡佬族苗族自治县概况》，贵州民族出版社1987年版，第267页。

② 吴雨浓：《贵州仡佬族传统村寨景观研究——以务川龙潭村为例》，硕士学位论文，南京农业大学，2013年。

脉、聚风止气的好“风水穴”上。具有山地型聚落的典型特征，即建筑分布紧密，房随路转，在路网之间依地形地块、面积、地势落差设计房屋及院落。

龙潭古寨的仡佬族传统民居具有独特的民族特色及地域特征，以石基、盖瓦、木架、木壁，一幢三间或一幢五间的庭院式住宅为最主要的建筑方式。民居以三合院落、四合院落、“一”字形院落居多，房屋由正房、厢房组成，均为穿斗式小青瓦悬山顶结构，加上院墙、过厅、朝门，形成一个相对完整封闭的空间。正房主体建筑三五间不等，在平面上呈“凹”字形，凹进去的部分称为“吞口”，凹进去的房间称为“堂屋”。以堂屋为中轴，两边是对称的厢房，也称为“憩房”；左右厢房必须离地四尺，厢房内又有厨房、睡房、火铺的区隔。院墙和朝门围造的院坝空间在平面上呈“凸”字形，与“凹”字形建筑物两相结合，形似“回家”的“回”字。朝门多用厚实的木板，外侧加建腰门。院墙用大石块修砌，墙上常设有射击孔、瞭望孔。

“一”字形院落是以一字排开的房屋建筑风格在现今的仡佬族分布区仍然普遍可见，他们以房屋的单间数为主，是仡佬族传统的“一字三立房”或“一字五立房”样式。

在住房布局上，房屋的正中间一间房舍被称之为堂屋，堂屋比左右房间要凹进一些，留出一个厅口，民间称之为“吞口”。“吞口”中间开两叶大门，门槛通常较高，多为60厘米以上，门槛上不能坐人。堂屋之中仅设神龛（俗称“香火”），没有天花板，有些人家还将神龛上的瓦片去掉一块，喻示着家神可以由此通向天界，也由此回到家中。仡佬族人的神龛前面常年放置着一张大方桌，作为家中重大事务或节庆时祭祀使用。主体建筑的堂屋正中靠内墙摆香案，案上插香，一般人家墙上正中间贴红底黑字竖写的“天地君亲师位”六字，六字两侧通常以小一半左右的字体分数列写祖先与各路神灵，有些人家还留有制作精美的木制牌位。堂屋除了摆放香案之外，还会在空闲地摆放一些农具，储粮家具，但都离香案有一定距离。堂屋的大门处门槛极高，达60厘米以上。堂屋内顶部空间与左右厢房隔离并空置，大门上方通常有整片通风镂空的窗格，以保证堂屋高处的气流通畅。

主体建筑之外，每家每户的床、灶、门、路、牛栏、猪圈、碓、磨、水井、茅房等，都有相对统一且固定的安放方位。堂屋的两侧分别是家庭的火铺房和卧室，一般设内间为卧室，一分为二，有两间不大的房间，容得下一张床即可；外间设有火塘，是家庭生活的主要场所。除堂屋外，其他房间均设有楼，楼上相对较矮，计较起来也不能按层来计算。楼上以木板铺好，放置一些杂物或大件的东西，而火铺上的楼垫则用竹子编织，既方便烟雾外散，还可以烘烤一些食物，如土豆、红薯、辣椒之类。

龙潭古寨除“一字排开式”的民居建筑之外，“三合院式”“四合院式”及“围合院式”等也是当地仡佬传统民居的典型样式。三合院是在一字形房屋建筑风格的基础之上，外加两侧厢房的组合性建筑。由三合院围起来的地方称之为“院坝”，院坝全部由当地易取的平板石铺成，四个角落设有下水道口，这样即可解决院坝雨季积水的问题。三合院大多以木料为主要的建筑原材料，由当地仡佬族工匠自己设计和打造。院落中以正屋为中心，正屋即为一字排开的三立房或五立房的居中一间房屋，与“一”字形房屋一样也称为堂屋。堂屋的两侧一般要设立火铺和房间，火铺设在外间，直接取地面挖坑架“三脚架”做成；内间的卧室则一般要立地一米左右，然后架板做底，这就有效地避开了湿气和虫蚁。正屋的两侧厢房大多都设为卧室，是辈分较小的家人使用。古时候一些书香门第还在侧厢房中留出一间作为书房，专供子女读书识字。在建筑整体设计上，厢房的高度一般不能高过正屋，而其屋檐却要与正屋相齐，追求整体美的同时，也寓意着家庭成员之间的平等，和睦相处。

在传统的民居建筑中，仡佬人格外看重“8”字，木料和房舍的长高尺寸一般都要与“8”有关，“二丈八”“一丈八尺八”等，这也都是为了讨一个吉利的说法，使家庭一路“发”（人丁发、家财发）。

传统三合院建筑很讲究层次感，屋基和院坝都是由极为平整的石料堆垒而成，整齐、稳固，这也正是牢固一屋之“基”的必要。二者之间有一米左右的落差，因此由院坝至正门需拾三级阶梯而上，跨过一米多高的大门门槛，才能顺利进入堂屋，而在火铺至卧室间又需经过一米左右的阶梯，这样就有很明显的层次感了，一级级向上，步步高升。当地的仡佬族人对于这种卧室离地设置的问题有自己的解释，他们认为仡佬族传统住房是依山而建的，且生存的气候颇为潮湿，离地设置卧室一是为了防潮；二是防蛇虫鼠蚁之类的东西，这样的说法无疑展现了仡佬族先民极高的生活智慧和安全理念。

传统三合院以一层建筑为主，其除了正屋和厢房之外，在正屋的一端还会设有家畜圈和厕所，这些建筑与主体建筑不一样的地方是都为单侧斜顶建筑，顶部与正屋保持一定的距离，且不可高过正屋顶部，而其底部挖深坑作为排泄物的“储存仓”。这些制造圈房的木料尺寸也很讲究，一般要与“6”有关，有“六畜兴旺”“六六大顺”等之类的寓意。

无论是“一”字形式还是三合院式、四合院式乃至围合院式的民居建筑，仡佬族传统民居都在追求一种对称性，从正屋、厢房的设置到建筑上的门窗设置都严格按照对称的要求设计，堂屋两侧的风格、规格和样式都追求一致性，是龙潭仡佬族传统民居最为突出的特征，这样无疑使得院落更加整洁、美观，同时也蕴含了龙潭仡佬人族讲究秩序生活的民俗深意。

木结构建筑是我国传统建筑的主流，建筑的表面装饰也以木雕为主。中国建筑木雕历史久远，其技艺与图样在宋朝《营造法式》中有较详细的记载。[①] 至明清时期，木雕技艺已极为高超，明清木雕家具繁复精美，享誉海内外。木结构建筑及其雕饰技艺，对木作工匠的选材有相当高的要求。“天有时，地有气，材有美，工有巧，合此四者，然后可以为良。”[②] 龙潭建筑异常精美的民居雕饰技艺，多是明清时期的作品，也是“天时”“地气”与“材美”“工巧”相互结合的成果。从材料的角度来讲，龙潭村地势依山傍水，自然环境、气候条件适宜树林生长，木材资源丰富。至今村里还有不少人家以木柴为日常生活的燃料，用于取暖或是烧饭。从人的角度来讲，龙潭村地势偏安一隅而不蔽塞，丹砂产地的历史使得当地自古商贾云集，中央与地方的政治经济文化交流源远流长，自然为技艺的交流与匠人的流动奠定了基础，提供了条件。所以龙潭古建筑的雕刻技法多

① （宋）李诫：《营造法式》，商务印书馆 1954 年版。

② 闻人军：《考工记译注》，上海古籍出版社 2008 年版，第 4 页。

样，有浮雕、圆雕、线雕、透空雕等，在民居的门窗、香案等处屡屡可见，其精致美观性可圈可点，审美情趣性也可敬可叹。

除技巧的精良与大气外，龙潭建筑雕饰在色彩运用上也是“本地色彩”浓厚。由于当地乃丹砂产区，丹砂也备受本地人尊崇，所以人们在建筑物装饰上也喜用朱红。堂屋的窗户、香案多涂红色，横梁也以红黑两色饰以八卦图案。尽管日深月久朱红褪色，人们也乐意向外来的客人指出残存的红印，遥念当初的鲜艳。

随着新式建筑材料的进入和人民生活水平的提高，仡佬族地区的房屋建筑开始转向钢筋混水泥的结构建筑。但这些建筑样式在审美上仍保持有传统建筑的风格，除严格按照“起单不起双”的传统习俗外，在房舍的设计上也还会在房屋的中间部位留出“吞口”，使其与传统建筑保持相似的样式，这种民族的审美意识在此得到了体现。

在龙潭传统民居建筑中还应该包括院落的朝门，它也能展现该民族的建筑艺术和文化内涵。在龙潭村落之中，一般每户都会用石头将自己的房屋筑墙围起来，形成一个宽敞的院落，院落设有门，这个“门”即统称“朝门”或“大朝门”。“朝门”的主体部分是木质结构，门板通常比较厚实，具有防匪防盗的功能。仡佬族的院落“朝门”设计都是外开八字形，开口朝外，有着一定的深层寓意。他们认为，朝门是出入必经的口，向外走为“出”，道路应该是越走越宽敞，外开八字正是逐步扩展的状态；而回家为“进”，进家即是回归，因此内收“八”字，也是表达了此层含义。

生态特色

风 水

龙潭古寨（古称“火炭垭”）的传统风水并非现在的“三潭说”，东南西北的典型风水格局形成了龙潭古寨的空间骨架和环境意象：

> 东有韭菜一包：韭菜满遍山丘地，长长久久保平安。
>
> 南有龙潮三道：地龙吐水成一潭，潮水灌田庆丰收。

西有石笋冲天：十柱冲天形如笋，皇意御笔生秀景。

北有明堂高吊：天子塘前坐书堂，申公中进福泽安。

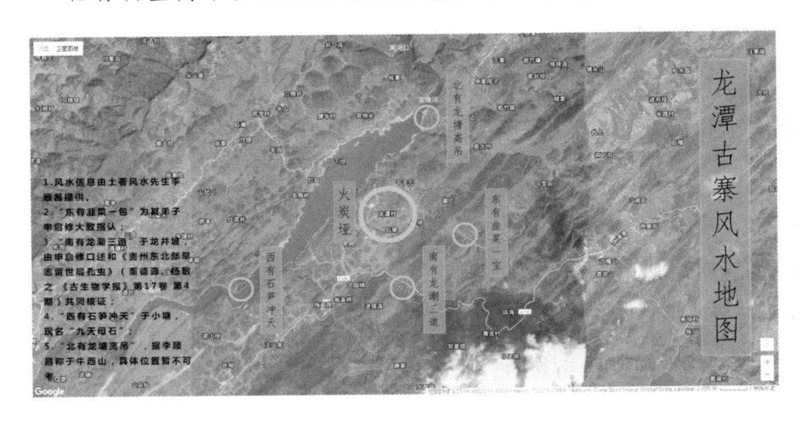

龙潭风水图（陈志铭绘制）

火炭垭与风水相关的古迹由于种种历史原因，目前绝大多数已经消失，只有寨里70岁以上的老人才有记忆。课题组通过大量艰苦的走访、勘查工作，对最重要的几个点做了基础还原工作。

1. 裤裆丘：一个檬子两个丁，九个儿子坐九州。

2. 沙沟：石猪谢岩林，辈辈不离官运。

3. 白坟边：有黄桐大一根棕，代代子孙在朝中。

4. 十八步：一石十八步，踏过石步出翰林。

5. 仙龟撑伞：南香木叶生两重，老龟撑绿伞荫庇子孙万代。

仡佬族人在千年的演进中，在住宅选址上形成朴素奇特、别具一格的风水说。远古时代，仡佬先祖居于洞穴，由于洞穴湿气重，荫蔽，对生存不利，人们逐渐走出洞穴依树而居或居于其上，上有枝叶遮蔽，下可通风避湿及重收，至今务川多处仡佬民居依然沿袭这种房屋风水，食宿之处往往离地三尺。仡佬族人多选择依山傍水，藏风聚气的地方建房，以日月之升确定方向，星辰风云转换来看气候，他们视雷电山洪为凶神，和风细雨、霞光紫气为吉兆。加上巫术在当时的盛行增添了仡佬族人的迷信色彩，在房屋选址、葬地是多用巫术打卦来定。人们把阳宅阴宅看好后，用老斑竹头卦分吉凶，以阴卦、阳卦、勘卦、圣卦等卦象来辨别地穴好否。汉朝时期，不少商人艺人等进驻务川，在与汉人的长期来往中，仡佬族人也深受中原文化影响，受其风水术也影响颇深，那时主要以蛮头形体学为主，认为山明秀、水清静、地稳宽平，向阳背阴便是宝地。结合各种风水学说，务川仡佬族先人创造性地提出“年命配时间，年命配地形，年命配方位”的风水观。

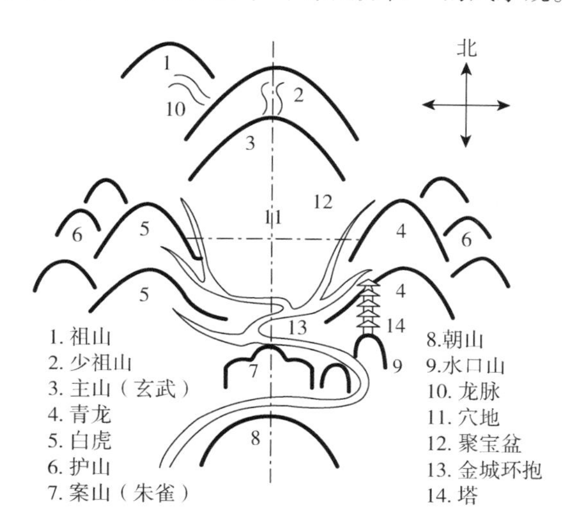

理想风水学村庄布局图①

务川大山多，丘陵多，山谷风重，在房屋建置上，先人通常用罗盘追龙脉，水罗盘看水，判断山体中、地下面是否有水，确定阴阳宅方位。对房屋进行抬高，以避免地下邪气，抬高过高则真气扩散，气息不通则龙脉不畅而影响兴衰。仡佬族民居大多将食宿建置两侧，对床、灶、门、路、牛栏、猪圈、滩、磨、水井等，在方位上都十分重视。仡佬族的先辈们对于房屋外围四周的风水修整上也十分讲究，他们认为非林障不足以护生机、御寒气，惟草茂木繁，则生气旺盛，林草是产生“吉气”和“生风”的源头，是形成“吉地”“龙穴”的必要条件。仡佬族人根据自己所处的地域环境，大多喜欢东植桃杨，南植梅枣，西栽槐愉，北栽杏李。俗语云：树木弯弯，享福清闲；桃株向门，荫庇后昆；高树般齐，早步云梯；

① 图片来源：徐燕、彭琼、吴颖婕《风水环境学派理论对古村寨空间格局影响的实证研究——以江西省东龙古村寨为例》。

迴环竹木，家足衣禄；门前有槐，荣贵丰财。

仡佬族人在风水学上，强调充分利用地形，其民居多选择平坝、山湾聚族而居，房子大多建在溪沟和河岸边，背山面河，生活在高山的民居也是倚山而建，很好的符合了风水学上强调顺应地形一说。随着地形起伏房屋高低变化。龙潭村三面临山，以呈马蹄形的山丘为靠背，一面临水，山环水抱形成良好的风水格局，给居住此地的人精神气以鼓励，因此历史以来龙潭聚居不少人口，经济也得到相应的发展。①

客观来说，正是对“风水宝地”的讲究成全了中国若干传统村落建筑“天人合一”的自然环境，龙潭村虽然地处中华古文明边缘的西南一隅，然而其风水理念源远流长，700 余年的传世建筑，外在的“景”与内在的“观”都体现着“风水宝地”的征候。

首先，以“他者的眼光”来看，龙潭古寨是一片风景优美的旅游胜地，其地形地貌富于喀斯特特征，地理位置属大娄山脉与武陵山脉交会的山区，又位于洪渡河南岸。洪渡河水从上游的丘陵蜿蜒而来，在此冲刷出一片平缓空地，山势也趋于缓和，以其平均海拔 600 米的平缓坡地而被命名为“大坪”。因为依山傍水，林木葱茏，又有保存良好的古民居建筑与传统文化，大坪镇的龙潭村在 2003 年被贵州省人民政府列为“民族文化保护村寨”，2004 年公布为县级文物保护单位，并于 2010 年被评为国家级历史文化名村，是国家 AAA 级旅游景区，“遵义市务川仡佬族苗族自治县大坪镇龙潭村”之名也进入了首批中国传统村落名录名单。迄今，“负阴抱阳，背山面水”的龙潭村被当地人认为是“务川最为富庶与人文秀发之地”②。

另外，在本地人眼中，龙潭村山水环境的意义绝不仅是“赏心悦目”。李约瑟评述说：“风水对于中国人民是有益的，如它提出植树木和竹林以防风，强调流水近于房屋的价值。虽然在其他方面十分迷信，但它总是包

① 吴雨浓：《贵州仡佬族传统村寨景观研究——以务川龙潭村为例》，硕士学位论文，南京农业大学，2013 年。

② 雷崇明：《务川仡佬风水说》，载政协务川自治县委员会宣教文史委员会《仡佬之源：务川文史资料第十辑》，《务川》2006 年第 5 期。

含着一种美学成分，遍及中国的田园、住宅、村镇之美，不可胜收，都可借此得以说明。”①

融　合

从文化区域上讲，务川历史上位于汉夷交流的政治地理特点，使其历史上长期呈现文化边疆型的区域文化特性：地连古代夜郎、牂牁要冲，楚蜀交会。作为丹砂资源的产线，务川成了“资源交换”与“文化边疆”经济与文化上的交融地域。在历史上，当丹砂资源经洪渡河以及旱路运输线运出时，务川成为各种物资的交换地，人稠物穰；伴随着物资的交换是帝制儒家文化在务川的采借与融合，形成了“中央—边疆”文化交流的通道，朱门绣户。在不断接纳和内化儒家文明的过程中，该地域形成了一个以丹砂文化为核心，同时又具有汉夷混合色彩的社会体系和文化形制。龙潭古寨内院墙上的枪眼、瞭望孔，村内石巷道的纵横交错、壁垒森严等古迹古建，都说明了中国式院落在这里突出地起到的保卫安全的作用。作为衣食之源，“以丹为业”是土著居民重要的经济生产方式，“以丹为业”所带来的流动性也在华夷磨合中成为与政治关系建构与重构的重要因素。

文化的融合体现在龙潭仡佬族人的建筑等物质文化上的表现就是“形象与意象的就地取材”——“装饰艺术的繁荣通常是种族混合的结果”②。龙潭建筑雕饰艺术的构图与造型也呈现出民族文化融合后的丰富性。这里最常见的雕饰形象包括龙、凤、犀牛、鱼、鸟、花草等，在书香门第还可见琴棋书画、渔樵耕读的画面，在经营丹砂闻名的人家可见丹炉、童子，各种图案组合表述的是传统的吉祥寓意，如龙凤呈祥、喜鹊闹梅、吉祥牡丹；垂花门雕刻莲蒂、南瓜，寓意清廉、多子；门簪或刻南瓜，或刻福

① 范为：《李约瑟论风水》，载王其亨《风水理论研究》，天津大学出版社1992年版，第26—27页。

② ［英］阿尔弗雷德·C. 哈登：《艺术的进化——图案的生命解析》，阿嘎左诗译，广西师范大学出版社2010年版，第8页。

寿，寓意多子多福；有的人家甚至在横梁上雕刻、绘画，真正的“雕梁画栋”，艺术符号的象征用法与中原汉族无异。

同时，大坪一带仡佬族所崇拜的岩鹰和葫芦，也常常以木雕装饰的形式，与其他艺术形象一起出现在建筑景观中。鹰和葫芦被认为是仡佬先民在洪水时期的“救命恩人”，传说远古洪荒的汪洋时期，是葫芦给了世上仅有的人类兄妹俩活命的栖居之地，又是岩鹰救出了被卡住的葫芦，使兄妹俩渡过了难关。[①] 在门簪和香案的塑形中，还常见颇为写意的柚子，当地仡佬族族认为这象征着多子。香案的象腿等造型，则是程式化的汉民族艺术形象了。

此外，在龙潭村仡佬族民居建筑中工艺最精湛的木装修方面，明间门窗，均为六扇，称“六合门”；次间门窗，也是六扇。门窗上遍饰福禄寿禧、耕读渔樵、二龙抢宝、双凤朝阳、野鹿含芝、喜鹊闹梅、吉祥牡丹、麒麟望日、岁寒三友、连年有余等图案，这些图案的寓意受到“华风被泽”的影响。

生　命

生生不息是人类生命的基本样态。生命价值存在的“十字架”，即共时和历时是人们在社会中的基本维度，“二宗”（宗族、宗教）无疑为重要的呈现和表现。前者是通过血缘和亲缘的凝聚而建立的群体；后者是通过信仰建立的群体。宗族的子要素包括村落景观中的宗族力量与宗族构件，如宗祠遗留（宗祠、祖宅、继嗣、亲属、族产、社团、符号等）；宗教的子要素包括民间信仰、地方宗教、民族宗教的遗留景观等（儒、释、道及地方民间宗教信仰和活动）。而乡规民约成为自治性乡土社会秩序的维护和管理。

宗族作为中国汉人社会传统的组织方式，承载着乡土社会最根本的人与自然、人与祖先、人与人、人与社会的四重关系，是认识和理解乡土社

① 邹愿松：《务川仡佬族的图腾崇拜》，载政协务川自治县委员会宣教文史委员会《丹砂古县的文化记忆》，2006 年。

会的一个核心镜像。由宗族而衍生出来的一系列人文景观，如乡村聚落、宗祠建筑、宗族墓地、宗族礼仪、宗族族规、家族门第、宗族祖宅以及族谱、符号和器物，包含着作为传统文化体系的宗族观念在日常生活中的表达与实践。因之，对宗族景观的考察与追问无疑可以深入了解寓景之中的传统观念、门第家规和人群聚合。

宗族是一种以血缘关系为基础，由家庭结成的亲缘集团或社会群体组织。在宗族关系中，家庭是最小的单位，集若干家庭而成户，集若干户而成房，集若干房而成支，集若干支而成族。宗族是中国传统社会生活的基本单位和活动中心，构成中国社会结构的重要内容。从文化的视角看，宗族关系又以宗族文化的形式表现出来。宗族文化景观可以分为物质文化景观和非物质文化景观两种类型，祠堂和族产都可归为物质文化景观，而族谱、族规、传说故事、礼仪风俗活动则归为非物质文化景观。

龙潭古寨发达的宗族组织在西南少数民族地区村寨中来说是个特例，汉人社会的宗族观念在当地逐步扎下根来后，宗族组织一步步建立起来，是由务川当地的丹砂贸易及地理环境所决定，而且是多种机制和因素影响的结果，尤其是龙潭人农商一体的生存模式及边疆资源环境的需要。一方面，由于当地贫瘠的土地资源，农业生产需要大量人力，促使人们加强生产协作，从而推动了宗族组织的发展；另一方面，又由于务川是中国历史上的“边陲地区”，政府无法有效控制，经常发生社会动乱，因而也就促使人们聚族自保。此外，由于丹砂贸易的暗流涌动，易于形成剩余资本，有利于族产的积累和宗族的发展。

就宗族历史而言，据家谱记载，龙潭申氏始祖申宝庆官任监察御史，二世祖申有福官至福建副使，三世祖申世隆任务川三坑巡检，五世祖申俊任大万山长官司巡检，至六世祖申祐于明正统九年进士，官拜四川道监察御史，明正统十四年（1449）“土木之变”中精忠报国，代君赴死，被后人尊为“忠孝义”三烈仡佬先贤、大道完人。自申祐垂范，龙潭申氏登科入仕者更为昌荣，可配地方名门望族之实。就亲属制度而论，在外来正统文化规范的影响下，务川龙潭一带的人群结群方式在自身繁衍的过程中实现了一种文化性和制度性的转变，以血缘关系为联结纽带的“继承式宗族”制度的特征日益彰显。整个村落内部的社会生活、村落内外部不同人群之间的人际互动，围绕传统血缘组织这一特殊的转化显得很是复杂。而家族的发展必然受到亲属制度的“调整和规范”。几百年来，虽然此地商贾云集、工匠济济，申氏家族却一直依照严格的亲属婚姻制度，以宗族力量扼守着族群边界。但以地缘关系为联结纽带的“依附式宗族”（土著流官重构）、以利益关系为联结纽带的“合同式宗族”（申邹联姻）亦掺和其中，体现了婚姻关系、血缘关系、地缘关系及利益关系的有机统一。

务川龙潭至今保有西南少数民族地区少有的宗族景观——人道亲亲也，亲亲故尊祖，尊祖故敬宗，此为中国传统村落家园遗产的精魂所在。如以申姓祠堂为中心（龙潭穿连岗狮子口申祐衣冠冢——龙潭申祐祠堂——县城申祐祠——湄潭凤岗分支申姓祠堂），即可展开一幅生动完整的中国宗族衍化图景。祠堂是为了祭祀祖先和管理族内事务而建立的纪念性建筑，它既是祭祀和议事的场所，又是宗族聚居空间的神圣中心。由地域世系群到分散世系群、上位世系群的变化，一定会带来祠堂系统景观的变化，而祠堂景观的变化，则紧密对应着宗族文化空间的演变过程。地域世系群是由居住在一个聚落内或稳定的聚落群内的父系成员所钩沉的自律性集团，当宗族超越一个聚落群，并在外部加以扩展时，就形成了“分散世系群”和“上位世系群”。分散世系群只一个地域世系群中的一部分成员分散居住到聚落之外，上位世系群则指由若干个地域世系群根据父系世系关系组成的联合体。血缘、地缘、神缘、业缘的增强和递减关系在其中昭然若揭。务川宗族文化景观可从祠堂的空间分布、演变及其所反映出的人地关系作为出发点，说明地理空间结构不仅是自然适应和经济理性的直接展现，同时也是人类族群社会内部文化生活形态、社会政治关系、群体宗教信仰等不同部门交错作用的结果。

宗族景观承载着务川龙潭“以丹为业—怀丹于心”丹砂仡佬相互成就的文化遗产核心价值。丹业所造就的文化特质，鲜活地存在于务川龙潭人的生命与生活中。

龙潭穿连岗狮子口申祐衣冠冢

龙潭申祐祠堂

龙潭申祐广场

县城申祐祠

宗族景观

空　间

龙潭古寨聚落的构成和内部机制，遵循聚族而居的原生状态，体现了宗族聚落的典型特征。申姓仡佬族在此繁衍生息七百余年，形成了具有显著特征的宗族文化和聚落发展的文化脉络，族群内聚力强。村民至今仍然与村内的文化遗物保持着历史的联系，仍然是这些文化遗产的主要传承者。申姓是务川县一支人口众多的仡佬族大姓，不仅在务川县广泛分布，而且在遵义市的道真自治县、正安县、凤冈县，铜仁地区的德江县、沿河自治县等地及江西等省外均有分布。分布于各地的申姓均自述从龙潭村搬出，各地的申姓至今仍与龙潭村申姓字辈排行完全一致，与龙潭村申姓仍然保持着宗族联系，以申祐后裔为荣，如正安县市坪申姓在清中期即由族人集资修建了申祐祠。申氏家族严格按照字辈取名排序，即字辈“奕、允、文、章、尚、茂、修、学、友、恒、可、知、昌、必、久、世、序、广、贤、能”。

物　件

祠　堂

宗祠，抑或祠堂，是族人祭祀祖先以求“慎终追远”“尊祖敬宗”的重要场所，也是实践祖先崇拜的标志性景观建筑。传统聚落的精神空间遵循“凡立宫室，宗庙为先”的礼制，作为宗族最根本性要件，宗祠自然成为村落礼制空间的核心体。龙潭古寨的宗祠以申祐这位“忠孝义”三烈仡佬先贤、大道完人为荣耀。

申祐，字天锡，世居务川县火炭垭（今龙潭村），生于明仁宗洪熙元年（1425）。16岁中举入国学；20岁中进士，授四川道监察御史。正统十四年（1449），随明英宗出征瓦刺，兵行土木堡，大军被围，因申祐貌似英宗皇帝而代乘帝舆突围殉难于军中。居住在龙潭古寨以申姓为主的仡佬族人，均以申祐后裔为荣。位于大坪镇龙潭村中寨组的申祐祠堂，地处低山丘陵地貌。寨前南侧有大山，北侧有洪渡河。中间两列小山丘东西走向一字排开，土地平整，光照充足。交通便利，西向有油路通村。

除了位于龙潭古寨的申祐祠堂外，其他的代表性物件还有龙潭穿连岗狮子口申祐衣冠冢、县城申祐祠及湄潭凤岗分支申姓祠堂。嘉靖十年（1531），巡按御史郭弘化奉旨令思南府、务川县立祠以祀之，祠名“申忠节公祠”。现位于务川县都濡镇环城北路的申祐祠，坐落于菠萝山麓，坐北向南。清康熙、道光年间相继修葺，现存建筑建于清道光二十一年（1841），有牌楼、两厢、正殿等，占地面积400平方米，建筑面积260平方米。正殿面阔三间，通面阔18米，进深三间，通进深10米，穿斗式封火山墙青瓦顶；厢房面阔二间，通面阔8米，通进深5米；中为占地74平方米的石院坝。牌楼建于垣墙正中，砖石结构，四柱三门，明间门额阴刻行书“大节光昭”四字，左次间门额阴刻行书“千秋完节”、右次间门额阴刻楷书“流芳百世”。门柱上阴刻楷书对联：“于殉难十七人中独缺其名，无得而称，是为至德；从清祠三百年后重修兹庙，奚斯所作，乃曰阙宫。”牌楼反面明间门额阳刻行书“一鹗孤骞”四字，左次间门额楷书阴刻“克昌厥后”四字，右次间门额匾文已毁。牌楼左右两侧砖墙上各嵌长1.08米、高0.32米石碑一通，右侧石碑竖向阴刻楷书明天启壬戌年（1622）田景猷（思南人，明天启进士）《咏申御史三烈事迹》歌及康熙壬辰年（1712）督学使张大受《明御史忠节公祠》七律一首；左侧石碑竖向阴刻草书道光辛丑年（1841）俞汝本所题七律四首及诗序。

家 堂

在龙潭家户的建筑格局布置中，家堂是必不可少的构件。族人于清明时节，通常以族为单位在宗祠祭祀共同的祖先，而在日常生活中，以家户为单位的祖先崇拜观念往往通过家堂得以实现。祖先崇拜通常在培养家系观念中起决定性作用，通过祖先崇拜，家系将活着的人和死去的人联系在一个共同体。① 在龙潭，每一个家庭都保留着中原形制的家堂。家堂中间供奉天地君亲师，在个别家庭，还会供奉某一行业的行业神，如在申先福家中，他是木匠手艺人，故在他家的神龛上供奉鲁班。家堂牌位之前，放置案台，用于供奉香火和祭品。

龙潭仡佬族人崇拜祖先，重视祖先祭祀，因此，对香龛的修造都比较讲究。在龙潭村落里所见到的比较精美的有三件香龛。一件为象形桌腿，底座刻龙纹，顶板两端下镂空雕刻人像各一，男左女右，人像下为三节莲花图案，寓“连升三级”，整个香龛黑漆斑驳，尽显古老之色；另一件为异兽头形桌腿，底座刻贝虫形图案，其二台装饰板上雕刻龙、狮、独角兽三幅动物图案，动物图案下又雕4只凤鸟，该香龛动物造型夸张，想象奇异，兽头面目狰狞，且饰以金粉，使整个香龛散发着一种原始、神秘的气息；第三件香龛主图案为双凤朝阳，配以六幅花鸟图案，其雕刻细腻柔和，加之涂料采用朱砂生漆，从而显得图案层次分明、古雅精致，充分表现了镂空透视的美感。②

---

① ［奥］迈克尔·米特罗尔、雷音哈德：《欧洲家庭史》，赵世玲等译，华夏出版社1996年版，第11页。

② 务川非物质文化遗产中心提供的资料。

陵园、墓碑

陵园和墓碑集历史价值、文化形态、艺术特征为一体，是研究丧葬礼制、宗教文化、阴宅风水、家族历史的重要物件。龙潭人以家族脉系集中一起选择墓地的原则，故家族墓地多集中分布。由于洪渡河下游拦坝截流，所以多出现迁坟合葬的情况，官学一带的墓葬更是墓大且集中分布。墓碑也是宗族景观的重要构成部分。这些墓碑基本选用石料筑成，主体部分为三开间，配以石制屋顶，但规模大小、形制装饰、铭文书写、刻工技法、纹饰设计等各不相同。其中，墓碑碑文对始祖迁居龙潭的历史沿革、丰功伟绩、繁衍支系等进行了翔实的记载，是研究区域史、地方史、家族史的重要材料。

仪　礼

清明节祭祀祖先的活动是龙潭当地隆重的节日之一。以家户为单位，在清明节的前三天或后三天去已故先祖的坟地挂纸。家族成员都要去已故先祖的坟上烧香、纸、上亲（挂纸），嫁出去的女儿如果是父母亲过世的，也要回后家去烧香、纸、上亲。后家的祖辈（爷爷奶奶）以上的，若父亲在，女儿可以不去；父亲若故，也要完成全部过程；家中男子要完成去祖辈的坟上挂纸缅怀，特别是父亲也过世的，更是必须去。坟前的祭奠物品主要有酒、香、纸，茶水，挂纸，鞭炮。值此之际，也清除坟边杂草，修葺陵墓周围。

在龙潭由政府牵头组织的祭天朝祖仪式更是隆重。祭天朝祖是仡佬族祭祀祖先的仪式，时间一般选定在每年清明节早晨的某个吉时，地点在大坪镇九天母石寨（原名雷坪洞，龙潭古寨附近）天祖坳，祭祀的是仡佬族大石崇拜，以近年来的聚族而祭最为隆重。祭祀分为礼祭、文祭和乐祭三部分。

（1）礼祭：主祭师用竹竿点燃承天柱上的烛，其他祭师各自拿着油鞭点燃九个锅烛，烟火升天，周围山上的黄烟同时点燃。主祭师手持师刀跳娱神舞，高声吟唱，同时鼓号唢呐齐奏。主祭师上九天香，一祭师领唱，其余祭师合唱祭祀歌。歌毕，族裔行鞠躬礼，祭师行跪拜礼，鸣炮。礼毕，向先祖献茶、酒、五谷、水果、布帛、牛头等供物。

（2）文祭：寨老或仡佬族中的代表人物宣读祭文，祭文宣读完后，由主祭师礼焚化于香炉。“九天母石　聚天之祥　落地生根　地隆华光　一声巨响　倒海翻江　吾祖临世　人神共仰　驻足此地　遗下族裔　天垂一脉　万代荣光　濮系部族　世居蛮荒　劈草耕种　依水觅粮　勤动天地　慧比初阳……”

（3）乐祭：4 支过山号，2 支大牛角号及 4 支小牛角号，吹打齐奏，向先祖献乐。祭师跳起欢快的娱神舞，舞毕跪于祭台前，同唱“我祖神明，永佑子孙，诚心奉祖，安康永年”。仡佬族姑娘小伙们用歌声敬祭仡佬族祖先，仡佬族姑娘和小伙们戴着傩戏面具，为仡佬族族裔们献上优美的仡佬民族舞蹈。

宗族祭祖

据明·嘉靖《思南府志》载，明正统年间“土木之变”中死于国难的明御史申祐出生于龙潭古寨，其地迄今犹存申祐衣冠冢及其读书遗迹——

来雁塘，申祐三烈事（七岁虎口脱父、国子监逆鳞救师、土木堡代帝殉难）的传说至今仍在当地群众中流传。据龙潭村后寨申学伦保存的清道光年间申氏族谱所记，申祐之前尚有五辈人，由此可推知，龙潭村的申姓在此至少繁衍了700年以上，相当于自元末明初以来，申姓即居于此。申姓仡佬族在此繁衍生息七百余年，形成了具有显著特征的宗族文化和聚落发展的文化脉络，族群内聚力强。村民至今仍然与村内的文化遗物保持着历史的联系，仍然是这些文化遗产的主要传承者。申姓是务川县一支人口众多的仡佬族大姓，不仅在务川县广泛分布，而且在遵义市的道真自治县、正安县、凤冈县，铜仁地区的德江县、沿河自治县等地及江西等省外均有分布。分布于各地的申姓均自述从龙潭村搬出，各地的申姓至今仍与龙潭村申姓字辈排行完全一致，与龙潭村申姓仍然保持着宗族联系。如正安县市坪申姓在清中期即由族人集资修建了申祐祠。申祐祠成为龙潭古寨村民的精神纽带所在，虽然现在并不举行祭祀活动，但其精神象征意义超出了龙潭古寨的地域影响。

家庭祭祖

龙潭古寨的仡佬族家户，以“家”为层面的祭祖活动是具有紧密血缘关系的家庭，有清明节前三天去家族老人的墓地上挂纸祭奠；节庆时节要在堂屋的香龛下烧纸祈福。特别是农历七月十四日，俗称“七月半”，龙潭人过节要给故去的先祖烧“符包”。家户男丁兴旺是家族发展的必要前提条件，龙潭古寨的李姓老人在访谈中提及人的一生中最重要的一件事为“传宗接代”，乃日后在祭祀祖先中标注“显”或“岳”的区别。换言之，家户有男丁继承门户是每一个家庭在人口生产方面的期盼。龙潭人重视祭祖，在年节特别是“七月半”的祭祖仪式中，要写“符包”给家族已故的上辈三代人，这一重要的家族承继关系的凸显便是家族男丁的重要体现。“除了不能把‘符包’放颠倒外，在以前女子是不能烧的。”[①] 在这样的观

① 2016年8月16日笔者田野访谈资料。

念影响下，每个家庭都为生育男丁做最大的努力。一直以来，在龙潭人的观念中，以家户男丁兴旺作为家族显赫的骄傲资本；而一脉单传的现实情况促使着老一辈人对晚辈的循循善诱：早结婚，多生子。“有人人生万物，无人万物不生”这一人生座右铭，不仅刻画着传统乡土社会家长式人物对生命生生不息的追求，也是他们对“无后为大”观念的深刻体认。在现实家庭情况下，夫妇在生育男丁各种努力未果的情况下，为了延续家户香火，采取过继男丁的方式以续家业。

四重关系

人群聚落的特质可以从人与自然、与祖先、与他人、与社会的关系而透视。在龙潭人的四重关系审视中，可以看出龙潭仡佬族人在农商生计模式下，重视合作与达成和谐的关系。

人与自然

龙潭人与自然的关系是顺应自然，敬畏自然，依赖自然。这些主要表现在：一是居住环境的选择，龙潭人在居住环境的选择方面，顺应自然之理；二是生计模式的依赖，不管是对汞矿资源的开采，还是农耕时序的展开，龙潭古寨仡佬族人都表现出对自然的依赖与敬畏。如祭拜宝王，以求“发槽子”顺利成功找到矿脉资源，通过“宝王”中介达成对自然认知不确定性的祈福，吃新节、收新节以庆祝丰收的庆祝活动感恩自然的馈赠。

人与祖先

龙潭人的节庆不仅是娱人的聚会，也是感恩祖先护佑的回馈。人与祖先的关系具体表现在以下三个节庆中。

1. 吃新节中的纪念先祖

传说，仡佬族开荒辟草、耕田种稻是彭古王老先人教会的，吃新也是第一年谷子成熟了，为了庆祝丰收而兴的。后来，人们为了纪念彭古王老祖先，就过起了一年一度的吃新。关于仡佬族吃新节的传说，仡佬族各聚居地的说法内容基本相同，呈现出惊人的相似性，从侧面说明了仡佬族吃新最初的本意就在于纪念祖先开荒辟草的历史功绩。

务川仡佬族吃新节早在清道光年间即有记载。据成书于清道光二十年（1840）的《思南府续志》卷之二“风俗”条记载，“秋稻既熟，罗酒肴于庭，少长举行跪拜礼，谓之荐新”。该条关于“荐新”的记载被列入“祭礼”的“中元节”祭祖礼仪中，可见，“吃新”历来是祭祀祖先的一个仪式组成部分。

2. 清明、月半节中的祖先崇拜

宗族最初源于共同的祖先繁衍分支的人群共同体，并在演化的过程中衍生出一套相对完善的管理机制，包括宗族组织、族谱、族产、族规，但是所有的衍生物都服务于一个理念，那就是以孝为中心的祖先崇拜。人与祖先的关系对中国人的观念、意识和心理都产生了深远的影响，因而慎终追远、尊祖敬宗、寻根意识、互助互爱成为宗族最根本的精神要义。最能体现祖先崇拜的宗族景观是宗祠、家堂和墓地。祠堂和家堂放置祖先牌位，祖先灵魂寓居于此，接受族人的祭拜。在清明节、月半节举行祭祖仪式，以此实现人与神之间的沟通与交流，祈求祖先的庇佑。

3. 春节祭祀中的业缘传统

每逢春节祭祖，龙潭古寨各家堂屋神龛上会照例将“古老前人、地盘业主”与“天地国君亲师”的香榜同奉；农历“七月半”，龙潭人除了给过世的父母亲族燃香烧纸外，也要特备符包，写上“地盘业主、古老前人收用”，落款“信士”，烧给并无具体对象的业缘祖先。龙潭人还以口口相传、代代相承的“宝王”信仰，转换确证着自己与“古老户”之间的业缘传统。传说“宝王”是仡佬族的祖先，因其开荒辟草，始得神丹，并献丹周武王被封为“宝王”。从此以后，采丹人就把能否打发槽子（寻到丹砂富矿）全部托付于“宝王”的保佑。祭拜“宝王”菩萨有三种形式：采砂人开采矿洞前的日常小祭、年三十或“七月半”的节日年祭、采得丹砂后在宝王庙隆重的还愿大祭。

"宝王"在显性层面是采丹人的行业神，在隐性层面亦是采丹人的老祖先。只要族群还倚仗丹业为生，祭拜古老前人和宝王菩萨便是必然和必须：一是确认地盘、强调边界；二是祈愿神佑、获得财富；三是还愿酬神、分享福祉。

人与人

从天文、地文与水文情况来看，务川龙潭自古乃是在丹砂资源的庇佑下会聚了四方人群，是丹砂贸易与山地农业资源的交换区、中央—边缘地带的融汇处。资源为本，使地方文化的核心价值稳固执一；而民族交融，却使其文化的表现形式多样常变。

在外来正统文化规范的影响下，务川龙潭一带的人群结群方式，在自身繁衍的过程中实现了一系列文化性和制度性的转变，宗族制度的特征日益彰显。整个村落内部的社会生活、村落内外部不同人群之间的人际互动，围绕传统血缘组织这一特殊的转化显得很是复杂。而家族的发展必然受到亲属制度的"调整和规范"。几百年来，虽然此地商贾云集、工匠济济，申氏家族却一直依照严格的亲属婚姻制度，以宗族力量扼守着族群边界。[①] 依据家族成员之间的联结纽带，即规范和制约家庭成员的基本社会关系，郑振满把宗族组织分为以血缘关系为联结纽带的"继承式宗族"，以地缘关系为联结纽带的"依附式宗族"，以利益关系为联结纽带的"合同式宗族"。[②] 当然，现实情境中的家庭组织结构形式是一幅复杂的图景，不同层次的家族组织，在结构上是耦合的，在功能上是互补的，体现了婚姻关系、血缘关系、地缘关系及利益关系的有机统一。同时，家族组织又是动态发展变化的过程，结婚、生育、分家及族人之间的分化和融合，是联结各个发展阶段的不同环节。

明代改土归流后，中央政府为了控制丹砂资源向黔地派遣流官，他们大多"皆宣慰氏之羽翼，各司正副官与里之长是也""多巨族，负地望，

① 张颖：《丹砂庇佑：贵州务川龙潭古寨之文化生态探源》，《贵州社会科学》2016 年第 3 期。
② 郑振满：《明清福建家族组织与社会变迁》，中国人民大学出版社 2012 年版，第 15 页。

颇以富足”，且“多读书，乐仕进”。（明嘉靖《思南府志》）而土人为逃避官府繁重的赋税徭役，大多依附于外来强族大户，改为汉姓。濮人以丹砂、仡佬族族群身份的认定，是一个外来迁入之民与土著少数民族复杂互动的历史过程。龙潭申氏坐拥坑砂，以水银、朱砂相市，发利万金，众人觊觎。因而既需确立彰显地盘业主的土著身份，亦需巩固强调家族在王朝历史中的显耀地位，方可立命守业。① “夷汉”互动的图景时至今日仍能使我们可以想象其复杂性，族群认同的情境选择性。有相关数据表明，在务川官学的邹姓人口至今已发展有3500人左右，而邹姓始祖进入务川的时间从元末算起，一口人经过四五百年自然生育达到数百上千人应当是一个很高的增长，据此可以推测，这其中的人口姓氏有一些是依附、改随邹姓而来。② 这些史实和人口推测数据从一个侧面反映了龙潭、江边一带人口的繁衍发展并不是一个自然化的过程，其中因为坑砂之利羼入了文化的因素。

龙潭古寨申姓大族的姓氏稳定性是该村落的显著特征。据2015年的人口数据，龙潭村的人口姓氏除了申姓之外，还有王、向、李、张、肖、田、温、罗、高姓。这些不同姓氏家户的迁入来源绝大部分是近现代以来的入赘婚的结果。田野调查期间走访的向家和李家，据访谈人的讲述，向家来到龙潭落户居住不过三代人的时间，访谈人的爷爷辈逃荒至此地，他们一方面积极主动参与到申姓大族的日常婚丧嫁娶事务中来；另一方面也通过与龙潭申姓的婚姻缔结、认干亲的方式达成拟制血亲融入龙潭村落的生产经济活动中。③ 如李家的来源是邹氏妇女在前夫过世的情况下，李姓男子从外乡来到龙潭与邹姓妇女结为夫妇，前夫所生儿子姓申，后三个儿子姓李。在“七月半”的祭祖活动中，李家也祭拜申家的祖先，可以说，李家除了在姓氏符号上沿用李姓，在家族认同方面是双向的，即不忘根本祭祀李姓祖宗，也内化于心认同申姓的祖先。姓氏是血缘组织内部认同的

---

① 张颖：《丹砂庇佑：贵州务川龙潭古寨之文化生态探源》，《贵州社会科学》2016年第3期。

② 邹进扬：《务川仡佬族申、邹二姓族属问题——以姓氏传说和族谱为视角》，见向海燕主编《注视仡佬》，现代出版社2014年版，第208页。

③ 2016年8月15日笔者在龙潭向某家的访谈资料。访谈人向某，男，50岁。

一个标志性符号，虽然现实生活中许多血缘关系都是虚拟或创造出来的，但同姓是宗族身份认同遵循的基本原则。

在龙潭村的口述调查资料表明，申邹二姓因为同源的缘故，两姓之间是有禁止通婚的习俗的。而在洪渡河两岸的婚姻事实表明，在明朝中期时，就有申邹二姓的婚姻结合，而申邹二姓的联姻与两大家族中的两位先贤有密切关系。邹庆的两位孙女嫁给了申祐的侄孙申谦、申诟。这样的事实与口述资料产生了矛盾，而这样的事实或许也证明了申邹二姓在明朝时期，因国家边疆治理的政治因缘，开始流入务川洪渡河两岸，继而打破了传统的婚姻习俗规约。

《邹氏族谱》（宣统手抄本）记载，务川邹姓祖籍江西吉安府吉水县，其始祖邹显文先随祖父、父亲来务，后遇元末兵乱，遂迁离务川，寓居绍庆府（今重庆市彭水、黔江一带），于明宣德元年（1426）再次进入务川，定居于务川黄坝（今大坪镇三坑村小黄坝）。至迟在邹庆与申祐的孙辈联姻之后，申邹两大家族间的婚姻关系愈发紧密。只是在联姻当事人之间必须遵守相对应的辈分的规则，如申姓家族的字辈是“奕允文章尚，茂修学有恒，可知昌必久，世序广贤能”；邹姓家族的字辈是“学道明先（孔）圣，习（诗）书启大行，文章光上国，富贵久长天”。两姓的二十个字辈依次相对为同一辈分。就目前所掌握的龙潭村火炭垭组的人口资料来看，从20世纪初开始算起，每一年代都有申邹两姓的联姻家庭。据初步的统计，在龙潭239户核心家庭的数据中，申邹二姓联姻的家庭达109户。

龙潭申姓与江边邹姓的婚姻缔结由约定俗成的习俗转化成相同辈分的通婚规则，于此，或许可以做出这样的推测：正因为邹姓知府祖与申姓御史祖在王朝的为官作为与在当地的声望，促使申邹两大姓氏间突破约定俗成的规约开始通婚，而实质上通过大姓的联姻，在强大家族力量的同时，最终指向对当地丹砂资源的控制。

另外，在龙潭的村寨劳动结构方面，仡佬族村寨农户多年来在劳动中自然形成了相互依存的互助关系。仡佬族人以农业为主，一年中的绝大多数劳动都是在互助中进行的，如种苞谷、插秧、游秧、收割等，尤其是农忙中的换工互助，更能充分发挥其群体性劳动效益。仡佬族村寨各户的劳动互助有很重的情义性，或称“情义工”，这种“情义工”的交换在经济上是不十分计较的，在一定程度上超过了换工相等的一般商品交换关系。然而，仡佬族人重情义，得工多而还工少的人家，尽管帮忙的人不要工钱仍主动地给一些工钱，以表情义。仡佬族人的农业生产劳动也是一种社会结构形式，他们经常因换工互助而十多人在一起耕种锄草，在地里齐头并进地向前耕地，谁也不甘落后，若某人进展稍慢，大家就唱“打闹歌”来激励他，体现着仡佬族人淳朴、团结的劳作精神。仡佬族的其他农活及建房也是群体性结构。[①]

人与社会

人与社会所建立的秩序关系，乡规民约是一个重要的参照依据。乡土社会的自治性质决定了其社会控制的民间特点。社会需要秩序，秩序需要管控，管控需要法理，乡规民约于是成为代表性“同意权力”的榜样。自治的乡土培育了“自制的法理”，学者称为“民间法”：“生自民间，出于习惯，由乡民长时间生活、劳作、交往和利益冲突中显现，因而具有自发性和丰富的地方色彩”的一种知识传统；是“活生生地流动着的、在亿万中国人的生活中实际影响他们行为的一些观念”和各种非正式制度，如各种本土的习惯、惯例等。[②]

20 世纪 90 年代以前，龙潭村的保护主要以村民自发制定的乡规民约对民居以及山林、水源、池塘等自然环境加以保护。

宗教景观

按照宗教的学术分类，宗教可分为制度性宗教与非制度性宗教，仡佬

① 吴雨浓：《贵州仡佬族传统村寨景观研究——以务川龙潭村为例》，硕士学位论文，南京农业大学，2013 年。

② 苏力：《法治及其本土资源》，中国政法大学出版社 1996 年版，第 14 页。

族以自然崇拜，祖先崇拜和鬼神崇拜为内容的非制度性宗教，认为万物有灵，灵魂不灭供奉“蛮王老祖”“牛王”“灶王”“树神”“山神”“苗神”“竹王”，甚至“仡佬”族可意译为竹族；寄拜奇石、古树之俗；相信“烧胎”“叫魂”“观花”“顿水碗”“界八字”“看相”“看风水”“占卜”“问卦”等。清代渐汉俗并受到各种宗教影响，而崇奉佛、道、儒三教，并信巫术。请巫师（俗称“端公”“道士”）至家“打保福”“冲滩”，或设“坛”敬“坛”，或“还梅山”，或“送瘟神”，或“打粉火”，相信超自然的力量，能消灾免祸，益寿赐福。[①] 在龙潭主要以非制度性宗教为主，非制度性宗教也指民间信仰或曰民俗宗教，有代表性者如以祭宝王为载体的信仰活动，以及村落全境的傩戏仪式等。

“天人合一”的思想在务川地域内的表现主要体现在巫傩文化之中，对自然界所产生的一切现象给予神秘化的解释，关于天地形成，在地域内的神话传说有“张龙王李龙王制天地”“四曹人”“神鹰救兄妹”“宝王菩萨”“朱砂窝在哪里”“狗大老倌挖发岩子”“金鸡屙屎肥板场”等，其中的四则民间传说与务川当地的丹砂资源有关系。可以说，居于山地的民众在对天体运行、天垂象方面的认知有限，而更多的是崇尚天体自然的恩赐保佑之意。巫师被认为是“人神合一”的统一体，巫师既是神的代言人，能够对人传达神的旨意，又是人的代言人，能够“面神”表达人的祈求，为人排忧解难，消灾除病，保佑人的兴旺。《黔记》记载：“务川土人，信巫屏医，得兽祭鬼。”[②] 又如傩文化中的和坛仪式中法师要向天、地、水界许愿，[③] 以保证酬神还愿的仪式顺利进行。务川世居仡佬人多以采丹为生，由此形成了“采丹祭祀”之礼俗。采丹人相信“宝王”是护佑他们打“发槽子”的菩萨，尊其为祖先神和行业神，祭他们打“发槽子”的菩萨，尊其为祖先神和行业神。通过“宝王”信仰，采丹人自觉形成了对自然的敬畏，取之有度；同时也主动生成了行业的归属与约束，分之有法，更甚

① 吴雨浓：《贵州仡佬族传统村寨景观研究——以务川龙潭村为例》，硕士学位论文，南京农业大学，2013 年。

② 务川仡佬族苗族自治县民族事务局编：《务川仡佬族》2006 年第 46 期。

③ 务川仡佬族苗族自治县民族事务局编：《务川仡佬族》2006 年第 50 期。

之，丹砂资源的影响到地域内民众的“丹道”。丹之实物与实相假道于物，寓道于术，世代生长。

生　养

生命的产生、存在与延续有赖于生养。生养制度不仅在于维持、维护生命的存续，也传达着文化的生命样态。某种意义上说，生命的样态是生养关系和制度造就的。同时，也表现出乡土景观的多样性。人类繁衍存续，形成了生养体系诸如：家庭、聚落、生活、饮食、人口增长、教育等。生而为人的意义需解决“从哪里来”及“到哪里去”的问题。而这些亘古不变的思索话题在龙潭仡佬族人的解答，却智慧地孕育在当地的传说故事与生养中；饮食习惯是特定人群与周围环境调适的结果，从饮食习惯与仪礼规范可以窥探人群的生养；教育的发展程度决定了历史上的边疆之地龙潭的华风披染程度，通过学而优则仕的途径参与到大传统的政治经济文化建构之中，也是作为个体的人在生命意义上追寻的展现。

故　事

1. 关于人群来源之故事。在龙潭官学的申邹二姓中广泛流传着申邹二姓始祖的传说。据说申邹二姓是两老表，一起从江西逃难来到务川。邹姓祖因为穷，娶不上女人，于是申姓祖就将自己的女人借给邹姓祖生育，两姓的老祖公共用一个老祖婆。两姓始祖达成约定，在江边比扔茅草，谁扔得远谁就优先选择拥有河东岸火炭垭的好地盘。申姓祖扯了把茅草先扔，结果扔出去的茅草轻飘飘的，还不到河的一半；邹姓祖聪明些，想了个办法，在茅草里裹了一块石头，扔过了河。于是邹姓就住在了河东岸，申姓住在了河西岸（河东岸火炭垭一带相对河西岸江边一带来说，由于有龙井坡泉水的灌溉，农业生产更为保障）。后来邹姓嫌火炭垭水田里的“蛴蚂”吵人，就和申姓商量换地方住，于是邹姓住到了河西岸江边，申姓住到了河东岸火炭垭。①

2. 关于龙潭地名之故事。战国时期，七国混战，百姓民不聊生，最终秦国在嬴政的统治之下，先后灭掉了韩国、赵国、魏国、楚国、燕国和齐国六国，建立了华夏第一个大一统的国家——大秦王朝，随后秦王嬴政自立为始皇帝，史称秦始皇。始皇在位期间为谋求长生不老，寻求长生不老药，并有炼丹士为其炼制丹药，不过由于炼丹的木炭不是一般的木炭能够满足其炼丹需求，遂到一氏族处求取木炭。该氏族以前的所在地的名称已不可考察，但从始皇炼丹的木炭从该氏族处取用后，氏族的名字被称为“火炭垭”。

随着历史的更迭，秦国在时间的长河中消逝，但“火炭垭”的名字却一直延续了下来，该地也有了丹砂文化的传承。

一千多年后，火炭垭所在地的教书先生由于缺乏住处，便在一突出的石岩下教导当地小孩，就连自己的锅碗瓢盆也一应搬入其中，自此便在石岩下定居下来。如此不知教书先生在此定居多久，教书多久。直至某一天，在上课的时间，有几个调皮的学生没有认真听讲，反而爬到了教书先生所在的石岩上。在石岩上面有两根突出的石笋，几个孩子去掰两根石笋，希望能够掰断石笋，可任凭几个孩子怎样的使力，石笋却始终不曾被掰断。就在几人还在纠结于石笋时，在石岩下不知何时来了一条狗。这条狗咬起教书先生的餐具就往远处去了，孩子们便大声地呼喊教书先生。先生便和所有的学生一起去追逐那条狗，在追逐一段路程后，狗放下了东西就快速离开了。教书先生等人拿回东西就原路返回，在他们回到当时的地方后，这里已经变成了一汪水潭，以前突出的岩石已经消失不见，这个变化让教书先生等人感觉很疑惑，以为自己走错了地方。

在不久后，当地的人们就知道了原因。原来当初几个学生掰的那两根石笋是一条龙的两个龙角，孩子们在上面掰的时候，弄醒了沉睡的龙。龙

① 转引自邹进扬《务川仡佬族申、邹二姓族属问题——以姓氏传说和族谱为视角》，见向海燕主编《注视仡佬》，现代出版社 2014 年版，第 203 页。由这一则口述传说可以看出，申姓历史以来就具有比邹姓优越的地位，不管是经济实力方面——娶得起女人；还是在话语权方面占上风——商量后申姓就答应了换地方住。

醒后便开始口吐大水，不一会儿，这里就变成了一汪深潭，而教书先生等人由于去追逐那条不知从何处来的狗，逃过了被淹没的命运。

对于那条不知来历的狗，当地的人一直没有搞清楚，不过，从那以后火炭垭却有了一个另外的名字——龙潭。①

3. 关于丹砂之故事。务川民间故事中有大量关于朱砂的传说，麻阳人的传说就是其中之一。传说在很久以前，有一群又矮又小的人在木悠山、麻阳河一带开采丹砂，他们开凿的矿洞很小，现代人很难钻进去，他们行动迅速，遇见生人即化风而去，据说，现在都还能听见“麻阳人”在山肚子里开采丹砂的锤凿声。其他还有如“宝王”的传说、朱砂窝的传说、金鸡山的传说等。这些民间故事代代相传，从另一个角度说明了务川丹砂开采的悠久历史。

信　仰

在武陵山区，“形而下”的丹之实物与实相依然随处可见，假道于物，寓道于术，世代生长。武陵山区的人们将丹砂视为圣物，生死相依。在他们的观念中，丹砂是另一个世界的灯。没有了丹砂，就找不到“回家”（祖灵之地）的路。因此，他们在制作传统食品时常常会加入“土红”（朱砂粉）；民居建筑普遍都使用朱砂作颜料涂漆装饰；老人死后，要在坟墓里撒朱砂，安冢墓，接龙气，利子孙。老人们总是告诫后人：“收了米油在手，不如存了丹砂在心。”② 怀丹于心，作为一种精神皈依和知识内化，指引着中华民族正确处理人与自然、人与人、身与心的种种关系，繁衍昌盛至今。

饮　食

龙潭仡佬族人以苞谷、大米混食为主，辅以豆类、薯类、杂粮，尤喜

① 龙潭古寨申方刚搜集整理。

② 肖勤：《丹砂》，“21世纪文学之星丛书”2011年卷，作家出版社2011年版，第252页。

吃油茶、苞谷花。接待宾客要加精制米花、酥食、豆团、板栗、汤粑、洋芋、米子等，好吃酸辣，故有“三天不吃酸，人要打捞窜”的说法，龙潭仡佬族人特别善腌制泡菜，色、香、味俱全。[①] 人们常提到的食物有豆花、灰豆腐果和油茶，以此三者最具代表性。豆花是仡佬族人民生活中常见的一道美味佳肴，是该民族用以招待客人及家庭日常生活的家常菜。豆腐花的传统制作相对复杂，但现在随着打浆机的进入而变得简单了许多。取黄豆洗净浸泡四五个小时，然后经过打浆机将其打成浆状，用纱布过滤去粗糙部分，再将过滤出来的豆浆放入大锅中煮沸，倒入酸使其凝结，然后置入“筲筲”中去除剩余水分即可形成豆腐花。豆腐花在食用中配上制作极好的辣椒酱，味道鲜美可口。

灰豆腐果是一道别致的美味佳肴，含有丰富的植物蛋白，其营养成分易被人体吸收，是老少咸宜的营养食品，为筵席中的一味佳肴。灰豆腐果以黄豆为原料，将磨制成的豆腐切成小块，形状正方、长条、三角、菱形不等，用草木灰沤制 3—4 小时，再放入桐壳灰（草木灰加白碱亦可）于锅中炒制。炒好后，筛去灰，即为豆腐果。灰豆腐果吃起来外韧而内滑，带有一股特别的韧劲，就像坚忍的仡佬人，尽管生活环境艰苦，但他们有着民族的韧性；清淡中带有一丝草木灰的气息，这又是另一种来自生活的气息、泥土的气息，展现着仡佬民族人民实实在在的生活情境。

与汉族丰富多彩的茶文化相比，龙潭仡佬族人的油茶有其独到之处。制作油茶的方式很多，但其茶叶需采清明时期的鲜嫩茶，味苦而清爽。采下茶叶之后，先用烧热的铁锅入猪油炒新茶，将其焙干，此环节称为“去生味”，然后将其放入茶篼，搁在火铺之上，随时可以用来制作油茶；在制作油茶时，先用水将茶叶煮透，以瓢底将其捣烂；再取铁锅入油烧开，将烂茶叶用烈火煎至有香味，或放些蛋、肉，或什么都不添加，倒入清水煮开，加少许的盐等佐料即可食用。油茶制作出来后，其颜色暗黄、质地浑浊，其外表实在不扬，但入口则带有一丝清淡的苦涩之味，下胃后，清爽的感觉由内向外渗透而出。在喝油茶时，还常配一些苞谷、酥食、花

① 吴雨浓：《贵州仡佬族传统村寨景观研究——以务川龙潭村为例》，硕士学位论文，南京农业大学，2013 年。

生、瓜子、红薯、糍粑等零食，别有一番享受。仡佬人认为，常喝油茶神清气爽精神好，干起活来不知疲倦，劲头十足，且油茶还有润喉养颜的功效。

仡佬族在饮食上更讲究将食物的自然味道展现出来，保存食物的味道并激发自然的香味是他们乐于追求的饮食目标。

龙潭仡佬族人讲究宴席饮食，以“二幺台”和“三幺台”最具代表性。“三幺台”是仡佬族人民在重大场合和接待宾客时的一种重要习俗，是仡佬族人际交往中一项传统的礼仪活动。

幺台，务川方言，结束的意思。“三幺台”即席分三台，茶席、酒席、饭席。吃“三幺台”，一般在春节期间，“初一儿，初二女，初三初四干儿干女”。仡佬人家在有重要客人来拜年时，“三幺台”是一项必不可少的饮食活动。客人到访，主人家要打开堂屋大门，热情迎接。仡佬人家的堂屋是供奉祖先牌位、举行重大活动的场所，在堂屋接待客人，是表示对客人的尊重。把客人迎进屋，招呼大家随便坐下后，主人双手递烟，向每一位客人问候。同时吩咐女主人准备茶水和其他食品，安排孩子去喊左邻右舍的男主人来陪客。如果客人中有长辈就喊长辈相陪，平辈喊平辈相陪，宾主到齐后，八人一桌（过去十人一桌），背靠香龛（俗称“香火”），面对大门为上席，左为客人席，右为主人席，下为晚辈席，座次与辈分有约定俗成的规矩，大家依次入座。有相同辈分者，互相谦让一番后，以年高者坐上位。一般女人、小孩不能上桌。待大家坐定后，第一台茶席也就开始了。

茶席，顾名思义就是以喝茶为主，伴以果品糕点，这一台席有为客人接风洗尘的意思，客人远道而来，喝茶以解渴。仡佬人喝茶以大土碗盛之，以解渴除乏为主，所谓“大碗喝茶，大碗喝酒”，民风如此。客人中有能唱者以谢茶歌表达对主人的谢意。茶席所配果品糕点为九盘，一是瓜子，二是花生，三是板栗，四是核桃，五是“红帽子粑”，六是“美人痣泡粑”，七是“百花脆皮”，八是“酥食”，九是“麻饼”。所喝之茶多为土茶，土茶中以大树茶为上品。务川大树茶又名“乌龙大叶茶”，史料中称“都濡高株茶”，该茶早在宋代就“常赋”，北宋著名文学家黄庭坚谪涪州别驾、黔州安置时在他的《答从圣使君书》中写道："此邦茶乃可饮，……都濡茶在刘氏时贡泡也，味殊厚。"并作《阮郎归·茶》一词："黔中桃李可寻芳，摘茶人自忙。月团犀胯斗园方，研膏入焙香。青箬裹，绛纱囊，品高闻外江。酒阑传碗舞红裳，都濡春味长。"大树茶黄亮嫩绿，色泽透明，其香味馥郁浓烈。客人一碗大树茶喝下去后，顿时止渴生津，除乏醒神，话匣子油然打开。天南地北，农家桑麻，里俚故事，主客惬意而随便。主人拿捏时候，觉得大家意兴已起时，撤去"一幺台"，蓄势待发，转入"二幺台"。

第二台为酒席，摆放好杯盘碗盏后，主人家首先焚香化纸，拜祭祖先，一是表示不忘祖先造福后人的功德；二是恭请祖先神灵共享佳肴；三是祈求祖先保佑自己和来访的客人。然后重新邀请客人入座。第二台酒菜大都为卤菜和凉菜，如香肠、卤猪杂、卤鸡、卤鸭、瘦腊肉、皮蛋、盐蛋、浸萝卜、浸地牯牛、花生米等，菜的内容不定，但必须是九盘。酒是自酿的苞谷小锅酒，此酒家家都会酿。当地饮酒的习惯，凡端杯者，一定要喝三杯，不饮酒者以茶代酒。第一杯为敬客酒，由主人发话，向每一位客人敬酒，说一些欢迎和招待不周的谦词后，先干为敬；第二杯为祝福酒，由客人代表说一些对主人盛情接待的答谢话及祝福之类的话语，然后共同干杯；第三杯为孝敬酒，由晚辈代表为长辈祝福，晚辈必须等长辈喝完酒后再喝。三杯过后，随意发挥，主客歌词唱和，其乐融融。酒酣耳热之际，大家摆龙门阵、说国事家事天下事，海阔天空，一番神聊后，二台结束，紧接着上第三台。

第三台为饭席，这是"三幺台"的正席，所上的菜，当地人叫大菜，数量仍然是九碗，俗称"九大碗"。比较传统的"九大碗"包括"登子肉"、酥肉、肉圆子、油果豆腐、灰豆腐、扣肉、黄花菜、笋子、汤菜等菜色。其中"登子肉"、肉圆子、酥肉、油果豆腐是任何时候都必不可少的，这几样菜的造型非方即圆，寓含团团圆圆的意思。吃菜时，晚辈不能随意用菜，每碗菜都必须等长辈先吃后才能动筷（尤其是吃"登子肉"），长辈夹菜时也要邀请大家一起用菜。吃完饭后，要平端或合举筷子，示意"各位慢用"，直到长辈用毕，才相继退席。

“三幺台”中有一道菜叫“登子肉”，“登”读着“dēng”，“登”是古代盛肉食的用器，也指祭祀时盛肉食的礼器。《尔雅·释器》中说“瓦豆谓之登”。《诗·大雅·生民》“于豆于登”，明代，祭孔庙仍要用登20个。可见，“登子肉”的称呼是从“登”这种盛肉的祭祀礼器得来的。管中窥豹，从“登子肉”我们可以看出，“三幺台”这种饮食礼仪应当是从古代的某种祭祀活动演变而来。保留古代祭祀活动痕迹的例子还有一个，就是“三幺台”在正席开始前，要祭拜祖先。最开始，这种饮食礼仪并不为仡佬族整个社会阶层所共有。务川是一个环境恶劣、经济落后、交通封闭的山区，仡佬族在这样的环境中生存生活，长期以来，经济、文化、社会的发展都处于落后状况。明郭子章《黔记·诸夷》中说：“仡佬，一曰仡僚，其种有五：逢头赤脚，矫而善奔，轻命而死……有剪头仡佬，……又有猪粪仡佬者……得兽即咋食如狼。”在人们尚处于求温饱、图生存的状态下，讲究饮食礼仪是一种生活的奢侈，饮食文化更多的是为社会上层所有。“刑不上大夫，礼不下庶民”，况土司禁民众“居不得瓦房，不得种稻，不得以华风”（明嘉靖《思南府志》）。由此可见，“三幺台”最初是不为仡佬族整个族群所共有的。随着社会、经济的发展，尤其是田氏土司被废除后（1413），中央政府推行改土归流，汉文化得以在少数民族中广泛推广。随着一些礼仪活动的下移，“三幺台”最先在仡佬族人的一些重大礼仪活动如婚嫁、造房、祝寿中使用。这些重大礼仪活动中的“三幺台”，每一幺台之间，伴以“吹打”（锣鼓唢呐队）的“闹席”，即每上和每撤一台席，“吹打”都要吹奏一番，以表酬谢。后逐渐作为在春节期间招待重要客人的一项饮食活动，并以谢茶歌、谢酒歌替代了“吹打”“闹席”，迅速在广大仡佬族人家中流传开来。发展到近现代，仡佬人家只要有贵客来访，都要以“三幺台”招待，以表示对客人的尊重。

“三幺台”食品多为地方特色食品，有麻饼、酥食、百花脆皮、“红帽子粑”“美人痣泡粑”“登子肉”、肉圆子、油果豆腐、酥肉、小锅酒等。

麻饼，通常用糯米做成，也有小米麻饼、芝麻麻饼。其做法是：先将本地熬制的麻糖溶化，然后加入炒熟的米，搅拌均匀，倒入特制的麻饼箱内，压实压紧，冷却后取出切成片状。有加红或加绿做成红色麻饼或绿色麻饼的。麻饼有香、甜、脆的特点。

酥食，也是用糯米做成。制作酥食必须用特制的酥食印板，印板一般长40厘米，两面雕模子，其造型有鱼、鸟、猴子、蝴蝶、罗汉等，圆形的则有福、禄、寿、喜字样。酥食软甜可口、清香怡人、造型美观、寓意美好。

百花脆皮，用各色干糍粑切成各种花瓣，放在热砂中炒泡，再拼盘成各种花朵形状，十分惹人喜爱。

“红帽子粑”，糯米做成，椎体，形似金字塔。内包豆腐颗、肉、糖、洗沙等心子，尖端放一小撮红米（守孝期间则放白米），如古代加官晋爵所戴红帽子，故称“红帽子粑”。

“美人痣泡粑”，糯米和黏米混合做成，圆形，用竹制的粑圈儿蒸制而成。筷子一端划破成“十”字，然后趁热在泡粑的圆心点上一朵桃花，看起来如美人腮边的香痣，惹人心动。

“登子肉”，先把猪肉煮到半熟，然后切成3厘米见方的肉块，再用糖、酱油制成汁，加入生姜、桂枝、八角茴香等，投入切好的肉块，慢火煨炖即可。“登子肉”色泽金黄、油而不腻、糯软适口、风味独特。

肉圆子，精选猪肉剁成肉末，加佐料拌匀，外用红米包裹（守孝期间则用白米），蒸制而成。

酥肉，用麦面或红薯芡粉调成糊状，加少量肉，油炸而成。

油果豆腐，豆腐切成三角形，油炸而成。

小锅酒，这是一种久已有之的农家土酒，清务川人申绍伯在其《南园纪事》一书中有比较详细的记载：“用甑幕其糟粕，使气上升因而滴下者，曰火酒，亦曰烧酒。”其酿造工艺至今仍为仡佬人家掌握。

“三幺台”根植于仡佬族的整个社区，是仡佬族人生活中重要的组成部分，更与民间礼仪息息相关，具有广泛的民众性。“三幺台”座次与辈分次序井然，宴席过程中礼数周全，具有严格的礼仪规范性。反映出仡佬族尊老爱幼、和睦相处的良好的传统道德风尚。“三幺台”从祭祀礼仪演变而来，具有远古遗风——轻松、随意，歌词唱和、高潮迭起，充分展示了仡佬人热情好客、追求美好的民族秉性和善于营造生活艺术的本领。

“三幺台”充分吸收汉文化元素，如“九大碗”“红帽子粑”以及一些寓意团圆、合好的文化元素，体现了仡佬族文化的包容性；“三幺台”膳食结构科学合理，营养搭配有主有次，具有实用性；“三幺台”拼盘美观大方，食品造型生动形象，具有审美性和民族特色。

“三幺台”严格的礼仪要求，对规范人们的礼仪活动、约束人们的社会行为，都具有重要的作用。“三幺台”礼仪是仡佬族伦理道德的标准，是族群自我约束、自我教育的重要手段。“三幺台”保留了古代某种祭祀活动的痕迹，是仡佬族历史文化的遗留和表现形式，是仡佬族民俗、心理、礼仪、饮食的具体体现，寓含着仡佬人的精神、信仰、价值取向，寄托着仡佬人美好的期盼值，充分展现了仡佬人尊老爱幼、和睦相处的良好的传统道德风尚。

20 世纪 90 年代以前，仡佬族“三幺台”一度在务川的村村寨寨流行。但是，近年来，伴随着全球经济一体化的进程，与城市化、工业化一同兴盛的各类流行饮食文化如快餐、方便面、酒吧、茶吧等风靡大街小巷，使仡佬族“三幺台”这一传统饮食文化受到了现代流行文化的强烈冲击。仡佬族“三幺台”宴席时间过长，与现代快节奏的生活不相适应。在城镇，多数家庭在婚丧、祝寿等“事务”或是招待重要客人时，为图方便就到饭馆、酒店包席；而农村在传统的自耕自给经济生活被破坏后，由于面临着更大的生存压力，办“三幺台”时也趋于简化。由此，“三幺台”饮食文化的传承出现了断层，因传统食品制作繁杂，工艺较高，大多数年轻人都不愿学习，一些传统食品的制作工艺面临着失传的状况。

教　育

龙潭古寨历史以来，“多读书，乐仕进”“耕读人家”是对生活于此地仡佬族人主动积极吸取汉文化的真实写照。务川虽地处黔北边陲，但文风兴盛，先后修建有“敷文书院”“罗峰书院”“淳化书院”“培元书院”等书院。

明代改土归流后，中央政府为了控制丹砂资源，向黔地派遣流官，他们大多“皆宣慰氏之羽翼，各司正副官与里之长是也”“多巨族，负地望，颇以富足”，且“多读书，乐仕进”（明嘉靖《思南府志》）。而土人为逃避官府繁重的赋税徭役，则大多依附于外来强族大户，改为汉姓。据家谱记载，龙潭申氏始族申宝庆官任监察御史；二世祖申有福官至福建副使；三世祖申世隆任务川三坑巡检；五世祖申俊任大万山长官司巡检；至六世祖申祐于明正统九年进士，官拜四川道监察御史。申祐师出太学。其忠来自德育，其才来自教化。由于受祐“千秋完节”的影响，务川的教育一时蔚然成风，敷文、淳化、修文、罗峰、培元等众多书院相继建立。据《务川县志》载，仅明清两朝，就出了83位进士、举人。[①] 现存龙潭申氏族谱（道光本）仍将皇帝敕封申祐和其母的诏书置于谱牒之前，一以示皇恩；二以表效尤。自申祐垂范，龙潭申氏登科入仕者更为昌荣，可配地方名门望族之实。据申氏家谱（道光本）载录，仅申氏十二世至二十二世，共出庠生89人、禀生2人、贡生15人、监生2人，举人2人，进士1人。

坐落在现务川县城书院路中心幼儿园内的罗峰书院，就是务川、龙潭人历史上多读书、乐仕进的遗迹体现。此建筑坐南向北、木构建。据道光《思南府志》《都濡备乘》记载，清雍正十一年（1733）务川监生唐士柬，捐资创建书院于县衙左侧（现今老干部宿舍处），定名“敷文书院”。规制较为简陋，仅有面阔五间房屋一栋。道光十六年（1836），江苏嘉定人冯绍彭任务川知县，捐钱五百千文倡议改建“敷文书院”，并将敷文书院迁建于县城东侧（现今中心幼儿园旁）。光绪八年（1882）遵义知县钦加同知务川县事罗庆春扩建“敷文书院”，鼎建奎文阁，并更名为“罗峰书院”，书院以九千千文零九十六千一百文之田岁收谷以资束修、考课，书院有生童40名，院制《励学规章》，设奖励金。其时，书院规模最大，达到鼎盛时期。

书院中轴线上有头门、两厢、奎文阁、东西书斋、正厅、长房、头门西侧为山长（校长）住房。四周砖石围墙围护，占地面积4750平方米，

① 涂万作：《夜访申祐祠》，《当代贵州》2008年第2期。

建筑面积1600平方米，建筑以阁楼、正厅、两厢为四合院，以头门两侧至长房的院墙所围为内院，以头门外沿石坪院墙所围为外院。罗峰书院现存奎文阁、两厢、正厅等建筑，占地面积1100平方米，建筑面积820平方米。奎文阁、又称藏书楼、尚志堂，二层穿斗式四角攒尖顶阁楼，建筑面积350平方米。一层面阔五间，通面阔23.5米，进深五间，通进深8米，穿斗式悬山青瓦顶。明间为通道，原上悬“尚志堂”木匾；其上建二层，为四角攒尖顶阁楼；平面呈正方形，前后各开一直径1米圆窗、后窗上原悬挂“藏书楼”木匾，横梁上有时任务川知县罗庆春题字。正厅为抬梁穿斗混合式悬山青瓦顶，建筑面积260平方米，面阔五间，通面阔23.6米，进深三间，通进深9.5米。两厢房为1927年务川知事黄道高重建，穿斗式悬山青瓦顶，建筑面积125平方米，面阔三间，通面阔13.8米，进深六间，通进深8米。明间为通道，装栏杆。天井呈长方形，长15.5米，宽9米，青石板横向对缝铺墁。罗峰书院奎文阁大梁题刻为：

舉人申雲根傅東藩申瀛春冉瑞松王廷弼申文鈞羅運松周應光副榜申金銘田興觀。

明间题刻为：

大清光緒八年歲次壬午季秋月穀旦欽加同知銜署婺川縣事遵義縣知縣上杭羅慶春鼎建。

东厢房大梁题款为：

中華民國十六年歲次丁卯月下旬穀旦代理婺川縣知事黄道高重建。

罗峰书院是一组规模较大，布局严谨，南北轴线对称的古建筑群。在有限的空间里，书院布置了二进院落和五座砖木结构建筑，充分满足书院的教学、祭祀功能，建筑布局合理，富于变化，体现了古建筑形象与空间景致巧妙结合的魅力。罗峰书院为务川培养了大量的知识分子，体现了地方对文化教育和培育人才的重视。

生　计

亦　农

从基层上看，中国社会是乡土性的。[1] 龙潭古寨的传统生业除了丹砂资源带来的经济繁荣之外，自给自足的农耕生产生活方式是当地人日常生活的图景。申氏先祖与邹氏先祖换地方居住的传说故事也是农耕生产的画面——火炭垭水田里的“蛴蚂”吵人——以及在龙潭古寨家户中的农耕生产用具都可以见证龙潭仡佬族悠久的农耕历史。可以说，小农经济是中国传统农业社会的耕作单位。传统农耕文化的特征是自给自足，安居乐业，具有很强的排他性和封闭性。在历史上，务川龙潭主要依靠水路的交通条件，因此并不适宜进行大宗的农产品贸易交换。而龙潭古寨自古以来繁盛的人口数据表明，龙潭及洪渡河边的农耕生产要保障绝大多数人的生活供给。故而，龙潭仡佬族人的农民身份既是“大传统”的身份规约，也是“小地方”的人文生态环境必须为之。

亦　商

古代，濮人在洪渡河一带生活，处于没有首领、没有酋长的原始时期。最初，丹砂开采仅限于依靠自然力量，濮人在今朱砂井（传说井里出朱砂）、淘砂溪一带寻找朱砂石块，后来“宝王”向朝廷献丹砂受封，成为濮人首领。此后，丹砂的开采和丹砂贸易带动当地经济发展，凸显了该地区的重要性，中央朝廷以“宝王”为首领，加强对该地区的统治管理。

① 费孝通：《乡土中国　生育制度》，北京大学出版社1998年版，第6页。

2007年，距务川县城以东15千米的大坪汉墓群出土的数粒朱砂说明务川的丹砂开采最迟不晚于东汉末期，流传在大坪镇一带的“宝王”传说和大坪镇龙潭村迄今犹存的宝王遗址、采砂炼汞仍要敬的宝王菩萨，说明了仡佬族与丹砂的种种特殊因缘。

汉代，汉武帝开发“西南夷”，这一时期上层社会对长生不老术的极度追求使丹砂需求量大增，促进了大量的汉人涌入，进入“西南夷”地区的汉人带来了先进的生产工具和生产技术，促进了务川濮人的社会变革。2007年，大坪汉墓群出土的铁犁说明今大坪一带在汉代时农耕经济已出现，同时出土的五铢钱、半两钱、货泉以及双面铜印印证了该地区当时商业的发达。铁器的大量使用和农耕经济的出现，促进了社会的分工，标志着该地区濮人社会奴隶制生产关系的建立。大坪朱砂井一带发现汉代居住遗址，面积1000余平方米，印证了当时经济的发达，大坪汉墓出土的无字钱“既不同于洛阳烧沟汉墓的无字钱，也不同于文献记载中东汉末年董卓所铸无字钱，很可能属于地方私铸的铜钱”①，说明了当时经济的繁荣。丹砂经济促进了该地区濮人的社会分工，农耕经济、手工作坊大量出现，集镇开始形成。

历经三国、两晋、南北朝以及之后的40年战乱，缓慢发展的濮人（这一时期已成为僚人）又一次被纳入中央王朝的势力范围。隋开皇十九年招慰蛮獠奉诏置务川县，《元和郡县志》载：“务川县，隋开皇十九年置，因川（乌江）为名。”郡县制的设置，使汉人与当地僚人的关系更加广泛而密切，生产技术和文化的输入，进一步推动了僚人族群的社会发展。隋唐时，务川仍以丹砂为主要进贡品。

宋明时期，封建领主竞技达到鼎盛，田氏土司始祖田克昌“方涉巴峡，绝志宦游，从事商贾，侨居日久，遂卜筑于思州”（卜筑者，是某种较大型的建筑如寨、堡、城等）。位于大坪瓮溪河畔的“瓮溪桥路碑记”、瓮溪桥、“维修瓮溪桥功德碑”三个不同年代的文物，说明了当时婺川经济的繁荣。“瓮溪桥路碑记”记叙了居于三坑板场的陕西汞商陈

① 贵州省博物馆考古研究所编：《贵州田野考古四十年》，贵州民族出版社1993年版。

君仁兄二人，偕家眷捐资重修瓮溪桥、改修龙井坡至锥窝田道路一事，历时两年，起于万历十四年，成于万历十六年。瓮溪河，水量虽不大，但沟深崖陡，溪流湍急，下可通洪渡河，上可达盛产朱砂的板场、三坑。“维修瓮溪桥功德碑”共三通，现仅一通完整，碑上可见人名350余人，有申、邹、肖、王、陈、田、吴、彭、冉、郭、杨、覃、简、龚、夏等53个姓氏，其中如温、危、施、谌、靳等姓氏在大坪一带至今仍有，由此可见当时板场、三坑等地外来商贾之多，经济之发达。明嘉靖《思南府志》载：“婺川人口650户，8026人，贡赋粮米321石6斗9升、黄蜡182斤、水银167斤8两，差徭中银差249两、力差76名，均居于全府所辖4司2县之首。”

明以后，朱砂开采史书方志记载颇多，明嘉靖《思南府志·风俗篇》记有“采砂为业”，下注：“婺川有板场、木悠、岩前等坑，砂产其中。坑深约十五六里，居人以皮为帽，悬灯于额，入而采之，经宿乃出。所得如芙蓉箭镞者为上，生白石上者为砂床，碎小者为末砂。砂烧水银，可为银砂，居人指为生计。岁额水银一百六十斤入贡。而民间贸易，往往用之比于钱钞焉。”采砂已成为当地居民的一种职业，成为主要经济来源。丹砂在民间贸易中与官府钱币等同，成为可以流通的“比于钱币”的特殊商品。

清代，道光《思南府志》：“婺川木悠山采砂最盛，每场出汞二十到三十挑。”《婺川县备志》载：“清道光邑人申一珞在木悠大重溪开采砂矿，时工人300人。”又载：“道光末湖南商人某在银前沟开采朱砂获数百斤。”“光绪中有知县吴鸿安任后即在婺川开场采砂。”①

务川丹砂采冶贸易早在汉代以前便已发端兴盛，虽无文献记载，却有丰富的考古资料证实。② 而大坪汉墓群出土的铁犁、大箐洞出土的摇船，

① 务川仡佬族苗族自治县志编纂委员会编：《务川仡佬族苗族自治县志（1978—2007）》，方志出版社2011年版，第107—108页。

② 2007—2010年贵州省文物考古研究所对大坪47座汉代墓葬的发掘，有24座发现丹砂遗存，占墓葬总数的51%，最多一墓丹砂多达250余粒。根据硫同位素分析对比，确定墓内出土丹砂产自当地。2004年出土的汉代无字铜钱很可能属于地方私铸，用于丹砂的贸易交换。参见向海燕主编《注视仡佬》，现代出版社2014年版，第26、35页。

说明该地区采丹业在汉代就具备了先进的生产工具和生产技术。直至今日，除了以火药代替“烧爆火窿法”（高温淬冷）采矿之外，当地人采砂炼汞的流程（找矿、采矿、淘沙、炼汞）和工具（手锤、尖钻、摇船、淘盆、土灶等）几乎延续古法不变。丰富的资源、先进的技术使务川丹砂生产贸易在明清时代达到鼎盛，“务川县境有板场、木悠、岩前等坑产朱砂。其深十五六里，土人以皮为帽，悬灯于额，入坑采砂，经宿方出。其良者如芙蓉箭镞，生白石上者为砂，碎小者末之，以烧水银为银朱。土人倚之为生计，岁额水银百六十斤入贡。而民间贸易皆用之为钱钞焉”（明嘉靖《贵州图经新志·思南府风俗》）。龙潭古寨建寨七百年来，因其地理位置上接务川丹砂矿藏最为富集的板场、三坑、木悠，下至古思州交通要道洪渡河，成为从丹砂开采地进乌江、入长江，直通政治经济中心最重要的枢纽。寨中道路、建筑、垣墙相互连通，成网络状结构分布，是因应丹砂贸易储存御敌之需。丹砂资源成为构合龙潭古寨整体环境的关键因素，人们通过技术去捕获资源，通过交通兑现资源，化“不毛之地”为“膏腴之壤”，世代承袭。

以下的统计数据从一个侧面反映了务川历史以来的丹砂贸易，说明了务川集散流通分配丹砂资源的历史概貌。

新中国成立前部分年代汞产量统计表①

年代（年）	单位	数量	年代（年）	单位	数量	年代（年）	单位	数量
614	市斤	190.5	1915	吨	6	1933	吨	5.68
1414	市斤	167.5	1928	吨	2.7	1942	吨	0.47567
1537	市斤	167.5	1931	吨	0.46	1943	吨	1.467
1730	市斤	169	1932	吨	1.47	1944	吨	4.225

① 贵州省务川仡佬族苗族自治县志编纂委员会编：《务川仡佬族苗族自治县志》，贵州人民出版社2001年版，第401页。

1951—1996年汞产量统计表

年代（年）	产量（吨）	年代（年）	产量（吨）	年代（年）	产量（吨）	年代（年）	产量（吨）	年代（年）	产量（吨）
1951	4.1	1961	22.85	1971	36.38	1981	65	1991	193
1952	0.67	1962	26.43	1972	40.81	1982	97.5	1992	88
1953	3.96	1963	42.82	1973	35.01	1983	74.68	1993	85
1954	13.15	1964	62	1974	26.01	1984	94.96	1994	119
1955	27.34	1965	4.07	1975	54.95	1985	132.76	1995	132
1956	44.07	1966	18.45	1976	57.38	1986	90.77	1996	162
1957	81.54	1967	11.09	1977	58.14	1987	227		
1958	144.34	1968		1978	70.92	1988	80		
1959	151.81	1969	3.54	1979	57.16	1989	108		
1960	109.55	1970	10.26	1980	31.8	1990	115		

人类总是将自然界中的生命能量加以利用，转换为维持自我生存的基本物质。因生活环境与生产实践的差异，人群生业方式体现为不同的模式和特色，并产生出不同的生态功能。根据考古与文献资料显示，务川龙潭古寨一带的住民世代以丹砂采冶贸易为业。特殊的地方性资源优势成为人地关系的关键因素，村寨地理位置、结构分布都是适应环境资源的最佳选择。而中华先祖以丹砂作为融通天地性命的圣物，修仙长生的信仰大传统则刺激着小地方丹业横亘千年的勃勃生机。

朱砂不仅与务川大坪人的生计关系密切，在长时间的生活中，朱砂业已融入人们的精神生活。邹氏人曾将朱砂列为“江边八景”之一，有《西井朱砂》诗一首，文人对朱砂的讴歌表达了独特的地方感：“精华灿烂涌水湍，井底红光射斗寒。灵物由来天俾赐，不劳鼎炼自成丹。”

政　治

由于传统专制国家行政能力的局限，中国传统国家政权建设呈现出“皇权止于县”的历史特征；基于此，费孝通于20世纪三四十年代提出中国传统社会的“双轨论”：“一条轨道是自上而下的以皇帝为中心建立一整套的官僚体系，由儒家官员来实施具体的治理到达县这一层——‘皇权不下县’；另一条轨道是基层自治，由乡村绅士等乡村精英进行治理”，绅士阶层实际上主导着乡村社会生活，而宗族是士绅进行乡村智力的组织基础。秦晖将其概括为：“国权不下县，县下惟宗族，宗族皆自治，自治靠伦理，伦理造乡绅。”中国传统社会政治生态也由此划分为两套体系：以皇权为核心的上层官僚社会政治生态体系和以乡村绅士为主导的基层礼俗社会政治生态体系，乡村绅士成为沟通两大政治生态的纽带。中国传统基层政治生态的运行秩序则显著地表现为一个基于乡绅等乡村精英为主导的、宗族伦理为支撑的乡土礼俗秩序，以维持基层政治生态的平稳运行。可以说，礼俗秩序到法治秩序的运行变迁构成了基层的政治生态。[①] 龙潭古寨的政治生态运行的脉络也遵循这样的同一性。

组　织

1. 寨老权威制。近几百年来，仡佬族村寨的组织结构处于不断变化中。明清时期，仡佬族聚居村寨大多由一个威望高的人担任寨老。寨老对外代表全寨利益，对内调节寨户纠纷。同处于村寨管理地位的还有“老莫”，有的村寨，寨老和老莫身份是合二为一的。老莫的职责是“跳神”，今称演傩堂戏；活动内容有祭祀、丧葬、为寨户“驱魔除病”；有的老莫还兼具村寨医生的身份，用中草药让服药与“驱魔”相结合，为寨户消灾除病。中华民国时期，寨老制与保甲制并存，后来后者逐渐代替前者。保甲长多由村寨中有能力、有文化的人担任。中华人民共和国成立后，由于仡佬族村寨中有文化有能力的人大多担任了乡、村干部职务，各种事务都由这些人处理，但村寨中仍有不担任村干部而具威望的老人，特别是在外工作年老退休回家的人，仍然起着寨老的部分作用。[②]

---

① 马华、王红卓：《从礼俗到法治：基层政治生态运行的秩序变迁》，《求实》2018 年第 1 期。

② 吴雨浓：《贵州仡佬族传统村寨景观研究——以务川龙潭村为例》，硕士学位论文，南京农业大学，2013 年。

2. 龙潭建设工作小组。对龙潭仡佬民族文化村的保护利用，县委、县政府高度重视，专门成立了龙潭建设领导小组。抽调人员专职办公，明确了资金、人员、工程项目的统一协调和龙潭阶段性建设的目标。2007 年至 2009 年，务川自治县人民政府捆绑建设、民宗、文广、旅游、新农村建设等部门资金，投入五百余万元对村寨进行保护利用的旅游业综合开发，维修了申祐故居、寨墙院墙、村寨古道及部分民居建筑，清理整治了龙潭水和村寨环境，原址重建了申祐祠堂，新建了仡佬先贤堂、演出场、停车场，并成立了旅游景区管理办，编制 3 人，对景区进行专职管理。

3. 龙潭村委会。村委会下属村民小组，主要负责：（1）宣传和贯彻党的路线、方针、政策和国家的法律法规。（2）负责组织小组村民的活动，及时向村委会汇报工作。（3）管理属于本小组的土地、山林、企业及其他资产。（4）接受村委会的任务和要求，组织本组村民积极推进三个文明建设，并对各项村务进行监督并提出建议。（5）及时向村委会反映本组村民意见，要求和建议。

广场、鼓楼、回廊、巷、桥、碑

乡土社会的公共空间具有神圣性与世俗性的双重功能，一般多为宗祠前、村寨的中心位置的平地。在我国的乡土性政治景观中，广场政治有自己的业务和表述。这个空间既是一个广场，又是一个“文化空间”。该空间中的文化遗产形态主要包括戏台建筑、庙会民俗和地方戏曲等。神庙剧场空间以戏台建筑为核心，包括演出和观看空间，人们在特定的时间里聚集在该空间中，举行祭祀仪式、上演娱乐表演、进行商品交易，因而神庙剧场空间兼具神圣性和世俗性，二者密不可分。而龙潭的文化空间的建立与政府主导之下的旅游开发进程密不可分，在龙潭村落的周围，公共文化空间包括了广场、鼓楼、回廊等形制。

广　场

广场原指广阔的场地，特指城市中的广阔场地，通常是大量人流、车流集散的场所。在龙潭古寨旅游开发的进程中，由政府出资主导修建了申祐广场，位于龙潭古寨前寨，中立申祐铜像。

鼓　楼

鼓楼顾名思义即是用于置鼓之楼，仡佬族的鼓楼一般位于村寨边际范围，用于观察、防御作用，现在多用于祭祖仪式等一些特别节日，号召群众。不同于其他民族的鼓楼的是，仡佬族鼓楼形式简洁、大方、规模较小，全采用木质结构，以草棚盖顶，共二层，楼高较低，楼底进行了抬高，一楼有楼梯通向二楼，整个二楼建制为亭阁形式，便于观望，楼上置有大鼓。

巷

清代，龙潭村民以朱砂与水银的生产、贸易等经济活动积累了大量物质财富，修建房屋。咸同年间，黔北号军起义，波及龙潭，村内房屋普遍修建石院墙，中寨、后寨、茶地三寨靠修建石巷道相互连通，这些石院墙、石巷道构成了龙潭军事防御的体系，遗留至今，成为龙潭村富有特色的村寨建筑。寨内古民居多为四合院落形式，院落由石院墙、院门、房屋建筑构成，其布局合理、紧凑，且家家自成一体。正房多为四榀三间，房子较高，“吞口”较深，出檐较远，具有地方特色。石院墙大多以片毛石垒砌，间或以方整石砌筑，前者又有平砌、斜砌及随意垒砌等多种工艺。斜砌中，又有上下两层反向垒砌者，形成“麦穗纹”，当地又称“鱼骨头”。麦穗和鱼骨，皆为吉祥物，一向受青睐。一些大户的围墙四角还建有枪眼、炮眼。院门多为八字朝门，开在石院墙上。

寨内小路以石板铺垫，连接每家每户。小路、建筑、垣墙相互连通，成网络状。

迴　廊

位于龙潭古寨龙潭与日潭之间，迴廊建于2008年，是当地政府牵头组织修建，当地人在此有了宽敞的公共生活空间，村中的活动在此举行。九天迴廊又名九天水榭，该建筑为圆环形，中间区域石块浇筑水泥铺地，可以作为公共活动场地，提供一个供人们聚集，娱乐的中心，也是良好的观水空间，建筑延续仡佬建筑的古朴风格，采用青瓦和木材材料。①

仡佬先贤堂

仡佬先贤堂进行过修复扩建，搜集了历史以来在各地任过知府以上的仡佬族人士和为仡佬族的发展做出重大贡献的其他民族人士的生平事迹，把他们列入仡佬族先贤堂。

时　序

龙潭的节庆依据四季时序，大体可以分为庆贺节日、社交娱乐节日、祭祀节日、农事节日。春节是迎来送往的年度隆重节庆，家族亲友团聚话家常；清明和月半节依循祭祀家族先祖的传统；三月三和吃新节、收新节既是春耕秋收的农事节日，又是具有民族纪念的意义和节日庆典；端午包粽子，挂艾叶；七月七女儿回娘家；中秋是举家团圆的日子；九九重阳是享受生活和登高之日。

“吃新节”是仡佬族传统节日，古代称为“荐新”，又称“打新节”或“尝新节”。吃新，多在七八月间举行，也有在“月半”中元节与祭祖

① 吴雨浓：《贵州仡佬族传统村寨景观研究——以务川龙潭村为例》，硕士学位论文，南京农业大学，2013年。

同时举行的。庄稼新熟的时节，龙潭仡佬族人到田间摘取一些谷穗携回家中用锅炒干，将米舂出，煮成新米饭，连同菜肴，敬奉祖先尝新，感谢祖先开荒辟草，惠及后人。然后大家一起尝新，享受一年劳动的果实。同时，媳妇趁新米、新菜成熟向娘家送新敬老。“九月九”是“收新节”，居住在高山的仡佬族向居住在平坝的亲人送晚熟作物，用以供奉祖先、敬奉老人。过去仡佬族人可以在任何人家的地里摘取庄稼而不会受到指责，仡佬族所拥有的这个采新的权利，体现了各民族对最初开辟土地的仡佬族先民的尊重。

龙潭仡佬族人“吃新节”是农耕文明的一种文化表现形式，有着祭祖、祈福、庆丰庆的丰富内容，是仡佬族人认知和认同本民族文化根脉的重要载体，其历史渊源有传说故事为证。

传说，仡佬族开荒辟草、耕田种稻是由彭古王老先人教授的，吃新也是第一年谷子成熟了，为了庆祝丰收才兴起的，后来，人们为了纪念彭古王老祖先，就过起了一年一度的吃新节。关于仡佬族吃新节的传说，仡佬族各聚居地的说法内容基本相同，呈现出惊人的相似性，从侧面说明了仡佬族吃新最初的本意就在于纪念祖先开荒辟草的历史功绩。务川仡佬族吃新节早在清道光年间即有记载。据成书于清道光二十年（1840）的《思南府续志》卷之二“风俗”条记载，“秋稻既熟，罗酒肴于庭，少长举行跪拜礼，谓之荐新”。该条关于“荐新”的记载被列入“祭礼”的“中元节”祭祖礼仪中，可见，“吃新”历来是祭祀祖先的一个仪式组成部分。

过去，“吃新”多在一家一户举行，或者在同村的同一家族之间举行，也有左邻右舍互相邀请尝新的。在七八月庄稼新熟的时节，龙潭仡佬族人就到田野里采摘新熟的谷穗，炒干后将米舂出，煮成新米饭，又叫“火米饭”，所以“吃新”又被称为“打火米”。然后连同采摘来的新鲜蔬菜瓜果，敬奉祖先，请祖先尝新，感谢祖先开荒辟草，惠及后人。在“月半”中元节举行的吃新，还要焚化纸钱、“袱包”，举行祭祖仪式。然后大家一起尝新，享受一年劳动的果实。同时，媳妇趁新米、新菜成熟向娘家送新敬老。“九月九”是“收新节”，居住在高山的仡佬族向居住在平坝的亲人送晚熟作物，用以供奉祖先、敬奉老人。过去仡佬族人可以在任何人家的地里摘取庄稼而不会受到指责，现在多在自家的秧田里采摘谷穗。仡佬族所拥有的这个特殊的采新权利，体现了各民族对仡佬族先民开辟土地这一历史功绩的尊重。同时，也体现了各民族的和谐相处。近年来，一些大的村寨开始聚族举办“吃新节”，尤以龙潭中国历史文化名村举办的仡佬族“吃新节”最为隆重盛大，影响广泛。已经成为民族文化旅游的一项重要内容。在“吃新节”，除了要举行传统的“采新”“献新祭祖”“吃新”等仪式过程外，还要举行抬南瓜、抵腰力、推屎爬抢蛋等一些趣味性、生活性都较强的民间体育活动，以庆祝丰收，缅怀祖先。

“吃新节”具有民族纪念的意义和节日庆典的性质。“吃新节”是全国各地仡佬族一个普遍的节日，各地仡佬族“吃新节”虽有不同程度的差别，却是族群内最具有广泛性和认同感的节日。从仪式的举行，到文化心理的诉求，仡佬族吃新具有祭祖、祈福、庆丰收的节日庆典特征。还有是有别于其他民族享有的独特的“采新”权利。吃新节在南方各少数民族中均有不同程度的流行，吃新的形式也大同小异。但仡佬族与其他少数民族吃新最大的不同在于，仡佬族人可以在任意的庄稼地里摘取庄稼而不会受到指责，反而被认为是对庄稼地主人的一种祝愿。

仡佬族吃新更多在于缅怀祖先，维系民族的历史文化，教育族人感恩怀德。仡佬族“吃新节”是农耕文明的一种文化表现形式，有着祭祖、祈福、庆丰收的丰富内容，是仡佬族人认知和认同本民族文化根脉的重要载体。仡佬族所拥有的在任意土地采新的特殊权利，是各民族相互认同、相互尊重、和谐共处的历史结果。

仡佬族“吃新节”在县境内广泛流传，过去多以一家一户举行吃新祭祖。近年来，一些人口居住较为集中的村寨，聚族吃新，逐渐形成了节庆活动。龙潭中国历史文化名村举办的仡佬族“吃新节”最为隆重和热烈，2012 年被国际节庆协会评选为“中国优秀民族节庆”和“最具特色民族节庆”。

龙潭民俗节庆列表

时序	节日	节　俗
正月初一或初二日	过小年	“打老鼠”活动①
正月十五日	过小年	家庭、家族聚会
春分后十五日	清明节	扫墓、插柳、撒秧
三月三日	仡佬年，祭山节	祈求山神和“秧苗土地”庇佑仡佬族人民五谷丰登、六畜兴旺
五月初五日	端午节	挂菖蒲、艾叶，吃粽子，喝雄黄酒
七月初七日	七夕节	出嫁女儿回娘家
七月十五日	月半节	给亡灵烧符包
七月底八月初（公历9月4日左右）	吃新节	欢庆丰收，丰收后吃新粮食
八月十五日	中秋节	阖家团圆吃月饼
九月初九日	收新节	收晚熟作物，用以供奉祖先、敬奉老人
十二月二十四日	小年节	做豆腐，打糍粑，过小年
大年三十日	过小年	吃团圆饭，守岁

农　业

农业生产在龙潭的历史发展过程中是不可或缺的生计方式，但由于喀斯特地貌的客观影响，在以前，龙潭村落形貌显现的富庶显然并不是

① “打老鼠”是正月初一、初二这两天的其中一个或者两个晚上进行的活动。主要是村里的年轻人们聚集在一起，其中一人负责用锤子之类的东西敲打居民住宅的柱子，其他人负责喊口号和收东西。如果哪家人不给东西的话，“打老鼠”的人会向他家里丢一些破鞋、破席子、石头之类的东西，收来的东西由年轻人们自行分配处理。“打老鼠”口号为两方对答，众人齐声的形式：

甲：中柱大哥　　乙：檐柱二哥
甲：老鼠子漏窝不漏窝？　　乙：漏窝
甲：一年漏好几百窝？　　乙：三百六十窝
甲：鸡母下蛋不下蛋？　　乙：下蛋
甲：一年下几百把蛋？　　乙：三百六十把
甲：毛虫眼睛瞎不瞎？　　乙：瞎
齐喊：抓把灰来搭！拿粑粑来！拿粑粑来！

农业生产所带来的经济繁盛。通过丹砂资源的集散交换而带来的贸易生产方式，才是历史上龙潭的物稠人攘的契机。随着丹砂贸易的衰落，也直接影响到龙潭人生产方式的转型，农业才是当地主要的生产方式，今天能在龙潭家户中看到各种农业生产工具，也是当地人从事农业生产的历史见证。

农　具

在机械化的今天，曾经人们生活中无处不在的传统农具，在许多地方已踪影难觅。而在龙潭，老农具依然被使用着，与龙潭顺的山水田园一道为现代的人们展现一幅真正农耕时代的民俗风情画，为我们留住关于农耕岁月的记忆。

仡佬族是一个传统的农业民族，自其先民“开荒辟草”起，就一直对他们生活的这片土地有着极深的情感，该民族的“和合”思想也正是在与这片土地长期的“互动”中形成的。他们以农业为主，其生产工具大多也是围绕农业生产而不断丰富。

仡佬族用来翻土的工具有铧口和挖锄。铧口即是犁，铁铧木架，以当地柏香木为主要材料，厚重而扎实，分四个部分组成：铧口、铧口架、打脚和加担。其中铧口的铁块呈锥形状，被固定在架子的底部，在翻土时以铧口入土，向前拉动紧土沿着铧口向外翻；铧口架结构简单，由横竖两个木条结合而成，但架底宽厚，使铧口在向前运动时保持其稳定性；其重量主要集中于后部和底部，这样既便于在生产过程中铧口入土、省力，也便于立放，使整个架子平稳。在做工方面，铧口架除了实用之外，还有美观的特色，它外观线条柔美，方圆兼具，是劳动工具制造者在实用的基础上，加入了自己的审美意趣，将农具与美结合起来；挖锄主要材质为铁，锄面打造成两条手指粗细的铁丫，仡佬族同胞生活的地区石头较多，在挖地时随时可能碰到石头，使用一般成块的锄头挖地，用力过猛极会伤到锄头的使用者。挖锄的设计正好避开了这一点，其落点集中在点，接触面较小，有效地消解了阻力，使用起来也更加放心。

耙子是仡佬族用来整地的农具，铁齿木架，耙子底部为两条长方木条与四条短方木条组合成一个矩形的耙盘，长方上面前后各有铁齿，前七后八交错插缝。底部的设计考虑到了底重而便于深耙的问题，柏香木质重，在使用耙子犁田时，使用者不需要用力下压耙身，减轻了使用者的负担；另外，在钉耙的使用上，这种双排钉采取前七后八的插空放钉方法，既满足了全面“扫荡”的功能，同时，这种放钉方式又避免了一排过密放钉方式带来的阻力问题，牛在犁田的过程中也变得更加轻松。耙子上半部设计的高度符合成人人体的生理特征，在使用时只需身体微曲抓住把手，使使用者在整个犁田过程中身体曲度更为自然，避免长期劳作给腰部带来的压力感。同时，耙身微微后仰成弧状，设计者显然也考虑到了使用者在使用过程中的安全问题。由此看来，这种耙子的设计是全面地考虑到了农业劳作的具体问题，是一项以实用、安全、省力、高效为目标的设计成品。

秧船，船状，是在插秧时协助搬运秧苗或肥料的器具，在水田耕作的地方极为常见，现代一些地区换用大盆，即为其在当代社会的发展。

仡佬族传统的收割工具是打斗，打斗的主要材质是杉木。仡佬族生活的地区以山地为主，梯田生产成为当地人主要生产用地，因此用质地较轻的木料制作而成的打斗，在搬动时较为轻便、节省力气。打斗口底的形状接近正方形，是口宽底窄的四方体、船状器具，侧板靠另外两侧的木板穿入，然后加楔扣牢，使其形状稳定。而与底部的连接是靠底方上的竖方衔接起来，竖方在侧板穿过的地方留眼，加扣在楔子之内，使底部和侧板连成一体，展现了工匠巧妙的设计艺术。另外，打斗底部是两条横方略成弧形，形如雪地上的雪橇，减少打斗在移动时的底部摩擦力，而在其上端两侧都留有板耳作为拉手的地方，两者结合起来就更方便人们拖拉着打斗在稻田里前进了。打斗的整体设计既考虑到了仡佬族同胞生存的生态环境，还具体地针对在田间劳作时的场景，结合雪橇的优点使其在使用起来更加轻便、顺手，为农民节省力气。打斗在使用时还配合有斗架和挡布。斗架是一种辅助脱谷的弧状微拱工具，在使用时将宽的一端朝上紧贴打斗壁一侧的口部，另一端放在打斗中形成斜状，打谷者站在其后顺着下敲，谷粒落入打斗内，它的形状也正好避免使用者的手敲到打斗沿或斗架上，是一项极具人性化的设计。

在生产过程中，仡佬族以“背”的方式搬运所需的物质和谷物，工具以背架子（或高架）和背篼为主，与该民族的生存环境紧密相关。仡佬族的背篼样式多样，是物质文化中最为突出的部分，在仡佬族地区随处可见的背篼样式不下 10 种，有圆口方底的麻丝背和板栗背，有方口方底的莲子背，且这些背篼风格和规格都千差万别，都以实用为基础，配上与之搭配的打杵，更加显示出该民族以背为主的搬运方式。而比较突出的背架子是仡佬族人民的另一种主要的搬运工具，背架子以质地较轻且有韧性的野木为材料，两根长方前中后各锉方行小孔，插入方条加楔拴牢，组成一个梯形状的架子，在架子上绑牢两根棕绳作为背带，结构简单，但极为节省力气。

除了上述的这些工具，在生产中仡佬族人民还制造了如连枡、风簸、撮箕等工具。

农　作

龙潭的主要农作物是水稻。现在，在务川县委县政府的号召下，龙潭观光农业在旅游业中具有重要的作用和地位，当地人们开始广泛种植果树、花卉等。

水稻、小麦、红薯、玉米和油菜。清明前后播种，闰年在清明后播种。一年一作，冬季闲田休耕，以便于土地肥力恢复。红薯多种植于山地，于小暑前后播种；玉米是龙潭常见的经济作物，对于清明前后播种，一年两作，种植周期短，利润高；油菜 9 月底收割水稻后种植，一年一季。

生　业

“逐丹而生—以丹为业”是龙潭人基于物质资源形成特定人群聚落的根本性特征。物质的交换、流通离不开道路的承载。

道路景观：

约翰·布林霍克夫·杰克逊在《发现乡土景观》中分析了两种并列的道路系统：一种是当地的、向心的，例如乡村道路，是一种栖息景观——在发生、形塑、演化的存在过程中形成一种自我管理、自我认同，是一系列经过数世纪累积而来的风俗和习惯，它们都是对栖息地缓慢适应的结果——当地的地形、气候、土壤和人文，以及世世代代生活在那里的家庭。另一种是跨区域或国家的、离心的。离心的干道系统总是从首都出发，向外延伸并控制着边陲及重要的战略点，同时扶助远洋贸易。相对于当地的、向心的栖息景观而言，而干道作为离心的道路系统，是一种政治景观，尺度恢宏、恒久不变。

1. 龙潭古寨道路空间景观

龙潭古寨中连接家家户户的主要道路均是由大小、形状不一的石板铺成，整个村寨道路系统较为复杂，村寨沿着公路向外扩散，公路宽度 8 米左右，由沙石铺成，村寨里住居与住居间均由石板路形成住居之间联络的空间纽带，小路多采用“之”字形和“丁”字形的折线道路形式，用以缓解道路坡度，而石板墙则为每户住居提供分隔的私密空间。石板路是由形状不一的石块嵌入土壤拼切而成，不规则的形状不但在视觉上形成多变的效果，也正好起到了良好的防滑功能，并且渗水性能良好，主道路旁凿有排水沟，主要功能是排除污水和雨水，排水沟宽度在 20cm 左右，沟渠和街巷布局、走向基本一致，水系形态规整。主路宽 3m，次路宽 2m，一些小径宽 0. 5—1. 5m，其宽度受到山地等高线间距影响而随之变化，在高差较大的地方则用蹬道衔接，道路随地形起伏交错，曲度较大，蜿蜒迂回，构成局部成景的空间效果。①

2. 盐道与物资流动之道路

务川不产食盐，当地大宗粮米，土特产山货，多流向川蜀渝等地，受地理环境影响，这种交流主要靠徒步运输完成，旧时，多有从事苦力运输者。盐道未开通前，自东南向西北，从境内经正安道真南川往重庆，因此县内西境有青岩关、老鹰关、大路坳铺、涪洋铺、蔺家铺、太平铺、泥高

① 吴雨浓：《贵州仡佬族传统村寨景观研究——以务川龙潭村为例》，硕士学位论文，南京农业大学，2013 年。

铺等栈铺。自涪岸盐到当时四川（今重庆市）武隆江口启运后，境内沟通川渝通道由南至武隆县江口镇。1949年，测量初步奠基凤冈至婺川和婺川至四川武隆江口镇公路后，在这条南北通路上，人力运输络绎不绝，终年不断，有的长年从事肩挑背磨的苦力营生，有的一到农闲，便背负荷担，手执打杵，加入运输行列，且多结伴成伙，组队成行。旧时代，人们俗称“背角子”“背佬二”“挑子客”下江口。有志愿者，有受政府指派，多是付微薄运费派定任务，为官府运送军粮，运送官盐，另有是为课上运送市场交易物资。①

3. 丹砂之利带来的化文之路

务川之地在“帝国政治”与“没于蛮僚”中交相互替。作为西南边疆之地，如若没有丹砂资源的可资利用，一系列的历史事件可能都无缘交会于此，如大坪江边汉墓群遗址、“改土归流”贵州建省。务川虽为蛮夷之地，但开化较早。大坪江边汉墓的考古资料显示，务川早在秦汉时期即已有了较为繁盛的社会发展。唐宋元之际，思州田氏土司经过近七百年的发展，其封建领主经济已达到较高水平，管辖地近贵州1/3，与播州杨氏、两广的岑氏、黄氏并称为“思播田杨、两广岑黄”。明清两朝，务川经济依然较为繁荣。明嘉靖《思南府志》所记的“务川有坑砂之利，商贾辐湊，人多殷富……”便是这种繁荣的真实写照。又，《思南府志·田赋志》所载，务川人口650户、8026人；贡赋粮米321石6斗9升、黄蜡182斤、水银167斤8两；差徭中银差249两、力差76名，均居于思南府所辖4司2县之首，远远高于其他司县。务川由于特殊的地理位置，历史以来即处于巴蜀进入荆楚的交通孔道。战国时期，秦楚争霸，黔中作为一个重要的战场，双方在这里持续了近百年的黔中争夺，其对巴蜀及其东缘的地理战略意义，著名地理学家顾祖禹有过精辟的论述：“从来之善用荆州者，莫如楚。……西则以中、巫郡隔碍秦雍，控扼巴蜀，非今日归州、夷陵诸境乎？”徐中舒先生亦指出：“秦因与楚争取天下，所以必需夺取巴、蜀和汉中，进而夺取龄中、巫郡，占据楚的大后方，居不高屋建瓴之势，对楚国

① 务川仡佬族苗族自治县志编纂委员会编：《务川仡佬族苗族自治县志（1978—2007）》，方志出版社2013年版，第109页。

形成严重的后翼包抄。”也因此，务川一地成了巴、蜀、楚、汉等文化交融的地区，各种精神层面、制度层面、物质层面的文化都深受这种多文化融合的影响。[1]

各族群文化在务川的融合，就体现在古墓葬方面，既结合地域优势特点就地取材对石材进行运用，又具有多民族趋同、墓葬类型丰富多样的特性。在民居建筑方面的影响是建筑样式的融合，既有古代僚人干栏式建筑的样式特征，又形成了木结构住宅的五架房、七架房、十三架房的构造，民居以四合院落、三合院居多，由正房、厢房、过厅或者朝门组成。主体建筑面阔三间、五间不等，门窗饰以龙、凤、麒麟、桃、石榴、花草、万字格等吉祥图案。正房大门外侧加建腰门，均为穿斗式小青瓦悬山顶结构。各单体建筑体量虽小，但其木雕、石雕却做工精细，构思精巧，刀法细腻，线条娴熟、明快、流畅。具有鲜明的地方特色和民族特色。许多人家建有朝门，大部分装有两道实木板门，外侧加建腰门。每个院落皆用石块干砌垣墙，墙上设有射击孔、瞭望孔，用于防盗和防御外来入侵者，这些民居建筑与当时人们因丹砂置换的经济繁盛景象相适应。

明清时期是务川最为繁华时期，四次修建县城及城墙，四门具备，道路四通八达，东通沿河，西通播州，南通思南，北达涪州。店铺七个，九大关口，建石拱桥六座，文庙一座，两次建儒学府，建申祐祠，设水银课税局等。在这个时期，务川“砂坑之利，商贾辐辏，人多殷富”。“居民皆流寓者，而陕西、江西为多”，然而又因争朱砂坑地，互相仇杀，朝廷屡禁不止。“善告讦难治，长吏多不能久必以罪罢去。”因贸易交往带来人口流动，其他民族，尤其是汉族、苗族人口有所增加，风俗渐变。明《图经》云：“思南之地，渐被华风。”[2] 此外，务川虽地处黔北边陲，在明清文风兴盛，先后修建有“敷文书院”“罗峰书院”“淳化书院”“培元书院”等书院。“朝贡”“贸易”“征纳”“勘界”的交互作用，在明清最终促进了务川地域内稳定的族群构成，也是“化成人文”驯授之初意。

---

① 邹进扬：《务川古墓葬》，中国文史出版社 2014 年版，第 13—14 页。

② 务川仡佬族苗族自治县民族事务局编：《务川仡佬族》2006 年第 59 期。

历史沿革

就行政区划来看，务川的建置沿革如下：隋文帝统一中国后，于开皇十三年析洪江市地置彭水县，属黔州。今务川县境北半部属彭水县地。开皇十九年，招慰蛰僚，析原黔阳县地置务川县，县治在今沿河县城郊，辖地有今酉阳县西南部、秀山、沿河县全部、印江、思南、德江大部。据唐《元和志》载："内江水，一名涪陵水（今乌江），在县西四十步。""因川为名"，曰务川县。隋务川县在今务川县领地只有红丝、大坪、石朝等地。务川县初属庸州（治今天洪江市），大业二年废庸州，改属巴东郡（治今四川奉节）。隋大业七年，于今务川县西南黄都、丝绵一带开生僚置高富县，属明阳郡（治今湄潭隋阳山），治所在今务川黄都镇境。高富县，在今务川的领地，有山江、丰乐、黄都、丝绵、当阳、涪洋、鹿坪等地。隋末，天下大乱，没于蛮僚。

唐时高祖武德元年，招慰使冉安昌，以务川当洋河要路，请置郡抚之。武德四年置务川郡于县治，领务川、涪川、扶阳三县，旋即改为务州。太宗贞观四年，改务川为思州。因州境有思邛水（今印江河），而以之为名。高祖武德四年，再置高富县，初属夷州（治所在今石阡县）。六年改属务州。贞观十年属黔州（治今彭水）。十一年，又归属夷州（治今凤冈县绥阳）。同年，将高富县治东移 30 里（传说在今黄都毛台）。高宗永徽末年省，置县 44 年。贞观二十年，析黔州盈隆县南部置都濡县。以今县境都濡水（今长溪河）为名。县治设于今浞水镇境，辖地有今务川的浞水、茅天、鹿池、蕉坝、柏村、镇南、砚山、分水等地。

五代时，务川县没于蛮僚。

宋太平兴国元年，朝廷派都虞侯赵延浦为思州刺史，管理务川、思邛、思王三县。后因田氏族人拥有地方势力，并不宾附。元丰时，朝廷列思州为化外州，不派官吏统领。仁宗嘉祐八年，原黔州管辖的都濡县（在今务川县境北部）省，将领地改为都濡镇，隶属彭水县。都濡县治县 417 年而省。大观元年，思州土著首领田祐恭愿为王民，率地归附。政和八年，朝廷令重建思州。同年田祐恭析原务川县辖地置安夷县。思州领务川、邛水、安夷三县，并在今务川县城新建治所，州、县同城。此时，宋思州和务川县治所，与隋唐时旧治所（今沿河县城）相距180里。宣和四年，裁思州，务川县改为城，安夷、邛水二县改为堡，并隶黔州（治今彭水县城）。南宋绍兴二年，回复思州，仍以田祐恭为守令，领务川、安夷、邛水、思邛四县。思州、务川县治所同城。

元至元十四年，知思州田景贤以地附元，元置新军万户府，以田氏为总管。次年春天，田景贤奉召朝参，改为思州军民安抚司，其辖地大于宋之思州。为了管理方便，是年，田景贤将思州治所从务川县城迁至龙泉坪小谷庄（今德江县境）。不久，小谷庄州治毁于火，又徙都坪清江城（今岑巩县境）。田景贤迁至小谷庄后，派亲房武德将军田维厚为务川土知县。至元十八年，务川县城因婺星飞流化石坠地，改务川县为“婺川县”。

元至正二十五年，朱元璋平定湖南。七月，思州宣抚使田仁厚率先领镇远、古州二府，婺川、常宁等十县，龙泉、佑溪、沿河等34州、司归附。朱元璋嘉之，令田仁厚为思州军民宣慰使，仍治思州，世守其地。洪武五年，婺川改隶镇远州。十七年归隶思州宣慰司。洪武二十二年，思南宣慰司治由镇远迁回水德江（今思南县城）。次年，婺川县拨隶思南宣慰司管辖。永乐十一年，革除思州、思南二宣慰司，“改土归流”。次年二月派成都人陈文质为婺川县第一任流官知县，隶属思南府。①

丹砂贸易与人群流动

商　贸

务川境内的丹砂开发可追溯至先秦时期，《逸周书·王会解》曾两次提到“濮人以丹砂”，濮人即是务川丹砂采制的土著居民。特别是明清以来，以丹砂资源形成了以土司政权与中原王朝政府为主体的朝贡贸易。思

① 贵州省务川仡佬族苗族自治县志编纂委员会编：《务川仡佬族苗族自治县志》，贵州人民出版社2001年版，第62—64页。

南府土司政权与中原王朝政府之间的朝贡贸易获得了极大的发展，朝贡的一项主要物品即为丹砂与水银。从明初开始，所见记载很多，如“播州宣慰使杨昇、思南宣慰使田大雅、贵州宣慰使宋斌来朝贡水银、朱砂等物，赐昇等白金、锦绮、彩帛，赐其傔从有差”。民间商业在明清时期呈现出兴旺发达之势。明代嘉靖《思南府志》说当地人“采砂为业”，“务川有板场、木悠、岩前等坑，……砂烧水银……居人指为生计，岁额水银一百六十斤入贡，而民间贸易往往用之比于钱钞焉”。同书同卷记载，永乐年间，婺川地方是“有坑砂之利，商贾辐辏，人多殷富”。“府旧为苗夷所居，自祐恭克服之后，芟除殆尽，至今居民皆流寓者，而陕西江西为多。陕西多宣慰使之羽翼……江西皆商贾宦游之裔。”此条记载说明，至迟到明代嘉靖时期，务川丹砂开采者已经不是土著居民群体，而是后进的汉人群体，即说明此地的土著居民群体已被排除于丹砂开采业。

丹砂是主产于武陵地区的不可再生的稀有矿产，自在先秦时期被开发使用以来，就成为当地土著居民群体的主要生计来源之一，亦成为当地土著的自治政权向中原王朝政府朝贡的主要特产。明清时期，务川境内的丹砂大量开发与贸易带来的利益，引发中原王朝政府与土著居民地方自治政权原有关系的变化。中原王朝设置的流官政府最终取代了土著群体高度自治的地方政权，原来不用缴纳赋税的土著居民群体，自此成为中原王朝治下的编户齐民，新设立的流官政府随之控制了务川境内的主要丹砂产地。随着流官的设立，大量汉人群体在明清时期涌入黔东北地区，或仕宦，或耕种，或经商，逐渐控制了当地丹砂的开采与贸易，引发了汉人群体与非汉土著居民群体关系的变化。

务川朱砂水银的开采、销售和进贡数量居于思南府之首，明代即在此设巡检司，明嘉靖《思南府志》载：“都儒、五堡、三坑等处巡检司，在县治西北。地名板场司。”龙潭申氏祖先曾三代任巡检司巡检职位，明《土官底簿》有载：“都儒、五堡、三坑等处巡检司巡检申世隆，原三坑团人，前任大万山长官司长官申俊系世隆孙……”龙潭申氏的族群身份认定，一部分村民认为经过民族识别认定，祖上世代以丹砂水银为生，申氏当是确凿无疑的仡佬土著；另一部分村民则以龙潭申氏族谱为证，“申族派演自炎帝、神龙氏名召年母曰安登有娲氏之女为少典，妃感神龙生帝长曰姜水，因以为姓……是我祖发祥分派以来始于南京，苏州吴县，继宦南官迁楚省后适黔都思南府婺川县，卜居火炭垭，后寨迄今派演支流派。”（引自龙潭村后寨申学伦保存的《申氏族谱道光手抄本》）认为申氏一脉是汉族流官之后。

总之，逐丹而徙的生计特征联通着人群的分类边界。“蛮僚杂居，言语各异：居西北者若水德江蛮夷，沿河、婺川者曰土人，有土语彼此不开谙，唯在官应役者为汉语耳。信巫屏医，击鼓迎客：有佯黄、仡佬、木徭、□质数种……采砂为业。”（明嘉靖《贵州图经新志·思南府风俗》）随着“皇舆一统”的历史实践进程，世情与时序的变化，使得明清之际的务川又一次因为丹砂资源而成为富庶一方的边疆之地。

商道维护

明清以来，王朝在务川境内的丹砂开采，除官办设局开采外，为了便于丹砂或水银的运输，官方还在丹砂产区进行过较大规模的道路修建工程，有清人诗述为证：“天堑攒山堞，何年有路通？丹砂开妙径，紫犵入华风。”而现存遗迹中瓮溪桥无疑是最好的例证。

瓮溪桥

瓮溪桥又名“瓮溪古桥”，位于务川县大坪镇龙潭村汞矿电厂，西距务川县城 12 公里。瓮溪桥因建于瓮溪水上而得名，瓮溪深涧陡壁，水流常遇山洪而暴发，其下流约 800 米合于洪渡河。瓮溪水历来是大坪、龙潭两村的自然村界，瓮溪桥一桥跨两村，其西即大坪村白羊湾，其东为龙潭村石老虎，是古代务川至红丝、官学、甘禾、三坑、板场等地的一座重要桥梁。

瓮溪桥东西向，单孔石拱桥，长 16.8 米，宽 2.3 米，净跨 6.5 米许，矢高 4 米许，桥距水面 19.2 米，桥两端设石阶以供上下，两岸古驿道依山傍岭，清晰可见。瓮溪桥的修造不施石灰和其他黏合物，系粗凿毛石逐层干垒而成，数百年风雨侵蚀，古桥至今仍基本完好保存，由此可见古桥修造工艺之巧和设计之科学。

该桥建筑年代由于无文字记载，只能依据桥上游80米处的“瓮溪桥路碑记”来进行推测。

“瓮溪桥路碑记”立于明万历十六年，该碑处原有一桥（为行文方便，下称“万历”桥），“万历”桥曾于清嘉庆四年维修，20世纪70年代毁于山洪，其间一直是当地村民的重要交通要道。“万历”桥、瓮溪古桥两桥并存。瓮溪古桥地理之险、修造之艰倍于“万历”桥，试想，如果“万历”桥建造于先，那谁会舍易求难又在相邻的地方重建一桥？由此，可以推测瓮溪古桥应修建于明万历十四年以前。

瓮溪桥的具体年代虽无从稽考，然此古桥下通洪渡河可达龚滩，上达盛产朱砂的板场、木鱼厂一带，系当年通往古思州（今务川）之要冲。

天运万历十六年，陕西西安府汞商陈君仁兄弟二人偕家眷捐资重建瓮溪桥，此历史事迹见于《重建瓮溪桥路碑》。重建的瓮溪桥路碑位于大坪镇龙潭村汞矿电厂西南约80米、瓮溪水东岸。

碑坐东向西，青石质，“凹”形碑首，碑高1.5米，宽0.75米，厚0.15米，碑柱宽0.1米，碑座为河岸岩石，平时离水面约4米，全碑阴刻，碑额横向仿魏碑刻“南无阿弥陀佛”“瓮溪桥路碑记”共2行，每行6字，每字0.1米见方；碑文竖向楷书，14行，每行25字，共约350字，落款为“天运万历十六年戊子岁五月立”，碑文四周刻水浪纹饰。碑文记陕西西安府汞商陈君仁兄弟二人偕家眷捐资重建瓮溪桥事。旁另有清嘉庆四年（1799）所立集资建桥的功德碑三块，其中一块残1/3；一块仅残留底部0.1米；仅有一块完整，计有人名350余人，估计为维修万历十六年所建瓮溪桥而立。

碑记记有的人名达350余人，可见捐资重建瓮溪桥之事，牵动人员之广泛，众人对此桥通商功用之重视。

乡土旅游

大众旅游，特别是乡村游，使龙潭同时面临着乡土景观的挑战与机遇。许多诸如特色行业、非遗、博物馆、农家乐等新兴事业、行业层出不穷，值得研究人员特别关注。龙潭的旅游发展主要是政府主导，与村民自发双轨促进，村民自发形成良莠不齐的农家乐为游客提供了服务。

农家乐

在当地旅游业的快速发展，以及土地被征收占用的现实情况下，本地居民中的一部分人就依托传统建筑的院落在家中开起了“农家乐”，以增加家庭的经济收入。据走访调查的初步估算，龙潭古寨开“农家乐”的发家致富的家庭是少数，从当地的常住人口来算，所占比例并不大。少数人发家致富的“反题”是，在多数人仍然过着以往并不宽裕的家庭生活时，其中不乏一部分人因此产生了抱怨心态，从而产生了一系列的矛盾与冲突，造成当地居民的不和谐，这在一定程度上违背了和谐发展、共同发展的美好意愿。

部分家户之所以产生不平衡的心态，有其认识上偏颇的原因。当地“农家乐”的开业属于农户自发性的行为，少部分“农家乐”开业者得到了政府的补贴，而政府发放补贴的不均衡与非透明化，也造成了当地居民间的猜忌与抱怨。随着当地乡土旅游的发展，家户间的竞争意识也在逐步提升，可当地居民由于缺乏正确的引导，部分居民形成了不良的竞争意识，这一问题往往体现在当地居民之间的一些言论攻击，制造矛盾，影响邻里间的和睦相处。一部分人赶上了发展的机遇，“农家乐”办得较为成功；一部分人由于竞争意识的薄弱，依旧过着以往的低收入生活。在时间推进的历程中，当地居民的贫富差距逐渐增大，人们总会产生一些妒忌之类的心理，而这一类人通常都是当地一些文化程度不高，经济收入相比之下较为低的人群。这类人大多缺乏市场经营经验，也没有过硬的技术，在见到其他人富裕之后，心里产生的不当想法在生产竞争日益增强之下，开始寻求心理发泄，往往他们发泄的对象就是那部分富裕起来的居民，导致当地居民之间关系的恶化，相互之间的信任度也逐渐降低。若长此以往，居民之间可能会形成信任危机，造成不和谐的“旅游城镇”氛围，从而降低游客的游玩兴趣，进而影响当地居民的经济收入，以及当地旅游业的发展。

另外，在当地居民做起生意的人群中，“农家乐”的兴起属于自发性的，还未建立起完善的市场竞争机制，当地市场相对无序化、不规范化。人们自发地开办“农家乐”，经营技巧和理念在相当大的程度上必然是不够成熟的，虽然当地政府也会不定期地组织相关的培训，可人们的手艺有好有坏，在当地居民缺乏良性的竞争意识与市场机制之下，长久以往，农家乐之间会不会形成一种恶性竞争也有待验证。

竞争意识匮乏，市场竞争机制不完善，在农民的生存资源和生活保障得不到长期稳定之下，当地居民对于当地以旅游为依托的新型城镇化发展的信心，在不完善的保障机制中会逐渐地被消磨掉，从而对龙潭古寨家户间的生活生产质量产生不利的影响。

非 遗

1. 大贰纸牌制作技艺

务川大贰纸牌制作源于民间，最先是在广大的民间艺人间制作，各地的艺人风格和水平各异，制作出来的大贰也不完全相同，图案不完全统一，书写的方法也不完全一样。20 世纪 40 年代，务川民间大贰制作因老艺人的离去而失传。居住在东门社区的张云才集民间大贰的各种风格于一体，把散落在民间的不同风格的大贰纸牌集中起来，取其优点，统一风格，制作成现在流行于务川的大贰纸牌。张氏大贰纸牌的制作有传统版本和现代版本两种，主要原材料为皮纸、桐油和有机颜料。

传统版本的工艺流程为：先将一张皮纸平铺在平整的木报上，刷一层桐油铺一张纸，当达到一定厚度时候便定为纸牌的厚度。将背面涂成黑色，正面涂成白色。待油纸风干后，用割刀切成长宽统一的规格纸牌（规格 16cm × 3cm），然后用红色颜料书写大写的贰、柒、拾和小写的二、七、十，用黑色颜料书写其他内容，这就算制成了。

现代版本的大贰纸牌主要是采用印刷的方式进行复印，其原材料有纸也有塑料片。现代版本的大贰制作是先刻制一个印模，分别将大写的“壹贰叁肆伍陆柒捌玖拾”和小写的“一二三四五六七八九十”刻成印模，然后将纸或塑料材料平铺在印模下印刷就行了。

传统版本的大贰纸牌工艺复杂，流程繁杂，且效率不高，进度缓慢，加上制作艺人不同，其风格各异，特色各异；现代版本的大贰制作，工序简单，速度快效益高，风格统一，被广泛推广和应用。

务川大贰的制作，讲究的是一个美观，每张牌的书写是在汉字的基础上进行演变，似图非图，似字非字，是书法和艺术的完美统一，美观大方，充分展示了仡佬先民的聪明智慧，具有很高的审美价值和研究价值。

2. 仡佬族高台舞狮

务川仡佬族高台舞狮具有“惊、险、奇、绝、美”的艺术特点，是黔北地区民间杂技的一朵奇葩。高台舞狮流传区域务川县位于贵州省东北部，东界德江、沿河，南邻凤岗，西交正安、道真，北隅重庆彭水。由于地理和历史的原因，这里的自然与人文生态保护比较完好。务川仡佬族高台舞狮源于花灯的庆新春和愿灯的酬神祈福求子，其发展经历了花灯→狮子灯→扑地狮子灯→高台舞狮的演变过程。高台舞狮表演的动作惊险刺激，传统的动作有五十余个，如“太公钓鱼”“黄鹰展翅”“宝塔冲天”“猴子捞月”“下岩摘桃”等，这些动作都是在用大方桌搭成的高台（7—10 米）上完成的，完成一整套动作需要 3 个多小时。务川高台舞狮套路完整，兼具文狮的温和柔美与武狮的威猛刚健，融合南北狮舞特点，既杂以嬉戏玩耍，又有高难技巧，融杂技表演与酬神祈福于一体，极具艺术性和观赏性，在中国狮舞文化、杂技艺术中占有重要的一席之地。

清末民国年间，是务川高台舞狮鼎盛时期，凡是大村寨的花灯班子都能演高台舞狮，并迅速向周边地区扩散，传入道真、德江、沿河、印江等地。进入20世纪80年代后，务川高台舞狮开始衰落，进入21世纪后，高台舞狮仅存在于务川县泥高、正南等少数乡镇，能表演高台舞狮的班子屈指可数。

狮子有“百兽之王”之美称，是芸芸众生喜闻乐见的形象，千百年来一直被视为神瑞之兽。中华民族有着悠久而灿烂的“狮文化”。遍及大江南北，妇孺皆知，是我国民俗文化中重要的内容。最早有关狮子舞的记载见于《汉书·礼乐志》，其中提到“象人”，以三国时魏国人孟康德解释，“象人”就是扮演鱼、虾、狮子的艺人，由此可见，至迟三国时已有狮子舞了。魏晋六朝以来，舞狮渐成习俗，北魏杨衒之《洛阳伽蓝记》中有“……辟邪狮子导引其前”的记载。到了唐代，狮子舞已发展为上百人集体表演的大型歌舞，还作为燕乐舞蹈在宫廷表演，称为“太平乐”，又叫“五方狮子舞”。唐以后，狮子舞在民间广为流传，宋代的《东京梦录》记载说，有的佛寺在节日开狮子会，僧人坐在狮子上做法事、讲经，以招揽游人；明人张岱在《陶庵梦忆》中介绍了浙江灯节，届时，大街小巷，锣鼓声声，处处有人围簇观看狮子舞的盛况。清代，舞狮内容更加丰富，已成为过年过节的必备节目。务川高台舞狮源于何时，阙无史料，无从考证，虽较之河北舞狮和广东舞狮的盛名，不能相提并论，但因其兼具南狮和北狮的特点，具有鲜明的地方特色，因而在中国狮舞文化中占有一席之地。

世代生息繁衍在务川境内的仡佬族人民，是务川高台舞狮文化传承和发展的社会基础。务川是一个环境恶劣、经济落后、交通封闭的山区，在过去，仡佬人一直过着“靠天吃饭”的生活，习惯于刀耕火种，加之地处偏远，远离政治经济文化中心，人们对当时各种先进文化知之甚少，对一些天文现象、自然灾害、疾病瘟疫等无法做出合理的解释，便向神灵祈祷、谢恩，以求庇护，祈望风调雨顺、五谷丰登、人财两旺、吉庆平安。而在民间传统中，狮子被视为哀乐与共、利物利人的神秘力量，于是以舞狮酬神消灾、舞狮祈福求子等一系列的活动就应运而生，人们在舞狮的同时，不仅表达了礼仪，了却了心愿，而且还娱乐了身心。酬神和娱人的有机结合，给舞狮文化的传承和发展注入了强大的活力，前者满足了人们求助神灵的愿望，后者满足了人们精神生活的需求。

务川由于地处边陲，所属变动频繁，文献资料对务川的历史记载较少，高台舞狮亦多为民间传承，故其起源难以考证。在民间，认为务川高台舞狮从四川最早传入务川县泥高乡商家坝，后传入泥高乡川东坝。清末中华民国初年，高台舞狮迅速向周边地区扩散，传入道真、德江、印江等县。高台舞狮一度在务川的村村寨寨盛行，清代务川人申伯符所著《南园纪事》中即有“各以其事祷神，逮如愿则酬之。……祈年，则上元龙灯、社会、神会及各庙斋醮均此意也”的记载，1949 年至 20 世纪 60 年代，务川农村一些较大的村寨仍然有舞狮班子。

高台舞狮作为务川仡佬族一种具有独特民族风格的民间娱乐活动，在务川流传已久，并长盛不衰，兼具北狮和南狮特点，熔文狮与武狮于一炉，集杂技和体育于一体，具有较高的民俗价值和观赏价值。

狮子，系用当地产硬度高、柔韧性好的金竹扎成，狮身长 8 尺，用 12 层皮纸裱糊，然后蒙上淡黄色布，再缀以金黄色的线条，狮头施以彩绘。笑和尚与孙猴子的面具均用 12 层皮纸在泥作的模子上裱糊而成，同样，面具也要彩绘。制作一般都由专人负责。

高台舞狮的演出，20 世纪 70 年代以前，分为出“愿灯”和要“闲灯”两种。出“愿灯”的内容大多是进行酬神、消灾、祈福、求子，祈福表演“跃龙门”、求子则表演“送宝”。“愿灯”只能在主人家的堂屋进行。要“闲灯”是在正月初一至十五期间的演出，由某一村寨的寨老邀约舞狮队到该村寨进行演出，正月十五夜十二点前必须收灯。或是受主人家邀请，贺喜演出。高台舞狮的表演一般穿插在狮子灯的演出中进行，白天演高台狮子，晚上演狮子灯，现在已成为一个单独的演出节目，以贺喜为主。罗家湾高台舞狮在每次演出前，掌坛师傅必须要为上台的主要演员分别打卦，卦分阴、阳、圣三卦，只有在阴、阳、圣三卦都打转的时候，演员才能上台表演，顺利为每位演员打完卦后，师父面向师祖牌位默念祷告语，烧香纸，然后开始搭台。搭台即是用大方桌一张张叠成高台，这种大方桌在当地家家都有，当地称为“大桌子”。“大桌子”高 1.2 米，桌面 1m × 1m，柏木做成，坚固牢实，一般放在堂屋香龛下。所需“大桌子”由主人家到村子里借来使用。高台有两种搭法，一种是将大方桌一张一张叠成塔形，上下等大，称作“一炷香”；另一种是先在地面摆放三张桌子，二层两张，其上为一张，形似宝塔，故称“宝塔形”。所用“大桌子”，一般六七张，最多时可叠十二张，最上一张桌子倒放，四脚朝天，整个高台高7—10米。每叠一张桌子，都要垫上草纸，在垫最后一张桌子时，师父要为所垫草纸画符，祷告并为演员“藏魂”。撤台后，师父要收好草纸垫，然后“放魂”。舞狮队演出时，最少要8人，一般12人，其中锣鼓唢呐6人，“笑和尚”“孙猴子”各1人，舞狮2人，小狮子1—2人。

高台舞狮的演出顺序是：先是响器“打闹台”，然后“笑和尚”用各种动作从主人家的堂屋逗出狮子，并逗着狮子绕高台一周，狮子回到堂屋内。然后“孙猴子”和“笑和尚”开始表演，两人在平台的动作以各种“桩儿”为主，如靠台桩儿、捧手桩儿、观音捧手、跳四桌角、桌上三根桩儿、平台对角桩儿等，其他还有鲤鱼跳龙门、过平台、滚绣球、杨道拐、打马赶路、鳌鱼吃水、蛤蟆拖猴等动作。两人互相逗着上台，到了1米见方的高台，开始了高台表演，“孙猴子”和“笑和尚”在高台的表演有徒手表演和借助一条长板凳作为道具的表演两种。两人相互配合，表演各种惊险的动作，这些动作以各种“倒立桩儿”为主，且都有一个生动而形象的名称，如“蜘蛛牵丝”“太公钓鱼”“戏金猴”“黄鹰展翅”“猴子捞月”“攀岩观景”“下岩摘桃”“鲤鱼摽滩”“鹤立峰顶”“金龟驮碑”“双鹤饮水”“宝塔冲天”“悬空立柱”。“戏金猴”就是“笑和尚”将双脚并拢伸出桌子外，“孙猴子”以头悬空倒立于其脚踝处，然后“笑和尚”猛然双脚一放，“孙猴子”顿往下坠，“笑和尚”迅疾并拢双脚托住“笑和尚”的双肩（这时观众一声惊呼，心提到了嗓子眼），“笑和尚”的头在“孙猴子”的脚下露出。“金龟驮碑”就是“笑和尚”将手脚置于方桌四腿，俯面凌空，“孙猴子”翻上其背，头顶其后颈，身体一伸，脚指蓝天，似宝塔耸立，故名“金龟驮碑”。在所有的动作中，难度最大的有两个，一个是“下岩摘桃”——“笑和尚”以双脚伸出桌外，“孙猴子”匍匐于“笑和尚”双脚上，慢慢从“笑和尚”脚尖滑出桌外，最后以两脚勾着“笑和尚”的脚尖，整个身体挂在空中，并做伸手摘桃怡然享用状，最后还要弯腰翻上桌面；另一个高难动作叫“宝塔冲天”，表演“宝塔冲天”要三个人，“笑和尚”和另一个人双手互撑，分别站在倒立桌子的四条桌腿上，搭成高台上的一个“人”字形塔，“孙猴子”从两人中间倒立爬上两人头顶，然后再在两人头顶倒立起来。“孙猴子”和“笑和尚”的表演告一段落后，整个铺垫就完成了（以前，这时“孙猴子”要向观众讨喜钱）。锣鼓唢呐再次齐鸣，狮子就出场了，当地人称狮子为“大头子”。狮子有1大2小，大狮子由两人共耍，小狮子由一人单玩，上台表演的大狮子必须是经过多年训练的两人。群狮在“笑和尚”的引导下，从堂屋重新出来，开始在平地的表演。狮子时而左蹦右跳，时而摇头摆尾，时而扑地翻滚，时而腾空跃起，平地表演完毕，狮子开始上台。狮子上台有翻上、圈上两种上法，翻上即一层一层翻着上；圈上即每层绕桌腿一周后再上第二层。狮子到达台顶，要表演各种动作，如抖毛、搔痒、踢腿、舔脚、望月等，狮子表现得时而威猛，时而温驯，将狮子的生活情态表现得淋漓尽致。狮子的表演高潮在“踩斗”，即狮子站在方桌的四条腿上，或进或退，不断变换方位，交换位置，步法灵活，动作流畅，如履平地，从容表演各种惊险、刺激的动作。至此，狮子在高台的表演告一段落，开始边下边撤台。狮子下台有圈下、翻下、倒立滑下三种下法。狮子撤台把桌子一张一张拿下来放在地上排成一排，然后在桌子的平台上由“笑和尚”逗着狮子继续表演，这时的表演以翻滚、跳跃等力度大的动作为主。直到“笑和尚”把狮子逗回主人家的堂屋，整台演出才告结束。罗家湾高台舞狮整套动作共有56个，完成一台完整的表演通常需要3小时左右。

高台舞狮表演的伴奏乐器主要有：锣、鼓、钹、铰子、勾锣、马锣子、唢呐（一大一小）、叫尺等，这些乐器可以单独伴奏，也可以联合伴奏，以锣、鼓打击乐器为主。伴奏的调子有过街调、龙灯头、半桩头、一棒起花、扑灯蛾、金鹿声、四品、杨顺儿等。“孙猴子”和“笑和尚”出场用的锣鼓点子为龙灯头接阴锣阴钹，根据表演动作的快慢，调整乐曲节奏的快慢、强弱。狮子表演时的伴奏以“杨顺儿”为主，十分强调节奏，

主要为八拍反复："仓才才仓才|仓才仓才仓○|仓才仓才仓仓才|仓才○才仓○|"狮子表演的锣鼓节奏根据舞狮动作也有强弱松紧之分，表演狮子休息、舔毛等细小动作时，取消节奏，碎击弱奏。"孙猴子"和"笑和尚"表演时的伴奏多用"金鹿声""四品"等牌子。

务川高台舞狮是仡佬族人民千锤百炼而流传下来的集体创作的结晶，具有广泛的群众性和民间传承性；务川高台舞狮是仡佬人生活中利用生活用具（大方桌）进行艺术表演的一种形式，是仡佬族人热爱生活、热爱生命的具体体现；务川高台舞狮套路完整，表演有铺垫、有高潮、有结尾，充分体现了群众的集体创作智慧，极具艺术性和观赏性；务川高台舞狮动作惊险，讲究力学技巧，是一门高难度的"外人学不来的艺术"；务川高台舞狮 56 个动作多以动物名之，形象生动，具有原始古朴的艺术表现力。

务川高台舞狮，在整个黔北地区的民间杂技中占有重要地位，是黔北民间杂技的缩影。其价值主要有三点：高台舞狮是仡佬人传统文化的突出表现形式，寄托着仡佬人美好的期盼，寓含着仡佬人的精神、信仰、价值取向。

高台舞狮面临濒危的社会历史文化背景。现在年青一代价值取向发生了转变，欣赏的是电视、网络等娱乐文化，追求的是篮球、桌球等时尚运动，传承民族传统文化的热情正在丧失，这是造成传承人的培养青黄不接的原因。高台舞狮动作危险、难度极高，使学习这门"绝活"的青少年日趋减少；加之高台舞狮的技艺必须从小学起，现今青少年忙于学习，既无时间，也不愿学习这项既不赚钱又无名声还有身体危险的手艺，高台舞狮处于传承后继乏人的境地，传承的群众基础发生动摇。近年来，随着人们思想观念的转变，高台舞狮酬神祈福的功能逐渐消失；同时，高台舞狮庆喜的作用也由于现在"办事务"的人家图简单，很少邀约舞狮班进行表演了，舞狮文化传承的群众基础开始动摇，老艺人数量锐减。

3. 仡佬族唢呐曲牌

唢呐是中国历史悠久、流行广泛、技巧丰富、表现力较强的民间吹管乐器。它发音开朗豪放，高亢嘹亮，刚中有柔，柔中有刚，是深受广大人民喜爱和欢迎的民族乐器之一，广泛应用于民间的婚、丧、嫁、娶、礼、乐、典、祭等仪式伴奏。

唢呐在务川称为“吹打”，多用于婚丧喜庆等民事礼俗活动中，也用作民间歌舞和戏曲伴奏。两支唢呐为“吹”，锣、鼓、钹、铰等打击器乐为“打”，唢呐锣鼓合奏即为“吹打”。一支传统的吹打乐队由阳唢呐（小唢呐）、阴唢呐（大唢呐），大锣、勾锣、马锣子、鼓、钹、铰八种器乐组成，演奏者一般为八人。其传统曲牌不下百种，主要由正字、反字、黄字、繁字四套曲牌组成，反字、黄字、繁字又可以分别与正字相配组成。“正字”曲牌有：四品、观音调、四包、慢慢洋、阳水、满堂红、大、中、小水六声；“黄字”曲牌有：大黄字、小黄字、三声黄、四声黄、竹叶青、金六声等；“繁字”“反字”曲牌与“正字”曲牌基本相同，只是起调不同而已，“反字”比“正字”高一个调，“黄字”比“反字”高一个调，“繁字”又比“黄字”高一个调，“繁字”曲调最为高亢、尖锐。正、反、黄、繁的每个曲牌都有一个“起水调”，即“叫口”，用以定调。演奏“长路引”时，以马锣为主；演奏“打闹台”时，以钹为主，加大锣、勾锣、马锣。演奏技法上主要采用“循环换气”法，也有较多的滑音。演奏技法上主要采用“循环换气”法，也有较多的滑音。务川唢呐演奏者们采用nong、di、dong、luo、dang五音记谱法，曲谱为传统的古法曲谱——五音谱；其乐理高低和音相配，阴阳相生，产生和谐优美的音乐美感。仡佬族唢呐曲牌调音丰富，古韵浓厚，喜调轻快、欢乐，吹奏时激昂嘹亮、和谐悦耳；悲调深沉、低吟、委婉幽怨，极富艺术的表现力和感染力。其高低和音、阴阳相生的吹奏技法具有独特的艺术性。唢呐曲牌是仡佬族优秀的民间音乐艺术，对研究仡佬族传统音乐乃至中国音乐古谱都具有较高的价值。

务川仡佬族唢呐曲牌广泛运用于仡佬族人的各种人生礼俗活动，具有民间礼乐的性质。在各种人生礼俗活动中，无论悲喜，都要用唢呐曲牌来表达强烈的感情，其和谐优美的音乐美感体现了仡佬族人对美好生活的热爱和向往。仡佬族唢呐曲牌广泛流传于务川自治县全境十五个乡镇，而几乎每个较大的村寨都有一个吹打班子。

据历史资料考察，唢呐流传于波斯（音译 Surna），金元时期传入中国，明清时期广泛流传于民间。在唐代，大锣、勾锣、马锣子、鼓、钹、铰等乐器为花灯戏伴奏，随着唢呐的传入和元曲的兴起，唢呐与锣鼓钵等打击乐器相结合，从元曲中吸收曲牌的元素逐渐发展成完整的唢呐曲牌并分离出来，形成独特的唢呐曲牌。在元曲中有《越调·耍三台》《商调·满堂红》《黄钟宫·节节高》等曲牌名，而在务川的仡佬族唢呐曲牌中也有这些曲牌，由此可见唢呐曲牌来源于元曲是值得深入研究的课题。

仡佬族唢呐曲牌几乎可以在任何人生礼俗的场合使用，或悲或喜，或庆或吊，红白喜事，婚丧嫁娶，都离不开唢呐吹打；仡佬族唢呐曲牌调音丰富，古韵浓厚，喜调轻快、欢乐，吹奏时激昂嘹亮、和谐悦耳；悲调深沉、低吟、委婉幽怨，极富艺术的表现力和感染力；仡佬族唢呐曲牌源于元曲，保存古调内容丰富，多为传统五音曲谱，每个曲牌有固定的吹奏套路；务川仡佬族牌唢呐曲牌的主要乐器为大小两支唢呐（亦称阴阳唢呐），阳（小唢呐）为主调，以阴（大唢呐），吹奏时两支唢呐高低和音相配，阴阳相生，产生和谐的音乐美感。

务川仡佬族唢呐曲牌古朴、丰富，套牌完整，保存良好。其高低和音、阴阳相生的吹奏技法具有独特的艺术性。唢呐曲牌是仡佬族优秀的民间音乐艺术，对研究仡佬族传统音乐乃至中国音乐古谱都具有较高的价值。务川仡佬族唢呐曲牌广泛运用于仡佬族人的各种人生礼俗活动，具有民间礼乐的性质。儒家历来重视礼乐教化，孔子说“人而不仁如礼何？人而不仁如乐何?”就是将礼和乐的精神归结为“仁”。孔子还认为，“移风易俗，莫善于乐；安上治民，莫善于礼”。礼乐是建立崇高人格、促进社会和谐的一种教育手段。务川吹打的音乐教化功能同样如此，在各种人生礼俗活动中，无论悲喜，都要用唢呐曲牌来表达强烈的感情，其和谐优美的音乐美感体现了仡佬族人对美好生活的热爱和向往。

4. 仡佬族盘歌

盘歌即盘问的歌谣，盘是盘问之意，是把直接的询问方式改变为用歌曲演唱的形式来完成盘问人所要表达的内容。在一盘（问）一答之间，开启传授知识、讲解事由、娱乐心情。岩脚仡佬族盘歌的内容广泛，歌词简单明了。“盘歌”有固定的节奏韵律，其歌词多用比喻句。歌词内容千变万化，根据不同环境、不同对象、不同人物而不断变化歌词的内容，十分灵活，反映了仡佬族先民的临时应变能力，又反映了仡佬族人丰富多彩的民族文化。歌词内容主要有盘古人、盘花、盘家事等。

盘古人——

（问）张秀才咪李秀才，唱首盘歌给你猜。

天上桫椤谁人栽，地上黄河谁人开。

哪个先人种五谷，哪个钻木取火来。

哪个修的洛阳桥，谁送灯台回不来。

（答）张秀才咪李秀才，这道盘歌我来猜。

天上桫椤王母栽，地上黄河禹王开。

神农老祖兴五谷，燧人钻木取火来。

鲁班修的洛阳桥，赵巧送灯不回来。

盘花——

（问）什么开花红彤彤，什么开花起筒筒。

什么开花起吊吊，什么开花像毛虫。

（答）石榴开花红彤彤，松树开花起筒筒。

核桃开花起吊吊，白杨开花像毛虫。

盘家事——

（问）哪样出来高又高，哪样出来半山腰。

哪样出来连械打，哪样出来棒棒敲。

（答）高粱出来高又高，苞谷出来半山腰。

豆子出来连械打，芝麻出来棒棒敲。

仡佬族盘歌在演唱方法上采用了一问一答的形式，在演唱中叙事传情，在对歌中娱乐，在盘问中明理，叙事等；在描写手法上大量使用了肖像描写、语言描写、行为描写、心理描写等；在构思技巧上使用了伏笔、夸张、讽刺等；在修辞艺术上使用了谐音、顶针、拈连、比喻等，具有较高的文学价值。盘歌也是仡佬族长期以来的生活积累和知识结晶，深深扎根于民间，富有浓郁的地方特色和民族特色。

此外，务川龙潭的仡佬族采砂炼汞技艺绵延两千多年，由技艺所创造的物质积累对仡佬族的历史发展、族源演变都产生了巨大的影响，研究仡佬族采砂炼汞技艺，实际就是对仡佬族历史的研究。仡佬族"三幺台"习俗，普遍为仡佬族人所掌握。这种习俗实际上来源于古代的某种祭祀活动，其严格的礼仪要求，对规范人们的礼仪活动、约束人们的社会行为，都具有重要的作用。其他还有如傩戏对研究戏剧历史、"奠土"对研究仡佬族的原始农耕社会、"宝王"祭拜习俗对研究仡佬族的宗教信仰等都具有较高的研究价值。仡佬族婚俗所体现的礼仪要求是仡佬族伦理道德中最重要的内容，是传承仡佬族传统文化、传统道德的主要形式。高台舞狮融合南北狮舞特点，融杂技表演与酬神祈福于一体，独具民族特色和地方风韵。

文化遗产其实是人类与自然、社会、身心不断协调、呼应互动中得以体现的特有形态：初生为元，开花为亨，结子为利，成熟为贞。就表面而言，文化遗产是人们不断选择性重构的产物，此所谓"简易"与"常易"之道；而先祖生命世代累积的生存智慧与文化精神，作为基础的传统观念，尤其是它们所承载的宇宙观与价值观，则以"不易"之历史先天性，决定着人群一致化的思维和实践运行方式。务川人与丹砂资源的关系，决定了务川人依赖丹砂资源的物质需要，并因之产生了对丹砂始祖的精神敬仰（宝王崇拜）。以丹为业，怀丹于心，逐丹而生的生计方式，使先民们必须合天时、应地力，求人和。生存适应之经验浓缩于"人法地，地法天，天法道，道法自然"的哲学知见中，形成了中国人时空合一、三才一体、万物同构的思想传统，并以血缘和亲缘，形成了宗法道德的社会约束机制。

旅游再选择

近年来，务川打造"中国仡佬之乡"的民族文化旅游资源，依托龙潭村举办仡佬族“吃新节”，加之杭瑞、银百、德习高速的建成通车，便捷的交通加快了务川民族文化旅游的步伐，作为“中国历史文化名村”的龙潭村成为务川向外界展示仡佬族文化的一个重要窗口。龙潭古寨作为丹砂文化的集散地，申姓家族组成的古村落可以说是集中系列展现地方性知识的认知与诠释系统的窗口。对于这一新兴的行业，龙潭的旅游发展表现为两条腿走路：一是民众自行开发经营；一是与商业集团合作。

龙潭古寨旅游资源分类表与旅游呈现①

主类	亚类	基本类型	旅游资源
地文景观	综合自然旅游地	山丘型旅游地	区内喀斯特浅丘
		谷地型旅游地	洪渡河谷
	沉积与构造	断层景观	洪渡河喀斯特断崖、试心崖、天梯、一线天
		褶曲景观	洪渡河喀斯特褶曲地貌
		矿石矿脉与矿石集聚地	丹砂矿
	地质地貌过程形迹	凸峰	洪渡河沿岸喀斯特峰峦
		独峰	九天母石顶峰
		峰丛	洪渡河沿岸喀斯特峰丛
		峡谷段落	洪渡河两岸
		奇特与象形山石	九天母石、仙龟打伞、乌龟石
		岩壁与岩缝	试心崖、天梯、一线天
水域风光	河段	观光游憩河段	洪渡河
	天然湖泊与池沼	观光游憩湖区	石垭子湖
		潭池	龙潭
生物景观	树木	林地	竹林、松柏林
		丛树	竹林
	花卉	草场花卉	野百合花
天象与气候景观	天气与气候气象	避暑气候地	龙潭村

① 《务川仡佬文化旅游景区建设发展规划（2013—2022年）》，成都新界标投资咨询有限公司、北京世纪唐人旅游发展有限公司2013年版。

续表

主类	亚类	基本类型	旅游资源
遗址遗迹	史前人类活动遗址	原始聚落	濮人原始聚落
	社会经济文化活动遗址遗迹	历史事件发生地	仡佬人采砂炼汞
		生产活动遗迹	淘沙炼汞遗址
		交通遗迹	翁溪桥
		废城与聚落遗迹	大元古国
建筑与设施	综合人文旅游地	教学科研实验场所	龙潭村小学
		康体游乐休闲度假地	龙潭丹砂古寨风景区
		宗教与祭祀活动	申祐祠、宝王庙、九天母石寨祭祀台
		文化活动场所	九天水榭
		社会与商贸活动场所	大坪古镇
		景物观赏点	九天母石寨、龙潭村沿河高地
		楼阁	鼓楼、钟楼
	景观建筑与附属型建筑	碑碣（林）	九天回廊书法碑林
		广场	九天水榭、百合台、申祐广场
		建筑小品	历史文化石、图腾柱、景观池、奉碑亭、三净亭
	居住地域社区	传统与乡土建筑	濮裔市、罗多氏、河只氏、九天回廊、龙潭古寨
		特色社区	龙潭村
	归葬地	墓群	汉墓
	交通建筑	桥	九天大桥、米家山大桥
		港口渡口与码头	洪渡河码头
	水工建筑	水井	天井
		堤坝段落	石垭子水库堤坝
		灌区	石垭子水库灌区
旅游商品	地方旅游商品	菜品饮食	三幺台、油茶、野百合、务川牛肉干等
		农林畜产品与制品	豆制品、野百合、大蒜、茶叶、野生蜂蜜、魔芋等
		中草药材及制品	春兰、白芨、石斛、野百合、黄连、天麻、洛党、五倍子等
		传统手工产品与工艺品	草凳、藤椅、工艺手扇等

续表

主类	亚类	基本类型	旅游资源
人文活动	人事记录	人物	宝王、申祐、申翰林等
		事件	申御史见义勇为三事
	民间习俗	地方风俗与民间礼仪	打闹歌、傩戏、高台戏、踩堂舞、仡佬族婚嫁习俗等
		民间节庆	祭天朝祖节、八月节、祭山节、吃新节等
		饮食习俗	仡佬族饮食习俗、“三幺台”美食习俗
		特色服饰	仡佬族服饰
合计	8 个主类，19 个亚类，51 个基本类型		

民众自行开发经营：有家族式的集餐饮娱乐住宿的农家乐山庄——荷花山庄。该山庄承接了至龙潭休闲娱乐的大部分游客资源，经营管理趋于模式化。此外，还有龙潭古寨内的家户自发形成的农家乐游客服务，受众游客主要是务川县城周边的一日游散客，可以提供烧烤、麻将、餐饮兼少量住宿。前几年龙潭古寨大规模的整修复建，建筑施工队伍陆续进入，也成为家户农家乐的客源。

政府招商引资，与商业集团合作的旅游发展，是当下龙潭旅游发展的主要方式与力量。政府投入大量资金建设龙潭村落的硬件设施——商业街、住宿酒店、商品房先后建成，而在以旅游促进当地经济发展的龙潭村落，如何保持长期可持续发展的问题，值得思考。龙潭古寨旅游发展的内生力、旅游经济收入的村民分享度，旅游商品的地域特质性等问题，都是当地旅游发展要面对的问题。目前龙潭的旅游发展在游客产品方面表现较单一，如初步加工的农产品，如百合粉、豆腐、糯米糍粑等；依托丹砂资源初步开发的鸡血石旅游纪念品。

特色与增色

我国的村落除了作为乡土社会的基层单位所表现出的共有特征外，每个村落都有其特性。龙潭村落景观的主要特色为：

1. 仡佬族民族文化资源

务川以"丹砂古县""仡佬之源"自称，并非无中生有。首先，务川境内卜家山、卜口溪、濮生台、濮住溪等古地名，无言地刻记印证着"濮僚边蛮"的历史足迹；其次，务川各族群众广泛流传"蛮王仡佬，开荒辟草"的民间歌谣，时刻传递确认着"古老前人"的合法身份；最后，逐丹而徙的生计特征和联通着人群的分类边界。在1983年务川县民族识别工作中，"祖辈是否从事丹砂采掘"成了确定仡佬族族属的主要根据之一。[①] 龙潭人通过历史事件的选择性表述，把过去和现在相连（古老户与仡佬族的关系），建立了族群的时间制度；通过具体人群与特定环境的绑定结合（申姓氏族村落），区分了"他者"和"我者"的空间关系，形成相应的空间制度。这样的编排将历史记忆与身份认同紧密结合，既表现了对族群文化原生纽带的守护，满足群体的情感归属，又反映了族群场景化策略性的工具选择，解释文化的形成变迁。

2. 村落景观整体布局

宗族景观，包括江边一带的邹氏宗族的宗祠、始祖墓碑、牌匾楹联，墓碑石刻都有遗存。与宗族的历史关系、建筑风格交相辉映，和谐共生。此外，风水景观也包括在其中。

3. 群落人文景观呈现

（1）务川的地方性文化传统，首先是对丹砂资源利用、适应总结的历史成果。丹砂资源的特殊位势，使务川龙潭古寨人在不同历史语境下，或因丹砂资源的开采，或因亲缘关系的偶然组合，对人、事、物的认知与认同都在不断地生发演化，亦由此形成独特的"文化景观"。"夫嫁，为之者人也，生之者地也，养之者天也。""天"指示模塑务川地域内人群的认知观念，巫傩等因素；"地"指示资源、水利、地形等条件；而"人"乃是资源交换中的主体。这一"天、地、人"结构，充分体现了中国传统人文思想的整体观、联系观和动态观。

（2）龙潭人通过丹砂的生产、交换、消费、分配建立起集体意识和文

① 务川仡佬族苗族自治县民族事务局编：《务川仡佬族》，贵州民族出版社2006年版，第13—14页。

化传统的关系纽带，业缘超越亲缘、地缘、神缘，成为“凝聚性结构”的关键视角。务川龙潭人由于丹业昌荣，文化涵化（acculturation）[①] 带来的汉文化儒家纲常，已在日常生活中全面规范着族群的组织结构和行为方式。逐丹而生—以丹为业—怀丹在心，这是龙潭人以“谱系性失忆”和“结构化信仰”合构的集体意识与价值传统。

（3）丹砂资源之自然生态，物人聚集，故有龙潭之百年古寨犹存。作为一个丹砂资源丰富、汉夷互动地带，龙潭古寨以“资源聚集，汉夷融合”的丹砂文化核心价值观，历史性地实现了不同文化观念，甚至是不同文明体系之间的关联。先祖们始终将他们生活的意义聚焦在“丹砂”与“交换”之上，以之形成认同，构造秩序。水之贯穿，正是龙潭丹砂开采地进乌江、入长江，直通政治经济中心的通道。人群的认知与认同，是遗产之内蕴与外显不断变迁的主要力量，它会不断改变文化遗产格局。

一方面，丹之物质、技术、信仰相互影响渗透，通过实践活动交织成为典型的地方性知识体系，人们以之为生活的指导原则，世代相承；另一方面，他者认知与利益关系不断羼入纠结，又形成了复杂而多变的环境支配因素，使丹之生业、生态和生命的实相在动荡中艰难执守。

人在神圣与世俗之间往来转换，以繁杂的仪式来操持、把控、节律着与丹相关的所有事务：现有留存在务川境内的采丹祭祀——“宝王”崇拜就是通过“宝王”信仰，采丹人自觉形成了对自然的敬畏，取之有度；同时也主动生成了行业的归属与约束，分之有法。由信仰出发，丹的采炼服食是人们精神世界的形式化表达。就技术而言，这一系列行为是人们具体的工艺化活动；从物质来看，丹与丹的衍生物更是人们现实生存的日常化需求。以丹为业，养民生，兴城邑，建邦国；怀丹于心，知生死，明祖源，得皈依。丹砂经济在促进武陵山区社会分工的同时，也使传统的聚落方式开始改变。丹砂资源的官方管理，更是早于秦汉，至明代，土官与中央政府对丹砂资源的争夺，则直接导致了土司制度的废除，撤司建府，改

① 涵化是人类学文化变迁理论中的一个重要概念。文化涵化是指异质的文化接触引起原有文化模式的变化，当处于支配从属地位关系的不同群体，由于长期直接接触而使各自文化发生规模变迁。

土归流。作为衣食之源，“以丹为业”是土著居民重要的经济生产方式，其所带来的流动性，也在华夷磨合中成为政治关系建构与重构的重要因素；“怀丹于心”是相对于汉文化的精英阶层而言的，丹学是以儒释道的信仰教义为核心，相融百家修持法门、仪式制度、道德伦理的主流和显学。黔东北地区的人们将丹砂视为圣物，生死相依。在他们的观念中，丹砂是另一个世界的灯，没有了丹砂，就找不到“回家”（祖灵之地）的路。因此，他们在制作传统食品时常常会加入“土红”（朱砂粉）；民居建筑普遍都使用朱砂作颜料涂漆装饰；老人死后，要在坟墓里撒朱砂，安冢墓、接龙气、利子孙。

4. 耕读传统特色鲜明

多读书，乐仕进；忠孝至德，千秋完节。儒家思想成为地方族群肯定传承的核心价值观。

总　结

山川钟毓之气，使之然也。从天文、地文与水文之情况看来，务川乃是中国矿业文明最早发达的地区之一；人们逐丹而生、以丹为业、怀丹于心，是地方文化的核心价值稳固之一；而华夷互渗，俗效中华的政治经济历史走向，却使其文化的表现形式渐被德化。务川龙潭的地方性文化传统，是对“以丹为业”之生计方式适应总结的历史成果。

务川龙潭的地方发展史与丹砂息息相关。夏商时期，丹砂开启了务川工业先河；秦汉时期，丹砂引领务川商贸往来；明清时期，丹砂推动了务川土改归流；20 世纪中后期，汞矿直属央企，盛极一时。古老前人，地盘业主。逐丹而生的采砂人群，将这样一个“地瘠薄不给于耕”的西南偏远山区，造就成了历代具有先进繁荣文化经济水平的古邑重镇。

逐丹而生—以丹为业，铸就了务川地方特型化的知识谱系与道德伦常。而务川的士、官、民阶层，则各自以经书典籍、法制民风的不同形式，将之呈现与表述出来，正所谓“圣人明知之，士君子安行之；官人以为守，百姓以成俗。其在君子，以为人道也；其在百姓，以为鬼事也”。

务川龙潭的族群文化景观，是“怀丹在心”的仡佬人历史记忆和身份认同的物化呈现。

丹砂的业缘关系超越了亲缘、地缘和神缘，成为务川仡佬族历史记忆和身份认同的关键性视角。小地方的物资生产（丹业）一旦与大传统的生命信仰（丹道）联通，地方族群自身的繁衍代谢过程中就会呈现明显的主流文化性和制度性变化。宝王巫傩，天地君亲，在这一过程中实现了相互挤压与扩张的悖论统一。地域内的“民众”，从表面上看似乎是在集体无意识的生活惯习中被动遵循着文化阶序，恪守着生存之道；但同时他们也在异文化和新文化的冲击渗透下，不断进行着主动性选择、调试和创造。文化的“底层”与“叠加”，并非简单的更替交换，而是多维的累积融合。排斥、兼容、重构的动态历史，成为务川龙潭仡佬族人以丹砂文化“化成天下”的生动图景。

调研组成员：张颖　杨春艳　闫玉　王呈等

执笔：杨春艳

广西龙胜龙脊大寨村乡土景观

引　言

南岭自秦汉时期始称，系基于军事战略需要对当时楚国之南、现湘桂赣粤相连的群山区域的总称。狭义上，南岭西起于广西桂林，东到江西赣州，北至湖南邵阳、永州，南线为广西贺州北部、广东清远、韶关市北部。南岭以五岭为代表，即越城岭、都庞岭、萌渚岭、骑田岭和大庾岭，也是秦汉早期南下行军路线的五个战略驻地。作为长江水系与珠江水系的分水岭，在地理空间上，南岭是华中和华南的自然与农业生产差异的分界线。20世纪末，费孝通先生在阐述其“民族走廊”学说时，曾多次提及“南岭山脉的民族走廊”①。“走廊”系指文化地理上的空间类型，也可说是连接不同文化间的特殊通道，是历史情境中各族群互动的交往结果。走廊往往与该地区的自然地貌有关，其形制体现了人对环境的认识和适应，同时也反映出特定族群的文化交往和传承。南岭走廊地形破碎，山谷林立，各民族族群间呈现为立体空间分布。在南岭民族走廊这一区域文化空间中，民间有生动的说法：“壮族住水头，瑶族住山腰，苗族住山头。”广西龙胜龙脊大寨村便是这一聚落形态的实证之一，红瑶至少在明代时即迁居于此并傍山而住，繁衍生息。

龙脊大寨村所在的行政区域——龙胜各族自治县境内的桑江，又名贝

① 曾艳：《瑶族文化探骊：全国瑶族文化高峰论坛论文集》，中央民族大学出版社2011年版，第189—191页。

子溪，左源发于湖南城步苗族自治县之江底河，右源始于广西资源县东北紫金山麓之五排河，两源于县境江底东北汇合后自东往西流。桑江集境内所有溪河之干流，属珠江流域西江水系。龙胜县境域东北和东南的福平包、大虎山、龙脊山均属南岭山脉越城岭余脉，为越城岭西南麓，自东北向西南延绵，龙脊大寨村属越城岭余脉之大南山脉。总体上，桑江支流和大南山脉地理空间下的各族群聚落具有地方流域社会的文化特质。

村寨概述

大寨，因住户多，住房集中，故名。大寨村隶属广西壮族自治区桂林市龙胜各族自治县龙脊镇，龙脊镇辖15个行政村，185个村民小组。在当地人的地理区划概念中，大寨村亦属龙脊镇东北部的金坑片区。金坑因盛产金矿石，并形似高山坑形盆地而得名，方圆10多平方公里，有包括大寨、小寨、中禄、翁柳、余家寨等在内的大小山寨20余个，人口5000多人。由于毗邻兴安县，大寨村在历史沿革上先后经历了兴安管辖和龙胜辖治两个时期。1959年，大寨村所属金坑地区划归龙胜各族自治县，此前金坑片区均在兴安县行政界线内。

据《兴安县志》[1] 记载，宋时，兴安地区隶属静江府。太平兴国二年（977），为取“兴旺安定”之意，把县名改为兴安县，自元迄今均称兴安县。元属静江路，明、清时期属桂林府。中华民国时历隶属漓江道、桂林道、广西省政府、桂林民团区、桂林行政监督区、广西省政府第八区。清朝时期，全县划为4乡，即西乡、北乡、东乡、南乡。乡以下设都，都以下设甲，甲以下设村，实行乡、都建制。金坑地区属西乡，古名取士乡，又名修德里。中华民国十一年（1922），废4乡设4区，金坑属西区。中华民国十七年（1928），西区改划分为西区、西外区和中区，金石、金坑、车田、浔源等乡归西外区管辖。中华民国二十二年（1933），西外区改为越城区，越城区包括金石、金坑、车田、浔源等乡，下设37村，404甲。

① 兴安县地方志编纂委员会：《兴安县志》，广西人民出版社2002年版，第31—34页。

此后，金坑地区历经了金坑乡、两金瑶族自治区、八一人民公社、两金公社的变更。

1959 年，兴安县两金公社的中禄、大新、小寨、义满田、江柳 5 个大队划归龙胜各族自治县和平公社。1961 年，大寨村属金坑公社大寨大队。1963 年到 1969 年间，大寨村先后属和平公社和平乡、和平公社新禄（新六）大队。新六大队由六步、大新两村合并各取一字而得名，大队驻地大寨村。1984 年，全县所有公社改为乡建制，所有大队改为行政村，大寨村属大寨村委会，辖 14 个村民小组，1051 人。[①] 1995 年属和平乡下辖的 15 个行政村之一，大寨村下辖大寨、新寨、大毛界、壮界、田头寨、水磨、墙背等村寨。2014 年 1 月，和平乡更名为龙脊镇，在行政上，大寨村含大寨、新寨、大毛界、壮界、田头寨、大虎山共六个自然村寨，总人口 1234 人。其中，大虎山为汉人村寨，远离前五个寨子次居在寨门对面的大虎山，不属于金坑梯田景区的范畴，除特别说明外，本文所提的“大寨村”均不含大虎山自然村。

图 1　大瑶寨寨门（赖景执摄）

在地理空间上，大寨村位于龙胜各族自治县东南部、龙脊镇东北部。龙脊镇地处北纬 25°43′，东经 110°3′，东与桂林市灵川县、龙胜县江底乡接壤，东南与灵川县青狮潭镇为邻，南连临桂县宛田瑶族乡，西邻县政府

① 龙胜县志编纂委员会：《龙胜县志》，汉语大词典出版社 1992 年版，第 4—8 页。

驻地龙胜镇，北接泗水乡，总面积237.34平方公里。龙脊镇政府所驻地距离县城13公里，大寨村距离县城37公里。从村寨的地形地貌上看，大寨村的五个村寨散落在天坑形成的平坝及缓坡山地，四面环山，傍山而住，依田而居。村寨背靠越城岭余脉主峰福平包，福平包为县境内第一高峰，福平包南延的东面马海山、大虎山和西面的竹山两列山脉与大寨村相对，并形成了包围之势。村寨最低海拔700米左右，山前梯地地形明显，梯田共745亩。寨内水源均源自山上，但未形成大溪流，流经村寨的两条小溪流由山顶而下，两侧层级梯田的小股水流亦沿途错落汇入其中，溪流在大寨始祖田前汇合而涌向寨门前的金江河。

生　态

在普遍意义上，生态系指一切生物的生存状态，由于人的能动性作用，这种生存状态并非是一成不变的。也因此，人与环境之间形成了环环相扣的一系列关系，经从生态往往能从看似客观的描述中窥探地方社会之关系。在经典民族志作家笔下田野点（field site）的生态环境或物质环境，常以民族志主体对客观存在进行“他者”视角的描述而宣告完成，进而与地方的文化空间无意识地发生勾连。比如，通过探察特罗布里恩德岛的环境，马林诺夫斯基笔下的“库拉圈”交易才更立体化，这说明土著人对待生活世界的态度是不能剥离环境的影响而独立生成的。而在无国家和政府统治的努尔人那里，由于人与生态的密切性，埃文斯-普里查德（E. E. Evans-Pritchard）对当地生态特性及生态时间的把握成为该民族志的要旨。不得不提的是，在缅甸高地，正是克钦人的生态环境、克钦社会的复杂性与高地族群的多样不均衡分布等诸多因素的共生共处，形塑了利奇重笔描述的始终变动着的社会结构。一言以蔽之，生态是村落社会景观不能规避的话题。

一　自然生态

龙胜县境因群山环绕，叠成峦山而直拱县城，结成九脑芙蓉嶂之地形，“龙胜”之名由此而来。由于地处桂北山区，大寨的自然生态表征着显著的岭南走廊村落空间与地理形态。

山：猫儿山脉分布于龙脊镇一带，猫儿山脉主峰位于东部边境约6000米的兴安、资源两县分界线上，海拔2141米，为中南地区最高山峰，其支脉深入县境内，形成了福平包、竹山、锅底塘等。这些山脉大体构成三条较明显的脊状分水岭，以位于龙脊镇、江底、泗水三界处的福平包为主峰，其中一脉与福平包及竹山相连，山脊较宽缓平滑，峰顶呈平台状，这一列山脉即形成了龙脊山。海拔1722米的锅底塘则位于灵川县边界，东边的福平包、西侧的竹山、南部的锅底塘均为南岭山脉越城岭山系。其支脉四处延伸，形成境内纵横交错、山陡谷深、水流湍急、溪河网布的地貌特征。大寨村正坐落于福平包脚下，半高山的地形造就了山前梯地。

福平包，原名“卜平包”，海拔1916米，为桂林第二高峰。峰顶平坦处有清泉，山上曾修一庵，附近的红瑶人常到此求福保平安，故改名。山体东西走向。东接矮岭山，北连白面山，南延大虎山，山长15公里。山峦中竹子和林木遍布，葱翠繁茂。

水：龙胜境内由于受季风影响，降水季节分布明显，一般在4月至8月。县域内溪河支流分南流水系和北流水系，桑江为干流，大小河流汇入桑江，自东向西流入邻县三江侗族自治县境内。由于县境内林木茂密，气候温和多雨，水源众多，有泉、井分布，井、泉之水为溪河之源。龙胜有俗语：“山有多高，水有多高。”福平包山上森林茂盛，山上溪流众多，水源充足，山上植被四季常青。在大旱之年，大部分井泉水会减少，但亦有井泉在高山上部水源终年不减，长年涌流不止。井泉多数水质清澈，冬暖夏凉，甘甜可口，可为山上居民及其他路人饮用，亦可为山区梯田灌溉之源。大寨村寨民饮用及灌溉梯田之水正源于山上散布的溪涧水或者大股泉水。这些山上之水与丰盛的“天上之水”——雨水合力汇聚成了江河水系。龙胜县境内河流均属于珠江流域西江水系的支流寻江流域，寻江之下复有五条主要的一级支流，其中一条即为和平河。龙脊镇境内主要干流为和平河①，和平河左

① 龙胜各族自治县水利电力局：《龙胜各族自治县水利电力志》，1991年，第11页。

源于大虎山北麓，称金江河；右源于大竹山南麓，为白水河。两源于和平（现龙脊镇）相汇为和平河，流至县城后汇入桑江，桑江及各支流形成了桑江水系。大寨村地处金江河流域上游，横穿村寨的两条小河（其中当地人称主干河为大寨河），虽流量小但长年不断，自山上往下流，在村口汇合后经寨门流入金江河，最终汇入和平河。

图 2　山涧溪流

土地：龙脊镇为喀斯特地形区，从《龙胜县志》[①] 记载来看，境内土壤母质分为红土壤、黄土壤、黄棕土壤、紫色土及冲积土。红土壤一般分布于海拔 800 米以下，红壤又分红壤、黄红壤两种亚类，土质呈红色或者红黄色，一般土质较疏松，土层深厚，质地黏重，适于各种农作物生长，梯田土质基本为该土壤分布；黄土壤分布于海拔 800—1200 米，黄棕土壤分布于海拔 1200 米以上，分布在福平包周围。大寨村的土壤为黄红壤及黄土壤，呈垂直分布。具言之，海拔 700—800 米以上为黄土壤，该土壤层较

① 龙胜县志编纂委员会：《龙胜县志》，汉语大词典出版社 1992 年版，第 22 页。

薄，一般为数米厚，黄土壤含磷度高，板结度较高；海拔 700—800 米以下则基本为黄红壤，其特点是土质细腻且有黏性。山前梯地是龙脊区域最主要的地形，这一地型分为三级台阶。海拔 1600 米以上为一级台阶，分布于大南山周边；1000 米左右为二级台阶，散布于大南山、福平包周边；600—800 米为三级阶梯，零星见于各水系附近，这一阶梯地带可耕、可林、可牧，大多数梯田都分布在此高山和半高山的阶梯，大寨金坑梯田亦然。大寨村总体上分山脊、山麓、平坝三种地势类型。目前，大寨村全村（含大虎山）耕地面积 1387 亩，林地面积 85704 亩，草地 1536 亩，梯田 745 亩。由于各寨的人口和水田、旱地不等，因此大寨村水田人均 4—5 分不等，旱地人均 2—5 分不等。

林：大寨村以杉树、松树为主，此外还有杂性林木、灌木。在海拔 1700 米以上的高山地区，树种以北亚热带常绿，落叶阔叶混交林为主；海拔 1700 米以下至 1300 米地区，常阔叶树种为主；大寨村的壮界、田头寨、大毛界周边的林木均在海拔 1000 米左右，属低山地带，多为松、杉、油桐树及毛竹等次森林。目前，大寨村每户均分有自留林，自留林包林到户，由寨民自己管理和栽培，但近年来有承包户承包了部分寨民自留林，用于种植和开发经济林木，比如有着药用价值的野生古树“青钱柳”。

矿产：大寨村及周边瑶族村寨以黄金矿著称。据 1992 年《龙胜县志》记载，在 20 世纪 50 年代末，地质队在金坑大寨勘探出了金矿。由于山坡积层的含金石英脉经风化破碎，被流水带入河中，故部分境内河流域都含有较丰富的金砂。自 1985 年以来，除了下大雨涨洪水的日子，每天都有上千人在河里淘金。在 1958 年、1973 年，当地人曾两次组织有规模的人力开采；到 1986 年止，先后在庖田的成烂、和平的金坑等处找到了原生矿带，亦有在河里淘到砂金者；1990—2000 年，仍有不少群众在桑江河里淘砂金。[①] 为保护生态环境，在 21 世纪初，金坑的金矿已停止开采。

动植物种类：大寨村农作物有水稻、玉米、红薯、芋头、豆类、辣椒、茄子、油麻菜、大小白菜等粮食和蔬菜。家畜家禽主要有牛、马、

① 龙胜县志编纂委员会：《龙胜县志》，汉语大词典出版社 1992 年版，第 44 页。

猪、羊、鸡、鸭等。牛的种类有本地黄牛和水牛，绝大部分是黄牛，水牛一般在沿河一带较平坦的村屯被少量饲养，如大寨、新寨自然村。据笔者调查，因梯田坡陡、田块狭窄，不适水牛耕田，加之山地气温偏低，冬季较长，不利于耕牛的繁殖，耕牛的数量一直呈减少趋势，当前寨民已几乎放弃饲养耕牛，取而代之的是马，其在大寨村民的生产生活当中起着重要的作用。马在体质上表现为身健灵敏，一方面，马可以帮村民驮运生活用品以及杂物等；另一方面，在农忙的季节，马还可以帮村民驮运稻谷，近年来还被用于运送建筑用材上山。大寨村瑶族人每家基本都饲养生猪，主要饲养本地猪，属东山猪的一个后裔品种。猪均为圈养，以前大多在干栏建筑的底层建栏饲养，近来有些家户或在邻近的河边或在屋前屋后的山腰旁搭建猪栏圈养，各家饲养数量1—3头不等。山羊为本地山羊品种，目前大寨村仅一两户人家放养山羊。

图3　负重的马匹

气候：大寨所属县境终年受季风影响，每年10月至次年3月多吹偏北风，4 月至 9 月多吹偏南风。有明显的地形风和地形雨，为山区气候特征，冬季冰冻气候不多（12 月、1 月、2 月或有短时的降雪或冰冻），夏时酷热时间较少；年平均降雨量 1650 毫米，年平均气温为 17℃。大寨村因四面的福平包、大虎山等高山可阻隔云气，故一年四季中的大部分时日，气候潮湿而温和。这一气候特征在一定程度上孕育了大寨村的农耕文化本体。

图 4　大寨村俯瞰图（部分）

二　村落形貌

大寨村依山而立，其与周边的村寨也以山岭为界。在村寨布局上，大寨村包含森林、民居、梯田、道路等几大要素。大寨行政村下辖的新寨、壮界、田头寨、大毛界四个自然村以大寨自然村所在的平坝为中心，分布于四周的山腰和山顶，其中新寨、壮界海拔较低，田头寨、大毛界则地处从山腰直抵山顶的区域。村寨寨门为旅游开发后修建，正对面是出城的公路，门上正中牌匾为“龙脊”和“大瑶寨梯田观景区”，上下并排展示，门前建有面积较大的停车场、观光索道起点及旅游服务中心。进门后为宽 3 米左右的石板路，该路一侧靠山一侧临河，为机车和行人共用，而大寨河与石板路平行顺流而下。离寨门 50 米左右的石板路靠山一侧为民族工艺廊，售卖各式各样民族工艺品的小商店林立其间；另一侧的河上从寨门到大寨自然村前的歌舞坪依次架设了大寨桥、风雨桥、水泥桥。石板路的尽头是歌舞坪。其中，走过大寨桥砂石路即能前往新寨，在此路旁现已傍山修架了现代化的多层大型停车场。歌舞坪前为壮界、大寨的分岔路口，一般而言，前往田头寨较近的路需途经大寨，而到达大毛界的捷径则需经过新寨，实际上，各自然村寨之间均能通过盘旋于梯田之中的小石板路互通有无，只是路程不一罢了。

在这里，村民的生活起居基本围绕山、水、林而开展。水自山林而来，大寨村山顶原生态的山林系统保障了水之源源不断，而梯田的开垦也基于此良好的生态环境。梯田景观是村寨的特色，也是目前村寨得以维生的自然资源。从进入寨门开始，梯田层层叠叠，从山脚一直盘绕到山顶，形成了“小山如螺，大山成塔”的意象。梯田依山而建，因地制宜，是漫长的稻作活动过程实践的结果，亦是深度的人化自然形态。因此，这些梯田大者不过一亩，最小者仅能插下一行禾苗。为便于劳作与管理田地，寨民们选择居住在山腰或者山麓。干栏式的民居与梯田融为一体，可谓“田中有房，房中有田”，人们居住的房前屋后即被梯田环绕，出门即可劳作，人在房中，而房在田中央。生时居于山田之间，死后则归于山林之中。海拔较高的山林以及不具备引水开辟梯田的旱地一般为自留林或者荒山，人过世后即安葬于此，形成了自然的墓地。在村寨的社会交往中，可以说大寨自然村是人与人交往的中心，菜市场、村委会、大寨小学相毗邻而设于此。村委会前的歌舞广场是各种大型节庆活动的场域，菜市场是日常生活交往的不可或缺的因素。寨民们因参加集体节庆，或者日常交往的诉求，而从不同的时空中凝聚于此，并互相联系在一起。

综观大寨的空间布局，山、水、林是主要的自然生态因素，梯田、民居、歌舞坪、石板路等是依托山、水、林而衍生的文化要素，海拔高低不一而形成的梯级坡度是这些要素融合的机制。总体上，村寨立于半山腰以及山底平坝，梯田由下而上至半山腰，山林覆盖山顶，水源自山水顺流而下。因此，大寨村背靠福平包，自上而下呈现了山林生态系统、梯田稻作系统、村寨民俗文化系统。在空间坐落上，五个自然村寨大致分布如下：

大寨居中偏南，田头寨靠北，大毛界和新寨居东，壮界坐落于西。据笔者实地测量[①]，大寨、新寨、壮界、大毛界、田头寨五个自然屯的平均海拔高度分别为：817.6 米、849.9 米、873.1 米、919.1 米、1015.2 米。[②] 因而，五个自然村寨之间因山之形势而生成了空间区隔分明的聚落形态。本质上，作为整体的大寨村，它的内在机制是以大寨自然村为中心并由周边向中间聚拢，从而形塑了族群共同体。

大寨的山、水、林木、地矿等均深刻地烙印着山地的特性。山非至高却连绵横亘，水非大江深河却源源不绝，林非满山遍野却自给自足。这是由于红瑶人久居山地中，他们与自然环境之间生成了有限度的互动关系，这进一步彰显于村落的形貌中。一般而言，村落形貌的演替是乡土社会中亲属关系、社会关系、空间观念、生存诉求等合力的结果，但对于作为山地族群的红瑶人而言，生产、生存与社会交往的需求是村落形貌塑成的首出因素。

生　命

古人通过日常生活的总结，以为人的穷达祸福是上天安排的，因而人的一生在特定的阶段会遭遇注定的吉凶祸福，因而这就是“命”。虽然这一认知有着时代和历史的局限性，但却揭示了人之为人的动态性过程。人作为活态的个体，首先属于最基层的组织，即家庭，而后才接触更大范畴的群体，因而“家”之观念是首要的。红瑶人具有游耕的族性，在他们的生命历程中，族群迁徙的记忆、生死观中，对灵魂的解释在历史的时空中尤其显要。

① 笔者于 2018 年 1 月 18 日用 GPS 软件实地测量，所在位置为各个寨子大致的几何原点。

② 测量的位置分别为大寨（25°48′32″N，110°09′04″E）、新寨（25°48′39″N，110°09′13″E）、壮界（25°48′19″N，110°09′07″E）、大毛界（25°48′47″N，110°08′58″E）、田头寨（25°48′23″N，110°08′42″E）。

一　红瑶“家门”

在大寨村，除大虎山为汉族居民外，作为瑶族支系的红瑶，散居于大寨、新寨、壮界、大毛界、田头寨五个寨子，如不计嫁入和上门的外姓，祖居仅有潘、余两姓。据金坑地区瑶族《大公爷》[①] 记载：“公爷不把哪处出身，是把青州大巷出身……不落哪处，落在官衙大木，……赶到旧屋界头打一望，望进金坑白竹坪（今大寨村址）好个密密村，好个密密洞，好个安身好处……”据此，金坑潘姓祖先是明朝时从山东青州迁来，龙脊镇中禄村现存的当地史料《潘文鉴公墓碑》[②] 也可佐证。他们经湖南到桂林，再辗转到龙胜的双江，不久又迁到官衙（旧时和平称为官衙）的双洞和大木，仍未能立足，最后才择居龙脊金坑白竹坪（今大寨村）。潘氏祖先到大寨村后，即在今大寨前的始祖田开垦耕种，由此定居于此。后随着瑶族家支壮大、梯田延伸式的开垦，瑶族人沿着半山腰开枝散叶，如“新寨”因其从大寨迁居至此，故名。余姓村民目前仅有10户左右，均居住在大寨西侧的壮界。据述，余姓村民的祖先，从邻近的泗水乡细门村翻过边界的山脉而来。金坑地区至今仍流传的人生仪礼对歌唱词，及盘王祭祀仪式中传唱的《迁徙歌》，均述说着大寨村红瑶迁徙的历史记忆。

大寨红瑶社会最基本的单位是家庭，即同住一栋“半边楼”的一户，住在同一栋屋中的亲属都为一个家庭，当地人亦称一家庭为一“屋”。一般而言，以父母辈为主，子女[③]结婚成家后也会跟父母同住一段时间，子女夫妇生育小孩或者筹建好新屋之后才分户而住。近亲兄弟各“屋”之上可追溯的共同祖先为“公头”（红瑶共同远祖则称为“公祖”），同一个“公头”的家系即为“家门”，这一亲属制度类似于汉族的“房族”或者

---

① 龙胜各族自治县民族局《龙胜红瑶》编委会编：《龙胜红瑶》，广西民族出版社2002年版，第100—102页。

② 据1992年版《龙胜县志》第62页记载，龙脊镇中禄村保存的《潘文鉴公墓碑》记载了和平乡（现龙脊镇）金坑片大茅、田头、下步、壮界、中禄、翁柳、翁江、余家寨潘姓原籍山东省青州，于明代迁入现在居住地。

③ 因红瑶有招郎入赘的习俗，一般招郎的女儿在成家后也与父母同住。

“家族”观念。以“家门”为单位的日常联结关系，体现在祭祖、筹建新房、婚丧嫁娶等社会活动中。在清明节，同属一个“家门”的各“屋”除了祭祀近亲祖先外，还需派人参加祭扫“公头”的坟墓。在筹建新房、婚丧嫁娶中，则体现了家门互动，包括劳务和礼信上的互助。笔者在大寨村调研期间，亲历了新寨潘姓某家门拆旧房、筹建新房的帮工互助场面。在红瑶看来，建新房是众人之事，因此全村寨每家户均会派工参与这一互帮互助的社会交往活动，以盼来日他人也帮助自己。在这一过程中，同一“家门”与其非共同“家门”的家户出工人数和劳作时间上是有区别的，这在后文中会有详述。而在婚丧嫁娶中也一样，同一家门与其他亲朋好友在“随礼”的分量上也是有区分的，这也是红瑶人以“家门”为主体的“差序格局”亲属观念，在社会交往中的生动呈现。

二　宗教景观

（一）自然崇拜

自然崇拜是人类早期普遍的信仰形态，大寨红瑶人认为山地的自然物及其衍生的自然力具有生命、意志的特征。山崇拜、水崇拜、石崇拜、树崇拜、亭台崇拜是大寨人主要的自然崇拜形式。红瑶人认为，水潭、巨石、大树、山坡、凉亭等自然物具有佑人平安兴旺，保证丰产的功能。因之，当小孩体弱多病，需请巫师占卜并拜寄。金、木、水、火、土五行相生相克的属性是占卜的依据，占卜师可从主家提供的小孩出生时辰中，推算出其应拜祭何自然物，之后再择吉日良辰带小孩向祭拜物烧香化纸，斟茶拜寄取名，以寄托佑护孩子平安成长之目的。大寨人的名字大都与自然物相关联。如大寨村民男性取名为“石保”“良（凉亭）保”“兰保”“石恩”，女性取名为“石秀”“岩姣”“水妹”“水英”等。拜寄取名后，在一定的时间内，逢年过节和小孩生日时，主家还需带小孩前往原来的拜寄处磕头烧香。此外，在建房、架桥、修亭等改造大自然的日常活动中，因需要砍伐林木或开田造地，为弥补冒犯大自然之过，人们在头一天要在大树脚或田地旁磕头烧香压纸，祈求山田树神佑护，之后方可扬斧动锄。[1]

（二）图腾崇拜

犬图腾崇拜以及由此衍生的盘瓠先祖崇拜是瑶族信仰的典型特征，红瑶亦然。犬亦曰"盘瓠"，晋代干宝撰《搜神记》[2] 记载："高辛氏，有老妇人居于王宫，得耳疾历时。医为挑治，出顶虫，大如茧。妇人去后，置以瓠蓠，复之以盘。俄尔，顶虫乃化为犬，其文五色，因名'盘瓠'，遂畜之。"可以说，"盘瓠"崇拜，在一定层面上是红瑶的身份表征。

大寨红瑶有除夕敬狗的习俗。根据记载与寨民传述，每年除夕之夜，以寨为单位抬狗游寨，有辞旧岁迎新年之意。每年腊月二十九日或三十日下午，由寨老即熟悉本族享有威望之老年男子，从村中各户挑选出一只白色或黄色的肥壮公狗，喂饱后遍体涂上若干红色斑点，以此象征红瑶迁徙的历史记忆中，祖先及狗一道与官兵搏斗流血的历史记忆，并将其关进一只大竹笼中。除夕餐后，由村里的年轻男性抬着"金狗"串巷游寨，向各家各户辞旧岁迎新年。队伍由师公、寨老、提花灯男少年、抬狗年轻人及乐队众人组成，串游时，提花灯者在前引导，寨主、抬狗者居中，乐队及众人敲锣打鼓，放鞭炮助兴。每到一家，一般先抬狗入厨房围绕炉烘三圈，以此表示为主家驱邪灭瘟。之后，寨老登门向主家说："从前，我们红瑶祖先搬家逃难过海，行李物件样样丢失，全靠狗带来谷本种阳春。如今，过肥年莫忘敬狗。今晚抬狗进屋赶邪灭瘟，保佑来年风雨均匀，人畜两旺，五谷丰登，家屋富有……"说毕，主家屈身为笼中"金狗"喂除夕好饭好菜，给寨主及抬狗众人敬酒，送糍粑、油豆腐等，并在狗笼上披挂小红条布或红纸，以示敬重与酬谢。抬狗众人如此逐家辞旧岁迎新年，至农历新年交接之时，即放狗出笼。辞旧迎新队伍大都集中于寨主家聚餐、唱歌，众人一道喜迎新春。大年初一时，家家户户以新年的饭菜喂狗，寓意人狗共同欢庆佳节。[3] 这一红瑶习俗除了20世纪六七十年代的特殊历史时期外，从未间断，大寨村亦沿袭至今，更有甚者，该习俗演变为"抬金

---

① 龙胜县志编纂委员会编：《龙胜县志》，汉语大词典出版社1992年版，第107页。

② （晋）干宝撰：《搜神记》，中华书局1985年版，第168页。

③ 龙胜县志编纂委员会编：《龙胜县志》，汉语大词典出版社1992年版，第107页。

狗送祝福”，并移植于现代旅游语境中的六月六红瑶“晒衣节”中。

除了图腾崇拜的深层信仰原因，红瑶人敬狗、拜狗还与“漂洋过海”“谷子来源”的神话传说和历史记忆彼此关联。龙胜红瑶流传着这样的传说：

红瑶老祖宗原籍山东省青州府大巷，因朝廷奸臣当道出大兵侵犯瑶乡，红瑶群起反抗，因寡不敌众失败。被迫逃离家乡，家狗随同，海中忽遇狂风大浪翻船，人和狗冒险游水挣扎到对岸，但谷种和其他物品全部沉没，主人沉思：没有谷种怎么耕田种地过日子，万分焦急。家狗聪明通解人意，不辞劳苦忙跳下海冒险游过对岸。趁着全身毛湿淋淋连忙蹿进一家谷堆打滚滚全身沾上谷粒，昂首翘尾下海带谷种游回来将头尾沾有的谷种献给主人。从此，红瑶祖先才又有谷种种阳春（农业）过日子。[①]

狗是红瑶迁徙记忆中至关重要的历史因素，也是红瑶农业耕作文化的不可或缺的要素。

（三）祖先崇拜

瑶族尊盘瓠为先祖，并举行盛大的节日活动以祭祀盘王，红瑶作为瑶族的一支，亦信仰盘王。盘瓠，瑶族俗称盘王，人们认为它能主宰人间吉凶福祸，凡遇人畜不安、五谷歉收时，要向盘王许愿祈求保佑，待他日养好猪、备足粮食还愿报答。金坑地区还盘王愿以家庭为主体举行，三五年一次，每次两天两夜，杀猪两三头为祭品及待客，但还盘王愿仪式在20世纪50年代后近乎断裂殆失，如今健在的师公均不会做，只在年轻时见过。据大寨师公潘石保[②]讲述，祭坛设于祖先神龛前，需摆猪肉、糍粑、豆腐等供品。仪式开始，由师公先念《盘王书》恭请盘王及其他佛、道教的天上地下各域诸神前来享用，随后由师公带领两对童男童女唱《盘王歌》。盘王还愿又有大愿和小愿之分：大愿几年或十几年一次，在盘王庙祭两天

---

① 龙胜各族自治县民族局《龙胜红瑶》编委会编：《龙胜红瑶》，广西民族出版社2002年版，第2—4页。

② 潘石保为村寨中仅有的师公，也是访谈人潘良保的表亲。

两夜，以猪、鸡、鸭、糍粑、豆腐等为供品。请师公念书祭盘王及其他天上地下各路神祇，求其消灾降福，到了晚上青年男女以对歌祝愿。小愿则逢二、五、六、八月的吉日举行，系家祭，时间缩短为一天一夜，祭仪与上述大愿几近相同。另外，在始祖田前立有一对男女祖公祖婆石像，为潘氏先祖，也是村里的保护神，原立于壮界自然村，旅游开发后为了集聚核心区文化景观，迁到现址。各村寨潘姓会在逢年过节或家有喜事时进行祭拜，祭品为糖果、水果、肉、茶酒等。

图 5　大寨始祖田前红瑶潘姓祖公祖婆石像

大寨红瑶除祭拜瑶族始祖还祭祀家族先祖，称为“家先”。每家每户若有厅堂均设置家先神位，逢年过节烧香供祭，神龛称为“香火”。香火安置于厅堂正中[①]，神位内容书写格局，岁时祭祀当地的糍粑、水果等供品，祭祀不分男女，祭祀方式与汉族大致相同。现在，新成家的夫妇家中对祖先敬宗的追溯，仅限于父母一辈，天地国（君）与祖先共用同一神位，共享同样的祭祀空间与活动。在新建房子中，祖先神位祭祀空间一般设于二楼大堂，神位经装裱后挂于大厅墙上。“天地国（君）亲师位”位于正中，标示为“本宗潘氏祖先之位”，“天地国亲师位”上有横批“祖德

① 旧时贴“天地君亲师”红纸、放香炉即为神位，现多数家户到市集购置统一的牌位摆放。

流芳”，左联“宝鼎呈祥香结彩”，右联“银台报喜烛生化”（见图6）。在过往，红瑶在迁徙时甚至要将祖先香炉一同带走，以便随时供祭保平安，这一行为与汉族耦合。甚至，在每次餐前家里都让祖先先吃，祭祀祖先后方可用餐。如今，各家户介入经营旅馆后，有些开旅馆的人家普遍在一楼供奉祖先，二楼则改造为标准化的客房供游客居住。按照当事人的说法是，“游客来了，祖先让位下楼了”。

图6 天地国（君）亲师位

大寨红瑶在举行重要节庆时一般都会举行祭祀祖先的仪式，如春节、清明节、四月八、端午节、六月六、七月半、八月十五、九月九等。四月初八牛王节这一天牛要吃五色饭，祖先也要供奉，其他的供品包括不等量的猪肉、酒等；五月五包粽子祭祀屈原时也要在堂屋祭祀祖先，供品为猪肉、酒、米饭等；八月十五、九月九、除夕等节日也少不了祭祀祖先，供品除特定的节日食物外，其他与前述节日大同小异。从上述内容可知，当地人普遍具有祖先崇拜意识，既供奉家屋的近祖，也崇拜盘王、祖先石像等远祖。

（四）祭社

红瑶村寨一村一社（庙），大寨的社庙位于大寨自然村通往新寨的山脚水沟边，是一个比较简陋的木结构小庙宇。据述，很久之前社庙原坐落于大寨歌舞坪一侧的河边，有一次，寨中狂风大作将社庙屋顶刮飞到现址。寨民们认为社神看中了这里的风水，因此地恰似龙形，此后便将社庙迁于此。大寨村民在农历的二月和八月集体到社庙祭拜，称之为春社和秋社。据，祭社由师公主持仪式，祈求全村风调雨顺、庄稼丰产、人畜平安，祭品用猪一头，祭祀完毕后大家在社庙外聚餐，剩下的肉各家平分。在旧时，寨民们有打猎的习俗，在上山之前也会举行仪式祭拜社神（大寨红瑶称之为“梅山大王”）。寨民们相信社神能协助围猎，这也是上古时期汉族群狩猎前后拜祭社神的遗存。师公在祭拜仪式上要念诵经文，以传达人们期盼让神困住野兽的意愿。现社庙已年久失修，四周灌木丛生，且已几乎无人祭拜。

（五）祭田

田地是衣食父母，每年二月二是红瑶的开耕种田之日，在动土进田地之前要先祭田。二月二又称红瑶“劳动节”，前一天用糯米打制糍粑，第二天饱餐一顿后，准备日后开工进行农事生产（当天饱餐后只祭拜土地田神，禁忌下田劳作）。二月二日当天在田头杀鸡鸭，以供土地，供品有酒、肉若干，饭一碗，鸡和鸭各一只。人们先摆供品，然后烧纸烧香，期盼土地神保佑农作物的丰收。在六月六半年节，大寨红瑶亦有祭田的习俗，祭拜仪式基本一致，但在家中人们聚餐吃鸭子时，各人不能开口言语，大寨人认为开口说话会招来鸟儿偷吃稻谷。

（六）耍花灯

耍花灯系瑶民送鬼观念的一种仪式实践。耍花灯要看吉日，正月出灯，花灯一般为龙头形。在以往，农历腊月即由寨老组织并组织排练耍花灯，耍花灯的队伍要巡遍整个寨子。花灯能给所过的家户驱除瘟神，带来好运。耍花灯之前需先拜土地神，供品为肉、饭，随后烧纸烧香纸。仪式由师公主持，并为鬼念咒文，咒文内容一般为祈求鬼保佑之言。起灯游行后，队伍皆从大门进各家各户，进户后先转一圈，然后再以龙头向主家拜三拜，家家户户均会给花灯队伍送红包。花灯队伍巡游会有事先规划好的明确路线，有时甚至会巡游到周边的泗水、江底等地区的瑶族村寨。耍花灯的路线颇有讲究，它的基本原则是只走顺路，且不能走回头路。耍花灯时间长，其路线形成了“花灯圈”，在一定层面上，它是构建地方共同体的实践。耍花灯队伍在农历二月二前需回到寨子，因为二月二是动土开耕之日。

（七）架桥

架桥盛行于龙胜龙脊一带，是红瑶人的生命观通过巫术实践的结果，也是一种基于一定的功利目的、以超自然的行为祈盼改变客观事物的行径。架桥种类繁多，根据年龄和功能的不同，有花桥、保命桥、七星桥、添粮桥、水涧桥等。大寨人认为，已婚男女不孕不育是因为小孩找不着来主家的路，就需要搭花桥。而在生命危在旦夕时，请师公施法架桥能驱逐牛鬼蛇神，保住性命。在年老寿命将尽时，亲朋好友在架桥时送米，可以实现户主延年益寿的愿望。架各种桥的仪式相差无几，其本质上似巫术，地理先生和师公是仪式的执行者。架花桥是弗雷泽在《金枝》中提出的“相似律”的实证。在仪式中，师公以杉木在一水沟或小河上搭新桥后，仪式女主人的母亲抱着编织的稻草人过桥，模拟小孩已认路过桥到达主人家，而后求子女夫妇便可怀孕。架桥仪式的供品为祭祀仪式常备供品，如鸡、鸭、香、纸钱、稻草、米酒等，架桥的木材也就地取材，多用杉木。

（八）赎魂

红瑶人有“三魂七魄”的观念，灵魂与肉体可分立存在，灵魂是可游走的，因而人死后会有三个灵魂：一个在坟墓，一个回到家堂，一个则回到东方先祖那里。因此，人死后会以灵魂继续生存于另一个世界，这种生死观与汉族群的魂魄观念并无二致。红瑶的“赎魂”与汉族中的“收惊”相似，人们都认为魂魄是不稳定的，人在日常生活中受到惊吓或者不慎摔倒，就有可能会“掉魂”。同时，红瑶人认为灵魂离开肉体后需要通过祭祀仪式，以奉献祭品的方式将其赎回，这是现世与彼世的一种对等交换。赎魂的仪式场所一般要求空间开阔，如空旷的田地或岔路口，如寨边、溪河边、桥头等，这样有利于招魂。仪式由师公主祭，摆好鸡、稻草、大

图 7　大寨梯田间一处新架的“花桥”

米、酒饭、红纸封包等祭品后，进香斟酒烧纸。师公念咒请土地神协助，接着一边抖动带有树叶的树枝，一边口中念念有词：“魂来了，魂来了！”如此多次念语后，灵魂便会化作小动物降于树枝上，用麻袋捉住小动物，即意涵赎回了灵魂。与架桥仪式一样，仪式结束后主家要用供品款待师公，仪式用的封包也需送给师公作为答谢。① 所用供品或者祭品是日常生活的食物或者农耕的产物，大寨红瑶的生死观伴生着瑶族人的农耕文明。

在生死观上，红瑶人认为人死后的灵魂即为鬼，如果某个人没有寿终正寝，灵魂便得不到应有的供奉和归位，此种灵魂会作恶多端、烦扰生人，是一种恶鬼。在大寨自然村大瑶寨客栈前方不远处，立有一石像，高约 60 厘米，宽约 30 厘米，左右上下石质分布不均，上边刻有“南无阿弥陀佛”。盖因以前村寨里有个人病死（属于非正常死亡），人们便怀疑其灵魂依然留在那里，所以那里会有鬼。传言以前村里人走过此地都会容易生病，于是，村民便立了尊石像，刻上“南无阿弥陀佛”以驱除鬼魂，保佑

① 龙胜各族自治县民族局《龙胜红瑶》编委会编：《龙胜红瑶》，广西民族出版社 2002 年版，第 85—86 页。

村寨全民平安。

图8　大寨歌舞坪前的“南无阿弥陀佛”石像

大寨红瑶人的自然崇拜、图腾崇拜、祖先崇拜及相关的祭祀仪式具有内在的关联性，人与自然建立关系的过程总是伴随着对自然的解释与对自身生命形态的认知。红瑶人对自然实践与对先祖迁徙经历的追忆形塑了多种样态的文化性的崇拜空间，这既是基于乡土的认知，也是对生命历程的感悟，而人生礼仪更以一种时序性的叙说对此进行具体的阐释。

三　人生礼仪

（一）诞生和成年礼

大寨村红瑶有给新生小孩办三朝酒、办对岁酒的习俗。三朝酒是恭贺新生儿出生，祝儿女平安成长并告知亲朋好友的仪式，大多与婚礼一同举办。这一天，外公外婆前来探望外孙或外孙女，并带上鸡、糖果，银帽、一对手镯及新做一套衣服作为新生儿见面礼。礼物不分男女，轻重一样。

对岁[①]这一天，家人会给小孩举行“抓周”仪式，把小样的劳动工具、书、笔等用簸箕盛起来，摆放在周岁小孩面前让小孩随意抓取，以预测他们的前途事业。此外，这一天还需要祭祀祖先，告知祖先家里新添了成员，现在该习俗已逐渐淡出人们的视野。红瑶子女在成年时一般没有特定的仪式，主要表现在身体装饰和服饰的改变上，尤其是女性。红瑶女性不同时期的发式象征着女性不同的人生阶段。头发受之父母，因此红瑶女子视头发为生命中极为重要的东西，梳头时头发掉了要收集起来，以备以后做发髻之用，发髻形态的变换伴随着红瑶女性成长的少女、已婚、已育三个不同人生阶段。

（二）婚礼

大寨地区红瑶青年男女兴恋爱自由成婚，宋人周去非记述瑶人婚俗有云：“各自配合，不由父母。其无配者姑俟来年。”[②] 青年男女社交自由，利用节日集会和农闲走坡串寨机会，通过唱歌、对歌形式，寻找称心如意的对象。进入新时期后，红瑶青年男女恋爱后“偷人”[③] 渐多，他们先按照法定程序到婚姻管理部门办理登记手续，再到村寨补办婚事，一般为生育第一个子女后，与传统的“三朝酒”合办。婚事规程多沿习俗，过程稳定，一般而言，传统的“送大亲”婚礼需经吃准酒、吃断媒酒、送亲迎亲三个程序，与三朝酒合办的婚礼则一切从简。

“吃准酒”前多由男方父母托媒向女家（招赘则女家向男家）提亲，即问亲。合意后即请人合“八字”，若能合上，双方通媒互请“吃准酒”。其间，男方送女家肉一块，有钱人家则会加封包，此即算订婚。订婚之后，经一段时间互相观察，双方无变卦的意向后，女家主请男方父母、叔伯、媒人等“吃断媒酒”，共同商订婚期。男方则先送财礼予女方以备办嫁妆，财礼视男方家境情况而不等，除了直接送钱财，现也有以生活用品代替。商定无异议后，女家送糯饭到男家，嘱其分到各家门亲戚和邻舍，

① 小孩从出生到第二年的生日。

② （宋）周去非：《岭外代答·卷十》，屠友祥校注，上海远东出版社1996年版，第264页。

③ 男女情投意合，经父母认可相配，但男方经济拮据，向女方要求先过门后补办婚酒，俗称“偷人”。

以示告知婚日。备婚期间，双方各分择一女性作“引姨”（亦称接亲）、“送姨”（送亲），该女性要求为父母双全、家境较好、未婚。将嫁之女子将停或少干农活，专事针线活；父母、舅家则负责赶备嫁妆，如银饰、衣被、木桶等，其他亲朋亦送上生活用品。现如今办置的生活用品一般为高柜、电视机、洗衣机、摩托车等。在婚日当天上午，新郎盛装带领族人迎新队伍前去迎亲，新娘盛装接待，由几位未婚女（送嫁姐妹）搀扶出门，并撑伞步行，“引姨”在前，“送姨”伴后。途中“送姨”拿出事先备好的“红蛋”与“引姨”分食，以示双方交接完成。至男家屋，众亲友热情欢迎，对歌助兴。新娘进屋时间为黄昏，颇有汉族“昏礼”的意蕴。入门礼成后，于晚上开始吃婚宴正餐，正餐吃到一半时，新人双方要向各桌亲朋好友敬酒，感谢客人前来道贺。婚后半月或一月，新娘新郎需携礼回门。

大寨红瑶依然盛行招郎入赘，入赘后男方常住女方家，男方家如有较多农活，夫妻双方会择日到男方家居住数日帮忙劳作。招郎上门女婿不受歧视，同样享受财产继承权。类似地，红瑶的传统婚俗也被放置于现代旅游节庆的舞台上进行展演，大寨村六月六“晒衣节”以杂糅红瑶人传统的婚俗和现代婚礼为旨要，举行名为“红衣定终身——红瑶集体大型婚礼”之活动，该活动保留了男方派迎亲队伍到新娘家迎亲、婚礼由寨里德高望重的老人主持等传统红瑶婚姻礼俗。

（三）葬礼

红瑶人在生命结束时，其亲人通过丧葬仪式来寄托对死者的悼念，同时也会对死者的一生进行歌颂和评价，请师公以“开路”仪式送魂回故乡。大寨红瑶为山地民族，生活在山麓和山腰，山头众多，因此一般沿用在山头进行土葬的制度。葬后不再迁坟，坟前为死者立碑，碑文记述死者生前、亲属关系及祭日，碑形为长方形，碑文款式与汉族大同小异。大寨丧葬礼仪根据死者的年龄、身份及生前的功绩分为“小送”和“大送”。“小送”为普通葬礼，普通的中老年人正常死亡均为“小送”。礼仪分为“洗身换装”“入棺报丧”“亲客送礼”“出殡埋葬”等过程。特别之处在于，设有“设歌酒席”环节，这符合红瑶人善歌爱歌的习性。丧家的晚辈及其他歌手会聚于堂屋，设酒席，以对唱的形式来评价死者生前所作所为。如有丧家晚辈唱词："我家长辈生前发狠劳动生产，勤俭持家，抚育儿女，千辛万苦，积劳成疾，医治无效，不幸去世，晚辈悲痛。"其他歌手答唱："你们做晚辈的爱老敬老，道德高尚，众人称赞，人老去世难免，要想得开，保重身体。"① 在对唱中，死者得到生者的评价，红瑶社会的道德秩序和判断价值得以颂扬。60 岁以上的长寿老人，无论家境贫富，无论身份如何均进行"大送"，此外，满 60 岁的师公死后也要进行"大送"。"大送"较之"小送"更倾财力，社会参与度更高。无论大送、小送，出殡前一晚，主家和宾客都需围绕死者转圈唱《大路歌》，送魂归故里。

生老病死是人之生命不可逆转的形态，人们对于不同阶段的仪式性确认衍生了亲属关系及其社会交往的空间。不同的仪式内容与规程在一定程度上印证了地方性的文化特质。正是在这些"过渡仪式"中，人们追踪到了生活与生命的意义，红瑶人的生命观在大寨村的时空聚落与人际交往中获得了持续性的生发演化。

生　养

《庄子·养生主》曰："得养生焉。"《礼记·郊特牲》载："凡食养阴气也，凡饮养阳气也。"《礼记·礼运》亦云："饮食男女，人之大欲存焉。"以此观之，饮食乃人之本性，亦是生养之道。但生养不止于饮食之好，因为衣、食、住、行具有一体性。费孝通先生根据乡土中国"家"的特点，总结出"生养制度"的概念，他说："家，强调了父母和子女之间的相互依存。它给那些丧失劳动能力和老年人以生活的保障。它也有利于保证社会的延续和家庭成员之间的合作。"② 费老关于"生养制度"的考察强调的是家庭在人之历程上的传续作用，无论这种传续是生物性或是文化

① 龙胜各族自治县民族局《龙胜红瑶》编委会编：《龙胜红瑶》，广西民族出版社 2002 年版，第 70 页。

② 费孝通：《江村农民生活及其变迁》，敦煌文艺出版社 1997 年版，第 30 页。

性的。实际上，当前人类的生养已经超越了“家庭”的关系范畴，社会正承担着越来越多的生养任务。深层而言，人类在生物性传承之外，无形的文化传教与濡化不啻为生养之本。

一　族源与迁徙

学术界认为，瑶族的起源最早可追溯到远古蚩尤时期。蚩尤部落集团曾先后与炎黄、尧舜禹部落集团接触并发生冲突，后不断南迁。在迁徙过程中，各部落间杂聚交融、互为同化，瑶族的先民也经历了从“九黎”到“三苗”[①]。直至秦汉晋时期，楚地出现了“荆蛮”，而后“长沙、武陵蛮”“五溪蛮”“莫徭蛮”等被认为是与瑶族关系最密切的南方族群，换言之，这些古代族群是今天瑶族的先民。瑶族属游耕民族，其迁徙最频繁的地区属两广、西南一带。他们大多依山险为居，沿河而宿，以山为伴，以山为生。历史上，文人史家对瑶族历多有记载，唐代诗人杜甫游湘江有诗作《岁晏行》云：“渔父天寒网冻，莫徭射雁鸣桑弓。”刘禹锡亦有诗作《连州腊日观莫徭猎西山》。宋代，欧阳玄撰《宋史·蛮夷列传》云：“蛮瑶者……不事赋役，谓之瑶人。”对于瑶族的称谓，唐宋一般称“莫徭”或“瑶人”，元、明、清、中华民国则称之为“徭”或“瑶”。据龙胜县志记述[②]，宋代官书称瑶族为“蛮瑶”“瑶人、瑶民”。元代，族称变更，称“生猺、熟猺”。清代，称“猺者，徭也”，还有用“古傜人”之称。中华民国官方文献多用“猺”称，也有用“瑶”称。此期间，有些学者的学术论著亦用“傜”称，1949 年后统称瑶族。红瑶是瑶族的一个分支，又称“木瑶”[③]，因妇女服饰的各色花纹图案以大红色为主而得名，系一种他称。

据龙胜县志记载[④]，龙胜县境内在宋代之前已有瑶族迁入，宋范成大

① 蚩尤是“九黎”的部落领导集团，一说是由“蚩”和“尤”两个部落组成；三苗系九黎之后人。

② 龙胜县志编纂委员会：《龙胜县志》，汉语大词典出版社 1992 年版，第 61 页。

③ 广西自治区编辑组：《广西瑶族社会历史调查》（四），民族出版社 2009 年版，第 231 页。

④ 龙胜县志编纂委员会：《龙胜县志》，汉语大词典出版社 1992 年版，第 62 页。

《桂海虞衡志》记述："然瑶之属桂林者，兴安、灵川、临桂、义宁、古县诸邑……皆迫近山徭，如黄沙、白面等山傜。乾道九年（1173）夏，遣吏经理之……将桑江归顺五十二傜头首……"① 其时，龙胜地区属义宁县辖地，称桑江，龙胜县城周边已有瑶人在此繁衍生息。龙胜各族自治县民族局根据古籍考据，从服饰特征、生产特征、历史居地三个方面进行论证后认为，早于汉代进入古称桑江、今名龙胜县境内的瑶民是红瑶先民②。现在学术界普遍认为，龙胜红瑶的族源是多元的，既有"山越"③ 成分，也有"长沙、武陵、五溪蛮"④ 成分。金坑片区瑶族潘姓《大公爷》及人们的口头传说均印证了这一迁徙融合过程。潘姓《大公爷》唱其公爷出身山东青州大巷，为逃难向南迁徙，途中经过湖南、广西兴安县、临桂县再到龙胜县境。20 世纪 50 年代，广西少数民族社会历史调查组到广西兴安金石地区进行调研时，当地老人口述的迁徙过程也与此吻合，并表述他们的先祖迁徙中先到金石，受当地汉人排挤后才继续迁徙到现在的龙胜县金坑地区。⑤ 因此，金坑地区潘姓红瑶的迁徙路线大致为：从山东途经湖南大洲—春江六洞（属兴安县，在湘粤桂交界处）—榕江六部（兴安县榕江镇）—五通宛田庙坪（临桂县）—官衙大木（龙胜龙脊镇）—龙脊平段、黄洛界底（龙胜龙脊镇）—翁江（金坑）—大寨白竹坪（大寨村）—小寨（金坑）。⑥ 实际上，该迁徙路线沿途的大部分区域现均为红瑶居地，大寨村与小寨村的红瑶也属同一宗源，更有甚者，兴安县榕江镇新文村原为汉族，经考据族源后才更改为红瑶。

一个可见的事实是，红瑶迁入龙胜的确切时间已不可考证，且红瑶在屡次的迁徙过程中均会与其他民族发生交往，进而演变为汉族或者壮族，

① （宋）范成大撰：《桂海虞衡志校注》，严沛校注，广西人民出版社 1986 年版，第 154—156 页。

② 龙胜各族自治县民族局《龙胜红瑶》编委会编：《龙胜红瑶》，广西民族出版社 2002 年版，第 2—4 页。

③ "山越"原始居地在今山东青州、江苏南京十宝殿（店）和浙江会稽山（绍兴）一带。

④ 长沙、武陵、五溪蛮，原始居地在湖南的湘、资、沅江流域或洞庭湖地区。

⑤ 《广西瑶族社会历史调查》（四），民族出版社 2009 年版，第 231—232 页。

⑥ 冯智明：《广西红瑶——身体象征与生命体系》，生活·读书·新知三联书店 2015 年版，第 68 页。

反之亦然。据龙脊地区的相关资料显示，平安壮寨原为瑶族居住地，后从南丹、庆远府迁来的壮族将其赶走，不得已才迁往金坑地区，这也是龙脊地区族群错综复杂的例证。但基本上可以确认的是，红瑶定居大寨并开垦梯田是明以后之事。当前，龙脊梯田景区资料显示："龙脊梯田开造于元朝，完成于清代。"或许龙脊壮族早于瑶族先祖于龙脊地区居住，鉴于史料的欠缺，笔者无法考据此观点，但梯田的完工确切时间不应有界点，它是一个动态的进程。无论如何，红瑶先祖迁入大寨后顺应自然而生存，凭借环境而生养，造就了独特的生养体系。

（一）饮食

大寨瑶族以大米为主粮，玉米、红薯、芋头等次之。大寨瑶族亦有制糯米粑的习惯，作为过节佳食和送礼上品。同时还喜酿甜酒，客亲临门，在盛大节日或者在建新房子等重要活动上多以煮甜酒代茶敬客。易言之，大寨瑶族"靠山吃山"，近年来由于旅游的介入，为接待大群体的游客，瑶族的饮食大众化趋势明显。

肉食：大寨以猪肉为主，牛、羊、鸡、鸭肉及山蛙等野味间食，多切片，鲜煮，尤以爱鲜煮猪肉。大寨瑶族几乎家家户户养猪，数量不一，过年时普遍杀猪制成腊肉，以备过节或将来待客之用，腊肉可算是当地的上乘佳肴。

酒食：大寨瑶族善于自酿米酒，喜庆过年酿米酒自食，过年时更盛，自酿酒自饮或者待客。自酿酒一般有米酒、红薯酒、果酒，果酒又有酸梅酒、罗汉果酒、杨梅酒、紫薯酒等。每年九月九重阳节酿制的重阳酒质量最佳，可长时间放置不变质。基本上，家家户户都有自酿酒，男女均可饮用。

菜食：以白菜、萝卜、韭菜为主，青瓜、丝瓜、南瓜等瓜类和豆类次之。春季竹笋亦成主要菜源，金坑周边高山上长有丰富的春笋。每年春季的4月左右，寨民们到山里采回竹笋，剥皮后再用水烫后晒干成笋干，以葱、蒜、姜为佐料，多鲜煮及红烧蔬菜肉类时用。当地人喜将多余的食物晾晒或制酸储藏备食，尤其喜制酸豆角。瑶民普遍喜食辣椒，品种有龙脊辣椒。

图 9　晾晒的食物

茶俗：龙胜境内侗族、壮族普遍有打油茶习俗，县境内泗水、江底一带红瑶地区尤为盛行，金坑地区红瑶本不喜喝油茶，后受红瑶其他片区的影响，亦有打油茶的习俗。油茶可作为自家调节饮食或作待客之用，也可作为招待游客的特色饮食。在日常生活中，油茶相较于酒食而言，大寨红瑶更偏爱后者。

刘锡蕃记述瑶族之楼居屋宇时云："楼上分三部或两部：左右为卧室，最狭，普通仅可容榻，中间为火塘，封填形如满月之三合土，以铁制圆形之三角灶（俗名三撑）架于当中（其贫者不用铁灶，取石放置成三角形，架锅于其间）。"① 现红瑶依然沿袭此饮食方式，一日三餐或礼待客人时均在大堂用餐，以三角铁锅架于四方形桌子中间，各人坐矮木凳子围桌而坐（见图 10）。

（二）生活用水

大寨村民用水均来自山涧自流泉水，泉水甘甜而清爽，红瑶先民自古饮用。为保障生活用水长年不断，近年来在海拔较高的自然村寨均建造了蓄水池，如大毛界、田头寨、壮界均有较大型的蓄水池。蓄水池一般修建

① 刘锡蕃：《岭表纪蛮》，商务印书馆 1934 年版，第 46 页。

图 10　三角铁锅与餐桌

于经探测泉眼较多的山顶，一来可过滤沉淀泉眼冒出的初始泉水；二来装上过滤装置净化生活用水；三来蓄水供用以备不时之需。此外，为确保泉水的净化，有时在山腰之处还会修造二级小型的滤水池。有些家户还在离家不远的山上建有私用蓄水池。旧时，为方便取水，寨内架竹筒引泉，现多铺设塑料水管代替引水。大寨村当前的生活饮用水引水程序为：山泉水——大型蓄水池——软质塑料管——二级小型滤水池——软质塑料管——钢铝管——各家各户水龙头。珍惜天然水源，最大化利用自然之水造福寨民是大寨村生活用水的宗旨。

（三）居住（“吊脚楼”）

金坑被崇山峻岭包围，红瑶聚族而居，大寨村每寨数十户至几十户不等。寨旁各通寨路边多种植或保存有葱茏古树，称为“风水树”；各寨之间的通道多以石块铺垫，不致泥泞。近年来，为方便游客上山观光，龙胜龙脊旅游公司投资将环绕梯田的山路外包给各寨村民重新铺设石板，各村寨间通达有无。大寨村瑶族因地制宜多建干栏式“半边楼”，“半边楼”为上下两层地基，即二层前半部分为悬空吊脚的楼板，后半部分为实地，故称“半边楼”。木楼建于陡峭半山腰，一是为充分利用土地，避免占用有限的耕地；二是如遇上泥石流和突发的塌方，底层的架空能防止房屋倒

图 11　大寨村壮界山顶新造的蓄水池

图 12　山腰上的二级小型滤水池

塌。“半边楼”随地势而建，一般为五柱三间。大寨民居除“半边楼”外，亦建“全楼”，均为木楼。全楼指底层全部架空的干栏形式，一般建于沿河或地势平坦之处。大寨传统民居为全木结构，均以杉木为料，由川、方、榫衔接而成。楼面、板壁均由木板拼成，顶为小青瓦顶。“半边楼”和全楼以自然村为聚落，散布在大片梯田之间。

在形制上，红瑶地区的干栏木楼亦称“吊脚楼”，清道光年间周诚之曾描述干栏木楼为“居室茹茸而不涂，衔板为阁，上以栖止，一下畜牛羊猪犬”①。传统的屋内布置以便利性、节约空间、人畜分层为考量，正屋前为廊檐，居中一间作厅堂，安置祖先位，兼作会客之用；壁后为家主卧室并存食具；左间里格置火塘，作煮食、取暖、进餐室；右间装房作儿媳宿室；外格左右厢房，作青年室或客房；楼上储存粮食；楼下或增建偏厦，一方置放农具，另一方堆柴火和饲养家畜家禽。一些民居干栏下还设有石碓。由于木架结构简便易行，如果需要搬迁或者在原地翻修新房，只需拆开干栏木构件以主干结构为模板，便可按原样完整的构合起新的木楼，以此实现木料的循环使用。总体上，大寨村干栏木楼按照年代及形制变化，可分为传统干栏与新式干栏。由于开发旅游，各家各户先后加入了经营旅馆的大军，传统干栏在大寨已为数不多，大概占四分之一左右，房屋共分三层：一楼饲养家畜家禽；二楼住人；三楼存放粮食及杂物。传统干栏在现在看来已显陈旧，以新寨潘凤恩一家的传统木楼为例，传统的吊脚楼空间格局如下。

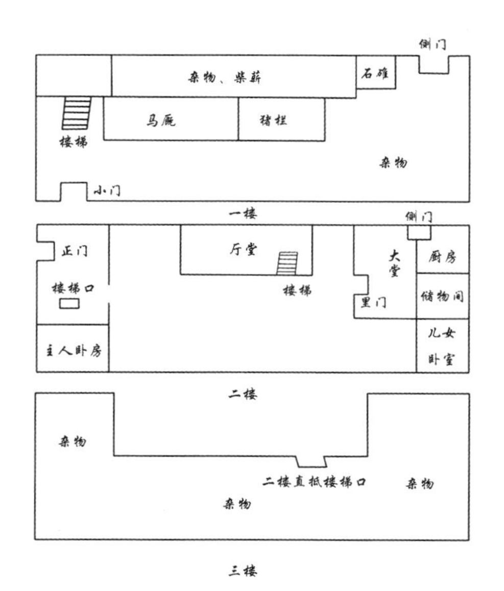

图13　潘凤恩一家传统“吊脚楼”平面图

① （清）周诚之：《龙胜厅志》，据清道光二十六年（1846）好古堂刻本影印，1936年，第98页。

该木楼傍山而建，一楼设有马厩和猪栏并堆放柴薪，临山而开的侧门旁还有旧时舂米用的石碓，马厩一旁的木楼梯通向二楼；二楼的正门面对村寨的主干巷子，正门进来左侧正中为厅堂，面对厅堂左下方为主人夫妇的卧房，右边靠近厅堂一侧为火塘，火塘一侧又增设厨房与储物间，紧挨储物间的房间为主家儿女的卧室，厅堂一侧的木楼梯可直抵三楼；三楼主要用于堆放农具、旧粮仓等杂物。整个房屋的采光，除二楼的窗户外，屋顶几处以玻璃代替砖瓦的铺设，也能使阳光从屋顶直射二楼的厅堂。

图 14　一楼马厩

图 15　一楼马厩和石碓

图 16　二楼正门

图 17　二楼厅堂

图 18　通往三楼的木梯

新式干栏则在 2003 年旅游开发后如雨后春笋般冒出，现在每年均有若干旧式房屋拆除新建。由于青年一代基本不参与农事活动，有些新建的木楼一楼为厨房和游客餐厅并摆放祖先牌位，二、三楼为客房和自家居住。在民居用料上，旧民居依然保留着全木结构，有些寨民为养猪而在屋旁加盖猪圈，甚至还用杉木树皮铺盖而非泥烧瓦。从传统干栏到新式干栏，房屋的布局和楼层功能已经有了很大的变化，唯一不变的是房屋外在的木瓦结构。木瓦结构建筑是当地的传统民居，旅游规划部门出于维护景区传统民俗景观的考虑，包括大寨村在内的龙脊风景区全部禁止修建水泥楼房。如在 2005 年 8 月 1 日起施行的《龙脊风景名胜区规划建设管理办法》中，第十条规定：

龙脊风景名胜区的各项开发、建设活动应当根据已经批准的龙脊风景名胜区规划进行。建设项目的布局、造型、高度、体量、风格和色彩应当与周围景观和环境相协调。龙脊风景名胜区内的民居必须在统一规划的居民点内建设。龙脊风景名胜区民居必须是干栏结构，坡屋顶，青瓦盖面，木质外墙，建筑层数以 2 层为宜，最多不超过 3 层，建筑层高不超过3.0米，总高度不超过11.6米，占地面积（户或座）不超过150平方米，建筑面积不超过400平方米。

但近年来，这些规定有所妥协，如今寨民拆旧房改建宾馆或者酒店时，为防火及达到隔音的效果，新式的民居虽仍然以杉木为骨架，但板墙和楼面以水泥和水泥砖铺建，为达到木质的观感，再在水泥板面镶钉细条木板，俗称为“外包楼”。新式民居的窗户均安装玻璃，暗处屋顶安装玻璃亮瓦，便于采光及空气流通。内用水泥建筑，外用木板装饰是当地寨民和政府协商的结果，但这种建筑形式造价极高。此外，每一户木楼都装上了现代消防设施消火栓，火灾隐患得到了很好的控制。值得一提的是，2017年11月30日晚，龙脊金竹壮寨不幸发生严重火灾，由于天气干燥，房屋全为木楼，且山上水源不足，因此火势凶猛，造成了非常大的损失。这一突发事件也更坚定了当地政府和山居民族以杉木和防火材质混用，修建新式干栏的新决策。

图19　新寨一处新建的“新式干栏”

（四）服饰

如今，红瑶服饰仅保留女性服饰，在村寨中，中年以上的女性日常穿着率较高。女性服饰衣衫分饰衫、花衣、便衣三种，饰衫质料为棉、丝线和毛线，有腰束带，长至脐下。饰衫的款式与花衣大体一致，不同之处为所用材料和绣花方式不同，前者质料为棉、丝线和毛线，用织布机打制而成，并在上面挑花。缝制时，先用棉线织成布，棉线以大红为主，辅以浅红、绿、紫、蓝色相间的各种大小几何图案，后缝制成衣。花衣质料为青粗布，无领，长稍过脐，腰束带。缝制时，先用红、绿、黄、紫色丝线于青布上挑绣凤凰、麟、鹿、山羊、鸡、鸭、鹅、竹木花草、山川河流动植物图案和几何图案。衣背正中绣上大朵香炉花，花下两边绣八角虎爪（亦名官印）等。花衣属红瑶盛装，在婚嫁、喜庆日穿。饰衫、花衣均以大红为主。便衣多为青布为材料，也有用白布制作，多作夏衣以及劳作穿着，亦作老年常服。红瑶妇女裙子为及膝百褶裙，有花裙、青裙两种，花裙白布为底，长齐膝。红瑶青少年妇女的花衣系最具代表性的盛装，颜色鲜艳夺目，以红色为主，均为手工制成，绣有各种图案、花纹，一件上衣至少费工一年。红瑶妇女擅长蜡染花裙，以枫树脂为原料，染技精湛。传统工艺有挑花、刺绣、织锦、蜡染等。机械化未普及之前，从种棉、养蚕至挑花、制蓝、纺织、染色、缝制等，均由红瑶妇女手工操作。[①] 现村寨中仍有瑶族妇女用织布机手工织衣裤，但布料均从镇上或者县城采购。20 世纪末，青年男女衣着开始从传统红瑶服饰向现代风格服装转变，现村寨中只有中年以上的妇女在平时着瑶族服饰，年轻男女多在重大节庆上才穿上红瑶盛装。

红瑶服饰系红瑶文化特质的表征之一，其于 2014 年被列入第四批国家级非物质文化遗产代表性项目名录。近年，由龙胜县文化馆牵头，在大寨村设立了大寨红瑶服饰非遗展示厅。大寨红瑶服饰非遗展示厅设于大寨村委会楼一层，为红瑶服饰静态展示橱。该展示厅约 30 平方米，其中陈列了红瑶服饰的挑花、织花和蜡染等技艺流程、特色服饰配饰及纺织车等实物。如色彩艳丽夺目的红色饰衫，图案丰富的精致花衣，体现精湛蜡染技艺的花裙，以及各种手工制作的精美的配饰、银饰等。此外，还有制作服

① 龙胜县志编纂委员会：《龙胜县志》，汉语大词典出版社 1992 年版，第 98 页。

图 20　挑绣的图案

图 21　织布的红瑶妇人

饰的传统工具，如纺车、织布机等。近年来，外出打工的青年人越来越多，也越来越多地受现代化潮流的影响，很多年轻人都已穿上了新时期的现代风格服装。加之传统的红瑶服饰多为裙装，在劳作过程中多有不便，引致传统红瑶服饰的普及性逐渐降低。除寨中年老的女性常着红瑶服饰外，人们只是在重大节庆活动或婚丧嫁娶等场合才会重新穿上红瑶服饰。为保护这一民俗传统，当地政府以红瑶传统节日“晒衣节”为载体，以鲜明的红瑶服饰制作工艺展示为主要内容，以期借旅游展演的语境，来宣传保护红瑶服饰的意图。在旅游的语境下，越来越多的年轻人返乡参与旅游，并于重大节庆中穿上了红瑶传统服饰。

图 22　大寨红瑶服饰展示厅

（五）语言

龙胜红瑶语言分为山话、平话两种，山话属汉藏语系苗瑶语族苗语支尤诺语；平话属汉语方言。操山话的自称“尤诺”，汉语意为“瑶人”；操平话的自称“尤念”，汉语意为“瑶人”。操平话和山话两者之间互称，习惯把对方的居所地名同当地的人组词连用相称，如其他地区操平话的习惯泛称大寨、小寨、中禄、江柳村操山话的红瑶为“钦腔人”，汉语意译为“金坑人”（因地产黄金故名）。大寨村操山话，并普遍能使用平话，随着旅游发展的深入，对外交往越发频繁，现大寨村民均能使用桂柳话和普通话进行基本交流。

（六）教育

红瑶只有语言而无本民族文字，受教育程度普遍偏低，女性尤盛，20

世纪七八十年代以前出生的人，一般未有学校教育的经历。红瑶旧时的教育主要以家庭或者家门为主体口传身授，大寨村红瑶的家庭传承教育以红瑶迁徙史、家门来历、家规为内容，以“迁徙歌”、讲述“大公爷”、民间故事为形式，在祭盘王仪式、逢年过节的欢庆中，有意识地实施本民族历史文化教育。随着汉语文字在红瑶山区的推进，以汉语文字为载体的学校教育才逐渐普及。

当地政府曾在大寨村始祖田旁开办“金坑附中、大寨完小”，包括小学和初中教育，教育功能区域包括大寨、小寨、中禄、江柳四个红瑶村寨。由于对外交通渐趋便利，现只开办大寨小学，二年级后要到龙脊镇上进行寄宿学习，中学阶段则在龙脊镇或者龙胜县城完成。近年来，龙胜地区旅游的发展反哺了教育。以壮界自然村寨为例，该寨屯总计 32 户 134 人（2015 年大寨村委会统计），据不完全统计，在读与已毕业的大学本科生 3 人，所有适龄入学儿童均为在读，基本都能完成国家九年义务教育。在教育资源的选择上，当地人也有了更大的自主权，为获得更好的教育资源，家境较好的瑶族人家甚至在龙脊镇或者龙胜县城租房子为小孩伴读。另外，由于旅游市场空间较大，大学生毕业后返乡创业的意愿更为明显。总体上，大寨村的教育顺应了国家民族地区的教育发展图景，在旅游的语境下，教育与旅游发展互为反哺。

大寨小学

大寨小学最初以小学编制建立于 1950 年，大办学校期间附设初中部，之后初中部撤销；1992 年为照顾民族地区的教育发展，恢复附设中学，亦称“金坑附中”。至 2009 年，当地政府对教育资源进行重新整合，目前，大寨小学设有学前班、一年级、二年级三个班级，共计有学生 74 人，乡村教师 5 人。由于大寨小学地处大寨村委会前的平坝，田头寨、大毛界等村寨的山路崎岖，家长可自主选择学生是否需要午托，学校设有饭堂，学生午休时可在学校用餐。当前，一半以上的学生都选择在学校午餐、午休。大寨小学遗存着 20 世纪 90 年代至本世纪初国家“爱心工程”的叙事痕迹。学校广场前国旗杆底座的水泥基上“爱心工程纪念碑”及一侧的“关心民族教育，泽被瑶乡百姓”与“爱心永恒，情注瑶乡”的标语石碑、地方政府部门企业捐资助学功德碑依然树立可见。学校有木栏杆三层木房三栋，一栋为教师宿舍，其余两栋为教室、教师办公室、捐赠图书室、学校食堂混用，中间为篮球场和幼儿玩耍的滑梯。

图 23　大寨小学

中国人历来讲求休养生息，这种稳固性的生活样态以乡土社会最为常见。衣食住行、传宗接代是“养”之所在，它既涉及现时，也憧憬着未来。由于身居山地，稳定性与封闭性成为大寨红瑶的生养特质，特有的家门观念、以山为依托的饮食惯习、自成一系的语言等聚合成为独立的山地族群生养制度。

生　计

简单来说，生计是人们维持生活的计谋方法，而生计方式则是人们相对稳定、持续地维持生活的计谋或者方法。① 一直以来，生计和生计方式都是人类学关注的传统议题之一。从概念上判断，生计首先与地理空间和自然

① 周大鸣：《文化人类学概论》，中山大学出版社 2009 年版，第 103 页。

环境相关。在大寨村，从古至今，农业是红瑶人亘古不移的生计方式之一。

一　政治组织

（一）历史上的“社团制”

“社团制”亦称“屯团制”或“社老制”，它是红瑶地区普遍存在的传统社会组织形式。宋代以来，红瑶社会组织为“社屯团”制，以村或数村为“社”，集若干“社（屯）”为“团”，“社”设头人，屯设“屯甲”，“团”亦设“头人”。宋范成大著《桂海虞衡志校补》云：“瑶之属桂林者，兴安、灵川、临桂、义宁诸邑……白面、黄意、滩头等瑶，山谷间稻田无几，天少雨，稜植不收，无所得食，则四出犯省城……官兵不可入，但分屯路口……瑶犯一团，诸团鸣鼓应之……万一远瑶弗率，必须先破近瑶……将桑江归顺五十二瑶头首……诸瑶团长袁台等数十人诣经略司谒谢。”[①] 古称“团头人”为“团长”，元、明史书称为“瑶老”，系寨老制度的雏形。“社头人”和“团头人”由族中理事公道，能言善辩，熟悉族规，有威望的老年或中年男性担任，一般由众人选举产生，其职责主要为：主持众议制定或修改族规，维护社会治安和生产秩序，筹办公益事业和集体性祭祀等事务，除紧急事外，通常在农闲时奔走活动。头人有一定报酬，如理事不公或受贿负众望者，即需另举他人。[②]

这种“社团制”一直沿袭至清末。清同治三年（1864），立于孟山寨边鹰崖岭的红瑶《乡帮治理公约》石刻碑（亦称《孟山石碑》）载：“地方凡有大小事务者，必要鸣报屯甲，邻右理论曲直，如祝未息，须经本团论之不散，头人常告方准词论。”[③] “孟山团”组织范围跨越县界，该团组织由包括当时隶属兴安县的金坑和白面、潘内等十屯组成。中华民国初年，地方政府以“头人”制度沿用社团组织形制。直至中华民国二十三年

① （宋）范成大：《桂海虞衡志校注》，严沛校注，广西人民出版社 1986 年版，第 154—156 页。

② 龙胜县志编纂委员会：《龙胜县志》，汉语大词典出版社 1992 年版，第 64 页。

③ 李粟坤整理：《龙胜红瑶石刻碑文集·红瑶〈乡帮治理公约〉石刻碑》，现藏于广西龙胜各族自治县图书馆内，1992 年。

（1934），推行乡、村、甲制之后，“社团制”开始逐渐瓦解。此时，行政管理权力归当地的乡或村公所掌握，但地方行政组织仍凭借“社团制”形式立乡约，以行使行政权力。中华民国三十三年（1944），金坑各寨联合聚集会议，共立条规，维护地方治安，共列十五规述刻碑立于金坑片区。“议有违反以上条例，轻则鸣众处罚，重则送官究治，莫不预告。”[①] 新中国成立后，新的地方行政组织制度随之建制，“社团”组织制度的作用了无痕迹，乡、村、大队的层级组织开始承担施行国家自上而下的政务。

（二）家族（家门）组织

旧时，以血缘为主由同姓同宗同家支等成年男女组成，领头人称“族长”，一般由熟悉家族历史、热心家族发展且德高望重的中年男子来担任。对内协调家族纠纷、操办家族大事；对外调解家族间的矛盾。族长是低于寨老的地方头人。现大寨村调解事务多数由党支部或者村委会出面协调相关事宜，党支部书记、村委会主任一般也为本村人。

（三）行政区划与村镇组织

龙脊镇。龙脊镇旧称官衙、和平地区、和平乡等。大寨村1959年后属和平地区管辖，和平地区自清乾隆设官衙塘，故名官衙。1949年前属镇南乡，1949年后属南区，1953年设6个区71个乡后属第二区官衙乡，1953年官衙改称为“和平”，意寓各民族之间平等团结。1958年8月30日成立人民公社，政社合一，称“和平公社”。1959年兴安县的中禄、新六、小寨等5个大队划归和平公社。1969年和平公社改称革命委员会。1984年，全县所有公社改为乡建制，始称“和平乡”。2014年1月，和平乡更名为“龙脊镇”。龙脊镇是从桂林市进入龙胜各族自治县的第一个乡镇，素有“龙胜南大门”之称。在地理空间上，龙脊镇距桂林市75公里，距县城12公里，321国道从西北穿过。全镇总面积为237.3平方公里，辖15个行政村，186个村民小组，3893户，16484人，主要居住着瑶、壮、汉等民族，少数民族人口占全镇总人口的84.5%。现设有中心小学1所，教学点6个，幼儿园1所。

大寨村民委员会。1995年起大寨村属和平乡下辖的15个行政村之一。

---

① 李粟坤整理：《龙胜红瑶石刻碑文集·〈金坑各寨禁约〉碑》，现藏于广西龙胜各族自治县图书馆内，1992年。

1996年，大寨村民委员会正式成立，至今，大寨村委会下辖大寨、新寨、壮界、田头寨、大毛界、大虎山六个自然屯，此外还有水磨、墙背两个旧地名，属大毛界。大寨村距龙脊镇政府24公里，距龙胜县城37公里，全村有12个村民小组，300户，1234人。在公共空间表述大寨村委会时，当地人喜以“金坑”来称谓，即金坑大寨村委会，一来标识其地理位置；二来用以区别其他村寨同名的情形。大寨村民委员会由主任、两名副主任、两名委员组成，其中一名副主任为女性，负责分管计划生育工作。村主任负责村委的全面工作，目前村委会的主要工作为传达上级各项工作、任务，协助政府执行发展旅游规划等。

表1　　大寨村地名由来情况

现称	旧称	地名由来
大寨	大寨	住户多，住房集中，故名
新寨	新寨	从大寨迁居至此，故名
壮界	壮介	系与壮族村落的边界
大毛界	大毛介	界上茅草遍生，故名
田头寨	田头寨	村分两边，各住在田垌一头，故名
大虎山	大虎山	住地地形如虎，一说山中常有虎兽出没，故名
水磨	水磨	水从屋囟头流过，故名
墙背	墙背	在一陡山之背，形如墙，故名

表2　　大寨村人口分布历史演变情况

自然村＼年份	1983年			2015年		
	上级行政区划	户数（户）	人口（人）	上级行政区划	户数（户）	人口（人）
大寨	新六大队	—	241	龙脊镇	78	317
新寨	新六大队	—	266	龙脊镇	74	303
壮界	新六大队	—	99	龙脊镇	32	134
大毛界	新六大队	—	56	龙脊镇	30	127
田头寨	新六大队	—	259	龙脊镇	66	269
大虎山	新六大队	—	65	龙脊镇	20	84
总计	—	—	986	—	300	1234

二　村寨公共空间

寨门及周边。大寨村寨门临河而建，仿风雨桥建置，为旅游开发而修建。寨门前为旅游服务中心、停车场及上山索道起点。所有旅游车辆、往返大寨与龙脊镇的交通用车均在此上下客。村寨门口是寨中人流量大的公共空间之一，村寨女性均在此拉拢游客，或者对接游客并分送各个寨屯。在旅游开发初期，大寨村景区还提供“抬轿子”的有偿民族特色服务，大寨村六个自然村以分组的方式轮流在寨门等候游客。由于“抬轿子”比较吃力，人力成本高，加之上山索道已开通，现在已没有了此项目。寨门作为村寨内外空间的沟通与过渡的媒介而不可或缺。寨门及周边的公共空间既是游客身份转置进行文化体验的临界点，也是当地人与游客互动的初始场域。

广场（歌舞坪）。大寨村唯一的广场是主要作为政治空间与旅游休闲空间而呈现的。广场（亦称歌舞坪）位于大寨屯平坝上，紧邻始祖田和溪流。大寨村委会办公室场所、红瑶服饰展示馆均位于此。广场在进行重大节日、召开村民会议时，作为人群聚居场所以及活动展演的空间，具备政治空间和旅游空间的双重表征。如天气晴好，每天晚上都会有由寨民自发组织的歌舞队引领的“原生态”篝火晚会在这里举行，游客可亲身进入这一“场域”体验红瑶民族文化。

路、桥、亭、廊。山地民族傍山而居，为避免水流冲刷，便于爬坡行走，除平坝地区少部分改修水泥路外，大寨村均铺设石板路，乡间石板道路均用一两尺见方的石块铺筑。据寨民口述，现所有的上下山的石板路是发展旅游后重新修筑过的，龙脊旅游发展公司按照路段分别承包给各个寨屯的村民翻修而成。大寨村的四个观景台、各自然屯之间，均能通过石板路直抵互通，极为便利。

从山而下的溪流横穿村寨而过，在大寨村，凡逢溪河冲涧，大都修建有简易桥和石板桥、瓦盖桥等几种。瓦盖桥长为5—9米，简易桥则以数根杉木扎成，长3—5米不等。石板桥多为单板桥，石桥长3米左右。石板桥

图 24　石板路一侧的凉亭

为整块石板石铺架的桥梁，宽 2—3 尺，长视跨度而定，多架于跨度不大的溪涧上。桥面喜刻鱼类、花卉、棋盘之类图像。瓦盖桥桥身底部以巨杉圆木铺架作底梁，梁上横铺厚板桥面，上竖长廊木架桥身，桥顶盖瓦。长廊两侧安上通间长凳，顶梁方头或绘花草、云朵等图像。桥墩有木、石两种，木墩以数根粗木连并负荷，石墩则靠扁形石块支撑。大寨村现有瓦盖桥两座、石板桥若干、水泥桥一座。进寨门后近 100 米有一水泥桥通往新寨，当地人称“新寨桥”，在桥头间有外村人在此卖猪肉供全村人食用。两座瓦盖桥均修建在大寨平坝，近寨门一座称“风雨桥”，这也是大寨村现仅有的一座“风雨桥”，妇女们在此摆卖旅游商品；另一座则坐落于大寨中心，为寨民夏日纳凉、拉家常的公共空间。在风雨桥的对侧即为民族工艺品长廊，背靠山底而建，长约 50 米。长廊里开设了大小不一的小商铺，由于旅游商品的同质化，这里销售的工艺品与其他旅游点大同小异。

大寨的山间主道山坳处一般建有凉亭，供路人歇息。以居住于山腰的壮界、大毛界、田头寨为主。凉亭内两边安上长凳供路人休息，亭梁下方多写有诗对及杂绘几何图案或花卉等图案。此外，亦有用木板简单搭建的凉亭。

图 25　大寨风雨桥

三　乡规民约

历史上，金坑地区为维持村落秩序，往往会以地缘为纽带，联合所有的村寨制定村规民约，并将这些规约拓刻于石碑上亘古留存。大寨与周边的小寨、江柳、中禄村等临近的村子，曾共同制定乡规民约并刻于石碑上，俗称“石碑律”。大寨村始祖田前立有三块石碑，据寨民告知，此石碑原并不存放于此，系旅游公司介入规划后从其他自然村搬迁至此，以与早前立于此的石像保持形态景观上的统一。三块石碑两大一小，大者长约1.5 米，宽 1 米，碑刻《万古流芳》；小者长约 1.2 米，宽 1 米，碑刻《永古遵依》。碑刻内容包括婚嫁聘礼规定、偷盗行为的定性及惩戒程度、买卖田地交易规则等，为当时金坑地区村寨的习惯法，一般由地缘的寨老组织付诸监督施行。此外，龙脊地区、金坑地区设立的其他乡规民约亦在不同时期起到习惯法作用。在新的国家政权建立后的长时间内，由于国家法律在乡土实行具有迟滞性，乡规民约一直延续着它们在地方管理的主体性作用。《龙脊规碑》、中华民国初年《永古遵依》石碑抄录如下：

龙脊规碑

碑额　严规安民

窃为天下荡荡，非法律弗能以奠邦国。而邦国平平，无王章不足以治闾阎。然乡邻缪犒，岂无规条，焉有宁静者乎！条规一设，良有以也。盖因世道衰微，邪暴又作。叹我龙脊地方，田窄土瘠，居民通（稠）蜜（密），别无经营，惟赖生产以充岁耳。贫者十家有九，强梗朋奸鼓衅，屡倡不善之端；富者十家有一，懦弱踯躅不前，叠受阴柔之屈。于道光四年，蒙府主倪奉上宪巡抚大人赵恩发朱谕，举行团练，各处张挂，黎庶成遵。奈吾境内，有饕餮不法之德，类如祷杌，竟将禁约毁弛，仍前踵弊。非惟得陇而欲蜀。男则贪淫好窃，女则爱骛轻鸡，猖獗不已，滋扰乡村。今幸蒙董主荣任地方。见著三善三异，颂厅花落，囹圄草生，何啻圣君慈父，民知有善政而下，安得不凛循为之善化矣。故吾备寨人等，同心镂立石碑，以敬后患。自立碑之后，凡我同仁，至公无私，各宜安分守己，不得肆意妄为，排难解纷，秉公处理，勿得贿唆，徇情私息。当惧三尺之法，可免三木之刑。吾乡慎遵。庶几风淳俗美，永保无虞，乐莫大焉。是为序。

今将各条胪列于后

一、官衙塘房，从昔分定各修，列分东西左右。其西右边诸房等项，系大木下半团修理。其东左边等项以及第三层官歇之大房，系官衙，龙脊上半团修理，前分上下，内外交乱，分占修理错越不一。于道光二十六年，其大房倒塌损坏故我龙脊依同官衙人等，另将塘房踏看，交合照分，各使修理，免违大公。其官歇大房三间，左厢房上头二间，右桅杆一根，以及大门前街以中，直至左厢房面前街，此项归我龙脊修理。其余俱归官衙人修理。立有定章合同确据。

一、值稻、粱、菽、麦、口、黍、稷、薯、芋、烟叶、瓜菜，以及山上竹、木、柴、笋、棕、茶、桐子、家畜等项，乱盗者，拿获交与房族送官治。

一、在牧牛羊之所，早种杂粮等物，当其盛长之时，须要紧围，若遇践食，点照赔还。未值时届禁关牛羊，践食者，不可借端罚赔。

一、离团独村寡居，恐被聚集贼匪昼夜劫抢，鸣团一呼即至，不得畏缩逡巡。立时四路捕守，拿获送官究治。

一、擒拿窃匪，务要赃贼实据，不可以影响疑似之事，妄拿无辜。即幸人赃两获，送官究治。

一、恶棍滥崽，闯祸藉端，惯使之徒，牙角相争，平地生波，切不听信作中。若不经鸣老人，妄纵差传至乡，宜要揣情，秉公理究。不可藐官欺差，倚禁抗法。如有滥请滥中，架害作诈，酿成大祸不测，岂忍似狼噬羊之害，并及中人，呈官究治。

一、游手乞食，强付生面之辈，夜间勿使乱入社庙停宿，秽污神圣。或三五成群，必致行蛮。凡遇婚丧之事，多食不厌，酗酒放惫，扰乱乡人，鸣同送官。如有蹒跚瞽目者，即便打发勿责。

一、遇旱年，各田水渠，各依从前旧章，取水灌溉，不许改换取新，强塞隐夺，以致滋生讼端。天下事，利己者谁其甘之。

一、田地山场，已经祖父卖断，后人不得将来索悔取补。今人有卖业者，执照原契受价，毋得图利高抬，如有开荒修整，照工除苗作价。

一、强壮后生以及酗酒之人，不忍三思，只逞凶恶动气，与人斗殴，恐一时失手伤人，累害不浅，此宜戒之。

一、各村或有小事，即本村老者劝释使（便）可也。

一、本团所属境内，年节月半，亲戚送包，礼仪往来，今当地方公议，从今以免包仪日。

以上诸条，并非异古私造，依存天理，何敢犯上，官有官例，民有民规，谨此敬刊裕后万古不朽矣！

道光廿九年岁次己酉三月吉日旦龙脊众立

中华民国初年跨县团甲制时期金坑维新政俗规定《永古遵依》碑文

窃思古此章身无赖双羽皮为敝体无露法于从者以下衣裳之制始与历代相也丈关不至如今巧女更幻轨其五彩为服败坏丝套华遇费老赡视咸言古犹存遇猖狂毗则毁谤议轻谈同人亦受手耻今有兴龙两岂爱集如

集知事之士绒颁布各寨举吞四民雷同会议保茂回体查户户关乐平忖思坚人云因于夏礼周团干礼胥有损益旧染汙俗故有维新之念从兹文明世代岂不一道同风章程议定万无一失永不朽败。

凡匪类抢掠人家财物者拿获沉塘毙命窝赃窝盗地方查出即将家业充公。

凡盗窃猪牛仓谷撬壁雕墙拿获者鸣团或割耳刀目或同塘毙命。

凡遇偷盗财物不拘向人看见许即拿获倘有隐藏不报与贼同罪一人被盗众人共主为盗各带川。

凡遇鸡鸭菜茄杂粮物件拿获者公罚八千文。

凡雇工倘有风云不测及妇女悬当自尽不为人命案。

凡妇人项圈银炮带银树四件议决改除旧服三年禁绝如有不遵公罚不恕。

凡古风服制五彩从今改为以青为服不许编织彩衣不遵禁为团公罚不恕。

凡人妻绿匪不睦而改嫁者不许转为原夫有关风化以免效光。

凡托媒向亲二此愿意登出生庚准共二人不决洪礼钱六千正不许加增违者有犯不恕。

凡遇聘工时只许二人送礼钱二十千为准不可增加女家送亲族男女三十二人。

凡男家酒，无论新旧之客共用一餐早夜膳餐消夜安宿迎新米六斗酒肉礼物依然照旧勿违。

凡女既已始配以订终身才许异心反目如有情由地方公议可否如二比愿和凭中与外家财礼。

凡招婿入仓礼为骨血一体不得作外人不拘男女或萌异地即由地方公论如女反情者议决与钱四千文，如男家反情即为公议，每年为婿钱二千文，面斥各宜遵禁。

凡旧刻每年送女二节过于繁浩今去一节外甥婚娶请旧亲不许牵羊为礼只用鸡鸭报期是也。

凡地方遇有口角是非各乡里落如逢重大事务即经团排解若判不清方可论讼。

以上婚娶制服政良各款各规直遵禁如有违犯齐团公罚款十二千文决不宽恕。

金坑团团长　潘长鸿　潘文德　潘秀武　潘万才

潘正德　潘新秀　潘桥才

中华民国六年（1917）丁巳岁次阵冬月暨日兴龙二邑团暨立民国十年（1921）。[①]

作为山地灌溉地区，显而易见，与水关联的“乡规民约”是大寨村的生活实相。在大寨，梯田稻作的核心是“水”，基于水权的区分，较为完整的合理分配灌溉的方法、惯习和组织在长期的地方性共存地域中约定俗成，至今有效。当一个新制的“分水门”于田间筑立之后，凡农田受益的各家私下协议在“分水门”前，以鸭血和烧黄纸立下歃血盟约，从此，“分水门”通往各梯田的分水口大小[②]千年万年不得有变。这是农业社会中社会道德惯制对社会秩序的弱关系维系。当地现存的《龙脊乡规碑》[③] 亦有关于龙脊地区水权的禁约胪列：“遇旱年，各田水渠，各依从前旧章，取水灌溉，不许改换取新，强塞隐夺，以致滋生讼端。天下事，利己者谁其甘之。”分水与用水是一体的，在大寨，关于水的社会时序都被认为是众人之事。每年农闲时，寨中每家自发派人集体修葺共用的水渠和水槽。这些习俗和惯制是一种“乡规民约”式的知识传统，是农业乡土社会自治性质所决定的社会控制的“乡下”特点。除以碑文、非正式契约行为作为民间自我管理的方式外，红瑶传唱的《大公爷》《盘王歌》《迁徙歌》及人生礼仪对歌等口头与文字内容，亦是乡规民约的存在形态。作为学者所称的“民间法”，乡规民约是人与社会建立秩序关系的一种依据，它内蕴着社会道德教化的观念与社会秩序的理想。

① 注：金坑团当时属兴安县。

② 分水门为“凹”形装置，各分水口横面积的大小决定了同一单位时间内水流量的多寡。

③ 龙胜县志编纂委员会编：《龙胜县志》，汉语大词典出版社 1992 年版，第 521 页。

四　背工帮工

红瑶有“打背工”，即换工的劳作互助习俗。背工由不同辈的成年男女分别组合，每天劳动参加人数多少，据农活难易远近和季节而定，一般五六人，多则数十人。工种包括挖田、挖地、犁田、耙田、插秧、施肥、耘田、收割等，大多为一工换一工。农忙工一般在短期内需还工，如有特殊情况可酌情推迟，守信为换工的首要原则。农忙季节的背工均由主家提供午晚饭，背工者需自带工具。在劳动中各人均不遗余力，劳力强弱，技术高低，一般不斤斤计较，背工背后的逻辑是互助。但若在背工过程中故意省力偷懒，将会打破互助的契约，之后其他人便不与其背工了。为此，参加背工的人都不敢偷懒取巧，总是尽力而为。现如今农活渐少，旅游介入后，参与旅游事项成为寨民的主要生活，背工的活动日趋消失，但帮工依然是寨民日常交往、人情来往的主要承载体。在大寨，村寨办红白喜事时，房族和近邻都互相帮助，只需指定一人总管安排，其他人都听从指挥、各负其责，有秩序地完成帮工事项。起房子帮工是主要生活事项，红瑶俗语有云：“起屋众人事，大家都有责任。”从拆旧房子、砍树、抬树、开屋场到竖屋、盖瓦都是本寨人帮忙，若是工程大的，还有女婿喊其本寨人上门帮工。近邻帮工各自吃了早饭才来，主家供午饭和晚饭。远亲帮工食宿全由主家安排，帮者无偿援助。[①] 笔者于新寨自然村参与观察了潘生玉家拆旧房建新房的帮工过程：

---

① 龙胜各族自治县民族局《龙胜红瑶》编委会编：《龙胜红瑶》，广西民族出版社 2002 年版，第 124—125 页。

表3　　新寨潘生玉家拆房子帮工事项表

时间	劳作事项	分工	帮工人数	备注
7：00—8：00	屋主杀猪（一头）款待参加帮工的邻里	男：3—5名男性主负责杀猪 女：2—3名女性煮热水协助	8人	早饭之前的拆除工作仅由屋主及屋主同支兄弟帮忙，村寨帮工的寨民在自家吃早饭后再参加帮工
8：00—9：00	拆除前准备工作，拆除程序由内到外	男：3—5人拆除厨房灶头，2人拆除用电设备，3—5人搭建搬迁瓦片的人造木梯（拆落的瓦片暂时存放邻居家的干栏空地） 女：3—5人洗碗、洗菜、煮饭，准备早饭	12人	
9：00—9：30	早饭	帮工兄弟在屋主家吃早饭，食用早上生猪的内脏	12—15人	借用邻里兄弟的房子用餐
9：30—10：00	休息	短暂休息，等候帮工寨民到场开工	12—15人	—
10：00—13：00	正式拆木房	基本工序（自上而下）：拆瓦片、窗户—拆屋顶木板—拆主屋木板—拆主架构木桩 男：倚站屋顶拆瓦片，排列成队形向地面的女帮工传送瓦片到干栏储物室；拆迁屋顶木板、窗户等重体力劳作事项，3名男性掌厨张罗午饭 女：在邻房屋的干栏室内传送及摆放瓦片，5—6名女性寨民洗菜、煮甜酒，协助准备午饭	约80人	瓦片拆除储存供修建新房子再用，开始拆房子后，帮工的寨民陆续到场按需参与劳作
13：00	午饭	午饭用餐人数较多，主要劳作人员先吃，之后分批用餐，用餐前喝甜酒解渴	约80人	借用邻里兄弟的房子用餐；在木楼矮桌围桌用餐
13：00—14：30	休息	在附近邻里家随机短暂休憩	约80人	—
14：30—18：00	正式拆木房	延续上午拆房工序	约80人	—
18：00—19：00	晚餐	晚餐食材丰盛，食用猪肉及家常菜	约80人	—

我们可以看到，在这里，潘生玉一家拆旧房修建新房已是新寨屯众人之事，在以人情为主要内容的帮工活动展演下，拆除房子工序快，参与帮工的寨民，自主按照性别和工种合理有序协助劳作，分担了主家的劳作强度，它呈现的是乡土人情社会里红瑶人的地方性生活智慧。

五　岁时节日

大寨红瑶一年时序中节庆众多，一月一小节，半年一大节。金坑大寨红瑶节庆大致可分为生产性农事节日、宗教祭祀节日、旅游展演节日、庆贺纪念节日。二月二红瑶“劳动节”、四月八牛王节、六月六“供田节”（半年节）、十二月二十六庆丰收都是由农耕生产演化而来；祭盘古、清明节、端午节起源于祖先信仰和继传中原传统祭奠历史人物。中秋节庆贺家人团圆；重阳节酿“重阳酒”亲人畅饮；春节抬狗辞旧岁欢庆迎新。六月六红瑶“晒衣节”现已成为旅游场域中盛大的展演节日，游客到场与当地人一道体验红瑶节庆，是旅游公司重点打造的旅游景观之一。

祭盘古王。旧时每逢10年或12年，或者遇上灾年都要在盘王庙举行一次还愿活动（还大愿），操山话的大寨俗叫“做大将”；操平话的称“调大庙”。地方文献《龙胜红瑶》记载了一则据大寨村老人口述的传说①：

> 很久以前，红瑶先祖原居京城，当时人数不多，常被外族人压迫欺负侮辱，在京城难以生存下来，逃难迁徙到山东青州府大巷定居重建家园，生活过得无忧无虑。皇帝想了解瑶民的情况，派遣两名御使到山东青州府巡察。两名御使留恋瑶乡，竟然流连忘返，延误回京城向皇上禀报时间，皇上恼怒，认为瑶民胆大包天杀了御使，下令派大帮官兵围剿瑶民。瑶民抵抗失败，被迫离开山东青州府大巷去逃难，途中漂洋过海到洞庭湖沿岸、“梅山洞”、桃源九溪等地，最后迁徙到广西桂北山区今龙胜境内定居。

① 龙胜各族自治县民族局《龙胜红瑶》编委会编：《龙胜红瑶》，广西民族出版社2002年版，第80页。

红瑶祖先迁徙途中遇狂风大浪，木船摇摇晃晃，无法靠岸，生命危在旦夕。在这紧要的关头，红瑶祖先们想到：只有“盘古王”才能搭救我们。这时，一位师公记起以前祭盘古王用的“三节竹子”，马上设坛安神位。向盘古王“许愿”说：“盘古王”你能保护我们瑶民平安过海，我们瑶民永远记得你救命恩情。盘古王果然显神灵，顿时海风大浪平静。红瑶祖先们乘木船顺利到达对岸，生命得救，财物得保。从此，红瑶民间世代流传“大田大地均可抛，神灵千万不能丢；三节竹子随身带，走遍天下保平安”祖传的警语。因此，红瑶祖先们每迁到一个地方都要建盘王庙敬祭还愿。来到龙胜定居后，继续修建盘古王庙敬祭还愿。

因之，祭盘古王蕴涵着红瑶人主动对迁徙历史记忆的不断追寻，并借以崇宗敬祖。

祭盘古王要唱《分逢歌》，歌词结构大都七字一句，歌词大意主要诉说迁徙逃难中夫妻分离，以及得盘古王搭救后又相逢重建家园的情景，兹摘列部分如下①：

1. 东并雷，西边木叶落叔叔（落叶之声），木叶落下成垫路，红旗影影引神回。

2. 夜暗分，郎来屋背后门前。郎来屋背后门站，受了好多蚊子叮。

3. 夜暗分，点火入房寻细针。找得细针穿细线，线头线尾结同心。

4. 大路好行也要伴，白马好骑也要鞍。马尾吊得一把长，郎娘结得万年双。

5. 一条大路三丈宽，江水长流万丈深。水深不见鱼头现，路远不知妹好心。

6. 一条大路转弯弯，去时容易转时难。去时脚踩千重岭，转时脚踩万重山。

① 龙胜各族自治县民族局《龙胜红瑶》编委会编：《龙胜红瑶》，广西民族出版社2002年版，第81—82页。

7. 火烧那边东半田，七日七夜火登天。三百乌鸦来隔火，不见弟伴到近前。

8. 火烧那边东半田，又来西边冒出烟。火烟上天高万丈，妹去他乡无万年。

9. 昨夜烧了夜背岭，烧了几十几条蛇。三百乌鸦来盘散，如同搬散弟宅家。

10. 十二岭头有根桑，开枝散叶盖厅堂。春开提来遮细雨，十月提来遮白霜。

11. 成双了（分离后又重逢），千万莫报大人知，大人得知骂死弟，弟是石榴花发时。

12. 唱歌也要三人唱，独自个人唱不成，织箩也要行三篾，不行三篾不成箩。

13. 独自根柴不成火，独自条木不成林，不信且看天星子，独自个星照不明。

14. 三间大屋同排扇，撑到湖南请匠装。第一起间居小弟，第二起间居歌郎。

六月六“晒衣节”。“晒衣节”又称“半年节”“红衣节”“粽粑节”，瑶语称为“沙啊叠”，原为红瑶最大的民族节庆与传统惯例，而晒衣只是该节庆的众多活动安排之一。这一天，寨子的人们都停产休息，上午九、十点吃完早饭，到十一二点晌午时全寨村民都到河边站好，你一歌我一曲的进行对歌，甚至相约到山上唱歌，这是仅限于本寨人的欢庆交往的节日。而在现代语境下的“晒衣节”，则被赋予了包括红瑶服饰传承与保护，旅游场域中特色民族文化、游客参与体验等在内的多元化内涵与意义。红瑶人作为“东道主”成为民族文化展演的主体，并与游客进行不同层次的互动。

红瑶被美称为“桃花林中的民族”，红瑶的生活技艺也源远流长，“晒衣节”这一习俗已沿袭几百年之历史。每年农历六月初六，家家户户晒衣，准备丰盛的宴饮，和家人吃团圆饭，是红瑶除了春节之外最隆重的一个节日。红瑶民间普遍流传着“六月六，士晒书，女晒衣，农禳田”的俗语。因红瑶世居越城岭支脉，山地林木茂盛，地处亚热带季风区，潮湿多雨。在这样的环境中，日常生活用品易发霉和遭虫蛀，尤其是红瑶服饰的布料为蜡染制成，极易掉色，故忌用水洗，更易发霉生菌（红瑶人称为“沤霉烂”）。在红瑶人的地方性知识中，农历六月六为一年中最炎热且阳光最猛烈的时日，经过暴晒的物品不但能去霉防霉，亦能免遭虫蛀，还可以祛除“晦气”。因此，每逢农历六月六，大寨村民们都要搬出自家的花衣、花裙等放置到室外衣架、楼台等地方晾晒。整个寨子的各家窗台、走廊、院子里处处都是红色，所谓“红衣映红半边天”。后来，在相沿成习的过程中，农历六月六被命名为“晒衣节”。而在红瑶人的岁时逻辑中，这一天也是团结和睦之日。嫁出去的女儿和当上门女婿的儿子都要挑一只鸡，一只鸭，一瓶甜酒，一包或者一斤糖带上小孩到娘家团聚。家家户户都会包粽粑，为两个绑在一起的特殊形状，寓意夫妻恩爱、团结和睦。

表4　　金坑大寨岁时节庆

时序（农历）	节日	节　俗
正月初一日	春节过年	贺岁、拜年，忌出门
正月初二日	春节过年	向族内长老拜年
正月初三日	春节过年	走亲朋
二月初二日	红瑶“劳动节”	糯米打制年糕、第二天饱餐一顿。当天祭拜土地田神
四月初五日	清明节	扫墓祭祖，祭拜潘氏老祖宗
四月初八日	牛生日	备肉鱼，蒸黑、黄、红色糯饭。此日俗定“牛生日”，忌用牛，先以青草包饭喂牛后，家人方进节日餐
五月初五日	端午节	纪念屈原，包粽粑
五月十四日	打旗公	十四日，嫁后女儿或上门子均挑鸭或鸡回家，还请“老庚”（同年）。其群性活动为：十四日“打旗公”。中青少年和部分老人，聚集于中心寨，两两各打一三角红旗
五月十五日	祭盘古	村寨杀猪祭“盘古庙”。祭毕分肉，两“旗公”各三斤，余下众人分，秋后付钱或谷

续表

时序（农历）	节日	节　俗
六月初六日	供田节 半年节 晒衣节	祖先开新田之日，到“始祖田”用煮熟全鸭，并酒、杯、纸、香置于篮祭供。六月六同时也是红瑶“晒衣节”，在旅游中不断“被发明”，旅游中的“晒衣节”包含晒衣、梳长发、红瑶集体婚礼、服饰生产展演、河中摸鱼、抬狗送祝福等红瑶传统活动
八月十五日	中秋节	吃粽粑、月饼，庆祝团圆，亦用月饼敬奉家神
九月九日	重阳节	祭祖，酿制“重阳酒”
大年三十日	除夕	备酒、杀猪、舂粑、做豆腐。搞卫生、贴祖先位、楹联，晚祭祖、盛餐。最盛大的活动是抬狗辞旧岁迎新年

农　业

瑶族居于山地，是典型的游耕民族，古时以“刀耕火种”为生计方式，种完一山过一山，迁徙频繁。金坑大寨红瑶先祖迁徙到来初期遵循“刀耕火种”的方式，后来才逐渐劈山开垦梯田始定居。据大寨村委会壮界原生产队队长潘良保老人叙述①：“潘姓祖先到大寨后，发现村口有一只野兽经常在平坝上打滚，后来形成了两块池塘（现大寨始祖田所在地），称山爬塘，上下两块分别称上爬塘和下爬塘。先祖发现了塘田后，将狗尾巴上沾的稻谷播种到塘田上，上爬塘种黏米、下爬塘种糯米，耕田不动、耕地不移，才定居下来。”随着时日的推移，稳定的农耕种植使得寨中人丁兴旺，各家门以始祖田为中心，向四周山上开垦梯田，为便于耕种也往山腰上迁居，为此形成今日的村寨坐落布局。梯田开垦和耕作方式形成了它特殊的自然形貌，并已成为农耕文化的重要文化遗产。

大寨的主要粮食作物是水稻。对于山地民族而言，水稻种植具有极大的诱惑性，寸山必开垦，因此形成了梯田多种多样的形制。大寨流传着这样的一个传说：当地曾有一个苛刻的地主交代农夫说，一定要耕完206块

① 报道人：潘良保，男，67岁。访谈时间：2017年8月24日。地点：大寨村壮界“田心山庄”旅馆内。

图 26　大寨始祖田

田才能收工，可农夫工作了一整天，数来数去只有 205 块，无奈之下，他只好拾起放在地上的蓑衣准备回家，竟惊喜地发现，最后一块田就盖在蓑衣下面！可见，梯田开垦难度之大，形状不规则。梯田的耕作自成一系，也孕育了具有特质性的稻作文化。大寨红瑶敬重山地、水田，爱惜稻米。在耕种劳作昌盛之时，水稻的种植、收割均有一定的礼俗。在历史时期，梯田水稻耕作的各时序在开始前均要进行一定的仪式：开山耕田时，由寨老通寨呼喊开山动土耕田；插秧时，事先择好时日，各家户主选好壮秧，至大块田中首插数行，之后其他人方下田插秧；收割之前，寨民们聚集于“众人坪”唱歌，祈庆丰收，之后方开镰收割；在每年的六月六日，各家到大寨自然村前的平坝祭拜“始祖田”，一般以竹篮盛熟全鸭一只，还有饭、香和纸等祭品，至祖田边祭祀“田神”①。

表 5　金坑大寨梯田耕作时序表

农历	节　气	农业活动
正月	小寒、大寒	种植油菜
二月	立春、雨水	农闲

① 龙胜县志编纂委员会编：《龙胜县志》，汉语大词典出版社 1992 年版，第 102 页。

续表

农历	节　气	农业活动
三月	惊蛰、春分	松土、犁田
四月	清明、谷雨	播种
五月、六月	立夏、小满、芒种、夏至	插秧
七月	小暑、大暑	田间管理
八月、九月	立秋、处暑、白露、秋分	田间管理、收割
十月	寒露、霜降	农闲
十一月、十二月	立冬、小雪、大雪、冬至	农闲

一　山地稻作梯田系统

2017 年 11 月 23 日，广西龙胜龙脊梯田系统作为“中国南方亚热带地区梯田系统”[①] 的四个子项目之一，在罗马通过联合国粮农组织评审，正式被认定为全球重要农业文化遗产。全球重要农业文化遗产（GIAHS，Globally Important Agricultural Heritage Systems）在概念上等同于世界文化遗产，世界粮农组织将其定义为：“农村与其所处环境长期协同进化和动态适应下所形成的独特的土地利用系统和农业景观，这种系统与景观具有丰富的生物多样性，而且可以满足当地社会经济与文化发展的需要，有利于促进区域可持续发展。”[②] 早在 2014 年，广西龙胜龙脊梯田农业系统即被列入第二批中国重要农业文化遗产。金坑大寨梯田农作系统为龙脊梯田稻作群之一，其自生的森林水源系统、凝聚着民间智慧的水利灌溉系统、丰富的耕作经验系统等，是大寨梯田稻作系统生生不息的生命体系。

元代农学家王祯在《农书》中对梯田独特的空间格局和耕作方式有形象的描述：“梯田，谓梯山为田也。夫山多地少之处，除垒石峭壁例同不毛，其余所在土山，下至横麓，上至危巅，一体之间，裁作重蹬，即可种艺。如土石相半，则必叠石相次，包土成田。又有山势峻极，不可展足，

① 其他三个子项目分别为福建尤溪联合梯田、江西崇义客家梯田、湖南新化紫鹊界梯田。

② 王思明、卢勇：《中国的农业遗产研究：进展与变化》，《中国农史》2010 年第 1 期。

播殖之际，人则伛偻蚁沿而上，耨土而种，跟坎而耘。此山田不等，自下登涉，俱若梯蹬，故总曰‘梯田’。上有水塘，则可种粳秫，如止陆种，亦宜粟麦。”① 中华民国时期的广西民族学者刘锡蕃先生在著作《岭表纪蛮》中，也详细记载了其游历少数民族时所见的梯田农作生态及场景：

> 蛮人即于森林茂密山溪物流之处，垦开为田。故其田畴，自山麓以至山腰，层层叠叠而上，成为细长之阶梯形。田塍之高度，几于城垣相若，蜿蜒屈曲，依山萦绕如线，而烟云时常护之。农人叱犊云间，相距咫尺，几莫知其所在。汉人以其形似楼梯，故以“梯田”名之。此等“梯田”，其开壑所需工程，甚为浩大。其地山高水冷，只宜糯谷。春耕既届，蛮人即开始工作，其犁田，不用牛，以锄翻土，纯任人力为之。在农业史进化之程序上，最初原用锹锄，其后乃用犁，今蛮人犹固守最苦之锄耕形式，一方固由其顽固不化；一方亦由其田面太小。不适于牛之旋转也。邻黔诸蛮，间亦采用“偶耕”方式，即以二人负犁平行，代牛而耕，一人执犁以随其后，其艰苦尤不可言！②

其中提及的“偶耕”方式，在龙胜龙脊梯田耕作地区仍有遗存。此外，在刘氏的描述中，其从梯田的依存环境、空间格局、农作时节、耕作方式、种植水稻的品种等方面进行了整体观的呈现。可以说，梯田稻作生态系统，是民间智慧凝结的农耕文化经验体系。

（一）田地空间格局与生物多样性

前述王祯和刘锡蕃两位学者均对梯田的格局有所记述，如“下至横麓，上至危巅，一体之间，裁作重蹬，即可种艺”“自山麓以至山腰，层层叠叠而上，成为细长之阶梯形。田塍之高度，几于城垣相若，蜿蜒屈曲，依山萦绕如线，而烟云时常护之”。大寨村的梯田始于瑶族先民的“刀耕火种”，开山造地，把坡地整为梯地。梯田所在山脉山高谷深，落差较大，因此，从平地往上仰视可见田畴从山脚盘绕到山顶形成“小山如

① （元）王祯：《农书（二）·农器图谱集·田制门》，中华书局1991年版，第142页。

② 刘锡蕃：《岭表纪蛮》，商务印书馆1934年版，第122页。

螺，大山成塔”的意象。龙脊大寨的梯田窄而小，当地流传的农夫一块蓑衣即能盖住一块田之故事可谓生动而真实地印证了这一特性。大寨梯田大都呈长条形分布，远看纤细而狭长，犹如一条条绸带散落于山麓之间，而各绸带之间错落有致，以逐级梯度的方式向上攀爬。梯田的景观格局如此，是表层的山地环境与内在的地质特性合力作用的结果。大寨村山地为越城岭余脉，从整个龙脊来看，山脉分布密集，所到之处山势陡峭。而由于地处喀斯特地貌地区，各山地的石灰岩出露明显且质地坚硬，可供植物生长的土层较薄。因此，在这样的地理环境中开田实属不易，这些环境特质也限制了所开垦田地的宽度。如果细看，这些田地，有些大不过一亩，仅一蓑衣的面积，即使某一田地只能种上几株禾苗，在山区之地也是难能可得的。大寨梯田不但宽度小，以方条形盘山而上，其可供水稻生长的土壤厚度也非无所限制的。根据当地寨民长年种植经验预测，整个大寨梯田区的平均土壤厚度维持在20厘米左右，且海拔越高，土层越薄。

大寨村有山、有林亦有水，这样的生养环境为动植物提供了合适的栖息条件。大寨瑶居民根据海拔差异，因地制宜地种植水稻、辣椒、红薯、芋头等普通作物。在农闲时段，梯田还曾种植过油菜。在历史上，瑶族先民还曾根据海拔的高度及水稻的耐寒性，种植不同品种的水稻，只是现在农业技术解决了这一难题，大寨才普遍实行一年一季粳型稻的种植。农闲时，村民也有在梯田放养家鸭的习惯。一方面，鸡鸭可以在梯田啄食虫蚁微生物和稻穗；另一方面，动物的粪便可直接作为梯田的无机肥料。虽然现在家猪和马都在家中圈养，但猪菜和马料都是从梯田里生长而来，而它们的粪便亦能起到肥田之用。梯田的系统直接或者间接形成了自然的生物链，这样的能量循环也保证了生物的多样性。此外，梯田的周边生态系统也维持了生物的多样性。山头充足的泉水造就了山涧溪水的源源不绝，山上林木、灌杂木种类繁多，溪水繁衍了众多生物，现在红瑶人还有上山抓蛙的习惯。总体而言，大寨村作物种质资源丰富、生物物种浩繁，梯田系统塑造了生物多样性。

（二）田地的环境利用——天然的森林水源系统

大寨村山岭海拔大都在1200米以上，1000米以上的山岭地带均为山林用地，由于难度大并没有开辟成梯田。山顶的这些大面积的山林为原始森林和次生林，据不完全统计，这些公有林或者私有林多达几千亩，其主要植被为杉树、摆竹、马尾松和灌木、杂木。有山有林才有水，这里大片的山林为大寨村的水源提供了保障。现在全村人的生活用品均源自山顶之泉水，破坏山林即是断了自家的水源。因此，自上而下，无论是政府，还是村民都不约而同地坚持“保林”的理念。各家各户的自留林都要进行有计划的采伐，如哪家建新房需砍伐杉木，要进行报备并要尽快种植相应的树苗。在先祖时代，大寨的红瑶人民即懂得了林木是生命之根，因此世世代代都非常重视对山林的保护，村寨里每年都会有计划地组织扶林植树活动。近年来，在政策支持下，寨民们纷纷拆旧房、建新房，或者另辟平地盖新房，山林的木材使用量骤然增加，但人们依然秉承这一理念。当前，大寨村的生活用水主要通过人工装备的钢管由山顶的水池（储备山泉水便于取用，同时可防止旱季无水可用）输送至每家每户。而梯田用水则由山泉大股流水长久冲刷而成的沟渠，及人工修筑的水泥沟渠互为连接后，排入各家农田。据笔者走访考察，大寨村目前有三条主要的自上而下的天然沟渠，大概分布为壮界与田头寨之间的一条，田头寨与新寨之间的一条，流经新寨的一条，前两条均流经大寨。可以说，这三条天然沟渠是梯田的命脉，这些生命线正是山顶的繁茂的原始森林和次森林长年累月缔造的产物。

因此，对于红瑶山地居民而言，森林植被是梯田系统正常运作、人们能安心用水的天然保障，在日常生活经验中也逐步积累了保护与管理山林的民间智慧。在笔者走访期间，无论是旧式还是新式的干栏建筑，杉木是必不可少的，因此修建新房均需到山上砍伐大小不一的杉木。一般而言，干栏建筑的主要支架需要具有足够支撑力的大杉木，而这样的杉木一般均有数十年的树龄。在当地，由于各家均有自留林，因建新房砍伐山林虽没有严格的申报程序，但村民们沿袭了良好的惯习，在砍伐树木后，短时间内都会自觉种上新苗。由于煤气等新能源的普及，红瑶人家已越来越少使用柴薪，但寒冷时一家人围在厅堂燃木烤火取暖是不可缺少的乐事。这些薪柴一般是取自荒废的灌木，或者之前砍伐树木遗留下来的枝叶，并不会造成因日常生活之需而损害植被的后果，由此可见，寨民们对于山里的资源其可谓是“物尽其用”。因“靠山吃山”，自古以来，森林便是政府同居民统治与被统治关系中主要叙事载体。乡规民约、法律条文均对山林有明文的禁伐规定。如清末年间遗稿《龙脊地方禁约碑稿》记载：“禁地方各卖管业，柴薪数年禁长成林，卖主不得任意盗伐，如有不遵，任凭地方乡老头甲送究。”[①] 1987 年 9 月 4 日，龙胜县政府通过《关于十年绿化龙胜宜林山地的决定》[②] 规定，以死封、轮封、活封三种形式在龙胜县城各村寨进行“封山育林”。这些禁伐规定言明了，人们对于天然森林系统为梯田稻作系统涵养水源、提供水源的重要认知。

（三）梯田水利灌溉系统

龙脊红瑶先民之所以择山地而居其原因之一是山上的原始森林涵养着丰富的水源，因而水与红瑶的存续是息息相关的。有水必有通道，水因通道才四通八达，惠及沿途生物，在农耕社会的历史实践中，田水的通道的形态是多样的，而红瑶人民的智慧也将宝贵的水源活用得淋漓尽致。

1. 引水网络

充足且适宜的水量是种植水稻获得丰厚收成的根基。对于地处高山地带的红瑶，生产与生活都离不开对于水的控制，在常年的不断探索中，人们因地制宜地开创了引水、输水、排水等引水技术。山居民族于自然环境中获取引水工具，在山涧田间依山依田开发合适的沟渠。

引水沟渠。大寨村除前述三条主要天然沟渠外，为保证梯田的灌溉用水，有些寨屯从山顶开始修造了水泥沟渠。此外，在每一村寨均有新旧的水泥沟渠贯穿于蜿蜒的梯田之间。这样的水泥沟渠一般宽约 60 厘米，深约 30 厘米。笔者在走访时发现，壮界在海拔 1100 米左右即修建了水泥沟渠，该水泥沟渠从山顶直抵半山腰的梯田，可谓工程浩大。这些人工的引水沟渠不但可依地形能动地固定水沟的形状和位置，且从山顶到山腰再到梯田间进行长距离引水时，能将水不留痕迹地引致田间而成为新式的引水技术。这样的引水方法虽简便，但并不能覆盖所有梯田，它只是大寨梯田引水网络中的一部

---

① 广西壮族自治区编辑组：《广西少数民族地区石刻碑文、契约资料集》，广西民族出版社 1987 年版，第 201 页。

② 龙胜县志编纂委员会：《龙胜县志》，汉语大词典出版社 1992 年版，第 529—530 页。

分。梯田不但形体不一，在海拔较高之处的梯田甚至独立于某个小山头之上，这样的梯田需要独特的引水工具才可供上充足的灌溉田水。引水工具的普遍使用，也印证了大寨梯田引水技术的不断成熟，及引水网络的渐趋丰满。

图 27　从山涧引水至沟渠

引水工具。田间主要有以下几种引水工具：一是竹笕。竹笕是田间引水长竹管，是传统的引水工具，古已有之，在形制上分两种：一种为将完整的一根竹子[①]剖成两半，再打通竹节，使之平滑无阻，然后将每段竹节首尾接制而成，连成长短不一的水槽引水灌田；另一种为连筒式的竹笕，此种难度较大，只需打通竹子内节而不能将其破裂对半。相比之下，由于前者节省材料、制作简单、搬迁便利而被普遍使用；相反，连筒竹笕则多见于家庭饮用水引流，但近年来塑料管也已取而代之。此外，在旧时还曾用木笕引流灌溉。木笕一般采用杉木或者松木，其制作方法与竹笕类似，但因成本较高现已被弃用。二是塑料管、钢管。此二者皆为现代工业的产

① 大寨村民一般用年老的毛竹。

品，由于铺设简单，成为引水的新宠儿。但一般而言，钢管用于人流量较大的村寨中，以引流饮用水到家户，而塑料管既可引流家庭饮用水，也可引流梯田灌溉用水。由上述可见，不同形制的竹笕、管道能够腾溪越涧，越空引流，它们是地势不平山区梯田引水必不可少的工具。

图 28　横亘山田间的引水竹笕

2. 分水制度

分水缘于对水权的区分，由于山居红瑶仅依赖于山泉水生存，且难免遇天灾人祸，在干旱缺水时发生为田争水的场面也是时而有之。田多水少时，对于管理者而言，水权禁约的措施能在一定程度上杜绝争水的后患。据《龙胜县志》记载，在现存道光二十九年（1849）颁布的《龙脊乡规碑》中，就早已有了关于水权的禁约胪列："遇旱年，各田水渠，各依从前旧章，取水灌溉，不许改换取新，强塞隐夺，以致滋生讼端。天下事，利己者谁其甘之。"① 在前述的梯田灌溉系统中，田间沟渠从三大天然沟渠和人工主要沟渠引水并不是随便之事。每一条水流沟渠途经之处均有需灌溉之田，因此，如何分配这自然公共之水以使各梯田有水可用，实需山地人们阐扬其民间智慧。为解决这一常年困扰，红瑶先民们在沟渠水量较大且梯田较多的交汇处修筑了"分水门"。"分水门"在龙胜的农耕地区具有普遍性，所谓"分水门"，系指为保证所有的梯田有水可用，在一些主渠或支渠的一

① 龙胜县志编纂委员会：《龙胜县志》，汉语大词典出版社 1992 年版，第 521 页。

处渠道口安放固定的一块平整的石块或木块制作而成的底板。在灌溉时节，这样的底板顶层要大致与水渠水面平行，之后将形状规则、厚度平等的几块小石块或者小木板按照所需分水流的大小，均匀或者不规则距离地镶筑在底板上，成型后整个“分水门”的各个分水口呈现“凹”字形状分布。20 世纪 90 年代水泥沟渠修建完成后，红瑶农家干脆将与沟渠同等大小的长方形杉木架筑稳固于沟渠之上，再在木块上挖刻出多个“凹”形即可，这样的制作显得更加简单化。水流经“分水门”时，便会沿着凹形槽分流出去，凹形槽宽度的大小决定了水流量的多寡。大流量的水经“分水门”沿着分流的小水沟，以“Y”形或者枝叶散布般的流向各自所需的田地，各自独立而互不干涉。如图 29 所示，该“分水门”为木块两“凹”形分水槽，修筑于壮界山腰的某一梯田间的水泥主干沟渠上。经分水槽分离后，以中间的田坝为分界，水流呈“Y”形分流向下游的众多梯田之中，分流的水量既合理得当，又不至于互相影响。这样的传统“杰作”，由于体现了红瑶人的生活与生产智慧，沿袭至今。

图 29　大寨梯田水利灌溉的传统“分水门”

在大寨村，“分水门”不但筑建于梯田间的主干和枝干水渠上，位于山顶汇集并引流山林泉水的主干水泥沟渠也修建了新式“分水门”。这样的“分水门”（如图 30 所示）以现代工业材料为主，人们在修建水泥沟时，在水沟的一处挖出长方形的缓冲水槽，随后在水槽的一侧开挖筑成较水沟更深的正方形小蓄水池。小蓄水池既能短时蓄水，又能实现分流。在该蓄水池的底部，大寨村民事先深埋了一条口径大约5厘米的软质塑料管，管口装上网状物件，以避免杂物堵塞，山泉水通过该软管可分流到主干水泥沟不能流经的梯田。这样的分水设施，既不妨碍水泥沟原有的灌溉路径，以软管引流又能增加水流灌溉的机动性。新式的“分水门”是极好地利用现代社会发展的产物，也进一步完善了大寨梯田的灌溉网路体系。“分水门”在修筑完成之后，一般不会有人私自变动水槽的大小或者更改水流的方向。历史上，除水权禁约外，参与分水的主家在“分水门”落成后，会杀一只鸭子、烧纸钱举行祭拜仪式，并相互约定“分水门”长久不变，如未经公议，私下变更则会受到神灵的惩罚。可以说，“分水门”是水权纷争的缩影，这样约定俗成的权力分属也延伸至日常生活饮用水之中。大寨村民越来越多家户在经营旅馆、农家餐馆后，对水的需求与日俱增。在生活用水上，每一村寨除修建公共蓄水池外，有些家户还自建了私用水池。这样的私家水池的水源也有约定俗成的规定：必须在已分配到自家梯田的水流上接水蓄水。对于大寨人而言，除公共用水之外，梯田中的田水的使用权均来自“分水门”设施对于“水权”的分配。

图30　大寨新式“分水门”

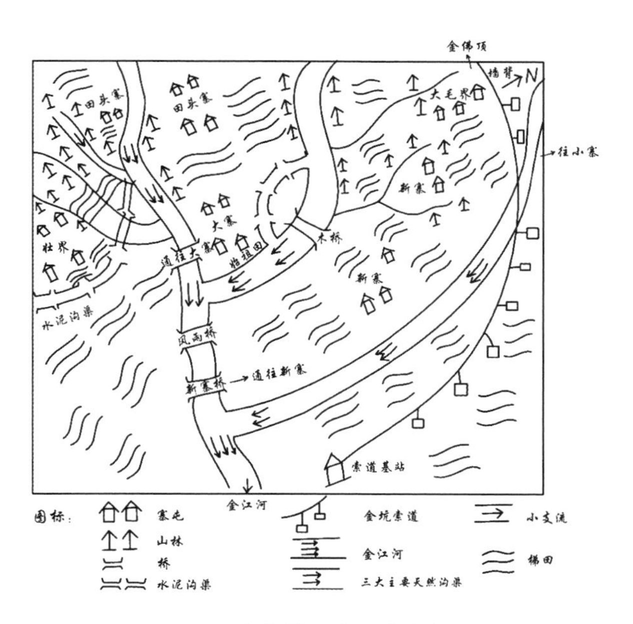

图 31　大寨梯田水系统分布图

（四）耕作方式与经验系统

1. 农耕时序

大寨村平均海拔约 700 米，梯田最高海拔约 1000 米，地势较高，因此，种植水稻为一年一熟，一般为农历五月插秧，九月收割。梯田的耕作模式，据传统农耕文明的二十四节气而成。在旅游业介入后，梯田景观作为旅游资源的耕作时序受到一些外力的作用，但基本遵循传统梯田耕作逻辑。在耕作时序上，可分春耕、夏管、秋收、冬藏几个时段，且这些时序蕴含着红瑶人日积月累的农作经验知识。

春耕。在谷雨时节人们开始下种育秧。寨民们需在梯田的一角选取田块后，单独开垦以用于培育秧苗。在农耕技术尚未成熟前，由于高秆水稻稻穗稀疏且谷子不够饱满，极大地影响了产量，因而大寨人多种植亩产较低的高秆水稻。在杂交水稻品种普及后，全寨开始广泛种植杂交水稻。当前，大寨人大多到镇上购买杂交稻种或者用旧年挑选下来的良种。选好稻种后，需将其浸泡于水中培育，待长出胚芽后方播撒于育秧田中。育秧之后开始挖田，因冬天过后，梯田的土质较硬，备插秧的梯田都要进行大范围的翻土以保证土质疏松。由于梯田的形制不规则、面积小，挖田必用锄头和铁镐等农具。挖田必须要赶在插秧之前完毕，因为一般都有明确的挖田计划。挖田工作量比较繁重，比如3—4口人之家，如果正常劳作，若要挖好自家的梯田至少需花费半月左右的时间。挖田主要是翻挖浅层的田土，这样便可以降低犁田的工作难度。犁田、耙田是耕作的重中之重，这两道工序能全面疏通泥块，为秧苗提供较完备的田间生长环境。犁田松土要借助人力犁或者牛力犁，现在耕牛减少，有些寨民用马代替，大面积的梯田还可用微型耙田犁田机器。犁田后从山上引水入田浸泡泥土，一般通过自然沟渠引水，不具备自然引水条件的梯田通过嫁接打通竹节的竹筒或者竹排引水。耙田在犁田之后，耙田不但能使泥土松软，还能将田间梳理平整，便于插秧和往后的田间管理。此时，秧苗也已长成了适合种植的状态，一年中的五月是插秧的忙碌季节。

夏管。夏管分施肥、杀虫、除草、看田水等工序。插秧后的一周，便开始施肥。在大寨，随着现代农耕技术知识的普及，水稻用肥料分为有机肥和无机肥两种。无机肥，简称化肥，由现代化学技术合成，如硫酸铵、硝酸铵、碳铵、尿素、过磷酸钙、钙镁磷肥、氧化钾和复合肥等。化肥的优势是肥分浓、体积小，易于运输使用，可根据土壤缺失的元素自由调配化学成分。自推广后，为稻田施化肥的技术沿用至今。有机肥即农家肥，它不但种类多、肥源广、数量丰富且成本低，因此也一直沿袭使用。有机肥肥源有畜栏粪、人粪尿、草土灰、沼气发酵肥。[①] 目前，大寨水稻的田间管理一般灵活搭配使用有机肥和无机肥。在施肥期间内，因有机肥助长秧苗的效果显著，而无机肥改土增产的效用持久，所以施肥时序颇有讲究：施肥时前期先放尿素、复合肥等有机肥，插秧后的一个月再施放农家有机肥。施肥助长时，杀虫、除草的劳作要同时进行。传统上，红瑶人一般用石灰、辣椒类植物等混合煎制民间农药以防虫除草，这些都是地方性的保稻知识体系。在现代农业耕作方式的话语下，大寨水稻除虫以使用杀虫剂为主，传统除虫方式为辅。此外，由于高山梯田毗邻山林，鸟兽时有

① 以青草、树叶、篙秆、人畜粪尿、污水等，经沼气池发酵后而成，含氮量较高，现在各家户的沼气设备已停用，该肥使用较少。

到田间食用稻谷，而人们又不忍毒害，因此，在高山的梯田间依然可看到寨民用蓑衣斗篷搭建人形来模拟驱赶鸟兽，防止减产。梯田人工除草又叫耘田，用双脚将拔出的杂草沤入泥土里，根绝杂草与水稻争抢田间养料，由于工序麻烦，现已普遍使用除草化学药剂。在夏管时节，看田水也是必不可少的，它是一门技艺。这门技艺虽又耗时又费力，却是水稻成长的基石。看田水并非简单的排水放水工序，它需要整体性的思索考量，既要维护好自家农田，也要避免损害他人的水稻生长环境，因此看田水凝练了红瑶人的耕作智慧。

秋收。8 月中旬，中秋节前后是丰收的日子。但近年来，为了迎合游客的观赏，稻谷收割的时间以新历国庆节为参照点，有行政部门协调统一，旅游黄金周过后才安排收割。如 2017 年收割日期一延再延，10 月 20 日前后才收割。在古时，收割前需安排一定的祭拜仪式，感谢天神赐予丰收才开始动刀割稻谷。因为海拔的高低和各家插秧时间、管理时序的不一致，稻谷成熟程度时有错落，收割稻谷的时间一般持续 20 天左右。收割结束后，打好的稻谷用背篓背运上下山，剩下的禾草或在田间堆成草垛，或挑回家中喂牛马。

冬藏。每每粮食归仓，寨民都有掩饰不住的喜庆。粮食一般储放在干栏木楼的最顶层，稻谷存放在竹编的粮仓或者谷烘之内，随时可取用。

2. 田间管理

在四时耕作时序中，田间管理是最基本的劳作内容，其中尤以春耕和夏管为盛。田间管理主要为田基维护、田间保水和看管田水等。田基或者田埂是保持梯田水土均衡的重要屏障，大寨现有的田基大部分都是历史时期砌成的，由于长年累月承受田面的压力，加上杂草丛生时滋生的田鼠虫害，田基护田能力必然面临退化的险境。维护田基的常见措施是，在春耕之时将田中的较硬泥巴放于田基上，并进行踩踏以防田基因松弛而崩塌。此外，水稻生长时若能及时地清除杂草，也可杜绝虫鼠打洞，从而维护田基。天有四季之分，农作亦有农忙农闲之别。稻作活动是一种一年四季都需要维持的生产程序，而不只是农忙时的繁忙劳作，这体现在田间保水这一农事上。龙脊大寨属于东亚季风区，常年湿润多雨。虽如此，但在一年当中，冬季是较干旱的季节。相对应地，到秋收之时，人们一般会堵上每一块梯田的进水口进行放水，等待田水干涸后便于收割。收割之后，正好是冬季干旱时节，梯田有可能因缺水而地硬干裂。为了防止田块干涸，便于来年春耕耙田，这时候村民们便会打开进水口、堵上出水口而浸田。这样的保水操作，需要人们在一年四季中对梯田之水进行细致而有条理地看管。

如果说田间保水是对农田中的水源进行调配的宏观操作，那么看管田水则是分配田水的微观智慧实践，看田水中对于田水的输出和排入的管控尤其重要。山上之水源被引流到田间后，各梯田之间的田水关系需通过输水与排水贯通并保持平衡。每一块相邻的上下梯田间都会有流水口，一般有进水口和出水口，上一块梯田的出水口即为下一块梯田的进水口。两个流水口就像安全阀，通过封堵或者疏通流水口，可调控灌田的水量和肥料在田间养田的时间。一般而言，大寨梯田同一平面的梯田之间是不会产生水流推动力的，因此它们不需要通过流水口贯通起来，只有处于不同海拔高度、不同梯度的上下的两块梯田之间才必需流水口引水。上下两块梯田间的水流方式，主要为水流方向在同一侧且进出流水口要尽量保持直线平行，这样的流水口最好开设在梯田田基的中间位置（见图 32 右）。图中所示箭头即上下田块之间的水流方向，我们知道，一般的农田种植相邻农田之间的水流贯通方式是多样的，如有些平地农田的进出水口恰好在一块田的对角线上，对开以使水流方向错开，保证整块农田的田水不断流动（见图 32 左）。大寨的梯田进出水口多属平行直流式，而非对角曲流式。这是因为，在大寨，梯田的水性较其他平原田地之水要特别。大寨梯田的灌溉之水来自山林上的自涌山泉水，泉水清凉甘甜且水温偏低，加上梯田海拔较高，气温相对较低，因此，在水稻催肥助长期间，合适的水温才有利于稻苗的快速生长。开设在梯田中部平行的水流口，能使两边的田水较长时间地停留在一块梯田中，水体受阳光直射后，水温会不断攀升并最终达到水稻生长的喜温，而其他方式的水流贯通方式，则有可能使山泉水不断在田中流动，不能达到上述田水保温升温的效果。据村寨里的老农们讲述，如果在水稻收获的季节到田间查看，便会发现流水口周边的水稻株苗会比其他株苗成熟得要缓慢，这正是因为持续不断的山泉水流不能为这些禾苗提供合适稳定的生长环境，因而它们才会晚熟。基于上述的实践经验，寨农们通过在适当时机进行的堵疏操作，便会保障田中肥力的不失与水体温度的适宜。在看田水的劳作中，大寨村的人们积累了别树一帜的山地农田耕作的经验。

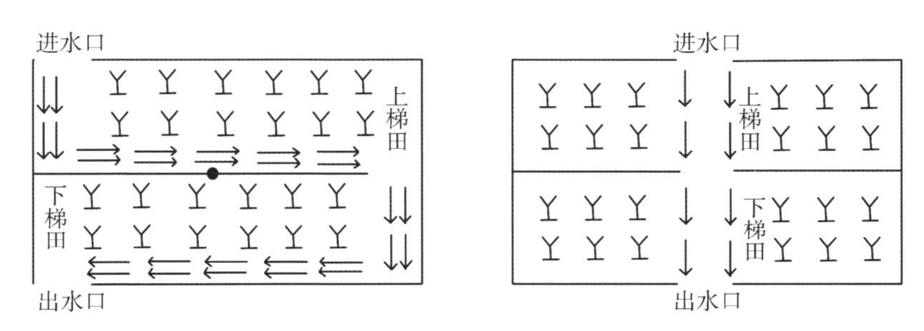

图 32　梯田进出水方向图（对角曲流式与平行直流式）

（五）农业生产工具

梯田的自然形态和独特的耕作方式决定了农业耕作工具的特殊性。有些生产工具因其用途广、无可替代而代代相传；有些则因农作物种类的变更而被遗弃，或因机械化的冲击而被淘汰。如由于梯田面积大小、长短不一，传统的人力犁、畜力犁、犁田机能够在同一时空内并存；而舂米用的踏碓由于笨重、费时费力而在生产技术的革新浪潮中被淹没。农业生产工具因其各有所能而成了农业生产系统的稳定组成部分。

表 6　大寨梯田生产农具景观

类别	名称	形态（分类）	用途	说明
耕作机具	锄	分田锄、铲锄（刮锄）、犁锄（尖嘴锄）、小锄、四齿锄等	田锄用于挖田和铲田埂；铲锄用于瓜田埂杂草、地皮草等	
	田坎刀	分铁制和竹制两种	作砍田坎杂草之用	
	镰刀	铁制，手把为木制	用于割禾、割草等	
	禾剪	铁制，形似铲，但比铲要短	割禾，一般用于割较高的糯米禾秆，其他稻谷用镰刀	

续表

类别	名称	形态（分类）	用途	说明
耕作机具	犁	分人力犁和畜力犁，结构略异。人力犁使用的犁略直而多一推把。犁藤绳前端有垫肩。犁时两人（或三人）一（二）前一后，前者用肩背拉，后者用肩顶推并掌正犁头	用于翻挖泥土	
	耙	土耙和平整耙。土耙分人力、畜力两种。人力耙与畜力耙结构一样，牛肩担与人背横担有所不同。人力耙耙田时后面的人必须用力得当，前后两人配合才能保持平稳。平整耙则呈“丁”字形，即用一块约三尺长五寸宽木板，在中间安一木柄，无耙齿耙架，用手操纵	畜力耙一般为牛耙，需人在后扶正犁把，用于耙大块梯田，人力耙亦称手耙，用于耙小梯田；平整耙用于秧田，用牛耙犁三遍后，再用平整耙平整泥面	
	微型手扶耙田机	机械化工具，以发动机和车轮带动挂在后方的犁或耙工具，由人在后方手扶掌控。因其在半山移动不变，常年放置田间	可灵活更换发动机拉动的犁或耙工具，用于犁田和耙田	
播插工具	秧梳	构造同一般梳子，外形较大，用材为木或者竹子	梳理从旱地里拔下的秧苗，便于手扯秧后用手插秧	
脱粒机具	谷桶	四方斗形，全木结构，又称“四方谷桶”。长宽高分别约1.5米、1米、0.5米。底部安装两根相距一定距离的平行地龙，便于推拉	割禾后将稻谷放入谷桶中，各人用力推拉谷桶使稻谷脱粒。一般四人一组一人割禾，其他人推拉谷桶	
	打谷机	分脚踏打谷机和柴油、电动打谷机。两者都难进高山田，一般放置家中	脚踏打谷机需人力打谷，一般两人割禾，一人传递，两人踩踏打谷。柴油、电动打谷机使用能源，高度机械化	
加工机具	米碓或踏碓	由米臼、木碓杆、支杆、支墩组成。前头为尖形，对准下方舂米洞，人在后方脚踏后放开后尖头砸向舂米洞中的稻谷	使稻谷脱粒成米，即舂米。过去户户皆有，一般安放在干栏的储存室	

续表

类别	名称	形态（分类）	用途	说明
加工机具	石磨	用石头打制而成，同中原的石磨。虽电动磨豆机已普遍使用，但仍有部分瑶家人坚持使用石磨	用于大米、粟禾、穆子、玉米及黄豆加工成粉或浆	
	打米机	又称碾米机，电动机械，购置一台需数千元	碾米用，大米机出现后，米碓已逐渐被弃用	
运输工具	扁担	形状上分尖扁担和平扁担，有木制和竹制之分	尖扁担两头削尖用于挑禾、挑草或者挑柴。平扁担用于挑箩筐	
	箩筐	竹编而成，圆筒状，一般成双使用	用于装谷子或者其他较重物品，便于挑运	
	背篓	竹子制作。较箩筐小而深，装有双肩背带	背物品用。用于背从山下采购的生活用品上山，或者游客行李箱、向游客兜售的物品等。一篓可背五六十斤	
	腰篓	塑料编织，脚形，挂于腰间	用于盛放刀具、小物品。便于上下山或者经常性使用	
	粪桶	分木制和塑料两种	用于挑粪、挑肥料施肥	
储存工具	谷烘	竹子编织，圆形。内有夹层，下小上大，圆柱状，高约1米	常放置灶头，用于烘干稻谷、辣椒等	
	火坑	竹编篮子，底盘圆形，空隙较大	挂火塘上烘干食品之用，容量比谷烘小，但烘干速度较之要快	
其他辅助工具	铁铲	铁制，把手为木制或竹制	用于农田或者家里铲土、除草	
	簸箕	圆形，边上为竹子护栏，竹编而成无缝隙	人工操作，碾好的米放置其中，迎风抖动后将米和糠分离，并挑选出米中的小砂石	
	筛子	构造几乎同簸箕，但其底部有孔	用于筛弃米糠中的较小杂质	
	织布机	木制，构造同汉族织布机	织布用以制作红瑶传统服饰。金坑红瑶原种桑树养蚕抽丝织布，现织布材料为镇上购买	

图 33　竹编背篓

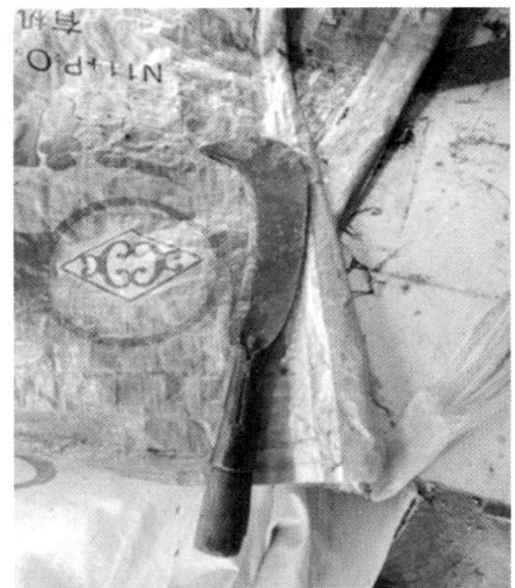

图 34　钩刀

图 35　微型手扶耙田机

二　旱地耕作

大寨村分布于各山头和村寨周边的旱地共计1000亩左右，分布于各山头的旱地一般面积较大，一般用于种植红辣椒、玉米、地瓜、芋头等经济作物或者次要粮食作物。而位于村寨前后的旱地，由于距离近、方便采摘和管理，因此一般用来种植蔬菜。这样的旱地种植往往注重合理规划和遵循能量循环的规律，笔者以潘BX一家屋后的2分旱地为例：潘BX家位于半山腰的新寨，他们在临山腰的一处，开垦出了一狭小的旱地。该旱地紧靠猪栏和农具摆放间，种植蔬菜时就近取材，施放猪粪农家肥，通过合理规划，这样袖珍的2分旱地已种植了辣椒、小白菜、韭菜等五种蔬菜（见图36）。所种植的蔬菜可供自己食用，也可作为游客用餐的食材，方便而新鲜。蔬菜的食用与养猪、养鸡建立起了能量循环的关系。蔬菜残渣、植物的根茎可作为猪潲、鸡食；牲畜食用后排放粪便，又能提供蔬菜生长的养料，形成了生生不息的能量循环模式。

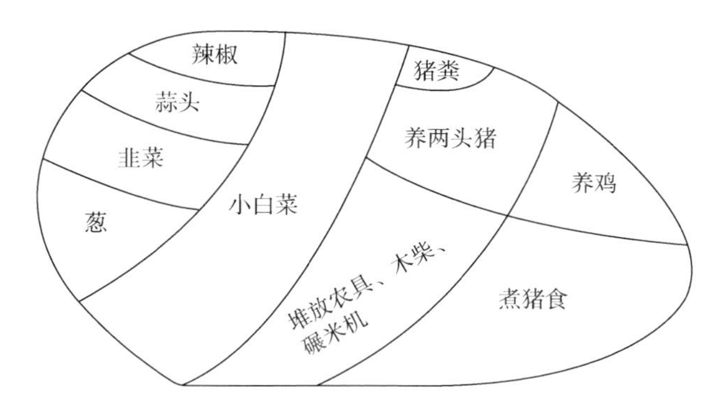

图36　两分旱地种植分布图

生　业

《说文解字》曰："业，大版也。所以饰县钟鼓。捷业如锯齿，以白画之。象其鉏铻相承也。"具言之，"业"原指古时乐器架子的横版，一般刻

图 37　旱地种菜

成锯齿形，用以悬挂钟鼓等，引而伸之，“业”也只指筑墙板和书册的夹板，并延伸为“学业”“主要从事的日常事项”等引义。正所谓“庶人工商，各守其业”，个体乃至群体，在社会都有其主要从事的活动形态。当前，在资本全球化、旅游扶贫、乡村振兴等话语下，大寨人既从事根本性的农耕，也从事与旅游相关的生意。

金坑大寨村坐落于龙胜地区最高峰福平包山脚下，海拔高、交通不便，大寨村瑶族先民凭借地势“靠山吃山”，过着自给自足的生活方式，农业是其主要的生计方式，寨民们种植水稻、地瓜、黄豆、芋头等均为传统的粮食作物。随着国家发展话语深入山区，1992 年大寨村开始广泛种植经济作物，以换取货币交换商品，大寨村的生计方式随之转变。在当地政府的主导下，由于市场收购价格的不确定性，以及政府扶贫政策的可变性，近 20 年来，大寨村种植过辣椒、西红柿、大肉姜等经济作物，有些耕种成本较高的梯田曾一度在追求经济利益的语境下成为荒田。

龙胜县自 1992 年开始整合县境内的自然资源和人文资源，并为龙胜县最高的风景区——龙胜自然温泉区修建了简易的木房和便道。1993 年，县政府提出“旅游扶贫”方针后，在行政力量的介入下，旅游开发的宽度和广度不断深入。2002 年，县政府在开发龙脊平安壮寨梯田后开始筹划将大寨村的梯田作为景观资源纳入旅游规划。2003 年，大寨村全面通路，现柏油公路已通往寨门口，并已修建了两个大型停车场，旅游接待能力不断攀升。寨民们最初从参与铺设寨子内石板路开始，到开设旅馆、餐馆、兜售手工艺品，旅游已成为大寨村的主要生业景观。大寨村民们除自己经营获取经济利益外，还能从旅游中获得相应的收益分成，这样的经济分成又称为“梯田维护费”。旅游进寨不但使大寨村民成为旅游发展的主体，也增强了寨民们农耕的主人翁意识。

金坑大寨村梯田景点是龙胜龙脊梯田景区的两大梯田景点之一，大寨村旅游发展的政府主体主要有县旅游局、县旅游总公司、桂林龙脊旅游有限公司等。

县旅游局：1991 年 5 月成立，下设旅游公司，实行一套班子两块牌子运行机制。1997 年 3 月设旅游总公司、温泉省级旅游度假区管理处、龙脊梯田景区管理处。2005 年，内设机构有办公室、综合股。

县旅游总公司：1997 年 3 月，由原来的县旅游公司改称旅游总公司，与县旅游局合署办公。1998 年 1 月正式定为独立核算企业单位。

旅游公司桂林龙脊旅游有限公司：该公司成立于 2006 年 3 月 26 日，公司为桂林龙脊温泉旅游有限公司分立以后组建的一家综合性的旅游企业，是唯一合法拥有龙脊梯田景区经营权的企业。公司的经营范围是龙脊景区门票、餐饮、文化娱乐、医疗咨询、日用百货、停车收费。

桂林金坑索道客运有限公司：该公司负责经营管理位于大寨村的龙脊金坑索道。金坑梯田观光索道投资 3800 万元，于 2012 年 9 月 30 日开始运营，为单线循环四人吊厢式索道，全长 1380 米、落差 310 米，设有吊厢 113 个。游客乘坐单程时间为 20 分钟，目前单程票价为 55 元，往返 100 元。游客乘坐索道可直达大寨三号观光点——金佛顶，大寨与相邻小寨的梯田、村落景观均能尽收眼底。

龙脊梯田景区：狭义上的龙脊梯田是指在龙脊山上开发出的梯田，又称龙脊平安梯田，位于广西龙胜各族自治县龙脊镇平安村，距县城 22 公里，距桂林市 80 公里，处东经 109°32′—100°14′、北纬 25°35′—26°17′之间。1997 年 3 月县旅游公司设龙脊梯田景区管理处，2005 年，县政府颁布实施《龙脊风景名胜区规划建设管理办法》，将金江、龙脊、平安、中禄、大寨、小寨等村列入龙脊风景区，龙脊梯田的概念范畴超越了龙脊山的地理空间。现龙脊梯田景区包括平安梯田点和金坑大寨梯田点，总面积约 70.10 平方千米，分 A 区和 B 区。龙脊梯田景区地处亚热带，属季风性湿润气候。景区内最高海拔 1916 米（福平包），最低海拔 380 米。坡度大多在 26°—35°之间，梯田分布在海拔 300—1100 米之间。前往梯田皆是盘山公路，最高可升至约海拔 600 米以上。景区内景点众多，分布广，金竹壮寨、龙脊古壮寨、平安壮寨、龙脊梯田、大寨金坑梯田为主要景点。龙脊梯田景区的旅游开发的商业运营始于 2001 年，政府将龙脊梯田景区 40 年的经营权以 500 万元转让给桂林旅游发展股份有限公司，合资成立龙脊温泉公司，即如今的龙脊旅游公司。作为龙脊梯田景区的股东，桂林旅游公司投入资本是为了获得投资回报和利润，门票收入是其重要的组成部分，此外还开展了其他经营形式（例如经营餐饮、与村民合作经营歌舞表演等）。2008 年龙脊风景名胜区管理局启动了“和大路口工程”，即龙脊景区的和大路口旅游综合服务区项目，项目建成后，景区大门移至和平乡的“和大路口”。在此背景下，龙脊旅游公司以 1000 万元的资金从龙胜国土资源局获得“和大路口”30 亩土地的 40 年使用权，公司以景区内的旅游基础设施经营作为资本，引入桂林骏达运输公司，二者达成协议，共同合资成立运输公司，垄断了整个景区内的旅游交通经营。至此，龙脊梯田景区的旅游开发在旅游梯田资源、旅游交通、景区门口等方面的整合逐渐进入正轨。2015 年，龙脊梯田景区共接待游客 100 万人次，旅游营业收入达 6400 多万元。[①]

据旅游宣传资料显示，在龙脊梯田景区内龙脊平安梯田始建于元朝，完工于清初，距今已有 650 多年历史，也是龙脊梯田景区开发最早的梯田景观。金坑梯田景点包括中禄、大寨、小寨、江柳四个红瑶村。广义上，金坑梯田景点指上述四个红瑶寨点梯田区。一般而言，金坑梯田景点主要

① 数据来源：2015 年龙脊镇政府工作报告材料，于龙胜各族自治县档案馆可查阅。

指金坑大寨梯田，小寨梯田也已于2017年9月对外开寨。500多年前，红瑶先民从外地迁入，在原始林区中开垦梯田。1993年，中央电视台在金坑拍摄电视纪录片《龙脊》播放后，不少省市电视台相继转播，人们逐渐了解了金坑梯田景观和红瑶民俗。

金坑大寨梯田景区：1994年5月，桂林电视台摄影记者李亚石带领电视摄制组首次进入龙胜龙脊拍摄，反映希望工程的电视纪录片《龙脊》。此后，逐渐有摄影爱好者进入大寨，同时也渐渐地有游客到大寨村农家吃住。可以说，在一定程度上，李亚石是大寨梯田景观的开拓者，至今大寨村民对李亚石依然感恩戴德。李亚石的墓地位于田头寨海拔1000米的山头，逢年过节均有村民自行去祭拜，每年六月初六村里都会组织集体性的悼念祭拜活动。在1999年，村里实现通电；2001年大寨出现经营性家庭旅馆雏形；2003年村寨通车，同年9月16日，龙脊旅游公司介入大寨村梯田景区的经营。2003年，县政府投资400多万元开通双河口到大寨村的公路，龙脊景区到大虎山、大寨村到公路竣工；2003年2月开通大寨——龙脊——龙胜县城的中巴车，中巴车成为村民日常生活中不可或缺的交通工具，大寨村旅游业迅猛发展。据当时不完全统计，2005年，全村共有农家旅馆36家，其中大寨10家，壮界4家，田头寨21家，大毛界1家。[①] 而截至2014年年底，大寨村有大小旅馆80家左右，接待床位约2190张，旅游从业人员500人左右。[②]

一　梯田观光与民族旅游

大寨村梯田观光旅游发展缘起于1994年5月，桂林电视台和中央电视台社教部联合组成的摄制组，进入金坑，采访拍摄了希望工程电视纪录片。当时金坑的山寨不通电亦不通路。摄制组经过数月的跋涉，完成了拍摄工作，该纪录片最终完成并取名《龙脊》。时任职于桂林电视台的李亚

① 周大鸣、范涛：《龙脊双寨：广西龙胜各族自治县大寨和古壮寨调查与研究》，知识产权出版社2008年版，第271—272页。

② 龙胜各族自治县地方志编纂委员会：《龙胜年鉴（2015）》，线装书局2016年版，第217页。

石在拍摄纪录片期间，另拍了一组展现金坑梯田风光和民俗风情的摄影作品《大山的日子》，同《龙脊》一起播出，引起了较大的反响，许多知情人自愿为金坑扶贫捐款。1999 年，龙胜金坑梯田业已受到摄影爱好者和游客的重点关注。同年，历史人物冯玉祥侨居美国的孙女冯文真进入金坑，并在美国举办了金坑摄影展，金坑梯田开始走入世界的视野。从 2003 年至 2009 年，一位大寨村民称为“克劳特”的 60 岁法国男子在大寨村长期居住。六年间，他将金坑红瑶的婚丧嫁娶、耕种劳作等生活场景和民俗风情拍摄成纪录片。2013 年上半年，中央电视台中文国际频道《走遍中国》栏目两度前往桂林龙脊，拍摄《美丽中国·湿地行》系列节目中的两集《水孕龙脊》《梯田人家》。金坑大寨在地方精英、摄影爱好者和大众媒体的纵横互汇中，逐步走向发展旅游的生计方式。大寨梯田景区现有“西山韶乐”“千层天梯”“金佛顶”3 个观光景点。在旅游开发初期，田头寨依托“西山韶乐”景点最早参与旅游，开设家庭旅馆，每年吸引大批游客。在早期，由于三大旅游景点均在山顶，以当地常用背篓为游客运送行李、抬轿子、村寨导游等成为寨民参与旅游的主要方式。随着游客的增多，经营家庭旅馆、农家餐馆逐渐成为各村民的主体参与方式，但大多数由当地人经营，外地人经营的数量较少。如据不完全统计①，2007 年大寨自然村共有家庭旅馆 10 家，其中村民和外来人主要经营的数量分别为 8 家和 2 家。除此之外，大寨村逐渐修建了工艺商品店一条街，也有当地瑶民以背篓机动性地在风雨桥或者石板路上售卖旅游工艺品。如今，红瑶居民除以多种形式参与旅游增收外，龙脊梯田景区每年“给予”大寨村的“梯田维护费”也是一笔可观的旅游“分利”。

大寨村与景区的收入“分红”，始于旅游公司开发大寨的旅游资源。2003 年，龙脊旅游有限责任公司和大寨村签订一个 3 年协议：每年从门票收入中补偿 2.5 万元“梯田维护费”给大寨村，而村民需按照规定种植水稻和维护梯田景观。从 2007 年开始，由于旅游发展势头良好，大寨村得到的“梯田维护费”逐年提升，从 2007 年的 15 万元一路攀升至 2013 年的 110 多

① 孙九霞、吴丽蓉：《龙脊梯田社区旅游发展中的利益关系研究》，《旅游论坛》2013 年第 6 期。

万元。如今这笔“梯田维护费”除按景区门票收入的一定比例分成外，2012年开始，金坑索道公司索道收入的4%成为“梯田维护费”新的组成部分。据初步统计，2017年金坑大寨村梯田景区的游客较上年同比增长13.13%，达到60万人，而“梯田维护费”也突破了500万元。正是靠着这些收入，越来越多村民翻新了旧房，开始经营农家餐馆和旅馆。这笔“梯田维护费”到了村寨后，在充分考虑了人口、户数、梯田面积等因素后，最初分别按照这样的比例分成：种田亩数占比50%、人口占比20%、户数占比20%分到每家每户每人，此外，大寨村委会获得5%的分成，而进寨道路沿途的大虎山和小寨两个村寨也获得5%的“梯田维护费”分成。之后，旅游的发展使得村民更愿意以个体的形式参与旅游发展获利，村民按照规定种植水稻和维护梯田的积极性仍然冷淡。为鼓励寨民从事农耕种植，上述分成比例对应更改为70%、12%、12%、3%、3%。按此分成规定，一亩梯田每年能获得4000多元的维护费。如此，梯田也不至于荒废，寨民们农忙时分工一些人下田农耕，另一些则主动参与旅游事项。

大寨乡村旅游以梯田景观观光与民俗风情旅游两种模式为核心，梯田自然景观主要按照以下时序进行呈现：

表7　　金坑大寨梯田旅游景观

时序（农历）	农业事件	农业时段划分	景　　观
一月	农闲	秋收结束	村寨红瑶们建新房、办婚礼、过大年、过春节，喜庆乐融融，梯田与热闹的村寨相辉映
二月	种植油菜花		春暖花开，梯田里的油菜花满目金黄，组成一片片金色的花海，以排山倒海之势奔涌而出
三月			
四月	育秧、犁耙稻田、栽秧	准备春耕、春耕农忙	梯田放水、灌水，犁田耙田，水满田畴，梯田上的耕犁开始忙碌起来，梯田犹如一片片明镜，如串串银链山间挂
五月	施肥、除草、除虫、看田水	春耕农忙	梯田佳禾吐翠的时节，似排排绿浪从天泻；山区清凉，雨水充沛，云雾缭绕，如山水国画，满是诗意。旅游节庆：龙脊开耕节、梯田文化节、梳秧节、大寨红瑶晒衣节
六月			
七月			
八月			

续表

时序（农历）	农业事件	农业时段划分	景观
九月	收割、晒谷、打谷、挑稻谷禾草	准备秋收、秋收农忙	梯田收获的季节，稻穗沉甸，像座座金塔顶玉宇，沉甸甸的稻穗在风中摇曳，梯田上翻滚着金色的稻浪，蔚为大观。旅游节庆：龙脊金秋开镰节
十月		秋收农忙	金秋晒谷。开镰收割后，禾把并排晾晒在田埂上，一排排禾把如潮水涨起，组成一个纵横开阖的金色立体五线谱
十一月	荒田或翻禾蔸或短期种植蔬菜	秋收结束	梯田雪景（一般每年只会下一两次雪），瑞雪兆丰年，银装素裹，梯田分明，若环环白玉砌云端
十二月			

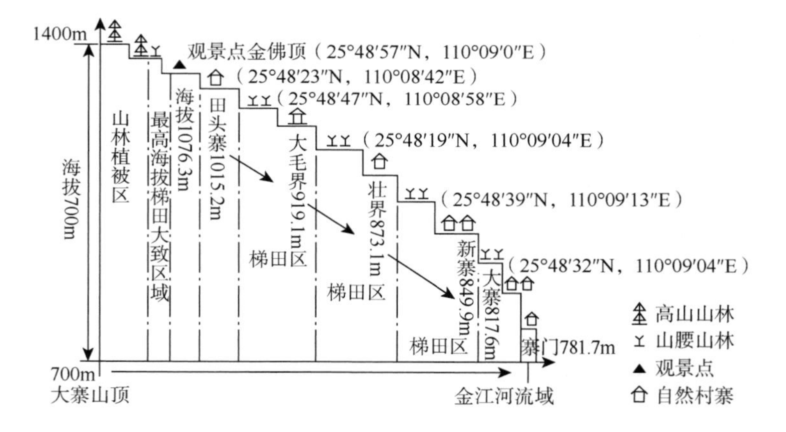

图 38　大寨梯田景观空间剖面图

民族旅游以红瑶特色民俗风情为提炼要素，从日常生活的衣食住行着手，编排民俗展演，以期游客在观与游中互动感知民族风土人情。民族性的节庆、建筑、饮食以及衍生品，在现代旅游的场域中以旅游文化节、特色婚礼、旅游工艺品的形态脱胎换骨，迎合以游客为中心的权利诉求。大寨民俗风情旅游特色项目如下：

表 8　　大寨村民俗风情特色一览表

名称	内容	地点
文化活动	1. 晒衣节 2. 红瑶特色体育竞技活动“顶竹杠” 3. 红瑶纺织刺绣展示 4. 潘氏宗族年会	1—3 大寨歌舞坪 4 大寨村
特色服务	1. 红瑶传统婚礼私人订制 2. 婚纱摄影 3. 龙脊乡村导游红瑶文化讲解 4. 汽车营地服务	大寨村
民族建筑	吊脚楼、红瑶歌舞坪、瑶族风雨桥、红瑶寨门	大寨村各寨屯
红瑶美食	鸳鸯粽、土笋腊肉、竹筒饭等特色红瑶美食	大寨村各农家餐馆
民族商品	红瑶服饰、刺绣工艺品、红瑶银饰、红瑶秘制洗发水、龙脊四宝（茶叶、辣椒、水酒、香糯）、龙脊罗汉果、百香果、翠鸭、山茶油、竹笋、百柴腊肉等	大寨村旅游商品一条街

二　旅游语境下的六月六“晒衣节”

如今，在行政力量的主导下，“晒衣节”中传统的“家”“团聚”“和睦”的观念元素已消殆，旅游资本将“晒衣节”设计成为一种红瑶民族文化旅游的商业展演活动，每年都有数以千计的游客从全国各地前来体验这一红瑶的民族特色。在龙脊进行旅游开发的次年，即 2004 年，大寨村委会即意会到了“晒衣节”作为民族节庆的独特性，开始有意识地介入组织举办该活动，当年的主要活动有“抬金狗”、织布、纺纱、民族舞蹈等传统节目。2005 年，正遇村民委员会换届，没有组织力量介入。2006 年，在大寨村干部的牵头下，大寨村委会向上级政府和旅游企业上呈了《龙胜金坑红瑶传统“晒衣节”活动倡议书》，并获得了龙脊旅游公司赞助的 1000 元活动经费，开展了小型的“晒衣节”摄影，邀请了桂林市摄影协会的一些摄友进行摄影宣传。之后，“晒衣节”得到龙胜县政府的支持，每年如期举办，到 2013 年时已有近万名游客参与体验这一活动，至今，大寨红瑶“晒衣节”已举办十届。下面以 2017 年“晒衣节”为例：

近几年，“晒衣节”的活动内容基本一致。大寨红瑶“晒衣节”由大寨村委会牵头主导，并成立了晒衣节筹委会和筹备小组，负责制订“晒衣节”活动的展演项目及详细实施方案。节日期间的主要活动有：红衣晒红半边天；唢呐锣鼓迎嘉宾；百名瑶嫂长发梳妆；“抬金狗”送祝福；“花一样的民族”红瑶服饰（国家级非物质文化遗产展示）；红瑶服饰制作技艺展示；冲木槽，打糯粑；红衣定终身——红瑶集体大型婚礼；大型红瑶女子抢“金狗尾”比赛；红瑶原生态歌舞篝火晚会等。“抬金狗”送祝福、红瑶服饰制作技艺展示、红衣定终身——红瑶集体大型婚礼三项活动详情如下：

“抬金狗”送祝福。当日早上，由寨老在寨内挑选几只健壮的黄色公狗，将它们喂饱后，在身上涂上红色的斑点装进笼子里。早饭之后由寨民们抬着金狗游寨子，敲锣打鼓放鞭炮，挨家挨户送祝福。“抬金狗送福”这一民俗原为农历除夕夜红瑶人的纳福活动，在旅游语境中则被挪用以碎片化的方式予以呈现。

红瑶服饰制作技艺展示。近百名红瑶女性（瑶嫂）围坐在广场，现场展示纺、织、刺绣、挑花等红瑶服饰制作的技艺，并不时与游客互动，如此，游客得以近距离观察红瑶服饰的制作过程。游客在互动中获得红瑶服饰制作技艺的践行体验。

红衣定终身——红瑶集体大型婚礼。该环节以红衣之鲜明特色寓意男女结合的好彩头，此即“千人送新娘，红衣定终身”的红瑶集体大型婚礼。以往该项活动的新婚夫妇以红瑶的单身青年男女为主，后来除本民族的适龄青年外，外地新人也参与其中，按照红瑶的特色传统习俗举行婚礼。该活动杂糅了红瑶人传统的婚俗和现代婚礼的程序，当日 13 时许，男方派来的唢呐锣鼓迎亲队伍来到新娘出嫁的楼前奏乐迎新娘。新娘在伴娘的陪伴下打着红伞，由新娘父母、兄弟姐妹和亲戚送至男家。送亲队伍由山上蜿蜒而下，新人的拜堂仪式在村委会前的歌舞坪举行，婚礼由寨里德高望重的老人主持，延续了传统红瑶的婚姻礼俗的寨老主婚制度。

表 9　　2017 年龙脊金坑红瑶“晒衣节”活动一览表

时间：农历六月初六，阳历 6 月 29 日　地点：龙脊梯田景区——大寨村

次序	活动项目	时间	展演地点	备注
一	红衣晒红半边天	7：00—9：00	风雨桥至大寨村	大嫂子队、12 位瑶妹、每户三套服装以上，风雨桥至大寨、壮界、新寨可挂衣服
二	唢呐锣鼓迎嘉宾	10：00—10：30	风雨桥	唢呐 20 人、敬酒 30 人（着民族服装，唢呐系红布条，腰捆红腰带），敬酒
三	百名瑶嫂长发梳妆	10：30—11：00	风雨桥	各村寨抽人组成
四	“抬金狗”送祝福	11：00—12：00	始祖田—村寨—歌舞坪	三只金狗由主家抬
五	红衣定终身 红瑶集体婚礼	13：00—14：00	壮界—大寨歌舞坪	五队新人举办红瑶集体婚礼、抬舅公
六	红瑶服饰加工（国家非物质文化遗产展示） 1. 织锦衣 2. 纺纱 3. 织布 4. 绣头巾 5. 织腰带 6. 冲木槽、打糯粑	14：00—15：00	大寨歌舞坪	“花一样的民族”——红瑶服饰国家非物质文化遗产系列展示 摆出一朵花的造型：圆心打腰带 30 人；第二层绣花 40 人；第三层纺纱机 20 台；第四层织布机 30 台
七	顶竹杠	15：00—16：00	大寨歌舞坪	—
八	河中摸鱼送祝福	16：00—17：00	风雨桥	一群红瑶村民穿着蓑衣、戴着斗笠围在河边敲锣打鼓，河里的鱼偷偷探出
九	大型梯田火把夜景	18：00—21：00	七星追月	各小组负责点火
十	红瑶原生态 篝火晚会	20：00—22：00	大寨歌舞坪	与游客互动

三　旅游社区参与

从事餐馆、旅馆、小商品经营，是大寨瑶民以东道主的身份参与旅游的主要形式。由于地势高，观赏视野佳，田头寨是大寨村发展较早的自然寨。20世纪90年代大寨村交通不便，游客和摄影爱好者需沿双河口到大虎山、下埠再到田头寨的路线，步行到梯田的最高点田头寨。当时，游客、摄影爱好者居住于寨民家中，并与红瑶同吃同住。2000年，田头寨的第一个民宿“三棵树”旅馆开业，完整的吃住行旅游服务系统开始构建。在大寨村，除在外打工年轻人（大部分到广东或者广西桂林、南宁），参与旅游的人数占全村半数以上。大寨村民目前参与旅游的方式大致有以下几种：一是将房屋、土地作为资本，自己经营餐馆、饭馆；二是以房屋、土地作为资本与外地人合作经营；三是将房屋土地租给其他人，自己不参与实体旅游经营，从事兜售工艺品或者完全不参与旅游；四是坚守农业，不参与旅游。近几年来出现新的发展趋势，大学生毕业后返乡协助经营餐馆、旅馆，前几年到珠三角地区、南宁、桂林打工的年轻人纷纷回村里修房经营餐馆、旅馆。如大寨村壮界经营“春天里”客栈和餐馆的年轻夫妇，曾在深圳打工十年，近两年才回到村里修新房。由于资金紧缺，先简单装修经营餐馆，仅2017年国庆黄金周就有2万元收入。

大寨村的旅游发展以梯田景观为消费资源，梯田是旅游发展的根，也是村民们的有形财产。在大寨村，寨民们对农作始终心怀浓厚的情感，不但是由于耕种梯田能得到一定的旅游收益分成，更是因为小农经济自给自足的生计惯性。在新寨，潘BX夫妇以房屋为主体，参与旅游经营的日常活动呈现了旅游情境中乡土景观的乡土根性。潘BX夫妇在外打工时经老乡介绍而相识，潘BX夫妇系瑶族传统的“招郎入赘”家庭。潘氏夫妇在打工时攒下一些积蓄，在亲朋好友的帮助下修建了传统的瑶族木房装设经营旅馆、餐馆。该旅馆共设三层，首层为餐馆；二层为客房；三层为自家居住与农用仓库。旅馆每天最多可接待10余人入住，餐馆按人数可随时增加食材来满足游客饮食需求，经营弹性较大。笔者通过观察，潘BX夫妇农闲时的日常活动安排如下：

表 10　　梯田旅馆潘 BX 夫妇 2017 年 8 月 25 日日常活动表（农闲）

时间	活动事项	
	男	女
6：00—8：00	使用农机械松土、下菜籽种菜	施肥、准备早上猪食
8：00—9：00	准备菜，做早饭	煮饭、喂猪
9：00—9：30	吃早饭	吃早饭、打扫旅馆卫生
9：30—10：30	饭后到兄弟家串门	游客未进寨，邻里串门
10：30—12：00	在家与邻里兄弟休闲聊天候客	游客开始进寨，到大寨门口拉拢接待游客
12：00—18：00	12：00 当厨师为游客炒菜（游客只用餐不住宿）；15：00 喂猪；15：30—16：00 骑摩托车前往大寨门口米粉店搬运猪潲水，准备猪食	12：00 接到两位游客到旅馆用餐，午饭后继续到村寨大门口拉拢游客，之后一直在村寨门口，无游客时与熟人闲聊
18：00—23：00	19：00 喂猪，晚饭后到家族兄弟家串门；22：30—23：00 入睡	18：30 游客减少，返回家中，准备第二天猪潲水，打扫卫生，吃晚饭。今日无游客入住，比较轻松，22：30—23：00 入睡

图 39　背送游客行李箱的背篓瑶人

我们可以看到，农闲时，在时间维度上，虽然从事旅游活动占据了两夫妇白天的大部分时间，但农耕与串门拉家常等传统生计和人情来往依然是他们最有意义的日常劳作和生活交往。另外，在日常安排中，无论是从事农耕还是旅游，皆有明确的分工。在农事劳作中，男性倾向于从事重体力活，女性则负责轻巧的农活；在参与旅游时，由于女性拉拢游客成功率更高，因此自然形成了男性掌厨做菜，女性招揽游客的合理安排。在喂养猪的事项上则不分彼此，合力完成。家庭旅馆仅仅是大寨村乡土旅游的一种经营模式，但却能呈现出旅游场域中乡土社会交往、农业耕作的习惯图景，这也是乡土景观的一种叙说方式。

特色与增色

特色：大寨红瑶在历史上系游耕民族，俗语有云“吃完一山又一山”。从中原、东南几经迁徙始抵达南岭走廊，在各民族的融合交往中，瑶族“靠山吃山”的习性，让他们终于定居于南岭山脉中甚至成为南岭民族走廊的中心族群。在村落的共同特征之外，龙脊金坑大寨村具有自身的特色，在四时时序中也增色不少。

1. 开山为田的生态智慧和精耕细作的梯田稻作农业文化遗产。无山不有瑶，这是因为瑶族的民间智慧已将山之资源摸遍吃透，而山也从未抛弃愿意善待它的山民们。大寨红瑶以山林为盟，靠山吃山。天然的山涧泉水，山林里丰富的食材，多样的生物物种满足了山民们衣食住方面的诉求。在现代社会中，独特的梯级山形不但维持了传统的农业耕种，创造了举世瞩目的梯田稻作“全球重要农业文化遗产”，这一遗产在旅游场域中俨然变为梯田景观旅游资源，构建了改变村落命运的旅游新业态。

2. 村落聚落景观凸显红瑶民族文化元素。大寨村五个自然村落散布于平坝与山腰间。红瑶生活于陡峭山地，素有“九山半水半分田”之说。底层架空的独特“吊脚楼”、抵御风寒的红瑶棉衣、以家门为基本单位的合群聚落，都凸显了浓厚的民族因素。五个自然村寨之间虽因山之形势而生成了距离分明的聚落形态，但它们依然以大寨自然村为中心，通过在公共空间中参与村寨集体活动而形塑了族群共同体。

3. 梯田稻作体系造就完备的水循环系统，在山地民族中独树一帜。大寨的梯田灌溉水利系统是红瑶人们适应环境、利用环境、改造环境的人为结果。大寨梯田的灌溉用水大部分来自山林里山涧自流的泉水；少部分则来自季节性雨水。自山顶开始，当地山民以生活经验开发水渠或者沿用山水自然冲刷而成的沟渠，巧用引水工具将山泉水引入田中灌溉。而田中大小不规则的沟渠与梯田间的流水口，又将田水从上一梯级梯田流向更低的梯田，层级地往下输送。当到了山脚下时，多余的水从平坝的梯田或者低山的山口汇入大寨河和其他溪流，最终流向寨门前的金江河。从区域性的水循环系统来看，充沛的金江河之水保障了龙脊地区的湿润多雨，大寨村山林成长茂盛涵养水源能力充足，大寨山泉之水源源不绝。如此看来，梯田不断受山水的浸润，同时也成为山林之水流向龙胜境内水系的必经之路。从大寨农耕区域上看，梯田稻作体系是大寨水循环系统的重要组成部分。

增色：大寨梯田四时之景观是大寨村的特色旅游资源。春耕时水满田畴如明镜；夏忙时佳禾吐翠绿浪滔天；秋收时金色稻浪蔚为大观；冬冷下雪时银装素裹，梯田分明，这些都为大寨村落绘描了五彩之色。在民俗风情的展演中，红遍半边天的“六月六”晒衣节，红艳欲滴的龙脊红辣椒、多彩红瑶鸳鸯粽，都为村落增色良多。

大寨调研团队成员：冯智明　赖景执　黄婕　陈曦　刘静静　姜丽　李元芳　李跻耀

报告文中绘图：曹碧莲

漆桥村落

村落概况

漆桥古村坐落在高淳县北部的漆桥镇邻近，距漆桥镇人民政府仅两三百米远。过了一座名为向阳桥的小桥右拐，漆桥古村就赫然映入眼帘，漆桥是孔子后嗣的聚集地。

据史料记载，南宋建炎三年，金兵南下占山东，曲阜孔林遭受兵祸。孔子第47代孙，大理寺评事孔若钧、孔端躬父子一家随高宗皇帝南奔到台州章安镇，孔端躬闻其兄衍圣公端友已久居三衢，遂辞驾赴衢会集。当行至漆桥时，孔若钧病逝，孔端躬父葬于梓川北岸钟山后坞，并久居于此，繁衍生息，经过37代传承，构成了现在的有一千余众的漆桥村。

共同的地理环境和深沉的前史文明底蕴，构成了漆桥较为丰厚的非物质文明遗产资本：婺州祭孔、八月十三兴案、七月七娘娘庙会等风俗文明节；铜钱鞭、十八蝴蝶、莲花落等民间舞蹈；精深的竖屋上梁民间手艺技艺；打猎祭祀、小孩出生吃百日酒、春节要拜太公等风俗。特别是这种拜太公风俗，据村人所言，已持续了数百年，这一风俗充分表达了山里人那种对先人的敬重和对将来美好生活寻求的风俗心思。

前史上的漆桥村有着美丽的山水田园风光，是一个人文与天然融合的地点。村内古民居建筑特征显著，大都为清、中华民国时代建筑，具有婺州山地个性。其间有维护价值的20处，卵石垒墙，独具一格，从古村落的全体面貌到单个民居，表现出一个完好的归纳文明系统，主要有孔氏家庙、九思堂、善祠堂等。其中，孔氏家庙为国家重点文物维护单位。孔氏家庙中的歌舞台别具一格。戏台呈正方形，长、宽各 4.60 米，牛腿构件雕《封神榜》人物故事，雕工精密。戏台檐柱刻有对联“‘三字经’人物备考，一夕话今古奇观”，戏台正上方有“歌舞台”字样，记载着孔氏家庙的富贵。

孔氏后人秉承孔子遗风，一直来尊师重教，崇尚天然，儒家文明气息浓厚。婺州祭孔是漆桥村最具有典型性、代表性的传统风俗项目。为打造精品，2017 年的祭孔大典聘请了省民间艺术研究会会长吴露生作总策划，省儒学学会履行会长吴光等对祭孔礼仪进行了深度发掘，构成漆桥最盛大的祭孔仪式标准。为表现标准，各祭孔流程，诸如“呈三牲”“鸣鼓乐”“九记锣”“迎圣人”等都遵循传统的十二时辰计时；为展现古雅，排练了美丽的“六佾舞”，舞者着一致古典服装，左手握笛右手持羽，翩然起舞，成为磐安最具特征的风俗活动。

祭孔仪式尊重其原真性和文明内在，不曲解乱用，做到科学计划、合理开发，最大限度地表现出婺州南宗漆桥孔氏家庙的价值，非常好地发扬了儒家思想，弘扬了传统文明的精华，达到了以维护促使用，以使用强维护的意图。

漆桥村山花浪漫，竞相开放，如霞似玉，争奇斗妍；秋水红叶，层层叠叠，在蓝天与碧水中任意铺展，如诗如画。近年来，漆桥村经过演示整治建造——省级前史文明名村、特征旅行村和农家乐，极大地改善了乡民的生产生活环境，能够为游客供给杰出的吃、住、行、游、娱等方面的效劳，大众建造村庄旅行热情高涨。漆桥村每年都结合元宵节、七月七娘娘庙会以及婺州祭孔等活动，举行非物质文明遗产展演。经过展演，开发了村庄休闲旅行业，开展了风俗风情旅行、农家乐休闲等文明旅行，构成了赋有吸引力的文明旅行景点。

走过古香古色的巷口街铺，踏进清新幽静的古宅，触摸到的不仅是漆桥的前史，还有漆桥人的才智。从古至今，凡是竖屋造宅，家家户户都有上梁的风俗，漆桥村造房子的民间手艺技艺精深。“天上下雨地上流，漆桥木匠到处有。”漆桥男人自古游走四方当木匠，漆桥的木匠之多，匠师技艺之高超，均为浙江之冠。

漆桥是一个多元文明融合、文明沉淀深沉的宝地。这里的山水，呈现出的不仅是天然的清雅古朴，还刻写着一个民族聪明的天分，更蕴藏着一个容纳博大的千古文明。[①]

漆桥之“生态”

一 人类学之“生态”景观

（一）“生态”景观内涵

“生态”景观在林学、景观生态学、建筑学、城市规划等领域的理解和标准各有侧重。在林学研究中，常作为植被景观或以植被为主的绿色景观的代称；在景观生态学研究中，指包含生物和人文特征的景观，指区别于一般视觉景观的、具有特定生态功能和服务的景观；在建筑学中则常与中国传统的风水理论进行结合，强调“天人合一”和环境保护；在城乡区域规划及资源环境研究领域，指的是经过生态规划或设计的，具有可持续性、人与自然和谐统一的景观。

（二）“生态”景观特征

人类学视野下的生态景观包括动态演变性、综合系统性、有序更新性三大价值，兼具绿色性、文化性、宜居性、环保性等多重特点。

1. 动态演变性

“生态”景观首先必须遵循生态系统的动态性，能够维持生态系统结构和生态过程，提供对生物多样性和环境可持续性的保护[②]；其次需要体现出一段特定历史时间、生态空间、限定尺度的景观演变格局，并且要综合考量经济、社会、文化等多重影响因素，继而彰显景观的健康价值。

---

① 引于 http：//www. cmpy. cn/HDraft/Show_ 2269. Html。

② 孙然好、许忠良、陈利顶：《城市生态景观研究的基础理论框架与技术构架》，《生态学报》2012 年第 32 卷第 7 期。

2. 综合系统性

生态景观自身是体现绿色、生态、经济、文化、社会多重维度的综合体。在生态建设中也需要突出减量、循环、重构、更新的复合理念，继而体现生态景观的绿色、协调、环保、节能等综合系统价值。

3. 有序更新性

生态景观的有序性，既包含外部轮廓、整体造型、色彩组合的有序性，也包含内部经济发展水平、历史资源价值、文化社会形态的有序性。同时，还主要体现在古时景观和当代景观的和谐统一、生态系统要素的有机共存、景观板块与区域背景的密切联系三个方面。由于时代发展的影响，生态景观也会随时空变化展示出更新发展的特点，有序性与更新性共同作用，使得生态景观具有鲜明的历史特点。

二　漆桥之“生态”景观

（一）气候景观

1. 四季特征

漆桥地处中纬度地区，一年四季分明，寒暑显著，光照充足，无霜期长。气候主要受太阳辐射、地理条件、环流状况的共同影响，主要特征是：

（1）冬夏长、春秋短、四季分明

漆桥村所在地区，春季平均 70 天，夏季平均 100 天，秋季平均 63 天，冬季平均 132 天。冬夏长，春秋短，常年在 3 月 20 日左右入春，6 月 8 日左右入夏，9 月 16 日左右入秋，11 月 27 日左右入冬，可谓四季分明。

（2）冬季寒冷少雨

冬季是漆桥全年气温最低、降水量最少的季节。据气象资料分析：冬季平均气温 5.1℃，年极端最低气温≤－5℃的日数，平均为 5—6 日，极端最低气温为－10℃（1991 年 12 月 29 日），霜和霜冻频繁出现；冬季降水量仅占全年总量的 13%，平均降水日数只有 28 天，有时连续两个月无雨。由于受全球气候变暖趋势的影响，漆桥近年来也出现暖冬现象。

（3）春季冷暖多变

3 月底，大地回春，气温呈跳跃式上升。当冷空气或寒潮侵袭时，气温急剧下降，寒潮过后气温回升，常有暴冷暴热天气出现。春季还多阴雨天气，有时长达 25 天之久。春季是全年雨日最多的季节，雨量也明显比冬季多，并偶有暴雨和大暴雨天气出现。春旱很少，平均十年一遇；5 月下旬，还多出现连晴少雨和高温低湿天气。

（4）夏季炎热多雨

6 月中旬，进入初夏季节，梅雨旋即来临（常年入梅时间为 6 月 19 日，梅雨期 20 天左右）。梅雨量差异很大，据统计，最多可达 940. 6 毫米，最少为 16. 3 毫米，空梅年约为十年一遇，丰梅年占半数以上。梅雨期雨量集中，十年一遇之特大洪涝年份、三年一遇之一般涝年均出现在梅雨期内。夏季还易涝易旱，或旱涝兼有，平均五年一遇。7 月 10 日左右，梅雨结束后，气温明显上升，降水量显著减少，除局地性阵雨和台风影响降雨外，多连晴天气，日照充足，蒸发量大，伏旱两年一遇。在伏旱期间，多酷暑天气，最高气温≥35℃以上的天数平均每年 20 天左右。

（5）秋季秋高气爽

9 月中旬，进入秋季，冷空气日趋活跃，暖空气势力减弱，降温迅速，常是“一场秋雨一场寒”。由于江淮准静止锋及台风影响，9—10 月常有 10 天以上的阴雨天气，并偶有暴雨和大暴雨天气出现。10—11 月往往有一段较长时间的气温回升过程，出现“十月小阳春”的天气。秋高气爽，秋旱频繁发生，平均三年两遇。

2. 气象要素

（1）气温

1986—2005 年，溱桥平均气温 16. 5℃。春季（3—5 月）平均气温 15. 7℃，夏季（6—8 月）27. 2℃，秋季（9—11 月）17. 9℃，冬季（12—2 月）5. 1℃。年极端最低气温≤ –5℃的日数，平均 5—6 天；全年中 7 月最热，平均气温为 28. 8℃，1 月最冷，平均温度为 3. 6℃，气温年较差 25. 2℃。以 1988 年 7 月 19 日 39. 7℃的记录为最高；以 1991 年 12 月 29 日 –10℃为最低。

（2）地温

由于地温与气温变化的同步性，地温也是夏季高，冬季低，1986—2005 年 0 厘米地温平均为 18.2℃，比平均气温高 1.7℃。1994 年年平均地面温度最高达 19.4℃，1993 年最低为 16.7℃。四季中，夏季平均地面温度最高，7 月为全年最高月；冬季地面温度最低，1 月为全年最低月。极端最高地温出现在夏季的 7—8 月，年极值在 60℃以上的年份平均十年九遇，1990 年 7 月 28 日极端最高地温达 69.4℃；年极端最低地温一般出现在 1—2 月，－10℃以下的年份平均十年一遇；1996 年 2 月 18 日极端最低地温为－17.5℃。

（3）降水量和降水日数

据 1986—2005 年降水资料分析，全村 20 年年平均降水量为 1241 毫米，其中，春季平均为 341.7 毫米，夏季为 545.9 毫米；秋季为 188.7 毫米，冬季 164.7 毫米，分别占全年总雨量的 28%、44%、15%、13%。在这 20 年中，有 17 年年降水量在 1000 毫米以上，以 1991 年 1878.6 毫米为最多、1994 年 816.6 毫米为最少，年际差 1062 毫米。全年中，约有 51% 的降水都集中在汛期的 6—9 月间，而 6 月中下旬至 7 月上旬 20 天左右的梅雨期，是全年降水强度最大、降水量最集中的时期。常年梅雨量 278.8 毫米，占汛期总降水量的 44.5%，占全年总降水量的 22.5%，约有一半以上的年份梅雨量在 200 毫米以上。6 月份为全年降水最多月，1 月为全年降水最少月。平均降水强度的变化，一般以夏季最大，冬季最小。

（4）降水日数

1986—2005 年全县年平均降水日数（日降水量≥0.1 毫米）129.5 天，其中春季 40.2 天，夏季 36.3 天，秋季 25 天，冬季 28 天，分别占全年总降水日的 31%、28%、19.3%、21.7%。年平均小雨日数（日降水量≤10 毫米）94.9 天，中雨（10 毫米≤日降水量≤25 毫米）23.7 天，大雨（25 毫米≤日降水量≤50 毫米）7.5 天，暴雨（50 毫米≤日降水量≤100 毫米）2.9 天，大暴雨和特大暴雨（日降水量≥100 毫米）共 0.5 天，分别占全年总雨日的 73.3%、18.3%、5.8%、2.2% 和 0.4%。全年中，3 月雨日最多，为 14.5 天，占全年总雨日的 11.2%；12 月最少，只有 7.6 天，占全年总雨日的5.9%。

（5）日照和蒸发量

1986—2005年全县平均日照时数2074.1小时，其中春季501.3小时，夏季641.8小时，秋季532.5小时，冬季398.5小时，分别占全年总日照时数的24.2%、30.9%、25.7%、19.2%。全年中，7月是日照时数最多月，为237.2小时，占全年总日照时数的11.4%；2月是日照时数最少月，为126.0小时，只占全年总日照时数的6.1%。年平均日照百分率为46.8%。

据1986—2005年实有资料统计，年平均蒸发量1409.9毫米，其中春季平均蒸发量为374.2毫米，夏季为561.7毫米，秋季为325.7毫米，冬季为148.3毫米，分别占全年总蒸发量的26.5%、39.9%、23.1%、10.5%。年蒸发量最大的为1988年，达1590.9毫米；最少的是1999年，仅1109.7毫米。全年中，7月蒸发量最大，为210.1毫米；1月最小，只有42.0毫米。

（6）风向和风速

季风气候明显，冬季多偏北风，夏季多偏南风，春秋两季多偏东风。平均风速一般冬春大，分别为3.2米/秒和3.5米/秒；夏秋小，分别为3.1米/秒和3米/秒。全年平均8级以上大风（瞬时风速≥17米/秒）日数为8天。大风季节性变化，以夏季最多，平均大风日3.1天；春季次之，平均3天；秋冬最少，平均1.3天和1.1天。常年以偏东风最多，风向频率为24%；东北风和东南风次之，风向频率分别为16%和14%。年平均风速以东北偏东风最大，为4米/秒；东北偏北风次之，为3.8米/秒。

（7）无霜期和降雪期

1986—2005年平均无霜期为240天，最长的为2002年的288天；最短的为1991年的208天。初霜一般出现在11月15日左右，出现最早的是1991年10月28日；最迟的是1998年12月8日。终霜一般在3月18日左右，最早的是2002年2月11日；最迟的是1988年4月8日。

1986—2005年间平均12月9日初见降雪，早的年度是1993年11月20日就降雪，迟的年份是1998年1月15日方降雪。常年3月8日降雪终止，降雪终止日期最早的分别是2002年1月18日和2004年1月18日，最迟的1987年4月11日。常年平均降雪日为9.7天，多的达19天，为1987—1988年；少的只有2天，为1990—1991年。常年平均积雪日8天，一般雪深5—6厘米。最大积雪深度为1991年12月27日、28日两天，均达9厘米。

（二）地貌土壤

漆桥镇地势东高西低，茅山余脉自东北向西南延伸，从镇境东部通过，东有遮军山和南北栗山，东南游山环抱，东北为低山丘陵岗地，适宜种植林、桑、茶、果；西南为平原圩区，主要圩围有朝阳圩、东王圩、者家圩、马家圩、四新圩、南者圩等，宜种植稻麦、油菜。漆桥河承接龙墩水库，由东向西流入固城湖，为境内主要水源。2005年，全镇有耕地面积3057.07公顷，水面255.34公顷，林地面积794.34公顷。

土壤类型分为7个土类、12个亚类、18个土属，44个土种。其中以水稻土类为主，占土壤面积的66.88%、耕地面积的73.4%；其次是黄棕壤土类，占土壤面积的17.8%。

（三）水体景观

漆桥外围空间水系密布，河流纵横。水阳江流经西部圩区，胥溪河横贯东西，官溪河连接运粮河达长江。还有一些河流，在历史上通江串湖，起到了自然调水和水运作用；1949年后因联圩并圩，在其进出口或筑坝封堵，或建造涵闸，已成内河，有的现已湮废。

“漆桥村中有一老街，东、南、西三面环水，主街弧形延伸，巷道对称。”这一点评涵盖了漆桥村的整体布局及街巷布局。在南北向纵长的弧形主街两侧，分布着众多小巷，每巷纵深百余米，直达两旁的河道，街区整个平面布局类似“蜈蛇”之形。

（四）植被景观

1. 植被组成

由于气候、土壤因素的影响，漆桥镇域内自然植被组成成分明显反映出过渡性特征。又由于人类经济活动的影响，原生植被已被次生落叶阔叶林和人工林所代替。优势树种为马尾松、杉木等为主的针叶林，落叶阔叶树为构树和黄檀，常绿阔叶树零星分布各地。

据课题组的调研统计，次生落叶阔叶林主要植物种属有黄檀、山槐、椰榆和构树。黄檀、山槐、椰榆集中分布在桠溪镇境内的小山、尖山、金山、状元山，固城、东坝镇境内的大游山、花山等地；构树、楝树主要分布于平原圩区，都呈小面积零星分布。但分布范围广，是平原圩区的建群种。

林下次生灌木林主要植物种属有麻栎、短柄枹树、山胡椒、雀梅、化香、盐肤木等落叶阔叶灌木；常绿灌木有构骨、小叶冬青、乌饭树、石楠等，它们常生长在马尾松、杉木等乔木林下。伴生灌丛有胡枝子、菝葜、毛莓、海金沙，以及草本植物等，成为全县的主要次生植物群落。在山谷山坳的湿润地方，生长着湿生蕨类植物，其中有许多是药用中草药材。

非地带性植被类型及分布由广布性植物所组成，主要植物种属有火炬松、湿地松、水杉、池杉、黑松、侧柏、杨树、桑、枣、白蜡、刺槐、泡桐等树种。一般系人工栽培，分布于全县各地。

2. 植被分布及用途

根据林种划分，漆桥镇区域内的林木主要用途为用材林、经济林、防护林。

用材林中，针叶林主要植物种属有马尾松、杉木、黑松、火炬松、湿地松，以及小片金钱松；阔叶林主要植物种属有黄檀、白榆、泡桐、麻栎、檫树、构树等，零星分布；竹林主要有毛竹、刚竹、淡竹等；混交林主要是松杉、松竹、松檫混交林。

经济林代表种属有桑、茶、梨、桃、柿、青梅、柑橘、油茶、葡萄等。

防护林主要植物种属有杨、柳、水杉、白榆、刺槐。

水生植被中，沉水水生植被主要种属有马来眼子菜、里藻、狐尾藻、金鱼藻等，一般分布在河湖水较深处。浮水水生植被主要种属有野菱、芡实，各种萍类，睡莲、苦草、菹草，一般分布在水深达 3 米以内的水域；挺水植被主要种属有藕、莲，多系人工栽培。水芹、芦苇、茭草、茨菇、荸荠、菖蒲、菰、节节草等，分布在湖、河、沟水边 15 米以内的水域。

（五）作物栽培

漆桥村传统的耕作制度是稻、麦或油、稻两熟制。1986 年，围绕种植结构调整，扩大油菜等经济作物的种植面积，调减粮食种植面积，把稳粮的重点放在提高单产上。“油—稻—稻”“麦—大豆—稻”“麦—玉米—稻”“麦—瓜（或套种玉米）—稻”“麦—稻—茨菇（或荸荠）”“麦—稻—蔬菜”等水田粮经型多熟制和“麦—南瓜（或套种玉米）—山芋”“麦—南瓜—胡萝卜”等旱地粮饲型多熟制的种植面积均有所扩大。1988年后，早稻和大麦种植面积开始下降，而单季晚稻种植面积迅速增加，熟制演变为以“油—稻”和“麦—稻”两熟制为主。1999年后，因种植油菜效益好于种植小麦，种植粳稻效益又好于种植中籼稻，小麦和中籼稻种植面积开始下降。2005年，在全县夏熟作物中，油菜种植面积17520公顷，占92.6%，夏粮种植面积仅1400公顷，其中小麦1266.67公顷。目前，全域水田栽培全部变成“油（或小麦）—稻”两熟制，旱地以“油菜—山芋”“油菜—大豆—蔬菜”“油菜—玉米”等熟制为主。

（六）生态景观演变格局

漆桥村历史悠久，生态文化丰富。调研组从地方志、区域发展史、前人文献等方面对其进行了相关资料的收集整理工作，最终总结出其生态景观变迁发展的三个主要阶段。

1. 生态景观初生期（西汉—南宋）

据考证，西汉以前的漆桥村尚无明确完整的史料记载，依据地理及周边考古资料分析，仅在漆桥第二砖厂遗址发现了旧时的打制石器，据此推断，该村最早的人类活动始于50万年前。后期的《景定建康志》中对孔子沿丹阳古道登游山有传说记载，综合高淳旧县志相关文字记载，证明了漆桥村及周边地区，在汉代以前就兼具交通的便利性和居住的适宜性。但是景观空间尚未形成，块状的空间布局尚未出现。

漆桥村正式建村于西汉元始初年。当时，宰相平当父子因避王莽之乱自北方迁居于漆桥，为便利南北交通，在今漆桥河上建造了丹漆木桥，此应为漆桥村最早的名称由来。[①] 平当住宅据传，位于现平家池区域，其后平当建造了平家圩，自此漆桥地区的农业正式起步。从平当建桥造圩的史

① 李新建、姚迪、海啸：《驿路要冲，圣裔名村——南京市漆桥村历史文化价值研究》，《乡村规划建设》2015年第4期。

书记录看，汉代的漆桥就已经有较为频繁的水运交通需求。以漆桥建设为标志，漆桥村的交通枢纽功能日趋显现。

至南宋乾道五年，漆桥逐步发展成为建康（今南京市）驿路上的中心。据考证，当时的漆桥驿站位于建康府驿道南侧，北可出建康，西南可达安徽南部，东南可至临安（今杭州市），转胥河水道可达苏州太湖沿岸地区，其水陆发达的中心地位异常显著。便利的水陆交通条件，也为漆桥后期商业经济繁荣奠定了基石，此时段也可作为漆桥商业古街的雏形。

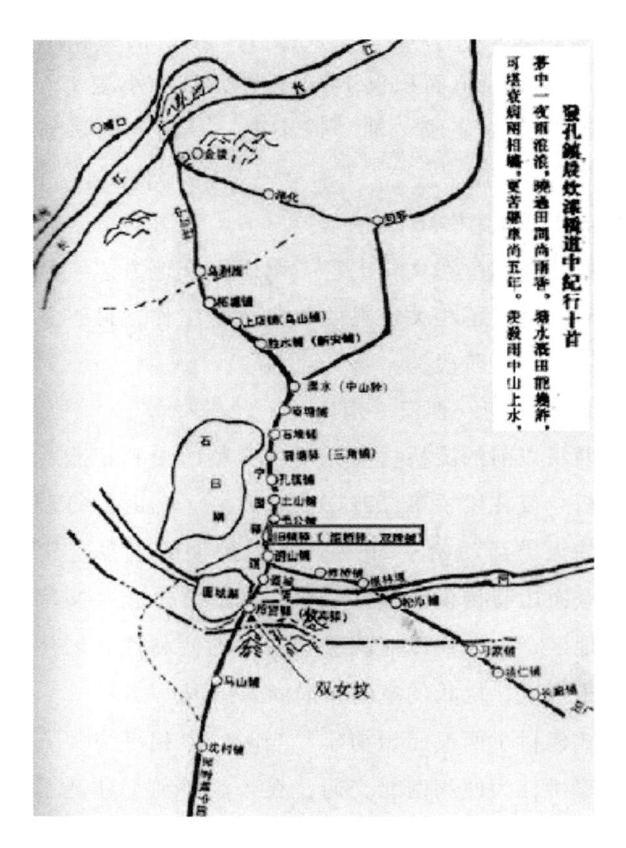

南宋驿道中的漆桥

2. 生态景观鼎盛期（元代—清代）

公元 1292 年，孔子第 54 世孙孔文昱迁居漆桥，成为高淳孔氏始祖。

此后，漆桥孔氏家族不断繁衍，其奉行“敦孝悌、慎继嗣、择分长、崇文教”的祖训，在勤读知礼的同时，兼乐善好施，义务出资建设保安井、保平井，并以家族名义多次修缮残破的漆桥，维系了前代的历史景观遗存。清康熙六年，曲阜衍圣公委员会建设阙里分祠，规模庞大，抗战前一直是高淳四大宗祠之一，但不幸在抗战期间遭焚毁。此外，各支派还建有支祠，其中迎六支祠得以完好保存，成为现今漆桥孔氏最具标志性的符号。

这一时期，漆桥商业景观空间发展得以快速发展。漆桥古驿路走向一直未变，漆桥街始终是驿路必经的重要之地，交通要塞地位始终未变。清乾隆年间，漆桥镇正式获批成立，此时的漆桥镇已经初具现今漆桥之布局。驿道两侧鳞次栉比、商家纵横，内河沿岸阁楼枕水、桥亭相依。商业景观主轴从漆桥桥头延续至南街一带，次轴主要为生活型小巷，围绕主轴两侧平行分布，分别延伸至东西两侧水域，鱼骨状的空间脉络逐渐形成。景观建筑方面，诞生了以娘娘庙、安墩眼香庙、土地庙为代表的，具有家族、宗教、风水寓意的主题性建筑。

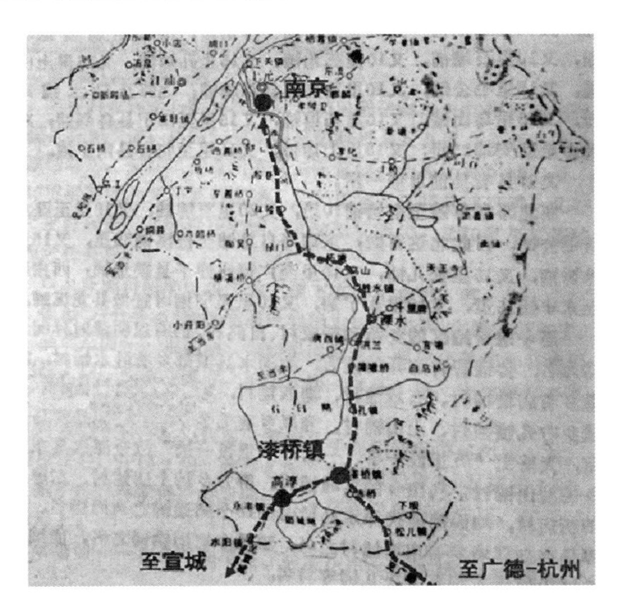

清代江宁府驿道

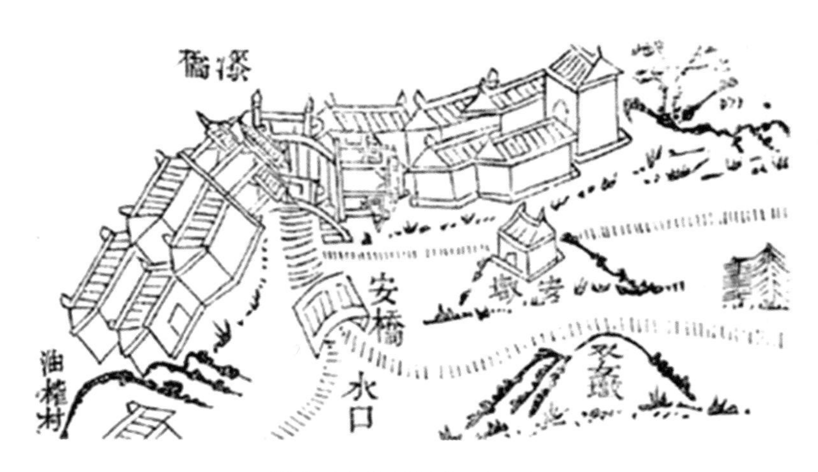

乾隆时期漆桥村庄布局形态

3. 近现代化景观空间定型期（1911 年至今）

作为苏、浙、皖之间地区往来的必经要塞，漆桥在中华民国时期的重要性愈加显著，长期是所在区域的政治经济文化中心。1929 年，淳溧路开工建设，这也是高淳历史上第一条公路，由县城途经溧水并直达南京。抗日战争前后，大量的商旅往来仍取道漆桥，加之漆桥水上商路从未间断，漆桥老街及河道沿岸的商业服务业依旧兴盛。

1949 年后，随着经济全面恢复，漆桥水利设施建设有了重大突破。1954 年，开展联圩并圩工程，将周边的几个零散小圩整合成为镇南圩；1969 年，漆桥遭遇严重内涝，整条老街被淹，为杜绝后患，当地政府新开凿朝阳河，新河从港南至子城湾，沿途把所有圩田连成一体，形成了当代漆桥水系空间雏形，但漆桥老街一段漆桥河一直保存至今。

1978 年改革开放以后，当地政府拓宽了漆桥外围主要道路，陆上交通日渐兴起，老街的商业水运交通功能基本丧失。双漆公路沿线开始密集建设政府、医院、学校等公共设施，村内居民逐渐搬迁，形成了环绕老街的新镇街区。古漆桥老街商业业态基本绝迹，原住民呈现老龄化走势。

由于新镇区建设跨越了漆桥河，并且远离老街，因此最大限度地减少了发展对原有耕地带来的不利影响，大量的原生性农业景观得以保留；公共设施建设及人口迁移发生在远离古村的周边，避免了大拆大建，使得漆桥古村生态格局被完整保留了下来，漆桥淳朴的传统风貌、优美的自然环境，以及古色古香的文化传承得以活化地进行展现。

进入21世纪，漆桥村依托自然水系和人工鱼塘，因地制宜进行了生态空间改造及再优化建设。通过梳理整合原有的自然池塘，扩展了村庄东、南、西三面的外围空间。目前的漆桥村，已经形成了团块与组团式交错的景观布局形式。在原有老村四面临水、沿漆桥老街团块布局基础之上，近几年来新建民房在老村周边沿滨水路向外拓展，整体形成以老村为主体、新组团协调发展的新旧空间交错布局的空间形式。

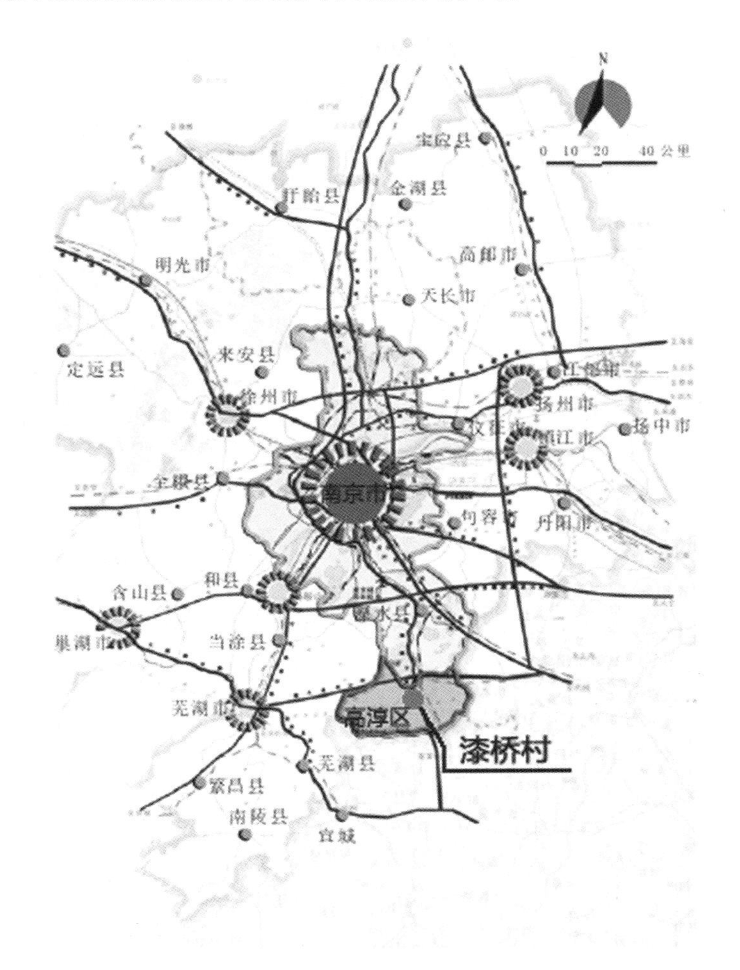

漆桥村区位图

（七）尚存的重要生态景观

漆桥古村现存的最重要核心景观是长约 500 米的老街。步入老街，两侧古时的砖木材质店房映入眼，木板上的纹路清晰可见，无声地讲述着过往的沧桑；建筑屋顶为传统江南的飞檐样式，门楣雕刻有牡丹、凤凰等各种优美纹案，极具韵味。巷道为青石板铺制，狭窄斑驳。在古道的中轴线上有隐约的车辙印，车印南北延伸，进一步说明了这里作为古驿道的特殊价值。老街建筑与临水通道的小巷交叉布局，巷中辟门，原住民世代栖居于此，人、街、宅、巷有机融合，形成原汁原味的古村落生态系统。

漆桥老街街景及古建筑景观

漆桥古村落的一个显著特点，就是孔氏家族的聚集和繁衍。自宋朝起一段时期内，漆桥所属的高淳地区孔姓村庄达到 72 个。在老街尽头存有一座三孔石桥，桥南侧的古亭内有一口名曰“保平井”的古井，据传该井是当年孔子后人迁徙于此后挖掘的，井身刻有“大宋南迁阙里孔氏广源”的字样，这里的阙里孔氏即是孔氏家族。

漆桥村村名的由来，最先始于村内一座古桥。西汉末年平当宰相流亡至此，环顾四周皆水，于是，在水面建设木桥，并涂满了红漆以防腐朽，自此当地人将其命名为漆桥。但该古桥由于年久陈旧，遂于 1953 年建造三孔石桥取代，一直延续至今。调研组经过实地考证，发现了漆桥现有桥体

漆桥保平井

含多孔拱桥、平桥等多种类型，横跨主河道呈平行状分布，桥的两侧散布民居住宅，村民依然保持着枕水而居的生活状态。桥既是沟通河道两岸的纽带，也是重要的景观建筑，同时更是展现漆桥千年文化的多彩窗口。桥和水、桥和民居、桥和植物，共同构成了当代漆桥的优美画卷。

漆桥村古桥景观

汉成帝时期，漆桥河上游固城湖每到汛期水流湍急，灾害不断。当时的丞相平当请来能工巧匠打桩架梁，建造起了一座既结实又美观的木板桥。后人为纪念平当在这里建桥和筑圩的业绩，还专门为他刻凿了一尊高四尺五的全身石像。课题组经过调研，也发现了平丞相府的旧址，外围虽然环境较破旧，但是石像依然保存完好，并且供奉不断，俨然成为漆桥又一重要历史景观节点。

作为江南地区重要的孔氏家族聚居地，漆桥村现保存有一些孔氏景观遗存，宗祠依然保持着传统建筑样式，四周绿树葱郁，古木众多，已经兼具了现代公共服务休息功能。内部依然完整的保存着孔子画像及历史图文记载，祠堂目前依旧承接着祭祀、供奉、传播孔氏文化之多重功能。

漆桥村平丞相府遗址景观

总体而言，漆桥目前在景观空间布局上，基本延续了自然生态肌理，在整体空间格局上体现了因地就势、边界开放、有机融合的特点。村落自然景观基底丰富，水、桥、林、田、居共同构成了村庄整体格局，既互为差异，又相互补充。点状、带状和团块状有机组合，协调一致，具有鲜明的地方性及乡土景观价值。漆桥村三面环水，水域成了村落内部空间与外部空间天然分界线，构成了东西对称自然布局，桥水相依，水田一体。村落结合老街轴线展开，两侧巷道为次要发展轴线，同主轴线共同构成“蜈蚣状”平面，景观总体布局保留完好。但在局部空间内容，尤其是南北出入口及街巷交叉口附近，外力影响较为明显，新的斑块与老的斑块混拼，在一定程度上打破了景观的协调。未来可通过合理有效的保护控制，使新旧景观产生良性融合。

三　总结

（一）漆桥“生态”景观变迁及现状

漆桥村西汉建村，作为沟通南京与苏杭、宣徽地区的驿路要冲，在南京乃至苏皖浙地区邮驿和交通史上具有重要的研究价值。明清兴市，沿驿路伸展的商业市镇格局和街巷建筑，在中国市镇发展史和民居建筑技术、艺术研究中具有一定的价值。从景观演变来看，保留了原始的景观优美特质，反映了历代农田水利建设的环村水系和圩田，具有一定的圩区农业开发史研究和农业观光价值。

漆桥目前在景观空间布局上，基本传承了自然生长肌理，其整体空间格局因地就势、边界开放，与自然环境有机融合。由于村落自然基底丰富，村庄整体格局特色区域差异化明显，呈现出点状、带状和团块状的空间格局。村庄总体规模尺度适中，空间景观特征丰富。

在街巷空间上，漆桥村基本保持了原有的街巷空间格局和街巷尺度，只是在村落东侧边缘加建一条道路，道路走向顺应村落原有的形态和水塘的分布，与有村落自然有机融合，整体上没有破坏原有的街巷空间。伴随着街巷空间尺度和格局的改变，公共节点空间功能也发生了改变。传统的公共节点空间包括宗祠、寺庙、村口广场、桥头广场、井台，以及巷道交叉口等。宗祠和寺庙以祭祀、集会为主要功能；村口广场、桥头广场、井台以及巷道交叉口以集市贸易、休憩与交流为主要功能。如今，有的寺庙或宗祠被学校取代，原来的祭祀、集会功能消失，原有精美的木桥与石拱桥年久破败，空间吸引力减弱，加上集市贸易的消失，村口广场、桥头广场失去了休憩与交流功能。

（二）生命景观在漆桥乡土景观形成中发挥的功能

漆桥生命景观作为乡土景观形成的基础，在乡土景观表达上发挥着重要的作用。

1. 维持生态平衡，展现环境风貌

历史村镇的整体环境风貌，是经过当地的自然环境和人们的生产生活长期结合的产物，具有地域独特性。漆桥村保存完好的生态景观体现着自然环境和谐度、自然生态环境完整性、自然生态环境美感度、整体形态风貌完整性和空间形态风貌美观度，完整展现出长江三角洲地区典型村镇“小桥，流水，人家”意象，以及水稻鱼塘的田园农业景观所形成的江南水乡环境风貌。其合理利用景观生态学的理论，正确处理好村镇与周围自然环境的基质、廊道、斑块关系，以自然农田为基质，以传统历史村镇区域为斑块，以河流或道路为廊道，构建一个完整、和谐、有美感的空间环境，具有鲜明的地方性及乡土景观价值。

2. 保护建筑原真性，促进有机更新

建筑古迹因素是仅次于环境风貌的因素，其重要性不言而喻。建筑古迹的保护也是村镇保护工作一直重视的，甚至是“津津乐道”的。漆桥建筑古迹的保护，基于一个动态化的历史发展过程，能够较为客观地反映特定历史时期的特点。村镇内不同年代的建筑古迹有明显的辨识度，使人能够从建筑古迹上体会村镇的历史时空变迁。

3. 保留街巷空间，延续历史肌理

历史村镇的街巷空间是反映其时空变迁的重要线索，街巷空间蕴含着丰富的空间含义。它将村镇生长链接点有机串联起来，形成一个蕴含时空信息的线性空间，不同功能的线性空间相互组合，构成了一个具有辨识度的面域空间。因此，保护应从街巷主要生长节点、骨架、空间尺度和功能四个方面入手，遵循村镇发展的“由点到线，由线及面”的规律。

漆桥村保护主要街巷或河道的连通性，控制街巷宽度与两侧建筑高度的比例，形成围合感好、压抑感弱的宜人空间尺度。保护街巷系统构成的骨架网络，使原来形成的“鱼骨状”形态得以完整的保护，增加村镇形态的辨别度。控制沿街立面建筑风格色彩的连续性，避免现代化建筑分割。在保护村镇原有的街巷空间肌理，并促进新、老镇区在空间上的有机衔接，意象上的连续传承，使新镇区既能与老镇区便利联系，又不会对传统老镇区的街巷空间肌理造成侵入性破坏，从而形成良好、可持续的村镇空间生长系统。

（三）漆桥“生态”景观之特色

漆桥村三面环水，水域成了村落内部的人文空间与外部的自然空间天然分界线，构成了“农田村落水农田”的东西对称的自然空间，水桥相依，水田一体，达到了自然环境与人文环境的和谐，形成了与江南水乡不同韵味的“水村”。村落结合老街商业业态展开，作为主发展轴线，以垂直于老街的小巷为次要发展轴线构成的“蜈蛇状”平面形态仍清晰可见，景观风貌保存较好。但在空间肌理内部，在南北出入口及街巷交叉口区域，外力作用较大，新的肌理以拼贴式镶嵌在原有肌理中，在一定程度上打破了原有的空间秩序，但可通过合理有效的保护控制，使新旧肌理产生有机融合。

（四）漆桥“生态”景观可持续利用建议

1. 动态跟踪保护原生建筑，发挥历史文化价值

历史悠久的漆桥古村落的一街一木、一砖一瓦都保留着历史的痕迹，

漆桥村的古街巷、古井、古木、水系、码头都是村落的原真组成部分，各种碑刻石记都记载着这个村落的历史文化。[①] 对漆桥村老建筑的保护应该秉持动态保护原则，不能仅仅局限于某一时期。在进行有效普查后，需按当时的风格进行合理的修复，使漆桥建筑古迹在保存的同时具备较明显的辨识度，让建筑古迹成为恢复历史记忆的符号和载体。同时，进一步梳理与建筑古迹有关的文化典故，借助非物质文化形式，在内部还原其原真属性，努力实现遗产的文化价值。

对遗存状况较好的建筑古迹，可以通过简洁处理的方式，修旧如旧，彰显其时代符号，设计真实情境体验；对现状质量较差的古建筑，必要时可重新建设。建设时将原有建筑构件装饰进行原真性还原，将古建筑的历史性和当代建造的艺术性有机融合。

2. 还原村民生活场景，避免生活遭受破坏性干扰

建筑与空间是静止的，但人的生活方式与精神意识是鲜活的。在中国快速城镇化的进程中，乡村的失落使传统乡土景观呈现出边缘化的倾向。以静态保护为特征的“博物馆式”形式，对漆桥村落创新利用而言是没有价值的，只有有了人们生活活动的漆桥村，才会是永久充满生机和活力的。因此在还原村景同时，还要艺术地去保留原生的生活方式，延续远古流传的生活意象。

漆桥村的保护，在修复重建物质景观的同时，更要关注非物质性景观的合理建构。妥善对待当地村民的传统生活样式和民间技艺，对特色民间饮食、艺术、工艺等，需要通过文字、影像、录音等形式记录保存下来，并且借助现代的展陈方法进行艺术展示；可以将村落技艺作为主题性素材，通过活动、节事等形式进行传播推广，扩大漆桥民间技艺的影响力及综合价值，使其代代传承。社区参与是乡村旅游业可持续发展的动力机制之一[②]，然而，社区居民参与意愿不明、参与受限，使得乡村旅游发展难

① 左宜鑫、刘玲、李歌：《生态博物馆视角下漆桥村整体保护探究》，《南方农业》2017 年第 11 卷第 2 期。

② 杜宗斌、苏勤：《乡村旅游的社区参与、居民旅游影响感知与社区归属感的关系研究——以浙江安吉乡村旅游地为例》，《旅游学刊》2011 年第 1 期。

以取得长足进步[①]。在未来漆桥旅游建设中，必须对原住民的利益进行规范保障，充分尊重原住民对乡村家园的情感关切。依托古村文化遗产，创新繁荣文化表现形式，使历史古村落持续保持对当地居民的强大吸引力，强化当地居民的归属感及荣誉感，主动积极地加入传统村落保护及生态旅游更新的进程中。

3. 宣贯保护知识，减少人为性破坏

漆桥古村的保护不是当地政府的单方面行为。具体开展保护工作时，一方面积极发动原住民，让村民主动参与保护与监督；另一方面可以采用合理的招商引资，广开渠道，通过集资、联营、众筹等多种商业形式，弥补政府资金不足的困境。对传统古建筑的修缮恢复需要进行先期的规划设计，在建设过程中以不损坏原住民的利益为前提，同时要宣传贯彻保护思想，传播合理保护的科学方法，使村民将对古村落的保护意识，切实转化为有效的保护行为。

宣传贯彻保护活动应因地制宜，具体开展工作时，应综合考虑受宣贯居民的文化素养、知识储备、接受水平等，尽量采用简便通俗的方式进行。比如，可以采取口头叙述的形式，叙述人可以是当地有名望的老人或党员干部，叙述内容可以以某段特定历史、事迹为主，也可以通过定期举办同桥文化、孔子儒家文化等有关的主题活动，强化当地居民及游客对漆桥传统文化的认同感，自觉增强保护意识。

4. 建立健全保护法令，构建合理测评体系

我国村落历史文化景观保护长期依赖“人治”而非“法治”，虽然部分地区已经明确了法律标准及要求，但是贯彻实施总是遇到难题；同时，由于资金、政策、配套等一系列综合保障系统尚不完善，导致古村落保护工作的开展不甚理想。一方面，在漆桥村整体生态景观优化提升过程中，需要依法依规开展各项工作，同时在执法过程，以及规划保护实施工作中，必须引入人民监督，确保法律实施的公正性；另一方面，要研究开发一套适合于漆桥历史文化村镇保护的标准测评体系，并且在实践中应用检

① 仇志敏、沈苏彦：《社区居民参与乡村旅游的意愿及其影响因素研究——以南京六合恋山草原为例》，《南京晓庄学院学报》2016 年第 4 期。

验。漆桥村乡村生态景观的类型多种多样，生态景观要素在整体布局中的比重各有不同，因此，评价因子的选择及权重也应有所差别。同时，在参照评价体系及标准进行优化建设时，应密切关注实施进程及效果，根据预期效果和现实实施的差距，动态化调整指标体系，以期达到理想的优化目标。

漆桥之“生命”

一　人类学之“生命”景观

（一）个体生命景观

生命维系着人类自身的繁衍，历来受到人们的普遍关注。生命因生育而延传，素来有人认为，中国传统文化是“孝的文化”，生儿育女、传宗接代被视为最大的孝。人的一生必须经过几个成长阶段，如诞生、成人、结婚、生育、死亡等，自古以来在这些成长阶段中都用特定的仪式区分，由此获得社会的承认和评价，这特定的仪式就是礼仪。礼仪纷繁复杂又多彩多姿，每一种礼仪都伴随着仪式和不成文的规定。礼仪伴随着整个生命过程，而且超越了这一过程，前后推移形成延续体系，成为群体共同认可的信仰习俗。

（二）生存空间景观

家庭是最基本的社会组织单元，也是个体生存空间的基础。传统家庭结构一般有核心家庭、扩展家庭、主干家庭、扩大家庭组成，核心家庭由一对父母和一对未成年子女组成，扩大家庭则由一对父母和多对成年子女组成，子孙满堂是长辈的梦想，也是对扩大家庭的生动描述。由同宗同姓同地域的家族结成的群体即为宗族，村落是宗族生存的社会空间。

二　漆桥之“生命”景观

（一）宗族景观

1. 空间

漆桥，村以桥名，镇以桥名。相传西汉丞相平当避祸王莽之乱，隐居于此，曾构桥于河上，施以朱漆，遂有漆桥。村中居民90%为孔姓，孔姓是第一大姓。在高淳23000多孔子后裔中，有8000人在漆桥。漆桥镇160个姓氏中孔氏占据人口1/3。据孔氏家谱记载，漆桥孔氏源于孔子第54世孙孔文昱，宋末元初时迁居于此，繁衍至今。漆桥孔姓辈分最高为72世“宪”字辈，最低为81世“钦”字辈。辈分排行：宪、庆、繁、祥、令、德、维、垂、佑、钦。

漆桥村亦称“南陵关”，此处因水运商贸流通需要形成水运码头，又因商品货物交换量日益增长人口繁衍，人居空间逐渐沿河道自然延伸拓展而形成村落。明嘉靖时期，该村作为南陵关所在，水路近接固城湖，远达安徽广德、郎溪等地，发展为高淳西南的重要经济中心，影响延续至今。

2. 物件

（1）江南孔氏堂

江南孔氏堂位于老街260号民居，三开间两进式的清代民居建筑，现为高淳县文物保护单位。漆桥孔氏堂是记录漆桥孔氏繁衍变迁的重要纪念场所，堂内奉有孔子像，两侧有楹联，概述孔子文章道德：

万世文章祖，历代帝王师。

堂内陈展内容丰富，既有漆桥历史介绍、漆桥民居建筑风格解析，又有孔氏家族相关的辈分说明以及孔氏祖训等。江南孔氏堂对漆桥孔氏繁衍情况进行了详细介绍，梳理了漆桥孔氏与曲阜孔氏间的血缘关联。堂中还抄录了不少历史上的孔氏名人事迹，除开基祖孔文昱外，另有明代成化年间人孔宏章等的事迹，都一直被后代传颂。孔宏章为当地首富，乐善好施，大兴善举，如捐办县学、出资建造明伦堂、铺桥修路，遇灾害之年，捐粮、芝麻、绿豆3000石等，朝廷念其有功，特下旨旌表，敕赐七品散官，孔氏后人一直保留当年的圣旨，直至中华民国时期。

江南孔氏堂在村落文化保护中具有重要地位，它既承担着记录村落发展历史的博物馆职能，又承担着保存家族历史并祭祀先祖的宗祠功能。在未来的村落规划和旅游规划中，江南孔氏堂将成为村落举办祭孔仪式的主要场所之一。

（2）至圣家庙旧址

传统时代的宗祠，除祭祀之外，还是处理族中重大事务和族人纠纷的场所，多由族长主持，约集众人，按族规家法进行处置，因而宗祠也就成为行使族权的场所，具有宣扬教化伦理、凝聚约束族人的重要功能。旧时孔氏宗祠在主街中部，今为金元宝餐饮店，改造前是村里的供销商店，对面是村中老年协会。由于此处面积较大且较为开阔，现成为村中老年人聚会的场所。据老人们回忆，当年宗祠内有72间房，每房代表一支。宗祠内原来有聚会唱戏的戏台一座。

从文献记录来看，历史上漆桥孔氏家庙历代皆有修缮。南宋孔文昱迁居漆桥后，孔文昱的五个儿子孔载贤、孔载良、孔载能、孔载正、孔载明草创家庙，定期率子孙拜谒。明代孔承琼发迹于漆桥，成为首富，再修家庙。后孔公约及子孔彦瑛，捐出宅第一座，银60两修建宗祠。之后孔承敏、孔宏璋、孔宏度、孔贞慎、孔贞忱、孔贞言、孔衍隆等相继经营祠庙。

孔氏宗祠修缮规模最大的一次是在康熙年间，时66代衍圣公孔兴燮续修《甲午小谱》后，担心流寓在外各支，遂派人四处寻查，孔衍孟受托来到江南。康熙六年，孔衍孟至漆桥，感叹人口繁盛已逾5000，可惜祠堂太简陋，于是召集族人商议修建。漆桥孔氏的家长孔衍珂、孔衍矿、孔衍俨、孔衍世、孔衍腹、孔衍诗等分工协作，争相出钱出料，孔衍孟为总办，负责协调调度。家庙自康熙六年开工，三年建成，经孔衍旭、孔毓鳞继修，更显宏伟。康熙二十年，监察御史孔衍樾赴任广东，途经南京，特地绕道漆桥，见家庙主殿、启圣殿、崇礼堂、小宗祠及门屏廊庑、斋厨库厩无不具备，不禁感叹："向之所称亚于阙里者，特其子姓尔，今观其庙貌，率亦称是洵乎，流寓诸支未有盛于漆桥者也。"康熙四十年，家庙遭风雨侵蚀，剥落严重，孔兴楷、孔毓仪主持重修，历经一年初具形制，次年，孔毓仪中进士，衣锦还乡后续修家庙，直至完工。后乾隆十七年、咸丰十一年又有修葺，建大成殿，光绪年间增建戏楼。1942年，宗祠毁于战火；1949年后改建为漆桥小学。

经历了时代变迁，尤其是“文化大革命”时期批孔运动的影响，家庙虽已不在，但今原址中仅存的一间老屋内仍供奉有孔子牌位和开基祖文昱公的牌位。文昱公牌位两侧有楹联一副：

横批：生家鲁东　上联：尼山发脉游山系　下联：漆水流同泗水香

相比于江南孔氏堂，村中的老人们更愿意坐在这里谈论村落的历史和孔氏的变迁。屋角存有大型石条石磨等农业工具，据受访者 K 老人回忆说，过去孔庙有主屋、灶屋，厨房在最后面，小学搬走后，这里也做过很多年的晒场。现在老年人还是喜欢来这里聚会，岁月或许改变了建筑的外观，却并未消亡这片土地上所承载的历史记忆。

3. 礼仪

（1）宗族祭祖

祭拜孔子始于汉朝，此后经历代承袭，至明清时规模达到巅峰，成为“国之大典”。帝制消亡后，走过 2000 多年风雨的祭孔礼仪，在战事涤荡和政治变幻中几经变革。近百年来，中国社会的剧烈变化使孔氏家族的祭祀内容也发生巨变，漆桥祭孔礼仪的主要内容已随时代变迁而湮灭。

现存孔氏族谱中详述了当年宗族祭祀的相关情况，孔氏宗祠布局图、孔氏宗规以及祭祀、祭品等皆有记录。宗规规定了义子承祧者、赘婿奉祀者、再醮带来子、流入僧道者、混入优隶者、干犯名义者六类人不准入谱。而祭祖的供品包括香烛、酒、羊、豕、帛、鹿脯、栗、榛、菱、芡等，记载十分翔实。从宗谱记述内容来看，家族祭祀有着严格的等级要求。

宗族祭祖每年举行春秋两祭。遇有子孙科举，或晋升官爵，或受朝廷的恩荣赏赐，也可开祠堂特祭。在祠祭日的前夕，有关执事人员应清扫宗祠，布置祠内的享堂，并按照本族的祭规准备好各色祭品。祭品不应过奢，但也不得数量不足，或质量稍次。大祭前执事的子孙应先练习祭仪，“务令骏奔娴熟，赞唱清朗”，不得在祭祀时弄出差错。有明确的分工：有主祭人、分祭人、司赞、司祝、司爵、司筵、纠仪等执事人员，分别负责主持、司仪、读祝词、管祭品、祭器、纠察纪律等。在祠祭日，合族成年男子都应与祭。即便散居到数十里、数百里以外，每年或每两三年也须与祭一次。祭日清晨，族众务必风雨毕集，不得迟到。与祭者必须身着礼服，衣冠整肃，不得蓬头赤足，或身着短衣小帽。同时，不少宗族除禁止妇女入祠与祭外，还禁止孩童与祭。这是唯恐小孩不懂事，会吵闹、捣乱，破坏祭祀的肃穆气氛。祭祀开始后，族众应依照辈分来列队，不得先后羼越。在按祭规行礼时，不得草草敷衍，也不得乱言、戏谑、喧哗。祭祖的原则是“必丰、必洁、必诚、必敬”。其中最根本的是“敬”，就是对冥冥之中的祖先心存敬畏，虔诚信奉，“事死如事生”。祭祀祖先最主要的礼仪是“三牲、三献”与“尸祝”。“三牲”是指牛、羊、猪三种供品，也称“太牢”，古代只有帝王、圣贤才能享用。二品以上官员可用猪羊各一只，五品以上用羊一只，五品以下人家，只用猪一只。猪羊供品，统称“少牢”。三献是“初献、亚献、终献”三道上供程序。“尸祝”，是指代替死者受祭象征死者的人，称为“尸”，对“尸”致祝辞和为鬼神传话的人为“尸祝”。“尸”一般由臣下或晚辈充任，后世改为用神主、画像来代替。

祭祖的大致程序是：①主祭人向祖宗神位行礼；②族长离开享堂，迎接牺牲供品；③初献，在供桌上摆放筷子、匙勺、盏碟；④宣读祝辞；⑤焚烧明器纸帛；⑥奏乐；⑦族人拜祖；⑧二献，上羹饭、肉；⑨三献，上饼饵菜蔬、果品；在初献、二献、三献之间，都有上香、礼拜等仪式；⑩撤走供品；⑪族人会餐（古人称“享胙”），分发供品（也称“散胙”）。在实际祭祖程序中，三牲、供品、祭器的摆放都是事先陈设整齐，届时由主祭人带领族人跪拜、致辞，程序上大为减化。祭祖的经费开支，一般从族田、族产的公共收益中支出，若有不足部分，则由族人捐助或摊派。

这种等级尊卑的严苛性，在时人记忆中仍留有深刻印记。访谈中，K姓老人回忆说：“祖辈们提过，当年的宗祠很大，有72间房，分别代表周围72个姓孔村落，每个村落都会把自己祖先的牌位放在宗祠内。各房的名称有承德堂、义经堂等。”据说，过去有人违背了族规，就会到义经堂挨板子。有犯奸淫罪的女子，则会遭到沉湖的惩罚，用竹子绑于船上，随风浪沉入水中溺亡。

在城镇化变迁的大背景下，漆桥的祭孔活动或许会复兴，但一定是现代语境下的传统复苏。改革开放后的浙江，在南孔祭典上改变了诸多传统意识，穿现代人的服装，行现代人的礼仪，改“献三牲”为“献五谷”，改乐舞为朗诵《论语》章句。主张“今礼祭孔”和“百姓祭孔”为特色的南孔祭典，2011 年被正式列入中国第三批国家级非物质文化遗产名录。这也意味着祭孔从来都不是一成不变的，应当富有时代的气息和特色，漆桥的祭孔仪式也必定会因循时代发展的轨迹。

（2）家庭祭祖

另一种祭孔礼仪则是一直延续将孔子作为圣人崇拜的民间祭祀礼仪。在漆桥，家庭祭祖中孔子兼有先祖与先圣两种身份。漆桥民居中厅堂的中央常悬有两幅挂像，左边为孔子像，右边为毛主席像，中堂的供桌上常年摆放有贡品和香烛。进香不是宗族祭祀，而是自发的个人祭祀行为，孔子被誉为文圣，施掌地方文运，其形象早已超越姓氏，成为众人敬仰的圣人。尽管家族祭祀近几十年来也发生了很多变化，但不少人还是会在家中悬挂孔子像，老人们习惯将后辈上学所得的奖状、证书张贴于孔子像旁一侧的墙壁上，既是告慰先祖，又有沾染文运之意。家庭祭孔不仅是祖先祭祀，更是文圣崇拜行为。

4. 规约

（1）人与自然

古村选址于漆桥河畔，三面环水，南距游子山不过数十里。面山环水的地理环境被当地人称为“半山半水”。村内主要街道——漆桥老街南北纵向长达 500 余米，地面以青石铺设，两侧多为民居古建，街道布局弧而不直，南北贯纵，蜿蜒曲折，主街曲折如蜈蚣状，支巷接连主街东西延展，这种自然弯曲的移步换景式布局，主次分明，受“直不储财”风水观念的影响。汉人的风水观认为，聚落布局以藏风聚气为先，若一地既不得水，也不藏风，容易风吹水劫，气场散荡无收。“藏风聚气，得水为上”的风水环境，为孔氏繁衍生息提供了理想的景观空间场所。村落的设计者究竟为何人，距今已无考，但孔氏族人至迟在南宋时期已迁居于此，安土重迁的农耕传统决定了孔氏族人必定在村落建设中不遗余力。

不过，村中老人谈及村落设计时，更愿意将村落初创的功劳归功于汉代的平当丞相。据《民国高淳县志》记载，平当为西汉末年丞相，因避祸王莽之乱，不愿归附新朝，举家徙居于此。平当的事迹在《民国高淳县志》中留有记载，书面记载与口头传承的内容基本一致。但受访者中一位孔姓祥字辈的老人，多次强调村落建设的明代特征。他说："平丞相明朝初年来这里，当时对村落进行了设计，按照规定，所有的沿街店铺不得超过一丈，后来有个铁匠找了理由将房子盖到一丈一，再后来房子越来越高，有的都达到了一丈八，当年的规定不管用了。"从现有文献来看，明清时期民间祠庙的高度大约在一丈八，宗族祠堂也应限制在这一高度，限定普通民居的高度不超过一丈，目的是强调宗族祠堂在整个村落建筑中的核心引领地位。除祠堂外，另一处体现宗族特征的公共建筑建于村北村口处，据当地 K 老人回忆，"今南陵关所在地，原有孝子牌坊一座，清代时村上出过一位进士，为报母亲养育之恩，立有孝子牌坊一座，民国时期因改建银行而拆除"。

主街是族群公共空间的核心，旧时村口处的节孝牌坊、村中的宗族祠堂、村尾的保平古井，沿着主街间隔有序分布，无一不在强调着以孝为先、聚族齐心、饮水思源的孔氏宗族核心价值观念。

（2）人与人

溱桥村中孔姓居民占 90% 左右。据访谈者 K 老人介绍，过去 72 个孔姓村落都分布周边，溱桥是孔姓的中心。除孔姓外，村中及周边仍有诸姓、丁姓、曹姓、张姓、朱姓、黄姓等姓氏。高淳一地古老姓氏众多，作为古都南京重要的附郭之地，高淳历史上接纳过无数巨家大族。孔氏文昱公一支于南宋末年迁居于此的时候，高淳已是人烟辐辏之地。孔氏虽为后居者，但能在此繁衍生息至今，与"谦让有度"的族群关系处理原则不无关系。

最早与孔氏发生族群关系的是当地的诸氏，民间故事《孔文娶妻赚山居》记载：

游子山北部有个村庄叫者（za）家桥，这里有个姓诸的员外，号称者百万。一天，孔文昱流落至此，虽衣衫褴褛，但难掩清秀眉目。者百万听闻他颠沛流离的身世后，觉得十分可怜，顿生怜意将其留下，让他在家中做长工。

孔文昱到了者百万家，十分勤快。一天，他帮者百万洗脚，者百万说："你要小心，我脚底长了一根红毛，算命先生说我的百万家私都因它而起。"孔文昱不以为然，说："这有什么，我两只脚底各有一撮呢。"者百万一看，果真如此，觉得孔文昱将来是定要富贵的，就把女儿许配给他。结婚后，者百万给了小夫妻一座小山，两人就在山上搭了三间屋子。

一天晚上，孔文昱梦见土地公公对土地婆婆说："我们可以走了，姓孔的来帮我们看山了。"土地婆婆说："山又没有送给姓孔的，我们不用走。"孔文昱醒后，想到丈人一旦去世，两个舅子一定会来要山，于是，他和妻子就向岳父要了这座山，并立了字据。

者百万死后，他的两个儿子请风水先生看墓地，风水先生说葬村前的小山，后人可以做官；葬村后的小山，后代子孙多。兄弟俩一商量，要多子多孙，便说要后山，可后山者百万已经给了孔文昱一家，并且立了字据。于是，孔文昱叮嘱儿子，在他百年以后，把他埋在后山上。自此，孔氏繁衍生生不息。

民间故事中的很多情节或许有艺术创作的内容，但基本情节中的关键要素却往往是历史记忆的承接点。作为外来的孔氏，最初或许正是通过联姻的方式扎根于此。直至今日，在村落的管理上，孔氏与诸氏仍保存着密切的合作关系。村落的三级网格管理，即主要负责村落的水、电、网络管理，管理名单中，共有孔姓者5人，诸姓者1人。

"和睦相处"是孔氏的相处之道。随着人口增长，原有居住空间显得逼仄而必须扩展，在这一过程中，孔氏与其他族群间的交往冲突关系更不可避免。访谈者K先生讲述了另一段与族群相处的典故：

漆桥村附近有个叫曹村的地方，村里住的都是姓孔的。当年这地方本来住的是曹姓，孔家的老爷很大度，经常在过年的时候，给曹家的小孩压岁钱，从来都是一视同仁，曹家、孔家没有区别。后来曹家的老人们过意不去了，主动提出来搬到其他地方去住，把这村子让给孔家。所以这村子里面住的都是姓孔的。姓孔的人多——附近有72个村都姓孔，但很少有叫孔村的。

曹村的变迁或许只是孔氏繁衍生息过程中的一个缩影。宗族在繁衍生息中面临矛盾时，诉诸武力固然是解决方式之一，睦族和谐的相处方式亦是重要的解决途径。查阅方志，孔氏宗族虽然人口众多，却很少有与其他宗族发生武力械斗的记载，或许很多矛盾正是借助经济补偿的方式一一排解。当然，并非所有的族群关系都是和谐的。在城镇化的进程中，在村落拆迁与保护的过程中，在房屋置换和房产重新分配等利益面前，孔氏作为漆桥姓氏的代表，也与其他姓氏之间产生过隔阂。

（3）人与祖先

汉人的先祖崇拜中除祭祀礼仪外，族谱修纂亦是追思先人、实现血缘认同的重要纽带。漆桥孔氏族谱共有三部，分别是光绪丙子年的《江南高淳漆桥孔氏宗谱》谱头、中华民国三十二年的《江南高淳漆桥信四公房正八公支孔氏宗谱》和2009年新修的宗谱。前两套年代久远的宗谱已经发黄残破，但是仍能辨清字迹，现收藏于高淳博物馆内。前漆桥小学校长孔德潮，为孔姓德字辈后人，一生致力于族谱编撰，家中也收藏有光绪丙子年族谱和中华民国三十二年族谱。族谱中详细记录了孔氏自43世离开曲阜后辗转迁徙至高淳的情况，以及高淳孔氏后人的生辰年月、娶妻生子情况等。

高淳孔氏属孔氏平阳二支，是从浙江温州平阳迁来的。南朝宋元嘉十九年，朝廷下令免除靠近孔林五户百姓的徭役，让他们负责打扫孔林的卫生，代代世袭。这五户人家本都不姓孔，按着当时仆随主姓的习俗而改姓孔，其中有一户名孔景。后梁乾化三年，孔景的后裔孔末眼见天下大乱，时局动荡，萌生了谋逆野心，伙同暴徒杀害生活在曲阜的阙里孔氏。孔子42世嫡长孙孔光嗣，夺其家产，取代其位，俨然以孔子嫡裔自居。遭此劫难，当时的42世孙孔桧与堂兄弟二人南逃避难，行至开封，不幸走散。孔桧孤身一人，南奔过江，以教书为业，后定居于浙江温州平阳县，实为平阳派始祖。现高淳的孔氏后人就是孔桧第二个儿子的后代，所以称为平阳派二支。

据清嘉庆十年修订的《孔氏宗谱》阙里谱系序记载，平阳二支繁衍至53世，有孙名孔潼孙。潼孙有四个儿子，长子孔文昇、二子孔文昦、三子孔文得、四子孔文昱。孔潼孙在宋德祐元年，赴南京任教，1291年，孔潼孙从北京折返南京，客死临清，大儿子孔文昇扶灵南归。后孔文昇娶溧阳籍妻子，举家迁至溧阳。四弟孔文昱，则迁至溧水游山乡，住在游山脚下的砚华宕。

高淳县孔子文化协会秘书长孔祥毅认为，家谱记载与康熙《高淳县志》记载一致，漆桥孔氏传承脉络清晰。据方志记载："元，孔文昱，至圣五十四世孙，宋德祐末兵阻建康，兄文昇卜居溧阳福贤乡。昱居溧水游山乡（今天的高淳）。"中华民国七年的《高淳县志》和曲阜孔令朋所著的《孔裔谈孔》说法与之一致。

晚清至中华民国时期是高淳孔氏族谱的大规模修纂的重要时期，诸多口耳相传的家族记忆通过文字编纂得以传承。2009年完成的《孔子世家谱》为孔氏家族总谱，记录在案的孔子后裔代数延续至83代，约有200万人，高淳入谱的人数达17429，漆桥孔氏成为江南孔氏中人口最多的一支。支谱入总谱，将支系与主系的血缘联系重新构建，耗费了前漆桥小学校长孔德潮数十年的心血。

修谱是家族血缘认同强化或重构的重要途径，但修谱的过程却复杂而漫长。募集资金全凭自愿，各家5块、10块不等，关键还得有一些有钱老板的赞助。改革开放以来，乡村社会结构发生巨大变化，先祖观念、家族观念渐趋弱化，取名很多已不按辈分。在独生子女一代中，女子仍是不入家谱，带来诸多修谱矛盾。据说不少"宪"字辈的老人已经去世了，没能在族谱留名，给后续修谱带来诸多困难。

（4）祖训家规

祖训家训是维系宗族的重要伦理规范，是实现家族认同的重要伦理工具，是家族价值观念传承的文本基础，祖训的内容往往具有指导性和普世性。孔氏族人历来重视族规家训的制定与实施，而且族规家训中包含的内容十分丰富。孔氏家族的族规族训，是为了维护家族内部的正常秩序，约束族人的思想和行为，使之维持在常规之内。族人凡有违犯族规家训者，会受到家法的相应制裁、官府的惩处，严重者甚至被家谱除名。衍圣公府作为全族的大宗主，颁布纲领性的族规《孔氏祖训箴规》，具有指导作用，各地族人必须共同遵循。祖训箴规共分十条：

一、春秋祭祀，各随土宜。必丰必洁，必诚必敬。此报本追远之道，子孙所当知者。

二、谱牒之设，正所以联同支而亲本。各宜父慈、子孝、兄友、弟恭，雍睦一堂，方不愧为圣裔。

三、崇儒重道，好礼尚德，孔氏素为佩服。为子孙者，勿嗜利忘义、出入衙门，有亏先德。

四、孔氏子孙徙寓各州县，朝廷追念圣裔，优免差役，其正供国课，只凭族长催征，皇恩深为浩大。宜各踊跃输将，照限完纳，勿误有司奏销之期。

五、谱牒家规，正所以别外孔而亲一体。子孙勿得互相誊换，以混来历宗枝。

六、婚姻嫁娶，理伦守重。子孙间有不幸再婚再嫁，必慎必戒。

七、子孙出仕者，凡遇民间词讼，所犯自有虚实，务从理断而哀矜勿喜，庶不愧为良吏。

八、圣裔设立族长，给与衣项，原以总理圣谱，约束族人，务要克己奉公，庶足以为族望。

九、孔氏嗣孙，男不得为奴，女不得为婢，凡有职官员不可擅辱。如遇大事，中奉朝廷，小事仍请本家族长责究。

十、祖训家规，朝夕教训子孙，务要读书明理，显亲扬名，勿得入于流俗，甘为下人。

流寓各地的族人，可根据大宗主所立的训规精神，结合各所流寓地及本支族人的具体情况，自订家规。漆桥孔氏家训在训规基础上，结合自身需要和高淳地域文化特征，在伦理道德和行为约束上主要有以下特点：

敦孝悌：人为万物之灵，孝为百行之首。孝悌为仁之本，仁者人也，有失此，非人也。

崇节俭：勤俭生富贵，骄奢致贫穷。要求富裕之家日常生活淡泊，谨身节用。

戒争讼：忍一日之气，免百日之忧。待人宽一分是福，好讼之徒破产倾家，意欲讼人适以自毙，切不可漫无持忍之心，以小愤而越告于公庭。

禁赌博：赌博一事费心力，伤财命，荒正业，为下流事之一。发展到一定程度为奸盗之徒，百害无一利，应痛绝此歪风。

择婚嫁：劝其族人，世俗婚嫁，毋多攀缘势利，选对方财多而非古道，对娶媳嫁女，应选耕读之家，忠厚之族。

教子孙：生子不教，不能裕后，何以光前。令其子弟知尊卑、上下之仪，人伦礼节之事，不可一日不教。

宗法族规是传统时代的产物，其中难免存有不少糟粕和钳制禁锢思想的内容。现代社会中宗法族规虽已不存，但其中敬长老、孝父母、尊师长、崇俭朴、戒骄奢、禁赌博等教化内容仍有其存在的合理性，并对新型乡规村约的构建具有一定的借鉴意义。

（二）宗教景观

民间宗教是活跃于民间的一种非正统性宗教，它是底层百姓行为习俗延续流传下来的一种迷信、半迷信的宗教信仰。祠庙是民间宗教延续传播的重要场所，祠庙的祠神塑像、神灵牌位、建筑风格皆体现了民间宗教的信仰特征。漆桥的民间宗教兼有儒、释、道“三教合一”的信仰特征，其中江南“正一道”的道教传统，对高淳民间宗教的影响较大，且影响延续至今。

1. 祠庙

（1）土地庙

土地庙又称社庙，社，地主也。初指土地神，亦指祭祀土地神的场所。漆桥土地庙位于村口，三开间式仿古建筑，内奉有土地公公、土地婆婆一对，两侧有楹联：

土能生百福福寿安康，地可纳千祥祥辉普照。

入内又有联一对，与土地神执掌息息相关：

保四时风调雨顺，护一方国泰民安。

（2）平丞相府

平丞相府旧址在今古街446号民居，为三开间穿斗式民居建筑，现为高淳县文物保护单位。民居现仍有居民居住，后侧有平家池。平丞相府有通往漆桥河的小路，路口有小墙门一座，门上楹联一对，概述平丞相事迹：

小桥恋旧汉相地，墙门翻新圣裔居。

平丞相庙位于古村外围的荷花荡中，是祭祀西汉末年避难于此的平当丞相的场所，庙前小广场上立有平当丞相石像一座，石像下有碑记《平丞相传记》。平丞相庙旁有观音庙一座，庙内楹联一对记录社庙的变迁经历：

神临新府司新禧，圣德吉坛降吉祥。

平丞相庙主殿又称“圣恩殿”，由漆桥村老年协会2006年规划和筹备，并挑选人士组成建殿六人小组实施，工程于丙戌年八月二十六日破土动工，历时三个月全部竣工，修造情况与筹款情况有殿前刻石为记：

功德碑

孔维森：现金壹万六千元。

孔锁福：古式香炉一鼎，价值玖仟元，现金三百元。

孔祥志：古式满堂红一座，价值玖仟捌，现金壹仟元。

孔启顺：石狮一对，价值叁仟伍佰元。

孔华头：大花瓶一对，价值壹千捌佰元、现金陆佰元。

宾客：马孝才贰仟元、湖滨公司壹仟元、刘柱俊捌佰元、孔建胜陆佰元、孔来木陆佰元、孔火保陆佰元、诸长凤贰佰元、赵建民贰佰元、张开宝贰佰元、曹宏壹佰元、夏维铠伍拾元、观音会肆佰捌、二郎庙会玖佰元。

漆桥村委贰仟捌，以下名单：孔长云、孔大兵、孔新正、孔德富、孔祥华、宋四头、诸笃定、孔取金、孔德元、孔怀亮、邢杏美、孔红美。

一排组长会计六人，壹仟元

二排组长六人，壹仟元

三排组长六人，壹仟元

一排信士 68 户，壹千肆佰肆拾捌

二排信士 145 户，贰仟贰佰捌

三排信士 86 户，壹千捌佰捌拾捌

陈华头花炮价值，贰佰伍

孔小头花炮价值，壹佰伍

二〇〇六年十二月立

从功德碑上所录人名来看，以孔氏后裔为主，老一辈的名字中尚能见到排行，年轻一辈的取名则比较随意。捐资数额多寡不一，数百元至数千元不等。不过，圣恩殿内的主奉之神并不是平丞相，主奉神像共有四尊，分别是祠山二帝、二郎神君、万岁、关圣帝君，祠山位居中央，是主祭之神。神像的供奉非常具有高淳地方特色，多是以出庙会时“舁神”所用的魁头供奉，魁头上的神仙共有三十三尊，呈阶梯状排列，主神位于最上一层，神像四周以金叶环绕装饰，金碧辉煌又不乏神圣与神秘。

（3）妈祖庙

妈祖庙位于主街东侧的娘娘巷内，内奉妈祖塑像一尊。妈祖，原名林默，福建莆田人，因护国庇民、息风护航有功，被民间圣化为神，康熙十九年敕封为天妃；康熙二十三年封为天后。妈祖信仰是流传于中国沿海地区的汉族民间信仰，这一信仰肇于宋、成于元、兴于明、盛于清、繁荣于近现代，历史上宋代出使高丽、元代海运漕运、明代郑和下西洋、清代复台定台等重大历史事件，都客观上推动和促进了妈祖信仰的传播。妈祖为息风护航的海神，船舶启航前要先祭妈祖，祈求保佑顺风和安全，并在船舶上立妈祖神位供奉。

漆桥并不临海，妈祖信仰流传至此，究其原因可能是妈祖信仰沿福建商人的行商路径传播。漆桥旧名“南陵关”，为南北商贾汇聚之地，福建商人的足迹很可能沿水路散播至此。妈祖信仰传至漆桥，当地人又称之为“痧花老太”“庚申娘娘”，也被尊为“生育之神”。

（4）游子山真武庙文圣殿

游子山虽不在漆桥村域范围内，却与漆桥文化关联性极强。游子山旧名绵山、苍山，据《景定建康志》记载，相传孔子曾游历于此，登山顶极目远眺，见田原荒芜满目疮痍，顿生游子思归之情。后人为纪念孔子，将山改名为游子山。山顶真武庙的主殿为文圣殿，殿内主奉孔子。廊庑下有匾额“化成悠久”“生民未有”“与天地三”及楹联一对：

删述六经垂宪万世，德伴天地道冠古今。

概述孔子一生的文章道德，殿内孔子塑像一尊，两侧为十二弟子塑像。楹联一副，彰表孔子文圣地位：

觉世牖民诗书易象春秋永垂道法，出类拔萃河海泰山麟凤莫喻圣人。

游子山上的文圣崇拜早已超越了家族血缘的限制，成为具有普世影响的圣人崇拜，也成为地方文脉延续的重要象征。

2. 仪式

（1）出菩萨

庙会，俗称出菩萨，因高淳民间信仰的内容十分丰富，城隍、土地、关帝、祠山皆可称为菩萨。每逢诸神生辰之日，即为迎神赛会之期，称“出菩萨”。是日，抬神像巡行地界，旗锣华盖，阵势规模盛大，出会时常有地方“老年会”邀请戏班连续唱戏三天，吸引四乡群众赶往观望，街头摆摊杂耍，异常热闹。庙会时间安排多依据农历，庙会时间节律与农耕生产节律吻合，以农历三四月最为集中，俗称三月香讯。近年来，因农村外出务工者定期迁徙而带来的生活节律变化，庙会时间亦有调整，一些庙会开始参照公历与公休假期择期举行，以满足村民的信仰需求。

每年的春节是高淳庙会活动最集中的时间段，2018 年 2 月，寒风料峭，内心却抑制不住想要一睹其芳的喜悦，笔者慕名来到高淳田野观察，考察高淳跳五猖傩祭的相关仪式。

出菩萨的仪式又称为“傩祭”仪式，以抬神出巡和傩舞祭祀为基本内容。傩神以面具为标志，常见的面具神包括祠山大帝、刘猛将军、东岳大帝、杨泗菩萨、关圣帝君、二郎神、五猖神、东平王、土地神、龙王、娘娘、判官、黑白无常等。面具多以“魁头”作为背景装饰，它以密匝的金花枝叶和散立花间的众神木雕小像，烘托出一个神秘、庄重、深远、浩大的神明世界。高淳庙会有祭祀刘猛将军的“大王会”，还有东平王庙会、祠山庙会、杨泗庙会、娘娘庙会、晏公庙会、白莲庙会、城隍庙会等。

“跳五猖”作为高淳傩舞的代表，本是祠山神祭仪式中庙祭的重要内容，也是每年祠山庙祭中最重要的活动之一。“五猖神”，又称“五郎神”，其来源众说纷纭。有说“五猖”为东南西北中五方之神，他们以五行五色相区别，其中，东方青帝，主木，绿面具，着绿袍；南方赤帝，主火，红面具，着红袍；西方白帝，主金，白面具，着白袍；北方黑帝，主水，黑面具，着黑袍；中央黄帝，主土，黄面具，着黄袍。

傩舞“跳五猖”中的五猖，个个头插雉尾，肩背角旗，身披铠甲，手执片刀，就像戏剧中的武将一般。除五猖神外，“跳五猖”的角色还有土地神、道士、和尚、判官，以及十多位手执钢叉的武士。其表演主要分6个场次，即“迎神”“降神”“拜神”“步阵”“庆功”和“送神”。

第一场“迎神”。在鼓乐声中，6个武士手执钢叉杀气腾腾地快步进场。他们上下挥舞着钢叉，不时发出“嗨嗨”的吆喝声，以示驱邪开道，迎接众神的到来。第二场“降神”。锣鼓声中，武士退场，道士出场。道士引领和尚、土地公、判官，以及五猖神依次入场，各按自己的舞步起舞。第三场“拜神”。道士先出场，他左手拿着一把纸扇做遮日状，右手握一云帚，左右划摆。他按逆时针方向绕场一周，然后依次拜请中央、南、西、北、东诸神，诸神挥舞钢刀，以示应允降临。道士再小拜判官、土地神、和尚。判官舞步夸张，怪诞；土地神老态龙钟，一手拄拐杖，一手执拂尘；和尚身披袈裟，右手执扇，踏着女人般的“莲步”，乐颠颠地起舞。第四场“步阵”。五猖神等由道士引领，以舞步摆下各种阵势，如“五角阵”“满头星阵”“双龙出水阵”“天下太平阵”等，以示捉拿妖魔。第五场“庆功”。舞蹈节奏加快，众神狂舞，或跺脚挥臂，或昂首舞刀，演出达到高潮。第六场“送神”。道士、判官、土地、和尚朝着五猖神跳起欢快的朝礼舞，以示答谢。五猖神迈着大步，载誉归去。

漆桥庙会中出巡的主将为祠山大帝，所有神灵在出会中均由乡人戴木质面具装扮，其中，刘猛将军和祠山大帝等大神不仅脸戴面具，而且肩扛高大木制的“魁头”，尤显得威严而堂皇。刘猛将军的木雕面具为火红色，黑眼白框，竖眼倒眉，一副怒容威仪，教人望而生畏。祠山神则面黑如豕，与刘猛将军的红脸，对比鲜明，相映成趣，透露出他们的阳与阴、火与水、明与暗的文化象征意义。与面具相配的“魁头”，造型奇特，构成复杂，它一般用樟木制成，宽约80—100厘米，高约120—140厘米，重量在50公斤以上。扮神者戴上面具，披上神袍，再把“魁头”扛在肩上，在旗帜、仪仗、锣鼓的引导下，在村庄、田间和村外缓步巡游。

所谓“魁头”，是对面具的装饰和夸大，也是对神的脸面的烘托，具有浓重的巫傩气息。“魁头”正面略呈圆弧状，其要素由边框、金花、众神像、牌位四个部分构成，有的还另配有太极图或小镜子。“魁头”的边框有彩、素之分：彩边框，用油漆绘作飞龙祥云，以点画天界的图景；素边框，不施油彩，取木质本色，刻做枝叶状，与“金花”连成一片，作为众神凭附的背景。所谓“金花”，为密密匝匝的桃叶形花瓣，众神散立花丛中，象征神的出处与归宿。“众神像”，均为木雕，一般高约10—15厘米，着彩，有冠服，执物，神有男女、长幼，多为心慈面善的吉神，亦偶见面目狰狞的恶煞。一面“魁头”上的小神像数目，少则30余种，多则超过百种，在“金花”丛中分5—9排横列。这些小神像包括星神、仙官、神女、娘娘等民间神，以及《西游记》《封神榜》《水浒传》等小说与传说中的人物，他们构成了面具主神的神系背景，制造出繁盛、浩荡的气氛。魁头中的“牌位”，置于“众神”队列的第二排或第三排的中央，宽约6—8厘米，高约10—15厘米，上述面具的神名，一般白底红字或红底黄字，其文字有“刘猛将军之神位”“祠山大帝之神位”“牛王圣君”“二郎真君”，等等。

扮神巡游者，每年由村民在品德端正、身体强健的中青年男性中公选产生。被选中者，在出会前7天必须遵从素食洁身、不近女色的禁忌。其他擎旗者、鸣锣者、执杖者、撑伞者、举牌者、握扇者、抬舆者等，在出会前一日，也必须注意自己的饮食起居，以免使神怒。除扮神者戴面具、扛“魁头”、着神袍外，其他随神出巡的村民也有整齐的着装，他们分别穿着红、黄马甲，并扎上红、黄头巾。村民们乐于在傩祭中承担义务，所有参与异神出巡的村民都会受到自家亲友的鼓励与褒奖，亲友们往往以一条条崭新的被褥，在临时搭建的神棚前披在出会者或其妻室的肩上，以表达对参与迎神活动的嘉许。

出巡队列在村前土场上集合，然后经公路、田野进入村庄，一路上进行路祭、场祭和户祭，村民们在路头、场头、宅前放着香烛、糕点、水果等供品，等待菩萨一行前来消灾逐疫，以祈得农田丰收、人口平安。当大王行进到祠堂旁的神棚前，激昂的唢呐声、锣鼓声顿时响起，这时扮神者绕场数圈后卸下“魁头”“面具”，它们被安放在神棚中，任村民祭拜。

行进序列为：长杆牙旗，锣鼓队，巡牌，角旗队，唢呐队，刘猛将军，华盖伞，角旗队，鸾驾队，华盖伞，祠山大帝，华盖伞，龙头三太子，锣鼓队，大扇，神舆等。在出巡路上，锣鼓震响，唢呐激扬，炮铳连连，旌旗猎猎，可谓队伍浩荡，场面壮观。扮神出巡的队列归来后，参与者们在本村的祠堂内吃“公酒”，以示野祭结束，祭仪从路祭、场祭、户祭转向了庙祭。[①]

曲艺表演常伴随着出巡仪式，是娱神也是娱人的重要方式，而高淳庙会中的曲艺表演，每个村庄各有不同。东坝的大马灯，淳溪的抬龙、龙吟车，砖墙的打罗汉，阳江的打水浒，固城的十番锣鼓，椏溪、漆桥等地的小马灯等各有特色。这些特色曲艺除在本地庙会中展演外，也常受邀赴外村表演，如东坝的大马灯，常有外村庙会邀演。高淳阳腔目连戏是演给人、鬼、神共看的一种宗教戏，通常叫“太平戏”，高淳人称之为“唱秋戏”。在唱腔上，分为东路腔和西路腔两种。西路腔又被称为“南陵腔”，流传于南陵关一带，它结合高淳“高腔”，又吸收了道教音乐和宋元杂剧的戏曲声腔，自成体系。目连戏的代表曲目为《目连救母》，是宣传孝义的宗教戏剧作品，如今已显见于乡野，但戏曲中的孝道价值导向，仍在庙会戏曲中传承。

（2）晒霉

“晒霉”习俗源起于高淳人的圣山——游子山。相传，清雍正年间一个名叫杨白安的宰相，据说他上任后事业不顺很是烦恼，这年正月初他做了一个梦，梦中张天师对他说：看你一身霉气，晦气不少啊。杨急忙跪求天师相救。天师告诉他正月十五有天官下凡到江南巡视，要他到游子山顶伺候。正月十五这一天，杨白安特地骑马到高淳，登上游子山顶。晌午时一团彩云向山上飘来，空中一位天官手持拂尘在杨白安头顶一掸，并告诉他“每年正月十五都来游子山相会”，随即飘离而去。后来杨白安事事顺利，全家安康，消息传开，每逢正月十五这天，百里之外的人都来游子山“晒霉”。

“晒霉”习俗延续至今，每年元宵节游子山上人潮涌动，人数以万计。一则祈求神灵赐福；二来观仰山河风光。人们称之为“晒霉”，以祈求晒掉过去一年的晦气，获得新一年的幸福安康。

---

① 此处关于出菩萨仪式的编写，参考陶思炎教授相关研究成果，参见陶思炎《南京高淳的跳五猖与大王会》，《文化学刊》2009 年第 2 期。

（3）认同

信仰仪式是实现认同的重要手段。出会活动中的行头设计和歌舞表演，阐释了乡土社会中的审美观念与价值观念。出会行头以魁头和脸谱最具特色，以金叶饰边、列位诸神、高高立起由人扛抬的魁头，是金玉富贵的审美观念与“诸神在上不敢造次”的内敛式价值观念的有机融合。“跳五猖”的傩舞表演，展现的不仅是求财避祸的价值观念，不同颜色的脸谱面具还代表着不同的道德评价——黑脸的“祠山大帝”代表正直、勇猛，红脸的猛将代表忠勇、侠义。这种神格中体现的价值导向，对乡土社会中价值观念的传承仍然具有现实意义。

（4）传承

从信仰传承的组织基础来看，结构相对稳定的农村家庭组织，是信仰传承的重要组织基础。漆桥人口大多为离土不离乡的城镇务工者，定期返乡频率较高，与乡村生活关联密切。加之高淳等地聚族而居、多世同堂的宗族传统，更便利了老人群体在信仰传承中的独特地位。

旅游节事开发是非遗生产性传承的重要途径之一，节事大体可分为传统习俗与节庆、现代节庆两大类。节事活动开展的文化基础仍然是水乡文化，水乡农耕文化孕育出的饮食文化是开展饮食文化节事的基础，与水乡农耕文化相适宜的传统节令、习俗、艺术表演形式，是创新传统节庆和发展现代节庆的人文基础。

三　总结

漆桥“生命”景观变迁，经历了从农耕时代到工业时代的演进。宗族组织的发展与湮灭，及由此产生的族群意识与信仰习俗，构筑了漆桥生命景观的基本底色。孔姓宗族在中国传统社会中的独特地位，儒家文化安土重迁的文化传统，决定了漆桥“生命”景观具有亦农亦儒的特点；三面环水的外部水环境和河网密集的水上交通，又为漆桥生命景观增添了鲜活的商贸特色。在时代变迁中，宗族随着政治环境变化和社会经济结构变化，分裂为核心家庭、扩展家庭、主干家庭，以短距离外出务工为特征的小家庭，成为漆桥生命景观的基本单元。因聚族而居的传统和农耕环境的保持，以及水产养殖业的发达和旅游业的发展，家庭成员中本地务工频率较高，家庭结构较为完整，生命景观中亦农亦商的传统仍然延存于今，与农耕文化相映衬的信仰、仪式、价值观念延续传承。现有农耕环境的维护与保持，是漆桥“生命”景观可持续利用的根本。

漆桥之“生养”

一　人类学视角之“生养”景观

（一）人之“生养”景观

“生”，甲骨文字形㞢，上面是初生的草木，下面是地面或土壤，本义是草木从土里生长出来；也有滋长之意。“养”，供养。字形采用“食”作边旁，“羊”是声旁。生养意即生命的产生、维持、延续与供养。人之生养体系包括家庭（婚姻、生育）、生活（生存、饮食、居住、生产）、教育等。婚姻的产生和生育维系着生命的产生和子孙繁衍；人们的饮食、居住、生产活动保障了生命的维持与供养；教育则保证了中华文明和传统文化的传承。

（二）环境之“生养”景观

“一方水土养育一方人”，生命的产生、维持与延续有赖于当地的环境，所有的生养要素都是建立在特定的环境下，并与当地地理、历史、文化相融合的。当地的气候条件会影响当地人的房屋建筑和居住设计；当地的自然资源会影响当地人的饮食结构与习惯，以及当地的劳作方式与器具；当地的历史变迁又影响着当地的风土人情和民俗习惯，相互影响、相互关联，孕育了当地独特的生养景观。

二　漆桥之“生养”景观

（一）漆桥婚姻

我国古代最早定义“婚姻”这一概念的是《礼记》。《礼记·昏义》说：

"婚礼者，将合两姓之好，上以事宗庙，而下以继后世也。"这是我国古代对婚姻最初的认识，认为婚姻在更大意义上是"合两姓之好"，具有祭拜祖先和繁衍子孙后代的功能，服务于家、宗族、国家。东汉许慎在《说文解字》中也有："婚，妇家也，礼娶妇以昏时，妇人阴也，故曰婚。姻，婿家也，女之所因，故曰姻。"这种解释强调了婚礼举行的时间和"夫"的重要性，凸显了个人因素。费孝通的《生育制度》可以说是对婚姻进行了更为科学完整的解释，也是对中国的生育制度——"包括求偶，结婚，抚育"——的经典论述。费孝通认为，继嗣使得人类一代又一代地延续下去，而婚姻正是保证这种延续的一种重要的手段——生育制度是"种族绵续的保障"。婚姻是"社会为孩子们确定父母的手段"，所以，"结婚不是件私事……在达到婚姻的一番手续中常包括缔约的双方，当事人和他们的亲属，相互的权利和义务。在没有完全履行他们的义务之前，婚姻关系是不能成立的……婚姻关系也从个人间的感情的爱好扩大为各种复杂的社会联系"。

1. 当地特有的婚姻传统习俗

漆桥所在的高淳县春秋时期为吴楚交界，这里有吴韵楚风独特的文化氛围，据高淳县志记载，婚丧喜庆历来按《周礼》行事，讲究礼仪。婚嫁遵循"六礼"，即所谓纳亲（提亲）、问名（合八字）、纳吉（订婚）、纳征（拿聘金）、请期（送日子）、亲迎（迎娶新娘）六道程序。

通常男女双方相爱后，或者男方相中某家姑娘，首先需要请出媒人（介绍人）上女方家提亲、合八字，女方若有意向，则会派媒人和至亲好友上男家"相亲"，双方商定订婚、拿聘金的日期。订婚时，男方请女方媒人、至亲到场，双方议定聘金、聘礼，聘金视男方的经济条件不定。聘金、聘礼议定后，于订婚当日给女方媒人带去一部分，谓之"定聘"。余下的聘礼、聘金须在婚期确定前送到女家，成为"清担"。婚期的确定由男方提出，将初拟的迎娶日期写在红贴上，由媒人送至女家，征求女方父母的同意。女方如认为合适，就一拍即合，这叫"送日子"。新娘迎娶前一两天，男方要给女家送"四式礼"，即猪肉、鱼、鸡、蛋四样，数量都要成双，以讨吉利。

随着社会经济的发展和人民观念的改变，有些婚礼习俗也有了变化。过去互换龙凤帖的做法已不多见，聘礼也由以前的手表、缝纫机，逐步提升到金银首饰、汽车等。20 世纪 50 年代初期，社会提倡新风尚，婚礼仪式相对简单，有时候领完结婚证书，至亲好友一起吃顿饭、发几颗喜糖就行了，进入 80 年代以后，婚嫁的一些习俗才又重新回归。

婚礼当天，以前用花轿迎娶新娘，现在用轿车，一般是车队，主婚车前盖一般会饰以大盘花以示区别，所有婚车门把手上会系红飘带，贴上“囍”字。据当地 K 姓村民介绍，男方一定要派新郎的两个妹妹随主婚车去接新娘，表妹、堂妹都可以，要是伴娘不止一个，两个妹妹回程的时候可以坐到随行的其他婚车上，主婚车留给伴娘坐。婚车到女方家后，新娘穿着婚纱，手拎子孙帕（用红布包上桂圆、花生、红枣、柏枝、鸡蛋等，寓意早生贵子的吉祥物），被送上主婚车。母亲在一旁“哭嫁”，以哭代唱，说一些祝福、开导的话。车到男家后，男方放鞭炮迎接。有的人家沿用老习惯，让一位有福气的妇女拿一个插有剪刀、尺和镜子的竹筛，在轿车前晃几下，谓之“退轿神”。然后打开车门，由新郎抱着或者挽着新娘进洞房。一起随婚车的亲友随即被请到家中，由男方设盛宴招待。新亲离别时，男方要给每一位客人馈赠礼品，礼品包括糕、蛋、水果、糖果等，其中未婚青少年可以要“串钱”，即红包，寓长命百岁之意。也有少数人家仿照老习俗举行拜堂仪式：一拜天地，二拜高堂，夫妻对拜，送入洞房。

以前婚宴一般是在男方家里进行，请宗亲邻里吃“人情酒”，聘请村上有名的厨师掌勺，有相对固定的菜品，现在婚宴基本上都是晚上在酒店进行，请婚庆公司主持，双方亲友到场，见证幸福时刻，之后年轻人会去闹洞房，让新娘发喜烟、喜糖，热闹非凡。

2. 孔氏家族婚姻

家庭是最基本的社会组织单元，也是个体生存空间的基础。家族，即同地域、同宗同姓之人结成的群体。据史料记载，南宋初年，孔子第五十四孙孔文昱来到漆桥，见漆桥环山绕水，风景优美，便留了下来，高淳县现有两万三千多孔子后裔均由他繁衍而生。孔氏家族从北方来到江南，要想融入当地文化，就需要与本家族亲属群体之外的外姓人、外村人通婚，从而使家系之间亲属关系的衍生更为多元化。孔氏家族的婚姻观部分继承了以孔子为代表的儒家思想，但也并非是完全准确地继承孔子本人的思想，它受到了封建制度的禁锢，深受儒家礼制的影响。

据说，当年孔文昱初来到漆桥后不久，者家桥一户姓诸的人家把女儿嫁给了他，孔文昱定居下来后和乡人约定春秋两季祭祀土神，祈祷风调雨顺。以慈孝仁义教导子孙，不追求名誉权势，不特立独行。久而久之，便建立起了自己的威望。漆桥村里男性大多姓孔，这里的人都知道自己是孔子后人，在以前，本村男人不能娶本村姓孔的女子，因为都是同一血脉的。孔家的家规中有条“慎继嗣”，规定孔家人不能和同姓通婚，所以，孔家所娶的女人大都不姓孔，孔家的女儿也大都会嫁到外村，嫁给外姓人。不过经过多年的繁衍，孔姓人已遍布周围好几个村，通婚的条件也没有以前严格了。

综合孔孟荀为代表的儒家的婚姻伦理观念，以及对漆桥孔氏家训族规和当地婚姻风俗的调查，孔氏家族婚姻观可以大体总结为以下几个方面：

（1）严格遵循六礼

据高淳县志记载，漆桥当地婚丧喜庆历来按《周礼》行事，讲究礼仪。婚嫁遵循“六礼”，即所谓纳亲（提亲）、问名（合八字）、纳吉（订婚）、纳征（拿聘金）、请期（送日子）、亲迎（迎娶新娘）六道程序。即从开始的互不知名而成问名之仪，到占卜双方生辰八字是否适合而成纳吉之仪，再到确立吉日以备迎娶而成请期之仪，这些仪节都是因婚娶的正常顺序应运而生的。最早的“六礼”为周人所制，礼制规定，男女正式结合成婚，须得通过一系列繁复的手续和仪式。

六礼过程中聘礼必不可少。儒家思想认为，只有按照社会公认的聘娶婚的礼仪明媒正娶的女人，才被人们承认是某人之夫人、正妻。如果不是按聘娶婚礼仪程式被聘娶，而是私下与男人结合而成的，社会是不承认她作为男人正妻或夫人地位的，只能当妾对待。聘礼既表明了男方娶妻的诚意、对女方的尊重，又显示了男方有开始新家庭新生活的信心与能力。另外，女方家也会予以嫁妆，两家家长共同为小家庭提供必要的经济基础。随着经济的发展和人民观念的改变，漆桥当地有些婚礼习俗也有了变化，聘礼由以前的手表、缝纫机等日用品逐步提升到金银首饰、汽车、房子等。

儒家倡导“无媒不交”“明媒正娶”“父母之命，媒妁之言”。孔氏家族的婚姻中必定要有媒人，媒人必贯穿于六礼过程的始终，但媒人并非一定是婚姻的包办者，当男女自由恋爱时，媒人只是以主婚人、介绍人和证婚人的身份出现。

（2）同姓不婚、母党不婚

在经历了原始社会混交和父系氏族公社群婚之后，后代子孙生理智力缺陷的凸显使得人们开始意识到了同一血缘、同一家族结婚的危害。周人把原始社会族外婚制下的“同姓不婚原则”提升到礼制规范的高度，形成了同姓不婚制度，同姓不婚可视为整个中国历史上的婚姻禁忌。孔子早在两千多年前就意识到了近亲结婚的问题，它不单只存在于父系家族，母系家族也同样很严重。

（3）传宗接代为家族第一要务

在儒家礼义中，农耕社会里家族越大，子女越多，劳动力越强，因此，家族的传承需要枝繁叶茂的子孙和族人。儒家的“传宗接代”思想影响了中国几千年，孔氏家族讲求“百善孝为先”，因此传宗接代便成了家族的第一要务。

（4）丧期不婚

父母之恩重于娶妇，这是社会伦常之礼。自古有居丧不婚之礼，居父母丧而嫁娶者，不仅天理不容，有违儒家所倡导的伦理纲常，有违儒家礼制，在法制上也被认为是十恶之一，此种恶行或以政治手段来维护礼，或以法律来惩治，可见历来社会对丧期不婚的规定相当严格。孔氏家族崇尚儒家礼制、恪守该训，有助于当地伦理秩序的整合和规范。

（5）出妻

在封建时代，女子婚后若是做出不符合妻子身份的行为，男方就可以提出离婚，即“出妻”。可以“出妻”的理由有七条：“不顺父母，出；无子，出；淫辟，出；恶疾，出；嫉妒，出；多口舌，出；窃盗，出。”实际上，这“七出”都只适用于当时的社会背景，适用于当时社会最主要的几个家庭形态，有的还需要具体分析，比如，不顺父母可能指的是违逆父母的言行，嫉妒和多口舌可能指当时妻妾之间、兄弟妯娌间的关系摩擦，窃盗可能指当时未经夫家同意而往娘家藏东西，等等。出于统治者的需要，社会上大量存在的离婚现实及被社会承认的离婚礼规，尽管稍稍偏离了孔子本来的思想，但也成了儒家之礼，贯穿整个封建社会。孔子本人也曾“出妻”，但他提倡不对所出之妻做出不利的言论，以便所出之妻可以再嫁。孔氏家族家规在一定程度上还是秉承了孔子对于“出妻”的宽容态度，规定子孙间若有不幸，可以脱离婚姻关系，再婚再嫁，但必慎必戒。

（6）告祖先、告亲友

婚姻礼仪的各个环节都渗透着儒家伦理精神。古时婚姻礼成的最后一道程序便是到夫家庙堂进行祭拜，完成庙见之礼后，妻子才算正式成为夫家的一分子，故此，礼又叫成妇礼。行亲迎之礼日也通常“为酒食以召乡党僚友”。直至当今，漆桥当地的婚宴也会请宗亲邻里“自家人”吃“人情酒”，一般是在男方家里进行，虽然已没有庙见之礼，但这样通过公认的婚姻礼仪，妻子才能取得家族和社会的认可，其子女对父母财产的继承和家庭关系才得以保障。

（二）漆桥服饰

1. 漆桥服饰变迁

1949年前，漆桥农民大都穿土布（老棉布）缝制的对襟衫、大褂衣（女装），扣子都在左边，款式比较单调。1949年后至20世纪70年代末，城乡居民的衣着打扮仍然比较简朴，男人大都着中山装、青年装，头戴解放帽，脚穿黑布鞋、黄球鞋。女人大都着列宁装、西装和花布大襟衫，脚穿牛津鞋、仿皮平底鞋、塑料皮鞋。老年妇女冬季戴绒线编织的宽边筒帽，衣服面料一般都是花洋布、咔叽布。80年代，人民生活水平提高，衣着打扮也发生了明显变化。男士流行穿夹克、西装，冬季穿滑雪衫。青年男女爱穿牛仔衣、牛仔裤。妇女一般着西装，并开始穿显示女性曲线美的紧身衣裤，富有弹性的踩脚裤也风行一时。夏季，裙子在青年女子中，以百褶裙、筒裙为多见。衣服面料大都采用化纤布、尼龙布、的确良、咔叽，以及厚重耐磨的水洗布。化纤布制作的西装，价廉物美，也为广大消费者所喜爱。

进入90年代，改革开放步伐加快，漆桥本地人纷纷外出创业，与外界交往频繁，观念渐渐发生变化。在经济收入日益丰裕后，衣着打扮也逐步讲究起来。衣衫四季齐备，鞋帽款式多样，男士在春秋二季除了着西装，更多的人爱穿轻便潇洒、款式多样的休闲服。夏季时兴穿T恤衫、西式衬衫；冬季风行皮装、羽绒服、金属棉内衣。女士的春秋衫有西装、排纽对襟中装、运动服、蝙蝠衫等多种款式；夏季穿衬衫、娃娃衫、连衣裙；冬装中的羽绒服款式也趋向休闲式，现在当地人的服饰款式更是紧跟潮流。

2. 居民服饰风俗

据漆桥K姓村民介绍，以前村里有喜事时，根据传统，新娘全身都是大红色衣服，新郎则大都是蓝色土布衣服。后来随着经济的快速发展，新娘开始着婚纱出嫁，新郎也基本都着西装。小孩出生、满月时的着装也有讲究，小孩要穿红肚兜、虎头鞋，最好是小孩外婆亲手做的鞋。一般小孩的舅舅地位最高，所有习俗皆由舅舅主持。

丧事服饰基本没什么变化，皆体现报恩尽孝，儿子儿媳一般都是全身白，头戴白色帽子，穿白鞋。孙子都是长条状的白孝布。另根据辈分不同，其他家庭成员孝服的颜色有所区别。女婿着白色披风，重孙辈着粉红色披风，新亲（刚因婚姻缔结起关系的亲戚）着彩色披风，其他亲戚视关系的远近而定，关系越远的亲戚其所戴的孝布越短。

3. 服饰制作工艺

服饰制作一贯坚持量体裁衣的原则，据漆桥K姓村民介绍，以前服饰基本都是女主人买好布料，根据老师傅的样式和穿着人的尺寸自己剪裁、自己缝制。女主人基本都会做针线活，线都是自己用棉花捻。后来村里有裁缝店，可以买好布送给裁缝，根据自己的需要订做自己喜欢的款式，付工钱。以前服装所用的布料大都为自己织的土布，也叫“老棉布”，每匹在四丈左右，宽度只有一尺八寸，都是白坯，使用时可以根据需要染成各种颜色，中华民国时当地就有织布机，印花、方格都可借用染坊，以白蓝为主。衣服上较少有刺绣，若是有刺绣一般也是未出阁的姑娘所绣，现在当地已经几乎没有裁缝，人们也都是买成品衣，衣料的质地、花型以及款式不断翻新，品类更多、选择更多、更便捷、更时尚。

4. 服饰配饰的变化

服装配饰是指除主体时装（上衣，裤子，裙子，鞋）外的其他配饰等，主要包括女性使用的头饰（耳环、帽子等）、项链、胸针、手链、手镯、戒指等。据当地村民介绍，以前一般经济条件好的女性，在出嫁的时候会收到一些彩礼，比如，金项链、金手镯、金戒指、金耳环等；家里经济条件一般的人家，也会选择其中的一两项进行购买，其他的配饰也会应潮流相继购买。随着经济的快速发展，美容美发成为时尚，发型也越来越洋气，女性普遍注重美容美发，尤其是中青年妇女，画眉毛、涂口红的人逐渐多了起来，女子以身材苗条为美，男士的发型，除平头、分头外，还有一些蓄长发，青年女子中开始有人烫发，从火钳烫、电烫，发展到化学烫发。染发在男女青年中也逐渐形成时尚，可染成红、黄、灰等多种颜色。男士流行戴礼帽、港式太阳帽和尼龙线编织的爵士帽，一部分企业界人士戴上了大款式的方戒和手链。此外，无论男女老幼，穿旅游鞋成为风靡一时的时尚，女士的高跟鞋样式也逐渐丰富了起来。

（三）漆桥饮食

1. 漆桥饮食品种

高淳当地盛产水稻、三麦（大麦、小麦、元麦）、油菜，水产品种类多、产量高。漆桥居民日常饭菜也以大米为主食，辅以面粉、山芋和豆类。20 世纪 80 年代，漆桥曾是二线蔬菜基地，种植大白菜、青菜、包心菜、冬瓜、花菜等 10 多个品种；水产品有鱼、虾、蟹和茭瓜、芦蒿、鸡头菜等水生蔬菜；民间有腌制咸鱼咸菜的习惯，以补充夏季蔬菜的不足。冬季，农民下湖或清塘捕鱼，将多余的鱼虾腌成鱼片或盐水鱼，以备来年夏天食用。此外，养鸭也是漆桥当地一大特色，漆桥曾是蛋鸭基地。

进入 20 世纪 90 年代，随着居民生活水平的提高，漆桥居民的饮食习惯和饮食结构也发生了明显变化，据当地 K 姓村民介绍，现在早餐增加了豆浆、牛奶、包子、馒头等，或去快餐店吃汤包、品辣面，讲究口味，中午和晚上，餐桌上除了蔬菜，总少不了一两样荤菜。因为吃菜多，饭量相应减少，据介绍，过去吃饭是“菜哄饭”，现在吃饭是“饭哄菜”。另外，居民的蔬菜水果摄入量也大幅增加，居民的营养保健意识普遍增强。时鲜蔬菜也不再到季节才有，大棚蔬菜、反季节栽培，一年四季想吃什么都能买到。据漆桥K姓居民介绍，以前吃的大米都是自己种的，现在很多农田都被开发，吃的米基本都在市场买，但自己吃的应季蔬菜还是自己种，自给自足，有时候不常吃的菜和水果会骑着三轮车到附近的双牌石集市购买。当地常见的调味品有酱油、香醋、豆瓣酱，以前豆瓣酱一般都是自家酿制，各家都有酱缸和竹匾，酿好了放在竹匾里晒制，后来这些酱料基本都在商店购买了。

漆桥婚丧喜庆、逢年过节、接待亲友的家宴，一般都是“六样头”（豆腐、肉圆、鱼、鸡、红烧肉、拌菜六个样板菜）或“八四席”（8个主菜加4个冷盘菜），餐桌上必备肉圆（或豆腐圆，为当地特有）、子糕（用豆腐加蛋糅合煎成）、鱼这三样菜，以取团圆、高升、富足有余的吉兆。喜宴上要吃茶叶蛋，贺寿要吃长寿面。进入21世纪，居民收入提高，消费观念也在改变。有客人来访，大都已不设家宴，而是请到饭店点上几十样或更多的菜。一年一度的除夕团圆饭，有的人家也让酒店操办，居民饮食消费供不应求，饮食业适应时代的需求，得到了空前发展。

糕点起源于民间结亲、婚嫁、造房、迁居、生育、祝寿等喜庆活动送糕点之习俗，因“糕”与“高”谐音，故被民间用来作“讨兆头”。漆桥的糕点主要有方糕、桂花糕、青团、欢团、云片糕等，糕粉细腻，配料纯真，工序讲究，质优味美。据当地糕团手艺人芮阿姨介绍，方糕是漆桥当地一种传统小吃食品，香甜松软，色如白雪，有着“人心向高（糕）”“步步高升”之意。咬一口，甜甜糯糯，恰到好处，很受大众欢迎。另有青团和欢团，欢团据说是诸葛亮所创，当时周瑜使出“刘备招亲”的妙计，诸葛亮将计就计，派部下将糯米饭晒干，炒松后加入饴糖搓成团子，送给吴军将士，大造舆论，说普天同庆，送上“欢喜团”为新人祝福，假戏成真。后来，欢团就成了一种吉祥的食品，过年时回馈亲友。漆桥的特色小吃还包括黄金蛋、鸭脚包、虾酱等，当地水域出产的天然青虾，壳薄柔嫩，可制成虾酱、虾皮等，是补钙、佐餐的佳品。虾酱是当地常用的调味料之一，用小虾加入盐，经发酵，磨成黏稠状后做成的酱食品。味道很咸，一般都是制成罐装调味品后，在市场上出售。

关于漆桥当地的饮用水，据K姓村民介绍，虽然当地有好几口井，但井水一般都不吃，以前饮用水都是周围大河里的水，水车运水、水桶挑水至家里水缸，放明矾淀清。现在都是用自来水，河水已经基本不饮用，但还可以淘米洗衣服。此外，漆桥附近的游子山也生产矿泉水，可供人们出行时饮用。

饮茶也是当地人的一项喜好。据高淳县志记载："1959年春，青山茶场（原名东坝茶场）组建后，开始大面积栽植茶树，到1995年下半年，在漆桥等地建两场圃茶园，推广茶叶丰产优质技术，提高名特优茶的产量和质量。"茶叶加工后多为绿茶，有炒青、烘青、碧螺春等品种。据介绍，每天早晨或傍晚，村里老人都爱喝茶，边喝边谈古论今，饶有兴味。以前富裕人家的媳妇，早上起来后第一件事就是烧好开水，及时供公婆沏茶。烧水考究用瓦铫子，桑树枝，烧出的水味正清香。冬天用"黄罐"沏上满满一壶茶，埋进炭火中，要喝倒上一碗，热乎乎的，既解渴又暖身子。1949年后，特别是改革开放以来，人们的工作节奏加快，喝早茶的习惯逐渐淡薄，年轻人喝矿泉水饮料的渐渐多了起来。

另外，漆桥当地普遍食用米酒，几乎家家都可以酿制，把前一天剩下的饭放凉，加上酒曲，盖上密封盖（现在通常用保鲜膜密封），闷置一夜便可食用。

2. 饮食制作

漆桥饮食品种丰富，制作方式也多种多样。据当地K姓村民介绍，一般宴席上都会有"六样头"，即豆腐、肉圆、鱼、鸡、红烧肉、拌菜六个样板菜和"八四席"（8个主菜加4个冷盘菜），一般鱼、肉都是红烧居多，鸡是整鸡炖，豆腐拌在肉圆里面一起炸或清蒸。另外，喜宴上要吃茶叶蛋，贺寿要吃长寿面。茶叶蛋的制作和其他地方茶叶蛋制作方式较为相似，用茶叶、酱油、糖、五香等香料一起煮。长寿面也类似其他地方的阳春面，根据个人喜好添加鸡蛋和各类蔬菜。

农历十月间，民间有过菜场的习惯，几乎家家户户忙着晒菜、腌菜，或将白菜整棵放进陶缸内，层层撒上食盐，用脚踩熟压紧，然后封缸，制成缸腌菜；或将白菜切成块状，加食盐用手拌透，捺入小口坛中，扎口密封，称之水拌菜；或将白菜心切成寸段，放风口晾干后，加进食盐、蒜泥、茴香粉或芝麻屑拌至渗水，装坛后半月即可食用，谓之“蒜菜”。

另外，漆桥常见的特色小吃还包括青团、鸭脚包、黄金蛋等。青团是一种用草头汁做成的绿色糕团，据当地糕团手艺人芮阿姨介绍，其做法是先将嫩艾、小棘母草等（做青团用的野菜一般有泥胡菜、艾蒿、鼠曲草三种）放入大锅，糅入糯米粉，做成呈碧绿色的团子，也可根据个人口味在青团中包裹豆沙、咸菜等。另外，高淳盛产大闸蟹，因此蟹黄蒸饺也很受大众欢迎，具体做法是先将大闸蟹拆肉、拆黄剁碎，放入肉馅中，加姜末、盐、酱油、蚝油、蟹黄酱、胡椒面拌匀，分几次打入水，搅匀，放冰箱冷藏保存。同时和面、擀皮，然后把馅从冰箱取出搅匀，放入香葱碎拌均匀就可以包了，包好后放入锅中煮熟开吃。

鸭脚包在漆桥当地是逢年过节必备菜肴，每个鸭脚包都用鸭肠把腌制好的鸭肝、鸭肫等和鸭脚绑在一起，多个鸭脚包串在一起，悬挂风干，吃的时候按量剪取，上锅蒸20分钟左右，蒸熟食用。黄金蛋则是把生的鸭蛋先敲一个头，沥去蛋清，把煮好并用酱油和肉拌好的米饭塞进蛋壳，蛋壳外面包裹一层金黄色锡箔纸，整体放置锅里，蒸熟食用，香气浓郁。

黄金蛋

鸭脚包

方糕

青团

蟹黄蒸饺

米酒

虾酱

3. 饮食风俗

漆桥村民的一日三餐一般都是一稀二干，早上习惯吃泡饭、米粥或馒头、面条，中午和晚上吃米饭。在农忙的季节，一日三餐吃饭，下午还要加点心。以前一日三餐基本都是自己家里做，现在随着人们生活水平的提高，有的家庭小夫妻懒得做饭，带上子女去小吃店或“大排档”，要上几样可口的菜肴，细吃慢咽，在品尝美味的同时，享受紧张劳动后难得的安逸。

逢年过节，饮食也有讲究。春节以欢团、米糕、团子为吉祥食品，几乎每家必备；五月初一端午吃粽子，喝雄黄酒，品尝“十样红”（红颜色的菜肴，一般为红苋菜、鸭蛋、虾、红烧肉、红烧鱼、烤鸭、黄鳝、樱桃、西瓜、桃子）；六月六划龙船，吃包子；八月十五中秋吃月饼；九月初九重阳吃菱糕；冬至吃团子或南瓜糯米饭；腊月初八喝“腊八粥”等等，都是传统的应时食品。这些节日饮食习俗如今已有所改变，如端午喝雄黄酒已不复存在。

漆桥当地礼节繁多，直到现在，一些礼节仍在民间盛行。生孩子要请吃“三朝酒”“满月酒”；建屋有亲朋好友送礼祝贺，谓之“进屋”；结婚、生孩子要送红鸡蛋给亲友。据当地 K 姓村民介绍，当地很注重“自家人”的概念，一般村里谁家有大小宴席都是“自家人”自带板凳、相互帮忙张罗，若是主人家的房子院子不够地方摆酒，会提前到村里老年会借地方，约请专业厨师、专门团队煮饭。上菜的具体顺序主要看厨师安排，一般是先冷盘，后炒菜，再炖菜、点心。在整个宴席过程中，一般会在上圆子（肉馅、豆腐、炸的圆子）的时候放炮仗，结束时的菜一般都是鱼，寓意（有头）有尾。

漆桥当地居民在农历七月和腊月祭祖时的菜一般是三荤两素，五样菜。荤的有鱼、肉、鸡，一般都是红烧；素的有豆腐果和粉丝。敬完祖先后会把这些菜回烧，供家人聚餐。以前居民平常没有什么荤菜吃，祭祖正好给家人提供了一次聚餐的机会。后来随着经济条件的好转，祭祖的菜品有所增加，品种的多少看各家的搭配而定。

（四）漆桥建筑

1. 生活类建筑

（1）生活类建筑发展变迁

生活类建筑主要是居民居住、生活、生产的地方。过去，由于经济条件和生产力水平所限，漆桥大部分人家都是住草屋、土坯墙、茅草顶，十分简陋。抗日战争时期，房屋基本为木质结构，竹板屋顶，有天窗，冬暖夏凉，现在有的漆桥居民家还保留着这样的结构。据当地 K 姓居民介绍，过去有钱人家房子比较高大，门楼高大，门楼上有精美的雕刻花纹，室内有装修；而没钱人家基本都是平房，门楼也比较简陋，有的门楼上仅仅用笔墨画制。20 世纪 70 年代末 80 年代初，建瓦屋的人家逐渐多起来，一般都是砖木结构，五木或七木落地三间。中间堂屋面积稍大，以便平时会客和节日喜庆时好摆酒席。堂间屋顶用芦席望瓦，既保温又整洁。两侧山墙绘制吉祥图案。室内谈不上装潢，只需用石灰水将四壁粉刷。进入 90 年代以后，有条件的人家开始盖起了楼房，有三间两层砌平顶的，有两间或三间三层，屋顶用人字架的，均为钢筋混凝土结构，无论是两间还是三间，堂间都很宽敞，进深一般在 6 米左右，宽 4 米左右。屋旁另砌平顶房间作厨房。外墙有的是水泥外墙，有的贴了瓷砖，屋顶盖琉璃瓦，室内装潢也在逐步升级，墙面施涂料、贴墙纸等，地面铺瓷砖或地板，屋内灯具的选择也很多样。

现在漆桥的部分住宅仍保留着明清时代风格。外墙很厚，内设防盗撑门杠，面墙设砖砌对称通风漏窗，其上砌窗楣遮雨，俗称“眉高眼低”，富贵人家的门楼通常有非常精美的砖木雕刻，贫苦人家也会在门楣上画上砖木雕刻的图案，图案大多为人物戏曲典故、吉祥纹饰一类，也有常见的蝙蝠、花卉等图案，或者车马图、拜谒图、白虎、朱雀等。选用的砖头也有不同，有文字砖、回纹砖、几何纹砖、鱼纹等。通常来说，地位越高，门楣越高越精美，用材也越讲究。这类建筑设计为明代风格，在江南古民居中已稀有少见。另外，在房屋与巷口的转角处常常被砌成“抹角”，俗称“拐弯抹角”，这种构造在过去主要是为了便于行人挑担出行。

漆桥村内主要街道原先是古驿道，与固城通商，通往安徽宣城、郎溪，地面以青石铺设。据村民介绍，驿道上的凹槽还是宋朝时留下的，街道已经重修了几次，古驿道两边一开始只是餐馆、澡堂，300 多年前才开始繁华起来，四邻八村都聚集过来，木材好卖了，生意好做了。乾隆年间凡此经过的人都要下马走路，拜夫子。漆桥的这个主街南北走向，长约 500 米，曲折如蜈蚣状，街两侧多为民居店铺，支巷接连主街东西延展，主次分明，这种布局主要受“直不储财”风水观念的影响，“聚财”之地应能藏风聚气。

（2）生活类建筑建造工艺发展特点、传承

建筑业是漆桥的支柱产业，民居建造的主要材料有木头、地砖、琉璃瓦、油漆、水泥等建材，据“高淳县志”记载，漆桥原来有漆桥南马琉璃瓦厂、漆桥第二砖瓦厂，主要生产墙地砖、琉璃瓦、红砖和空心砖，水泥可以从县水泥厂和固城水泥厂购得，钢材油漆等一般是从周边的上海、南京进货。一开始都是主人挨个去约个体木匠、泥木匠，慢慢地建筑个体户逐步组织起来，后来又出现了建筑企业，建筑产业由此更加规范。

据当地 K 姓村民介绍，漆桥当地的房子一般由儿子继承。父母在世的时候，儿子会一个一个地出去自立门户、盖房子，有能力的父母会资助一点，经济能力不行的父母一时不能给予帮助，但过世后会把家产平均分给几个儿子。房子按间数由几个儿子均分，儿子之间也可以买卖，但需见证人，通常需立下字据，双方和见证人都需要签字确认，嫁出去的女儿一般是没有权利继承父母的房子的。

（3）生活类建筑相关风俗

盖房是有关“安居乐业”的大事，据《高淳县志》记载，高淳当地过去普遍重视“看风水选地基”，风水先生认为，坟地不建，谓之“阴阳同宅”；建过水井的地方不建，谓之“安地钉”；屋后有水塘不建，谓之“冷水浇屁股”；位于三岔路口不建，谓之“穿心箭”；等等。地基选好后，接着就动土奠基。民间行奠基礼是在进门的三步处埋下青、红、白、黄、紫五色石子，表示金、木、水、火、土五行合一。

当地建房十分讲究，从看地基、动土、定磉、献架、上梁，都要按规矩办事，上梁是建房最隆重的仪式，涉及建筑学、风水学、占卜学、社会学、民俗学等各个领域，事先必须看好日子，定好日子后，告知至亲好友，以便备礼祝贺。女婿、外甥要送重礼，有团子（或馒头）、糖果、红绿布、爆竹等礼品，礼品中要放少许柴和米，以讨吉利。上梁这天，主家需要设宴招待泥木匠师傅，称之“待匠”。上梁时，在堂前挂“紫微星”或“太公图”，同时将正梁摆到堂间，贴上用红纸写的“文昌到宫”“紫微高照”“飞熊镇宇”等吉祥的条幅。并在两旁中柱上贴上“竖柱适逢黄道日，上梁正遇紫微星”的对联。届时，先由主家进香，再请泥木匠递酒祭梁，匠人一边敬酒一边唱一套祝福词，递酒祭梁后，泥木匠师傅相互作揖，拜一拜，表示友好合作。拜完，按木东泥西的规矩，各自登梯上屋架，边上边说吉利话，接着泥木匠师傅各拉一根绳子，将正梁接上屋架，边拉边说祝愿的话，与此同时，爆竹骤然响起，亲友邻居纷纷跑来看热闹。泥木匠师傅将正梁绕上中柱后，对好榫头，然后从腰间抽出一把木头做的、上面写着“黄金万斗”的“发槌”，边敲打梁头，边说吉利话，梁上好后，在梁上挂上至亲送来的红绿布条，谓之“挂红”，挂时也要说吉利话。上梁时习惯撒上梁团子，有的团子里面还包一枚硬币，谁抢到谁吉利。上梁师傅手捧箩筐，把亲戚送来祝贺的团子、馒头等撒向四方，人人欢呼，有的地方还将一个写上“宝”字的馒头，用红线从梁上刮下来，让主家的儿孙们争抢，谓之“接宝”。上梁的时间不能选择太早或太晚，否则，主家会倒运，家道败落。另外，定门向也很有讲究，过去都是请风水先生用罗盘定向，门向以朝南为佳，不能面对人家的烟囱、墙角等，对烟囱称为“焦头烂额”，不吉利。

新屋落成后，搬进新屋谓之“乔迁”，进新屋前，先要搬一些柴禾进屋，预兆“进财”。住进新屋后，亲友前来贺喜，送中堂、对联、碗筷、家具、礼金等。其中必须放一对用红纸包装的云片糕，以讨吉利。主家受礼后，要给客人回赠团子、米糕、水果、糖食等，并择日办酒答谢，谓之“复情”。

房屋里面的陈设也有讲究。据当地K姓村民介绍，堂屋中间一般会设有中堂，以前一般人家的中堂悬挂的多是福禄寿星之类的年画对联，中间供桌供有菩萨，一般为观世音菩萨，有香炉烛台，逢年过节、初一十五会上香拜佛。厨房一般在主屋的东南角，表兴旺，有的厨房在主屋的后面，也寓意兴旺，灶台上一般有两口锅，前锅后锅，在锅的上方砌一个小隔断，用来放置油盐酱醋等，烧火用的柴草会堆放在灶膛一边，以便取用。以前灶台面一般是用石灰垒成，后来随着人们生活水平的提高，人们开始用更加整洁的瓷砖来装饰灶台面，有时也会在灶台旁边搭一个小台面，用来放置煤气灶等，以便更加快捷地烹制食物。

溱桥所在的高淳位于苏皖交界处，外地商客纷纷至此投资建店，高淳也成了各种物资的集散地。据当地K姓村民介绍，当时刚迁来的孔家也大都靠做生意为生，有杂货店、糕饼店、布匹店等，少部分种田，一农一商占了大多数，这样不容易倒闭，永昌杂货店现在还留存，但也已年久失修，要倒了，主要是因为房子太大，公家不好修。溱桥主街店面大都为两层三开间，面街背水，前堂营业，后宅居家，店面第二层临街设骑楼，配花窗，风格素雅。店面大都用长条木板一块块拼起来，间有两侧木板半腰墙，店面门口有木雕，多为牡丹、如意、凤凰、灵芝和鹿的图案。主街两边屋檐相接，街路面用青石板铺设，中间留有独轮车碾压车辙，据当地老人介绍，这条主街因为直接通向河滨码头，所有运送的货物都从这里通向码头，运向四面八方，因为街道较窄，那时候运送货物基本都是靠独轮车，日积月累，便留下了这一道道车辙印。

2. 生产类建筑

（1）生产类建筑发展变迁

生产类建筑主要指供农业畜牧业生产和加工用的建筑物和构筑物。以前，溱桥生产类建筑主要有鸡窝鸭窝、猪圈以及粮仓等，多附建于人们的住房，结构比较简单，很多人家的住房建好以后，自己动手用建房剩余下来的砖块就可以把鸡窝搭建起来，鸡窝一般用砖块和栅栏搭建，留有鸡食槽；猪圈一般用砖头搭建，檐口高度和一成人身高差不多，且留有大的窗户和饲槽，方便给食，饲槽一般要依墙而建，槽底呈“U”形，饲槽大小应根据猪的种类和猪的数量多少而定。另外，据当地村民介绍，以前水稻都是各家自己加工、储藏，吃多少打多少，因此各家都有自己的粮仓，粮仓一般用芦柴搭放在自己家里，用盖子盖上，因为芦柴可以通风，这样粮食放多久都不会受潮，方便保存。

（2）生产类建筑建造工艺发展特点、传承

生产类建筑一般都是建在自家房子周围，属于自家宅基地范围，所以可以根据自家的需要选择建或不建，这些生产类建筑建造的技术要求一般都不是很高，鸡窝类的一般自家主人或亲朋好友就可以帮忙建好，建猪圈要求会高一点，会专门请当地的泥瓦匠帮忙用砖头和水泥砌好。

（3）生产类建筑相关风俗

因为气味问题，一般鸡窝、猪圈等选址都离主屋有一定距离，建在庭院的外围。猪圈选址一般坐北朝南、背风朝阳，冬暖夏凉，因为气味大，所以最好建在下风口。旧时，人们建猪圈也要选择吉日动工，有的甚至还要请“风水先生”来测算，以预定猪圈的方位并定吉日再动土。猪圈建成以后，还要在猪圈墙上贴一张上面写有“六畜兴旺”字样的纸条。以后每年过年的时候猪圈上都会贴上此类纸条，粮仓也会贴上“五谷丰登”“年年丰收”样的纸条。

（五）漆桥艺术

“景观”，是指具有审美特征的自然和人工的地表景色，意同风光、景色、风景。在西方，景观英语“scenery”[1] 一词最早出现在希伯来文的《圣经·旧约》全书中，景观的含义同汉语的“风景”“景致”“景色”相一致，都是视觉美学意义上的概念。从自然地理学来看，是指一定区域内由地形、地貌、土壤、水体、植物和动物、土地及土地上的空间和物质等

① “Landscape”也译为“景观”。

所构成的综合体。它是复杂的自然过程和人类活动在大地上的烙印。因此，是某一区域的综合特征，包括自然、经济、文化、艺术诸方面。其中，艺术是人类活动的一种体现，它映射着人类的艺术生活，成为人类艺术表述之景观。

1. 高淳漆桥乡民的艺术生活

2017 年 3 月，在春暖花开的季节，调查组第一次探访江苏高淳地区漆桥镇，从南京江宁区驱车在平坦、宽阔的高速路上，向东南方向行驶约 30 公里，便是孔氏家族 54 世孙生活的土地——漆桥镇。刚一停车，便一眼望见孔子塑像屹立于古镇正前方，走入古镇古巷，坐落着孔氏家族的祠堂，祠堂中排列着几代孔家姓名，堂内还有孔子的语录。在古巷，遇见一位老人，便做了短暂的访谈，了解到他也是孔家后代。

据老人讲，漆桥古镇居民以孔氏为主，均是春秋时期孔子的后裔，南宋时从北方迁到漆桥的是孔氏排行第 54 世孙孔文昱，至今已达 84 世左右，祖祖辈辈，繁衍子孙已达 30 世，在附近各村有 2 万多人，是孔子后裔较大居住地之一。街中西向，原有一处孔氏宗祠，依中轴线前、后五进，两侧厢房计 72 间。可惜这处明末建筑毁于战火。沿着古巷行走，我们可以看见巷边、路旁遗存的古井圈、古碑、石磨盘、石臼、砖石雕以及古民居和祠堂，这些古遗迹记录了该地区村落族群的生活、生产、生业和生存方式，包括乡民的艺术生活，这是一个民族的文化传统和民族精神的延续。

其实，一个民族的文化传统与民族精神，与民族的生活习惯、风土人情、文化传统、心理积淀等特点密切相关，其决定因素在于地理环境的差异性。因此，一个族群的艺术发生土壤必定是建立在时代、环境和民族精神的基础之上的。正如萨波奇·本采在《音乐地理》中指出，控制人类文化传播的主要法则可以从地表的山岳和水域分布图中求得，水是传播和扩散文化的，而山则拦阻和保护它。但有时自然灾害会对一个民族、一个地域文化带来破坏。那么，相应的就会产生对自然的敬畏与膜拜，由此，会创造出具有民族特性的传统文化和民族精神，并在民族艺术中得到体现，如神话、传说、故事、歌舞、戏剧、绘画、仪式的多种叙事方式。从人类学视野来看，这些艺术表述是人类生生不息、代代相传的生活方式、生产方式和生存方式，它贯穿着中华民族的知识体系、文化表述与美学思想。它集史学、美学、语言学和口头传承于一身，是社会和族群记忆的一个特殊的范畴。它凝聚了一个民族的哲学、性格、文化与心理积淀。[①] 作为一种研究视野，我们通过考察高淳区漆桥镇人的艺术生活，即从祭祀仪式缘起，经历巫仪文化、神话传说、再到民间歌舞、戏剧和传记故事，不仅显现出高淳漆桥人的艺术叙事中族群历史记忆的关系，而且反映了该地区独特的审美意识，其中包含文化品质、审美观念、宗教信仰、生活方式，它以其独有的形态、品质、功能与体系体现出神圣与世俗、多元与丰富的地方性知识和民族文化审美蕴涵，所以它是艺术表述景观。

（1）艺术

高淳漆桥，人杰地灵，千年来，文人骚客，接踵而至，县内历代名人志士不胜枚举。据文献记载，南宋“一门三进士”的吴柔胜、吴渊、吴潜父子三人业绩显赫；明宋名士邢昉所著《石臼前后集》脍炙人口；戏曲家李茂英精通音律，著有诗篇《困居算》、曲论《木铎余音》、传奇集《南湖五种曲》，载誉颇盛；清代进士张自超所著《春秋宗朱辨义》被列入《四库全书》；清末卞长胜通晓六国语言，督练水师，出使德国，文武兼备。其他在文学、音乐、戏曲、绘画、书法、雕塑、金石等方面，也产生了很多名噪一时的作者和赏心悦目的作品。

因此，要研究漆桥人的艺术表述，首先要观察高淳地区艺术生成的语境，即是说，漆桥艺术形成及表述与高淳地区的地域文化密切相关。按照古希腊民族的生存环境与地理环境，希腊的海洋具有传播和扩散文化的功能，而中国的江南山水环绕，特别是江河密布，湖泊众多，地质地貌异常独特，不仅能传播文化，且能抑制文化的传播，从而具有保护文化的屏障，因而，特殊的地理环境产生了独具特色的民族艺术，且世代相传。

绚丽多姿的湖光山色，造就了漆桥人咏诗、歌舞、戏剧、民歌等艺术

① 曹娅丽、邸莎若拉：《论格萨尔藏戏表演的审美特征——以青海果洛地区格萨尔藏戏表演为例》，《江苏社会科学》2016 年第 4 期。

样式。历代诗人争相咏诵着赞美高淳景色的脍炙人口的诗篇。如“丹阳秋月”“龙潭春涨”“固城风雨”“东坝晴岚”“花山樵唱”“石臼渔歌”“保圣晓钟”“观河夜泊”八景。“靖康”以后，宋室南渡，北方大批难民迁来高淳定居，一度人丁兴旺，百业兴盛。历史上，名士巧匠不乏其人。如雕刻艺人邢献之，在一颗胡桃核上刻上“十八罗汉”，并配以松竹、屋宇、题咏；中华民国年间木匠层出不穷，巧于建筑设计，东坝戏楼和钟英阁俱出于李先春之手。新中国成立后更是人才辈出，各条战线都涌现出一批优秀分子，其中有在全国有一定的影响的美学家、画家等。还有在生产、生活实践中获得创作源泉，产生了许多民歌小调和多彩多姿的具有浓郁地方特色的《花扇舞》《采菱舞》《金鱼姑娘舞》舞蹈，赢得了“歌舞之乡”的称誉。

戏剧剧种繁多，徽剧、京剧、目连戏、花鼓戏、木偶戏、锡剧等，在高淳地区都有流传。中华民国年间，全区京剧班就有六七家之多。目连戏是高淳的古老剧种，1957 年由文化部门挖掘整理剧本，经省有关部门校勘出版、内部发行。划龙船高淳古来有之，分文、武两种。“文龙船”盛行胥河上下，每年农历五月初五，精制龙形彩船，翘台演戏，缓慢划行，文质彬彬；“武龙船”源于沿湖一带，每年农历六月初六，采用特制船只，挑选精壮劳力，集中大河湖面开展竞赛，各自称雄。

高淳的名胜古迹甚多。民间历来流传有四宝：“四方宝塔一字街，倒栽柏树白牡丹。”“白牡丹”相传长在花山玉泉寺旁；“一字街”据说陷落固城湖底，都无踪可觅；唯“倒栽柏树”和“四方宝塔”保存至今，可供观瞻。此外，距今 2500 多年的古固城，尚有一段土城墙巍巍矗立。宋绍兴年间，在固城湖畔所得汉代“校官之碑”，早年送南京博物馆保存，有很高的文史研究价值。明清时代所建东坝戏楼、沧溪戏楼以及抗战初期新四军第一支队驻地的吴家祠堂，都被列入省级文物保护单位。淳溪镇还保留一条富有江南水乡特色的古老街道，引人流连忘返。

从艺术表述的发生学、生态环境、演述功能、艺人演述和所综合的艺术手段等方面来看，高淳漆桥人的艺术叙事与族群历史记忆的关系，是以礼佛祈祷、惩恶扬善为基本精神，反映了高淳人对真善美的追求，对美好生活的向往。它和一切文化现象一样，不是孤立封闭的，而是多元文化的综合体。因此，高淳漆桥人的艺术生活便是属于这样一种特殊的文化表述样本，它属于特别的族群，属于特殊的传统，也属于特定的场合。所以，高淳人的艺术表述传统的形成，既集结了人们对美好生活的向往，同时又隐含着历史事件和历史线索。

（2）水与漆桥人

A. 水

水，象形。甲骨文字形。中间像水脉，两旁似流水。从水的字形来看，或表示江河、水利名称，或表示水的流动，或水的性质状态。其本义是以雨的形式从云端降下的液体，无色无味且透明，形成河流、湖泊和海洋。从化学意义上说，水（H_2O）是由氢、氧两种元素组成的无机物，在常温常压下为无色无味的透明液体。从宽泛意义上说，水，包括天然水（河流、湖泊、大气水、海水、地下水等），人工制水（通过化学反应使氢氧原子结合得到水），属于自然遗产。

从文化内涵来看，《淮南子·天文》："积阴之寒气为水。"《书·洪范》中说："五行一曰水，二曰火，三曰木，四曰金，五曰土。"在中国的《辞海》里有关于水的词条；在中国文学、历史书籍中，关于水、涉及水的成语、俚语、俗语数不胜数。仁者乐山，智者乐水，水确实构成一种文化现象。

《水经》是一部记述河道水系的著作，记河流水道137条。郦道元的注中增补到1252条，注文相当于原书的20倍。全书40卷，每条水道均穷其源流，并详细记述河流所经山川、城镇、历史古迹、风土人情的种种情况。《水经注》是公元6世纪前中国最全面系统的综合性地理专著。注文不仅精确，而且文字绚烂优美，描绘山水风景生动传神，有较高的文学价值，映射了生活在江河流域族群、以水为中心的知识生产方式、信仰与江河表述。

2017年，在桂花飘香的季节，笔者第二次探寻漆桥古镇，从其名称可知有水必有桥，在漆桥镇首先映入眼帘的是水和桥。漆桥镇位于高淳县北部，游山北麓，四周环水。据地方志记载，漆桥有一老街，明代时为临水埠岸集市，后因贸易而形成了市镇，街南北向横跨河道，闹市繁华处集中在漆桥附近，以往商户在河边用木柱搭起了“水榭”式建筑，远看类似高脚楼，近看却是木板封墙，地方俗称“水阁子”，面街背水，自然成景，为古镇闹区增添了一道桥畔水阁情景，折射出漆桥人对水艺术的表述。

漆桥人以水为荣，他们在自然崇拜、祖先崇拜、神灵崇拜的基础上建立起来的祭祀仪式、歌舞表演，都与水崇拜密切相关。从艺术类型的发生，我们可以看出江南的文化特色——对水的崇拜，其信仰场域是自然环境，诗歌、戏剧、音乐、舞蹈都与山水信仰为基础，并启迪了人们对江河文明表述的观念。因此，从人的思维特性来看，人在宗教方面把握与认识世界的方式也基本采取与艺术地把握世界相一致的方式，马克思曾经把这种把握世界的方式称为“实践—精神”的掌握方式。人类不凭理智与逻辑去判定世界，而凭感受。这种感受有两种表现形式：一是用感情去体验世界；二是用形象去直观地反映世界。比如关于天地的神话，关于山神、林神、水神的传说，还有洞穴内带有巫术性质的动物绘画，无不表现出原始人的万物有灵观与“互渗”意识。在这种思维的作用下，原始部落的人们给一切不可理解的现象都凭空加上了神灵的色彩，一切生产活动也都与原始崇拜仪式联系在了一起，如狩猎前的巫术仪式、春播仪式、收获前的祭新谷仪式，等等。在那个神灵无所不在的时代，原始部族并不认为诗歌、舞蹈、音乐、绘画是生产活动与宗教崇拜活动以外的另一类活动，而认为它们就是“生产与宗教崇拜活动的一个必要环节”。这是以水为中心的知识生产方式的表述。

从某种意义上说，水似乎可以称得上是生命的血脉。毕达哥拉斯说“万物‘水’居第一”。水，是“上善”之物；“若水”之人，乃“上善”之人。水，穿于地、腾于空、奔于山，经历种种过程，滋养万物，启示人类一种极其可贵的文化。

B. 艺术与水

漆桥人的艺术生活源于水，是以水为中心的知识生产方式的表达。在高淳县东五十里处有一个镇，称为广通镇，世所谓五堰者也。周边湖水环绕，西有固城、石臼、丹阳、南湖，受宣、歙、金陵、姑孰、广德及大江水，东连三塔堰、长荡湖、荆溪、震泽，中可三里颇高阜。春秋时，吴王阖闾伐楚，用伍员计开河以运粮。今尚名胥溪河，及旁有伍崖山云。左氏襄三年："楚伐吴，克鸠兹，至于衡山。"哀十五年："楚子西，子期伐吴，至桐汭。"盖有此道。镇西有固城邑遗址，则吴所筑以据楚者也。自是河流相通，东南连两浙，西入大江，舟行无阻矣。而汉唐来言地理家者遂以为水源本通。《桑钦水经》云："中江在丹阳芜湖县南，东至会稽阳羡入于海。"《前汉·地理志》于丹阳郡芜湖注云："中江出西南至阳羡入海。"应劭、颜师古注溧阳云"溧水出南湖"。《后汉·郡国志》中有："芜湖中江在西。"孔颖达《书义疏》亦引史汉为证，盖皆指吴所开者，为禹贡三江故道耳。后不知何时湮。景福三年，杨行密据宣州，孙儒围之，五月不解。密将台濛作鲁阳五堰，拖轻舸馈粮，故军得不困，卒破孙儒。鲁阳者，银林、分水等五堰坝左右是也。坝西北有吴漕水，言吴王行密所溧也。至宋时不废，故高淳水易泄，民多垦湖为田者。而苏、常、湖三洲，承此下流，水患甚。宜兴人进士单锷采钱公辅议著《吴中水利书》，以为筑五堰，使宣、歙、金陵、九阳江水不入荆溪太湖，则苏常水势十可杀其七八。元祐中，苏轼称其有水学，并其书荐于朝（具东坡奏议中）。时用事者，方欲兴湖田，未之行也。故永丰等圩官私所筑，无虑数十。可见，因水生发出艺术，生发出人类的艺术表述方式。如舞蹈类：捕鱼舞、金鱼姑娘、花扇舞、跳五猖、采菱舞；版画类：巫峡女神峰、晓雾、高淳水浒、结网姑娘、迎战洪峰、渔归、青翠之乡、秋红、崇山峻岭、瓶栽银耳好处多、河蚌育珠、油桐的栽培；散文类：太湖杂咏（四首）、渔村、蜜蜂与蝴蝶、稻与稗草；音乐类：赛舟、丰收赞歌唱不尽、水乡号子（合奏）、育珠姑娘忙得欢、春到水乡。以上艺术类型均为反映出以水为中心的知识生产方式的艺术表述。

2. 漆桥人与民间祭祀舞蹈“跳五猖”

高淳有“歌舞之乡”的美称，大体上可分为祭祀舞蹈、节日舞蹈、武术性舞蹈、新编舞蹈4种。其中，民间祭祀舞蹈“跳五猖”源远流长，源于西周乐舞，有的则始于唐宋，其内容丰富、形式多样、文武皆备。

“跳五猖”，是一种祭祀舞蹈，也称乐舞。1949 年前，在每年各乡较大的地方性庙会期间，漆桥人必会去参加庙会活动。定埠乡祠山庙会有“跳五猖”；东坝端午节有“跳杨泗”“跳鬼司”；圩区有“菩萨踏水”“魁星点元”；古柏有“打八怪”等。

“跳五猖”是以东、南、西、北、中五方神和道士、和尚为角色的祭祀性舞蹈。五方神分为五色（红、黄、蓝、白、黑），各戴不同颜色的假面具，身穿不同颜色的戏剧袍，手擎刀枪剑戟。和尚、道士也用假面具和穿僧道袍服。尤其是和尚的假面具，眯眼嬉笑，类似罗汉，引人发噱。舞蹈时和尚手摇大纸扇，在众神中穿插逗逐，风趣诙谐，非常喜人。舞蹈结构合理，有“邀请舞”“朝礼舞”“独舞”“双人舞”“群舞”等。舞蹈伴奏乐器为打击乐和唢呐，舞蹈内容为“和尚、道士邀请五方神，替地方驱邪消灾，祈祷四季平安，五谷丰登”。“跳五猖”是定埠乡保存最古老的独有舞蹈形式。其他地方的很多庙宇，虽然塑有五猖神像，但无“跳五猖”舞蹈。

此外，节日舞蹈在每年春节期间活动。有龙灯、跑云、小马灯、大马灯、晓灯（高跷）、狮子灯（狮舞）、蚌舞、荡河船、打莲湘等。在这些活动中，薛城乡长乐的抬龙和东坝的大马灯以其规模大、形式独特而著称，漆桥乡民多为观众。

长乐抬龙为三色龙（青、黄、白三条巨龙）。龙头制作极精，身躯直径 1 米，身长 30 多米。出龙声势浩大，旗锣鼓铳齐全。上千人玩龙，观者数以万计。清末，施文熙在《灯节长乐观灯》古歌中写道：“邑西长芦杨姓巨族也，于春灯节作游龙戏，较他有精彩。越数年一举，糜费特甚。”“芦溪村在石臼旁，东村夏姓西姓杨；环潮成圩圩可稼，杨家乃有潭深藏；传说有龙在潭底，当年骧首腾欲起；胡鬓毕现冻云飞，控作真形封在耳。岁岁折奉若神，春灯喜采龙时巡；化身三现交衢舞，代鼓鸣金养亦驯……”

大马灯是东坝地区特有的形式，比起各地的小马灯（竹马灯），更受欢迎。大马灯用木料制作马架，蒙布绘彩成皮毛，以两人（一前一后）担马架装马，类似真马。儿童扮“五虎上将”等戏剧群像坐于马上，玩时配以锣鼓喇叭，极为壮观。

3. 戏剧班社及剧种

漆桥乡民热爱戏剧，曾有由漆桥马荣福接管的“马荣福班”戏剧班社一个，漆桥业余剧团一个。老艺人芮嘉士饰演徽剧，马荣福文武兼备，戏路甚宽，在徽班逐步向京剧的过渡中，他带领班社改演京剧。据考察，在高淳地区早期有民间戏剧班社十余个，剧种十余种，由于种种原因，至今保存的很少，其中具有代表性的班社和剧种归纳如下：

【春福班】

1913 年，陈水林、蔡元录等人由山东来高淳，在双塔驼头村落户，组建成京戏班（京夹徽），初名“陈记堂班”；1921 年陈水林去世，其子陈维珍继承班主；1925 年改名为“春福班”。演员由初建时 10 多人发展到 40 余人，经常演出于皖南和江苏各县。演员阵容较强，老生有尹君良，武生有高金保、马金奎，小生有马荣福，旦有左艳秋、金红云，丑有张松柏、赵瑞连等。1949 年后，春福班在皖南演出，1952 年在无为县登记，改成元为县京剧团，后并入芜湖地区京剧团。

【马荣福班】

1924 年，由顾陇乡穆家庄人王正龙组建成京戏“新宏福班”，演员全系男性，创办后仅两年因收入困难，由漆桥里溪芮嘉士接任班主，改名“洪福班”。1928 年，由漆桥舟村马荣福接管，改名为“马荣福班”。抗日战争爆发后，因演出困难而解散。

【全福班（新全福）】

1922 年，由东坝人洑阳尚先创建的京徽戏班。1926 年，他将衣箱转让给沧溪人“大鸡头”，取名“大鸡头班”。1928 年又转让给东坝人高金山，取名“金升堂”，当地人称“高金山班”。抗日战争爆发后，高金山又将衣箱卖给安徽郎溪县某人。

【高淳县锡剧团】

高浮县锡剧团是中华民国时期在苏州、无锡一带演出的虞家班。1952 年下半年，改名为友韵锡剧团。1955 年，高淳县政府根据上级指示，接收友韵锡剧团来县注册登记，改为高淳县友韵锡剧团。同年，改陈家祠堂为简易剧场，供其演出。1957 年，改名为高淳县锡剧团。1984 年以来，通过整顿，锡剧恢复生机。1985 年，有演职员 51 人。

【业余剧团】

1949 年后，职业戏班和小戏班除个别外，大部分解散。业余剧团兴起，它们以演京剧、锡剧或花鼓戏为主，有的还演黄梅戏。1949 年下半年至 1957 年，高淳有各种业余剧团 20 多个。其中，淳溪镇工人业余剧团，工农业余剧团，东坝业余剧团，溱桥业余剧团，古柏檀溪渡业余剧团，顾陇夏家业余剧团，定埠业余花鼓剧团，下坝封枫园业余花鼓剧团，沧溪大月业余剧团，丹湖新正业余剧团等比较出名。直到 1985 年，很多业余剧团还经常在当地演出。

【目连戏】

目连戏是高淳的固有剧种。明代由江西弋阳腔、浙江余姚腔和当地民间音乐、小调相结合而形成，故称“高淳阳腔目连戏”。

目连戏是写《目连救母》的故事，最早见于《佛说盂兰盆经》，从印度传入我国。唐代人改编成说唱文学《大目乾连冥间救母变文》（敦煌变文之一）。北宋崇宁、宣和年间，古都卞梁就有目连戏演出。高淳目连戏演出本是明中叶郑之珍的传奇《目连救母功善戏文》。中华民国初年尚能演 5 本，5 本目连戏的剧目有《台城》（写梁武帝萧衍的故事）1 本，《九世图》（写地藏王的故事）1 本，《目连救母》3 本；1949 年前夕能演《目连救母》3 本。

1957 年，镇江专署文化科副科长陈庆华会同高淳县文化科长蒋国屏，调集能演善唱的老艺人陈方正、邵士仁、韩体钧等十余人，挖掘目连戏 3 本、110 折，共用曲牌 114 支。剧本由江苏省剧目工作委员会校勘，分上、中、下 3 册铅印，内部发行。1959 年初，省戏曲学院开设目连戏班，陈方正等十余人调宁工作。1960 年底院系调整，目连戏班撤销，老艺人返回原籍。在一年多的时间里，在省戏校老师的帮助下，高淳老艺人整理排演了《滑油山》《孝妇卖身》《雪里梅》《骂鸡》等折子戏，其中《滑油山》《雪里梅》曾招待过外宾。同时，他们改革声腔，配上弦乐，排演了现代戏《抢伞》等，效果很好。

1986 年，高淳县在编写《戏曲志》时，又在凤山乡东村，发现已故老艺人僧超伦 1939 年的《目连戏》手抄本六卷，现存南京市《戏出志》编辑室。这对进一步研究目连戏的起源、特点、演变等提供了依据。

【徽剧】

徽剧是安徽的古老剧种，明末清初传入高淳。相传，徽调中的《高拔子》原是高淳水乡渔民在划船时唱的一种民歌，"拨子"即"驳子"，高淳称小船为"驳子"。此曲因产于高淳，故名《高拨子》。现在，京剧和很多地方戏都采用这一曲调，作为自己的唱腔。清光绪年间，高淳境内除皖南来演出的当涂徽戏班"福福班"等外，县内还有以高淳艺人组合的戏班"全福班"（老全福）、"金台班"等。现在，固城刘家陇万寿台的板壁上还留有光绪三十一年农历七月二十日全福班（老全福）演出时书写的戏单。1997 年，高淳县文化科，曾邀集徽调老艺人芮嘉士、高金山、徐广月等挖掘微剧本 100 多个，计 60 多万字。剧本全部上交省剧目工作委员会。1959 年初，省戏曲学院开设徽剧班，十多位老艺人调宁任教。1960 年底，徽剧班解散，老艺人返里。

【京剧】

清乾隆年间，徽剧进京，逐渐演变成京剧。高淳地方徽班也逐步向京剧过渡。经过"京夹徽"的一段过程后，到清末和中华民国初年，已改成京戏，戏班有了很大的发展。抗日战争前，是高淳京剧最兴盛的时期。京戏班除清末的"老全福""金台班"外，先后有"春福班""金福班""新宏福""洪福班""马荣福班""金升堂"等戏班组合演出。高淳艺人也由原来的 60 余人，发展到 200 余人，并从外地戏班中邀请部分演员搭班演出。抗日战争时期，因演出困难，戏班先后解散，唯有"春福班"仍在苏、皖一带演出，直至 1949 年后，在安徽省无为县登记，改名为无为县京剧团，后并入芜湖专区京剧团。有的演员调入卢剧团、黄梅戏剧团，有的转业，有的返里。由于京剧在高淳广为流传，因此产生了一些较有名气的演员，如红生徐广月（狮树乡人），被誉为徽、京剧的"戏饱子"；武生高金保（东坝镇人），唱念做打，艺技精湛；小生马荣福（漆桥乡人），文武兼备，戏路甚宽；小丑赵瑞连（双塔乡人），一招一式，引人捧腹；二净徐宝林（砖墙乡人），嗓音洪亮，武功扎实。

【花鼓戏】

花鼓戏俗名“镗镗班”，它在高淳流传有百余年历史。相传，太平天国期间，河南移民和湖，淮军中流散在皖南和高淳南沿一带的兵士，以烧炭为生而定居。后将湖南、河南的花鼓戏曲调带入民间和当地小调融合，逐步形成高淳花鼓戏。现在皖南花鼓戏尚用高淳《春调》中的《短调》作为唱腔（皖南花鼓戏称《不扭子》)。高淳定埠、下坝、漕塘、固城、傅家坛等地，1949 年前有半农半艺的花鼓戏班，之后只有业余花鼓剧团。

【木偶戏】

木偶戏俗称“小戏班”。高淳木偶是较古老的提线木偶，它以唱京戏和目连戏为主。木偶的头、手雕凿艺人有桠溪的强一富，帽盔制作有淳溪的唐旺右，袍刺绣有顾陇乡穆家庄戏衣作坊。1949 年前，高淳的木偶戏班有 10 多个，艺人有 80 余人。古柏乡有“承义堂班”“复兴大舞台”；顾陇乡有“新生堂班”；东坝乡有“孙和尚班”；下坝乡有“严家桥班”等，其中“新生堂班”一直演至 20 世纪 60 年代初解散。

【剧目创作】

剧目创作和作者，明代在高淳已有出现。明末清初，戏曲家李茂英，字君玉，家有冰玉斋，精通音律，善诗文，著有曲论《木铎余音》、传奇本集《南湖五种曲》和诗稿《闲居集》问世，他在当时的金陵戏曲界享有盛誉。1949—1978 年，全县共改编、创作传统戏、现代戏 40 多曲。1956 年，县锡剧团老艺人曹兆庆挖掘锡剧对子戏《双落发》，经县文化科科长蒋国屏主持，由李东鲁、高连生整理，定名《十调度》，参加了镇江专区首届专业剧团会演，获优秀剧本奖、演出奖，演员虞丽莉获优秀演员奖、周信忠获演员奖。1957 年，以专区代表队名义赴省参加首届戏曲会演，虞丽莉获演员三等奖。1978 年，谢鸣创作古装小戏《吹灯试笔》，参加镇江专区会演，获创作一等奖、演出奖。1979 年，参加省专业剧团会演。1982 年，由省戏校名演员王兰英主演，参加江苏省首届锡剧节演出，剧本同时在《江苏戏戏曲丛刊》发表。1981 年，谢鸣创作现代戏《岂有此理》，参加省会演，获创作奖。1982 年，潘新宁创作古装戏《巡案审父》，在《安徽戏曲》发表。1984年10月，汪士延创作《光棍姻缘记》，参加南京市业余文艺会演，获创作、演出一等奖；同年11月，参加江苏省农村文化中心业余小戏调演，获演出三等奖，演员张其风获演员奖。1986年，《十调度》《吹灯试笔》《寻儿记》编入《江苏省锡剧剧种志》。

4. 民歌及特点

高淳民间歌曲，蕴藏极为丰富，属“吴歌”范畴，在苏南民歌中占有重要地位。自1953年至1964年，先后有叶林、田宝罗、肖翰芝、李存杰等著名音乐工作者来县采风。1957年，高淳县文化馆曾铅印《高淳民歌》64首。1963年，文化馆和省音协合编成《高淳民歌集》300余首。这些民歌有的已编入《江苏民间音乐选集》，有的发表于省和中央的音乐刊物上，有的在省和中央电台播放。其中，《五月栽秧》已成为国内有影响的民歌。音乐工作者运用这些民歌素材，提炼加工，编成了许多新民歌，受到好评。

高淳民歌，种类繁多，内容丰富，大体可分为田牧歌、劳动号子、习俗歌、叙事歌、民间小调、新编民歌6种。

田牧歌俗称山歌。有耘田歌、耙田歌、栽秧歌、放牛歌、对牛歌等。这些民歌都是边劳动边歌唱，有的在劳动之余演唱。

劳动号子有打夯号子、车水号子、拔船号子、装卸号子、龙船号子等。这些号子是在劳动中为了统一步伐，提高劳动效率，减轻体力负担而唱的一种具有劳动节奏感的民歌。

习俗歌有送春、送房、哭嫁、摇篮、洗衣等歌。送春，相传始于明初，每年春节期间，二人一档，走村串户演唱；送房、哭嫁歌在娶亲嫁女时演唱；摇篮歌是在哄小孩睡觉时，母亲唱的催眠曲；洗衣歌是妇女边洗衣边歌唱，以消除单调寂寞感的歌曲。

叙事歌是用山歌和送春两种曲调演唱的长篇叙事诗歌。长篇叙事山歌在劳动之余，或夏夜纳凉，或冬闲烤火时演唱。长篇叙事送春在春节期间以数户或数人邀请送春人来家演唱，俗称“座堂”。叙事山山歌较著名的有《风筝记》《十里亭》《十二月望郎》《十二把穿金扇》《十二月探花》《十二双泥篮》等；叙事送春的歌则有《洛阳桥》。

5. 漆桥人和祭祀及戏剧

漆桥人的祭祀主要是祭奠孔子，且有一套仪式，即祀礼为上祀、奠帛、祝文、三献、行三拜九叩大礼。部落要团结一致，必须有一个核心，这个核心就是氏族神，即时祭祖。于是漆桥人也决定供奉氏族神，便在镇南端修建了孔家祠堂，举行祭祀仪式。

祭祖可以凝聚族群。祭祀日定在每年 9 月 28 日，这天是孔子诞生日。乡民们要烧香、磕头。为了让祭祀热闹，特地从高淳请来神乐表演，在祭典中，陈设音乐、舞蹈，并且呈献牲、酒等祭品，对孔子表示崇敬之意。在典仪官的主持下，大典分为“迎神”“初献”“亚献”“终献”等六部分，集礼、乐、歌、舞为一体，生动再现了古代祭孔典礼。

据考察，乡村的日常生活极其普通，除了日常生活外，每年都要举行祭祖仪式。家家户户都要去祠堂祭拜。年轻妇女，首先是要做祭品，如年糕、芝麻糕等，然后摆放到祠堂里供奉；男人在祠堂里要烧香、跪拜，完毕后，大家在小屋里又吃又喝，又唱又跳。这一天，古巷、祠堂中都充满了乡民祭祀的仪式感。

后来村里的住家逐渐减少，守村的大部分均为老人，年轻人仅有七八个，但是，每当祭祖时，外出的年轻人便会回村参加祭祖仪式。

据村中老人讲，古巷原来也有学校，学校是间破旧简陋的小屋子。但是，那时学校会传出琅琅的读书声。老人年轻的时候，也会自发地聚在一起，成立一个组，在村里盖一间房子，每天晚上都聚在小屋里谈笑风生，讲述家史，追溯孔子的思想。通过这种方法进行读书和交流，孔子的思想得到了传承，年轻人也十分团结和睦，孔氏思想成为他们的历史记忆和地方知识，并维系着孔氏族群的延续和文化传承。

这样的祭祀活动确实潜移默化地将大家的心凝聚了起来，自从有了祭祖，便有了演戏活动，即是说，演戏成为漆桥人的日常生活中必不可少的内容。从功能主义上而言，演戏具有凝聚、惩戒、愉悦的作用。因此，漆桥自古就有歌舞戏剧演出的传统。老艺人芮嘉士饰演徽剧，马荣福文武兼备，戏路甚宽，漆桥业余剧团演出较为活跃，他们教村民学戏，每年祭祀节日的时候都会演出，一直持续到 20 世纪 80 年代，但很少去外地演出。

村民们通过戏剧和邻里和睦相处。祭祀与演戏的习俗很古老，但在1949年后消失了。在“文化大革命”时期，祭孔视为封建迷信而被禁止，很多文庙等文物古迹都被破坏。因此，很多古老的祭孔仪式、舞蹈被人遗忘。目前，漆桥乡民自发地举行民间祭孔，在祠堂烧香和跪拜，形式极为简单。

结 语

考察组经过多次探访高淳地区漆桥镇，那郁郁葱葱的青山绿水环绕整个村落，庙宇祠堂、古街古树，还有古巷里老人的生业与技艺，如编织、年糕、咸鸭蛋等制作，民风淳朴，曾经的人文气息浓郁得令人惊叹。然而，在今天看到的是，村落老人居多（年轻人搬迁或打工在外），房屋凋敝、生业凋零，古时古巷琅琅读书声消失，祠堂原址迁移。当年桥畔水阁的情景，因漆桥河30多年前改道，已一去不复返。这就促使他们外出打工，村落整体的团结逐渐涣散瓦解，导致漆桥人的艺术生活搁浅。尽管如此，这里的乡民极其淳朴真挚，没有自卑感，他们在努力，努力找回昔日的生活。其实，这是一个被人遗忘的古镇。由此我们得到了诸多启示：

（1）每一个文明体都有自己的独特的表述体系，漆桥乡民的艺术表述，是漆桥原住民的思维、认知、知识和经验的结合体，他们在现代化进程中努力留住属于自己的艺术表述体系；

（2）乡民独特的艺术表述与文明形态密不可分，它充分反映在特殊生态中——人类的孕育、哺育、养育和教育的生养制度，是获取生活方式和生存方式的艺术表述景观；

（3）与伴随着“文明”“文化”关系最为密切者正是日常生活中的事物，特别是艺术活动，它们既是非物质文化遗产，又充分表现其“活态性”；

（4）乡民的艺术表述还包括许多手工技艺，它将“有用/审美”融会贯通，形成了特殊的艺术表述景观。但是，村落乡民的艺术生活是族群的历史记忆，是世代传承的文化遗产，是记录农耕文明的特殊生态景观，尤其需要警示。

（六）漆桥教育

1. 教育场所的变迁

“安邦治国平天下”，孔子说这是读书人的责任。据当地K姓村民介绍，1949年前，漆桥只有私塾，主要教授“四书”“五经”，私塾基本都是孔家人开的。当时，漆桥当地利用祠堂公屋作为校舍，漆桥小学教学设备几乎空白，学校设备陈旧、简陋，后来随着经济的发展，政府逐渐加大了教育投入，加快了幼儿教育的步伐，漆桥当地开办了1所中心幼儿园。政府帮助修葺校舍，添置校具和教学设备，教学设备逐步得到改善，在大力兴办漆桥中心小学的同时，扩建了漆桥中学，办学条件也有所改善。目前学校里基本都有体育器材、多媒体投影仪、计算机教室等。

2. 教育者和受教育者社会角色的演变

据当地K姓村民介绍，以前只有熟知“四书”“五经”的人才能当私塾老师，但是有的只会读，不会写，有的只能识字、写信。另据《高淳县志》记载，新中国成立初期，小学校长由县长任免，教师由县教育科负责调配，中学校长由县政府任免，20世纪90年代开始，中小学校长由县教育行政部门或乡政府任免，当时学校的部分老师主要通过参加江苏教育学院组织的各类函授班，获得任教资格。学校里的教师都是按照所教的班级、年级来定工资。

此外，村民还介绍说，以前村里的儿童大部分都会进私塾读书，少部分放牛，家庭经济条件好的人家会把孩子送到有名气的私塾，清朝时，当地宋家私塾水平比较高，大部分孔家孩子都会送到他家上，因为他家会开讲，会做文章。1949年后，人民政府大力发展小学教育，1986年国家开始施行《义务教育法》，规定年满16周岁的少年儿童应当受完九年义务教育，所以漆桥当地的孩子至少都是初中毕业，初中毕业以后，有的孩子继续接受高中和高等教育，有的孩子开始学手艺或者出外打工，有的继续父辈的事业，继续半农半商的生活。

3. 教育内容和形式的变化

以前私塾时期主要教授百家姓、千字文，1949年后，小学课程设语文、算术、体育、音乐、美术和自然、历史、地理等八科；20世纪90年代开始增设思想品德、劳动等课；现阶段小学分科设置，增加了外语、科学，以及综合实践等活动。

4. 孔子地位以及孔子对孔家后人、对漆桥当地人教育的影响

高淳人民历来崇文尚武，据高淳县志记载，境内居民的先人大都是在西汉末、南北朝及南宋时期从北方迁入，不少是士大夫阶层人士或官宦后裔，文化层次较高，孔子第五十四孙孔文昱就是南宋时期从北方迁来漆桥的，他们在此落户后，兴办教育，传播儒学，地方教育事业逐渐兴起，风气为之大变，各地纷纷办劝学所、私塾，上学读书的人渐渐多起来，历史上未获取功名的孔子后裔第一职业往往是做“私塾先生”。据当地K姓村民介绍，他小时候在村里的孔家宗祠上过学，第一天去上学时就在宗祠的门口拜了孔夫子的牌位，这是村里一直留下来的规矩。农村人家，尽管生活艰难，也要让孩子多读几年书，不求功名富贵，但求识得一些常用字，不做“睁眼瞎”。孩子上学用功、成绩优秀的，家人宁愿节衣缩食也要供其继续求学。民间有“三把锄头扛一支笔”的说法，就是平民人家合力培养人才的真实写照。

三　总结

漆桥的生养包括当地人们的衣、食、住、行、劳动、社会交往等物质生活和精神生活的价值观、道德观、审美观，这些都与它所处的自然环境、民风民俗息息相关。自然资源给当地的经济和人们的生活提供了物质保障，影响着人们的饮食结构、劳作方式以及器具的使用。建筑不仅体现了自然环境气候的特点，还体现了传统文化的影响以及人们的审美观。服饰、民俗、教育则体现了他们精神生活的追求与向往。此外，孔氏家族“崇儒重道，重义轻利”的家风和“忧道不忧贫”的祖训也对漆桥古镇的教育产生了极其深刻的影响，形成了当地淳朴重义的民风，推动了当地教育的发展，濡养了一代又一代漆桥人。婚姻、服饰、饮食、各类器具、建筑、教育等生养的需要也客观上促进了当地生计的发展，衍生了诸如裁缝、厨师、竹篾匠、铁匠、木匠、泥瓦匠、教书先生等职业，构成了当地

特殊的生活方式和生存方式。

漆桥之“生计”

一　人类学之“生计”景观

生计是各个人类群体为适应不同的环境所采取的谋生手段，是人类生存的需要。生存需要与生计方式相共谋；而生计与谋生手段互为一体，谋生又离不开工具的发现、发明、制作和使用。因此，在远古时代，人因生存需要而制造、使用工具也成为文明、文化的最基本的因素。考古学正式按照人类生产工具的发展划分时代，所谓石器时代的划分，以及后续的陶器、青铜、铁器时代等线索，主要是依据工具这一条线索确定的。换言之，工具的变化和进化成了人类反观自我文化的一份重要遗产。[①] 工具成了人类文明轨迹中一个绕不过的话题，也必然成为人类生计历史的脉络。

漆桥外围空间水系密布，河流纵横。水阳江流经西部圩区，胥溪河横贯东西，官溪河连接运粮河通当涂达长江。还有一些河流，在历史上通江串湖，纵横交错，其间湖泊星罗棋布，一派“水乡泽国、草木茂盛”之貌。过去漆桥古村落主要以河连接水上交通。上源自东向水来自溧水区枕头山南麓、龙墩河与栗山之水，下游自西北经邻镇古柏镇檀溪河入固城湖，全长 13 公里。因此，漆桥镇自南宋晚期起，已是一处著名的集市，明嘉靖年间已成为溧高两县七处市镇之一。丰富的水资源和便利的水上交通，使得漆桥人以水为荣，以水为生，渔业、稻田农业、林业发达。作为孔氏后人的聚集地，私塾亦成为当地人谋生的方式。因此，高淳漆桥乡民的生计主要体现在“渔、樵、耕、读”四个方面，与此相生的生计工具，便成为漆桥生计景观的重要载体。

① 彭兆荣：《生生遗续代代相承》，《徐州工程学院学报》（社会科学版）2014 年第 4 期。

二 渔

漆桥镇位于高淳县北部，游山北麓，四周环水。据地方志记载，漆桥有一老街，明代时为临水埠岸集市贸易而形成的市镇，街南北向横跨河道，闹市繁华处集中在漆桥附近，漆桥人以水为荣，以水为生，渔业也是漆桥百姓的主要生计之一。

（一）渔具

早在旧石器时代，人类就利用天然的树枝钩刺和鹿角、猪齿、石头等制成原始渔具在河流、湖泊中捕食鱼贝。6000 多年前，渔具店中国已出现骨制鱼叉、钓钩、枪头、鱼镖等；3000 多年前已出现铜制钓钩。古代甲骨文中有用竿和网捕鱼的象形文字；《易经·系辞下》中有“结绳而为罔罟，以佃以渔”的记载。唐代陆龟蒙在《渔具诗序》中详细描述和区分了当时的渔具和渔法。当今盛行的渔具、渔法是近二三百年产生和发展起来的，如长带形的流刺网和围网、袋形的拖网和定置网、各种形式的钓渔具等，均已由小型、简单发展到大型、复杂，由沿岸作业延伸到深海大洋作业。渔具材料也被合成纤维及塑料等取代。自 20 世纪 50 年代起，世界渔具已渐趋现代化。

1. 渔具制作的特点与传承

漆桥当地水系发达，水产品丰富。从古至今，居民们都在附近河里或者湖里捕获水产品，现有的渔具大都是 1949 年前传承下来的，有赶鱼篓子、风网、银鱼网、拖甲网（又称猪奶奶网，百袋网）、麻罩、花篮、大钩、小钩、丝网、虾拖网、虾笼、黄鳝笼、拦河网等。据当地 K 姓村民介绍，一般人家捕鱼的工具是鱼钩、鱼竿、渔网。鱼钩一般都是自己做，泡沫、卷尺、大头针三样工具足矣；一支竹竿便可以作为鱼竿；渔网有大小洞眼之分，洞眼大的捕大鱼，洞眼小的捕小鱼。另据《高淳县志》记载，当地用来专业捕鱼的工具主要有鳝笼、豪袋、罗纱网、包网、不回头、撤钩等，这些专用渔具私人制作的已经比较少，大都是厂家生产。

漆桥渔具制作的材料一般有网线、网片、绳索、浮子、沉子（见下图)、钓钩等其他属具。各种材料的原材料主要有纤维材料以及竹、木、石、玻璃、陶瓷、金属(铅、铝、铁、合金等)和橡胶、塑料等。其中最主要的是各种浮子纤维材料,它是制造渔网的原材料。另外,以竹为主要材料的渔具,不但因漆桥当地竹林广布,主要是竹子具有较高的湿态断裂强度和结强力、适当的伸长率、良好的弹性、柔挺性。

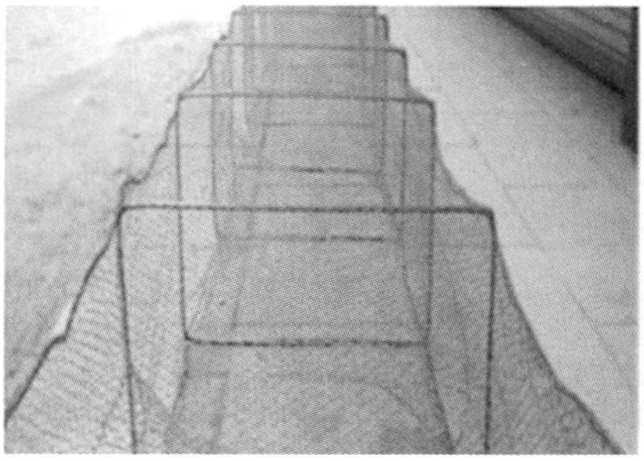

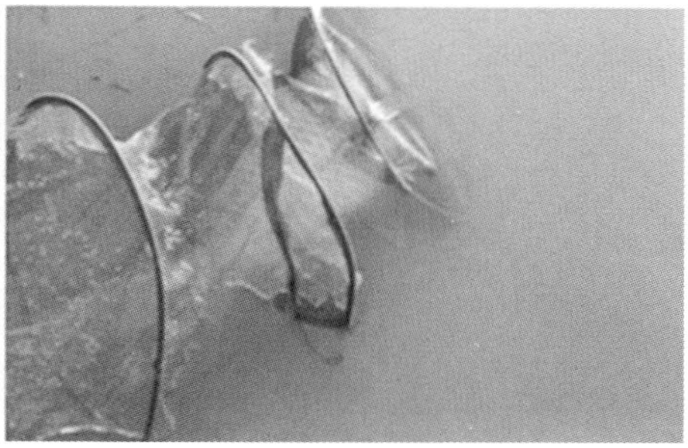

2. 渔具类型

漆桥渔民从事捕捞生产的渔具大都是1949年前传承下来的,新中国成立后虽有一些改进,但未有大的突破,仍然使用的渔具有风网、银鱼网、拖甲网(又称猪奶奶网、百袋网)、麻罩、花篮、大钩、小钩、丝网、大卡、小卡、兜兜网、裤篮、虾拖网、虾笼、虾罾、黄鳝笼、旋网、大包网、拦河网、拦河筏、豪袋、观音筏、水老鸦、赶篓(笆篰)、地笼、三层丝网、手索、罗纱网、牛粪钓、旺丁钓、撤钩、不回头、包网等。20世纪70年代初期聚乙烯线、锦纶丝等化纤品进入渔具编结业,代替了用麻类、棉线、蚕丝和毛竹编结成的渔具,使之更加轻便、牢固、耐磨、耐用。代表性的渔具有下列几种:

地笼: 也称作地笼网、地笼王等。手工地笼网适合江河、湖泊、池塘、水库、小溪、浅海水域等使用;主要捕捞小鱼、龙虾、黄鳝、泥鳅、螃蟹等鱼类的一种工具。地笼子,头天晚上展开放到村头小河里,第二天早晨就可以收获了,拉出来的那一瞬间是多么开心,只有经历过的村里人才知道。

手抛网: 又叫撒旋网,适用于浅海,江河,湖泊,池塘,单人或双人的捕鱼作业。

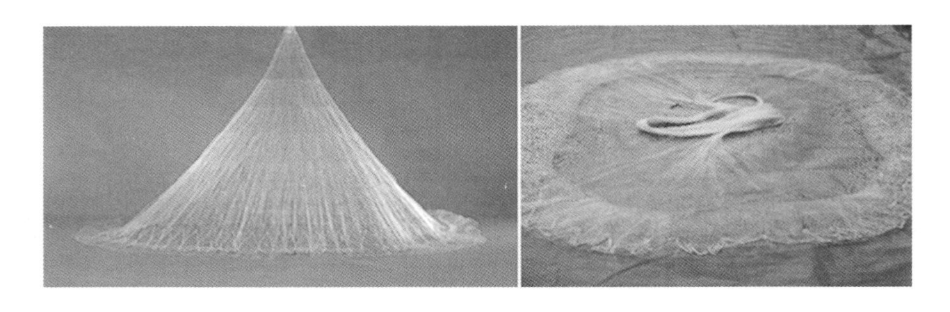

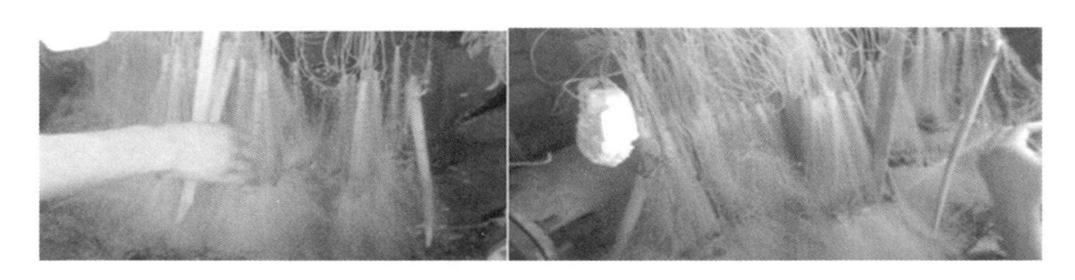

拖甲网：又称猪奶奶网，百袋网，以两船拖曳一排或两排底部多囊的网列捕捞鱼类的作业方式，主要分布于大型湖泊，河口区及浅海也有使用。

水老鸭：学名鸬鹚O大型的食鱼游禽，善于潜水，潜水后羽毛湿透，需张开双翅在阳光下晒干后才能飞翔。嘴强而长，锥状，先端具锐钩，适于啄鱼，下喉有小囊。脚后位，趾扁，后趾较长，具全蹼。栖息于海滨、湖沼中。飞时颈和脚均伸直，中国地区有5种，常被人驯化用以捕鱼，在喉部系绳，捕到后强行吐出。

虾罾：是一种常用的呈方形的小型敷网渔具，作业时将装有饵料的罾网敷设在沟塘或湖泊的近岸浅水区，利用虾类喜栖息于水边的草丛地区和

贪食的习性，诱其进入罾内而达到捕获目的。

拖网：是一种移动的过滤性渔具。依靠渔船动力拖曳囊袋形渔具，在其经过的水域内，将鱼、虾、蟹、贝或软体动物强行拖捕入网，达到捕捞生产的目的。

鱼钩：垂钓时用于悬挂钓饵以吸引鱼类上钩的工具，鱼钩的大小，首先由你所要对付的对象——鱼的大小来决定，大鱼用大钩，小鱼用小钩，是永恒不变的真理。

抬网：一般为两个人扶两边，把鱼挤到角落里，把网迅速抬起来，可以看到网上有好鱼虾。

泥鳅笼：和地笼子差不多，只不过一般捉到的都是泥鳅、黄鳝等，有

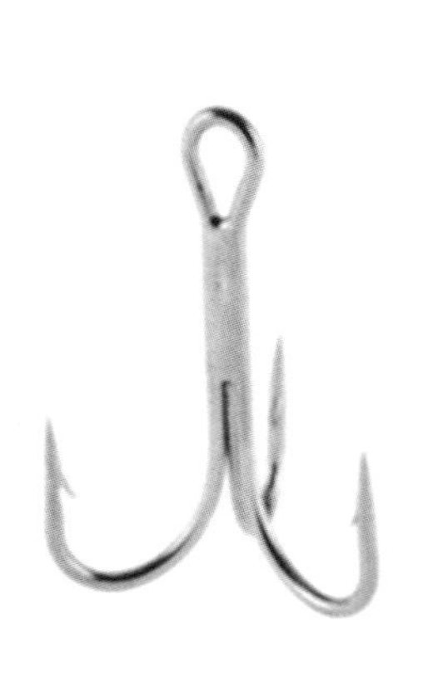

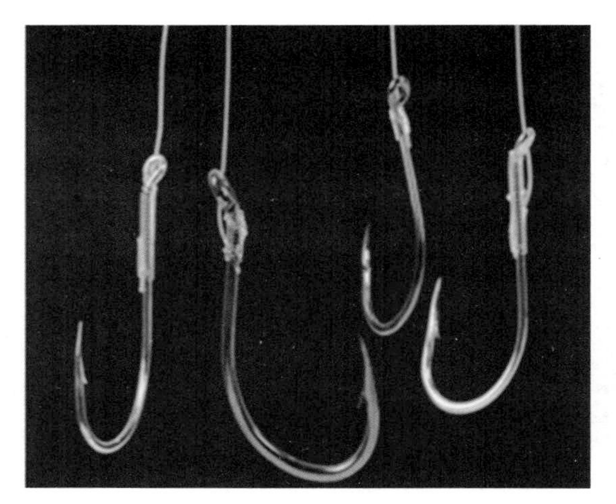

时候还会捉到蛇。

鱼篓：把捉到的鱼放里面，封口放到水里，鱼便不会死。

豪袋：豪袋每年涨水、退水季节设置效果最佳，它是在河道两岸固定木桩，分别用一根5毫米粗的钢丝绳固定并吊挂一个大网袋，将袋口的1/2处固定在钢丝绳上，另一半钉木桩，固定在水底泥土里，袋长50米到80米不等，头大尾小，逆水而设，凡经过水流的鱼类无一逃脱。

罗纱网：用聚乙烯线编织的密眼网片制成，网片宽约1米，长100米，在网片每隔20米处的两边，各设一个倒袋，小鱼、小虾易进而难出，也可视水域大小设定罗纱网长度，一般在每年春、冬季浅水时设置。

包网：包网分大包网、小包网两种。小包网3个人就可作业，大包网需6—20人方可操作。包网用聚乙烯线编制的网片制成，网口的网眼3厘米左右，网底0.5厘米处用3厘米粗的尼龙绳做纲绳，网上安装浮标，网底安装用铁块制作的脚子。操作时用船将网边撒边行进，然后将两头纲绳用绞棍慢慢收紧起网，凡在包网范围内的鱼、虾、贝类尽可捕获。大包网一次可包20多亩水域，捕捞量在1吨左右。

地笼：先用4毫米粗的钢丝做成四方形骨架，然后将聚乙烯线编制的网片缝制在四边即成。每条地笼一般为19—20节，大地笼可达80节。每节地笼两边设置倒须，下端装铁脚，拦放在水底，晚放早收，一年四季皆宜，鱼、虾、蟹均可捕获。

不回头：用竹片制成直径约15厘米的圆口圈，在口圈上缝制一个长40厘米的网袋，放置在长有水草的水域，袋圈口处放一小把湖草，鱼类产卵季节，翘嘴红鲌、黄鳝等鱼类入内产卵，进去后就出不来，故名“不回头”。

牛粪钓：将1000米长的棉线用猪血煮泡成黑褐色，每隔3米处安一根垂线，系上小钓，用牛粪做成弹子状颗粒，滚上稻谷，包住小钓放置在竹片篮中，捕捞时边划船边放牛粪钓，晚放早收，主要用于捕捞鲤鱼。放钓时间每年夏季为佳。

撤钩：用一根2毫米粗、30米长的聚乙烯线，每隔一米接一根50厘米长的垂线，系上撤钩。作业时需用两条小船，每条船头各站一人，将线头紧扎在竹棍上，沿水平线推进，其中一条小船上的人用劲一撤，另一条小船上的人一松，致使撤钩一紧一松。此法主要捕获鲤、鲫、黑、青、草等鱼类。

旺丁钓：类似牛粪钓，将小钓排列成一条长线悬于水中，以蚯蚓为饵，与牛粪钓不同的是，小钩弯处再弯一个小钩，主要捕获旺丁、鲫鱼等，每年八九月份为最佳放钓时机。

手索：用100米长的草绳，每隔3—5米插一根毛竹棍，两人各拖一头绳头围成圆圈，七八条小船在圈内观看水色，见有浑水即用手摸鱼，可获鲤鱼、鳜鱼、鲫鱼等，一般用于冬季捕捞。

三层网：将顶指网、插2—4的丝网和插4—6的丝网重叠在一起，放置在适当水域，可捕获白鲦、鲫鱼、白鲢等。

鳝笼：是一种捕捉黄鳝的渔具，一般用竹篾制成，笼口有倒齿（俗称“毫须”），黄鳝进入后便无法游出，笼内常放入蚯蚓、家禽内脏、蛋壳、蚌肉等诱捕。鳝笼长约2尺，直径8—9寸不等，笼的两端有口，一端为进口，一端为盖口，进口处一定要像喇叭形状，易进难出，同时黄鳝笼也可两端进口，中间为连接处。根据鳝鱼昼伏夜出的生活习性，可以选择有黄鳝活动的湖泊、塘堰、河汊等水域放笼，要是有充裕的时间，还可捕捉一些萤火虫放入鳝鱼笼里，这样捕获的效果会更好。放笼时需要将整个黄鳝笼横放在离岸边一米以外有水草的地方，最好是靠近临水的树根旁石缝边。将笼放入水中时，要有1/4部分露出水面，然后在露出水面的黄鳝笼上盖些水草，这样，鳝鱼晚间四处觅食就会进入笼内，第二天早晨收笼，就可捕捉到很多的黄鳝，有时一只黄鳝笼一夜可捕捉数十余条。

（二）风俗

1. 行为禁忌

漆桥渔人出船打鱼，处处都要图个吉利。他们看天时知风雨，看云知阴晴，保证人船安全，保证捕鱼顺利。他们对渔具及操作方式都有禁忌，崇信水龙王，语言禁忌较多，语言上的诸多禁忌多因谐音而生。不要说“翻”的同音、同义字；吃饭时不能坐在船上吃饭，一般是蹲在船上吃饭，因为“坐下去”意味着沉下去；吃鱼吃完一面后，一般不会把鱼翻过来吃另一面，而是直接吃，因为鱼翻身即意味着翻船；吃饺子时不能说“下饺子”，应该说“煮饺子”；吃完饭筷子要放在桌上，不能放碗上；渔民烧饭以煤为燃料，但他们不说煤而说扎子，因为在他们看来，“煤”就是

"霉"；在渔船上捕鱼时，不能穿凉鞋和露皮肉的鞋，以免鱼漏网；渔家风俗，一早开船如欲转回，不能立即调转船头，须绕路回摇，寓"好人不走回头路"；一早开船如见狗或蛇或鼠在河里和船头游过，野鸭飞过，均视为不吉；第一网捕鱼，如捕到鲤鱼，认为是"鲤鱼跳龙门"，兆丰收；如捕到黑鱼，尤以为是喜兆。

2. 祭拜活动

渔民节。每逢过年，渔船上都要张贴春联、祭神等，体现了人们的美好愿望。传统的渔民节，盛况有如过年。节前几天，家家忙着杀鸡宰鸭，买肉打酒，妇女们还要蒸制象征吉庆的红枣大馍。有趣的是，手巧的妇女还得用面团做成白兔，蒸熟。谷雨清晨，待出海捕鱼归来的丈夫提着大鱼进家时，便出其不意地把白兔塞进他怀里，"打个子腰别住"是本地的古老风俗，她们让丈夫怀揣象征吉祥的白兔，祝福亲人出海平安、捕鱼丰收。谷雨这天，家家香烟缭绕，鞭炮连天。渔民抬着整猪至海边设供，祭海祈丰收，保平安。祭毕，他们或盘坐船长家的炕上，或在渔港码头、海边沙滩欢聚，大块吃肉，大碗喝酒，划拳猜令，尽情痛饮，必欲一醉方休。与此同时，渔民们在海上开展了划船、摇橹、拉船、织网多项富有渔村特色的比赛。入夜，在石岛港湾内举办海上灯会。荣成沿海广泛流传海神娘娘举红灯为渔民导航的故事，为了纪念海神娘娘，每年谷雨节，家家户户挂灯，示吉祥。根据这种习俗举办的海上灯会，处处显示出渔村的特色，70 多个彩灯杰作，布置在千米港岸上，焰火与水光衬托，景象十分壮观，灯品中有"鲤鱼跳龙门""八仙过海""荷花仙子"等传统题材，也有反映渔民现实生活的"现代渔村"景物组灯。

新船点睛。渔民把渔船看成自己的伙伴，是赖以生存的依靠，因此，渔民对它爱护备至，并赋予它灵性，过去的木制渔船每条船都做一对凸出来像大鱼的眼睛，新船造好后，只画眼，不画睛，等到黄道吉日，船主会敲锣打鼓放鞭炮，亲自为新船点睛，其他的渔民也会喊着"大吉大利"的号子，把披红挂绿的新船一步一步从岸上移下海去。

祭祀渔神。渔民首次出海拉网，当捕到鱼之后，首先要拣大鱼蒸熟盛于盘中，在船头奠酒焚香，祈祷龙王爷保佑海上发财。几条船在一起捕到鱼的时候，谁的船先打上鱼来，就放鞭炮、敲锣鼓，并拣最大最好的鱼供在船头。

三　樵

（一）木艺

1. 木匠

（1）木匠特点和传承

木工工艺是一门传统而又古老的行业，从古代“班门弄斧”可以看出，中国的木工业的发展的悠久和辉煌。在现代社会中，这项工艺也没有随着时间的流逝而消亡，在漆桥古镇主街道的两侧商铺仍然保留着最原始的木门店铺，走过古香古色的巷口街铺，踏进清新幽静的古宅，触摸到的不仅是漆桥的前史，还有漆桥人的才智。自古至今，凡是竖屋造宅，家家户户都有上梁的风俗，漆桥村造房子的民间手艺技艺精深。“天上下雨地上流，漆桥木匠到处有。”漆桥男人自古游走四方当木匠，漆桥的木匠之多，匠师技艺之高超，均为浙江之冠，也成为漆桥人的主要生计之一。

木质店铺

（2）工具

在古代，一个人，一把锯、一支尺、一条线、一块木，就能自称为木

木门

工。木工的出现及木工工具的不断改进，对中国家具及建筑的辉煌发展起到了极其重要的推动作用。妙匠用妙具，妙具出绝品，往复不休，真正构建出了中国辉煌的木建筑世界。

木工是古典家具制作的一个很重要的工序，涉及开料、选料、开榫、做卯以及组装等，无不体现着技工师傅的技术。随着科技的日新月异，木工工具种类逐步增加，功能也不断完善，如开榫机，精确度越来越高。像凿子、刨子、铲子、墨斗等传统木工工具，现在是很难看到了。

锯子。锯子是传统木工工具之一，用于木材的横向切断及纵向分解，手动锯历史久远。条形锯片又称“锯条”，锯凿角度一般呈带倾斜的 45°角，锯牙逐个相隔向左右岔开，便于锯条在锯缝中往复运行。其中框架锯，锯条装于一侧，另一侧装一绳框缠绕绞紧，插竹别子固定，可以调节锯条松紧与角度，十分合理方便。

框架锯按锯条长度及齿距不同可分为粗、中、细三种。粗锯锯条长 650—750 毫米，齿距 4—5 毫米，主要用于锯割较厚的木料；中锯锯条长 550—650 毫米，齿距 3—4 毫米，主要用于锯割薄木料或开榫头；细锯锯条长 450—500 毫米，齿距 2—3 毫米，主要用于锯割较细的木材和开榫拉肩。金属锯的历史可推溯到商周，《墨子》中已有“门者皆无得挟斧斤凿锯推”的记述。

锯子：用来开料和切断木料

斧子。斧子是传统的木工工具，利用杠杆原理和冲量等于动量的改变量原理来运作，故分为两个部分：斧头和斧柄。斧头为金属所制，斧柄为木质。刀口形状一般为弧形（有时也为直线形）或扁形，用斧子“砍削”是传统木工的基本功，“一世斧头三年刨”，要掌握刨子不容易，用斧比用刨更难。

斧子

斧子是凿榫眼的最佳敲击工具，比锤子好使得多；斧子横过来，底面积比锤子大得多，不容易敲偏打到手，重量也比锤子重得多；用斧子砍边，木料纹理较直时，三两下就可砍好，比锯子快得多；斧子削木楔也很好用。在没有电动工具的时代，斧子是木工的利器，木匠是很看重自己的斧子的。

刨子。刨子是传统古典家具制作的一种常用工具，由刨刃和刨床两部分构成。刨刃是金属锻制而成的，刨床是木制的，即将一段钢质刀刃斜向插入一只带方形孔的台座之中，上用压铁压紧，台座呈长条形，左右有手柄，便于手持。

手工刨削的过程，就是刨刃在刨床的向前运动中不断地切削木材的过程。把木材表面刨光或加工方正叫刨料；木料画线、凿榫、锯榫后再进行刨削叫净料；家具结构组合后，全面刨削平整叫净光。台刨历史最少可上溯到明代。

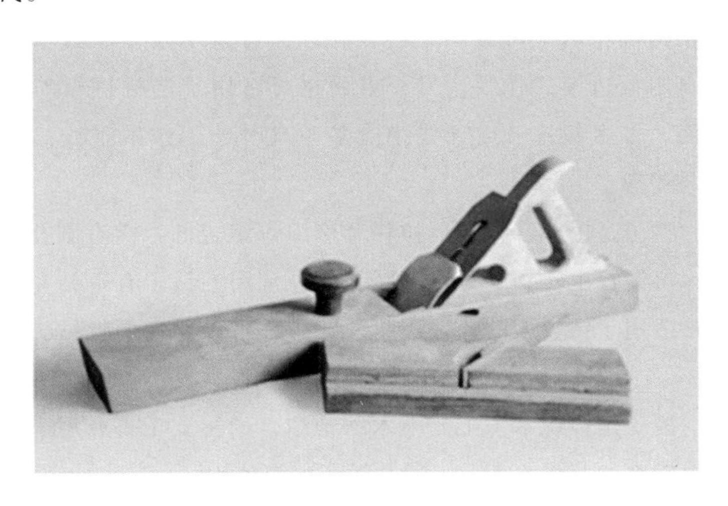

刨子：更细致地刨平修饰木料表面

墨斗。墨斗是中国传统木工行业中极为常见工具，古人有“设规矩、陈绳墨”之称。民间墨斗木工自制，墨仓常被雕作桃形、鱼形、龙形等，既为自娱，也是木工手艺的一种炫耀。

墨斗多用于木材下料，从事家具制作的木工墨斗可做得较小些；从

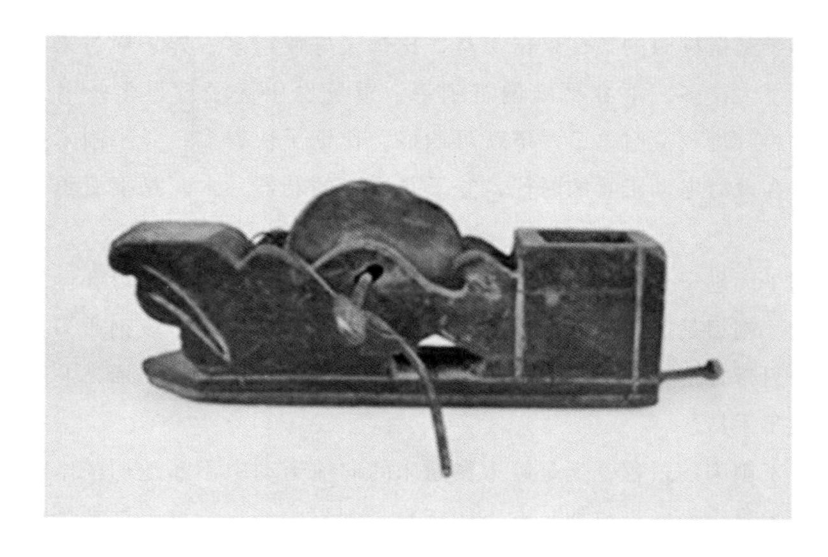

墨斗：用来弹线与校直屋柱等

事建筑木结构制作木工可做的大些。一方面可以用墨斗作圆木锯材的弹线，或调直木板边棱的弹线；另一方面也可以用于选材拼板的打号弹线等其他方面，如木板打号或弹线中。墨斗有时还用作吊垂线，衡量放线是否垂直与平整。

钻子。钻子是由握、钻杆、拉杆和牵绳等组成的，内有圆孔，竹片与钻杆相接，可以自由转动，是用来钻孔的。常用的钻子有牵钻和弓摇钻两种，弓摇钻适用于钻较大的孔，这两种钻子都可以通过更换钻头来改变钻孔大小。

凿子。凿子是传统木工工艺中木结构结合的主要工具，用于凿眼、挖空、剔槽、铲削的制作方面，一般与锤子配合使用。

凿是挖槽或穿孔用的工具，使用凿子打眼时，一般左手握住凿把，右手持锤，在打眼时凿子需两边晃动，目的是为了不夹凿身，另外需把木屑从孔中剔出来。半榫眼在正面开凿，而透眼需从构件背面凿一半左右，反过来再凿正面，直至凿透。

锤子。锤子是最常用的矫正或是将物件敲开的木工工具。锤子有多种形式，常见的形式是一柄把手以及顶部，顶部的一面是平坦的以便敲

凿子：用以凿孔与开槽

击；另一面锤头的形状像羊角，其功能为拉出钉子。另外也有着圆头形的锤头。

铲子。铲子是常用的传统工具之一，主要用于铲削局部平面。形状较凿子细薄，刃口角度较铲子小，手柄长、上端一般不带箍，操作者用手或肩部顶手柄作业，也可用手锤轻敲作业。根据用途的不同，铲分为平口铲、圆口铲、斜刃铲等。

平口铲：刀口是平的，刀口与铲身呈倒等腰三角形，主要用在于开四方形孔或是对一些四方形孔的修葺。

斜刃铲：刀口呈45°角，主要用来修葺用，多数用于雕刻和一些死角修葺。

圆口铲：刀口呈半圆形，主要用来开圆形孔位或是椭圆孔位。

菱铲：刀口呈V字形，现很少见，主要用于雕刻与修葺。

鲁班尺。鲁班尺是一种带有宗教色彩的量具，相传为春秋鲁国公输班所作，其实鲁班尺的长短无定，并非通常的衡量长度。刻度分八大格，每大格又分若干小格，分别书写各种吉凶词，内容大同小异，规格亦不统一。

建造房屋和制作家具时，从整体到每一部位的高低、宽窄、长短，都要用此尺量一下。

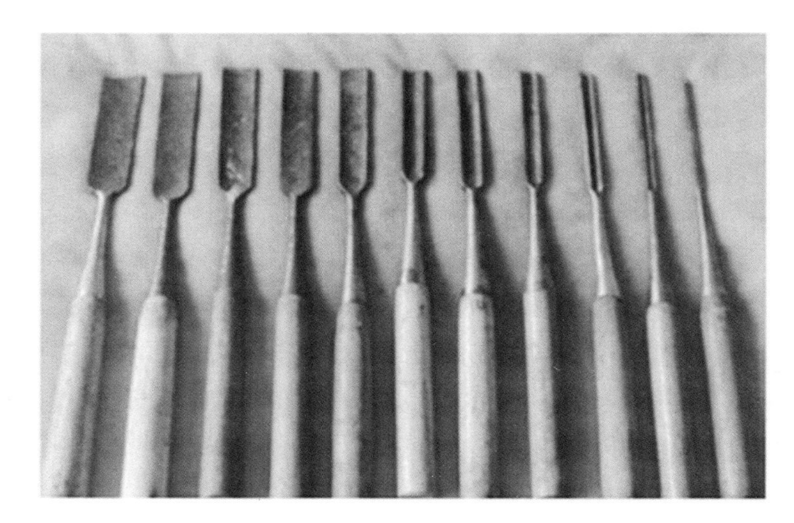

铲

鲁班尺：丈量与校正角度等

2. 雕匠

（1）雕匠特点与传承

漆桥老街的建筑木雕，融合绘画、雕刻、建筑、历史、人文为一体，既是建筑构建，又是装饰图案，融使用性和观赏性为一体，既有历史文化内涵，又包含丰富的人文艺术价值，在点缀建筑门楣的同时，也给游人带来了美的享受。木雕中的很大一部分，都是古代文人知识分子，包括蜀三杰、汉三才、宋三贤、李白、白居易、杜甫、陆游，等等；充分显示了本地淳朴的民风，孔子后人对先贤智慧的尊重和传承。

漆桥老街木雕

漆桥木雕的传承人马玉年，出身四代雕刻之家，从小便跟着父亲学习木雕。在父亲眼里，勤奋好学的马玉年是一块学习雕刻的好材料，在马玉年的记忆里，父亲从没有为了让他继承家业强迫他学木雕，一切都是在潜移默化中。“我的父亲曾是城里小有名气的木匠，我小的时候，为了哄我开心，他就经常用捡来的木头给我雕玩具。”童年的马玉年对一切都充满了好奇，看到父亲竟能“化腐朽为神奇”，从小便对木雕产生了浓厚的兴趣。就这样，在父亲的耐心指导下，马玉年从原本连小刀都拿不稳，到独立完成作品，再到成为小有名气的“雕花木匠”，“刀耕不辍渐成火候”，三十年如一日，雕刻出了自己的艺术人生。

（2）工具

漆桥木雕可以分为立体圆雕、根雕、浮雕三大类。雕刻材料一般选用质地细密坚韧，不易变形的树种，如楠木、紫檀、樟木、柏木、银杏、沉香、红木、龙眼等。漆桥老街上的普通人家建筑房梁、大门上的木雕材料多为樟木、柏木，而富有人家则多用楠木和紫檀。木雕工具种类繁多，各有其用。在传承人马玉年的店铺中，我们看到的雕刻工具就有近 25 种。

雕刻刀的种类有很多，基本分为两大类：一类是“翁管形”的坯刀，俗称“砍大荒”“毛坯刀”；一类是“钻条形”的修光刀，主要用于掘细坯和修光。

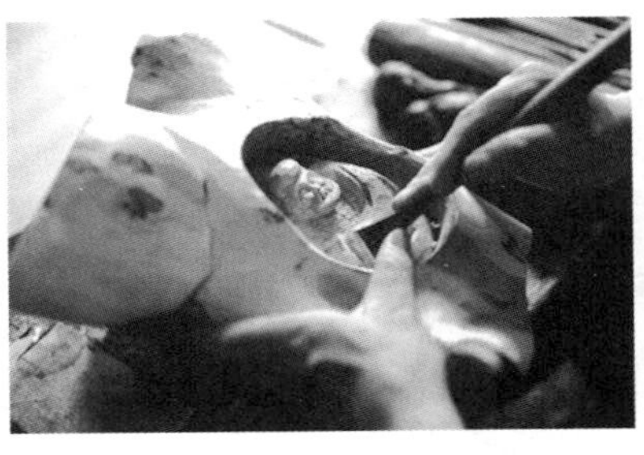

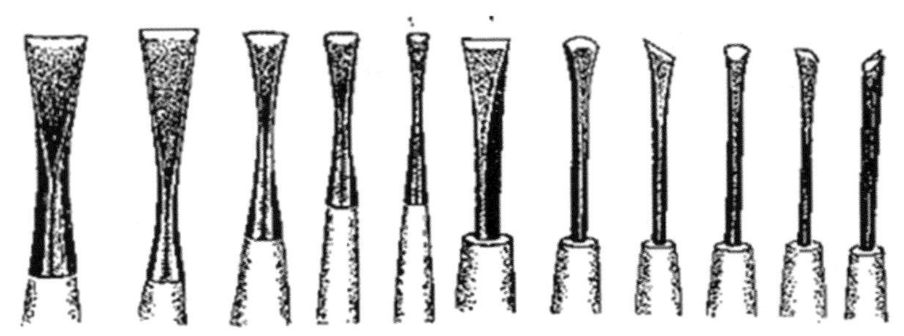

毛坯刀（翁管形）

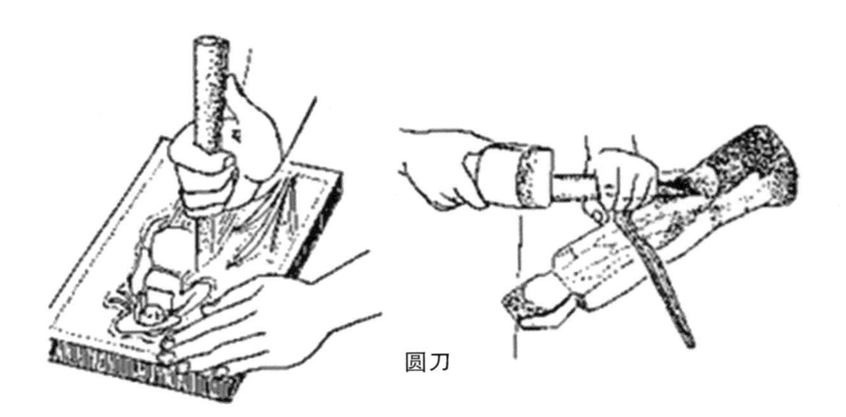

圆刀

圆刀：刃口呈圆弧形，多用于圆形和圆凹痕处，在雕刻传统花卉上也有很大用处，如花叶、花瓣及花枝干的圆面都需用圆刀适形处理。

平刀：刃口呈平直，主要用于劈削铲平木料表面的凹凸，使其平滑无痕。

斜刀：刃口呈45°左右的斜角，主要用于作品的关节角落和镂空窄缝处作剔角修光。

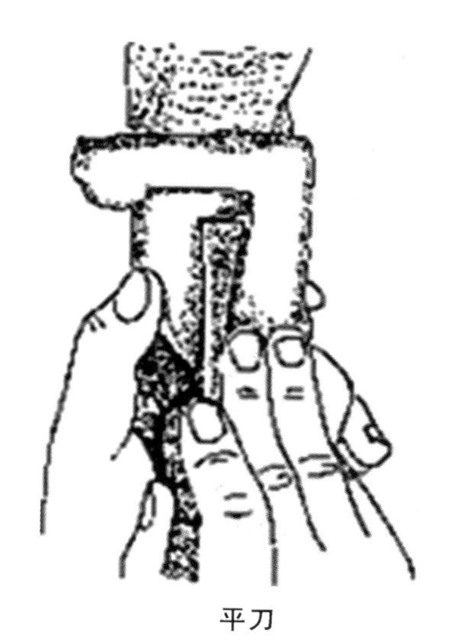

平刀

斜刀

三角刀：刃口呈三角形，因其锋面在左右两侧，锋利集点就在中角上。

俗称“和尚头”“蝴蝶凿”，刃口呈圆弧形，是一种介乎圆刀与平刀之间的修光用刀，分圆弧和斜弧两种。在平刀与圆刀无法施展时，它们可以代替完成。

木雕的辅助工具：主要是指敲锤、木锉、圆雕台钳、斧子与锯子。

三角刀

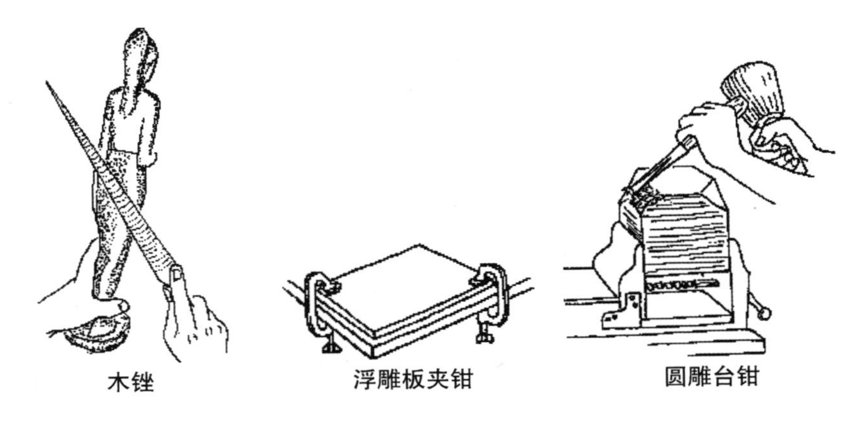

木锉　　浮雕板夹钳　　圆雕台钳

（二）竹艺

1. 竹编技艺变迁与传承

在漆桥古镇上，有一家店铺叫作“漆桥竹篾店”，店主是孔令年，是孔子的第 76 代后人。笔者进去与老人交流，老人家是世代制作竹篾制品的篾匠，到孔令年这一代已是第四代。

旧时，篾匠营生范围涉及人们的吃喝拉撒、衣食住行，几乎哪里都有篾器的影子：淘米的筲箕，舀水的筲筒，刷马桶的缠筅，遮阳挡雨的斗笠，暑天用的篾枕、竹席、竹床……利用天然的竹子制器皿，可谓是我国古代先民的一大创造。竹子在南方比较常见，其质地坚韧、不易腐朽，中空有节。横向截之，可盛水、盛物；纵向劈之，可成丝、成片，用途更广。古人经常用竹子制作书写用的竹简、裁切用的竹刀、打仗用的竹枪等。后来人们日常用的椅子、筐子、篮子等，也经常用竹子制作。特别是在南方的乡镇城市中，制作贩卖竹制品的店铺很多。这些店铺的幌子多是高高挂起的一个大竹筐，筐下垂着块三角红布。店前的摊子上一般都摆着各式各样的竹器，摊子的后边多有两三个篾匠在劈竹编筐。随着塑料制品的出现，篾制品市场迅速萎缩。漆桥古街上的篾匠也是随着市场经济的发展在逐渐萎缩。孔令年老人由于要经营竹篾店，现在已基本没时间制作竹篾了，还在坚持做篾匠的是孔令年的大哥孔令仁。而老人的儿女这一代都无人继承了。

主要原因在于，随着塑料制品的出现，篾制品几乎被淘汰，塑料品制作成本低，价格低廉又不容易坏，受到消费者的喜欢。而竹篾制品是篾匠纯手工艺制作，耗时耗力，在价格上也无法和塑料制品竞争。

笔者在竹篾店主孔令年的带领下，去拜访了竹篾传承人孔令仁老人，孔令仁老人今年 75 岁，也是孔子的第 76 代后人，从 11 岁开始跟父亲学篾匠手艺，一辈子从事篾匠这一行业。如今老人子孙满堂，已到了颐养天年的时候。做篾活并不是他生活的主要来源，老人说做了一辈子的篾匠，除了做篾器自己并没有其他的业余爱好，所以闲来无事，老人都会在家制作篾器。老人居住在河边，房屋是 20 世纪 80 年代盖的，有三大间，二楼还有一间是专门存放制作好的篾器。我们的到访受到了热情的招待，通过交谈，使我们了解了篾匠这个中国古老的职业。

2. 竹编工序

篾匠工具看上去并不复杂，一把将竹子盘成细篾的篾刀，是必备的工具，再就是小锯、小凿子等，还有一件特殊的工具就是“度篾齿”，这玩意儿不大，却有些特别，铁打成得像小刀一样，安上一个木柄，有一面有一道特制的小槽，它的独特作用是插在一个地方，却能把柔软结实的篾从小槽中穿过去。

篾匠的基本功包括砍、锯、切、剖、拉、撬、编、织、削、磨。剖出来的篾片，要粗细均匀，青白分明；砍的扁担，要上肩轻松，刚韧恰当；编的筛子，要精巧漂亮，方圆周正；织的凉席，要光滑细腻，凉爽舒坦。篾匠手艺是一门细致活，要经过多年磨炼才能达到精熟的程度。

工艺流程有：

（1）取竹

春竹不如冬竹，春竹嫩，易蛀，冬竹又要选小年的冬竹，有韧劲；不管春竹还是冬竹，必须要鲜竹才能编篓打簟。当日砍来的鲜竹最好，但最多也不能放过 10 天，否则剖不出篾来；刚编好的竹器还不能马上放在太阳底下曝晒；竹子劈成较细的篾后，最外面的一层带着竹子的表皮，行话叫“青篾”，这层篾最结实，不带表皮的篾，就叫“黄篾”，黄篾比青篾的结实度就差远了，但它也有用途，像箩筐、晒箕的主要部位，由于需要量大，一般用黄篾，而竹器的受力部位，就要用青篾来做。像经常跟水接触的用具，如篮子、筲箕之类，就不能用黄篾，但它们大多是用本地的小竹子做的，坚牢度也不怎么样，一般用上一年左右，就要换新的了。

（2）破竹

篾匠的绝技是在一枝笔挺的毛竹去枝去叶后，一头斜支在屋壁角，一头搁在篾匠的肩上，只见篾匠用锋利的篾刀，轻轻一勾，开个口子，再用力一拉，大碗般粗的毛竹，就被劈开了一道口子，“啪”的一声脆响，裂开了好几节。然后，顺着刀势使劲往下推，身子弓下又直起，直起又弓下，竹子节节劈开，“噼啪噼啪”响声像燃放的鞭炮。但很快，那把刀被夹在竹子中间，动弹不得。此时，篾匠师傅放下刀，用一双铁钳似的手，抓住裂开口子的毛竹，用臂力一抖一掰，“啪啪啪”一串悦耳的爆响，一根毛竹訇然中裂，姿势如舞蹈般优美。篾匠师傅破竹，像布店里撕布，潇洒利索。

（3）“批”篾片

篾匠活的精细，全在手上。一根偌长的竹子，篾匠师傅掏出不同样式的篾刀，把竹子劈片削条。从青篾到黄篾，一片竹竟能“批”出八层篾片。篾片可以被剖得像纸片一样轻薄，袅袅娜娜地挂在树枝上晾着，微风一吹，活像一挂飞瀑；篾片再剖成篾条，篾条的宽度，六条并列，正好一寸。然后是“拉”，将刮刀固定在长凳上，拇指按住刀口，一根篾子，起码要在刮刀与拇指的中间，拉过四次，这叫“四道”。厚了不匀，薄了不牢，这全凭手指的感悟与把握。可想，当光洁如绸的篾条，一根一根从手中流出，与其说是篾刀的使然，倒不如说是篾匠手上皮肉的砥砺。

（4）编织

篾匠师傅把竹丝横纵交织，一来一往，编成硕大的竹垫、编成圆圆的竹筛、编成尖尖的斗笠、编成鼓鼓的箩筐，反正你想编什么就给你编什么。面对惊讶的孩子，篾匠呵呵地笑着，从不间断手中的活计。譬如编竹席，篾匠蹲在地上，先编出蒲团般大的一片，然后就一屁股坐下来，悄然编织开去。编一领竹席，少则三天，多则四五天，耐得了难忍的寂寞还不够，还要有非凡的耐心、毅力，甚至超然物外的那么一种境界。

篾匠的全部“家生”是：一条黑腻的围裙，一只方形的竹箱。篾匠活大多在膝盖上做，围裙是必不可少的；竹篮内环置一竹圈，插着各式篾刀，底下是竹尺、凿子、钻子，上面有竹编的盖子，晴天盖住挡灰尘，雨天取下当斗笠，方便得很。还有一件度篾齿，这东西有些特别，铁打成像小刀一样，安上一个木柄，有一面有一道特制的小槽，它的独特作用是插在一个地方，却能把柔软结实的篾从小槽中穿过去。

以前的农村人几乎每年都要请篾匠师傅到自己家来做活，按天数付工钱。篾匠的手艺是细致活，做得好是不需要吆喝的，东家还没有做完，西家就来请了，风光地上门，踏实地做事，体面地拿钱。家里雇了篾匠师傅，除一日三餐管饭外，下午还得供一餐点心，每天做工前给一包香烟，雄狮、利群或大红鹰，尽管烟有些中档甚至低级，但篾匠师傅却很是满足。给不给香烟，那是东家的道理，也是请手艺人的规矩。

篾匠这个营生不轻松，太苦，看他的双手，要想形容得贴切，应该用“树皮”两字。十根指头，十支虬盘的树根，粗糙龟裂的手，贴了五六条虎皮膏药。要是寒冬，这双老手必定是沟壑纵横。

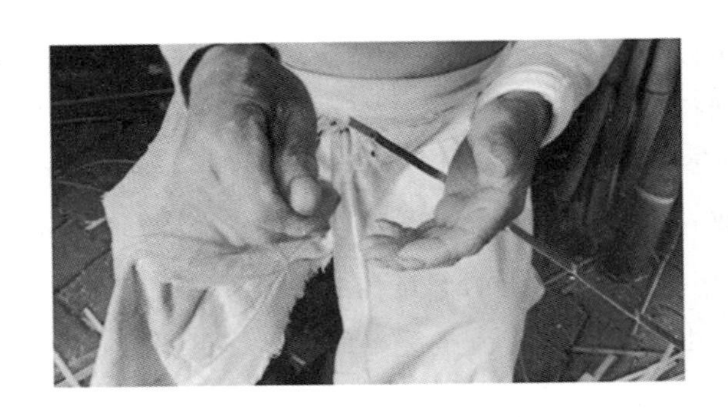

老人说，十个篾匠九个驼，他们走起路来，慢慢显示出一双罗圈腿，这十有八九是因为编竹席造成的。成天伏在地上编竹席，弯腰、曲背，怎能不驼不罗呢？农民的汗水落入土里，篾匠的汗水却是熬尽在丝丝缕缕交织的竹席里。俗话常说："吃得苦中苦，方为人上人。"遗憾的是，篾匠吃了多少苦，只有他们自己心里知道，但他们距离人上人也实在太远了些。世上的事，不如人意者常八九，一生几乎都在艰辛编织中耗去青春的篾匠，或许深深体味其中的况味，只能用缄默表达自己的感受吧。民谣说："医生屋里病婆娘，石匠屋里磨光光，木匠屋里栽架子床，篾匠屋里破筛篮。"意思是说，做手艺的大都在为人作嫁衣裳，自己家里却一无所有。我们见到的现实也是这样的，老人家里并不华丽，屋内摆满了篾匠工具，和老伴的生活是勤俭节约的。儿孙辈孝顺过年过节会来看望老人家，送礼送钱，老人家都舍不得花。

篾匠对很多年轻人来说，是个陌生的词语。随着塑料制品的出现与普及，木制品和篾制品在日常生活中逐渐被淘汰，而与这两类生活用品息息相关的箍桶匠和篾匠也日渐没落，这也是笔者在漆桥古镇感受最为惋惜的。

3. 竹编工具

篾尺

篾尺。主要用于测量尺寸和编织时挑经篾、穿插纬篾之用。另外，还可用于敲紧编织纹路，使编织面紧密。篾尺的背部较厚，尺刃较薄，上面刻有尺度。

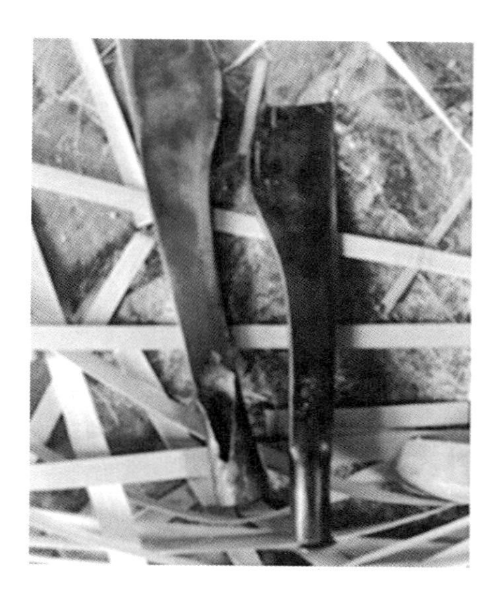

篾刀。系竹编艺人的主要工具，破竹、启篾、分丝、刮削等操作都离不开它，可以刮削竹节和开间。

过剑门。剑门，又叫“匀刀”“锏刀”，是一种使竹片、篾丝达到宽窄一致的工具。由于剑门小巧锋利，因此，竹编艺人常用剑门来代替篾刀，劈割那些精细的篾丝和刮磨薄巧的篾片。

刮刀。又称“瓦锏”，是专门用来刮篾、浑丝（“浑”即刮去篾丝棱角）的刀具。

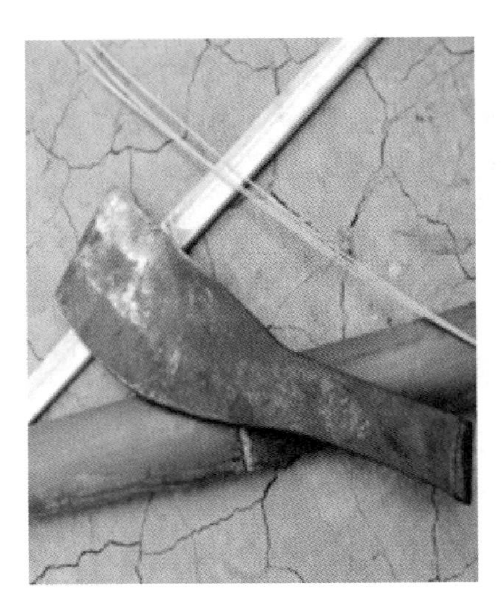

手钻。竹编产品钻孔的工具，一长一短竹枝加绳子而成，用时十字形摆放，拉动长竹令绳驱动短竹转动，短竹的钉便能钻孔，现在有的已改用电钻。

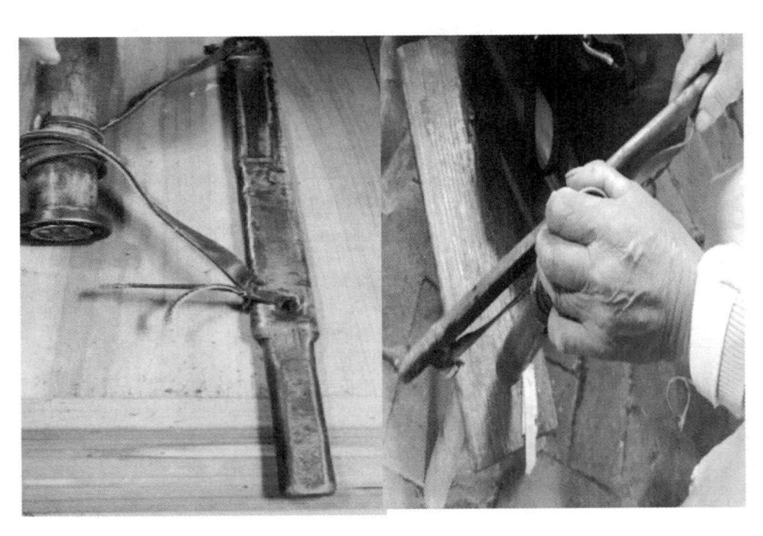

手摇竹篾机。现在竹篾艺人在需要破薄篾（编制箩筐这一类）的时候，也会使用手摇竹篾机，轴承带动齿轮转动，内置刀片将送进去的竹篾一分为二。

（三）铁艺

1. 打铁技艺的变迁与传承

走在漆桥古镇的老街，你会听到不远处传来“叮叮当当”的打铁声。原来古街上还有一家夏记铁匠铺，吸引了不少游客驻足观看。20 世纪七八十年代，农村从事农业生产使用锄头、铁钎、镰刀等铁制品，差不多出自铁匠人之手。随着时代的变迁，农业机械化的发展，“叮叮当当”的打铁声几乎成了“绝响”，打铁这个古老的传统工艺也渐渐地销声匿迹了，漆桥古镇至今还保留着最传统的铁匠铺实属难得。

铁匠铺内有一座用来煅烧铁坯的火炉，在火炉的连接处有一个大的用手拉的风箱，主要用来控制火的温度和力度，一般称之为掌控火候。火炉所用的燃料是煤炭，铁匠用来打铁的工具有：小铁锤、大铁锤、铁铗（用来夹烧热了的铁坯）、砧子（铁匠打铁的平台）等。

要打一个成功的农作工具，必须要把火淬好，淬火是关键。打铁是个力气活，看似简单，其实工序很多。比如一把镰刀，就要经过打钢、

刷浆、打槽火、开片子、淬火、水磨等20多道工序，每道工序都很讲究火候，来不得半点马虎。打铁是需要两个人配合融洽、默契的重体力活。

夏家铁匠铺里一位老师傅正在忙碌着，老人家没有徒弟，打好的铁器在店铺门口售卖，有与传统生产方式相配套的农具，如犁、耙、锄、镐、镰等，也有部分生活用品，如菜刀、锅铲、刨刀、剪刀等，此外还有如门环、泡钉、门插等。

打好的铁器

2. 打铁工具

铁匠铺是个老房子，屋子正中放个大火炉，即烘炉。炉边架一风箱，风箱一拉，风进火炉，炉膛内火苗直蹿。要锻打的铁器先在火炉中烧红，然后铁匠师傅再将烧红的铁器移到大铁墩上（方言称“砧子”），一般由打铁徒弟手握大锤进行锻打，铁匠师傅左手握铁钳翻动铁料，右手握小锤一边用特定的击打方式暗号指挥徒弟锻打，一边用小锤修改关键位置，使一块方铁打成圆铁棒或将粗铁棍打成细长铁棍。可以说，在老铁匠手中，坚硬的铁块变方、圆、长、扁、尖均可。

烘炉

风箱

砧子

大锤

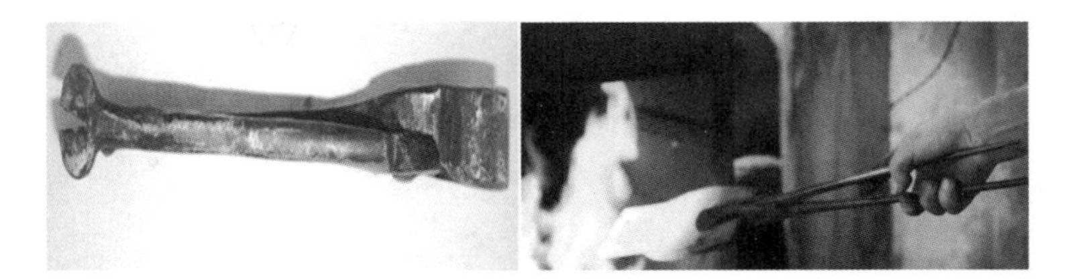

铁钳

小锤

打铁交响曲。风箱拉起，曲子奏响。随着加热的需要，那风箱会在平缓匀称的节奏中加速，在强力的节拍中充满希望。那炉中的火苗，一起随风箱的节拍跳跃，在劲风的吹奏中升腾。待铁器热至彤红，铁铗快速夹至大铁墩上，一番铁锤上下，一串叮当声响，一阵汗雨飘下，那铁件便成为匠者的理想器物。有时需要，师傅会把铁器放入水槽内，随着“吱啦”一声，一阵白烟倏然飘起，淬火完成。铁匠铺师傅的淬火和回火的技术是十分重要的，淬火和回火技术全凭实践经验，一般很难掌握。各种铁器，虽然外形制作十分精美，但是如果师傅的淬火或回火的技术不过关，制作的铁器也是很不耐用或者根本就不能用。漆桥古街的铁匠铺老师傅是现场打铁现场卖，生意火爆，老师傅忙得不亦乐乎。也正是老师傅一直在忙碌中，笔者没有机会近距离的采访到打铁的老师傅，只是静静地观看着师傅的打铁过程。

（四）风俗

1. 木艺

（1）行为禁忌

忌没有美意款待木匠。在旧时，民间流传着这样一种说法：请木匠缔造房子的时候，一定要好酒好肉美意款待，避免开罪他们，私自在房子中做了四肢，引鬼祟入屋，使主家病丧人口、破财败家或遭遇官司等劫难。听说，木匠作孽的方法大同小异：先削一个似人似鬼的小木偶，在木偶身上刻上生辰八字、咒语等并施以魔法，然后把它置放在房子的梁柱、槛、壁等不易被人察觉的暗处。到了晚上，这些木偶便会作孽捣乱，或制造如人上楼梯的“咚咚咚”的动静，或如外人来敲门制造“啪啪啪”声，或如鬼打壁板窗户制造“嘭嘭嘭”响。总之，让人不得安定。但当胆大者深夜出门探求时，外面又一无所有，动静也全息，一旦回到床上睡下，鬼又来了。有的木匠作恶甚者，还在床上施魔法，让鬼魅深夜制造吓人的“咳咳”声。所以木匠到主家去干活，不管包工、雇工、户主都要设宴款待，并要以红包相赠。在河南郑州一带，当作业结束之后，户主还要准备一包馒头加肉让木匠带走，俗称“捎个包”。

忌木匠睡觉时鞋子乱放。木匠大多数是到他人家里做工。如果作业量大，通常是要住在主家的。木匠在主家睡觉时，一般都会把自己的鞋子在床前一只正放，一只鞋底朝上放，表明和邪鬼互不相犯。如果这样做还不放心，就将墨斗绳绕床沿一周，并把瓦灰刀、铁钳子放在枕边，把木尺子置于床沿，以镇邪物。

忌木匠特别日期上班。在一些特别的日子里，木匠是不上班的。木匠行业以为孟月逢酉、仲月逢巳、季月逢丑的日子是“红煞”日。所谓孟月、仲月、季月，是指农历一年分春夏秋冬四季，每季中三个月，榜首个月称“孟”；第二个月称“仲”；第三个月称“季”。所以在每季榜首个月逢酉的日子，第二个月逢巳的日子，第三个月逢丑的日子，木匠忌上班。而春子日、夏卯日、秋午日、冬酉日是“鲁班煞”日，木匠也忌上班。如果木匠在这些日子上班的话，人们觉得就会犯“煞”。所谓犯煞，就是人们在做工时得不到祖师爷的保佑，容易发生工伤事故。值得一提的是，即便不在犯煞日，木匠做活时如果不慎受伤，血迹沾在木材上，也有必要当即擦洁净，避免血水碰到木神化为精怪作怪，给自己和主家带来不祥。

忌木匠不爱惜自己所用东西。木匠的东西包括斧子、刨子、锛子、锯、凿、锉、木钻和墨斗、曲尺等。木匠关于自己的东西，有一种特别的豪情。例如，木匠的斧头每次使用后都要用红布包起来以表保重，所以民间有俗谚“师傅斧，恰惜某”，意思是爱惜东西的程度乃至要强过爱护自己的妻子。

忌他人摸木匠的东西。木匠忌讳他人摸他的斧子，在民间有俗语说：“木匠的斧子，大姑娘的腰，独行人的行李包。”这三样东西他人是不能摸的。不光木匠的斧子忌讳让人摸，就连木匠的墨斗和曲尺也忌讳被他人碰，听说如果其他人摸了这些东西后，这些东西就会沾上霉运，使木匠做不出好活儿来。如果有人摸了，木匠就会用咒符点着火绕东西一圈，称为“焚净”，以祛除霉运。除了上边提到的习俗外，木匠还忌讳有人在早晨借锉子，忌讳他人随意从卷尺和墨斗上面跨过，听说这样就会影响在做工过程中的精确度等。

忌干活不留尾巴。木匠干活有“留尾巴”的风俗，竣工往后要留一些刨花让店主自己拾掇，预示往后还有活干。但为人做棺材时，刨花、木屑有必要亲身清扫洁净，不得留待店主清扫，免得被视为不祥。所以一般来说，做棺材的木匠不得制造家具，也是觉得棺材有“倒霉”之意，怕把这种“倒霉”散到家具上。

忌不祭拜鲁班。传说鲁班是木匠的祖师，不祭拜鲁班的话，在做木匠的过程中就不会得到鲁班的保佑，然后导致在做工时常常出现意外。

忌说“双”字。一般木匠在说话时忌讳说“双”，因为鲁班的小名叫“双”，木匠做活说“双”是对鲁班的不敬与亵渎，这样就得不到鲁班的保佑。所以木匠在平时一般会把“双”称为“对”“副”。

(2) 重大活动

A. 木匠造房子

说起盖房子，就自然想到“安居乐业”。自古以来，历朝历代对人居环境的选择，房屋座向、结构的确定，都十分重视。《易经》记载：“上古穴居而野处，后世圣人之经宫屋，盖取诸大壮。”就是说，上古时代的原始人只知道找能避风雨的天然岩洞藏身，后来随着社会经济、文化的发展，人的居住条件才不断得到改善。有巢氏部落的人为了防备猛兽袭击，就爬到树上搭棚子，用树枝树叶“构木为巢”。到了新石器时代，我们的祖先已习惯在地面建茅舍居住。从1997年在薛城小岗头村发掘的新石器时代文化遗址看，距今6000多年前，这里的居民就已经普遍在地面搭建茅棚居住。在遗址的居址层，清理出一座座圆形半地穴式的房基。房基四周分布若干个柱坑，用来竖木棍或竹棍，搭起屋架。房基外边还挖出好多丢垃圾的灰坑和暂养鱼虾的地窖。地窖有圆形的、长方形的，深浅不一。长方形的地窖比较深，一边留出礓叉埠（台阶）上下；有的地窖还有过道与房基相通，取鱼很方便。

随着时代的进步，社会的发展，房子越建越好。从土坯茅草房，到砖木结构的瓦房，再到高楼大厦、西洋别墅，居住条件逐步改善。

据史书记载，我国周代就对住房建设相当重视。《周礼》规定："凡住地国宅无征。"就是说，不论官家盖宫殿造府堂，还是百姓建自住房，一律免征土地税，鼓励建房。也就在这个时期，建房选地基、看门向，请风水先生占卜吉凶之风，开始盛行。有关论述如何相宅问卜、如何推测吉凶的《宅经》，也从春秋时期开始，一本接一本陆续问世，流传很广。

高淳民间建房的风俗习惯，如选地基、定门向、动土看日子找方位，以及上梁、进屋等一套规矩、礼节，都是受《宅经》理论的影响，按古代的一套做法，一代代衍变下来的。建一座房子，要费好多手脚，一环套一环，都要按规矩办事，一点不能马虎。

建造阶段是整个建房过程的主要环节，必须一步接一步，按程序进行：

看地基。按风水先生的说法，有几种地方不能建房。一是坟地，谓之"阴阳同宅"；二是曾经建过水井的地方，谓之"安地钉"；三是屋后有水塘，谓之"冷水浇屁股"。此外，宅基处在三岔路口或前后有大路通过，称为"穿心箭"，也被认为不祥。

动土。动土就是挖基槽、平地基。动土前要请风水先生确定"太岁"方位，避开"太岁"头。方位确定后，主家烧香敬神，在确定不犯冲的地方挖第一锹土。倘若在"太岁"头上动土，就犯了大忌。与动土有关的，还有埋石奠基的习俗。埋石奠基与上古时期原始人崇拜石头有关。神话中盘古开天、女娲补天都是用的石头，古人的生产工具、生活用具，也都从用石料打制开始。石头是宝，是神。埋石奠基的具体做法是：在进门三步处，埋下青、红、白、黄、紫五色石子，表示金、木、水、火、土五行调和。埋时念咒语，使出法术解数。埋后，主家百日之内不杀生，不做出轨的事，不恶语伤人。这样便可大吉大利。过去还有一种在墙角头立“泰山石”的风俗。立“泰山石”定要选在寅年寅月寅时，并请属老虎的人到场，主家摆供上香敬神，由瓦工将一块刻有“泰山石敢当”的石头，竖到朝东北的墙角，以驱鬼避邪。在《论衡·订鬼》篇中有这样一种说法：“东北曰鬼门，万鬼所出入也。”人们对此信以为真，就在房屋东北角竖一块“泰山石”，不让鬼魅通行。

定磉。磉，又叫磉窠，即用来垫柱子的石座。盖房时，根据房屋的结构（木落地或七木落地），由木匠提供尺寸，再由泥匠在确定每根柱子的位置后排好磉窠，叫作定磉。

献架。献架就是竖排身，搭屋架。一般在四壁砌到一定高度时进行。具体做法是：由木匠将做好榫头的柱子，套上两串枋加以连接，做成一道道排身。然后将4道排身竖起来固定好，构成屋架。

上梁。梁头是房屋的重要部位，民间有梁头不能沾到血，不能在上面挂裤头，也不能让人跨过来跨过去等说法。

上梁是建房最隆重的仪式，事先必须看好日子。日子定好后，亲戚送来团子（或馒头）、糖果、红绿布、爆竹等礼品，表示祝贺。礼品中要放少许柴和米，以讨吉利。上梁这天，主家须设宴招待泥木匠师傅，称之“待匠”。上梁时，在堂前挂“紫微星”或“太公图”，同时将正梁摆到堂间，贴上用红纸写的“文昌到宫”“紫微高照”“飞熊镇宅”等吉祥的条幅。并在两旁中柱上贴上“上梁适逢黄道日，竖柱正遇紫微星”的对联。到时候先由主家进香，再请泥木匠递酒祭梁。匠人一边敬酒一边唱，唱一套祝福词。递酒祭梁后，泥木匠师傅相互作个揖，拜一拜，表示友好合作。拜完，按木东泥西的规矩，各自登梯上屋架，同时边上边说吉利话。接着泥木匠师傅各拉一根绳子，将正梁接上屋架，边拉边说祝愿的话。这时，爆竹骤然响起，亲友邻居纷纷跑来看热闹。泥木匠师傅将正梁架上中柱后，对好榫头。然后从腰间抽出一把用木头做的，上面写着“黄金万斗”四个字的“发槌”，边敲打梁头，边说吉利话。梁上好后，在梁头上挂上至亲送来的红绿布条，挂时说吉利话。上梁时通常撒上梁团子，有的团子里面还包一枚硬币，谁抢到谁吉利。上梁师傅手捧箩筐，把亲戚们送来祝贺的团子、馒头等撒向四方，边撒边说吉利话。看热闹的人，不论大人小孩，都拥上来争抢，一时人声嚷嚷，欢呼雀跃。据说引来的人越多越好，如果在看热闹、抢团子的人中十二生肖齐全，主家办事就百无禁忌，事事如意。有的地方还兴将一个写上“宝”字的馒头，用红线从梁上挂下来，让主家的儿孙们争抢，谓之“接宝”。上梁的时间不能选在戌前卯后两个时辰。戌前是晚饭做好还没上灯的时候，卯后是天刚亮还没烧早饭的时候。选在这两个时辰上梁，就犯了“烟火煞”。《宅经》上有“杀千家，富一户”的说法。因此碰到哪家犯“烟火煞”上梁，邻居们都很痛恨，全村人同时烧火堆的烧火堆，点灶宕的点灶宕，有的敲脸盆，有的搅粪坑，想方设法破“烟火煞”，让主家倒霉运，家道败落。

开大门。大门也是一幢房屋的关键部位，民间历来对开大门十分重视。群众中有“千人挣不如一人困（指死后安葬），一人困不如一对破大门”的说法。意思是说，千人挣家业，不如上代葬到一块风水宝地；上代有人葬到风水宝地，又不如大门的位置、朝向定得好。可见开大门，定门向，有多么重要。

开大门有好几道手脚。第一步是定门向。由风水先生用罗盘看准东南西北四方，取南向稍偏为佳。第二步是定地龙，也叫定地步。泥匠用特制的门尺测量放样，边量边说好话，如“地龙登位，富贵万年”等。门的宽度很有讲究，门尺中有红空，黑空之分。一般的大门宽度为 2 尺 8 寸，2 尺 9 寸 5 分或 3 尺 1 寸，3 尺 2 寸。3 尺的大门不开，称为黑空，犯忌。门洞不能对着人家的烟囱、墙角，对烟囱称为“焦头烂额”；对墙角被说成是“顶墙角，卖屎眼”，家中要倒运，要犯穷。如果碰巧要对人家的烟囱、墙角，大门就必须“借向”。可砌成斜的，叫作“借向门堂”。第三步是上过门。上过门又称“上天步、上天龙”，有“过龙门”的意思。天步一般用上好的木料或青石板做成，要坚实牢固。在两边门墙砌好后，架在中间，作面墙的过桥，所以又叫“过门”。天步上好后，将红绿布做成的两个 1 寸宽、3 寸长、宝剑式的布袋，按红左绿右，挂在天步底下。布袋内塞进茶叶、铜钱、大米之类，取生活富足的吉兆。这种袋叫门袋，含“代（袋）代富贵”之意。说到门袋，当地有个传说：说古代有家富户盖房，这天来了一个道士，站在工地旁看热闹。主人好客，留住奉茶待饭，临行还赏他几文钱。这时刚好泥匠上过门，不小心把石头过门掉下来，摔成两段，众人犯愁。道士一见说：“不妨，不妨。”说完将头上的帽子摘下来放到墙上，念了几句咒语，帽子立即变成一条天然过门。主家又惊又喜，一再道谢，并请问道士姓名。道士在地上写了一个“吕”字，转身扬长而去。大家感到惊奇，都说那道士就是八仙中的吕洞宾。从此，瓦工们就把过门上的小门楼叫作“道士巾”，把门空上挂的小布袋说成吕洞宾帽子上的飘带。

安土。新房建好后，还要举行安土仪式。过去人们认为，如不进行安土，房子往往会有响声，闹得住户六神不安。举行安土仪式时，先在堂前摆张椅子，椅子上放个量米斗。斗内装上米，米上插一把尺，放一面镜子，一把剪刀和一杆秤。秤头上搭一块黑皱纱布。椅子前面摆6杯茶，6杯酒，6碗糯米粑粑，再加三荤（猪肉、鱼、鸡）三素（金针、木耳、粉丝）6样菜。菜的摆法有讲究，猪肉放在中间，鱼左，鸡右，谓之左龙右凤。仪式开始，上香点烛，先是“门司”念普安咒、喳喳经、安慰经。念完经，再换茶、酒请“六神”。“六神”即家堂、灶君、门神、户神、床公、床婆。最后，由主家烧香磕头，化纸祷告，安顿“六神”。

进屋。进屋谓之乔迁之喜。主家在搬进新屋时，先要搬少许木柴进屋，然后再搬家具，因“柴”与“财”谐音，取“进财”的吉兆。搬进新屋后，亲朋好友纷纷前来祝贺。贺进屋一般要送礼金，送对联、中堂，或送碗筷、家具，根据各自的经济条件而定。但无论送什么礼物，一对红纸云片糕万万不能少，以取“步步高升”的吉兆。

亲友送来礼金、礼物给主家进屋，主家收礼后要回赠团子、米糕、水果、糖食等，还要办酒席答谢，谓之“复情”。

B. 拜师学艺

学木匠拜师，一般在正月大年初五，由保人——街面上有头面的人，领着拜师人到师傅家，引荐之后，由保人当面讲明师徒之间的约定。主要约定是：学徒期限为三年零一节（学徒三年后到第四年的端午节，农历五月初五），中途不准退师；学徒期间不开工钱；学徒期间不准结婚成家；师傅打骂徒弟，万一打失手，不偿命；师傅负责徒弟的穿衣吃饭。这些条款，保人早已对徒弟及其家人预先讲妥，这时是正式宣布生效。拜师人点头表示同意，然后认师行礼，跪地磕头。第一个头是要磕给祖师鲁班的，鲁班像是没有的，那里只摆放着一张锯和一把斧子。由师傅念叨一声："给祖师爷磕头！"徒弟冲屋子正面墙方向磕头就是了。然后给师傅磕头，师母若在场，自然也要磕头礼认。大礼行过，拜师仪式结束。仪式虽然简单，约定也未写在纸上（学徒的约定，一般都是口头形式，原因可能是1949年前木匠多不识字，请人写还得花费，也不方便。另外，拜师学徒的条款内容，早已成为风俗定规，世人皆知），但效力却是不容置疑的。"一日为师，终身为父"，这是社会上和行业内人人认可的信条。徒弟一生都以父礼尊崇师傅。"师徒如父子"，即师傅如爱自己孩子一般爱护教育徒弟。拜师仪式完成，徒弟就留住在了师傅家。除非师徒两家十分临近，徒弟才回自己家住。"要想会，跟师傅睡。"只有常和师傅在一起——一起干活，一起生活，关系上成为师傅家庭中的一员，感情上达到亲如父子的程度，师傅传艺自然会尽心尽力。有不少需用"意"传的道理，有时就含在师傅的"闲话"里，常在左右，能从师傅的话语中悟出很多东西。

木匠学徒不能说很苦，但确实很累。徒弟要勤快，早上必须早早起床，先收拾好自己的事；待师傅起床后，给师傅倒尿壶，打洗脸水是必干的活；然后干些杂活；等师傅洗漱完毕，收拾整齐，即与师傅一起去雇主家。

约定中虽有师傅包徒弟吃饭一款，但实际上，除了个别歇工日外，木匠的一日三餐都在雇主家吃。所以，早上外出得很早，步行到雇主家，先搬出工具干一阵子活儿，雇主家也预备好了早饭；晚上收工后，吃罢晚饭，回家时常常是暮色苍茫。早出晚归是木匠生活的真实写照。

若路途较远，干脆就住在雇主家。不论住在哪里，晚上徒弟都要为师傅打洗脸水，倒洗脚水，伺候师傅上床休息了，自己才能休息。总之，从早上起床，到晚上歇息，徒弟都没有闲暇工夫。

2. 铁艺

(1) 行为禁忌

旧时，漆桥铁匠多是开铺子坐地经营，主要制作菜刀、剪刀、火钳、锄头、铁锹、镰刀、锅铲、铁锅等生活用品。铁匠也有很多禁忌。

忌讳不供奉太上老君。铁匠把太上老君作为祖师爷，而且在炼铁炉上供奉太上老君的神像。据说太上老君有一手打铁的好手艺，他锻打的农具特别耐用，锻打的兵器锋利无比。因此，铁匠要想打出好铁器，就要供上太上老君。在民间，铁匠供奉太上老君时，要用嘴把大公鸡的鸡冠咬破，把鸡血滴进炼铁炉，称为“割花”。然后宰杀这只鸡来奉祀太上老君，祈求祖师保佑。

忌讳别人碰自己的风箱。铁匠最忌讳别人碰自己的风箱。无论是开铁匠铺的铁匠，还是走街串巷打铁的铁匠，都视风箱为吃饭的根本，会特别小心爱护，如同珍惜自己的手艺一样。所以，铁匠忌讳别人动自己的风箱，据说铁匠认为别人动了自己的风箱以后，自己会倒霉。

忌讳旁人观看及言语。铁匠干活时，忌讳旁观者大声吵闹，特别忌讳人说“小心别打到手”之类不吉祥的话。一来会使铁匠分心；二来怕说什么有什么，说小心伤到手，没准真的会伤到手。

忌讳打空锤。铁匠忌讳铁锤直接打在砧子上，叫“打空锤”，认为这预示着当日会发生事故，要立即停工。

(2) 重要活动：祭拜太上老君

铁匠都以太上老君为祖师。太上老君，是指春秋时期的哲学家老子。从三国、两晋开始，老子逐渐被道教徒神化，成了道教的主神——太上老君。道教中的丹鼎派宣称，只要吃了仙丹，便会长生不死，甚至能成仙升天。由于这一派道士普遍从事炼制丹药的工作，他们编造出了老子炼丹的神话故事，并将老子定为炼丹者的始祖神。炼丹离不开火炉，铁匠等也离不开火炉。他们在寻找祖师时，便选中了本来与自己不太相关的老子。

老子的生日是二月十五日。每逢老子的生日，工匠们都要分行业隆重祭祀。相传老子的小名叫“吹儿”，所以工匠们忌讳吹哨子，认为吹哨子是犯祖师名讳的。

四 耕

漆桥古镇背山面水，水资源丰富，物产富庶。南宋时，从北方迁到漆桥的孔氏第五十四世孙孔文昱，至今已达八十四世左右，祖祖辈辈，繁衍子孙已达30世，农耕是后辈生活在此的主要生计。

农耕历程恰如一部厚重磅礴的歌诀从远古吟咏而来。早在先秦时期，中国民间流传的《击壤歌》有云："日出而作，日入而息，凿井而饮，耕田而食。"就描述了乡村闾里人们击打土壤，歌颂太平盛世的情景。唐代诗人李绅写的："锄禾日当午，汗滴禾下土，谁知盘中餐，粒粒皆辛苦。"亦反映了广大农民的艰辛不易。

（一）田地类型

漆桥地处丘陵地区，具有优越的耕地条件。每户农民会根据人口，分到自家的水田和旱地若干亩。水田是指筑有田埂（坎），可以经常蓄水，用来种植水稻、莲藕、席草等水生作物的耕地。还可以因天旱暂时没有蓄水而改种旱地作物，或实行水稻和旱地作物轮种，如水稻和小麦、油菜、蚕豆等轮种。旱地是指除水田以外的耕地，一般用来种植蔬菜、瓜果。

田埂指的是田间的土地高于田块凸起的部分，用来区域分界、蓄水、路人行走等，也可以在宽敞的田埂上种植喜水农作物，方便灌溉。田埂主要是为农民需要蓄水所用的，分为"埂"和"垄"，水田、田塘等的周围脊垄，便是田埂。

旱田的主要优点是可以种植大量的耐干旱的作物，所以其适应性很强。漆桥地区旱田面积少，人们为了获得足够的粮食，在山坡种植小麦，玉米等作物，只能使用人力、畜力进行劳作。不管是原始的刀耕火种，还是现代的机器设备耕种，农耕文化一直保留流传至今，是漆桥人民自古以来利用土地获取各种作物产品的主要活动。

丰收季节，每家的房前屋后扫出一块平整的空地来，或者干脆就占据半边马路，甚至村里小学的操场，经常在这些空地上铺满了金灿灿的麦子。肥厚的麦子，半瘪的麦子，一粒粒，一堆堆，金光灿然。在地里忙碌

田埂

的人们很容易心满意足。抬头看天，低头有地，一天的日子就在太阳的起落之间过去，生活安宁而简单。

晒谷

存放粮食的工具

（二）农具

1. 农具发展变迁

（1）生产用具

农具是农民在从事农业生产过程中使用的器具，一般分为刀具、锄具、犁具、担抬具等。新中国成立初期，由于农活的需要，漆桥农民所使用的农具一般就是锄头、铁锹、铁耙、镰刀等小农具，由县内个体手工业者生产和供应。锄头是一种传统的长柄农具，其刀身平薄而横装，收获、挖穴、作垄、耕垦、盖土、除草等皆可使用；铁锹是一种扁平长方形半圆尖头的、适于用脚踩入地中翻土的构形工具，或用来抛掷物料（如土、谷物等）；铁耙由耙齿和长柄构成，主要用于翻地、碎土等；镰刀主要用于收割庄稼和割草；斧头通常用以砍伐树木、劈柴和木工工具；小铲锹一般用来拆除杂草、小范围填土、翻土等。20 世纪 80 年代，当地供销社开始供应扁担、锄头杆、簸箕、喷雾器等常用农具。扁担多用毛竹制成，主要用于挑、抬物品；喷雾器利用空吸作用，将药水或其他液体变成雾状，均匀地喷射到农作物上，是防治病虫害不可缺少的重要农具。20 世纪 90 年代开始，一般只供应喷雾器及其零配件，扁担锄头杆等小农具不再经营，只在传统庙会和街头摊铺上销售，此后，随着农田的减少和农业生产机械化程度逐步提高，传统农具也越来越少。当然，也有一些农具一直在被当地村民使用，比如铁锹、铁耙、竹篮等。也有随科技发展而得到改进的农具，比如，以前农田灌溉主要是人工用瓢取水浇灌，后来可以用脚蹬的小车来灌溉庄稼。

（2）生活农具

生活用具，顾名思义就是人们生活中所使用的用品和器具，如烹饪用具、碗盆、陶瓷器、竹编、铁器等。按其用途可以大致分为餐具、厨具、茶具、坐具（凳、椅等）、担抬具（扁担、桶系等）、盛具（箱子、篮子等）、卫生用具（脸盆、洗衣盆等）；按所制的材料来分主要有瓷器、竹篾、木器、铁器等。漆桥当地常用的餐具有碗、盆、汤盆、汤匙，以及一些茶具和酒具。以前人们普遍使用的碗筷都是粗碗和自制的竹筷，后来有了搪瓷缸、瓷碗，20 世纪七八十年代，漆桥居民生活瓷器主要是白釉、透明釉，90 年代开始出现白、红、黄、蓝、黑、绿等色彩釉，2005 年后出现高密度釉、艺术釉。漆桥当地的茶具也主要有细瓷茶壶、玻璃杯、搪瓷缸等。

漆桥曾经出土了一些陶制品，如唐朝的莲瓣纹瓷钵、东吴时期的陶鸡笼、陶磨、盖顶圆仓、灰陶火钵、双耳灰陶罐等，以上这些仍现存于高淳博物馆内。

据当地K姓竹篾匠人介绍，竹编和铁器一开始比较精细，种类齐全，因为当时社会需要多。现在因为社会需求少了，有些竹编和铁器很少被使用，种类也就少了。像以前做得很精细的、用来挑嫁妆的竹编花篮，现在已经随着时代的发展逐步消失。但是，他们也会根据社会需要来制作不同的竹制品，现在常用的主要有用来装黄鳝的竹编框、竹筛、蒸笼、竹制热水瓶笼、菜篮、竹匾、篼箕、竹梯、竹椅、竹耙等。

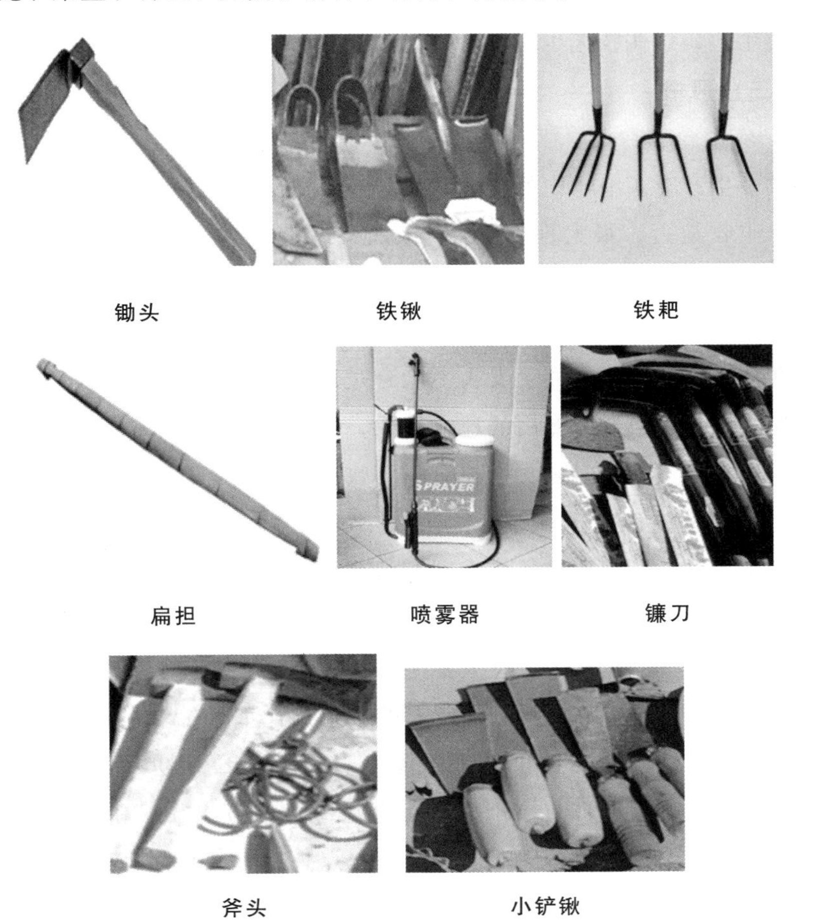

锄头　铁锹　铁耙

扁担　喷雾器　镰刀

斧头　小铲锹

2. 农具制作特点

以前，漆桥村民用的铁质农具一般由当地铁匠自己锻造，竹篾农具由当地竹篾匠人自己编造，后来随着经济发展，各类农具需求减少，工匠挣钱较少，手工也就做得少了，一些农具就会在村供销社出售。据当地K姓竹篾匠人介绍，以前分田到户时农具制作最挣钱，因为那时候每家都需要农具。在农具厂的时候（毛泽东年代），他经常参加竹编比赛，还曾抽调到高淳县比赛，每年一次。也曾与木匠、铁匠一起合作，在农具厂参加民间手工艺联合会比赛。以前铁匠、竹篾师傅的手艺一般只传给自家人，家庭贫苦人家的孩子会专门拜师学此类手艺，但由于现在农具的需求少，这些手艺活的收入没有打工的收入高，所以现在很多人家的孩子，都不愿意学此类手艺，这些技艺也面临着失传的危险。

（三）风俗

1. 农俗

农业生产对于一年中的自然时序和节气的适应性很强，当地农民一年的耕作丰收与否，很大程度上由天时地利决定，所以在农业技术落后时期，农民都希望能借助超自然力量，由此形成了一部分风俗，包括农具的制作与使用习俗。据漆桥当地K姓村民介绍，以前禁忌不少，比如簸箕、扁担在使用完后不能乱放；女人不能跨过扁担；掘土工具一般不要扛在肩上进屋；农具一般会有专门的地方摆放，不放在正屋内，否则会带来坏运气；一般大年三十的时候，会在簸箕等收获粮食的工具上贴上红纸，上面写有“五谷丰登”字样，寓意来年的丰收。

漆桥当地的生活用具风俗也别有特色。谁家建新房时，亲戚朋友都会送碗作为礼物，一般为6个碗或8个碗，寓意吉祥；逢年过节，当地的人会在灶具、农具、箢箕等一些主要生活用具上贴上福字，寓意来年的福来运到；结婚时也有讲究，女方的所有嫁妆上，比如竹筛、马桶、盆和镜子上都要贴上红纸，红纸上可以写“囍”，也可以什么字也不写，寓意新生活的红红火火；祭祖时的筷子摆放也有讲究，四方桌，8副筷子，上面2副，两侧各3副，下面不摆碗筷，供香炉点香；有些食品为避免被虫鼠破坏，当地人会在屋梁上钉几根钉子，用竹制的篮子把东西装好挂在屋梁上；用茶具招待客人前，要把茶具用开水烫一下以示礼貌和尊敬，可以用有盖子的陶瓷杯，也可以是玻璃杯，倒茶时不要倒太满，一般七分为宜，要及时给客人添加茶水。

2. 谚语

六月初三打一暴，一年要收两年稻。

六月里不烤田，懊悔到过年。

六月六，水头白。（过了六月六，就不会再涨水了）

芒种里退一尺，夏至里涨一丈。（芒种退水不好）

布谷鸟一叫，下秧护种到。（要抛种的时节）

人误地一时，地误人一年。

人勤地生宝，人懒地生草。

千行万行，种田上行。

处暑不上苗，白露一场空。

六月里栽籼稻，收收一尖帽。

夏干仓仓满，秋干断种粮。

秋前三场雨，遍地出黄金。

处暑荞麦白露菜。（处暑种荞麦，白露栽菜）

霜降到，无老少。（秋收秋种最忙时候）

锄头挂方，腌菜上缸，亲戚朋友，常来常往。

头告锄头抵告料。（五月霉天第一次锄头最肥）

锄得早不出草。（这是种棉花、黄豆等杂粮的地方方言）

秋天一天一暴，开田缺收稻。

冬雪麦盖三层被，来年枕着馒头睡。

栽秧不会看上手，讲话不会少开口。

秋前三场雨，遍地出黄金。

六月里穿棉袄，收收一尖帽。热天里盖絮被，有稻没有米。

立春没断霜，插柳正相当。

一畦萝卜一畦菜，各人种的各人爱。

六月大，西瓜是个祸；六月小，西瓜是个宝。

六十养子不得力，五月栽茄没得吃。

正月芹菜二月蒿，五月六月当柴烧。

近水楼台先得月，向阳花木早逢春。

干不死的葱，冻不死的蒜。

旱不死的蜡梅，淹不死的金橘。

油菜栽心，白菜栽根。

桃三李四梨五年，枣树当年钱。

涝不死的黄瓜，旱不死的青葱。

菱角出水鲜，甘蔗脑头甜。

富亲眷不如穷菜园。

辣椒栽花，茄子栽籽。

蚕豆开花，下午浆纱。

五　读

作为中国固有的民间办学形式，私塾有着悠久的历史。人们一般都认为孔子在家乡曲阜开办的私学即是私塾，孔子是第一个有名的大塾师。孔子后人迁徙至漆桥，也将孔子的思想传承了下来。街中西向，原有一处孔氏宗祠，依中轴线前、后五进，两侧厢房计 72 间。据村中老人讲，早年的私塾就设在 72 间厢房，那时孔氏祠堂会传出琅琅的读书声。

私塾是由宗族为乡村的儿童兴办的，以儒家思想为中心，讲授儒家文化。经费来源为孔氏宗族捐助，聘请当地的先生为孔子的后代讲学，学生入学年龄不限，自五六岁至二十岁左右都有，其中以十二三岁以下的孩子居多。学生少则一二人，多则可达三四十人。

可惜这处明末建筑毁于战火，然而中国传统文化的传承并没有中断，据村中老人介绍，老人年轻的时候，也会自发地聚在一起，成立一个组，在村里盖一间房子，每天晚上都聚在小屋里谈笑风生，讲述家史，追溯孔

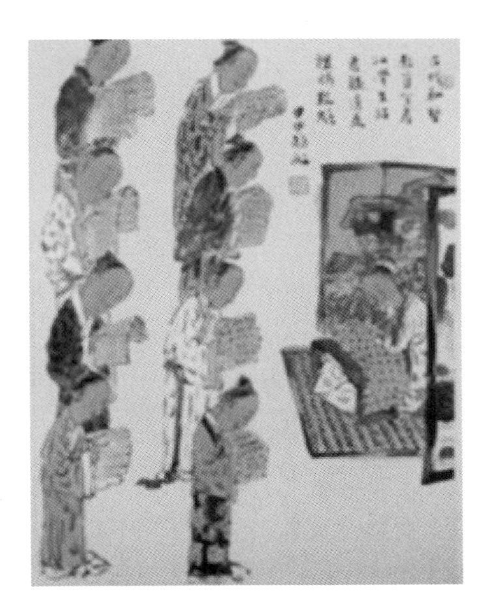

古代私塾教学

子的思想。通过这种方法进行读书和交流，孔子的思想得到了传承。年轻人也十分团结和睦，孔氏思想成为他们的历史记忆和地方知识，并维系着孔氏族群的延续和文化传承。

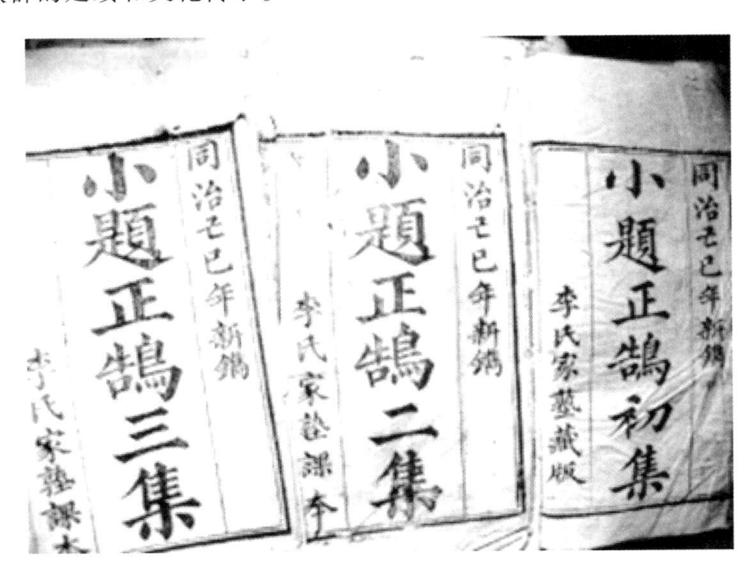

私塾课本

六　总结

（一）传统生计日益衰落、传承堪忧

考察组多次探访高淳地区漆桥镇，漆桥乡民世世代代因生存需求产生的生计方式，仍然流传至今。保留有捕鱼、木工、竹编、铁匠等传统手工艺制作，还有农田生产。但是，今天看到传统的生计方式已然不是村落乡民最基本的生存方式。传统的生计方式和工具往往是老人使用，他们的平均年龄已超过60岁，村落里中年、青年人，尤其是少年群体，大多已离开漆桥，在城市定居，传统的生计将面临无人继承的困境。然而，生计传承的价值内涵中，核心要素是“人”，所有的生计都是依靠“人”这一主体来发挥，尤其是生计中的工具与技艺，其最大特点在于技术和主体不能分割，其生产方式和产品带有人的自然性、社会性、地域性、历史性，有人传承才能守住生计内容的丰富性、多样性。

（一）持续生计的方式单一，生计复兴需要与时俱进

持续生计的方式单一不仅是漆桥镇的生计状况，也是中国农村的生计状况。目前，漆桥现有传统的生计方式、工具、风俗等缺少与时代的对接和融合。本土力量在技艺传承方面（如竹编、木雕）是过硬的，他们体现了当地人为了生存而产生的创造力、智慧、能力，以及其文化历史积淀的核心技艺。然而，时代改变了人的生计方式，原有的生计需要寻求持续的发展方式和空间，就需要将“创意”融入生计，而激励当地人“创意”的前提是社会和时代的需求，所以，漆桥持续生计不但需要“生计+旅游”的创意，还需要“生计+互联网/城市/国际……”更多的“创意”，才能提高生计的附加值，才能真正使生计走出漆桥，影响城市，持续发展。

漆桥之"生业"

一 人类学视角之"生业"景观

人之活于世，"工作"（劳动）为之所必须，故，"生业"（由社会分工所产生的不同行业、职业和专业）即为要者。"生业"在古之时大抵指谋生之道；而谋生必有范围、领域、专业。[①]

远古之时，细致的专业分化还未形成，人类早期的文明主要指以自然为本的谋生，靠"狩猎—采集"为生，在这一时代，人类并没有严格的专业性分工，至多只是一种粗糙的工序上的协作、协同。农业—驯化时期，社会化分工越来越成为必要和必需，但"自给自足"的方式决定了分工的性质、范围的有限度。随着劳动力的剩余，城市化（城邑化）的出现，特别是商业交换的需求，社会化分工越是细密、专门，行业性质越是突出，行业组织也越发达。总之，行业的形成是一个自然的社会化过程，它既是一个生计、生活和生产的需求，也是各个行业协作的产物。"行业"领域涉及的内容包罗万象，各行业都具有专门组织和自我管理的法则。[②] 课题组希望通过对漆桥生业景观的调查，能够向读者展现漆桥的业态变迁与特点。

二 漆桥之"生业"景观

（一）农业

1. 产业业态以耕作为主，林畜禽业多种经营。

漆桥水、土、山地资源丰富，农业发展多种经营具有得天独厚的优势，南宋时期，漆桥水域丹荷丛生，藕、莲是当地家庭食用、庙会、集市的土特产品。明代初年，农业产业中有种麻织麻布、养猪育禽、采集、狩

① 彭兆荣：《"以生为业"：日常的神圣工作》，《民俗研究》2014 年第 4 期。

② 同上。

猎、以豆榨油、杂谷酿酒等，明末，曾种植西瓜。至20世纪30年代，植桑养蚕逐步发展成为当地农民的一项家庭骨干副业。新中国成立初期，仍袭用上述传统的副业项目，家庭养殖以养猪为主。1951年，土地改革后，在农业主导下多种经营并行发展。党的十一届三中全会以后，落实了党在农村的各项经济政策，调动了农民的积极性。漆桥农业种植除水稻、三麦外，还增加了油菜、荷花等。80年代后期，漆桥推行家庭联产承包责任制，丘陵山区退耕还林，林业增加了绿化植被、茶桑果、油料类植被种植面积。畜禽业亦发生变化，养鸭成为当地的一大特色。

2. 1949年前农民受多重剥削，新中国成立后翻身做主。

孔姓老人讲，20世纪30年代，漆桥从事农业生产的农户主要分为三类，自耕农，占总农户的1/10，半自耕农占总农户的3/10；佃农占总农户的4/10；雇农占总农户的2/10。30年代漆桥有90%的农户靠租土地和出卖劳动力，农业生产依赖的土地，富农和地主占有面积占了80%。

1949年后，漆桥通过开展剿匪反霸、减租减息、废除保甲、生产救灾等运动，发动群众，建立农民协会，积极创造进行土地改革的条件，没收富农和地主的土地财产，分配给贫苦农民，平均每户分得土地4.76亩，房屋0.45间，农具1.09件，家具0.84件，粮食41.33公斤。1951年5月至10月5日成立了发证委员会。至此，漆桥村农业发展实行了农民土地所有制，农业的主人彻底改变，封建土地制度被推翻，为促进农业生产的发展创造了条件。

（二）渔业

1. 靠水吃水，渔业、农业相得益彰。

农业是漆桥人依存的根本，渔业则是当地的特色生业景观。漆桥渔民分为专业渔民和兼业渔民两种，专业渔民以取鱼为生，兼业渔民则农忙种田，农闲取鱼。专业渔民包括本地渔民和外来渔民，本地渔民主要是漆桥本村人；外来渔民以原籍和生产方式的不同，分为泰州帮和扬州帮。这些渔民相继从泰州、兴化、扬州、天长等地来漆桥安家落户，距今已有150年的历史。1949年前的渔民往往拥有自己的船只；新中国成立后成立了人民公社，捕捞渔民仍分散单干，个体经营，收入除缴纳部分渔业税外，其余归个人所得。1955—1956年开展互助合作化运动，在捕捞生产上，普遍推行“三包一奖”责任制。1959年，渔业生产实行了三包（包产、包工、包本）、四定（定产量、定产值、定工分、定渔货质量）、二奖（超产奖励、节约成本奖励）、二到船（措施到船、产量到船）的责任制。1961年，对专业渔民采取常年捕捞与旺季突击相结合的方法，开展捕捞生产。同时，通过整风、整社，结合平调退赔，权力下放，进一步健全了包奖制度。1979年年底，专业渔民实行以生产队为核算单位，下分若干个作业组，包产到户。至此，农闲捕捞成为漆桥家庭的骨干副业，由于后来围湖造田，导致大量渔业资源被破坏，不少渔民转向运输业、建筑业或其他行业。

2. 特色养殖，漆桥村民致富新亮点。

漆桥水系众多，水产资源丰富，渔业自然环境优越，生产类型多样，最为突出的是鱼类、螃蟹养殖。20世纪50年代，漆桥养殖鱼类的品种有青鱼、草鱼、鲢鱼、鳙鱼、鳊鱼、鲤鱼、鲫鱼七类。60年代初，当地村民从东北、江西两地引进鳞镜鲤、兴国红鲤和东北银鲫。70年代初，从上海崇明引进中华绒螯蟹特种养殖品种。80年代，又分别从扬州、丹徒、无锡、南京四地引进罗非鱼、杂交鲤鱼、银鲫、白鲫和革胡子鲶鱼。直至今日，漆桥鱼类养殖品种达20余种。漆桥螃蟹养殖历史较短，从90年代末期兴起，成为特色经济产业，主要养殖品种为固城湖螃蟹。截至2012年，漆桥螃蟹养殖面积有1000余亩，每公斤螃蟹可以买到200元。由螃蟹产业拉动的运输、饲料、餐饮等行业则多达50个，受益农户已占全村的1/4。螃蟹养殖已成为漆桥村民增收的新亮点。固城湖螃蟹在南京、上海、杭州等城市享有较高声誉，为上等水产。

（三）商业

1. 经营项目：往昔南来北往客所需，今日周边游人吸引物。

古村漆桥三面环水，因水网密布，过去的漆桥主要以河连接水上交通。上源自东向水来自溧水区枕头山南麓、龙墩河与栗山之水，下游自西北经邻镇古柏镇檀溪河入固城湖，全长13公里。漆桥紧临安徽宣城，是江苏南京到安徽宣城的必经之路，留有“古宁驿道”。漆桥镇自南宋晚期起已是一处著名的集市，明嘉靖年已成为溧高两县七处市镇之一。北宋南渡，围湖显田，人烟日盛，农产品手工业品渐集中于市，漆桥已初具“买（卖）纱络绎向城来，千人坐等城门开”的市场规模，明末清初，外地客商相继来漆桥建店，“两溪夹一街，巷道连水埠。临水有人家，桥头立商铺”，是当时漆桥商业街的景象。据文献记载，当时商店主要经营茶叶、烟土、中药材、木材、粮食、土布、水产等。清末，外资亦开始到此开“洋行”，1939 年高淳沦陷后，商号多半倒闭，市场萧条。抗战胜利后，商业虽曾一度振兴，后因经受不了通货膨胀的袭击，到 1949 年前夕，许多商人已面临破产境地。新中国成立后，社会主义国营商业逐步进入漆桥，建立了漆桥中心供销社，主要经营农产品、农具、糖、盐、米、醋、布等物品，随着时代变迁，村落青年人口因就业、读书等原因相继离开，县级商业中心日益增多，漆桥的商业经营逐渐萧条。21 世纪初，漆桥村开发旅游业，萧条的商业又逐渐复兴，目前全村餐饮、住宿、鞋店、糕点店等各类商店 20 余家，从业人员增加 80 余人，主要服务对象为本地居民和游客，传统布鞋、糕饼、美食成为游客喜爱的旅游商品。

2. 经营主体：昔日亦农、亦商、亦儒，今日更多选择。

漆桥古村落居民以孔姓为主，是世界仅次于曲阜的孔子后裔较大居住地。因受孔氏家风影响，自南宋以来，从事商业的漆桥人往往具有亦农、亦儒、亦商的特点。孔子曰：“耕也，馁在其中矣。”耕田是解决饿肚子最直接的办法，但并非解决的根本之道。因而，迁居漆桥的孔文昱鼓励族人眼光不能局限于田地之间，还要懂得读书奋进、登堂入仕、服务他人的理念。在这种思想影响下，漆桥从事商业活动的人群大多为农民，他们的商业活动时间往往安排在农闲之余，农忙时仍在田间劳作。人们从事商业活动空间或临街，或临河，前店后居，兼顾生活，或推着小车一路叫卖，吆喝声不断。从事的商业活动大多为南来北往的商客提供农业生产用具、生活用品、布料、茶叶、饮食等。随着时代变迁，漆桥的河流已失去通航功能；临河而居的水阁子多已不见，房屋结构也已改变，出挑的花格窗已变成了装饰；车痕深深的古宁驿道也失去了往日的熙熙攘攘。然而，漆桥人仍保留有亦农、亦商、亦儒的生活智慧，随着旅游业的进入，他们做手工、烹美食、开相馆，让生活又有了更多的选择。

（四）旅游业

1. 有形资源类型多样，特色鲜明。

旅游业是漆桥的新生事物，其产业发展处于起步期，主要体现在没有完整的业态要素，缺少丰富市场运作的手段。然而，漆桥旅游业发展前景依然美好。漆桥旅游业美好的发展前景得益于游子山之秀气，漆桥河之灵气，风貌依旧的明清古建筑，以及源远流长的儒家文化。本地村落旅游资源要素主要有两类：有形资源和无形资源。

漆桥古村有形旅游资源特色在于其空间格局、建筑古迹和自然风貌：漆桥水系空间格局与水口空间传统而优美。漆桥河水系上游来自溧水枕头山南麓，下游经檀溪河入固城湖，水流方向自西北向东南，从东、南、西三面将漆桥古村包绕。娘娘塘、平家池等水系穿插其中，使岸线更为灵活多变，形成了曲折变化的水系格局。在漆桥相关的史料记载中，提到漆桥东南有一座筑城墩，又名庵墩、安墩。安墩正位于上游水系到漆桥的打弯处，加上村庄其他方向环水，也在此处汇合，此处成了村庄整体布局模式的重要组成部分，是古村落的“眼睛”，也是保护村落的“前哨”，即水口空间。

漆桥古建保存完整且规模大。漆桥有300多栋明清时期的古建筑。村落中保存有许多具有历史价值与传统风貌的重要节点，如广场、古漆桥、古井、码头、埠头等。北关口广场建有传统风貌的城楼，是全村的制高点，具有极强的标志性。古漆桥自村落形成之初便已存在，历史悠久且结构、风貌的保存状况良好，至今仍保留着日常的交通功能。村内的五口水井中，保平井与保安井的年代最为久远，具有一定的历史价值。

原始田园自然风貌是吸引游客的核心要素，乡村独有的空间——水、田、村相互映衬的具有异质性乡村特色与自然田园风光、保留有古树的传统庭院，形成绿化景观与建筑景观相互交织、和谐统一的村落整体景观风貌。漆桥河是村内最主要的水系，并基本保持原老漆桥河岸线，其支流及与之相连的平家池、娘娘塘、查家塘、新连塘等也基本保持原有岸线，漆

漆桥老街街景及古建筑景观

漆桥村平丞相府遗址景观

桥河水系水质良好，水面开阔，自然景观优美。

2. 无形资源内涵丰富，民众参与度高。

漆桥的无形资源在于其丰富的民俗艺术要素。平丞相造漆桥的传说和脱尾龙的传说，两者均为民间传说，是高淳地区的非物质文化遗产。石锁与盘杠子等传统体育活动突出展现了漆桥古村落的民俗文化，具有重要价

孔氏祠堂景观

漆桥保平井

值。同时，漆桥还保存有数目众多的古代文学作品，分别是：南宋杨万里诗《发孔镇，晨炊漆桥道中纪行十首》；南宋岳珂诗《久不雨，里河舟不可行，戚桥平氏小舫在东坝，予介绍假之以行》；元代孔文昱诗《卜居游山乡》；元代赵孟頫《阙里谱系序》；明代桂子渊诗《漆桥》等。

除了丰富的民俗艺术要素之外，漆桥古村落还具有悠久的历史沿革、金陵古驿道与驿站文化发达、江南孔家名村与书院文化。漆桥村历史上店铺字号众多，目前绝大多数已经不再营业，但部分老字号的位置尚存。同时，漆桥孔氏源远流长，宗谱、家训和祭祖仪式也具有重要的历史价值。金陵古驿道与驿站文化发达，漆桥自古以来便是水陆交通的重要节点，曾是金陵古驿道的必经之地，因此留存了许多与驿站文化相关的痕迹。堪合、火牌、邮符、拴马石等，均是漆桥驿站文化的外在表征。江南孔家名村与书院文化也富有历史底蕴，南宋时期孔氏迁居至漆桥，自此在这里定居生根。如今漆桥村仍生活着许多孔氏后人，逐渐发展壮大成为江南孔家第一村，孔子所崇尚的书院文化也深刻融入了漆桥村民的血肉中。

（五）邮电业

1. 因日常之需，产业得以世代延续。

明嘉靖四十一年，高淳县设立邮政“总铺”一所，为周边十里八乡的人们代送物资，因漆桥“古宁驿道”是南京到安徽宣城的必经之路，当时的邮政业务非常繁忙。1949 年后，漆桥在供销社内设置邮政代办业务，后来又设置邮电代办所一处。邮运工具多为肩挑步行和马拉牛拖。20 世纪 80 年代，漆桥外部交通道路逐渐增多，邮路基本上通至周边每个村庄，邮运工具逐步发展到自行车、委办汽车和摩托车。漆桥“古宁驿道”、漆桥河已逐步失去其邮政和运输的功能。随着物流业务的专业化发展，现在漆桥增加了物流业务代理点，安能物流和中沃货运分别在此设立了货运物流点，邮政业务则更多地为当地人提供生活邮政服务。

2. 因时代变迁，业务内容日益丰富。

明清以来，漆桥邮政业务主要集中于药材、布匹、木材等生活物资运送，从事邮政工作的人员有专职和兼职两类，专职人员即以此业为生，定时定量代送，报酬支付根据路途远近；兼职人员类似于现代“滴滴顺风车”工作者，往往需要提前预约，费用支付大多根据路途远近、关系亲疏，熟人多不收取费用，提供餐食即可。邮运工具多为肩挑步行和船只，靠步行完成的邮政业务大多路途较远，需要跨越县城区域，水路往往运送至高淳县城，再由县城大渡口转向其他地区。中华民国时期，漆桥邮政业务代理点主要经营有挂号信、印刷品、收寄包裹和平常函件等业务。由于交通闭塞，工业基础薄弱，包裹业务量甚微，大多为私人邮寄的普通小包裹。20 世纪 80 年代初，邮政所开通了长途电话，后又增办了国际电话和港澳电话业务。随着时代进步，漆桥邮政业务类型日益丰富，除传统业务外，也新增设了报刊、集邮、代理、信息、银行等业务。

（六）建筑业

1. 建筑之乡，品牌效益突出。

漆桥镇先后被评为南京市建筑之乡、江苏省体育先进乡镇、南京市小城镇建设试点乡镇、江苏省重点中心镇、江苏省户籍制度改革试点镇。当地历史上从事建筑的均为个体木匠、泥水匠，建筑业基础薄弱。1949 年后，建筑业个体户逐步组织起来，进入 21 世纪后，改革开放不断深化，全县建筑企业通过产权制度改革，内部活力大增。随着企业施工能力的全面提高，建筑门类全面发展，高淳建筑业已拥有了一支融钻探、设计、建筑、安装、装饰、装潢、桩基等多种门类的建筑大军，从初期只能承建一般土建、工民建工程，发展到能承建基础、市政、水建、电力、道路、桥梁等工程。

2. 技术精湛管理规范，收入高就业率高。

1986 年，漆桥乡有建筑企业一家，即高淳县漆桥建筑公司。1991 年，该公司成为高淳县联合建筑安装工程公司第五分公司；1993 年更名为南京第六建筑安装工程公司第六分公司。1999 年，该公司组建为南京市漆桥建筑安装工程有限公司，资质为工民建二级。同年，该镇成立南京环达装饰工程有限公司。至此，漆桥镇有建筑企业两家。是年，全镇有建筑职工 1636 人。2000 年，两个企业进行改制，实行董事会领导下的总经理负责制，严格按照《公司法》和企业章程规范运作，管理机制日臻完善。漆桥建安公司于 2004 年经国家建设部批准，成为房屋建筑工程施工总承包一级企业。漆桥装饰公司，也成为建筑装修装饰工程专业承包一级、建筑幕墙工程专业承包二级和建筑装饰专项工程设计乙级资质单位。1999—2005 年，建安公司先后在上海、无锡、河北承德、安徽安庆等地承接工程业务，获市优质工程项目 25 个，获省优质工程项目 8 个，国优工程 1 个。2005 年，有职工 2792 人，项目部 38 个，一、二级项目经理 54 名，各类技经人员 339 名。装饰公司先后在南京、南通、盐城等地承接工程业务，为增强企业生产能力和提高企业生产附加值。2005 年，公司从业人员 288 人，设 4 个分公司，有 6 个项目经理，各类中高级专业技术人员 60 多人。是年，漆桥镇两家建筑企业从业人员 3000 多人，实现劳务收入 6200 多万元，按当年全镇农业人口平均，每人来自建筑业的收入2910元，占人均纯收入的47.18%。当前，建筑业已成为漆桥发展最快的支柱性产业。

三　总结

（一）漆桥“生业”景观之特色：延续性景观与新生性景观并存

“生业”景观存在于漆桥人的日常生活之中，课题组选择了农业、渔业、商业、旅游业、邮电业、建筑业六种，因为它们在漆桥的产业发展中特点相对突出，有些业态具有清晰的历史变迁脉络。整体而言，农业是漆桥生业景观中的基础景观，建筑业构建了漆桥人的生存空间，渔业景观的存于依赖于漆桥水域自然景观的存在，商业记录了漆桥人的日常，邮电业则反映漆桥人与外部空间的联系，旅游业的兴起反映了漆桥在当代的变迁过程村落和村民的再选择。漆桥六种生业景观可以分为两类：延续性生业景观和新生性生业景观。延续性生业景观在历史发展的过程中会受到政治、文化、市场、经济等多重因素的影响，但是其基本功能仍能得以保留。例如，农业景观的最大功能是让人得以生存，邮电业的最大功能是向外部传递信息，建筑业的最大功能是为人们提供居所。旅游业作为一种新生业态，正在发挥着新的作用，旅游业具有强大的资源整合性，它将整合漆桥村落中的各种要素，通过创意使传统村落发挥新的作用。

（二）漆桥“生业”景观之发展利用：认知—保护—整治—更新

认知是做好漆桥生业景观保护和利用工作的第一步，认知有三个方面的内容：一是漆桥人及开发利用者对生业景观主人翁意识的认知；二是对生业景观价值的认知；三是对生业景观保护、利用和发展方式的认知。在认知的基础上才能够进行保护，保护可采用全面和重点两种保护方式。全面保护需要我们对已有的生业景观依存的环境、载体、人员等做全方位立体保护，以防止保护工作缺少完整性和持续性；重点保护是在全面保护的基础上，对于历史价值、文化价值、观赏价值高，保存状况与利用条件好的生业景观要素应予以保护，例如，商业中的契约制度、生产过程中劳动工具和工艺。整治对于历史价值、文化价值、观赏价值较高，保存状况与利用条件较好，但遭到一定的破坏或与传统风貌不协调的“生业”景观应予以整治。更新则是对于历史价值、文化价值、观赏价值较低，保存状况与利用条件较差，严重破坏传统生业景观风貌且与现代生活、旅游发展不协调的因素应予以更新。

执笔人：纪文静　曹娅丽　魏文静　陆明华　成慧　夏梦

曾厝垵

村落概况

（一）村落概述

"曾厝垵"全称曾厝垵社区居民委员会（以下简称"曾厝垵社区"），隶属思明区滨海街道，下辖曾厝垵社、仓里社、前田社、西边社、前后厝社、东宅社、上里社和胡里山社8个自然村。辖内现有10个居民小组[①]，1500余户，常住人口5674人，暂住人口4830人（不含文创村）[②]。曾厝垵社区位于厦门市厦门岛南部，三面环山、南侧面海；东至白石炮台、与黄厝社区接壤，西抵胡里山炮台，南临厦门湾与大、小担岛隔海相望，北向御屏山、西姑岭；面积约6.5平方公里。曾厝垵社区原为临海的村庄，1956年为群星高级农业合作社，1958年与黄厝村建立厦门大学农场，1960年改称思明农场，1966年归属曾塔社，1970年属前线公社前哨大队，1984年改为曾厝垵村，1987年9月划归思明区管辖并隶属于滨海街道，2003年8月转型为城市社区，组建曾厝垵社区居委会。

"曾厝垵社区"这一称谓为当代城市化进程的产物，而其"曾里""曾处安""曾家沃（澳）"等旧称，则在一定程度上反映了曾厝垵这一自然聚

---

① 曾厝垵社区分为1、2、3三个小组，仓里社、前田社、西边社、东宅社、上里社、胡里山社依次为第2、3、4、5、6、8、9、10小组，前厝社、后厝社合组为第7小组。曾厝垵社区的8个自然村共有10个居民小组。

② 王日根：《曾厝垵村史：中国最文艺渔村》，海峡文艺出版社2017年版，第1页。

落形成的地理要素、历史背景和经济动因。就“曾里”而言，其命名方式与位于曾厝垵社东北侧的曾山有关。曾厝垵社位于曾山西南麓，故称曾西，即曾山之西；港口社则位于曾厝垵之北，未与曾山直接毗邻而稍靠内，故称曾里。这里，以“曾里”称曾厝垵很可能存在代指现象，但其命名方式则反映了曾厝垵自然聚落的地貌概况和生态环境。同样原则下的称谓还包括后厝社——位于后厝山东南麓，位置靠后、胡里山社——位于胡里山东麓，东接西边社；西边社/溪边社——因村前有溪入海，故得名[①]等；就“曾处安”而言，其命名方式与当地曾氏家族的迁入及曾氏族史有关。据《拥湖宫碑记》记载：“宫原建于元代，系曾家始祖光绰因兵乱，率亲族由江苏常熟县到此必乱而定居，初称‘曾处安’。”1271 年元朝建制，曾氏始祖曾光绰为避元剿灭南宋势力之兵乱，举家由江苏常熟迁入至嘉禾里，并将栖所成为“曾处安”，取曾氏所栖之处康泰平安之意。再修的《邱曾氏族谱》中亦有类似表述可以佐证：“（道）唯娶王氏生一子渊，事宋执政兼同知枢密院，渊娶李氏生一子光绰，官枢密院使，见元伯颜、董文炳屠常州，契家随端宗皇帝入闽，景炎元年择居同安县嘉禾里之南高浦村，今志曰曾家澳，幕天席地，帽石钓鱼自乐，其地原名高浦村，世虽变乱，曾氏到此亦得安，故名曾处安，别号‘禾浦’。”[②] 可见，“南浦村”向“曾处安”再到“曾厝垵”的转变，一方面还原了历史背景下的曾氏单姓村生成过程；另一方面反映了村落地方化程度的逐步加深，突出表现为“厝”这一闽南方言词汇对“处”的替换；就“曾家沃（澳）”而言，其命名方式与村落生计方式和贸易传统有关。在闽南方言中，“沃/澳”指泊船的海湾，“湾”指舟楫出入港口处。今曾厝垵社南端为海湾，历史上胡里山炮台至白石炮台一线均为泊船口岸。船只由月港离港后，驻泊曾厝沃候风，二更船到担门，从大担门放洋，或北上，或南下。时《厦门志》载：“曾厝垵澳，在厦门南海滨，与南太武山隔海相望，沙地宽平，湾澳稍稳，可避北风。”[③] 该时期，曾厝垵的港口优势和航运资源亦催生了渔业

① 王日根：《曾厝垵村史：中国最文艺渔村》，海峡文艺出版社 2017 年版，第 2、20 页。
② 同上书，第 25 页。
③ 周凯：《厦门志・卷四防海略》（清道光十九年镌），鹭江出版社 1996 年版，第 94 页。

主导的生计模式和海外贸易传统。由此观之，曾厝垵的称谓变迁受到地方社会结构重组的影响。

近年来，随着城乡统筹规划建设的实施和社会主义市场经济的飞速发展，民众消费需求愈发多元化、紧迫化，社区消费层结构亦趋层次化、复合化，曾厝垵逐步由自给自足的“传统渔村”，转变为不动产经营权快速流转的“文化创意休闲渔村”。经济驱动下的“文创渔村”旅游绅士化运动，以政府财政投入为主导，以旅游业为催化剂，在改善村落整体环境的同时，亦促成了地方经济的发展主体由农、渔等第一产业向旅游业等第三产业的转型。自2000年至2013年，以环岛路修建为契机的曾厝垵“城中村”综合整治项目，极大地优化了村落基础设施建设和地方资源配置。以“五街十八巷”为基本格局的新村规划，在保留原有村落布局和道路走向的基础上，依托农村宅基地兴建商用民宅，以迎合在当前迅猛发展的旅游业催生下，不断加剧的房屋租赁需求和商业开发需求。官方统计数据显示，2014年曾厝垵夏秋旺季仅单日旅游人次就突破了7万，即使进入冬季旅游淡季，节假日或周日单日旅游人次也创造了超5.5万人次的同期历史最高纪录，平常则基本维持在2万到3万人次。[①] 然而，这一旅游景区在打造过程中，如商业经营不当、土地流转失序、监督机制欠缺、商业定位失准等开发模式问题，及社会两极分化、生计模式单一、居住空间隔离等社会问题，也日益突出。

（二）作为自然聚落的曾厝垵

曾厝垵宋元以前的建制沿革实不可考，就中华民国《同安县志·疆域沿革》记载回溯，其宋元时期应属同安县绥德乡嘉禾里辖。清康熙五十二年（1713），嘉禾里辖四都八图，廿二都一图下领曾厝湾、小高浦。至清乾隆三十四年（1769），嘉禾里廿二都所辖一图领曾厝垵、小高浦，二图领塔头、古浪屿、东澳。中华民国时期，依保甲制设保26个，曾厝垵属曾溪保。抗日战争胜利后至新中国成立初期（1946—1964年），随着民主改革、社会主义建设和人民公社化运动的推进，曾厝垵建制更迭愈发频繁（见下

① 数据引自“曾厝垵共同缔造升级迎接旅游新常态”，厦门市思明区人民政府—信息公开—新闻公告—工作动态，http：//www. siming. gov. cn。

图）。自 1958 年始，曾厝垵均属郊区管辖，直至 1987 年郊区撤销，才随其所辖地划入思明区辖内。1996 年，曾厝垵并入同年新组滨海街道，随后于 2003 年的“村改居”规划，改组曾厝垵居民委员会，成为典型的“城中村”。[①]

1946至1964年间曾厝垵（片区）行政建制变化

时间	名称	行政区划	隶属	其他
1948年3月	曾溪保	区/ 保/社	厦港区	曾溪保下辖曾厝垵、西边、上李、港口、前厝、后厝、仓里、前田、西边、下边、东宅11个社。
1950年5月	曾厝垵农业合作社	区/街政委员会/乡;村（公所）	禾山区 曾塔乡	1950年3月厦门市废除保甲制，市区改设街政委员会。同年5月2日撤销厦港区，将厦港区之长塔、曾溪和大澳部分农业区划归禾山区。
1954年	金星初级农业合作社	区;镇/街政委员会/乡		1953年11月厦门市始有镇建制。
1956年	群星高级农业合作社	区;镇/街道办事处/乡		1955年3月，街政委员会改名为街道办事处，下设居委会。
1958年	厦大农场	县/区/人民公社	郊区前线人民公社	1958年全国推行公社化，人民公社为县（区）底下的基层政区。原集美镇、灌口镇、海沧镇、禾山区合并新置郊区。1964年，于1960年合并的4个公社又复增为6个：前线、杏林、后溪、东孚、海沧、灌口人民公社。
1960年	思明国营农场			
1964年	曾厝垵大队			

较之厦门其他区域的飞速发展，曾厝垵却随着近代华侨的迁出，逐步边缘化为游离于城乡边界的“城中村”。[②] 村落自然生态在城镇统筹建设中遭到侵蚀，而乡村原有组织形态和运作模式却无法满足当代发展需求，青壮人力的外流亦使地区活力日益缺失。作为结构转型和资本循环的产物，“城中村”现象在经济发达地区表现得尤为突出。就土地产权和土地利用类型而言，其多位于城市规划范围内或城乡过渡带，是被城市建成区用地包围或半包围的、没有或仅有少量农业用地的村落；就社会分工和组织形态而言，“城中村”是以血缘为凝结要素的地域共同体，人们在此空间中共享某种生计方式和历史记忆，具有一定的闭合性和稳定性。可见，这些在城镇统筹建设下出现的“城中村”，既是乡村的历史遗留，又是城市的当代构建；既是共同居住的空间分布，又是生计转型的社会形态，反映了自然村落在文化生境变迁下的嬗变和调适。

① 王日根：《曾厝垵村史：中国最文艺渔村》，海峡文艺出版社 2017 年版，第 13—17 页。

② 郑开雄：《厦门“城中村”改造研究》，《现代城市研究》2005 年第 11 期。

厦门经济特区成立30余年来，城市规模快速扩张，乡村农业用地被大量征用，如曾厝垵等原位于市区边缘的村落，即在此过程中逐渐被纳入城市建成区范围，而城乡空间的重组面临的首要问题则是农民失地后的生计危机。当城市在经济利益驱使下而无限扩大，乡村土地资源的快速消耗对农民新生计模式有迫切诉求。2000—2003年，随着道路交通改善和村落性质转型，曾厝垵快速步入旅游业浪潮。曾厝垵村委会对集体所有土地性质的保留，一方面为村落原住民自由改造居住空间提供了可操作的余地；另一方面也助长了自发、无序、杂乱的填充式住房建设的快速发酵，随之引发了房租上涨、过度开发、违章搭建、配套落后、环境混乱、拆迁整治等一系列问题。特别是2010—2012年间，房租经济的兴起，刺激了曾厝垵内违章建筑的密度在短期内不断攀升[①]，极大地侵占、挤压了公共空间；而宅基地从居住用途向转为商业民宿等土地性质的无序化扭转，亦使道路、供电、环卫、给排水等既有的基础设施，一度不堪重负。[②] 至2013年，曾厝垵成为厦门政府社区共同缔造的城中村试点，共同缔造战略的实施，在一定程度上完善了地方道路、环卫、给排水等基础设施建设。[③] 由政府引导的社区直接参与地方日常事务，有利于明确政府和社区的职责边界，在给予社区居民更多自主决定权的同时，使其心理认同在参与地方日常事务的决策中得到模塑。而随后设立的曾厝垵业主委员会、曾厝垵文创会（商家联合会）及一系列自治公约，亦有助于在地缘解构和血缘梳理的当代村落中凝结新的生活共同体，以有效解决地方事务，促进地方发展。

由此观之，作为自然聚落的曾厝垵，在由乡村空间向城市社区的转型过程中，面临着生态维护、产业调整、地缘重组、认同再构等新挑战。

（三）作为文创景区的曾厝垵

狭义上的“曾厝垵”指曾厝垵文化创意休闲渔村，其是城市规划和商

---

① 洪国城：《城中村私有住房管理机制研究——以厦门曾厝垵为例》，硕士学位论文，华侨大学，2013年。

② 张若曦、张乐敏、韩青、林小琳：《厦门边缘社区转型中的共治机制研究——以曾厝垵为例》，《城市发展研究》2016年第9期。

③ 贾楠：《分析旅游规划中的社区参与——以厦门曾厝垵为例》，《规划与开发》2017年7月下半月刊。

业诉求下的旅游产品，仅占地 0. 33 平方公里。作为文创景区，曾厝垵的起步得益于 2000 年厦门市环岛路东南路段的开通。便利的交通和优越的地理位置，使这个传统村落结构完整、闽南海洋文化特色鲜明的渔村快速被外界所认知。2004—2005 年，鼓浪屿民宿热的推动，使租金和消费水平较低的曾厝垵吸引了第一批草根文创者及民宿老板入驻。2006 年，厦门岛内宣告全面退渔，曾厝垵旅游发展需求加剧。一部分渔民成为地方旅游从业者；另一部分则以房屋租赁为主要收入来源。2010—2012 年，民宿、餐饮文艺店铺呈井喷式发展，旅游目的地的土地价值及租金不断攀升。曾厝垵在快速商业化中暴露出空间格局杂乱、运营职能失调等问题，旅游发展受到制约。2013 年“美丽厦门”战略开始实施，“城中村社区”改造有效地改善了曾厝垵基础设施问题。2014 年，基层政府引导建立曾厝垵社区共治机制，业主协会、文创会分别了吸纳超过 450 个业主和 800 个经营者。[①] 同年，《曾厝垵文创村民宿管理暂行办法》出台，民宿自治组织对客栈管理约束的共识基本形成，民宿商家的自发整改和主动配合促成了曾厝垵文创景区旅游发展的良性环境，年度游客总量超过 1000 万人次。2015 年 5 月，《曾厝垵文创村自治公约》修订完成，曾厝垵文创景区业主及商家的建设装修、房屋租赁、商业经营、消费诚信等行为得到系统规范。同年，曾厝垵景区国庆黄金周旅游人次较 2012 年增加了 7 倍，年旅游人次较 2014 年增幅达 20%。仅 2015 年 11 月底举行的“曾厝垵文青节”，节庆 4 天就吸引游客 30 万人次。彼时景区内的画家、雕塑家、音乐人及各类文化创业者，共计超过五千名，开设创意店铺约 1600 家（其中旅馆 300 家，美食 750 家，文艺店铺 360 家，其他店铺、工作室、文创企业类共约 190 家）。[②]

以发展路径观之，曾厝垵由自然聚落向文创景区的转变，可视为旅游绅士化运动。旅游绅士化（tourism gentrification）最早由戈瑟姆（Gotham）提出，意指通过旅游休闲业的发展，使得周围社区低收入阶层被高收入阶

① 数据引自《以奖代补　破旧“古厝”逆转再生——思明区积极探索村改居社区社会治理的曾厝垵模式》，《厦门日报》2014 年 10 月 13 日第 A02 版。

② 张若曦：《厦门曾厝垵：“最文艺渔村”的蜕变历程》，《澎湃新闻》，http：// www. thepaper. cn/newsDeta - il_ forward。

层所置换的过程。[①] 曾厝垵的城市化进程，高收入阶层因为地理位置、低廉租金以及文化价值等因素，被低收入阶层的社区吸引，以休闲旅游形式初步进入社区。随后在地方政策、房地产市场和旅游经济的交互机制下，完成了对社区组织结构和职能分工的置换（displacement）。与高收入阶层在政府引导下有序进入低收入阶层社区，并最终使得原先的低收入阶层无法负担其高昂的价格而搬迁出此社区的一般绅士化过程不同[②]，曾厝垵的旅游绅士化运动还伴随着不完全性和反复性。一方面，旅游业以及其他相关行业的蓬勃发展，使外来商户大量入驻，其对曾厝垵本地资源的利用和改造抬升了周围地价，继而刺激了游客消费，提高了周边消费水平，使得旅游景区及周边原低收入阶层住民因无法负担昂贵的住房费用和生活费用被迫迁走；另一方面，旅游业的高额利润和蓬勃商机亦使一部分原住民通过“租赁自家房屋，成为当地旅游从业者”的形式，间接参与到曾厝垵旅游发展中。这部分原住民由最开始的被迫迁出，到回归社区，出现了反复。政府旅游发展文化战略在赢得高收入阶层和外来资本青睐的同时，也催化了资本积累和资本循环空间结点的形成。

作为曾厝垵结构转型的动力之一，旅游绅士化进程实则反映了地方化与全球化的博弈，这亦是当代城市化和城市再开发进程中的重要特征。一方面，旅游业是世界上最大的产业之一，其通过“品牌协同”（brand synergies）等战略，将地方场所转化为全球性的消费空间；另一方面，旅游业也是一个“地方性”突出的产业，其将产品消费置于特殊的地方文化与地方特性构成的空间实体内，以此刺激旅游者的消费需求。旅游业的全球性与地方性的结合，塑造了其在城市化进程中特殊角色，使之成为促进地区经济发展的重要手段和竞争战略。旅游绅士化则是外来资本与地方行为互动过程的必然结果[③]。可见，曾厝垵文创景区的初衷是利用外来资金打造本土品牌，在社区阶层置换过程中，区域功能的改变是政府主导、政策规

① Gotham K.，“Tourism Gentrification：The Case of New Orleans’ Vieux Carre（French Quarter）”，*Urban Studies*，2005，42（7），pp. 1099 - 1121.

② Glass R.，“Introduction：Aspects of Change”，*Urban Studies*，London：Aspects of Change，Mac Gibbon and Kee，1964.

③ 赵玉宗：《旅游绅士化：概念、类型与机制》，《旅游学刊》2006年第11期。

范、地方参与的三方联动结果，其目的在于有效遏制城市中心区的衰退，推动城镇统筹发展。作为一种新兴的城市地理现象和“全球城市战略”(global urban strategy)，绅士化运动一方面有助于改善城市建成环境，拉动城市经济的增长，促进城市产业的调整；另一方面则由于居住空间分异的产生，可能导致两极分化及贫富差距加剧。居住区被置换成商业区以及商住合一区的情况已屡见不鲜[①]，而这则可能引发失地农民的生存问题。改革开放以来，我国的城市更新规模较大、城市空间结构重组，在城市更新中产生的绅士化现象以“城中村”改造、“旧城”整治最为典型。不置可否，这一系列以“拆毁原有建筑”为主要表征的新建绅士化行为，对固定资产的再投资、资金的大量循环起到了促进作用。特别是，如曾厝垵等旅游景区及其毗邻区域的旅游绅士化运动，高收入阶层的迁入加快了周边地区第三产业的发展，丰富了地区产业结构和层次。但外来移民对原住民的置换，亦使地区原住民愈发边缘化，从居住空间到社会关系，其间接地被拒、斥责于原生环境之外，诸如门禁社区和社会隔离、失地农民、社会两极分化等问题日益突出。因此，作为文创景区的曾厝垵仍有待完善发展机制、有效的政策扶持和共赢的自治机构。

生　态

曾厝垵位于厦门岛东南部海滨，依山面海，旧时居厦门港要冲。其整体地势北高南低，自北部最高峰御屏山（246米）至南段厦门湾海岸，南北相对高度超过200米，呈颠簸状的海蚀性洼地。受亚热带海洋性季风气候影响，水源丰沛。曾有西姑岭山麓之水南流至此入海，水磨坑溪经仓里社、港口溪经上里社入海，溪流澄澈、涧壑纵横。据《鹭江志》载：“曾厝垵在厦门尽南，西扼海门，南对太武，东制二担浯屿之冲……内固厦门，外控担屿浯屿之冲……可驻大军。”[②] 其中，“太武”为与曾厝垵相对

---

① 黄幸、杨永春：《中西方绅士化研究进展及其对我国城市规划的启示》，《国际城市规划》2012年第2期。

② （清）薛起凤：《鹭江志·辑佚补缺卷之二港澳》，鹭江出版社1998年版。

的太武山，"二担""浯屿"是与曾厝垵隔海相望的海中二岛，临近金门，于厦门海防、海道有重要意义。清代曾在此设水师驻守，中华民国时为海军航空处所在地。[①]《厦门志》亦有"大担、旧浯屿、梅林、圳上、围头、白沙、料罗、金门、乌沙、曾厝垵、南风湾，为浯屿寨要害"[②]"大担汛口，在厦门南海中，距城水程五十里，与浯屿、小担屿犄角声援，皆海口要害"[③]的判断，可见其良港地位和战略意义。

曾厝垵这一优势的形成除受益于地理环境外，与其航海贸易传统亦渊源颇深。明嘉靖三十年，朝廷在厦门曾厝垵设靖海馆，盘验船只，缉捕走私贸易。嘉靖四十二年靖海馆改为海防馆，管理海上事务，兼收引税和饷税。隆庆元年，曾厝垵作为开禁后月港的督饷馆，管理商船出入海外，发放船引（准许船舶航行的凭证），盘验征税，是厦门港最早设立的港口管理机构[④]。成书于1617年的《东西洋考》曾记载："从前贾舶盘验于厦门，验毕，移驻曾家澳候风开驾。"持出海许可证"引票"的出洋商船，从曾厝垵出洋前往东南亚经商[⑤]，闽南沿海居民，纷纷"往贩各番"贸易。[⑥]随着航海造船技术和海外贸易的发展，曾厝垵一度成为商业繁荣、物资丰沛的侨乡。19世纪末至20世纪初，曾厝垵村中几乎所有的男青年都有过出洋的经历。1842年第一次鸦片战争后，《南京条约》签订，厦门辟为通商口岸，在随后几十年间，受亲友牵引前往东南亚各国谋生的自由移民热掀起高潮[⑦]。至1926年，经由厦门港往来的移民人口达到峰值[⑧]，南洋产业愈发兴旺，曾厝垵自由移民多前往泗水、仰光等地经商。然而，在1924—1945年太平洋战争期间，厦门海上交通受阻、华侨返程被迫中断，作为侨乡的曾厝垵日益衰落。一方面，新中国成立初期，厦门港停用，移民及归侨等人口流动大幅减缓，曾

① 《厦门交通志》编纂委员会编：《厦门交通志》，人民交通出版社1989年版，第26页。
② 周凯：《厦门志·卷三兵制考》（清道光十九年镌），鹭江出版社1996年版。
③ 同上。
④ 顾海：《厦门港》，福建人民出版社2001年版，第45页。
⑤ （明）张燮：《东西洋考》，中华书局1981年版，第171页。
⑥ 《厦门交通志》编纂委员会编：《厦门交通志》，人民交通出版社1989年版，第26页。
⑦ 《厦门华侨志》编纂委员会编：《厦门华侨志》，鹭江出版社1991年版，第24页。
⑧ 厦门港史志编纂委员会编：《厦门港史》，人民交通出版社1993年版，第223页。

厝垵亦由贸易消费型社会转向自给生产型，采用农、渔混合型生计模式；另一方面，东南亚国家施行更为严格的移民政策，限制了中国移民的入境。

自然环境

1. 山

厦门地势西北高东南低，其地貌由山地、丘陵、台地、平原依次向海岸过渡。就厦门地区整体区域分布格局而言，大致可以划分为厦门岛地貌区、厦门市郊地貌区（含集美、海沧、杏林区）和同安地貌区三个地貌区域。厦门岛的中部为钟宅—筼筜港（湖）断陷平原、海湾区，其地势低平，走向东北；以此为界，厦门岛的东南部，除沿海地区有小面积的台地、平原和滩涂分布外，地势较高，大多为高丘陵所盘踞，云顶岩（339.6米），是岛上最高的山峰；厦门岛北部，海蚀台地连绵起伏①。曾厝垵恰位于厦门岛东南端的丘陵地区，地势较高，山脉绵延。

表1　厦门本岛主要山峰（引自《厦门市志》第一册　卷一自然环境——地貌）

位置	山峰名称	海拔高处（米）	山峰名称	海拔高度（米）
厦门本岛	云顶岩	339.6	太平山	168
	御屏山（西姑岭）	264	仙洞山	142
	东排山	240	狐尾山	140
	仙岳山	212.7	朝山（圆山）	116
	梧村山（向天西山）	209	鸿山	99
	碧岩山	208	龙山	98
	虎山	201	坂尾山	65
	阳台山	193	蜂巢山	59
	五老山（峰）	185	金榜山	51
	曾山	175	香山	50
	西姑北山	170	虎仔山	36

① 厦门市地方志编纂委员会编：《厦门市志（第一册）·卷一》，方志出版社2004年版。

曾厝垵境内山脉呈东北—西南走向。中华民国《厦门市志》载：“厦岛山脉，从镜台穿海而过，突起牛家村。东行……过东山、东排山、西姑岭、西山，直达厦门……由东排山转南而至塔头、茂后、曾厝垵。由西姑岭分往文灶等处。此禾山山脉大势也。”[①] 可见，岛内山峰林立，走势曲折。以位于曾厝垵文创村东北端的曾山（175 米）为起点，逆时针分布着上李山、东宅山、御屏山/西姑岭（264 米）、后厝山、虎山（201 米）、狮山（220 米）、胡里山等山峰。其中，曾山距曾厝垵社最近。其北靠云顶岩，有延伸长数十米的卸荷裂隙，由 1.28 亿年前燕山造山运动形成的花岗岩组成，属“厦门岩体”的一部分。山中除花岗岩海蚀遗迹、岩洞、溪流、植被等自然风景外，还有白石炮台遗址及启明寺、太清宫两处宗教场所，人文气息浓厚。

2. 水

厦门市河流短小，河面窄，河床浅，河网密，呈树枝状分布。河流水量随季节变化大，但河水含沙量一般不高，岛内水资源相对匮乏，主要用水为跨流域引入的客水。厦门市主要有西溪、苎溪、西林溪/九溪、官浔溪、龙东溪、埭头溪、霞尾溪、浦林溪 8 条水系，其中西溪是厦门市最大的河流，全长 34 公里，流域面积 494 平方公里，多年平均年径流量 4.66 亿立方米，发源于西北部的寨尖尾山，由莲花溪、澳溪和汀溪水流相汇而成，在双溪口汇合东溪，亦称西溪，东南流入东咀港出海。[②] 另有福建省第二大河流九龙江汇干流北溪、支流西溪、南溪，过漳州于厦门港入海注入台湾海峡。就现存水系观之，曾厝垵附近并无河流水文，但在《厦门市志（民国）》的记载中却可依稀窥得曾厝垵旧时水文样貌。“盖厦市水流，虽有七池、八河、十一溪之称，要皆赖雨水，供灌溉已耳。”“七池者，即月眉池、双连池、八卦池、演武池、河仔池、澳仔大池、放生池。今仅演武场之演武池及澳仔大池存在而已。”“至八河，即龙船河、黄厝河、甕菜河（长寮河）、关刀河、东岳河、魁星河、盐草河、竹仔河。迄今尚存者，唯厦港之关刀河与中山公园之魁星河、盐草河及东岳河而已。民国十六年

① 福建省厦门市地方志编纂委员会编：《厦门市志·卷四》，方志出版社 1999 年版。

② 厦门市地方志编纂委员会编：《厦门市志（第一册）卷一》，方志出版社 2004 年版。

(1927)，公园兴建，三河遂被利用，贯通连接，成为公园之水景。至于十一溪，乃樵溪、水磨坑溪、带溪、双溪、霞溪、龙舌溪、古楼溪、莲溪、前后溪、港口溪、蓼花溪等是。”其中，“港口溪，源出东坪山，经上里社、曾厝垵而入海。西姑岭山麓之水，北流至石碑牌而入于海；南流至曾厝垵而入于海”[1]。

从上述记载观之，古溪流名与现存水系名出入较大，古溪流现今是否仍存在不可考。就厦门市地表水资源量空间分布而言，厦门岛仅占6.36%，较之同安区69.20%、集美杏林区24.44%的占比极低。若如文献所载，厦门水流“皆赖雨水，供灌溉已耳”，不排除受到自然气候影响出现古溪流改道、绝流，以致现曾厝垵难寻河流水文的可能。厦门本岛水资源的匮乏也间接导致了岛内多修水库，曾厝垵北部的上李水库即是20世纪20年代为缓解岛内饮水问题而提出的解决方案。其采用花岗岩堆砌拱形坝体，充分收集山涧雨水和泉水，有效地解决了该时期饮用淡水匮乏的危机。

3. 海湾

从曾厝垵旧称“曾厝澳/沃”可知，曾厝垵确在一定时段内是繁茂的港口。明代《东西洋考》记：“中左所，一名厦门，南路参戎防汛处。”时《同安县志·卷十八实业》亦载：“渔港各有分港，以厦门港为最。”明成化年间，一方面由于晋江上游植被受到严重破坏，水土流失加剧，造成河道和港口淤塞；另一方面受战乱影响，为固海防，泉州港被迫关闭。厦门岛受口月港（龙海市海澄镇）兴起影响，亦依靠其优越地理位置开埠通商，成为东南沿海重要的贸易口岸。早期的渔船大多集中在沙坡头（今民族路、旧鱼行口及福海宫巷一带）。中华民国二十四年(1935)，厦门设市，当局沿鹭江修筑堤岸，沙坡头亦在修筑之列，因而渔船从沙坡头移往沙坡尾停泊，并修建避风坞。随着外地渔民纷纷迁入，传入各地的技术经验，海洋捕捞作业迅速发展。[2] 但就现今地貌观之，曾厝垵南端的海湾较浅，尚不足以容纳大型船只进港，更难想象其航贸

① 福建省厦门市地方志编纂委员会编：《厦门市志·卷四》，方志出版社1999年版。

② 厦门市地方志编纂委员会编：《厦门市志·卷三十》，方志出版社2004年版。

繁荣、千帆白樯的景象。根据叶清的分析，曾厝澳的海湾消退和港口关闭或与泉州港于明代被迫关闭的成因相似——其是冲积扇平原长期泥沙沉淀的结果。

由于厦门的黄金沙滩主要由九龙江带来的泥沙堆积而成，因此，地理位置处于厦门岛最南端的曾厝湾，就成为接受堆积最主要的地方。通过地貌和第四纪地质调查证实，曾厝垵一带属海积阶地，由原曾厝湾长期泥沙淤积形成。这一快速沉积而导致海湾消息的过程，与九龙江沿岸每年近250万吨泥沙的严重水土流失有关。就曾厝垵的海岸地貌观之，曾厝垵南端浅海大陆坡十分平缓，从岸线到20米深的水域的直线距离超1000米，已经不适宜现代大型船舶停靠，不再具备港口的优势。相反，鹭江道及东渡—石湖山、海沧等岸线深水区紧逼岸线，深水岸线长达3000米和6000米，水深都在13米以上，最深达30米，具备良港优势。[①] 可见，曾厝垵海湾的消失是泥沙沉积的长期作用。由海岸线曲折的“湾”到坡地平缓的“垵”，曾厝垵在“曾厝湾”“曾家澳/沃”“曾里”的地名变更中，反映出地理环境变迁的动态过程。

村落形貌

村落结构受到乡村生活方式、文化心理和价值规范等多重因素的影响，在共同居住下形成的政治形态、经济生活、社会分层、决议机制、身份认同等组织形态，共同形塑了村落的整体形貌，是乡土观念作用下的地理分布表征。村落形貌如生命有机体一样，在客观无形中成长，其地理形态演变一方面反映了村落在自然环境下的生存、发展状态；另一方面则记录了城市化进程改造传统村落的干预路径和干预机制。曾厝垵自2003年由“村改居”政策被纳入城市社区以来，其经济社会结构发生了深刻转型。虽然，其村落空间分布较过去变动不大，但生计模式、居住形态、心理认同等要素的变化，则使指导空间分布的组织原则和行为逻辑发生嬗变——

① 叶清：《厦门地理环境的变迁——从地图看厦门岛的沧桑巨变》，《厦门科技》2014年第4期。

曾厝垵的村路形貌呈现出新样态。

1. 五街十八巷

“五街十八巷”是对曾厝垵街巷的总称，其是曾厝垵文创景区构建中对原有村落街道整治、规划、修建的产物，其基本保留了曾厝垵村落原有的道路走向，并对过去的街道布局进行调整，以文青街、中山街、国办街、教堂街、旗杆内街“五街”为核心商业区，“十三巷”则包括堂后西巷、堂后东巷、古早巷、金门巷、庙后巷、打鱼巷等干道支线。道路规划和公路兴建之于曾厝垵的发展有重要意义，其不仅便利了交通，还昭示了曾厝垵作为彼时重要侨乡的历史记忆和地方文化。

以国办路为例，其得名于爱国华侨曾国办。曾国办系曾厝垵人士，少壮下南洋，初受雇种植园，有积蓄，遂创业，屡有所成。1920 年起，曾国办独资经营进出口企业万成源行①；1927 年独立捐建了由大桥头起经镇北关、胡里山至曾厝垵的公路，即今国办路。道路全长 2. 34 千米，路宽 7. 2 米。据国办路和山海郡办事处 1929 年 11 月所立之石碑云：“路筑于民国十年元月，越四阅月告成，起镇北关迄曾厝垵，全线计长五里，计跨大小桥梁七座，耗资三千八百元，除由本初拨支四百二十元外，概由曾国办先生独立捐助。”不仅如此，曾国办等人还投资兴建了曾厝垵至云梯岭的公路②。事实上，自清康熙二十三年厦门港代替漳州月港，成为“凡海船越省及往外洋贸易者，出入官司征税”之地后，厦门即成为福建与其他国家联系的重要港口城市。17—18 世纪，福建沿海大量失地者、小手工业者、商人、冒险者经厦门港前往南洋谋生或谋利，成为东南亚闽侨群体。至近代华侨回国归乡置业者日益增加，一方面是由于海外经商积累了较为丰厚资本；另一方面是受到安土重迁的乡土观念影响，意欲开辟国内市场，回馈乡民。

根据林金枝研究，近代华侨回国内投资工厂共有 541 家，投资金额达 65026039 元，主要分布在中国沿海城市，如闽南地区 1905 年漳厦铁路、

---

① 张镇世：《厦门民办汽车交通事业的始末》，载中国人民政治协商会议福建省厦门市委员会文史资料研究委员会编《厦门文史资料》第二辑，1963 年，第 110 页。

② 《厦门交通志》编纂委员会编：《厦门交通志》，人民交通出版社 1989 年版，第 83 页。

1907 年厦门淘化罐头厂、1909 年漳州华祥种植公司等。[1] 根据《厦门华侨志》统计，近代厦门工业的 80%—90% 为华侨投资人或由华侨资本所经营，1913—1935 年间的 36 家华侨投资（独资）的商业企业中，资本额最多为 20 万银元，最少为 2 万银元。投资行业则主要集中于进出口贸易、医药、百货、茶叶、家具、布业、粮食等[2]。如 1927 年曾国聪、曾国新投资兴建的思明戏院[3]，是华侨最早投资于厦门娱乐业，最初投资 24 万元，座位 700 个，每天客流量可达一万人[4]。由于归厦华侨常聚于此，又被称为“华侨俱乐部”。而在这一近代福建南洋华侨回国投资的浪潮中，华侨们不仅带回了雄厚的资金资本和实业兴国的进步思想，还将海外的建筑技术、制作工艺、办学理念等带回了闽南，如颇具南洋风格的“番仔楼”、骑楼、红砖厝等都是这一时期的产物。如此，以道路、工厂、建筑、实业为代表的投资行为，成为近代闽南华侨文化的具体表现形式。

2. 戏台

曾厝垵内有两个戏台，分别位于曾厝垵社区入口处的圣妈宫内和国办街东侧的拥湖宫旁。如果说过去戏台充当了村落聚会的公共空间，现今这一空间分布原则已被替代。圣妈宫内的戏台目前仍于每年农历八月初一至八月初五，分早上（6：00—12：00）、下午（12：00—18：00）、晚上（18：00—24：00）、半夜（24：00—6：00）4 个场次演戏，并有专人值班以维持会场秩序。但平时戏台已闲置，或有社区活动，或私人租赁场地举办个人演唱会等情况出现。

拥湖宫旁的戏台为政府投资新修，现已不做演出场所用，改向商户招租，改作售卖地方特产的商铺。据政府公开信息显示，这个戏台是思明区政府在“美丽厦门，共同缔造”行动中实施的第一个以奖代补项目。由于原来的老戏台破旧不堪，与周边环境极不协调，思明区推出了以奖代补的政策，曾厝垵社区在第一时间提出申请参与改建。通过居民出资让地，商

① 林金枝：《近代华侨投资国内企业的几个问题》，《近代史研究》1980 年第 1 期。

② 吴雅纯：《厦门大观》，出版地不详，新绿书店经销，1947 年，第 102—104 页。

③ 郭瑞明：《厦门侨乡》，鹭江出版社 1998 年版，第 90 页。

④ 林金枝、庄为玑：《近代华侨投资国内企业史资料选辑·福建卷》，福建人民出版社 1985 年版，第 320 页。

家暂停营业等共谋共建方式，在半年的时间里很快地完成了戏台的升级改造工程，成为曾厝垵城中村工程项目提升改造的一个“新样板”。该戏台总投入100多万元，区政府在戏台竣工后，根据戏台的成效，以“以奖代补”的形式奖励给曾厝垵文创村30多万元。就社区治理模式而言，这一改建行为充分激发了村民、经营业主的主动积极性，有助于形成政府引导居民、商户广泛参与自下而上的自治机制。但就村落形貌而言，其已完全改变了村落组织结构功能的空间布局。

转为商铺的拥湖宫戏台（笔者摄）

3. 宗祠

曾氏宗祠名为“创垂堂”，又称“龙山堂”，位于曾厝垵下草铺。据《重建创垂堂碑记》记载，宗祠始建于南宋时期，1938年日军侵占鹭岛，祖祠被烧毁，在“文化大革命”时期，族谱丢失，宗祠内牌匾均被砸毁。曾姓在社区中属于最大宗支，人数在社区中占绝对数量，曾氏宗祠也是社区中规模最大、建造最精美、历史最悠久、影响最广泛的宗祠。《厦门市志》载：“曾氏子孙昌盛，人文蔚规聚族。”[①] 2004年，曾氏族人出资重修祖祠。李氏宗祠位于厦门市曾厝垵北路港口社入口处，现为曾厝垵上里社、港口社李氏总祠。系2012年族人捐资翻新，并迁址于

① 厦门市地方志编纂委员会办公室整理：《厦门市志》，方志出版社1999年版。

此，2015 年又对宗祠做整体抬升，形成了当前位于高台上的三开三进格局。

就地理分布来看，曾氏宗祠位于曾厝垵文创景区内，受旅游影响，关注度较高；李氏宗祠位于曾厝垵文创景区外，受关注度较低。这一地理分布差异亦造成了两个宗祠的日常维系方式的差异。李氏宗祠的日常维护仍保持“族人捐资、专人维护”的模式；曾氏宗祠则由于位于旅游景区内，引入了商业运作模式。曾氏宗祠周围已由诸多商家入驻，平日里巨大的客流量和鳞次栉比的商户几乎遮蔽了宗祠大门。近年来，曾氏宗祠改建为咖啡餐吧对外开放，除提供基本餐饮外，也注重展示闽南宗祠建筑文化。每天营业时间为 9：00—17：00，据周围商户介绍，仅清明、冬至祭祖期间关闭，作家族祭祀用。这一转变一方面有助于多元化宗祠维护的资金来源，确保族人外流现状下的族产存续；另一方面则表明，在宗族瓦解的乡土社会中，村落组织仲裁机构和决策体系已发生深刻转变。过去以宗族为核心力量、以宗祠为集会空间的乡土组织原则，已被社区政府或居民自治机构取代。特别是 2015 年 5 月修订的《曾厝垵文创村自治公约》，作为统一管理标准被具体实施后，其针对曾厝垵内部庞大的商家群体，就业主与消费者间的房屋租赁、建设装修、消费诚信、商业经营等问题进行了系统规范。[①] 文创会事实成了旅游话语下的曾厝垵决策机构和自治组织，切实协调社区内各利益群体的纠纷矛盾，有效维系了社区内各权力阶层的运作秩序。其作为在社区共治模式下的“乡约”缔结方，以传统“乡土观念”式的道德规范约束了业主和商家的行为准则和认知模式，进一步促使曾厝垵“新住民”本土意识的树立和身份认同的形成，缓解了社区在城市化进程中对传统乡土的疏离。

① 张若曦：《厦门边缘社区转型中的共治机制研究——以曾厝垵为例》，《城市发展研究》2016 年第 9 期。

曾氏宗祠咖啡餐吧

位于社区入口的李氏宗祠

4. 宫庙

曾厝垵主要宫庙情况					
	地点	始建年代	庙宇布局	供奉神祇	主要祭祀活动
太清宫	曾厝垵社区曾厝垵社天泉路1号	1990年秋	背山面海，做东北朝西南，内设圣斋楼、玉皇殿两座主体建筑及灵霄乐洞、元辰洞和斋堂、客房若干。	吕洞宾及其与七仙；斗姆元君玉皇大帝；太上老君；道教三清；圣母天君；盘古大帝等	安太岁、安车工；玉皇大帝/太上老君诞辰；倾注玉皇大帝升座天位；消灾延寿道场；祈点光明灯等。
天上圣妈宫	环岛路内侧，曾厝垵社区临海侧	始建年代不详，现庙宇于1978年由本社村民自发建成，并于1988年增建凉亭、化妆室、金炉等	面东临海，为三进无壁式建筑，内设主殿、神龛、“漂客合茔”碑、化金炉等	圣妈（公）	圣妈寿诞（农历八月初二）
福海宫	环岛路内侧，曾厝垵社区入口	明洪武二十五（1392年）	二进院落，分别有前殿、后殿/正殿两间	注生娘娘；黑白无常；武烈尊侯；保生大帝；圣母妈祖；大厅公；文昌帝君等	保生大帝诞辰；圣母妈祖诞辰
拥湖宫	曾厝垵村口	元代	坐南朝北，为三开二进院落，有前殿、拜亭、正殿三间	保生大帝；圣母妈祖；大厅公文昌帝君等	保生大帝诞辰；圣母妈祖诞辰
昭惠宫	曾厝垵社区仓里社	清道光癸巳年（1833年），民国十年（1921年）重修	坐北朝南，为三开间一进硬山式建筑，设主殿、广场、戏台等	黄圣帝/黄帝；关圣帝；圣母妈祖；注生娘娘；王公王母	黄圣帝诞辰（农历十月二十六）；关圣帝诞辰（农历五月十三）
天圣宫	曾厝安社区曾厝垵社，近启明寺	不详	坐西北朝东南，设正殿、戏台等。	天上圣母三娘娘；虎爷；木车太子；康元帅等	
慈安殿	曾厝垵社区胡里山社，近胡里山炮台	明正德九年（1514年）	庙宇临海，内设正殿、厢房、戏台等	玄天上帝；元帅爷；五虎将；土地公等	玄天上帝寿辰（农历三月初三）；元帅爷寿辰（农历九月初九）；岁末送神（农历十二月二十）；新年迎神（农历正月初十）
鹫峰堂	曾厝垵社区西边社入口	始建于宋代，于清道光壬午年重修	三开间一进硬山式建筑，内设正殿、拜亭、化金炉、戏台等。	保生大帝及二舍人；注生娘娘圣母妈祖；法主公等	“卜头家”祭祀；元宵神祇巡境；保生大帝诞辰
净圣堂	曾厝垵社区后厝社，近林氏祠堂	约于清道光年（1821-1850年）始建，1996年重建	坐北朝南，为三开间二进四驾硬山式建筑，内设正殿、化金炉、戏台、广场等	保生大帝；注生娘娘；三官大帝；哪吒；虎爷等	保生大帝诞辰
九龙殿	曾厝垵社区上里社	始建年代不详，于1981年重建	内设正殿、凉亭、化金炉、戏台等	池府王爷；清水祖师；福德正神（土地公）等	池府王爷诞辰（农历六月十八）
文灵宫	曾厝垵社区曾厝垵社，近启明寺	明成化年间（1465-1487年）	坐西北朝东南，为一进三开间式建筑，内设正殿、厢房，无戏台、广场。	清水祖师；释迦牟尼；保生大帝；注生娘娘；阎王爷；孙大圣等	农历初一、十五祭祀

曾厝垵主要宫庙情况

5. 曾厝垵村史馆

曾厝垵村史馆位于国办街183号，由一座建于清朝光绪年间的闽南古厝改建，内设一大四小的展厅，分别展示了曾厝垵的多元信仰——最早的基督教信仰集中点，渔村文化——渔业劳动工具及劳作场面纪实，民俗——闽南婚丧嫁娶、生活习俗等风土人情，华侨文化——反映爱国爱乡的华侨史的侨批、南洋风情老家具等，戏剧文化——展示芗剧、皮影戏、木偶戏等多戏种文化5个不同主题。在这里，村史馆作为一个时空结点，回顾了曾厝垵自元代始有“曾处安”之名以来，村落历史、文化、生态、生计的变迁史。

6. 风水

《说文解字》就“风水”一词，作“风”“水”二字解：“风，八风也。

东方曰明庶风；东南曰清明风；南方曰景风；西南曰凉风；西方曰阊阖风；西北曰不周风；北方曰广莫风；东北曰融风。风动虫生，故虫八日而化。从虫凡声。”“水，准也。北方之行，象众水并流，中有微阳之气也。”晋代郭璞在《葬书》中则将“风水”作合词解，即“葬者乘生气也。经日，气乘风则散，界水则止，古人聚之使不散，行之使有止，故谓之风水。风水之法，得水为上，藏风次之”①。可见，“藏风得水”是风水理念的关键所在。其与“夫大人者，与天地合其德，与日月合其明，与鬼神合其吉凶，先天而天弗违，后天而奉天时”的中国传统哲学思维吻合——“负阴抱阳，天人合一”的宇宙观，其人与自然相辅相成、协调统一、和谐共处的主张，强调了营建选址和空间营造的审慎周密性，催生了“藏风聚气”的中国古代环境观、审美观。

风水理论强调城郭与山川、河流等自然环境因素的融洽关系。《管子》主张“凡立国都，非于大山之下，必于广川之上。高毋近旱，而水用足。下毋近水，而沟防省”，这一规划理念在农村聚落的选址、方位、空间布局、景观特色、建筑形态等空间结构方面都有充分体现，同时也对村落空间结构的形成与演变产生了影响。曾厝垵背山面水，中有溪流过境（旧时），其空间布局基本符合“山水交汇，动静相承，负阴抱阳，阴阳相济”的风水理论。同时反映出人与自然和谐相处的调适依据和民间智慧，曾厝垵阴、阳二庙的设立，同样也反映了在这一理念下的分类原则和哲学思维。

（1）阴庙：圣妈宫

曾厝圣妈宫位于曾厝垵社区临海侧，宫内供奉圣妈，立有“漂客之茔”碑。“圣妈”可视为对海上亡灵的一类代称，其本身并不是神灵或圣人，或许只是意外亡命的渔人或失足落水的渡客尸体随海水漂流至此。由于民众相信人死为鬼，怜悯其无人奉祀，遂组织收敛无人认领的浮尸，并为其建祠供奉，使之有所归属，此类祠堂称为“阴庙”。圣妈信仰分布广泛，从中国香港、中国台湾地区到新加坡、菲律宾等东南亚华侨聚居地区皆有信众，信众笃信其能庇佑平安康泰。这一信仰可追溯至对“厉”的崇

① 褚良才：《易经·风水·建筑》，学林出版社2003年版，第92页。

拜，属于有应公信仰范畴。民间将死于非命的孤魂称为“厉”，因其死后无人奉祀而作祟害民，故将之集中供奉。

有应公信仰是漳台民间信仰中的一类对无祀孤魂野鬼的崇拜。由于有应公属于阴神，是神格最低的神祇，故其庙宇常分布于偏荒野地，规模不大，有的“高不过寻，宽不过弓”，因庙前大多悬挂“有求必应”的红布条，故称之为“有应公”。“有应公”又称“金斗公”“有英公”“大墓公”“水流公”“万善爷”等，如是“女性”则称“有应妈”“圣公妈”等，也有合成“有应公妈”的。由于地域、习俗及其来源等方面的差异，而有不同称呼。[①]《台湾传统宗教文化》对这类神祇界定为：“民俗所崇信的神祇，或因在各地方开发过程中的牺牲者，或无主而不得安奉者，经地方人予以瘗骨立祠，如大众也、有应公、百姓公、万善爷或姑娘庙主神，民俗以为阴庙，官方所祀者为厉坛，土俗依节俗于农历七月祭祀之。”[②] 根据圣妈宫所立“漂客之茔”石碑及其祭祀性质，即属于此类。

供奉圣妈（公）的神龛和“漂客之茔”

① 吴晓民、段凌平：《漳台有应公信仰初探》，《闽台文化交流》2010 年第 3 期。
② 谢宗荣：《台湾传统宗教文化》，晨星出版社 2003 年版，第 11 页。

“有求必应”匾额

漳台有应公庙宇多为偏野小庙，有的主神为一石碑，有的则有神像。乡民祭祀时都用银色金纸，并以“五味碗”供奉。这类庙宇布局多为两种，一种为庙宇与坟墓分离，此种庙宇中原供奉浮尸骸骨已由于改建或其他原因迁走，庙宇内仅设有应公神龛、供神像，不设尸骸坟墓；另一种为庙宇与坟墓合一，此种庙宇内或后方大多有收埋浮尸骸骨的坟墓、金斗，与有应公神像共同受到奉祀。曾厝垵圣妈宫规模亦不大，宫中除戏台一主体建筑外，并未修神殿供奉圣妈，仅有一石砌神龛内供奉一尊小型圣妈像，龛前奉香供烛。神龛后有一拱形封堆，或为掩埋有应公浮尸骸骨的坟墓。

有应公信仰的形成，除受到民间信仰影响，亦存在现实因素。历史上，漳台两地的自然地理环境和移民社会的特性使两地曾大量产生无主骸骨。厦门自宋元前无史可依，相传是闽越人后裔居住的外化之地。唐高宗总章年间（668—670），闽粤一带少数民族常联结一起反抗中央政权，并于仪凤年间（676—679）遭到归义军的大举镇压。唐军与闽粤本土军队间激烈的兵事产生了大量无主骸骨。至明代，先有倭患不断，后又受郑成功与清军对峙影响，人口死亡率较高。[①] 除了兵灾，频繁的自然灾害、疾病、匪盗、械斗也使得漳属各邑产生了大量的无主骸骨。据清道光《厦门志》的厦门全图所示，筼筜港当时是个约15—16平方公里水面的天然古港湾，四周都是波涛滚滚的海水，名副其实是个“浮”在海中的小岛，仅靠栈桥与厦门岛相连。浮屿原有座雷音殿，厦门诗人张锡麟登上浮屿并作《雷观音潮》，诗云：“帝关登临岛屿浮，每逢潮至豁双眸。乾坤有意分朝暮，江海无心任意留。”可见水流湍急、海湾险阻。时浮屿至开元路洪本部一带，海面又深又险，时常溺毙人命，又称“鬼仔潭”（位置约大同小学附近）。[②]《台湾通史》亦称：“巨浸隔之，黑流所经，风涛喷薄，瞬息万状，实为无底之谷。”[③] 由此观之，受自然因素和造船技术限制，时有渡海之人落水溺毙。一些人葬身鱼腹，少数人的尸身浮于海面成为“水流尸”，漂至海边，或渔民将之打捞上岸、加以掩埋并建庙祭祀而成为“水流公”，或捞获骷髅、建庙拜祭。上述记载在一定程度上反映了如“天圣妈”“漂客之茔”等有应公信仰形成的历史来源。

此外，埋葬、奉祀无主的骸骨也是出于对无所归依的孤魂野鬼的怜悯与同情，是一种出于道义人文关怀和乡土温情，是以儒学为核心的中国传统伦理的教化结果。其在以血缘为纽带缔结地域联盟的传统乡土社会，有助于弥合群体差异，凝结以信仰为核心的生活空间和身份认同，是对宗族职能的补充和外延。作为使区域社会团结链条更加严密的两个重要环节，宗族和民间信仰链接有助于从内、外双向途经促进血缘团体与社会组织的融合及调适。

（2）阳庙：福海宫

“阳庙”指供奉封神榜上正式册封的正神的庙宇，如玉帝、王母、三清、关公等庙。曾厝垵福海宫供奉保生大帝与妈祖林默娘，属阳庙。据宫内重修碑记载，曾厝垵福海宫建于明洪武二十五年，分别于清康

---

① 徐心希：《明清时期闽南地区自然灾害与民间信仰的特点》，载《闽南文化研究：第二届闽南文化研讨会论文集》（下），会议论文，2003年，第13页。

② 叶清：《厦门地理环境的变迁——从地图看厦门岛的沧桑巨变》，《厦门科技》2014年第4期。

③ 连横：《台湾通史·卷一·开辟纪》，广西人民出版社2005年版。

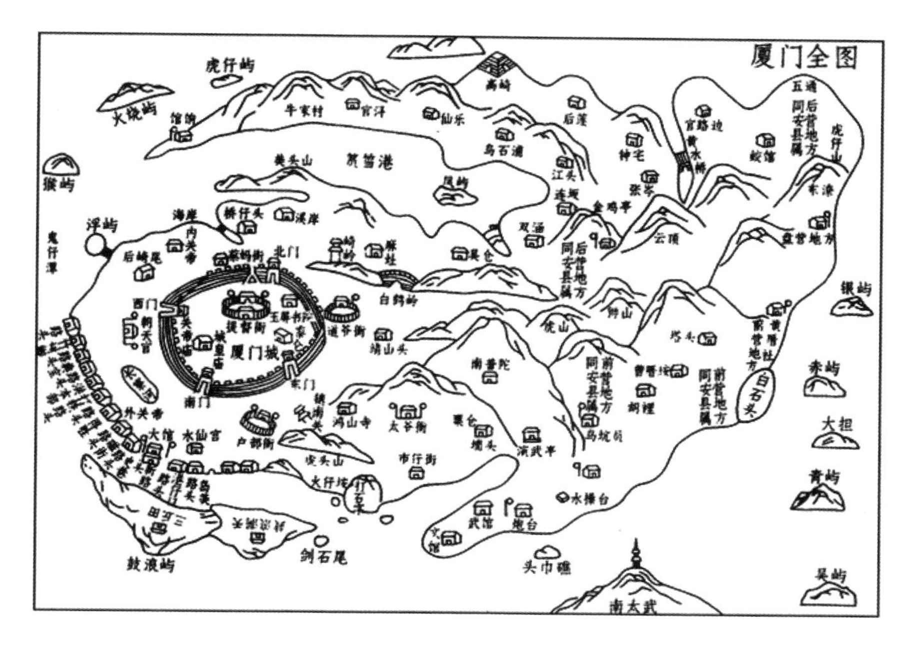

厦门全景图（清道光年间）[①]

熙、乾隆、咸丰七年经历三次重修。相传武烈尊侯坐石碑，由海浮至曾厝垵社口不去，乡人异之，遂相与立庙奉祀，并祀天上圣母、保生大帝。

保生大帝和妈祖信仰是闽南民间信仰中最主流的一支，据白礁慈济祖宫管委会出具的证明，曾厝垵福海宫是白礁慈济宫的分灵宫，此即涉及一套特殊的朝圣进香网络。事实上，在闽南、中国台湾以及东南亚等地的2000多座保生大帝庙宇中，大部分庙宇都通过一种分灵关系分别与作为信仰中心的青礁、白礁两座紧邻的慈济宫联系在一起。[②] 分灵是通过进香实现的，其目的在于向神明祈求平安。在具体的仪式实践中，香既是与神明沟通的媒介，又是对神明的供奉，众人香火汇聚形成的香灰成为灵力的象征，可以在众多庙宇和民众间进行分配。在此过程中，一个社区庙宇与祖庙以香灰的分割为标志形成分灵关系，之后每年都要到祖庙重新割取香

① 摘自道光《厦门志》，厦门市地方志编纂委员会办公室整理，鹭江出版社1996年版。

② 王立阳：《灵、份与缘：民间信仰观念与人群结合——以保生大帝信仰为例》，《民俗研究》2016年第1期。

灰，达到社区庙宇灵力的更新。分灵网络中灵力的强弱则判断了信仰的正当性，确定了庙宇的正统地位。显然，保生大帝信仰的正统性居于青礁（漳州）和白礁（泉州）两座慈济宫间。二者正统之争围绕着保生大帝的生平、修炼地、最初建祠的位置以及历史等展开，因漳、泉二府历史上在经济文化等方面具有一定的差距，白礁慈济宫一度在正统之争中占据优势。[①] 由此推测，曾厝垵福海宫以白礁慈济宫为分灵源头，旨在表明自身的灵力正统性和信仰正当性——灵”的观念和仪式通过庙宇和神明之间的分灵关系，将一个较大区域中的社区和人群联结在一起。

关于保生大帝本身的灵力，大致有神医说、玄龟说、正统说、敕封说和香火说五种缘起。以流传最广的“神医说”观之，其灵力最初来源于他们生前的身份，是在闽南巫鬼信仰浓厚环境下，对亡灵自身职业属性的神圣化和正统化。在这一书写路径下，保生大帝生前名吴夲，“同安人，生太平兴国四年，不茹荤，不受室，业医济人，虽奇疾沉疴立愈，景祐中卒，属□贼猖獗，居民□祷获安，创祠祀之，赐额‘慈济’，后累封‘普佑真君’，明永乐中封‘保生大帝’”[②]。吴夲与其弟子为解瘟疫四处奔走，救治病人，发放药物，赈济灾民灾。北宋景祐三年五月初二，吴夲因上山采药，坠崖而死，远近乡民“闻者追悼感泣，争肖像而敬之”，称之为“医灵真人”。青礁村民在他曾经行医炼丹的东鸣岭上的“龙湫庵”，为之立祠奉祀。在缺医少药的情况下，当地百姓只能将吴真人遗留下来的药方制成药签，通过占卜来医病，这在某种程度上亦反映了保生大帝民间信仰兴起的社会因素。

总体来看，民间信仰可视为传统中国社会中的一种人际交往方式。林美英在对彰化地区妈祖信仰的研究中，进一步将之阐释为“汉人以宗教的形式来表达社会联结性（social solidarity）的传统”，以此解读民间信仰与汉人社会组织之间的关系。[③] 伊利亚德（Mircea Eliade）的理论同样指出，

---

① 范正义：《保生大帝信仰与闽台社会》，福建人民出版社 2006 年版，第 206—284 页。

② 四部丛刊本：《嘉庆重修一统志 · 卷 428》，商务印书馆 1922 年版。

③ 张珣：《打破“圈圈”——从“祭祀圈”到“后祭祀圈”》，载张珣等主编《研究典范的追寻台湾本土宗教研究的新视野和新思维》，南天书局有限公司 2003 年版，第 96—101 页。

分灵宫庙到祖庙割取香火的仪式，体现的是一种“传统权威”的切换模式。黄美英则认为，“传统权威（traditional authority）之所以能被确立，是透过一种特殊的文化转换过程，过去的资源之所以能重新利用，其基础是在于重塑了该群体共同的经验和记忆”。[1]

可见，在以某一神明或（和）其分身之信仰为中心的奉祀网络中，中心之于边界的凝聚力与分灵的正统性有关。信仰的正当性可以超越地方社区范畴，从而维护、密切、巩固不同群体间的社会互动和人际交往。曾厝垵福海宫正是通过保生大帝这一民间信仰，唤起了一种群体情感和意识，使人们在宗族血缘和乡土观念之外，建立一种生活共同体的认同意识，以此联结和区分不同群体的社会交往。

生　命

宗族景观

聚族而居是汉族群的基本生活样态。闽南乡村以村社为地方共同体的聚落形态，在一定程度上系历史上多次人口南迁的结果。厦门在宋代称嘉禾屿，又名嘉禾里，属泉州府同安县。厦门城始建于建文元年，厦门（亦称夏门或下门[2]，相传因处航道的下游，故称）之称始此。[3] 据曾厝垵社国办街一侧拥湖宫内《拥湖宫碑记》记载：“宫原建自元代，系曾家始祖光绰因兵乱，率亲族由江苏常熟县到此避难而定居，初名‘曾处安’。”“曾处安”取“处之而安之意”，从此，曾姓家族扎根于斯，“男渔女耕”，繁衍开枝，生命不息。随着时代的演进，除曾家外，其他姓氏也先后到此安家。曾厝垵社现以曾姓居首，约一千多人，蔡、林、李等姓杂居其间。

1. 族源与播迁

---

① 黄美英：《台湾妈祖的香火与仪式》，自立晚报社文化出版部 1994 年版，第 195—196 页。
② 彭兆荣：《渔村叙事——东南沿海三个渔村的变迁》，浙江人民出版社 1998 年版，第 3 页。
③ 厦门市地方志编纂委员会办公室整理：《厦门市志》，方志出版社 1999 年版，第 1 页。

据拥湖宫碑记述，曾厝垵社曾家始祖至少于元之前即迁居于此。曾厝垵曾氏族谱虽已散佚，但坐落于曾氏宗祠内的《曾氏族史摘录》石碑（1992 年筑立）对族源却有记载：

> 龙山[①]十七世渊公事宋执政兼同知密院使，娶李氏生二子，长光绰，次光英。十八世光绰公任宋枢密院使，见元伯颜董文炳屠常州，携家随端宗皇帝入闽。于景炎元年择居同安县嘉禾里之南高浦村，世虽变乱，曾氏到此亦得安，故名曰曾厝垵，别号禾浦……光英公（曾光绰之弟）择居曾营（现属杏林管辖）。十八世曾厝垵开基鼻祖光绰公妣陈氏生二子，长昭，次旷。

现厦门海沧区新垵村的《邱曾氏族谱》[②] 也记载了曾光绰家族迁来始末："景炎元年择居同安县嘉禾里之南高浦村，今志曰曾家澳，幕天席地，帽石钓鱼自乐，其地原名高浦村，世虽变乱，曾氏到此亦得安，故名'曾处安'，别号'禾浦'"[③]。因此，曾氏祖先于南宋末年避乱，由江苏迁徙于此安身。

曾姓为传统汉族姓氏。曾原为"鄫"，为古时的封地，曾氏先祖到鲁国后改为"曾"，孔门 72 贤之一曾子即为曾姓先人之一，后不断繁衍播迁。因战乱及人口迁徙，到东南沿海时，曾氏形成了一大重要派系——"龙山衍派"。据笔者查据，"龙山衍派"一支，奉唐曾延世为始祖。曾延世为曾参（曾子）的第 36 世裔孙，曾任唐团练副使。唐僖宗乾符元年，史称"黄巢起义"爆发，其携家眷"衣冠南渡"，遂于唐光启二年定居泉州城西的龙头山一带。曾延世执政泉州一方时，治政有方，闽地安定，其后人随之生根于此，"曾氏龙山衍派一世祖"始称。

---

① "龙山衍派"为曾姓东南的派系之一。

② 现曾厝垵《曾氏族谱》已散佚，新垵《邱曾氏族谱》记载了曾光绰迁入曾厝垵始末及曾氏族人的源流世系。

③ 王日根主编：《曾厝垵村史：中国最文艺渔村》，海峡文艺出版社 2017 年版，第 25 页。

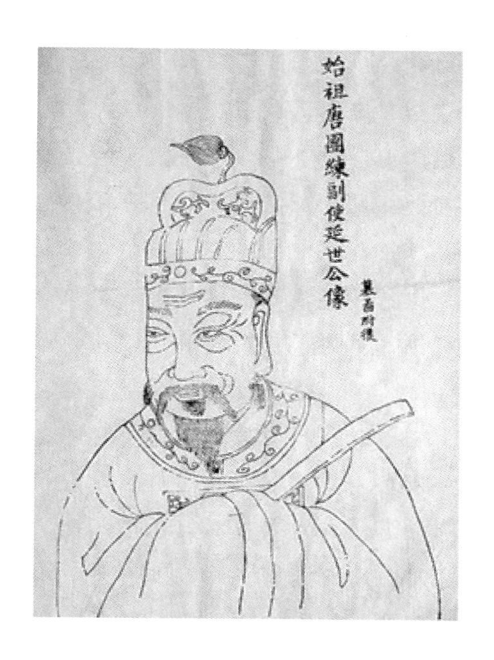

曾氏龙山衍派始祖曾延世画像[①]

至今，“龙山”派曾姓的宗祠、家庙、住宅，普遍可见匾额“龙山衍派”“三省传芳”“鲁国传芳”[②] 以及“武城传芳”[③] 等，曾姓后人以志不忘其祖。曾氏宗祠内的《曾氏族史摘录》石碑追溯其始祖曾光绰为龙山17世祖曾渊之长子，即“龙山十七世渊公事宋执政兼同知密院使，娶李氏生二子，长光绰，次光英”。龙山派后世均有人当朝为官，在历时性的迁居事实下，宗族的播迁更增添了族群的繁衍宽度。龙山派曾厝垵支脉繁衍至曾渊时已是南宋末年，其于宋德祐元年侍从执政，兼同知枢密院。曾渊之子曾光绰（为龙山曾氏18世祖），官枢密院，并于1276年举家随宋瑞宗皇帝入闽，最终于景炎二年择居同安县之嘉禾里（厦门旧称）南交浦村曾厝垵。

可以说，曾氏系曾厝垵社最早进驻于此的姓氏，并以单一姓氏形成聚

① 槟城龙山堂邱公司网站，http：//www. khookongsi. com. my/history - ch/origin - of - the - khoo - clan - in - sin - kang - ch/。

② 曾姓先人曾居鲁国，故称。

③ 封地鄫国被灭国后太子巫逃往鲁国，后称之武城。

落。然而，在曾光绰迁家于此之前，曾厝垵社周边已有其他姓氏在此生息，如曾厝垵社以北上里社之李氏族系。据《李氏族谱》1668年谱中附文记述："本族李氏始祖讳德器公，系河南省汝宁府光州固始县人氏，世家业儒，唐末入闽，寓福建泉州府同安县绥德乡嘉禾里高浦村二十二都一图近海滨之山窝，开垦耕凿而隐。"[①] 异姓族群之间的交往必然会超越地理空间上的界限，以血缘、地缘为主的单一姓氏的族群聚落，往往遵循同一昭穆制度，甚至禁止通婚。不同姓氏族群之间协议进行联姻，不但可以缓解不符合"礼制"的伦理限制带来的张力，在一定程度上，两个族群共同体形成了联盟，以至于构建起地域性共同体，还可以丰富日常交往生活，达致维系各族群地望及繁衍生息的愿景，这一族群生存逻辑在发生学上形成了更为繁复的联结形制。至今，在曾厝垵社、厦门海沧新垵村均流传着这样的民谚："要吃饱穿暖，就要到新江[②]来让人招。"招婿入赘在新垵"蔚然成风"，招婿入赘的其中一种形式便是姓氏联宗，联宗满足了跨地域繁衍家族房系的诉求。据厦门新垵的《邱曾氏族谱》记载，曾厝垵曾光绰五世孙曾明从曾厝垵迁同安十八都山平洪（今海沧区东孚山边洪）入赘到新垵邱家，作为新垵"曾"姓开基祖。因此，新垵村虽后世姓邱，但均奉龙山曾氏为始祖。泉州《温陵曾氏族谱》[③] 亦载：龙山曾氏有一族人入赘海澄[④]新安（垵）邱（丘）[⑤] 姓。故，新安（垵）的邱（丘）姓与福建同安、厦门、海澄、漳州、龙岩、晋江、泉州等地的曾姓实际上是同祖同源。因此，新安（垵）邱（丘）姓奉曾子为始祖，并与"龙山"曾氏共享相同字辈的昭穆，彼此之间不能通婚。[⑥]

自唐始，因避乱、仕途、谋生等原因，曾姓龙山衍派由泉州龙山分衍各处，各房系逐渐形成了纷杂的宗族播迁路径。尽管如此，汉族群"敬宗

---

① 王日根：《曾厝垵村史：中国最文艺渔村》，海峡文艺出版社2017年版，第23页。

② 历史上，新垵村亦称"新江"。

③ 温陵为泉州的别称，此处指泉州市城西龙山曾氏族谱。

④ 海澄，旧地名，古时属漳州府，大致位于今福建省龙海市、厦门市海沧区。新垵现划归厦门海沧区。

⑤ 邱本来是"丘"字，清时因避讳孔子之名孔丘，朝廷下令姓"丘"百姓加邑部而成"邱"，以示尊重。

⑥ 陈良学：《明清大移民与川陕开发》，陕西人民出版社2015年版，第353页。

收族”的礼制，以立宗庙、修族谱为主的历史叙事，确保了龙山曾氏一派的可溯源性。笔者根据史料及田野材料，将曾氏龙山衍派曾厝垵支脉谱系梳理如下：

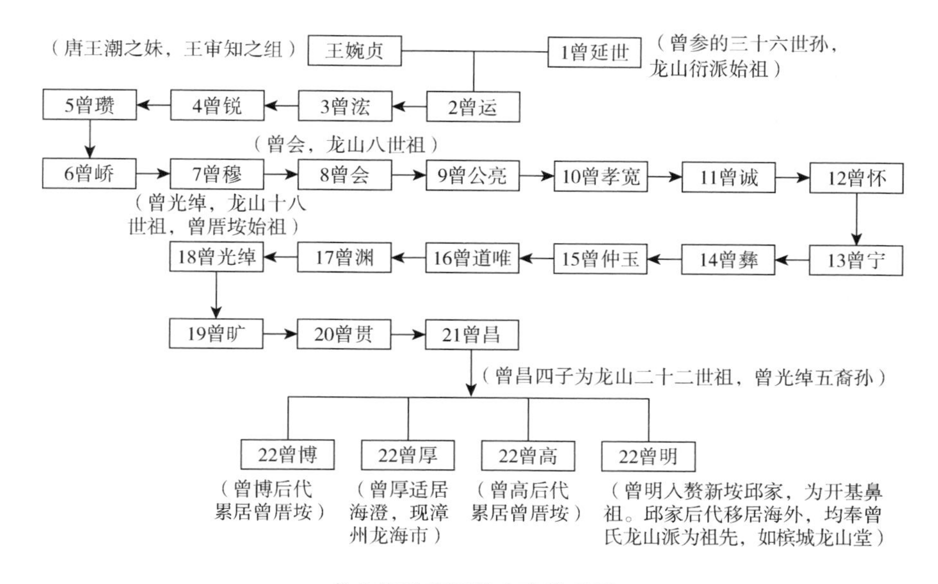

龙山衍派曾厝垵支脉谱系图

2. 家族联宗：“曾公邱婆”

曾厝垵曾昌第四子曾明入赘新垵邱家，实则达成了曾邱两家族人联姓的地域性联合。曾厝垵至今仍有歌谣唱道：“要吃得饱，穿得烧，要去新垵给人招。”[①] 海沧新垵一带素有招婿入赘习俗，其自唐宋始并延续至今。曾明入赘邱家或因避乱，或为曾氏家族的地域生存，其中缘由已不可清晰考据言明。事实上，曾邱异姓联宗后，曾明再娶苏氏为妻，生子晚成。曾明夫妻承邱氏业，其子晚成始移居新垵。晚成生二子，长子大发为邱姓（死于害杀），次子正发为曾姓。曾正发先以曾姓，后以方便乡里差役之事为权宜，改为邱姓。此后曾邱双方的子孙后代均以邱为姓氏，而沿用曾氏的字辈。如今，无论是新垵邱家还是海外槟城邱氏，均共认曾氏龙山山

① 政协厦门市思明区委员会编：《思明区文史资料》（第五辑），2009年，第134页。

头，共同崇颂龙山曾氏祖德，在曾氏宗族敦宗睦族等事宜上群策齐力，“曾公邱婆”的传说延续至今。

这种由血缘和宗族为核心的紧密社会网络关系，已突破局限的地域性并不断向外延伸。在曾厝垵也存在一种地缘性的不同姓氏之间的联结关系，从本质上讲，地方族群成员之间的凝聚力源于共同的地域性。在古代中国的乡村，拥有共同圣地的单姓地方共同体在春秋两季的节庆中，通过竞赛、对歌等建立起了婚姻关系，这种结合关系作为一种“交换”，构建了地方联盟的共同体。曾厝垵社区现有曾、李、林、郑、黄等家族，各族人之间因社会交往的需求，自然能建立起一种熟人社会的网络。联宗之外的家族联结是地方社会日常交往经验累积的结果，《厦门市志》[①] 记载，启明寺自咸丰、同治以来，村中曾、黄两姓宗族屡加修筑。在一定程度上，曾姓与其他姓氏以地方信仰为介体，在精神空间上具有紧密的关联。联姻关系则是一种显性的宗族结盟形式，《李氏家族》记载了曾厝垵社李郑两家的联姻关系。族谱中载：“七世祖背山公，逊亮公之长男，讳武，字世辉，……生四……三女嫁邻乡西边社郑家。”“九世祖达吴公，次女三娘嫁西边社郑衷玄。”[②] 因曾厝垵社《曾氏族谱》已散佚，曾氏与其他家族的联姻事实缺少必要的史料叙述。但可以肯定的是，由单姓村到地域性的熟人社会的建立，以联姻关系散布亲属关系网络是行之有效的地方法则。联宗而共循昭穆关系、联姻而共享亲属关系福利。如果说曾氏与村中其他姓氏的联姻稳固了地方生存的权威，那么曾邱联宗通过追溯共同的始祖，形成了以曾厝垵曾氏、新垵邱氏、海外槟城邱氏为主体的更大范畴的宗亲会，曾氏血缘及宗族构成的社会网络呈现着鲜明的闽南地域文化特质。

3. 宗祠

曾子曰：“慎终追远，民德归厚矣。”慎重对待逝者，追念祭祀祖先是一个宗族共同体与个体道德化的凭借。同一姓氏的族群每到择居之处，当以宗庙为先。以同姓同宗同族为原则，有祖庙、宗庙、家庙之分。东南、华南的村落多以同一姓氏祖宗分衍而来，并以聚落为中心修建家庙或者宗

---

① 厦门市地方志编纂委员会办公室整理：《厦门市志》，方志出版社 1999 年版，第 121 页。

② 王日根：《曾厝垵村史：中国最文艺渔村》，海峡文艺出版社 2017 年版，第 30 页。

祠。在农事重要节气，于神圣的空间祭祀祖先，如冬至宗祠祭祖是村落共同体的重要日常精神活动事项。如此，崇拜祖先、承继“宗功祖德”、延续家族纽带等方可得以实现。

曾氏宗祠始建于南宋末年，位于曾厝垵社旅游规划街道教堂街与文青街的交叉口，即当地人称“下草铺”之处。曾氏宗祠又名“创垂堂”，也称“龙山堂”，宗祠一度毁于战火，直至1992年才由南洋曾氏宗亲捐款在原址上重建，建筑面积达四百多平方米。宗祠内的《重建创垂堂碑记》记述了这一沧桑历史：“本堂始建于南宋年间，日本侵占鹭岛，于1938年，祖祠被烧毁，成片废墟。”在“文化大革命”时期，族谱丢失，宗祠内牌匾均被砸毁。1992年成立理事会后，各族人及海内外宗亲出资重建祖祠。2004年曾氏族人及新加坡、马来西亚、中国香港宗亲出资30万元，复重修祖祠。

祠堂为传统的闽南建筑风格，两开两进布局，善于雕梁画栋，屋顶、檐口装饰细致的特点明显。屋顶轻盈的燕尾脊动感灵活，屋脊、房檐均装饰有灵兽图绘，图像图案以麒麟、喜鹊、马踏祥云、狮子戏球、八仙过海等吉祥象征与吉祥文字为主。大门庄严肃穆，高悬“曾氏宗祠”匾额，门两边有对联“黏天岭头千嶂锦，拔地草埔九潮龙”。门后悬挂“龙山昌盛”金黄牌匾，为宗祠落成典礼时林傍坑瞻仰堂众裔所送。步入祠堂，中间是天井，两厢为家族、族源的碑刻与贴壁图文介绍，此外还有宗祠活动、收支情况等公示。拾阶而上是正堂，祠内供奉曾氏先祖，大房、二房、三房、四房（现已用木壁遮挡）。正堂之上悬挂“创垂堂”，并有匾联“省亲念祖，龙山荣耀”。厅堂有冠头联写于两侧柱子上，柱子内侧对联为“创业绍龙山十八世源流自远，垂谋基鹭岛五百年统绪重新”。厅堂中间摆放“创垂堂”字样香炉鼎，供每天早晚敬香曾氏祖宗用。厅堂与天井连接处由四根圆柱支撑，柱上联曰：“创祠溯豫支究系光贤发奋远辟康庄奠基业，垂堂昭闽域厦属后裔懋勉大展宏图振家声”“龙体耀祥光时时发灿，山密呈秀色代代传芳”。柱子上方亦有“一贯传芳”“还忆龙山”两横匾，后者由海沧新江诒谷堂赠。正堂后方左右两侧分别供奉土地公和福禄寿。宗祠初次重修后一年仅开启两次，即清明和冬至祭祖，其余时间均上锁闭门。在曾厝垵旅游“文青”小店之风刮起之时，宗祠曾于2010年至2014年期间摇身变为咖啡馆，掺杂着宗祠文化的噱头，以“庙吧”之名成为外国游客和文艺青年纷沓而至的世俗场所。商业资本赤裸裸地侵占了祖先崇拜的神圣空间。如今，曾厝垵宗祠已由“创垂堂理事会”接管，并由曾锦聪老人“看家护院”，设有固定开放时间，当地老人以此为聚集聊天的公共空间。

“商味”中的曾氏宗祠

龙山堂、创垂堂

古之家族往往以“郡望”来表征自身的“地望”，并以此而别于其他的同姓族人。以“堂号”作为家族门户的代称，则可彰显本家族的文化渊源与历史厚重感。郡望堂号既是家族文化的凝练，也是家族得以追宗认祖的符号化表达。同姓汉族人往往聚族而居，血缘上相近的各房系聚落同居，在累世繁衍中，数世同堂的亲属关系集居一处或数处庭堂、宅院的空间格局逐渐显现。此时，“堂号”便成为该族人的共同徽号。

历史上，依山傍水而居被认为既可瞻仰山的厚重神圣，亦可习得水之德行与丰产的意蕴。曾氏龙山一派唐时落居温陵（泉州）城西龙山一带，曾姓家族凭曾延世使民安居乐业之威望而受当地人所仰望，俨然成为雄踞一方的望族。此后，为敦促族人弘扬祖德，曾姓族人以其繁衍地的山名为据，“龙山堂”的堂号始世代相传。今曾厝垵社曾氏宗祠“龙山堂”之称，即标明了其家族源流于温陵龙山，世系源远。如今，“龙山堂”已成为曾氏族人敦宗睦族、寻根问祖的象征符号。在马来西亚槟城有一名为“槟城龙山堂邱公司”（以下简称“邱公司”）的社会组织，在当地华人社会中影响重大，这一所谓“邱公司”类似于宗族内部的管理组织，负责日常的宗族内部祭祀开支、祖产管理、生活礼仪等事务性的工作，兼具有经济和社会管理等功能。[①] 该姓氏宗祠组织以位于槟城州府乔治市偏西南的“龙山堂”为主体，族人以此为中心聚集而居。筑立于曾厝垵社福海宫前咸丰七年重修石碑碑文记载：“槟榔屿[②]龙山堂公捐银一百一十三大员（元）。”同时，碑文亦记载邱姓人士公捐款项，此公捐者槟榔屿龙山堂，即今槟城龙山堂。槟城《龙山堂碑》记载：“龙山堂邱氏祖，原处于泉郡龙山曾氏，谱载家乘，取以名堂，不忘本也。”[③] 及近而言，槟城龙山堂宗族体系均源于海沧新垵邱曾氏，于18世纪末开始陆续迁居槟榔屿从事贸易或其他工作。其始祖曾明（字“永在”，号“迁荣”）为曾厝垵社始祖曾光绰5世孙。因此，有人认为，海外“龙山堂”由曾厝垵“龙山堂”分枝散叶，后者可作为前者的发祥地。

曾氏宗祠亦称“创垂堂”，为曾厝垵曾氏一支所独有。此外，曾氏龙山衍派也有其他自创的“堂号”。宗祠内的《曾氏族史摘录》碑刻记载：“十七世渊公不止光绰一子，还有次子光英，光英公择居厦门曾营，这一派称‘崇圣堂’。”“龙山堂”使曾姓族人于宗祠、家庙的匾额上题写“堂名”，祭祀供奉共同的祖先而有所凭借。为区分大小宗派或因在新的地域生根后产生了重新塑造“地望”的诉求，同姓分支也有以现繁衍地的郡名或祖上业绩之典故作为“堂号”。如曾厝垵“创垂堂”，其他堂号如“三省堂”“崇圣堂”“宗圣堂”“敦本堂”“守约堂”“鲁阳堂”“养志堂”“若

① 刘朝晖：《超越乡土社会——一个侨乡村落的历史文化与社会结构》，民族出版社2005年版，第112页。

② 即槟城。

③ 刘朝晖：《超越乡土社会——一个侨乡村落的历史文化与社会结构》，民族出版社2005年版，第350页。

文堂”“武城第”等亦然。作为中国宗法社会的直接产物，“创垂堂”的堂号在表征同姓族人的寻根意识与祖先崇拜的同时，也不忘操作其劝善惩恶，儒化族人的社会功能。

“创垂堂”香鼎

4. 陵园墓地

曾氏陵园墓地位于曾厝垵社后方山头——曾山。这里小山头林立，坟地稠密，墓地基本包含土地神、八卦井及墓体，其形制并无二致。曾厝垵始祖曾光绰墓地即坐落在曾山的一片山坡上，其墓碑为“无字碑”，无名亦无姓。据曾氏族人讲述，在曾光绰逝世时，正值元朝初年，仍然兵荒马乱，因忌惮被作为前朝官宦而毁墓抄家，故在此隐姓埋名。历史上，曾有地位显赫者为“避乱”或“避功”而选择过世后不为世人所知的先例，因此亦合乎当时的情势。

曾光绰墓的山头平坦，气势宏大，占地约40平方米，墓地形制讲究风水方位。墓体为圆弧扇形，前有四方石基供摆放祭品，左前侧方立“福神（土地神）”碑位，正前方设化宝石板。从曾山的山头向下投视，可发现曾光绰之墓与山脚下的曾氏宗祠距离并不远，宗祠与祖墓互相对应。曾氏后人认为，始祖墓地为极佳的风水宝地，因此能荫庇后世子孙。此墓传说为“左青龙”“右白虎”，即墓园左侧溪流（现已干涸）缓缓而下犹如涌动之青龙；右边一块大石似虎状，为白虎，龙盘虎踞，为风水宝地。在20世纪

50年代之前，这里有个不成文的规定，只有曾姓的族人死后才能入葬曾山，曾山俨然成了曾氏的私家坟地。

曾厝垵曾氏先祖“无字碑”墓

5. 宗族祭祖

祭祖作为一种祖先崇拜的实践仪式，既能勾连现世人对先人逝去灵魂的追思，同时也能通过祭祀生者与逝者建立起家族关系的连续性。法国学者葛兰言认为，古代中国乡村祭祀祖先具有双重性的效力[①]：一方面，在祭祀过程中，通过父子隶属关系，男性主祀人获得了一家之主的特权；另一方面，也通过祭祀保证了家族纽带的传递。自古以来，传统中国的人类活动与大自然规律总是保持着平行性的发展。无论作为生者抑或逝者，人与土地之间的纽带关系总是分不开，其维系着人们对于家族关系的想象与继承。那些“入土为安”的祖先们依然能够感知农事节庆的变动。因此，在春秋两季，在这样具有生命轮回迹象的节气中祭祀祖先才合乎自然规律。

清道光年间《厦门志》[②] 记载了厦门因时因地的祭祖风俗，清明、三

① ［法］葛兰言：《中国人的宗教信仰》，程门译，贵州人民出版社2010年版，第67页。

② 厦门市地方志编纂委员会办公室整理：《厦门志》（清道光十九年），鹭江出版社1996年版，第510—511页。

月三、中元（七月半）、冬至、除夕等岁时均有祭祖之俗。清明时“各祭其先，前后十日。墓祭挂纸帛于墓上”；三月三日，俗称三日（月）节，“采百草合米粉为粿，祭祖及神”；中元，俗呼为七月半，各家皆买银纸祭祀先世，时不分先后，“各祭其先，焚五色楮。楮画绮绣，云为泉下送寒衣”；冬至，谓之“亚岁”，各家“各祭其祠，舂米为圆，谓之添岁。黏米圆于门，谓之饷耗”；除夕，祭先及神，曰“辞年”。曾厝垵社曾氏族人每年农历三月三、清明、六月十五、中元、冬至、除夕均到祠堂祭祀先人，其中，属清明节与冬至祭祖最为隆重。《鹭江志》[①] 记述了厦门乡村宗族冬祭情形：“乡村则是日于宗祠前演戏作乐，备酒筵以祭其祖，名曰冬祭。”曾厝垵社“创垂堂”曾氏由泉州城西龙山分衍至此，后又分支海沧及海内外各地，海外宗亲众多。在传统上，冬祭时，各海外曾氏宗亲家族会聚祖祠祭祖，并请戏孝敬先祖。

1949 年后，由于众所周知的原因，祭祖活动作为封建迷信而被停止。直至 20 世纪 80 年代，村社乡民与返乡谒祖的海外宗亲重新集资重修祖庙后，祭祀活动始恢复。刚开始时，为配合海外宗亲返乡祭祖，宗祠举行的祭祖活动依据宗亲的返乡行程进行多次安排。后来，除落成日子和重要节日举行重大祭祖活动外，其余时间为老人们活动的场所。现曾氏宗祠每年有两次较大的活动，即清明节祭墓与冬至祭祖。清明节除上山扫墓外，也需在宗祠祭祖。在这里似乎有这样的讲究，远祖祭墓，近亲祭庙，祭祖是“众族人之事”。因此，在以前，宗祠祭祖经费靠众人出力，经费时有摊派到各家户，时有以自愿捐献为主。现在的宗祠有了祖产，宗祠周边铺面的资金收益除作为宗祠活动的日常开支外，尚有结余。一般而言，大的宗祠祭祖后在祠内设午宴，参加曾氏家族聚餐的人以中老年人居多，加上回乡的宗亲，规模可达到一百人以上。以前宗祠聚餐有“吃祖”的习俗，在宗祠内各宗亲一起准备菜肴，而现在则从村里的餐馆[②]预定，虽少了些互助协作的热闹，但却省时又省力。除墓祭、

① （清）薛起凤主纂：《鹭江志》（整理本），江林宣、李熙泰整理，鹭江出版社 1998 年版，第 69 页。

② 近几年主要由族人经营的“阿川海鲜酒楼”供餐。

堂祭外，曾厝垵社亦有家祭习俗，每月初一、十五及一年中的重大节日均要祭拜家中祖先牌位，主祭人不分男女。

6. 空间布局

在族群聚落布局上，曾厝垵社以曾姓为主，为典型的聚族而居的空间形式。曾姓与李姓族人系较早迁居于曾厝垵片区的两个家族。此外，由于受朝代更迭、当朝经济政策等诸多因素的影响，林、郑、黄等诸多姓氏于元明清时期先后迁入曾厝垵片区，该地域的族群聚落空间不断外延。从当前聚居分布来看，曾厝垵社区以某一姓氏为主体，其他姓氏杂居的特点明显。当前，曾厝垵社区各自然村（村社）都有主体的姓氏，如曾厝垵社以曾姓为主，上里社以李姓为主，前后厝社以林姓为主，西边、东宅社以郑姓为主，仓里、前田社以黄姓为主。在地缘上，各村社又毗邻而居，如上里社李姓家族即紧挨曾厝垵社。如今的“曾厝垵文创村”也囊括了上里社港口的部分地理与文化空间。大聚居小杂居的形制，共同构筑了曾厝垵片区的社群网络关系。

对于曾厝垵社而言，位于下草铺的曾氏宗祠，在空间上具有核心的地位，曾氏子孙后代以此为中心而繁衍开去。宗祠前为开阔的农田，居住空间则以宗祠为原点并向三面延展。旧时，村社中的街巷均以特定标志物沿袭命名，“文创村”五街十八巷的旅游空间建构将曾氏宗祠标记为文青街与教堂街交叉口处。显然，这里曾经是村社街巷的重要枢纽，甚至为当时村落人们“安居与耕作”的大致几何中心。除生活空间外，曾氏宗族以宫庙为实体的精神空间无不传习着汉族群的礼制内涵核心。《礼记·曲礼下》曰：“君子将营宫室，宗庙为先，厩库为次，居室为后。”这些城市中的贵族，南迁至此，仍然以“礼”安身立命，以宗庙为先，并形成了“社—宫—庙”的精神空间形制。“同姓于宗庙，同宗于祖庙，同族于祢庙（父庙）”，宗庙先立是族人扎根立本之基。曾氏宗祠之外，曾厝垵社大大小小的宫庙众多，福清宫、拥湖宫、启明寺等广布村社各角。这些宫庙要么坐落于山腰、社前，要么分布于纽带交会位置。它们看似繁乱无章，实则各有所属，分别覆盖了各个角落的信仰群体，供奉的神祇都安放于村社最尊崇之地。这种以精神空间所衍生出来的空间关系，以曾氏宗祠为核心，以宗庙为辐射点，搭建起了地方社会的生养体系。

7. 侨乡与宗族“双边共同体”

闽南地区商埠众多，厦门古属泉州府，地处中国东南沿海，在地理上与东南亚比较靠近，历来是华侨出入国的必经口岸。厦门人很早就渡海到南洋一带谋生，俗称“过番”。早年，南洋尚未得到开发，“过番”充满了艰辛，甚至生死未卜，可是人们仍出于躲避灾荒和扰乱等原因而走出厦门。清道光《厦门志》[①] 载：

> 闽南濒海诸郡，田多斥卤，地瘠民稠，不敷所食。故将军施琅有开洋之请，巡抚高世倬有南洋之奏，所以裕民生者非细。富者挟资贩海，或得捆载而归。贫者为佣，亦博升斗自给。

厦门为当时闽南沿海的“通贩南洋”要区，华南俗称“南洋”，即指今天我们熟知的东南亚一带。道光《厦门志（卷八）》番市略将番外以“东洋”“东南洋”“南洋”“西南洋”为分类属目。具体而言，“南洋”在历史和地理范围上主要包括菲律宾、马来西亚、新加坡、越南、柬埔寨、老挝、泰国（暹罗）、文莱等国家。历史上，在宋元时期，中国的造船和航海技术已有长足的发展，东南、华南沿海一带已有移民之先例。至明清时，严厉的海禁政策极大限制了沿海南渡之潮，仅有因国事之需的官方“下南洋”行动被批准。但“地瘠民稠”的生存困境仍迫使一部分人为生计敢于铤而走险，冒生命之危“过洋贩番”。19 世纪末至 20 世纪初，自清廷废止禁海条例后，华人移民“南洋”基本呈现出一种“井喷”的形态。

曾氏宗族南宋末年到此落地生根并不断开枝散叶，有些支系迫于生计或屡次的避乱而离开故土，如曾明迁居海沧新垵，一大批乡民清末民初“自由移民”到南洋创业谋生。其表面上虽以一种离心的方式跨地域跨国家向外延伸，但累世而居形成的宗族社会特征，使他们在本质上依然保持着对乡土的眷恋。“番客们”出洋后，他们大多从事着商贸生意，最终获

① 厦门市地方志编纂委员会办公室整理：《厦门志》（清道光十九年），鹭江出版社 1996 年版，第 182 页。

得了成功并在大洋的彼岸安家立命。在日常生活与社会交往中，这些外来者始终秉承中国传统文化的伦理轨迹，新的地域共同体得以重现。侨民们以寻根问祖、公捐款项、参与宗亲公共事业等方式传述着一种“双边共同体”的身份，在这一时期，“国办路”为曾厝垵烙刻了“侨乡”的印迹。为与原乡社会建立起向心式的勾连，在历史的流变中，“双边共同体”展现了侨乡社会处理宗亲关系的民间智慧。

历史上，曾厝垵各族人于明代晚期即开始前往南洋经商、创业且从未间断。曾厝垵社区李氏族谱《陇西光裕堂》对其族人前往南洋经商的事迹就多有记载：“十一世祖宏理公，次江公长男，讳为纪，字宏乳。生于万历三十九年（1611）。……贩麻六甲回唐，水途番舟遇贼，跳水身亡，享年四十有三岁。”[①] 海沧新垵曾邱氏族谱亦记载，明清时期该族人到新加坡、马来西亚、菲律宾、印度尼西亚以及我国台湾等地经商务工的曾姓子孙甚多。据史料记载[②]，曾文杨[③]是曾厝垵有历史记载的最早下南洋人士。20世纪初为村里下南洋的鼎盛时期，壮年男子几乎都有出洋的经历。出洋者甚多，加上敢于“打拼”，有为者也不在少数，如华侨曾文杨、曾国办、曾举荐、曾国聪兄弟等。初出南洋谋生实属不易，富者与贫者更有天壤之别，如能果腹便足矣，正如“富者挟资贩海，或得捆载而归。贫者为佣，亦博升斗自给”。曾厝垵曾是“男渔女耕”的社会，良好的航海造船技艺使他们在东南亚得以安稳生存，他们中的有些人以贩卖海产品（养殖海参、珍珠等）或务工起家，后逐渐涉及粮油、布料等生意。发迹之后，在回乡省亲时又互相提携，引荐乡里前往东南亚各地。在家庭关系上，出洋前已有妻儿者形成了一种“单边家庭”，除按时寄送“侨批”[④] 外，逢年过节都回国探望老小。而到了当地才成家者，则必须要照顾“两头家庭”（父母辈在国内，妻儿在“南洋”当地，甚至在海内外都娶妻），“两地跑”“两头扯”方能兼顾好家庭与生意，在海外再娶妻也是为了帮忙照看

---

① 王日根主编：《曾厝垵村史：中国最文艺渔村》，海峡文艺出版社2017年版，第139页。

② 政协厦门市思明区委员会编：《思明区文史资料》（第五辑），2009年，第194页。

③ 曾厝垵人曾到“南洋”印度尼西亚的三宝垄、泗水、爪哇、日惹等各商埠经商。

④ “侨批”是近代中国社会动荡背景下的产物，实质上为一种“银”和“信”的结合体，既能汇款，又能顺带书信往来，系当时海外华侨专用的特殊传递方式。

生意。此外，家里兄弟姊妹多者，往往遵循中国传统的孝道观念，恪守孝道，长子主动放弃事业回国侍奉双亲，守候族内宗祠。这样大规模的跨境人口流动，打破了传统乡土社会的封闭性，使以农业、副业经济为主的乡土社会发生了极大的改变。在曾厝垵人的心里，无论是远在南洋的家人，还是仍在家乡的族人，同为“唐人”便是一家人。对于华侨而言，以自身的资本回馈家乡是一种荣耀，也是寻根意识的个体实践。曾文杨发迹后回村社设家塾办学，培养族人子弟，捐资地方公共事业；曾国聪兄弟则回乡兴办实业，拥有置业众多，使曾厝垵曾氏家族成为当时厦门的四大望族之一；东南亚旅居华侨曾国办于20世纪初回国为乡社修路建桥，恩泽乡邻。曾国办少壮及下南洋务工，初受雇种植园，有一定积蓄后创业发家。现曾厝垵五街之一——“国办街”原名“国办路”。曾国办于1927年投资兴建了当时的环岛路，乡族人为感念曾国办的功德，起名“国办路”。该路全长五里多，大小桥梁7座，耗资银圆3800余元。现“国办街”入口处仍保存着当时禾山海军办事处于1929年11月勒石刻立的“国办路”石碑，该碑于2001年拥湖宫重建时出土，出土时碑已断为两截，基石则裂为三块。碑文曰：

> 路筑于民国十六年元月，越四阅月告成。起镇北关，迄曾厝垵，全线计长五里，计跨大小桥梁七座，耗资三千八百余元。除由本处拨支四百二十元外，概由曾国办先生独立捐助。先生志在济世，本无沽名钓誉之心，惟阐扬善举责在有司，讵能任其湮没无闻？爰颜之曰：“国办路”。庶行路者顾名思义，永垂不起欤！
>
> 中华民国十八年十一月一日
>
> 禾山海军办事处勒石

华侨们除了不吝千金为乡里大肆兴建公共事业外，亦不忘自家族人，他们斥资建造了大量的“红砖古厝”和具有侨乡特色的“番仔楼”。闽南话中的“洋人”称“番仔”，因而南洋一带称洋楼为“番仔楼”，又叫“番客楼”。“番仔楼”最早可追溯到清代，曾厝垵社的“番仔楼”大多建

“国办路”石碑

于中华民国时期，至今已较少遗存。“红砖古厝”是闽南的特色建筑，为南方传统建筑的落进形制。曾厝垵社曾氏宗祠左后侧附近曾有一座两落式的“红砖古厝”，为当时的“豪宅”，曾坐落于曾厝垵社 45 号。此古厝即为当时南洋华侨社会中魂牵梦绕的“乌烟厝”，其已历经 200 余年，后为侨属居住，历代均有修葺。为了辟邪，原以红为主色调的古厝墙体经特殊处理后呈灰黑色，曾厝垵人形象称之为“乌烟厝”。晚清到民国时期，“乌烟厝”在南洋华侨可谓家喻户晓。寄送书信财物仅写厦门“乌烟厝”即可寄达。[1] 后来，它也成为南洋华侨后代回乡寻根、寄托乡情的凝结符号。而更有甚者，在新建祖屋时将南洋建筑风格与闽南特色合为一体，并以较大的住宅群出现，这样的综合性古建筑被形象地称为“戴斗笠穿西装”，一般为前两“落”屋顶为马鞍脊或燕尾脊；最后一“落”却是南洋风味的“番仔楼”。中国传统吉祥图饰、闽南红砖与花园洋楼在这样的结合体中，似乎诉说着侨乡社会“双边共同体”的面向。

① 洪卜仁、靳维柏主编：《厦门传统村落》，厦门大学出版社 2015 年版，第 14 页。

20世纪三四十年代，战争动乱之下的曾厝垵“番仔楼”被毁严重，同时，海外华侨与曾厝垵族人的联系也逐渐出现了断层。20世纪80年代，曾厝垵才陆续有华侨回乡谒祖，曾经的祖屋也相继被修葺，海内外的“双边共同体”在人际交往上恢复起了关联。在早期，无论是出于何种目的而选择“过番”，但过番后，他们与原乡土社会仍有着不可割舍的联系。这种联系不但是表层的个体、家庭间的来往，更多的是一种地方社会共同体的跨境认同。在海外，他们为生存筑立起了同一世系的宗祠①，崇宗认祖，并以宗祠为核心构建了包含社会组织、宗教结构、传统伦理秩序和信仰②等因素在内的地方性知识体系。在“双边共同体”的互动中，当生计足以保障生存之后，个人的命运与宗族的命运就紧紧攸关，寻根谒祖、翻建祖屋成了一种具象的认同表述。另外，这些远离故土的“番客们”无论身居何处，心系故土、落叶归根的意念始终使他们在精神和血脉上与故土难舍难分，而他们的原籍也自然成了“侨乡”。

宗教景观

按照学术分类，宗教分为制度性宗教和非制度性宗教。曾厝垵制度性宗教包括以太清宫、启明寺和基督教堂为载体的道教、佛教和基督教。非制度性宗教指民间信仰或曰民俗宗教，如以圣妈宫、福海宫、拥湖宫、文灵宫和泽枯祠为载体的民间信仰。

1. 制度性宗教景观

曾厝垵的制度性宗教包括道教、佛教和基督教，主要场所为太清宫、启明寺和基督教曾厝垵堂。

道教太清宫

太清宫位于曾厝垵村之曾山，地处海陆要冲，依山傍海，面对大担

---

① 新垵邱家在海外槟城修建曾氏“龙山堂”。

② 据连心豪《曾厝垵社区宗族与民间信仰形态考察》一文考据，现马六甲板底街主祀保生大帝的“湖海宫”之名应分别取自曾厝垵社“拥湖宫”与“福海宫”，神祇保生大帝亦“从厦门禾山曾厝垵请来”。

岛、二担岛和大小金门，交通方便，乃海峡两岸和东南亚华侨进香朝圣之古地。太清宫原名天后宫，供奉妈祖神，初建于清朝初年。近代以来，由于动乱等原因，神迁宫毁，圣地废圮。1990 年，在林明霞道长及华侨和信众的资助下，于旧址重建，改名太清宫。重建后的太清宫包括主殿、斋堂、客堂和住宿楼，建筑面积达 800 平方米。[1]

太清宫的主殿供奉道教尊神的圣像。太清宫宫前有巨大的白石头和七星石，周围留有“震峰钟灵”“福神”等石刻。主建筑物遵循五行八卦方位的布局，外墙体采用黄色主色调，体现了道教崇尚中黄的理念。

据报道人介绍，曾厝垵村民平日里很少去太清宫。在福海宫等其他宫庙神尊诞日需要诵经时，村民会请太清宫内的道士下山诵经。

佛教启明寺

启明寺位于曾厝垵龙瑞山麓曾厝垵社 405 号，坐西朝东，修建于清嘉庆年间。清同治三年重修，光绪十六年新建崇文祠碑记及重修启明寺碑记，碑面严重剥蚀，字体模糊不清。启明寺 1958 年被征用为部队营房，1983 年退回寺院，1985 年依旧制重修。大殿面积 85 平方米，两边为单层厢房。寺院总面积 1600 平方米。后来启明寺为台风吹毁，住持开敏法师积极募资建造观音殿、弥陀殿和综合楼。[2]

启明寺山门曰“鹭江茗山”，门联为“啟教鹭江长留古蹟，明傳法界廣结善缘”。寺内正对山门的是天王殿，天王殿左、右侧为钟楼；正后方为大雄宝殿，大雄宝殿殿内供奉三尊金佛。

观音殿，又称“大悲殿”，位于大雄宝殿右侧，1999 年重建。殿宇坐东朝西，占地面积 120 平方米，三开间三进深，重檐歇山顶。殿前有七层石塔，左右相对，呈平面正方形。又有石雕双象，憨态可掬。观音殿左前方为三层综合楼，建筑面积 1000 平方米。一楼为斋堂，二楼为寮房，三楼为讲经堂。[3]

弥陀殿在观音殿右后方，占地面积 580 平方米，高 25 米，五开间四进

① 引自厦门市思明区人民政府官网。
② 引自厦门市佛教协会官网。
③ 同上。

深，外表三层三重檐，屋面铺盖杏黄色琉璃瓦。一二层为钢筋混凝土结构的三面留廊，1996 年元月奠基，2001 年落成。今大殿供奉铜铸阿弥陀佛立像，高 20.80 米。至 2001 年，全寺占地总面积 16000 平方米，为旧寺的 10 倍，现任住持为开敏法师。[①] 弥陀殿殿门存对联云："真诚清净平等正觉慈悲，看破放下自在随缘念佛。"

启明寺建筑的显著特征为：第一，各大殿外墙都刻有功德芳名碑，如"观音殿乐建装金功德芳名碑""弥陀殿装大佛功德芳名碑"等；第二，殿内石柱等都刻有捐赠者芳名。

基督教堂

基督教曾厝垵堂位于厦门市思明区曾厝垵社 298 号，始建于 1926 年，占地面积约 2000 平方米。蔡振勋为首任传道，当时信徒约 60 人。1937 年抗日战争开始，教会停止活动。1945 年教会恢复活动。新中国成立之初，因地处前线地带，教堂再度停止使用。1994 年落实宗教房产政策，基督教曾厝垵堂教产归还厦门市基督教两会（厦门市基督教"三自"爱国运动委员会与厦门市基督教协会）。2007 年 7 月，基督教曾厝垵堂经思明区民宗局批准，设立为固定活动场所，2008 年 6 月 1 日，完成危房翻建等工作并正式投入使用。该教堂现建筑面积约 700 平方米，由陈妙真担任专职教牧进行教会牧养与管理工作。2011 年 9 月，成立该堂第一届执事会，成员有 9 人。2011 年 11 月，经省民宗厅考察，该教堂在场所面积、信徒人数、建章立制、专职教牧、财务收支、管理组织等六方面满足堂会的条件，正式升格为教堂。

基督教曾厝垵堂隶属于厦门市基督教两会（厦门市基督教三自爱国运动委员会与厦门市基督教协会），该教堂人事由厦门市基督教两会管理和分配。该教堂包含主堂、副楼、门房、公共卫生间、公用厨房。主堂可容纳 320 人。据该教堂的法人兼牧师陈女士介绍，基督教堂于 2008 年由基督教两会的信徒蔡德晔女士捐资约 200 万重建，建成之初，只有四名信徒。该教堂启动后，蔡女士捐赠 20 万元用于教会的启动资金。蔡德晔女士终身

---

① 引自厦门市佛教协会官网。

未婚，个人资产皆用于关怀孤寡老人、留守儿童等慈善事业。[①]

基督教曾厝垵堂入口处有一纪念碑铭云：

厦门曾厝垵中华基督教堂纪念碑铭

惠侨蔡振勋拟作

堂不在高，有神则灵。道不在深，有行则名。斯谓圣徒。明德维馨。殿宇神光丽，诗歌雅韵清。基督化顽石。圣神召精兵。可以调风琴。读圣经。无异端之乱耳。无名利之劳形。二碑传宝诫。十架庆功成。救主云。祈祷儆醒。

摘自《道南》第五卷第七期第十二页（中华民国二十年四月二日）

二〇一二年十二月立石

基督教曾厝垵堂的专职牧师为陈妙真。陈牧师于2003年被厦门市基督教两会分配至该教堂，成立青年人的中英文查经据典组织。有一对外国夫妇在厦门求学，志愿投入该教堂的福音活动，用英语协助该教堂的英语角、福音传道等活动。截至2017年10月，在该教堂受洗的基督徒共有295人。

该教堂的信徒多为厦门以外的务工人员，省内的有泉州、漳州等地，省外的以河南、安徽、山东、江苏居多。省内信徒约占1/3，曾厝垵本地信徒很少，约2—3位，该人员结构造成了教会人员的流动性。

表2　　基督教曾厝垵堂聚会时间表[②]

星期日	09：00—10：30	主日崇拜	会众聚集敬拜赞美，聆听真道，肢体相顾共瞻主荣美
	15：00—16：30	青年团契	透过神学课程、特别专题，激发思维，建立纯正信仰
	18：30—20：30	英文小组	外籍老师督导（现已无外籍老师），讲述《圣经》故事，操练听说读写能力

① 报道人：陈妙真，女。访谈时间：2017年12月3日。

② 同上。

续表

星期二	19：30—21：30	分卷查经	完成查经作业，借分享亮光，聆听总结式讲道信息
星期三	19：30—21：00	福音查经	圣经研读，培养属灵胃口，行走查经旅程
星期四	15：00—16：30	祷告交通	操练信徒属灵生命，主内交通分享，彼此守望代祷
星期六	09：00—10：30 15：00—17：00 19：30—21：15	迦南团契 桥梁事工 诗班练唱	以扎根真道，守卫家庭，造福邻舍，建立属灵肢体生活 借音乐、语言吸引新人，透过生活话题教人认识神 提高圣乐素养，预备主日诗歌，透过圣乐歌颂赞美神

曾厝垵社区的居民信风水，认为基督教的十字架破坏了当地的风水，所以在2008年教堂启动之初，当地居民对教会持不友好的态度。居民反对教堂进行唱诗、聚会等活动，认为影响居民日常生活。教会通过参与社区环境卫生的维护、倡导信徒清理街道等工作，于2009年获得了社区居民的接纳。曾厝垵旅游业兴起后，该教堂每日定时开放场所供游客参观，免费提供洗手间。

据陈牧师介绍，曾厝垵村民在宗教信仰方面具有两个特征：包容性和持久性。这也解释了为什么村民接纳基督教堂，却普遍不信仰基督教。“基督教是外来宗教，村民只坚守自己的信仰，如妈祖和观音。”

关于基督教堂对村民的影响，曾厝垵村民普遍认为“完全不影响，村民和基督教井水不犯河水”；反之，有的基督教信徒会因为与当地人通婚，而接受村民的民间信仰。

2. 非制度性宗教景观

圣妈宫

圣妈宫位于环岛路旁曾厝垵村296－1号，坐西北朝东南，宫庙一侧有墓，其碑刻曰“漂客合茔”。原先此地为义冢，收葬流落海上的无名尸骸（漂客）。当地流传这样一个传说，曾有溺亡的少女尸身漂流至此地，为村民收殓安葬。埋葬地恰是风水“真穴”，尸骸吸收真穴灵气和日月精华而有了神灵。某日少女托梦给乡间老者，求为其建立居舍，能保全乡平安长寿、六畜兴旺、航海平安。乡民依言而行，香火由此兴。

由于没有官方正式册封，圣妈未具有神格，因此圣妈宫一直是阴庙格局：三面墙，没有门，高不过八尺，宽不及五尺，只有木主（牌位），没有神像。直至近年，村民才修上圣妈金身，搭建戏台和长椅，建造山门。山门上有四副楹联。山门东面的两副楹联曰：

神佑黎庶五洲同沐恩，圣灵济世四海共感德。横批为“曾厝垵”。

层峦叠嶂天风鼓響振神威，碧海银波涛韵钟鸣扬功德。横批为“天上圣妈宫”。

山门西面的两副楹联曰：

灵豚拜舞仰圣佑恩泽，神狮卧涛扬济世功德。横批是“有求必应”。

圣妈神威显应九洲齐宁靖，正祖圣德泽润四海庆升平。横批是“天上圣妈宫”。

圣妈宫宫内右侧墙上刻有天上圣妈宫牌楼山门碑记，碑记云：

天上圣妈宫历史悠久，香火鼎盛，临海靠山，风景优美。经过了数次修葺重建，特别是2005年重建后，初具规模更显得雄伟壮观。为使其基础建设更臻完善也更为我市增添一亮丽旅游景点。承蒙各级领导大力支持即各方信士出资支持顺利建成，现将捐资芳名列左留芳世人。

圣妈官理事会立

于二〇〇七年八月

圣妈宫牌楼山门碑记左边刻有曾厝垵圣妈宫重建碑记，碑记云：

本宫自历代相传，历史悠久。临海靠山，风景优美，香火旺盛。历数次修葺，文革期间被拆，一九七八年本社群众自发一夜建成，时逼期短，故建成较为粗小。经台胞苏松发先生提议，及群众支持经理事会商榷决定。于乙酉年六月重建。现把捐建芳名列左，留芳世人。

圣妈宫的日常管理人是方上嘉先生，现年67岁，来自龙海，自愿无偿管理圣妈宫。方先生负责圣妈宫日常的清扫工作，其在圣妈宫前设有一个摊位，售卖矿泉水、饮料、沙滩用具等物品，其儿媳在圣妈宫宫前右侧售卖太阳帽等物品。

圣妈诞日在每年农历八月初二。是日有牲醴供奉，夜间搭台演戏酬谢圣恩。村中有传，某年年景不好，信众无法请戏。然而，神诞之日仍有戏团前来献演，言有老者已交定金。查村中并无此老，再看定金全是冥币。众人道，莫非妈祖化身？此后年年宫前请戏，不敢间断。其他传说有：日寇据厦时，炸宫前石坪欲改为军用，耗尽炸药却无损。再请日籍和尚施法，仅毁石坪尖端一角。再如，某年献演，缺少活鱼助演。出演中，海水暴涨，有鱼跃上沙滩，恰成戏中活道具。香客络绎不绝，以厦门港和九龙江的渔民居多。①

圣妈宫宫前设有一座戏台，为曾厝垵村民酬神演出的场所。每年自农历八月一日起，村民捐谢芗剧和电影在此演出酬神。以2017年为例，自农历八月一日起，共安排芗剧演出70场，从八月一日至十月十一日，每晚进行演出。芗剧演出的费用由曾厝垵村民捐献，聘请来自漳州、龙海等地的芗剧戏班子来此演出。芗剧的曲目无变化，仍为传统戏。

据圣妈宫管理人方先生介绍，曾厝垵历史上有芗剧表演的戏团，“文化大革命”期间受“破四旧”的影响，该戏团倒闭了。“文化大革命”结束后，该村芗剧表演人员由于年老不再表演芗剧，而年轻人对芗剧不感兴趣，因此，曾厝垵现今已无芗剧表演人员。

除芗剧演出外，曾厝垵村2017年共安排电影放映41场，从农历十月

① 报道人：曾过渡，男。访谈时间：2017年12月10日。

十二日持续至十一月二十二日，每晚进行放映，电影放映的费用由曾厝垵村民捐献，电影剧目主要为近年的热点影片。据圣妈宫管理人方先生解释，受天气影响，农历八九月份，村民观看演出的热情很高，参与人数较多，而十月、十一月期间，村民参与度降低。①

此外，曾厝垵的村民每月初一、十五会携供品前来祭拜圣妈，参与人数不多，祭拜的人员构成中，老年人居多，年轻人较少。在笔者调研期间，发现有少数游客前来祭拜。

福海宫

福海宫位于曾厝垵社70号，坐东北朝西南，始建于明洪武二十五年。占地面积约400平方米，建筑面积约288平方米。② 据福海宫宫前左侧宫墙上“重修福海宫碑记”“福海宫第三次重修碑记”和“福海宫第四次翻建碑记”记载，福海宫首次重修的时间是咸丰七年十月，福海宫第三次重修的时间是辛酉年农历九月，福海宫第四次翻建的时间是2003年3月。据福海宫日常管理人曾氏解释，人们认为福海宫的地势不能低于环岛路的地势，因此在现址重建福海宫。福海宫旧址地产属于曾厝垵村集体所有，已被私人承租用于超市经营，租金所得用于宫庙的维护。

福海宫庙前石狮雄踞，宫门上楹联为：

福地灵通神庥昭禾浦，海天清晏母德绍湄州。

宫内大殿立有六根石柱，石柱上对联曰：

齐天法力千秋仰，大圣威风万世尊。

福地甫涌资帝力，海邦攸甸仰坤仪。

女中尧舜众中母，世上鹊佗天上仙。

庙内墙上镶嵌有《二十四孝子图》及神像彩绘。据道光《厦门志》记

① 报道人：方上嘉，男，67岁。访谈时间：2018年3月11日。

② 报道人：曾过渡，男。访谈时间：2017年12月3日。

载："福海宫，在厦门港，祀天后。"[1] 庙内左侧入口处供奉的是注生娘娘，注生娘娘掌管姻缘和生育；右侧入口处供奉大使二使，大使二使掌管歪门邪道，具有辟邪法力。

庙内左侧供奉文昌帝，文昌帝掌管教育；右侧供奉大厅公，大厅公又称元帅爷，具有除恶的法力。

庙内正中间供奉的是保生大帝、天后（俗称妈祖婆）、上帝公、齐天大圣、哪吒三太子、虎爷和笑佛公。保生大帝保健康；天后（妈祖婆）和上帝公保平安；齐天大圣法力高，可辟邪；哪吒三太子是开路先锋，在各神诞日巡游时开路；虎爷是摇钱树；笑佛公司喜事。神像两旁石柱上对联曰：

信士诚心重修建，群众思念故乡情。

庙内设有添油箱。数额高于50元的记录在红榜上。据福海宫2018年（截至2018年3月11日）添油红榜记载，19条添油记录中，7条由游客捐献。

福海宫宫前左边立一六边形金炉，右边设有戏台。该戏台因政府阻拦，尚处于未完工状态。

福海宫的日常管理人是曾厝垵村民曾过渡，家里有五个兄弟，四个兄弟都当过兵。曾先生为中国共产党党员，有五层楼的房屋一栋，出租给外地人用于民宿经营。其看管福海宫已有五年，主要负责福海宫的看管、日常打扫与布置，每月工资是1500元。

据曾先生介绍，每月初一、十五，村民会前来祭拜，添油箱和求平安。有的村民发财了会赠送物品给庙里。添油箱由专门的人管理，添油箱里的钱用于寺庙的维修、水电等。平日里也有人来拜，有的游客也来拜，这些游客有的来自广东、中国香港和台湾地区。村里的老人虽然不住在村里，但是他们每天下午会聚集在福海宫喝茶、聊天。曾先生认为，老年人

[1] 厦门市地方志编纂委员会办公室整理：《厦门志》（清道光十九年），鹭江出版社1996年版，第50页。

听别人聊天，可以动动脑子，这样不会患老年痴呆症。[①]

拥湖宫

拥湖宫位于曾厝垵社184－3号，坐南朝北，为曾家始祖曾光绰修建的曾厝垵开山祖庙，俗称“顶宫”，供奉保生大帝和妈祖林默娘。始建于元朝，2001年重建，距今已有700多年历史。[②]

拥湖宫宫门上楹联曰：

拥映千山钟胜地，湖泽万民润生灵。

宫内大殿内立有四根石柱，石柱上对联曰：

鹭涛恶浪救渔旅，捨生成仁天上神。
慈济有本医术精，扶贫助困为众生。

拥湖宫内供奉的神像有：注生娘娘、大使二使、文昌帝、元帅爷、保生大帝、天后、上帝公、齐天大圣、哪吒和虎爷。各神像的排列与福海宫内神像排列相同。神像两旁石柱上对联曰：

源远流长绍湄州，庙宇修建继白礁。

拥湖宫内左右侧墙壁上刻有碑记，记录各界信士捐款芳名。

每逢初一、十五，有村民前来拥湖宫祭拜，求平安、求子、求健康等。平日里有需求的村民，如求子，也会前来祭拜。据报道人介绍，村民和游客都会添油箱，但是相对于福海宫而言，拥湖宫添油箱的收入较少，约为福海宫添油箱收入的1/2。[③]

---

① 报道人：曾过渡，男。访谈时间：2017年12月10日。
② 据拥湖宫前石碑记载。
③ 报道人：曾先生，男。访谈时间：2018年4月24日。

文灵宫

文灵宫坐落于曾厝垵社338号，坐东北朝西南。始建于明成化年间，宫内供奉清水祖师爷，因此亦名祖师宫。文灵宫面积狭小，宫外墙刻有曾厝垵社文灵宫重修碑记，曰：

> 文灵宫亦名掛柄宫，始建于明成化年间。宫中奉祀清水祖师等神明，历来灵威显赫，香火鼎盛，保佑一方。明末清初历经战火兵灾，焚毁殆尽，清同治三年得于重建至今有壹佰伍拾年，年久失修，显得老旧，癸巳年末经曾厝垵社庙宇理事会组织在村内幕（募）捐重修文灵宫，得到广大相邻信众及本社宫庙的踊跃捐资，众擎易举，业就功成，甲午年秋月落成，庙祀得于绵延，神明永驻，保一方平安，为表功德，立碑留芳。
>
> 公元二〇一四年八月立

文灵宫门上楹联为“清如水文沛德泽，祖为师灵光普照”。宫内左侧供奉的是地下阎君和土地公。右侧供奉注生娘娘。宫内中间供奉神尊共十二尊，分别为：

第一排从右往左：齐天大圣、观世音菩萨、珠宝观音、虎爷。

第二排从右往左：送子观音、上帝公。

第三排：释迦牟尼。

第四排从右往左：万岁爷、保生大帝。

第五排：祖师爷（三兄弟）。

据报道人介绍，祖师爷为三兄弟，祖师爷诞日为每年农历正月初六、五月初六和十一月初六。每逢祖师诞日，信众聚集祭拜。从参与人数来看，正月初六的祖师诞日规模较大。祭拜的程序为：供奉素饼、素菜等清素；请人诵经。文灵宫的日常管理人为曾女士。据其介绍，除祖师诞日外，平日里香火较淡。问及原因，曾女士解释说是因为村民自家有单独供奉观音菩萨、保生大帝等神明。[①]

---

① 报道人：曾女士。访谈时间：2018年3月14日。

除祖师诞日外，其他神明亦有诞日，各神明诞日与前述相同，故此不再赘述。

文灵宫的资金来源主要是募捐及添油。文灵宫的日常管理属无偿性质，日常管理人员曾女士负责文灵宫的日常清理、供品的添置等工作。宫内添油箱的收入归曾女士管理，用于文灵宫的日常维护费用及供品添置费用。

天圣宫

天圣宫坐西北朝东南。天圣宫正门口有香炉一座，左侧为化金炉，右侧是广场和戏台。天圣宫宫门上有对联曰“天道自然五行为律，圣教无为三学为纲”。宫内有前后柱联曰：

> 保生传妙诀薄海承庥，妈祖济群行参天化育。
>
> 元帅神威报境安邦，康府佛法驱邪退敌。

天圣宫正殿的神龛供奉天上圣母三娘娘。左侧供奉天上圣母三姐妹的小神像，右侧供奉虎爷、木车太子、康元帅和关帝爷。神龛前面一排供奉三娘娘的小的神像，千里眼和顺风耳分立其左右。

泽枯祠

泽枯祠位于环岛南路沙滩旁，坐东北朝西南，于1991年9月27日修建落成。祠堂内供奉泽枯，据泽枯祠管理人沈女士介绍，泽枯原名泽姑，终身未婚，因为救人无数，村民便为其设立灵位。[①] 泽枯祠面积狭小，除泽枯外，还供奉观音、如来佛、财神爷和土地公。祠内墙壁上画有海龙王及两位仙子的图像。

泽枯祠平日香客冷清，只在泽枯诞日——农历7月18日，村民前来祭拜。管理人沈女士为本村村民，志愿无偿看管泽枯祠。其在祠堂左右侧搭建了棚屋，左侧建有公测和浴室，为有偿使用；右侧棚屋提供有偿的开水、休息座、打牌、寄存等服务。此外，还提供沙滩伞、沙滩椅、自行车、

① 报道人：沈女士。访谈时间：2018年3月11日。

沙滩玩具等出租服务。

3. 仪礼

在各神尊诞日进行集体祭拜是曾厝垵隆重的节日之一。曾厝垵集体祭拜的神尊诞日包括妈祖婆诞日、保生大帝诞日、齐天大圣诞日、圣妈诞日、祖师诞日和泽枯诞日。在各神诞日，村民会举行祭拜仪式及唱戏酬谢圣恩。祭祀就参与人数而言规模各不相同，祭祀的仪式除祖师诞日和泽枯诞日外大同小异，具体日期和活动安排见表3：

表3　　曾厝垵宫庙祭祀活动表①

名称	日期	活动
妈祖婆诞日	农历三月二十三日	祭拜、唱戏
保生大帝诞日	农历三月十五日	祭拜、唱戏
齐天大圣诞日	农历六月初三日	唱戏
圣妈诞日	农历八月初二日	祭拜、唱戏
祖师诞日	农历正月初六日 五月初六日 十一月初六日	祭拜、诵经
泽枯诞日	农历七月十八日	祭拜

妈祖婆诞日的祭拜礼仪为祭拜妈祖婆和唱戏。此祭礼就参与人数而言规模较大，曾厝垵村内的男女老少参与的热情很高。祭拜妈祖婆的程序为：将妈祖婆的神像抬去何厝祭祖，因为妈祖婆的祖先在何厝；回程路上，将妈祖婆的神像绕整个社区一圈。此外，自三月二十三日起，连续三晚请戏班子唱戏，戏的曲目由戏班子决定，一般唱传统戏。据村民福海宫管理人曾过渡介绍，唱戏的时候也有讲究：唱戏的人要从宫庙右门进，由左门出；唱戏之前要请示妈祖婆；唱戏过程中要用五牲（鸡、鸭、鱼、肉、猪肚）、发糕和猪头、十二碗菜和酒祭拜妈祖婆，然后请师公诵经、敲鼓鸣喇叭。②

① 报道人：曾过渡。访谈时间：2017年12月10日。
报道人：沈女士。访谈时间：2018年3月11日。
报道人：曾女士。访谈时间：2018年3月14日。

② 报道人：曾过渡。访谈时间：2017年12月3日。

保生大帝诞日的祭拜礼仪为祭拜保生大帝和唱戏。此祭礼就参与人数而言规模较大，曾厝垵村内的男女老少都积极参与。祭拜保生大帝的程序为：将保生大帝的神像抬去海沧，因为保生大帝的祖先在海沧，运送神像的费用由政府承担；在回程路上，将保生大帝的神像绕整个社区一圈。此外，自三月十五日起，连续三晚请戏班子唱戏。戏的曲目与过程同妈祖婆诞日的祭拜礼仪一致。

齐天大圣诞日的祭拜礼仪为演戏酬神。戏的曲目多为传统戏，然后请师公诵经、敲鼓鸣喇叭。

圣妈诞日的祭拜礼仪为祭拜圣妈和唱戏酬神。据村民介绍，在圣妈诞日，从零点至凌晨三点，村民在海边烧香，以包子、馒头供奉圣妈。祭拜仪式结束后，所奉祭品被扔至海里，村民认为，这样可宽慰海里的恶鬼以祈求平安。除此祭拜仪式外，村民请外地戏班子演戏酬神，共安排 75 场戏，自八月初二起，每晚进行，直至结束。

祖师爷诞日的祭拜礼仪也较为简单。祭拜的程序为：供奉素饼、素菜等清素；请人诵经。

泽枯诞日的祭拜礼仪也较为简单。少数村民以包子、馒头供奉泽枯，供奉结束后，将供品扔至海里喂养恶鬼以祈求平安。

除各神明诞日之外，曾厝垵村民每年农历正月十五会举办恭请“玉皇上帝绕境巡安”活动。是日，随香民众聚集于福海宫，抬神巡安祈福保平安。此活动就参与人数来说规模较大，彩旗飘扬、鼓乐阵阵。

4. 卜杯

卜杯为民间占卜的一种方式。在曾厝垵的圣妈宫、福海宫和拥湖宫，均有卜杯。村民每逢有事相求神尊时，会至宫庙卜杯。如有的村民求姻缘，有的求子，有的求功名，均会来卜杯。卜杯的工具为木质材料。卜杯时，如果显示的是一正一反，即一阴一阳，即为神尊庇佑，所求之事可成。村民所求之事达成后，仍需至宫庙还愿以谢神庇佑。

卜杯的时间一般不受限制。平日里村民只要有需求，皆可至宫庙卜杯。

5. 旅游发展背景下曾厝垵宗教方面的变迁

圣妈宫

圣妈宫戏台为曾厝垵村民酬谢圣妈圣恩的场所。每年农历八月初二，村民会在圣妈宫戏台演出酬神。环岛南路建设之前，圣妈宫戏台都是村民临时用铁架和帆布搭建，村民自带小板凳前来观看演出。据村民介绍，当时的临时戏台都是斜方向搭建，防止风浪、潮汐将戏台冲垮。20 世纪 90 年代末，环岛南路竣工后，厦门市政府出资建成了圣妈宫戏台及观看席的石凳，戏台的方向正对着圣妈宫。

曾厝垵有在圣妈诞日演戏酬神的传统。据村民介绍，以前在农历八月初二当日，村民不演戏，只是前来烧香祭拜圣妈。近几年来，八月初二当日不演戏的习俗已经改变。此外，以前村民只是演戏酬神，近年来，除演戏外还增加了电影放映。以 2017 年为例，自农历八月一日起，共安排芗剧演出 70 场，从八月一日至十月十一日，每晚进行演出。芗剧演出的费用由曾厝垵村民捐献，聘请来自漳州、龙海等地的芗剧戏班子来此演出。芗剧的曲目无变化，仍为传统戏。

圣妈宫历史上有芗剧演出，且有本地芗剧表演的戏团。受“文化大革命”的影响，本地戏团解散了。“文化大革命”结束后，该村芗剧表演人员由于年老不再表演芗剧，而年轻人对芗剧也不感兴趣，自此，曾厝垵无芗剧表演人员，芗剧表演须聘请外地的表演人员来此演出。所以，“文化大革命”结束后，曾厝垵村每年少有在圣妈宫酬演的芗剧。自 2003 年旅游业发展后，村民依托出租房屋而经济收入增多。村民普遍认为是圣妈等神尊的庇佑，使村民有了如今的美好生活，于是纷纷捐钱捐献演出酬神。据了解，仅 2017 年，圣妈宫戏台有芗剧表演 70 场、电影放映 41 场。据调查发现，圣妈宫芗剧表演期间有游客前来观看，由于芗剧表演的语言为闽南官话，为了便于游客观看，圣妈宫的芗剧表演增加了普通话字幕。

圣妈宫的日常维护和事务管理的收入来源主要为添油捐款和产业收入，产业收入以房屋出租租金为主。圣妈宫的主要支出为水电费及相关社会活动支出。以下收支核算表可表明圣妈宫的收支情况：

表 4　曾厝垵庙宇理事会（圣妈宫）2015 年上半年度收支盈亏核算表①

项目	金额（元）	摘要
一、收入部分	305545.49	
1. 房租收入	143500.00	收圣妈宫磨玛咖啡厅上半年租金 137500 元，圣妈宫后二间房间房租 6000 元
2. 炉灰承包收入	6500.00	收方顺沟炉灰承包款
3. 添油款收入	97845.00	港币 150 元，台币 300 元
4. 其他收入	18000.00	戏台后空地租金
5. 水电费回收	28283.00	
6. 利息收入	11417.49	
二、支出部分	280394.47	
1. 宫杂费支付	4026.00	平时祭拜贡品、花束、液化气
2. 水电费支付	32774.47	
3. 误工补贴	5400.00	付收添油款误工补贴
4. 维修费	1254.00	清理化粪池，维修水管等
5. 低值易耗品摊销	640.00	购斗烛
6. 社会活动费	24300.00	春节座谈会开会
7. 社会事业费	212000.00	春节慰问 60 岁以上老人，每人 1000 元
三、盈亏（利润或亏损）	120134.30	
会长：曾 × ×	审核：曾 × ×	会计：洪 × ×　出纳：蔡 × ×

从以上核算表可以看出，2015 年上半年度圣妈宫的房租收入占总收入的 46.97%。如果没有房租收入 143500 元，圣妈宫 2015 年上半年的收支将处于 23365.7 的亏损状态。由此可见，因旅游业发展带来的经济收入是维持圣妈宫运营的一个重要因素。

在圣妈宫的支出中，社会活动费和社会事业费共占总支出的 84.27%。其中，用于春节座谈会的支出为 24300 元，占总支出的 0.09%。用于春节慰问 60 岁以上老人的支出为 212000 元，占总支出的 75.61%。可见，由于旅游收入的增加，圣妈宫在曾厝垵社也承担了更多的社会职能。

① 王日根：《曾厝垵村史：中国最文艺渔村》，海峡文艺出版社 2017 年版，第 210 页。

福海宫

曾厝垵旅游业的发展给村民带来了可观的经济收入，村民普遍认为这是得益于各神尊的庇佑。于是，有些村民会捐赠物品或者捐资（添油）至福海宫。此外，有些游客也会来福海宫添油。旅游的发展给福海宫带来了可观的经济收入（用于福海宫的日常维护）。

福海宫的日常维护和事务管理的收入来源主要为信众的添油捐款和产业收入，产业收入以房屋出租租金为主，福海宫现址的地下超市即为其产业。福海宫的主要支出为水电费、宫事活动支出和相关社会活动支出。以下收支核算表可表明福海宫的收支情况：

表 5　曾厝垵庙宇理事会（福海宫）2015 年上半年度收支盈亏核算表①

项目	金额（元）	摘要
一、收入部分	221100.90	
1. 房租收入	130000.00	超市 2015 年第一、二季度租金
2. 炉灰承包收入		
3. 添油款收入	52382.00	收 1—6 月添油款 18570 元，收正月初一、三月十五、二十三添油款 33812 元
4. 其他收入		
5. 水电费回收	35191.50	
6. 利息收入	3327.40	
二、支出部分	100966.60	
1. 宫杂费支付	1884.20	日常拜拜供需，固定电话费，拖把等
2. 宫事活动支付	40533.00	正月十五拜天公开支 2450 元，三月十五保生大帝诞辰演戏 7236 元，三月二十六妈祖诞辰请火开支 30847 元
3. 水电费支付	38998.50	
4. 误工补贴	11000.00	
5. 维修费	162.90	
6. 低值易耗品摊销	778.00	

① 王日根：《曾厝垵村史：中国最文艺渔村》，海峡文艺出版社 2017 年版，第 216 页。

续表

项目	金额（元）	摘要
7. 社会活动费	7610.00	后厝净圣堂保生慈济文化节掸炉 6000 元，保生慈济文化研究会会费、会旗 1610 元
8. 社会事业费		
三、盈亏（利润或亏损）	120134.30	
会长：曾××	审核：曾××	会计：洪×× 出纳：蔡××

从以上核算表可以看出，福海宫的房租收入占总收入的 58.8%。如果没有房租收入 130000 元，福海宫 2015 年上半年的收支将处于 9865.7 元的亏损状态。租金收入所占比重反映了旅游对福海宫收支具有重要的影响。

拥湖宫

拥湖宫戏台坐北朝南，与拥湖宫相对。该戏台于 2014 年左右修建，在此之前，每逢保生大帝等神尊诞日，村民都会用帆布铁架等临时搭建戏台，演戏酬神。

旅游业发展后，拥湖宫戏台因其优越的地理位置成为商家竞争之地。据村民介绍，2017 年，拥湖宫戏台被一家旅游公司租用。2018 年，该戏台出租给商家用于膏药、活络油等商品的销售。每逢各神尊神诞，商家便撤走销售用品，腾出戏台演戏酬神。

拥湖宫的日常维护和事务管理的收入来源主要为信众的添油捐款和产业收入。产业收入以房屋出租租金为主，拥湖宫有店面和戏台供出租。拥湖宫的主要支出为水电费、宫事活动支出和相关社会活动支出。以下收支核算表可表明拥湖宫的收支情况：

表 6　曾厝垵庙宇理事会（拥湖宫）2015 年上半年度收支盈亏核算表①

项目	金额（元）	摘要
一、收入部分	282268.9	
1. 房租收入	195000	店面、戏台上半年租金

① 王日根：《曾厝垵村史：中国最文艺渔村》，海峡文艺出版社 2017 年版，第 221 页。

续表

项目	金额（元）	摘要
2. 炉灰承包收入		
3. 添油款收入	40318	
4. 其他收入		
5. 水电费回收	46538	
6. 利息收入	412.9	
二、支出部分	114674.78	
1. 宫杂费支付	3466.8	日常拜拜供需，红纸、笔、礼账簿等
2. 宫事活动支付	47024.7	正月十五“天公”巡社、餐费 22862.5 元，新做佛衣、佛鞋、佛帽支出 7740 元，三月十五日至三月十八日演戏戏金等开支 16400.2 元
3. 水电费支付	22643.38	
4. 误工补贴	9600	
5. 维修费	110	
6. 低值易耗品摊销	21219.9	
7. 社会活动费	7610.00	后厝净圣堂保生慈济文化节掸炉 6000 元，保生慈济文化研究会会费、会旗 1610 元
8. 社会事业费	3000	
三、盈亏（利润或亏损）	167594.12	会长：曾×× 审核：曾×× 会计：洪×× 出纳：蔡××

从以上核算表可以看出，拥湖宫的房租收入占总收入的 69.08%。如果没有房租收入 195000 元，拥湖宫 2015 年上半年的收支将处于 27405.88 元的亏损状态。租金收入是维持拥湖宫收支平衡的关键因素。

自曾厝垵旅游业发展以来，曾厝垵宗教方面的变迁可总结如下：

第一，从物质方面看，圣妈宫、福海宫、拥湖宫的戏台皆发生了外在变化。圣妈宫的戏台因厦门市政府资助得以重建；福海宫的戏台因政府阻止未竣工，但是，福海宫戏台的石凳已建成；拥湖宫戏台也在 2014 年左右得以重建，并且已出租给商家用于商业经营。

第二，从非物质方面看，旅游业发展带来的租金收入成为维持三大宫庙收支平衡的关键因素。从圣妈宫、福海宫和拥湖宫 2015 年度上半年收支可看出，如果没有租金收入，三大宫庙的收支将处于亏损状态。

第三，旅游业发展增加了曾厝垵村民对酬神谢演的经济投入，在一定程度上促进了曾厝垵民间信仰的回归。自旅游业发展后，村民依靠出租房屋而经济收入增多。村民普遍认为是各神尊的庇佑，使村民有了如今的美好生活，于是纷纷捐献演出酬神。例如，圣妈宫 2017 年村民捐献演出酬神、电影放映共计 70 场，福海宫内村民捐赠物品及添油数目都有所增加。此外，为了适应旅游业的发展，圣妈宫的酬神演出也做了一定的改变，如为满足游客的需求，芗剧表演专设普通话字幕等。

第四，旅游业的发展使宫庙在村民日常生活中承担了更多的社会职能。发展旅游业前，圣妈宫、福海宫等庙宇的职能主要是宗教方面的，村民来此拜神酬神求平安。发展后，曾厝垵村民搬出曾厝垵而迁往他处居住，村民的房屋出租给商人用于商业经营，原先的社交场所被商业占用后，圣妈宫、福海宫等庙宇成为村民社交的场所。据福海宫日常管理人曾先生介绍，村民每天下午都聚集在福海宫聊天。福海宫除了是村民拜神酬神的场所外，还承担了村民日常交流的社会职能。同样，圣妈宫如今的捐献芗剧酬神的数目增多，满足了村民之间社会交流的需要。村民来圣妈宫看戏，除了宗教信仰外，更是一种促进村民之间交流的机会。旅游业发展后，曾厝垵的宫庙除了是宗教场所外，还是一个村民日常社交的场所。

生　计

因背山靠海的地理区位，曾厝垵传统生计大多依赖村落农业与渔业发展，种养、渔业是两大生计方式。此外，作为闽南侨村，下南洋“讨生活”亦是其传统生计方式之一。厦门经济特区亦为曾厝垵提供了其他生计方式的可能。

传统生计

1. 耕种

耕种是曾厝垵村民最主要的传统生计。曾厝垵全村原有耕地 1560 亩。

新中国成立初期，村民们在“土改”运动中都分得田地。进入集体化阶段，曾厝垵村是厦门城郊农场所在地。1958 年，曾厝垵划归厦门大学用以兴办农场，当时农场土地占有量 1880 余亩；1960 年改名为思明区地方国营农场后，占地 1400 多亩。当时正值两岸炮战时期，村民们仍然坚持在地里劳作。[①]

20 世纪 80 年代，国家实行土地承包责任制，曾厝垵村民每人平均分了四分田地。当时正值厦门城市化大力发展时期，曾厝垵因远离中心城区，成为城郊蔬菜种植基地，为厦门市区输送新鲜瓜果。据曾伯（男，69 岁）介绍，他家四口人，1982 年分田到户的时候，共分到一亩多田地。后来又承租了村里其他人的地块，自己在地里种植花菜、包菜、葱、丝瓜、萝卜、香菜等蔬菜，少部分地种植一季水稻以供自家食用。施奶奶（女，85 岁，家里两亩田地）说：“自己种菜，那时候种菜很好，种菜有钱，因为菜卖得贵，当时大多通过卖菜的钱来买米，就是很辛苦，有时候都在田里吃饭。”

耕种方式在曾厝垵各历史时期均未曾间断，但厦门经济特区和城市化发展带来的征地拆迁，使曾厝垵逐渐失去土地成为“城中村”，传统耕种生计方式亦随之消失。

2. 渔业

厦门渔业历史也十分悠久，早在 20 世纪 30 年代初期，厦门渔民捕捞年产量就 5000 吨，渔船近千艘，思明县、同安县从事渔业的人口分别为 3036 人、3936 人。[②] 集体化时期，曾厝垵共有三个生产小队，其中有一个渔业队，由此可见，渔业生产是当地最重要的副业。1982 年分田到户后，村里大部分妇女、中老年人留在地里负责种养，身强力壮的年轻男性才到大海里去捕鱼，捕鱼回来后由家中妇女贩卖。

当时出海打鱼不仅辛苦，而且风险也较大，村里的渔民们大多在近海捕捞，所用的渔船多为规格不大的木船，从漳州市龙海那边购买，船尾装有发动机，一般一条船上可以有 2—3 人。早些时候，村民每个月出海打鱼所得的收入扣除成本后，与进城打工的收入相差无几，并且打鱼收入不稳

---

① 王日根：《曾厝垵村史：中国最文艺渔村》，海峡文艺出版社 2017 年版，第 32—34 页。

② 同上书，第 54 页。

定，有时候一天下来有可能上百斤，有时候运气不好一天只收获三五斤的鱼，只能提着回家自己吃。据当时担任曾厝垵渔业队队长曾本（男，79岁）介绍，他们的捕鱼技术是“死网抓活鱼”，即采用定置网，在近海区域“打桩位下去，四周绑上渔网，网在海下面一边有开口，一个打死结，海水涨潮时鱼虾就会跑进来”。

村民们打鱼真正赚钱的是在20世纪90年代，当时日本从厦门大量收购鳗鱼苗，数量多且价格惊人，一条鳗鱼苗可卖出十几元的高价。在高收入刺激下，曾厝垵全村老少一起出海抓鳗鱼苗，海边都是渔船。村民们通过与他人合伙，或者自己购买渔船出海捕捞。曾本（男，79岁）说：“那时村里的渔船数量多达150余只，基本家家户户都有渔船。”但是，“鳗鱼苗一年只能抓三个多月。从大雪到清明，冬至到春节期间是最好的时节，这三个月中抓鳗鱼苗的收入就能有一万多元。当时抓鳗鱼主要是看潮水，涨潮去抓鱼，退潮去翻网，防止网搅在一起，一天两个涨落潮，就是抓两次鱼，翻两次网，进海四次”（李远，男，70多岁）。

当时曾厝垵出海抓鳗鱼苗的村民平均一年收入好几万元，特别是家里劳动力多的，赚的钱也更多。“农村里有钱就是盖房子。”（李远，男，70多岁）所以大部分曾厝垵村民们将抓鳗鱼苗所带来的收入悉数投入房屋的重建当中，村民原先居住的较为破旧的石头房、瓦房就是在那个时期逐渐开始推倒、重建成现在村落里一栋栋钢筋混凝土结构的小楼房。这为后续曾厝垵村民旅游生计的形成，奠定了重要的物质基础。

3. 养殖业

养殖业是仅次于渔业的另一重要副业，主要以生猪养殖为主。以2001年为例，曾厝垵共养殖近千头猪，市值430万元。[①] 那时曾伯（男，69岁）家里除了种植蔬菜以外，每年还会养十几头的猪。“当时养猪是分时分批来养，家里一年可以养两三批，一批差不多四五只，每天把蔬菜运到市场批发给那些商贩后，就得随即回来养猪。当时一只猪从开始养到可以卖至少需要半年。”早期，村民养猪主要是靠种地得来的菜与糠，后面变

① 潘峰：《曾厝垵村城市化调查报告》，《厦门科技》2003年第4期。

成去外面拉泔水，“如果外面有三五家酒店，就可以养四五十头猪了”（李远，男，70 多岁）。

除了生猪养殖，养羊也是重要副业。

4. 下南洋①

下南洋仅是曾厝垵某个历史阶段的谋生方式之一。

厦门是福建省主要的侨乡之一，据《厦门华侨志》记载，1870 年至 1930 年的 60 年间，每年从厦门口岸出入的华侨人数平均可达 105577 人次。② 因地理区位的便利、自然灾荒、政治因素等，在历史某些时期厦门都有大批人远渡海外谋生。20 世纪 20 年代厦门港移民数量达到高峰，曾厝垵作为厦门市著名侨村，20 世纪初期就达到出洋创业的顶峰，村中壮年男子在亲友、乡亲的提携引荐下都有下南洋的经历。③ 据李伯（男，67 岁）介绍，“当时我们这里凡是有男丁的都到南洋去了，家里剩的就是一些孤寡老人。那个时候很穷啊，当时去南洋需要坐船，起码也要一个月才能到，所以当时很多人一去就没有办法回来了，除非你赚了很多钱。明末清初的时候，我们在南洋很兴旺”。一大部分的青壮年在南洋打工、干活，赚到钱就会往家乡汇，形成了独特的侨乡文化。少部分人在南洋打拼的过程中逐渐发家致富，开始寄钱回乡造福亲戚邻里，比较著名的有曾国办、曾国聪等人。20 世纪三四十年代后，因战争、政治等因素，曾厝垵村民下南洋的谋生方式逐渐落下帷幕。

5. 其他副业

除传统种养、渔业之外，村民借助厦门经济特区发展之便利，还从事客运等其他副业，比较成规模的有客运业。

20 世纪 80 年代中后期，曾厝垵建成一个练车场，“因为有教练队，当时厦门各地要培训驾驶证都来曾厝垵”（曾本，男，79 岁）。因此村落里出现了许多厦门最早期的驾驶员，他们在厦门市的士行业发展起来后，抓住机遇成了的士司机，每天在市区里开的士能赚一百余块，曾厝垵因而成

① 闽南地区将东南亚各国统称为“南洋”。

② 《厦门华侨志》编委员会编：《厦门华侨志》，鹭江出版社 1991 年版，第 2 页。

③ 政协厦门市思明区委员会：《思明文史资料》（第五辑），2009 年，第 194 页。

为当时厦门比较有名的“的士村”。

此外，曾厝垵村委会还组建思明建设三公司（以下简称“思建三队”），下设建筑队承包建筑业务，解决了不少村民的就业与生计问题。

传统生计瓦解

1. 田地征用

1980 年，厦门设立经济特区，主要范围是湖里区 2.5 平方公里内。1984 年，厦门经济特区面积扩大到整个厦门岛，厦门城市化发展脚步随之加快。曾厝垵土地大多在厦门城市化发展中被征用。1998 年以后，思明区检察院等政府机关大楼、环岛路、商业住宅小区等项目相继落户曾厝垵，村民耕地开始逐渐减少。仅 1998 年一年，曾厝垵社区就有 10.14 公顷的耕地被征用，占村落总耕地面积 26%，家庭人均耕地面积从土地承包初期的 0.03 公顷减少到不足 0.01 公顷。[①]

“整个曾厝垵社区的田地有一千多亩，属于曾厝垵社的耕地即承包田大概有两三百亩。”（黄叔，男，40 多岁，曾厝垵社区居委会书记）征地除征用田地、耕地外，还包括征用其他用途杂地。据黄叔回忆，曾厝垵征地大致可分为几个阶段：1992 年左右，村办企业商业用地为第一批征地；1998 年左右，因修建政府机关单位也征用掉一批，“这两者征地面积有 200 多亩”；1997 年，修建环岛路又征用了 100 多亩，“其实到环岛路征地时，村里的田地就基本就征光了”，失去土地的村民纷纷洗脚上田，曾厝垵村民的传统耕种生计就此落下帷幕。

2. 禁养畜禽

2002 年 3 月，厦门市人民政府出于“防治水体污染、保护和改善生态环境、保护民众身体健康，决定在全市范围内开展畜禽养殖污染整治工作”，出台了相关政策[②]，将厦门市一些区域划定为“畜禽养殖禁养区”。

---

① 潘峰：《曾厝垵村城市化调查报告》，《厦门科技》2003 年第 4 期。

② 厦府〔2002〕45 号《厦门市人民政府关于开展畜禽养殖污染整治工作的通告》，http://www.xm.gov.cn/zwgk/flfg/sfwj/200809/t20080911_277148.htm。

曾厝垵就在该禁养区内，因此大部分村民们都不再饲养牲畜。厦门岛内全面禁止养猪后，因为岛外同安区土地价格相对便宜，村里仅有的几家生猪养殖专业户为了维持生猪养殖生计纷纷搬到同安租地继续生猪养殖。后来，同安区开始限制养殖后，村民才又回到曾厝垵，并靠到市区打零工维持生计。

3. 渔船上岸

厦门市政府为了合理利用海洋，优化资源配置，积极推进渔民转产转业，使生产效益较低的捕捞和养殖行业让位于生产效益较高的港口航运和风景旅游行业，计划让曾厝垵和黄厝的渔民上岸，不再从事捕捞。2006年1月，思明区政府与厦门市海洋与渔业局开始执行曾厝垵、黄厝两村的渔船拆解工作，当时一共拆解了渔船250艘，其中曾厝垵有183艘，黄厝有67艘。[①] 据村民介绍，拆解后每条渔船政府一次性补贴赔偿47000元，渔网等其他工具另算。对于渔船清退，大部分村民还是比较坦然接受的，“因为那个时候鳗鱼苗数量少、产量低，捕鱼没什么钱了，很多人都不抓了，给我们征用了还好，要是在90年代鳗鱼苗价格好那会儿，要是进行渔船清退可能会打架”（李远，男，70多岁）。

现在偶尔还有一些人会到海里偷偷去抓鱼，大部分都是外省来厦门打工的人士。“现在渔价太好了，曾厝垵村民也有钱买，现在的渔船都是用铁架焊起来，上面垫些泡沫就可以出海打鱼了。”（曾伯，男，69岁）不过，如今出海打鱼风险与之前相比，有很大的差别，“现在这些渔船在打鱼的，都是外地人，外地人比本村人有办法，当地人现在都不敢抓鱼了……以前抓鱼的风险是怕台风，现在的风险是渔政处”（李远，男，70多岁）。

至此，曾厝垵传统的种养、渔业生计在厦门现代化、城市化发展进程中，逐渐退出历史舞台。随着传统生计的落幕，曾厝垵村民传统生产工具也日渐消失。曾伯（男，69岁）提到，“以前家里还有一把镰刀、锄头，用以每年清明节上山扫墓，现在都没有了”。再加上后续曾厝垵旅

---

① http://news.sina.com.cn/s/2006-01-09/08517931322s.shtml.

游发展，村民为了将自家房子整栋出租用以经营家庭旅馆，不断搬家，一些农渔业器具也在搬家过程中逐渐被丢弃。曾厝垵村落旅游发展的今天，只能从村落的一些角落、展厅，或开发的老房子中看到那些代表、象征着村民传统生计的劳作工具，但那些工具、象征物大多是由主人特意从各地搜集摆放出来供游客观赏的，有些与村民实际使用的还是有些差距。如曾厝垵村口的渔船，“是别人从其他地方抬到这里的，那种船是抓不了鱼的，我们当时抓鱼的船更大”（曾本，男，79岁）。

曾厝垵金门大赞院内的农业用具图

旅游生计出现

由于地处厦门经济特区、临近厦门市区，曾厝垵在家庭旅馆业出现之前，就有村民把自家多余房子零租给外来务工人员、附近学校学生和文艺工作者。传统生计丢失后，曾厝垵村民们过了几年苦日子。当时曾厝垵村民陈娥（女，40多岁）就在村里负责环卫工作，“每个月工资600块，工作时间自由，每天扫完就可以走了，并且有交社保”，这份工作在其他村民眼中就算是不错的了。

曾厝垵文青街入口的破旧小木船

曾厝垵福海宫附近的新木船

2010 年，厦门开通动车。曾厝垵村内家庭旅馆数量不断增多，其名气也开始在各大网络平台发酵。依托着先前“雕塑艺术村”所积累的文艺氛围，曾厝垵家庭旅馆业及村落旅游店铺迅猛发展。2011 年，政府在曾厝垵投资建造海鲜坊，更增加了曾厝垵在游客眼中的吸引力。2012 年，曾厝垵年接待游客数量就达200余万人。2013年，游客与2012年相比更是翻了3倍，达到600多万人，而后几年游客数量每年均持续增长。庞大的游客数量带动了村落旅游商业的发展。现在面积0.33平方公里的曾厝垵文创村内就有1600余家商铺，有近5000名旅游从业者，每年接待一千多万名来自五湖四海的游客。村落的旅游发展结束了前几年曾厝垵村民尴尬的生活窘境，为他们带来了新的旅游生计方式。

1. 房租

曾厝垵从一个名不见经传的闽南传统村落，到现在全国知名的旅游文创村的蜕变过程中，当地民宿、客栈业的发展与繁荣起着至关重要的作用。民宿业的发展延长了旅游者在曾厝垵的停留时间，带动了村落旅游餐饮、旅游纪念品等各种特色小店铺的形成，村民纷纷将自家房屋出租给外来商家，或整栋改造成家庭旅馆，或部分拆除形成店铺，用以经营旅游餐饮、特色小店铺等。现在，旅游租金收入是曾厝垵村民重要的家庭经济收入。部分房屋较多的村民，甚至可以凭借着这笔收入过上即使不外出工作，也不愁吃穿的惬意生活。目前绝大部分村民选择将自家房屋出租给外来经营者，用以经营家庭旅馆或旅游商铺；少部分村民选择独自经营。

将房子整栋出租改装成家庭旅馆、商铺，每月收取固定租金是比较普遍的方式。若将房子整栋出租用以经营家庭旅馆，按目前市场行情看，每间房间每月平均租金收入在1500元左右。房子越多、距核心商业区越近、区位越好，则房租收入越高，相应的家庭就越富裕。例如，曾度（男，40多岁）一家共四口人，儿子已上初中。旅游发展前家庭经济来源主要是靠他出海捕鱼及妻子在一个企业当会计所得工资。2011年，他将自家两栋房子共22个房间以每月4万元的价格租给一个福州人经营家庭旅馆。后因家里老人不同意全部出租，遂自留第一层用于自家居住。现在每月的租金收入加上妻子的工资，“一家人日子过得还不错”。两年前，家里再添新丁。现在曾度的职业是“专职奶爸，每天带着儿子到处走走转转”。

再如曾伯（男，69岁）家里有两个女儿，均在市区医院上班。2012年，曾伯以每月租金17000元将自家12间房子租给一个南平人经营家庭旅馆。靠近曾山那边由羊圈改造成的9间比较破旧的房子，也租给到村里务工人员，“加上每月跟老伴有近三千块的社保费”，所以一个月也有两万多元的收入。他“将租金收入分一些给子女，自己留下一点”。将房屋出租后，全家以4000多元的价格租了上李小区的一套房子。在出租屋住了一年多后，妻子感慨还是自己房子住得比较舒服，所以又全部搬回到曾山那边的老房子住。

除了将房屋出租改造成家庭旅馆外，地理位置较好的临街房子通常改造成店铺，而店铺的租金收入相比于家庭旅馆而言更加可观，店铺租金则因所处地段不同而差异巨大。部分店面40平方米月租金就高达2万元，地段更好的十几平方米的空间，月租金就更是高达4万元。“租一栋房还不值一间店面（收益高）。”（蔡姨，女，60岁）村里面“租给别人的话，一个月租金收入十几万的也有，若房子多，每月二三十万，三四十万都有”（曾姨，65岁）。

2. 旅游生意

虽然大部分村民都选择将房子出租，但也有小部分村民主动参与旅游经营，并选择自己经营。选择自己经营的人群主要分为两大类：一类是文化水平程度较低，外出找不到比较好的工作，但又喜欢比较自由、不受限制的生活，如下文的曾哥与云姐；另一类是文化水平程度较高，自己比较有想法，希望能在村落做出一番成就的，如下文的曾峰。除直接参与旅游经营（主要为家庭旅馆经营），部分村民还借地利之便摆设摊点。

曾哥（男，40岁左右）夫妻在曾厝垵中山街自家门口的院子里经营着一家名“曾哥沙茶面”的小吃店，几张桌椅，一块招牌就组成了一间小店。早餐会做些粥、小菜，午餐、晚餐则会有沙茶面、面线糊等闽南当地的特色小吃。“虽然生意谈不上十分红火，但至少有个工作，比到外面给别人打工自由。”

云姐（女，30多岁）于2010年嫁到曾厝垵。旅游业发展前，她曾在“商场当过导购员，也曾在厦大食堂工作，做过很多种工作”；旅游业发展后，她将自家老房子临街的墙拆掉变成20平方米的店面，“若选择出租大概每月有一万五的收入”，但云姐还是选择自留店面经营食杂店，“虽然每个月还不一定能挣到一万五，但我这个人就是闲不住，也不想出去打工，因为不自由，请假还不一定会被批准”。

曾峰（男，40多岁）小时候因家庭比较困难，所以立志要考上大学。1994年他如愿考上福州大学，家里总共有两栋房子。“2010年之前，我在上海待了三年，当时预计到村里会发展，就想着别人都可以租了房子做旅馆，为什么本村人不做呢？我对自己非常有信心，觉得自己一定能做好。”于是在2011年的时候，他就回到了厦门，开始筹划将自家其中一栋只有一层的老房子改装成家庭旅馆；2012年开始往上加盖二三层的房子；2013年又加盖了第四层。通过一番改建装修，原先仅有140余平方米的房子扩大到800多平方米。现在，曾峰在厦门一家外企上班，兼营自家家庭旅馆。

阿川（男，50多岁）是曾厝垵“名人”，在本村中经营海鲜餐馆，生意做得风生水起。现有三家店面，分别为阿川海鲜总店、阿川海鲜珍味馆、阿川海鲜酒楼。阿川海鲜的前身是环岛路一家专门提供泡茶、聊天的店，而后才发展为经营海鲜餐饮。其餐饮经营主要缘于两个契机：一个是因为店主阿川晕船不能出海捕鱼；另一个主要是因为当时自家店铺旁边有一个驾校，周边没有可以吃饭的地方，于是在驾校教练的建议下，阿川开始给学员做海鲜餐饮。1993年，阿川开始经营海鲜大排档，当时的店面只是海边一个简易的铁棚，抓鱼、杀鱼、烹饪都是由阿川夫妻包办。因为现煮现卖，客人越来越多，阿川名气越来越大，餐馆也就由原来的“曾记海鲜大排档”更名为现在的“阿川海鲜”。

2000年左右，政府规定在环岛路靠海一带不准开餐饮店，所有的临时搭盖点全部被拆除。于是，阿川就租了村里人的房子，搬到了现在阿川海鲜总店的位置。当时环岛路海鲜餐饮竞争不大，村里熟人很多，所以生意很好。2011年，政府投资兴建曾厝垵海鲜坊时，阿川通过投标租赁了海鲜坊2号楼，新开了阿川海鲜大酒楼，随后又租用了本村人的房子在渔桥附近开了另一家分店，即阿川海鲜珍味馆。据阿华（男，20多岁，阿川儿子）介绍，“三个店客户群体不一样，总店客户主要是自主消费的游客、本地市民、家庭聚餐等，是比较传统的闽南排档，以蒸、煮、炒、炸为主；珍味馆给人闽南古厝的感觉，红砖绿瓦，依山而建，风景会比较好一点；酒楼是商务接待、聚会、小型婚宴、会展游客等，菜品比较丰富，有闽粤川菜”。

村里大部分的家庭聚餐都会到阿川海鲜。村落旅游发展后，曾氏宗族、老人协会、宫庙理事会等各组织有了一些公共收入，每年也都会在阿川酒楼宴请村里的族人、老人。目前店内的经营管理主要由阿华负责，虽然生意还算可以，但其经营也面临着一些困境。主要有以下几个方面：首先，在同行竞争方面，曾厝垵海鲜餐饮市场经政府规划后，海鲜餐饮店铺数量增多且比较集中，各家店铺之间的竞争力相比之前更大，阿华就坦言“生意与之前相比并没有更好做”；其次，在消费群体方面，虽然在村落旅游发展后，游客数量大幅提升，但因曾厝垵游客群体大多为文艺青年、驴友、大学生等，消费水平不高，一般很少进来消费，“他们觉得这种（外观很高档的）店（很贵），不会进来，店里现在的客人基本上见不到年轻人，基本上是老客户，都是接待的、家庭聚餐的”；最后，在经营的人力成本方面，曾厝垵旅游火了之后，带动了村落的房价，店内员工的工资、租用员工宿舍的租金每年都在上涨，以前还有一些村里人到店里干活，“以四五十岁的妇女为主，特别是地被征、船被收后，杀鱼的、厨房的都是本村人。旅游发展后生活条件优越，大家都辞退了不做了，回家看孙子，现在店里的员工没有一个是本村人”。阿华希望能够通过自己努力，使阿川海鲜走向更正规化的道路，目前仍在摸索管理经营方式，在宣传方式上也希望能够通过网络营销，进一步扩大阿川海鲜的品牌影响力。

生　业

旅游业

（一）曾厝垵旅游发展概述

曾厝垵社位于厦门岛南部，现隶属于厦门市思明区滨海街道办曾厝垵社区，是社区下辖的七个自然村[①]之一，面积约0.33平方公里，现有村民约460余户，三个村民小组，共计1600人左右，村落中以曾姓族人为主。曾厝垵原名“曾处安”，据《曾厝垵创垂堂曾氏谱系并光绰公入闽事实》记载，曾厝垵曾氏始祖曾光绰“别常熟县随宋端宗入闽，至景炎元年避居于同安县厦门嘉禾里廿二都曾处安乡，以曾氏处此安故名，原名高浦村又名禾浦号龙湾鹭江志所谓曾家澳是也”。另外，村内拥湖宫石碑上也记载着相关历史信息，“宫原建自元代，系曾家始祖曾光绰因兵乱，率亲族由江苏常熟县到此避难而定居，初名曾处安”。从上述可见，“曾厝垵”即由“曾处安”演化而来。“厝”在闽南地区即为房子的意思，距曾氏始祖曾光绰到此定居算起，这个村落至少已有七百余年的历史。曾厝垵在历史上曾是厦门重要的港口之一，《清·道光志》就记载着曾厝垵“沙地宽平、湾澳稍稳、可避北风”的港口区位特点。在明清时期，福建漳州月港一带的商船如需开往海外，就必须要到厦门进行查验，而候讯期间曾厝垵就作为商船的停靠地点，供船只在此避风。由于曾厝垵有着优良的港口区位，现村里老辈人之上辈大多都有出洋经历，造就20世纪初期村落那段繁荣的华侨历史。因此，曾厝垵亦是厦门著名侨村之一。

20世纪90年代末，一大批雕塑艺术家在村落中成立工作室，村落积累了第一股人文气息；2004年左右，曾厝垵第一家民宿出现；2010年左右，曾厝垵逐渐在网上火了起来，村落旅游业开始自发形成并呈现不断发展之势；2011年，政府在曾厝垵投资建设了海鲜坊；2012年，曾厝垵在“美丽厦门，共同缔造”的背景下，被政府列为改革试点，将其定位为“文创休闲渔村”，并相继成立曾厝垵业主协会、曾厝垵文化创业者协会（以下简称“文创会”）。之后，曾厝垵旅游业发展的脚步逐渐加快，仅2012年一年就接待了200多万的游客，到2013年，村落年接待游客数量就增长到600余万；2014年游客数量更是首次突破了1000万人次。近年来，曾厝垵旅游人数继续保持增长态势。在一些节假日里，曾厝垵旅游接待量甚至远超厦门市著名旅游景点鼓浪屿。现在的曾厝垵已经成为厦门除

① 七个自然村分别为：曾厝垵社、仓里社、前田社、西边社、上李社、东宅社、前后厝社。

鼓浪屿之外第二张烫金的“名片”，目前曾厝垵共有5000多名外来文创青年，经营着1600余家店铺。截至2017年12月，面积仅0.33平方公里的曾厝垵文创村，仅家庭旅馆数量就高达400家。[①]

（二）曾厝垵旅游发展历程

1. 新中国成立初期：从安静渔村到军事禁区

曾厝垵地理位置十分独特，据《鹭江志》记载，曾厝垵“在厦门尽南，西扼海门，南对太武，东制二担、浯屿之冲，沙地宽平，湾澳稍稳，可驻大军”。因此，在历史上一些时期，曾厝垵曾作为军事战略要塞而备受重视。如在明朝厦门城建立以后，曾厝垵就成为城南的军事要点；清朝时期，曾厝垵就有水军驻守；到了中华民国时期，国民党更是在此处设立了海军航空处，并修建海军飞机场。新中国成立不久后，由于台海两岸的对峙，曾厝垵由一个普通的沿海渔村变成战争的前沿阵地。1958年金门炮战时，村口、村后山都布置着大炮。20世纪50年代初到70年代末，曾厝垵作为海防军事前线管理十分森严，进出都需要有通行证，探亲访友更需要有村里亲戚到检查口认领。在田野访谈期间，常听村里老人们回忆那段历史。

1958年炮击金门，自己小时候家里的房子（十几间房子）被当时国民党的炮打没了。本村的人叫我们搬去他那里暂住，才两个房子，不到二十平方米，当时才嫁两个姐姐，家里还有六个孩子，我后面还有两个弟弟，最小也才四五岁。1960年父亲就不在了，借别人房子住了差不多有十年。（曾伯，男，69岁）

1958年我才八岁，看到炮打过来打到河里面，很好看，就跟电影里演的一样，水柱冲得很高。村里十几岁、二十岁的那种（青年），就跟着炮弹跑，（炮弹）打完的时候就去捡炮弹皮来卖，那时候炮弹皮很值钱。（李伯，男，67岁）

① 数据来源：曾厝垵文创会统计资料。

2. 改革开放初期：城郊农村

曾厝垵由于靠山面海，地理位置偏离厦门市中心，早年一直以城市郊区农村的形象而存在，村民们主要以耕种、养殖、打鱼为生。厦门经济特区成立后，城市化发展脚步逐渐加快，位于城市郊区的曾厝垵也面临着诸多困境。

在耕种方面，早在20世纪60年代，曾厝垵就是厦门地方国营思明农场的所在地，当时三个生产队的土地就有一千余亩。80年代，国家分田到户后，曾厝垵村民平均一人分到四分地。依靠着这几分薄地，村民在自家田地上种植粮食等经济作物，为厦门市区提供每日三餐所需的新鲜瓜果蔬菜，曾厝垵也成为思明区的蔬菜种植基地。[①] 但自有耕地的日子并没有持续几年，随着厦门城市扩张的需要，村民手中的田地就因城市规划、基础建设等用途被政府一批一批地征用。1998年，曾厝垵就被征用了10.14公顷的耕地，占村落总耕地面积的26%。[②] 一些政府机关也在这个时期相继落地曾厝垵，如思明区人民检察院等。随着城市发展速度，曾厝垵耕地已在逐渐消失。

在养殖方面，主要是在自己家里养些猪、鸡、鸭等牲口，鸡、鸭主要是在自家零星养几只，但是养猪却是有比较大的规模。据统计，到了2001年，曾厝垵村民所养的猪就有近千头，当时市值四百多万元。但在2002年3月，厦门市人民政府出于“防治水体污染、保护和改善生态环境、保护民众身体健康，决定在全市范围内开展畜禽养殖污染整治工作”，出台了相关政策[③]，将厦门市一些区域划定为“畜禽养殖禁养区”，曾厝垵就在此禁养区内，因此村民们的养殖生计也逐渐落下帷幕。

在渔业方面，早在人民公社时期，曾厝垵三个生产队中就专门设立了一个渔业队。20世纪80年代末90年代初，因日本大力发展鳗鱼业，高价从我国收购鳗鱼苗，于是曾厝垵村民们在经济利益的推动下，全村兴起抓鳗鱼。像李伯（男，67岁）从十二三岁起参加生产队种地，二十几岁当起

① http：//zengcuoan. shequ. org. cn/1184827/20120321/665979. html.

② 潘峰：《曾厝垵村城市化调查报告》，《厦门科技》2003年第4期。

③ 厦府〔2002〕45号《厦门市人民政府关于开展畜禽养殖污染整治工作的通告》，http：//www. xm. gov. cn/ – zwgk/flfg/sfwj/200809/t20080911_ 277148. htm。

了水泥工，盖了十几年的房子，直至1986年，“做泥水不好做了，我们原来公司倒闭了，我跑去抓鱼，那个时候抓鳗鱼苗很好赚，那个鳗鱼苗差不多像牙签这么小，先前一条是一块多钱，后来卖到一条十七八块，那个时候是1993年、1994年的时候，一只小鳗鱼价格就十几块左右，价格太高了”。“我在海上工作四十年了，当时我们每家每户都有船，我们经济效益很高的，那个时候，80年代，90年代，一条船两个人一年收入十几万。”（曾兴，60多岁）20世纪初期，鳗鱼苗需求开始下降，政府为了“厦金”航线发展的需要，也开始出台了相关政策禁止出海捕捞，于是在市场及政府的双重作用下，曾厝垵渔业也逐渐退出了历史舞台。

可见厦门城市发展、扩张的需要带走了村民赖以生存的田地与大海，农民、渔民身份的丢失，使曾厝垵的村民们陷入生计困境。曾度（男，40多岁）回忆起那段日子，提道：“我之前是在抓鱼，但是政府不让抓鱼之后，差不多有四五年的时间都快要当乞丐了，那种扫马路的（工作）都要走关系抢着做。”李伯（男，67岁）在田野访谈期间也对曾厝垵城郊农村的困境做了一段总结：“原来我们这边一个人有四分半的土地，多多少少种点大米、地瓜，但是后来土地都给我们征用完了。没有土地了那还有近海，我们就到海边抓鱼，还可以生活。慢慢地因为海那边变成港口码头，于是又不能抓鱼了。渔船只赔给我们一点钱，（政府）就把我们渔船打破掉，就这样完了。后面山又封起来，山里一棵树，一棵草都不能去动，也不能上山去养猪养鸡，本来（山）下面没有土地可以到山上去养啊，山上土地还那么多，他（政府）说岛内禁止养这个牲口，又不行，你说要让我们怎么办？打工？45岁以上又不行。像我们这种一年又一年老了的，失去劳动能力的，怎么办？没有办法了，不是等死吗？”从村民的抱怨中，可以看出在那几年，村民们的生活普遍过得不如意。

3. 旅游发展前夕：“雕塑艺术村”

曾厝垵农业、渔业生计虽然在城市化发展的浪潮中落下帷幕，但是辛勤的村民们依靠着前阶段劳动的积累，已将自家的石头房推倒，村里几乎家家户户都盖起了新楼房，正是这些新楼房的出现，拉开了曾厝垵旅游发展的第一篇章，即“雕塑艺术村”的出现。

其实早在厦门城市发展、建设初期，曾厝垵村民们已经开始将自家空余的房子零租给外来打工的人员了，“那些人都是打零工的，如盖房子的、做装卸之类的，那个时候一间一百块、一百五，打工的住不起贵的房子”（李伯，男，67 岁）。20 世纪 90 年代后，厦门市开始规划修建环岛路，1998 年，厦大白城到黄厝路段的环岛路段竣工，正是在这时，曾厝垵迎来了从“城市郊区”蜕变成为“雕塑艺术村”的契机，慢慢吸引了最早一批文创工作者入驻，并成立了相应的工作室。

“雕塑艺术村”的出现离不开以下几个方面的支持：（1）交通环境方面，环岛路的开通使曾厝垵交通条件得到了极大的改善，村落可进入性增强，李伯口中那个“偏僻、有着坑坑洼洼土路、的士都不愿意载客来”的曾厝垵已经一去不复返了；（2）经济生活方面，曾厝垵早期城中村的定位决定了当地的房租、生活消费水平与市中心相比而言并不高；（3）地理区位方面，对于文创工作者而言，都市的喧闹并不适合艺术创作，而偏远的农村又缺乏生活所必需，于是曾厝垵这个城市与农村的交界地带成为艺术创作的最佳地点；（4）文化氛围方面，曾厝垵与厦门大学相邻，早期常有一些厦大学子到村中租房，特别是厦大艺术学院的学生、老师，常常在曾厝垵租下整栋房子或作为画室，或办起艺术培训课程等，此举更是给曾厝垵增添了不少的人文艺术气息；（5）雕塑艺术创作方面，所需的工具材料多，因此需要的空间场地也大，另外，玻璃钢、颜料等制作材料会发出难闻气味，早期一些毕业于福建工艺美校的学生，因在鼓浪屿上成立雕塑工作室而逐渐被房东嫌弃，怕其弄坏屋子，遂纷纷外迁。曾厝垵纯净的乡土氛围，宽松自在的环境则成为这些雕塑艺术家的不二之选。

在这批最早入驻曾厝垵的文创者中，比较有代表性的是现今的职业雕塑艺术家陈文令。早在 1998 年曾厝垵环岛路段刚刚竣工的时候，他就搬进曾厝垵，由于这里靠近大海，视野开阔，虽然在农村，但是距离市区又不远，可以在创造过程中随时进入、抽离，曾厝垵良好的自然环境、优越的地理区位以及村民时刻的热情给了他无限的创作灵感。[①] 截至 2003 年年

① http：//news. sina. com. cn/o/2003 - 11 - 05/14071062301s. shtml，2017 年 12 月 13 日。

底，曾厝垵聚集了将近20家的雕塑工作室和一大批雕塑艺术家，除此之外，还有默默无闻的画家、电影创作实践者、音乐人等①。早期的艺术气息为曾厝垵后续的旅游发展提供了载体，促使曾厝垵开始走在“文艺渔村”的道路上。

4. 旅游发展初见端倪：“家庭旅馆村”

曾厝垵的艺术气息慢慢地吸引了来自天南地北的一些驴友，他们逐渐被这个沿海小渔村所吸引，于是，一些人就在这里停下了脚步，经营起民宿客栈。据曾度（男，40多岁）介绍：“曾厝垵第一家客栈是梦旅人，是一个主题客栈，他属于搞音乐的。刚开始客栈只是他的副业，搞音乐的人有时候不想回去，或者从比较远的地方过来，不方便回去，就会在客栈住下。”可见，曾厝垵家庭旅馆出现的初衷并不是由于村落旅游的发展。“梦旅人”最初的顾客也只是一些音乐爱好追随者，因不方便来回奔波遂留宿村落。2006年开始，厦门民宿业开始在鼓浪屿上出现萌芽，曾厝垵也在它的影响下开始出现几家以游客为目标顾客的客栈，但跟鼓浪屿相比还是少数。

随着厦门市旅游发展速度地不断加快，曾厝垵村里的家庭旅馆数量不断增加，其增加的原因主要是来自鼓浪屿岛上家庭旅馆的溢出、示范效应。来厦游客逐年增多，鼓浪屿岛上的游客天天人满为患。对于商家而言，随游客人数上涨的还有他们的经营成本；对于游客而言，则面临景区拥挤、食宿费用高等问题。于是，与鼓浪屿仅一海之隔的环岛路各个村庄成为鼓浪屿家庭旅馆的外溢点。

曾厝垵村也在这个时候开始进入游客、商家的视野，它以毗邻厦门大学、胡里山、南普陀等著名景点的区位优势；三面环山，一面向海的自然风光；与鼓浪屿相似的文化艺术气息，但相比鼓浪屿而言较低的物价水平，开始吸引了民宿投资人及游客的到来。正如洪海（男，60多岁）所言：“我们这边地理位置好，没有工业，没有污染，海岸线还很长。很多人冲着鼓浪屿来厦门，到鼓浪屿住，没有那么多地方，还那么贵，就来曾

① 詹文：《记者深入曾厝垵，解密昔日渔村的“发家”路径》，台海网，2012年7月20日，http：//www. taihainet. com/news/xmnews/gqbd/2012 - 07 - 20/886692_ 3. html，2017年12月13日。

厝垵，很便宜，交通还很方便。”

游客的到来打破了艺术创作所需要的清净，更是抬高了房租租金，于是，村落的雕塑工作室逐渐搬出，“雕塑艺术村”也渐渐淡出曾厝垵的历史舞台，“家庭旅馆村”随即开始登场。村落从最开始仅有的2家家庭旅馆，到2006年的10多家，2008年则增加至40多家。[①] 入驻村落的家庭旅馆并没有独自生长，而是与早期村落艺术气息进行结合，因而，曾厝垵的民宿都各有主题，装修风格文艺清新，独具特色。

5. 旅游发展高速成长期：文创休闲渔村

家庭旅馆的聚集带来了大批的游客；游客的到来又促使曾厝垵旅游商业不断发展。在2010年厦门开通动车、互联网营销兴起的背景下，曾厝垵在网上逐渐积累了名气。2011年，厦门市政府决定在“原曾厝垵鱼市场的基础上重新规划改造”，投资建设曾厝垵海鲜坊项目，该“项目用地面积6936平方米，建筑将分为7个大的餐饮经营单元，其中餐饮总建筑面积约3963平方米（包含厨房），商铺总建筑面积约656平方米”[②]。同年6月，曾厝垵海鲜坊建成。在村落家庭旅馆集聚、交通环境条件改善、营销方式创新、海鲜坊建成等多方因素的影响下，曾厝垵旅游业终于走上了高速发展的道路，游客出现爆发式增长，各色摊位、店铺、民宿客栈也如雨后春笋般涌现在这个曾经安静的小渔村。

游客、商家的到来虽然促使曾厝垵旅游业自发形成并逐渐发展，但村落旅游发展后，一些问题、矛盾也随之不断出现：（1）曾厝垵是个城中村，公共基础设施十分薄弱，家庭旅馆的入驻、旅游商铺的开张、游客的涌入，使村落中原先仅供1600余人的水电系统不堪重负。一到夏天，各个旅馆房间开空调时，跳闸现象时有发生。（2）游客的大量涌入导致了村里垃圾处理成为难事，在曾厝垵这个寸土寸金的村落，垃圾桶根本无地摆放，只能靠垃圾车在村里走街串巷回收垃圾，这一切导致村里公共卫生环境方面不容乐观。（3）村内公共厕所数量少，游客往往找不到厕所。（4）村落旅游发展是自发形成的，缺乏一定的整体规划。村民们眼看着村

① http：//news. sina. com. cn/c/2014－03－11/081029677712. shtml.

② http：//www. siming. gov. cn/rdzt/qqfc/201101/t20110117_ 36654. htm.

落旅游发展形势大好，在旅游经济利益的推动下，违章搭建现象屡见不鲜，空间布局更是杂乱无章。（5）村落旅游商业发展的火爆使村民与外来经营者就房屋租金问题纠纷不断，村民、房东认为早一两年签下的合约亏了，于是千方百计涨房租，公然撕毁合约、堵门等现象时有发生，甚至双方直接对簿公堂。（6）曾厝垵市场秩序混乱，缺乏有力的监管。商家在高额租金的压力下，欺客、宰客现象时有发生，曾厝垵旅游品牌遭受破坏。上述一系列现象所导致的问题已经制约了当地旅游业的发展，为了维护曾厝垵旅游业持续健康发展，政府、村民业主、商家等多方主体都开展了一些行动。

首先，在政府方面，出台了一些相应的政策并对曾厝垵进行了一系列的整改。2012 年，政府将曾厝垵定位为集文化创意与休闲旅游为一体的"闽台文化创意休闲渔村"，曾厝垵文创村正式闪亮登场。2013 年，厦门市政府更是将曾厝垵作为"美丽厦门战略"城中村改造的重要试点，投资数千万元对曾厝垵"五街十八巷"改造计划进行立项，改造涉及村道"砖面铺设、雨污分流、管线落地、电力扩容、拥湖宫戏台广场改造、公共警务室、公用厕所、路牌监控等建设"[①]，通过这一系列改造，村落整体环境、基础设施得到了很大的改善。2014 年，政府开始筹建将村口与大海连接的天桥（又称"渔桥"），并于 2015 年 1 月投入使用。

其次，在村民业主方面，面对着曾厝垵出现的一系列困境、问题，当地的村民是看在眼里、急在心里，特别是一些村落精英，他们在日常的喝茶、聊天中也常在反思曾厝垵的旅游发展问题，共同探讨着村落旅游未来健康发展的出路。大家逐渐达成共识，希望村落里能够成立一个自己的组织，以引导业主、商家合理租房、做生意，共同维护、促进村落旅游发展。村民的想法与当时厦门市政府所提倡的"美丽厦门共同缔造"理念不谋而合，于是，在滨海街道办的支持下，曾厝垵社区居委会的组织下，曾厝垵文创村业主协会于 2012 年 6 月成立，协会成员共有 9 名，下设治安巡逻队、义务消防队等机构。这些机构成员均由曾厝垵村民担任，主要负责

① http://news.sunnews.cn/dzb/hxcb/html/2013-05/30/content_465183.htm.

协调、处理业主与商家的矛盾纠纷，对占道经营的店家、流动摊贩进行劝导，对村内违章搭建的行为进行劝阻等。

最后，在曾厝垵外来经营者方面，随着曾厝垵业主协会的成立，经营者们也迫切想要成立一个组织以维护他们的权益。其实在最早的时候，一些经营者之间就共同组建了一个青年创业协会，主要用于平时信息的沟通交流。2012 年曾厝垵首个“文青节”拉开帷幕，青年创业协会积极参与，并在这其中发挥了重要作用。经过这次活动，政府看到了青年创业协会聚集商户、策划活动的力量，认为如果能够成立一个类似于业主协会的组织用以管理商户，也是一个不错的选择。于是，在街道办的同意下，以经营者、商家为代表的自治组织曾厝垵文创会也于 2013 年 7 月正式挂牌成立，协会下设市场运营中心、文化创意中心、游客服务中心。在政府、曾厝垵村民业主、曾厝垵外来经营者的共同努力下，曾厝垵多元协商共治体系得以形成（见下图），至此文创休闲渔村的旅游发展逐渐走上了正轨。

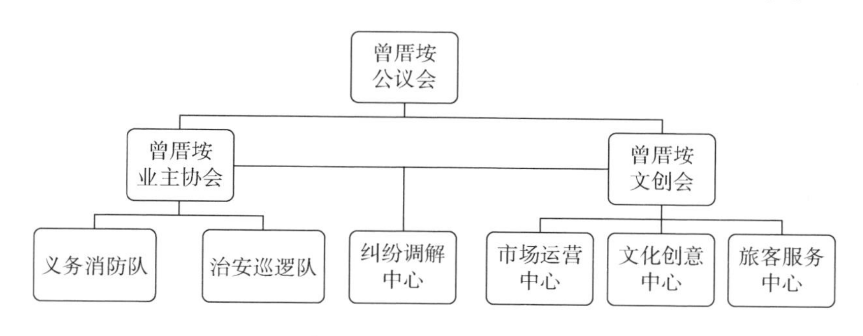

曾厝垵多元协商自治体系

（三）曾厝垵的旅游景观

旅游景观具有域、象、色、质四个基本要素，分别指：具有一定的空间范围即景观域，具有吸引游客的形体形态即景象，具有吸引力的色彩色调即景色，具有一定旅游功能、价值、效应，能够为游客感官所体验的物质实体即景物。[①] 借用旅游资源的两分法，曾厝垵旅游景观又可分为自然

① 杨世瑜：《旅游景观学》，南开大学出版社 2008 年版，第 9 页。

景观和人文景观。[①]

1. 自然旅游景观

（1）滨海景观

厦门作为我国东南地区的沿海城市，一直以来都有“海在城中，城在海中”的赞誉，滨海自然风光是厦门成为全国知名旅游城市的一大助力。据《厦门市地方志》记载，厦门岛周边海域面积达到1000平方公里，可分为厦门西部海域、同安湾海域、厦门岛东侧海域和大嶝海域4个部分。[②]曾厝垵地处沙滩资源丰富的厦门岛东侧海域沿岸，距村口不到百米即是一片细沙造就的沙滩，广袤的蓝色大海、松软的金色沙滩、环岛路两侧的绿树红花与远处行驶的货运轮船一起，共同构成了曾厝垵秀丽的滨海景观。

（2）山地景观

曾厝垵不仅面向大海，而且背靠曾山，曾山海拔高度175米，植被茂密，站在山顶可俯瞰远处大海。历史上曾山一直作为曾厝垵村民栽种果林、安葬先祖的所在。厦门市区禁养牲畜时，曾厝垵的一些村民还曾偷偷跑到曾山上去饲养家禽。在特殊的历史时期，如抗日战争、58金门炮战阶段，曾山的大小山洞则作为曾厝垵村民的避难所。据村里老人介绍，山上还遗留着一些战争年代的碉堡。现在政府正在曾山上修建一条由水泥台阶组成的健身路道，供村民日常健身锻炼、游客观光游览之用。

2. 人文旅游景观

（1）物质人文景观

传统民居建筑。由于曾厝垵地处闽南沿海地区，拥有着独特的侨乡文化，因此历史上村落房屋建筑除闽南传统的红砖古厝外，还有一些南洋华侨所建的小洋楼，当地人又称为“番仔楼”。1938年5月，日军从厦门五通码头登陆并侵占厦门岛，曾厝垵村落也不可避免地遭到了日军的扫荡，“日本鬼子一进村就开始到处搜查，见到人就杀，见好房子就烧，见好东

① 江金波：《旅游景观与旅游发展》，华南理工大学出版社2007年版，第19页。

② http：//www. fzb. xm. gov. cn/dqsjk/xmsz/xmsz/.

西就抢，甚至连鸡鸭都不放过，真是烧杀抢掠，无恶不作”①。华侨所建的小洋楼更是成为日军首要的攻击对象，当地一些较好的房屋建筑大多在抗战时期遭到毁坏。华侨所建的小洋楼、村民早期居住的瓦房等早已随着抗日战争及现代化发展消失在历史长河中，目前仅剩零星的几栋传统闽南民居建筑。村落旅游发展后，这些独具地方特色的民居建筑经不同主体开发，已发展成为村内的旅游景点，每天到访的游客络绎不绝。根据经营、生产主体的不同，可将传统民居旅游景观分为三类，分别为村民开发经营的、村民将房屋转租由外来商家经营的、村民将房屋转租由政府规划安排的。这些传统古厝大多在村落旅游发展后进行了修缮，或与现代文艺结合形成特色店铺，或在挖掘古厝文化价值后成为向游客展示村落历史文化的窗口。无论以何种形式存在，这些传统闽南民居建筑都成为游客眼中“文创休闲渔村”中“渔村”的代表景观，受到他们的喜爱。

表 7　　曾厝垵物质人文景观

经营与生产主体	旅游景观	相关介绍
村民开发 村民经营	金门大赞	金门蔡府始建于1822年清道光年间，后来一直由明朝兵部尚书蔡复后代子孙所居住。该古厝位于曾厝垵社260号，占地1188平方米，历经抗日战争、解放战争等，大厝主体仍然保存完好。村落旅游发展后，金门蔡氏第32世孙阿蔡少爷于2013年8月回到曾厝垵，对古厝进行了修复；2014年1月金门大赞开始营业。最初打算利用三年时间将金门大赞分为三期进行规划建设，一期以集休闲、咖啡、酒吧、餐饮、电视拍摄、民宿等于一体的文化休闲会所为主；二、三期则重点主推“曾厝垵渔村文化馆”。但就目前的经营状况来看，金门大赞仍停留在一期的文化会所阶段，主要招待游客吃饭、泡茶并承办一些宴会，平时对游客免费开放
村民转租 外来经营	囍堂	囍堂位于曾厝垵社268号，已有两百余年的历史，是曾厝垵村内为数不多的几栋闽南古厝之一，外墙以红砖为主。该古厝为两兄弟所有，大哥分得前面的平房古厝，弟弟分得后面小楼房。村落旅游发展后，兄弟俩在2013年将前后两个院楼一并租给商家经营民宿
	aTU 胶片摄影	aTU胶片摄影位于曾厝垵社267号的一座闽南古厝内，是一个摄影工作室

① 政协厦门市思明区委员会：《思明文史资料》（第五辑），2009年，第167页。

续表

经营与生产主体	旅游景观	相关介绍
村民转租 外来经营	曾厝垵闽 台文化馆	位于曾厝垵社 260－1 号的古厝内，占地 269.9 平方米的曾厝垵闽台文化馆建于 2014 年，“项目首期投入资金约 50 万元，全部由曾厝垵经营者联合党支部的三位党员出资，按照高标准进行建设后，再申请思明区‘以奖代补’政策进行补助”[①]。场馆最初由闽台文化展厅、曾文青茶馆、见面私房面馆和晴天见吧四个部分组成。现作为曾厝垵经营者联合党支部所在地，同时经营着一家名为“大冰的小屋”的酒吧
村民转租 政府经营	渔村 时光空间	曾厝垵渔村时光空间又被称为曾厝垵村史馆，位于曾厝垵最繁华的街道国办街 183 号，是在始建于光绪三年闽南古厝基础上翻新修整而成的。村史馆内设有展馆，分别展示着能体现曾厝垵村落的民间信仰、华侨文化、渔村风情的物品、器件，偶尔举办小型展会。[②]现周一至周六免费开放供游客参观

古厝——曾厝垵社 267 号

民间信仰建筑。曾厝垵村落有着多元的信仰，涉及道教、佛教、基督教等，除此之外，还有中国传统的祖先崇拜信仰，因此村落中散布着许多大大小小的宫庙及少部分的祠堂宗庙。村落旅游发展后，这些民间信仰建

① http：//news.163.com/14/1011/08/A88TJ19G00014AEE.html.

② http：//m.taihainet.com/news/xmnews/shms/2018－04－04/2118763.html，2018 年 4 月，老厦门影像展在曾厝垵文创村村史馆亮相。

古厝——曾厝垵社 268 号

筑因风格独具特色，已成为曾厝垵文化旅游景观中不可或缺的一部分。

表 8　　曾厝垵民间信仰建筑景观

民间信仰	宫庙、祠堂建筑	相关介绍
道教	福海宫	福海宫位于曾厝垵村口环岛路旁，庙始建于明洪武二十五年，距今已有 620 余年。历史上福海宫曾经历 4 次重修，最近一次是在 2003 年。宫庙背山面海，占地面积约 400 平方米，内墙上绘有《二十四孝子图》以及各种神像，现殿内供奉着武烈尊侯、保生大帝、注生娘娘、大圣爷等诸神
	拥湖宫	拥湖宫位于曾厝垵主街国办街入口处，与福海宫相反，拥湖宫背海面山。据拥湖宫内石碑记载，“宫原建自元代”，供奉保生大帝和妈祖娘娘，明、清两代曾数次重修。解放战争后期，厦门岛上的国民党军队为抵御进攻，将宫庙建筑横梁、木材强行拆走用于建造工事防御，庙宇遂倒塌，直至 2001 年 5 月，由村内及海外华侨信众集资得以重建
	太清宫	太清宫位于曾厝垵曾山上，宫庙在清朝初年由信女林雪英始建，后世事动乱，宫庙遭到毁坏。现有的庙宇是在 1990 年由林明霞道长在旧址上所重建，占地面积 8000 多平方米。殿内主要供奉道德天尊即太上老君、玉皇大帝，道观后方的山上有许多摩崖石刻

续表

民间信仰	宫庙、祠堂建筑	相关介绍
圣妈信仰	圣妈宫	圣妈宫位于曾厝垵村口渔桥一侧，起源并没有明确的记载，相传已有三百余年的历史，宫庙在“文化大革命”期间遭到破坏。1978年在本地村民及海外信众的集资下得以重建，重建后的宫庙分别在1988年、1990年、2005年进行了三次修缮。现宫庙由正堂、戏台、山门等构成，占地约450平方米。在2005年新建牌门山楼的石碑中记载：“2005年重建后，初具规模更显得雄伟壮观，为使其基础建设更臻完善也更为我市增添一亮丽旅游景点。”
佛教	启明寺	启明寺位于曾厝垵社405号，是曾厝垵佛教信仰的代表。《厦门市志（民国）》记载，寺庙建于清朝乾隆年间，尔后由曾厝垵村民多次加以修缮。现寺庙由大雄宝殿、观音殿、弥陀殿等组成，占地面积共约16000平方米，寺内有国内最高的室内阿弥陀佛，于2003年由中国台湾制造。同时，启明寺里还有一些历史文物古迹，如寺里至今保存着清朝同治、光绪年间重修寺庙的两段碑文石刻等
基督教	基督教堂	曾厝垵基督教堂位于曾厝垵社298号。1926年传道士蔡振勋在曾厝垵建立了曾厝垵礼拜堂，现有的基督教堂即在原址上于2006年修建。2012年12月，教堂庭院内建造一个由蔡振勋先生为曾厝垵教堂写的纪念碑铭。曾厝垵旅游发展后，村路街道进行了重新命名，基督教堂所处的街道因而被命名为“教堂街”。
祖先崇拜	创垂堂	“创垂堂”位于曾厝垵文创村文青街与教堂街的交汇处，是曾厝垵当地大姓曾氏的祠堂。原祠堂于1938年抗日战争中被日本人所烧毁，后因历史等原因一直未重新建造。1992年，在曾氏老一辈族人的号召下，由海内外族人集资了30余万元，曾氏宗祠才在原址上进行重建。2004年，曾氏祠堂内部再次进行装修，装修后的祠堂金碧辉煌，独具地方特色。2009年村落旅游发展初期，曾氏宗族就将祠堂出租用以经营咖啡馆；2014年租约到期后族人将祠堂收回，现免费开放供游客参观
	光裕堂	“光裕堂”位于文青街，是曾厝垵李氏族人所修建的祠堂。据《光裕堂重修碑记》记载，“港口光裕堂是拾壹世祖为经公，于公元1677年，派宗亲回乡修建”。抗战时期李氏宗祠后堂遭遇日军焚毁，“仅存前厅在风雨中挺立半个多世纪”。2011年，在李氏宗长的倡议下，历时两年重建宗祠

目前，村内大小宫庙、祠堂均成为旅游热点。宫庙方面，因圣妈宫、福海宫、拥湖宫这几个宫庙均位于村口，交通方便，参观的游客数量最多，往来游客也大多会进门朝拜、添点香油。宗庙祠堂方面，曾氏祠堂在

客流量及旅游收入方面都远超李氏祠堂，地理位置的差异是其主要原因。虽然两祠堂相距不过百米，但由于曾氏祠堂地处三岔路口处，地理位置优越，所以客流量很大。曾氏族人将祠堂空地加以利用改建成旅游店面、摊位，更是吸引了很多游客停留、驻足。祠堂旅游商业的发展为曾氏族人带来了每年两百余万元的收入。而李氏祠堂地理位置较偏，旅游商业尚未发展，加上祠堂每日开门时间不固定，游客量比较少。另外，在村落旅游发展初期，因曾氏祠堂曾出租用于经营咖啡厅，网络营销十分成功，所以曾氏宗祠在网上也早已被游客所知，一些年轻的游客拿着旅游盖章本慕名而来。为此，曾氏宗族理事会还专门去刻了一个“曾氏宗祠旅游专用章”。

渔桥。上述所列大多反映曾厝垵曾是厦门市城郊农村的村落文化景观，在经村庄旅游发展后，成为游客眼中的旅游吸引物。村落中关于“渔”村文化的物质景观较少，少部分可以从村史馆的展厅中所观看，但是最直观、最具代表性的则数位于村口连接村落与沙滩的渔桥。曾厝垵渔桥被誉为“最文艺的天桥”，全长83.13米，共有28级人行踏步，其建造灵感来源于曾厝垵渔村的历史，整个天桥既似鱼骨骨架又似正在建造中的渔船。渔桥的出现解决了游客、村民跨过环岛路到达海边的安全问题，也成为游客眼中的“渔”村旅游景观之一。

（2）非物质文化景观

民间信仰、仪式景观。由于曾厝垵村民大部分信仰保生大帝、妈祖、圣妈，每月的初一、十五，居住在村里及少部分居住在外的村民都会到曾厝垵各个宫庙进行祈神活动。这些村落民间信仰仪式、活动成为游客眼中独具地方特色的文化景观。如每年农历的八月初二是圣妈寿诞，这一天曾厝垵村民及厦门其他地区，甚至一些海外华侨都会齐聚在曾厝垵圣妈宫，共同朝拜圣妈娘娘。据村民介绍，每年圣妈寿诞，圣妈宫就会人山人海，香火旺盛缭绕于宫内，是村内民间信仰的一大盛况。福海宫的武烈尊侯每年正月初一会由村内信众抬着到村内进行出巡，农历三月宫庙理事会还会举行请火仪式。[1] 每年这些仪式的举行都会吸引许多游客尾随其后。

① 请火仪式又称为请香、进香，是由村落中的主神向更高级别的神明朝拜的仪式，祈求神明能够保佑村内信众阖家平安的仪式。

芗剧表演。每年各宫庙神明的寿诞时节，村民都会在宫庙前面的戏台安排芗剧表演。芗剧在闽南地区又被称为歌仔戏，是起源于福建漳州一带的戏目剧种。以曾厝垵圣妈宫为例，每年从农历八月初二的圣妈宫庙会时就开始进行芗剧表演，一直持续到农历十一月，平均每年演八十余场芗剧，每天一场，“可以从夏天看到冬天”。村落旅游发展前，芗剧的观看人群主要是当地的一些中老年人以及小孩，村落旅游发展后，芗剧成为游客眼中的新鲜事物。目前，现今游客已然成为芗剧的主要观看群体。

芗剧开演前的答谢仪式（演员扮成八仙到拥湖宫内祭拜神明）

3. 旅游商业景观

曾厝垵的大小商铺、家庭旅馆等旅游商业不仅满足了游客的购物、餐饮以及住宿等功能，其各具风格的外观装饰、创意十足的店名、售卖的来自天南地北的美食小吃与商品、装修文艺气息十足的客栈房间等也使这些普通民居楼房蜕变成为曾厝垵渔村里别具特色的旅游景观。

（1）民宿

首先，在民宿外观装修方面，各家客栈老板都下足了功夫，试图让自家民宿能够在外观上吸引游客注意，或将民宿屋顶装修成童话城堡状，或在建筑外墙仿欧式建筑，或结合曾厝垵渔村特色在客栈门口精心装饰一些渔船小部件、灯塔摆件等。这些散落在村落各个角度、装修各异的文艺店铺，以及民宿外墙已成为游客游览途中随时取景拍照的地点。

其次，在民宿内部房间的装修上，大多走文艺、清新风格，许多客栈每间房间都各有不同主题与特色，有极具简约的工业风、有浪漫可爱的动漫风、有高贵典雅的欧式风情，房内灯光大多颜色多样。

（2）店铺

村落旅游发展后，家庭旅馆的大量开张带动村落旅游餐饮、旅游纪念品等店铺的发展。目前，村落大小街道到处散布着许多文艺小店。这些店铺绝大部分由村落外来者所经营，其装修、取名、售卖商品方面别具一格，与民宿一起不断装点、烘托着曾厝垵的文艺气息，构成曾厝垵文创村独特的旅游商业景观。

装修风格。村落中一些比较大的店铺都会在装修风格上花更大的心思，如一些大的伴手礼店、旅游饰品店等，他们多走清新文艺之风，墙面大多可见涂鸦，色彩缤纷绚丽，店内灯光大多柔和温暖，独具情怀。

曾厝垵文创村伴手礼店铺一角

创意十足的店铺取名方式。对于一些面积比较小的店铺、摊位，更多的是从店铺的取名方面进行创新，或采用谐音，或凸显文艺、小资情怀，或根据时下流行文化加以创作。

表 9　　曾厝垵代表性旅游店铺

取名方式	代表店铺
谐音	鹭仁甲——当茶遇上鲜花馅饼（伴手礼）、一封情酥（蛋糕店）、陈罐西茶货铺（伴手礼）、榴芒事迹（伴手礼）、曾不厝（蚵仔煎）、这香有礼（饰品店）、回忆鹭（旅游纪念品）
文艺、小资情怀	阿呆少爷（伴手礼）、厦门电影制片厂（摄影工作室）、曾文青（伴手礼）、你猜咖啡小酒馆（酒吧）、三年二班（餐饮）
流行文化	炸弹乌贼烧（小吃摊）、神粥七号（粥店）片皮鸭——我认真做鸭，做中国好鸭（鸭肉小吃摊）、脑子进水（创意手工艺品）

贩卖来自天南地北的小吃及创意手工艺品。在美食、小吃的种类上，当地的主要有：厦门土笋冻、花生汤、春卷及各种海鲜；中国台湾的主要有：台湾夜市牛排、蜜可思——台湾文创糖果屋、金包银；全国各地的有：武汉周黑鸭、长沙臭豆腐等；世界各国的有：印度飞饼、印度烤肉烤翅、泰国鱼疗馆、榕树缘——泰皇咖喱、澳洲冰鲜牛、韩国炒年糕、阿拉伯烤肉、布拉格烟囱卷等。在手工艺品上，主要如古代珠钗首饰、现场自制陶瓷摆件、手绘涂鸦杯子、手作皮具、释迦果、手打银饰、现场素描人物等。

（四）曾厝垵旅游服务设施

旅游服务设施是旅游地或景区的重要组成部分，其完备与否直接关系到游客的游览体验。曾厝垵文创村的前身只是厦门岛上一个城郊小渔村，随着村落旅游发展，其旅游服务设施也逐渐完备，基本覆盖了食、住、行、游、娱、购六大活动要素和旅游功能设施。

1. 住宿

从 2004 年曾厝垵第一家民宿梦旅人算起，家庭旅馆业在曾厝垵发展已有十几年的历程。由数据可以看出，在 2003—2008 年间，曾厝垵家庭旅馆数量一直处于缓慢增长的状态；2008—2012 年以后，曾厝垵家庭旅馆生意异常火爆，家庭客栈数量迅速增加；2014 年以后，家庭旅馆数量增长开始趋于稳定。目前，村落有旅馆 400 家左右，房间面积大部分在 10—30 平方米之间，日常价格大约在 100—300 元之间，节假日供不应求时可达 400—600 元。村落民宿业的发展集——不仅满足了曾厝垵游客的住宿需求，同时也成为厦门市中低端住宿行业市场的一大补充，为广大游客，特别是青年旅游群体提供物美价廉的住宿产品。

2. 餐饮及娱乐

随着曾厝垵民宿业的发展，游客数量不断增多，餐饮行业的种类、数量也越来越齐全。2011 年 6 月，政府为了引导客流量，提升环岛路旅游吸引力，在曾厝垵首先打造了一个海鲜坊，主打海鲜餐饮。曾厝垵旅游发展火热后，村落餐饮种类除了海鲜排档外还汇集了厦门本地，甚至全国各地的特色小吃。除此之外，还有各种水果摊，另外还有一些充满文艺、小资情怀的咖啡饮品店、酒吧、伴手礼店、便利商店。现面积仅为 0.33 平方公里的曾厝垵文创村内经营着大小店铺有 1000 余家。这些旅游店铺的出现满足了游客观光游览所需，为旅游活动开展提供了支持。

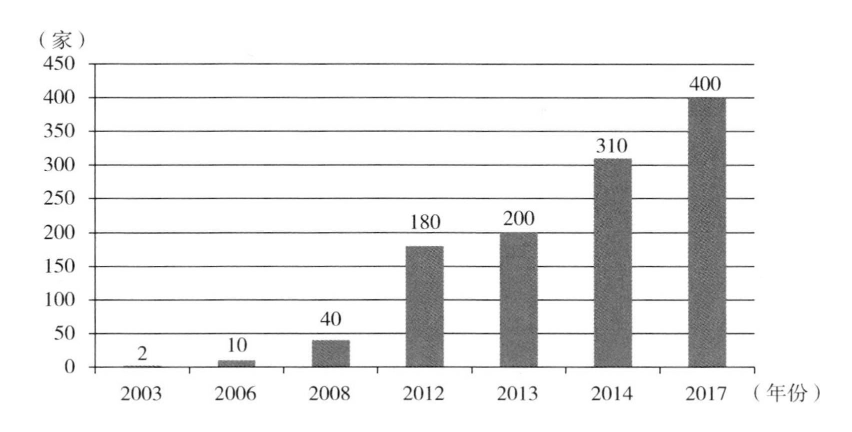

历年曾厝垵家庭旅馆增长大致数据[①]

① 2003 年、2006 年、2008 年家庭旅馆数据来源于 2014 年记者采访曾厝垵社区居委会书记黄清杰时所提及，http：//xm. fjsen. com/2014 -03/11/content_ 13667502_ all. htm。

2012 年数据来源：http：//www. taihainet. com/news/xmnews/gqbd/2012 - 07 - 19/885676_ 5. html。

2013 年数据来源：http：//fj. qq. com/a/20130401/000012. htm。

2014 年数据来源：http：//news. xmnn. cn/a/xmxw/201403/t20140301_ 3730476. htm。

2017 年数据来源于对曾厝垵文创会工作人员的访谈，其余年份数据暂缺。

3. 交通

曾厝垵地处环岛路段，交通便利。厦门机场、厦门北站、厦门站均有公交或者旅游直通车可以直达曾厝垵，车程最长一个小时，并且曾厝垵公交站就位于村口福海宫附近，有直达厦门岛内各个景点，如鼓浪屿、会展中心、植物园、中山路等的公交路线，交通网络四通八达。由于村落面积不大，加之道路狭窄、客流量多，因此在曾厝垵文创村内游览的方式均为步行，花上半天时间即可以逛遍村庄大小角落。

4. 公共基础设施

曾厝垵旅游发展后，政府随即投入了资金对村落的基础环境进行了修缮，包括村口环境的改善、村落内路面道路修整、并供水加强、进行电力扩容，另外还增设了村落公共警务室、公共厕所、路牌监控等公共服务项目，为游客提供了舒适的环境，保障了游客在游览过程中的安全。

（五）旅游发展对曾厝垵村落影响与改变

1. 村民生计的改变

靠山面海的地理区位造就了历史上曾厝垵村民以农业、渔业为主的传统生计方式。集体化时期，曾厝垵曾是思明国有农场的一部分，当时曾厝垵村共有三个生产大队，其中有一个渔业队，从生产队的设置中也可看出村民传统的生计主要是以农业为主，渔业为辅。1981 年厦门经济特区成立，当时的曾厝垵在厦门城市化发展的背景下逐渐演变成为一个城郊农村，每日为城市输送各类蔬菜瓜果，成为厦门市区的“菜园子”。20 世纪 90 年代以后，随着厦门城市化发展水平不断提高，城市的范围也在不断拓展，曾厝垵的耕地也在厦门城市化发展的浪潮中逐渐被政府、开发商征用殆尽。进入 21 世纪，曾厝垵所处的厦门岛东南海岸逐渐成为旅游开发的热点，政府为了使渔业让位于效益更好的旅游业，逐渐让渔民上岸不再出海捕捞，于是曾厝垵耕种、打鱼的传统生计在政府权力的引导干预下逐渐退出历史舞台。

失去耕地与大海的曾厝垵村民只能到市区去打工，由于村民文化水平普遍不高，大多干的都是比较基层的工作，搬运、载客、当保安、做导购、当环卫工人，等等。2010 年左右，曾厝垵开始在网上爆红，村落民宿业呈现不断发展的趋势，游客也不断地涌入这个海边的小村庄，在家庭旅馆、游客的相互促进、带动下，曾厝垵旅游商业不断发展。2012 年政府将曾厝垵定位为“文创休闲渔村”，并投入资金进行基础设施的改造，曾厝垵旅游业开始走上高速发展的道路，外来商人纷纷带着资金走进曾厝垵，租下村民家中的楼房进行家庭旅馆、旅游店铺的改造、经营，村民们摇身一变，变成每日在家就有稳定收益的“包租公”“包租婆”。村落旅游发展改变了曾厝垵村民的生计方式，如今旅游房屋租赁已成了村民家庭收入中最重要的经济来源。现在村里面几乎家家户户都有房子出租，每月至少有一万余元的租金收入，若家里房子多且地理位置好，每月租金收入可达二三十万元。

2. 村民聚居格局的改变

旅游发展改变了村民的家庭收入来源。旅游发展最初阶段，一些本地村民将家里的房子租给别人后，自己还可以在村里向其他人租几间房子住，但是随着旅游业的不断发展，曾厝垵的房租越炒越高，本地人连村里的房屋都租不起，只能大量向外迁移。

大部分村民为了租金收益只能将自家整栋楼房租给外来者，全家则搬到村落附近小区楼房如上李周边的居民区，或者是更远的其他村落，如黄厝、塔头等。每月大部分的村民有 1 万元至 3 万元的房租收入，自己则到村落外面以 3000 元至 5000 元的价格去租住两室、三室的套房供一家几口人居住，从而赚取房租差价。因此，村民的居住格局从原始的聚集而居逐渐向村落四周扩散。据村里人介绍，现在曾厝垵村内的本地居民有八成以上搬离了村庄。

少部分村民因在村落里不止有一栋房子，从而选择留守在村里。这部分村民成为其他人艳羡的对象。主要原因在于：（1）房租出租虽然每月给家里带来一定的固定收入，但是对于大部分村民而言，扣掉自己在外面租住的费用，每月所剩不多，“别人都说我们这里很好，要房子多的人才可以很好，房子少的，要维持一家的生活，又要付房租，就很困难了”（曾贫，男，70 多岁）。（2）不断搬家所带来的居无定所的漂泊感，让曾厝垵村民心理上感到疲倦。“房子整栋出租后，家里的一些东西都丢掉或者卖掉，50 英寸的电视和一些床铺都送给人家，每搬一次家雇车都要 1000 来块，有时候一趟还不够……现在都搬第三次了，搬都搬累掉了，不想再搬了。”（曾督，男，60 多岁）（3）居住在外有很多不适感。曾姨（女，65 岁）就坦言：“自己的房子住得比较舒服，别人的房子不方便。人家说你这边不可以给我钉钉子，你煮东西不可以煮得太油，弄脏厨房。每样都被别人限制，自己就很难受了。我们自己的房子，要怎么样都随便我们。现在是又要拿钱给他们，又每样都不方便。”（4）大部分村民，特别是老人家更不愿意搬出去。据村民介绍，如果在外面去世，按照村里的习俗是不能在村落里举办丧事习俗的。现在大部分村民与外来经营者签的合同都是十年左右。“搬家，一旦确定就是十年，十年（后）我（都）要死在外面。”（李远，男，70 多岁）

基于对乡土的依恋，即使在村落旅游发展后，周边环境因游客、商家的到来变得拥挤、吵闹，这些有多栋房子的村民还是选择留一栋用于自家居住、留守村落。另外这部分居民也成为曾厝垵村落中比较富裕的一部分。“如果有两栋房子，一栋留给自己住，另一栋租给人家做旅馆，就富起来了。”

3. 村落社会关系的改变

曾厝垵旅游发展前，村落是一个由血缘与地缘关系组成的社会，是一个乡土中的“熟人社会”。村落旅游发展后，游客的大量涌入改变了村落群体的类型，也使村庄的社会关系由最初仅有的乡邻关系，逐渐发展成为村民关系、租户关系、主客关系等多种关系并存。

（1）村民关系

旅游发展既使村民之间往来交流减少，也使村民因为租金利益之争，关系部分变得冷淡。首先，在村民日常交往方面，曾厝垵村民中曾姓族人占了绝大多数，大部分村民之间都或多或少有亲戚关系。由于居住在同一个村庄，大家平时来往走动也十分频繁。旅游发展后大量居民外迁，居住空间的改变使村民之间的交流往来逐渐减少。“以前邻居就住在旁边，在小巷子里来来往往、进进出出的，每天都可以看到，现在都把房子租出去了，见面的次数也少了。”（曾阳，男，40 多岁）其次，在村民之间的利益关系方面，大家都看到房子所带来的巨大收益空间，开始的时候部分村民不断地在原有的楼房上进行违章加盖，并进行了装修。村里一些人看到后心生“嫉妒”，就去城管那里告发。“城管那边的记录员告诉我们，说我这个房子被告得好厉害，到村里领导那去告没有用，就到厦门市里去告，现在就告到省里去了。他会到省里去，我也会到省里去，我自己不会写（诉状），我请人写嘛。之前我店面租出去，老板在搞装修，还有人去城管那里告。我被气得半死，是本村人干的，不然哪里有人会来告。这次装修我一寸国家的土地都没有侵占，他也来告我。以前大家都没事，现在有钱了，就要欺负人。”（陈婶，女，60多岁）

（2）租户关系

外来者向本地村民租房子用以经营民宿、旅游店铺，用一纸合同使本地村民与外来经营者形成租与被租的关系，村民由于文化水平比较低，租赁合同是村里人有一份合同，大家就都从这个人手中复印过来，再根据自家的需求稍微改动下。例如有些村民会加上“房屋不能从事餐饮行业”等要求，怕污染毁坏自家楼房，主要是考虑以后自己要是搬回来住的后续问题。

曾厝垵村民与租户之间的关系并不如表面看起来的那么融洽，双方都因租金问题发生过不少矛盾。在旅游发展初期，谁也没有预料到曾厝垵旅游业会发展得如此火热，房租居然会在随后几年一路狂涨。于是最早将房子租出去的那批村民，因为合约价格签得很低且租约期很长，面对后期高涨的房租心里感到不平衡，觉得自己亏了，于是千方百计地涨房租。有些房东甚至将合约撕毁，与租户大打出手，甚至直接对簿公堂。2017年厦门金砖会晤期间，曾厝垵民宿业大部分处于停业状态，许多民宿经营者在这一两个月一直处于亏损状态，纷纷要求房东能够降房租；还有些经营者提出希望房东能够免租，因此村民与租户之间的矛盾再一次爆发。2012年，曾伯（男，69岁）和弟弟合伙将自家两栋房子共22个房间以每月3万元左右的价格出租给一个福建南平人经营家庭旅馆。2017年6月，租户找到他，希望这几个月房租能够下调，只能交20%的租金。李伯说：“我要给他降三分之一，他不要，他说只能给我20%租金。你说我22个房间他只给我6000块，我说我去上李租三房一厅都要一个月4500，有的租到5500。我说我22个房间租给你6000你说得出来？他说不然就一万块。我说你走开，不行我搬回来自己住啊。另外，金砖会议，政府如果说要关门，他一分钱都不给我。”可见村民与租户之间的关系还有待进一步调节与缓和。

4. 村落民间信仰的影响

曾厝垵旅游发展后，村落民间信仰并没有随着旅游商业的发展逐渐走向世俗化、边缘化的道路，反而随着旅游发展愈加兴盛。主要表现在以下几个方面：（1）村落旅游发展后，社会关系变得复杂，烦恼也随之不断出现。与传统耕地、捕鱼生计相比，“吃房租”看似轻松，但同样跟海上作业一样，存在着风险。“有些房子地段不好，租不出去；有些房子刚租出去没多久，租户就跑了。”此类问题随之困扰着村民，面对自己难以解决、控制的问题，村民往往转而向神明祈求帮助，因此在精神上村民对民间信仰的需求只增不减。以圣妈宫为例，每年芗剧酬谢的场数在一定程度上可以反映出村民对圣妈信仰只增不减。（2）旅游发展使村民收入普遍提高，村民有更多的时间精力、更高的经济基础投身于宫庙的日常事务中，宫庙理事会、宗族理事会成员也逐年增加。（3）旅游发展后，村里的宫庙、祠堂开始将周边空地出租，用以经营咖啡店、小吃店等，因此每年都有大量的租金收入。加上村民信众添的香油钱，部分宫庙、祠堂每年收入可达百万。如村口的圣妈宫，2014年至2016年收入分别为85万元、90.5万元、93.6万元；再如曾氏宗祠2016年、2017年的收入分别是225万元、248万元。庞大的宫庙、族产收入保障了其日常基础运营，同时给予了村民更多的社会福利，现在宫庙理事会在每年春节前夕、重阳节时都会向曾厝垵年满60周岁的村民发放每人2000元的节日慰问金，并在村落酒店宴请这些老人。曾氏宗族理事会也从2016年开始向族里满50周岁的族人发放2000元的补贴。

目前，村落大小宫庙、祠堂已成为热门旅游景点。这些村落民间信仰建筑通过免费开放给游客参观获取游客流量，进而促进宫庙、祠堂周边旅游商业发展。总体而言，旅游发展从外在经济支持、内在精神需求这两方面促进了民间信仰的兴盛，村民通过增添香油、祭拜、芗剧酬谢演出、加入宫庙理事会、宗族理事会等形式，对村落民间信仰兴盛做出回应，两者在某种程度上是相互促进、协同发展的。

（六）曾厝垵村落旅游发展的思考

短短几年间，曾厝垵从一个名不见经传的小渔村一跃成为厦门市甚至全国知名的旅游景点。村民曾度（男，40岁左右）不禁感慨："旅游发展得太快了！"曾厝垵旅游发展不仅为村民们带来经济方面的利益，同时也在悄然改变曾厝垵村落社会的方方面面，一个"景区社会"正在悄然形成。虽然曾厝垵旅游发展持续火热，但在旅游业繁荣的背后，仍然存在着一些问题。

1. 村民在旅游发展中的边缘性

从参与旅游的主体来看，曾厝垵村民一直处于边缘化位置。曾厝垵旅游一直是外来文化占主导地位，大多数村民因文化知识水平不高、求稳心理等因素，从旅游发展初始阶段就采用将房子出租的形式参与村落旅游，只有几个比较有想法的中青年选择自己独自经营家庭旅馆。李伯（男，60多岁）就提到2017年上半年，有个旅馆老板亏本经营不下去了，就将房子还给房东。于是那个房东就自己经营了一阵，"一家人忙得半死，房子一间八十也租、一百也租，结果一个月也赚不到一万块，自己做得累到病倒了，都没有办法经营……我们就不是这个做生意的料。"

2. 村民认同与村落凝聚力

村落旅游发展一方面改变了村民经济状况，提升了村民自豪感，强化了主动信仰。但曾厝垵村民开启了全新的生计方式，他们在家安安稳稳坐着就可以每月有固定的房租收益，吃穿不愁，村里年纪大一点的就每天跟着自己一群朋友到处旅游，年轻一辈的或打一份工，或少数跟着家里的长辈"吃房租"。以前困苦的日子似乎一去不复返了，但是，村落旅游发展与生计转变同样改变了村落聚居格局、社会关系乃至村民认同。村民吃穿是不愁了，但精神却日益匮乏、空虚。曾兴（男，60多岁）就坦言："你以为办这种旅游就很好？现在办这个旅游业不比我们当时抓鱼好，我们当时可以劳动，空气又好。现在不好，房子盖得密密麻麻的，我们那个时候哪里像现在有空调的？以前房子也不会那么多，夏天的时候，门开起来，风就很大了，就很凉爽的，不要什么空调。我还是喜欢以前的生活，我不喜欢现在的生活。”虽然现在曾兴还在自家门口摆了一个摊位卖旅游纪念品，但他说：“现在卖这个东西不是在赚钱，是在充实生活。不然没有事做。你要我到哪去找事做？反正我自己家的门口，我又不是租别人的摊位。有卖我就卖一点，没卖就算了。”

另一方面，由于大部分村民通过出租自家房屋、在外租房获取房租差价，村民关系不可避免地有了疏远；加之在房屋租赁和旅游经营方面带来利益的竞争矛盾，村民社会关系变得比较脆弱和敏感，村落凝聚力受到一定的削弱。

3. 村落旅游景观的持续发展

就曾厝垵目前旅游景观看，代表乡土、传统的村落文化景观不论是在数量还是在质量上都尚待进一步挖掘；而代表村落文创休闲的旅游景观虽在数量上形成一定规模，但是在开发质量方面尚不乐观，这给村落旅游景观持续发展带来一定的挑战。

作为传统滨海村落和文创休闲渔村，曾厝垵之“渔”“村”文化在热闹的、熙攘的旅游商业中显得十分弱小。“这是一个有着八百年历史的渔村，有着多元的信仰和身后的人文，当我从繁华的城市走进这里的那一刻，便深深地被它吸引。时光仿佛在这些老墙、飞檐、古树和石板路上轻轻地停住，悠悠古村，每一分，每一秒，都如此清晰，岁月还不曾远去，每座古厝都在诉说着一段往事……”这是2015年拍摄的曾厝垵旅游宣传片——《风情曾厝垵》中对曾厝垵的描述与介绍。可以看出，曾厝垵在定位、宣传上并没有将乡土文化落下，但是在实际的旅游开发中，村落乡土文化一直处于边缘地带，已有的古厝开发大多是利用其古朴的建筑外观进行旅游商业的开展。

4. 家庭旅馆合法性与村落旅游持续发展

旅馆业一直是曾厝垵旅游发展的核心和关键所在，正是因为家庭旅馆的出现才带动村落旅游发展。“如果旅馆业倒了，村里的旅游店铺也只是过眼云烟。”（曾度，男，40多岁）曾厝垵旅馆业最大的问题就是证件不齐全，消防无法通过检验，所以经营无法合法化，遇到政府检查需要关闭就必须停业。特别是厦门金砖会晤前期，曾厝垵民宿就开始在各大OTA上下线，一些客栈无法经营，曾厝垵村内冷冷清清。不过可喜的是，2017年5月，厦门市政府印发了《厦门市民宿管理暂行办法》[1]，表明政府已着手思考并尝试解决曾厝垵民宿经营办证等问题。

另外，早年文创工作者因旅游发展带来的吵闹环境、高额房租逐渐撤离曾厝垵；而现有散布在村落各个角落的文艺店铺，虽在外观装修、店铺取名等外在可观的形式上对文创文化加以延续，实则缺少内在的人文情怀。村落商铺经营大多缺乏特色，伪文艺、产品同质化现象严重，宰客现象时有发生。在访谈中，村民普遍认为曾厝垵卖的东西他们都不吃，吃了怕拉肚子。“他们现在就是什么赚钱卖什么。比如说今天卖那个菩提果好卖，明天就这一条街都在卖，那条街也在卖，反正就是冲着那个钱来的，没有一点点文化跟底蕴。没有那种做老店的思路。他就不管你租金多高，我就租下来。就冲着今天能赚一块，我绝对不赚五毛。”（曾度，男，40多岁）这种经营思路给村落旅游持续发展带来很大的问题。

从“曾厝垵村”到“曾厝垵社”，从家庭旅馆村到文创渔村，曾厝垵村民之生活方式、社会交往、思想观念等，伴随着曾厝垵地名改变与旅游发展发生了深刻变化。如果说“曾厝垵村”到“曾厝垵社”的改变使村民们丢失了“大海”与“土地”，那么从“曾厝垵社”到“曾厝垵文创村”的改变，还又将给村民带来何种变化？

特色与增色

除了作为乡土社会的基层单位所具有的共有特征外，曾厝垵村落景观的主要特色有：

第一，宗教信仰多元与杂糅。曾厝垵社的宗教信仰有佛教、道教、基督教和各类民间信仰。相关的庙宇如启明寺、太清宫、基督教堂、福海宫、拥湖宫、圣妈宫等共存于曾厝垵村落。此外，曾厝垵的宗教信仰具有

---

① http：//www.xmtravel.gov.cn/zwgk/tzgg/gztz/201705/t20170510_1652173.htm.

杂糅的现象。在有些庙宇中，共祀道教、佛教神尊和民间信仰神灵的现象较为普遍。福海宫和拥湖宫既供奉道教的神尊保生大帝，也供奉虎爷等民间信仰的神灵。文灵宫既供奉清水祖师爷和虎爷等民间信仰，也供奉道教的保生大帝、注生娘娘，以及佛教的释迦牟尼。

第二，民间庙宇职能的“世俗化”。“世俗化”指的是在旅游发展过程中，民间庙宇除了承担宗教职能外，还承担了一定的社会职能。在旅游业发展前，各民间庙宇的职能主要是宗教方面的，村民来此拜神求健康、求平安等；旅游业发展后，村民将房屋出租给商户而移居他处，以福海宫为代表的民间庙宇则成为村民社交和维持社会关系的场所。

第三，探寻跨境生存空间，构建“双边共同体”。“下南洋”是曾厝垵人某一历史阶段的一种固有生存方式。他们以宗族和亲属关系为纽带，在流动与空间转移中，不断探寻自身的生存空间。“过番”后，他们与原乡土社会仍有着不可割舍的联系。这种联系不但是表层的个体、家庭间的来往，更多的是一种地方社会共同体的跨境认同。在海外，他们为生存，筑立起了同一世系的宗祠，并以宗祠为核心构建了包含社会组织、宗教结构、传统伦理秩序和信仰等因素在内的认同体系。在“双边共同体”的互动中，当生计足以保障生存之后，个人的命运与宗族的命运紧紧攸关，寻根谒祖、翻建祖屋成了一种具象的认同表述，“侨乡”正是这种超越时空关系的实证。

第四，城市化进程的缩影，旅游乡绅化特征显著。“曾厝垵社区”这一称谓为当代城市化进程的产物。近年来，随着城乡统筹规划建设实施和社会主义市场经济飞速发展，民众消费需求愈发多元化、紧迫化，社区消费层结构亦趋层次化、复合化，曾厝垵逐步由自给自足的“传统渔村”，转变为不动产经营权快速流转的“文化创意休闲渔村”。曾厝垵由自然聚落向文创景区的转变可视为旅游绅士化运动。在曾厝垵的城市化进程中，高收入阶层因为地理位置、低廉租金以及文化价值等因素，被低收入阶层的社区吸引，以休闲旅游形式初步进入社区。曾厝垵的旅游绅士化运动伴随着不完全性和反复性。一方面，旅游业以及其他相关行业的蓬勃发展，使外来商户大量入驻，其对曾厝垵本地资源的利用和改造抬升了周围地价，继而刺激了游客消费，提高了周边消费水平，使得旅游景区及周边原低收入阶层住民因无法负担昂贵的住房费用和生活费用被迫迁走；另一方面，旅游业的高额利润和蓬勃商机亦使一部分原住民通过“租赁自家房屋，成为当地旅游从业者”的形式，间接参与到曾厝垵旅游发展中。这部分原住民由最开始的被迫迁出，到回归社区，出现了反复。

调研组成员

负责人： 张进福

组员： 赖景执　红星央宗　余欢　谭卉　游慧榕

后　记

重返乡村计划始于六年前我参加的一次由文化部、教育部联合举办的有关城镇化与文化遗产保护的专家会。当时，会议主办者介绍了我国城镇化的大致情况，会议实为“命题作业”，即在城镇化进程中如何保护传统的文化遗产，特别是农业遗产？会上我询问了有关城镇化的一些问题，诸如“什么是城镇化?”“我国推行的城镇化的模式是什么?”等，得到的回答不能令我满意。我意识到，在我国历史上从来不缺乏城镇化自在、自然过程。重要的是，我国是一个具有悠久的、以农耕文明为主的国家，乡土社会是任何社会事务生产和生长的“土壤”；而今以“工程”“指标”的方式推动城镇化，以城市覆盖乡村，耗损乡土，占据农田，强行拆迁，疑似以西方工业国家的“城市化数据”为依据的社会运动，窃以为有置中华传统文明于风险之虞。

我，一介书生，无力改变政府的决策，但我们可以回到乡村，去倾听农民的声音，去了解乡土家园主人的想法，去编列一个细致的乡土遗产的目录，去绘制家园的绘本，为行政部门，为“三师”（设计师、规划师、工程师）提供详细的村落资料。如果在未来，我们的子孙厌倦了城市，想返回已经消失的、曾经的家园时，这些资料，包括绘本，可以为他们“重建家园”提供依据。

我，一位普通的人类学者，擅长的工作就是到传统的乡村、部落去做“田野作业”。但是这一次，我不是去完成一部民族志作品，而是试图将那些可能因城镇化运动而消失的乡村尽量多地保留下一些东西。我意识到，要完成这样的计划，单一的人类学学科无力完成那些自己不熟悉领域的工作，比如农业技术、植物景观、水土保持、园艺花草、地形地貌等，我需要一个多学科的团队协作。我们现在的团队中，除了人类学、民族学专业外，还包括历史学、民俗学、博物馆学、文化遗产学、新闻传播、摄影、宗教研究、法律研究、农学、植物景观、环境艺术、旅游研究、民宿研究、色彩研究、戏剧研究、绘画艺术等。

我，没有像以往那样去申请项目课题，因为，我们的计划与当下绝大多数的项目课题不一样，我们的计划是中、长线的，有些资料甚至是为后代准备的。众所周知，项目课题的“游戏规则”是向“发包单位”负责，即“眼睛向上”；而我们的计划主要是“向下的”，是到村落去了解实情。所以，一般意义上的项目课题并不完全符合计划，也不是我设计的初衷。另外，我们的计划具有普查特点，工作繁杂琐碎，需要深入民间，向村落（寨）的主人们学习，体验和了解文化的来龙去脉。所以，计划的基本主体是志愿者。

我，利用这几年在全国各地讲学的机会宣传我的理念，得到了广大学者、研究生、专业人士的响应。据不完全统计，有数百位来自不同专业的学者、学生报名参与；我根据具体村落的情形选择录用。我要特别感谢四川美术学院聘请我为“中国艺术遗产中心”的首席专家，资助我50万元的科研启动经费，同时没有限制我的使用范围；我将这一笔经费用于支助那些没有经济来源的学生，而多数志愿者的费用自行解决。我要向他们致敬！

我，在过去的几年中，跑了数十个村落，我希望尽我的努力，选择一些具有区域性、民族特色的村落为样本，本书中的六个村落就是代表。其中每一个村落我至少都去两次，一次是采点，确定后，我再带领相关的团队到实地工作。有些村落没有入选，并非因为其没有代表性，主要原因是团队完成调研的难度大，比如近期我到青海省果洛州达日县桑日麻乡下辖的村落考察，发现这些藏族村落（部落）非常有特色，可是它们都在海拔4400米以上。

本计划的具体步骤是：第一步，由我先独自完成一部“重建中国乡土景观”的著述，将有关价值理念、理论问题、研究范畴、现实意义等做一个框架性的表述；第二步，选择一个村落进行“席明纳式”的宣讲、讨论、培训和现场调研，遇到问题当场解决，我们于2017年7月在和顺进行了为期8天的席明纳；第三步，在此基础上确立一个调研的模式和写作模板；第四步，分头对几个村落进行团队调研；第五步，集结成果出版。

本书的第一部分由我撰写，六个村落的团队各有负责人，他们都是优秀的学者。每一个村落的调研都会记录下调研者的名字，最后由我审校。这一期的工作虽然已经基本完成，但是，值得总结、修正、提升的地方还有不少，我们将在下一期的工作中更进一步。

要感谢的人太多，特别是那些生活在乡土社会中的人民与地方精英，他们在我们调研中友好配合，为我们调研的顺利完成提供了无私的帮助。

习主席在十九大报告中提出的乡村振兴战略，令我们感到无比兴奋，因为我们的计划汇入了国家乡村振兴的战略之中，我们将更加自信地继续后续的工作。

彭兆荣

2018年7月15日

于昆明荷塘月色